住房城乡建设部土建类学科专业“十三五”规划教材
高等学校城乡规划学科专业指导委员会规划推荐教材

城市总体规划设计教程

张军民　主　编

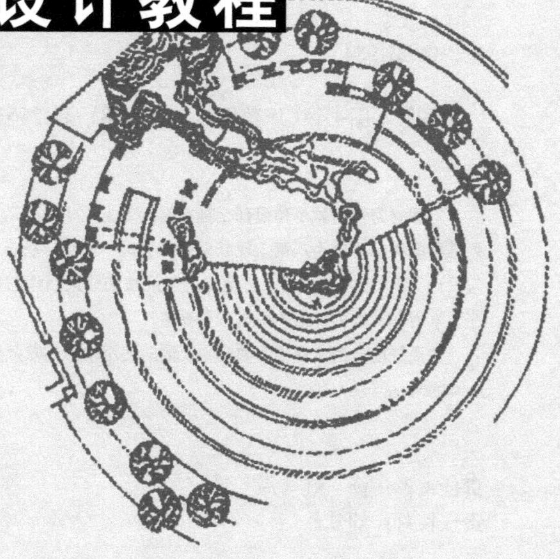

中国建筑工业出版社

图书在版编目（CIP）数据

城市总体规划设计教程／张军民主编．—北京：中国建筑工业出版社，2018.6（2024.6重印）
住房城乡建设部土建类学科专业“十三五”规划教材
高等学校城乡规划学科专业指导委员会规划推荐教材
ISBN 978-7-112-22338-1

Ⅰ．①城… Ⅱ．①张… Ⅲ．①城市规划－建筑设计－高等学校－教材
Ⅳ．① TU984

中国版本图书馆CIP数据核字（2018）第125634号

本教材为住房城乡建设部土建类学科专业“十三五”规划教材、高等学校城乡规划学科专业指导委员会规划推荐教材，共分为八章：现状调查与整理、规划评析与解读、城镇体系与战略、用地分类与评定、方案构思与设计、GIS 技术与应用、方案沟通与汇报和成果制作与表达。本教材可作为高等学校城乡规划、建筑学等专业教学用书，也可供相关从业人员参考。

为更好地支持本课程的教学，我们向使用本书的教师免费提供教学课件，有需要者请与出版社联系，邮箱：jgcabpbeijing@163.com。

责任编辑：杨　虹　周　觅
责任校对：刘梦然

住房城乡建设部土建类学科专业“十三五”规划教材
高等学校城乡规划学科专业指导委员会规划推荐教材
城市总体规划设计教程
张军民　主　编
*
中国建筑工业出版社出版、发行（北京海淀三里河路9号）
各地新华书店、建筑书店经销
北京雅盈中佳图文设计公司制版
建工社（河北）印刷有限公司印刷
*
开本：787×1092毫米　1/16　印张：24¾　字数：549千字
2019年1月第一版　2024年6月第四次印刷
定价：52.00元（赠教师课件）
ISBN 978-7-112-22338-1
（32213）

前 言

—— Preface ——

2013 年颁布的《高等学校城乡规划本科指导性专业规范》中将《城市总体规划与村镇规划》设定为城乡规划专业的 10 门核心课程之一；《总体规划》是城乡空间规划知识领域的重要知识单元，《总体规划实践》是规划设计领域的核心实践单元。如何在教学中落实专业规范的要求，是本书编写的出发点。

作为知识单元，城市总体规划包含：总体规划的作用与特点、城市发展战略的研究、总体规划的现状调查内容与方法、总体规划的编制内容与方法、总体规划的实施评价五项知识点；作为实践单元，城市总体规划成果表达为学生必须掌握的知识与技能点。因此，结合本科生教学进程，以实践的"逻辑"串联"知识"成为本书编写的主线，并具有以下特色：

1. 知识内容上能满足《高等学校城乡规划本科指导性专业规范》(2013 年版）对总体规划的知识点与技能点的要求。

2. 以"现场调研—方案编制—成果表达"的层次"逻辑"递进设定知识内容，对应了教学进程，便于本教材的使用。

3. 各章设置了相应的 TIPS 和案例，以及参考文献，能够开拓学生视野、扩充相关知识。

全书共分八章。其中，第一章、第二章引导学生认知城市，培养现场调研和综合思维能力；第三章、第四章、第五章教会学生编制方案，培养前瞻预测能力、专业分析能力和公正处理能力；第六章是新技术应用的介绍；第七章、第八章便于学生掌握成果表达的知识与技能，培养良好的共识建构能力。

本书是在长期教学实践的基础上进行的总结和探索，由山东建筑大学、济南大学、青岛理工大学三校从事城市总体规划本科教学的教师联合编写。张军民教授提出本书的总体构思，确定篇章结构及各章编写重点，并完成了最终统稿工作。各章节执笔分工如下：第一章由段文婷、尹宏玲编写；第二章由尹宏玲、张军民、段文婷编写；第三章由王林申、张军民编写；第四章由林伟鹏、张军民编写；第五章由林伟鹏、曹鸿雁、许艳编写；第六章由隋玉正、田华编写；第七章由李鹏、谢琳、倪剑波编写；第八章由倪剑波、李鹏编写。

限于编者的认识局限和经验不足，本书一定存在不成熟和错误之处，恳请读者批评指正和提出改进意见。

张军民

2017 年 2 月 15 日

目 录

—Contents—

第一章　现状调查与整理

城市总体规划是对城市（镇）未来发展作出的分析、预测、决策和引导，所以在城市总体规划工作中，对城市（镇）建设和社会经济发展现状的把握准确与否是能否科学合理地制定城市总体规划的基础。从另一方面说，由于城市总体规划涉及的领域宽广、内容庞杂，所以从对基础资料的收集到方案构思，再到补充调研、方案修改，直至最终定案，是一个内容复杂、周期较长的过程，这一过程也是规划编制人员对现状从感性认知上升到理性分析的过程，因此也可以说，对现状的认知和把握贯穿城市总体规划编制的全过程①[1]。

城市总体规划调查按其对象和工作性质大致分为三大类：对物质空间现状的掌握；对各种文字、数据的收集整理；对市民意愿的了解和掌握[1]。

城市总体规划现状调查应根据城市（镇）规模和城市（镇）建设具体情况的不同而有所侧重，不同等级、规模和职能的城市（镇）的总体规划对资料收集工作深度也有不同的要求。

城市总体规划现状调查工作的开展主要依据《城市规划基础资料搜集规范》GB/T 50831—2012，现状图绘制依据《城市用地分类与规划建设用地标

① 谭纵波．城市规划[M]．北京：清华大学出版社，2015.

准》GB 50137—2011，县级人民政府驻地以外的镇（乡）总体规划可依据《镇规划标准》GB 50188—2007。

第一节　前期准备

一、案例收集

作为初次接触城市总体规划的人员，在工作开始之前，应该尽可能收集实际案例，以供详细参考和学习。在现状调查阶段，应选取若干个优秀案例的基础资料汇编进行对比分析研读，以便快速掌握城市总体规划阶段现状调研所需的资料和深度，并了解其在规划编制过程中的作用，做到调查过程中目的明确，心中有数；同时了解针对不同等级、规模和职能的城市（镇），其现状调查的侧重点和深度差异，以便制定更有针对性的调研计划。

二、资料检索

在对案例进行研读的同时，应通过资料检索，对编制总体规划的城市（镇）进行初步的了解，形成初步认识，并对规划对象进行预分析。资料检索的渠道主要有以下几种：

1. 地方政府网站

查找地方政府网站，通过网站了解当地的行政机构设置、历史沿革和社会经济发展概况、近期发展重点等（图 1–1–1）。其中，对行政机构设置的了解，可以帮助制订更具可行性和针对性的调研计划；对历史沿革的了解，一方面可以从文化认同等方面了解城市在区域中的主要联系方向和辐射范围，另一方面在进行乡镇整合、村庄整合时，加入对行政区划历史变迁的考虑，可以使整合策略制定更贴合当地实际情况；对社会经济发展概况和统计年报的了解，可以对当地的社会经济发展水平、主导产业等有一个概念性的认识，方便在现场调查时与当地职能部门进行交流；对近期发展重点的了解有助于寻找本轮规划的重点和难点，提高规划的针对性和有效性（图 1–1–2）。

图 1–1–1　莱芜市人民政府网站政务公开页面

（资料来源：莱芜市政府网站 http：//www.laiwu.gov.cn）

首页　走进莱芜　政务公开　公共服务　政民互动　公众聚焦　微门户　站群导航

市委

莱芜市纪委	莱芜党建网	莱芜市委党校	莱芜市文明办	莱芜市编办
莱芜市台办	莱芜市信访局	莱芜日报社		

市人大

市人大

市政府

市发改委	市经信委	市教育局	市科技局	市公安局
市民政局	市司法局	市财政局	市人社局	市安监局
市住建局	市城市管理局	市交通运输局	市水利与渔业局	市农业局
市商务局	市文广新局	市卫生和计生委	市审计局	市地税局
市国税局	市环保局	市体育局	市林业局	市工商局
市机关事务管理局	市人民防空办公室	市旅游发展委员会	市食品药品监管局	市政府研究室
市农机局	市投资促进局	市规划局	市房管局	市行政服务中心
市史志办	市服务业办公室	市畜牧兽医局	市联社	市公积金管理中心
市档案局	市老龄办	市邮政管理局	市物价局	莱芜仲裁委员会
市公路局	市中小企业办	市无线电管理局		

市政协

市政协

市法院市检察院

市法院	市检察院

区政府

莱城区政府	钢城区政府	莱芜高新区	莱芜雪野旅游区

垂直管理部门

市国土资源局

群众团体

共青团莱芜市委	市总工会	市文联	市妇联	市残联
市科协	市社科联			

图 1-1-2　莱芜市人民政府网站站群导航页面

（资料来源：莱芜市政府网站 http：//www.laiwu.gov.cn）

2. 地方志网站

通过地方志网站，了解当地的地方文化、风土人情，一方面增进对规划对象的感性认识，一方面为规划中对文化资源、旅游资源的开发和利用奠定基础（图 1-1-3、图 1-1-4）。

图 1-1-3　莱芜市情网志鉴文库页面

（资料来源：莱芜市情网网站 http：//www.lwsqw.cn）

图 1-1-4　莱芜市情网名胜古迹页面

（资料来源：莱芜市情网网站 http：//www.lwsqw.cn）

3. 在线地图

借助在线地图网站，大致了解以下几方面内容：①市域范围内的地形地貌、水资源分布等；②市域范围内各乡镇的分布情况及道路交通系统（包括：铁路线的走向，各等级道路名称、等级、走向等）；③现状建成区的空间结构和道路系统等；④现状建成区的整体风貌及风貌分区；⑤大型公共设施和大型公共绿地的分布情况（图 1-1-5 ～图 1-1-7）。通过对以上内容的了解，提前对规划对象的整体框架有所认识和把握，以便能在现场调查时尽可能全面详细的收集信息，且更有利于与当地职能部门的工作人员进行沟通。

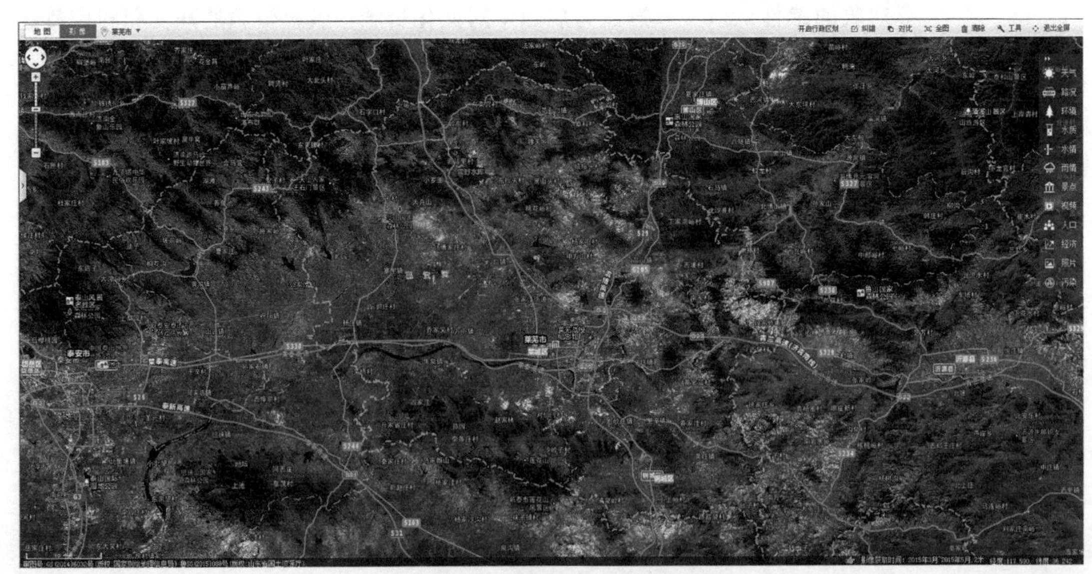

图 1-1-5　莱芜市市域影像图

（资料来源：山东·天地图网站 http：//sdmap.gov.cn）

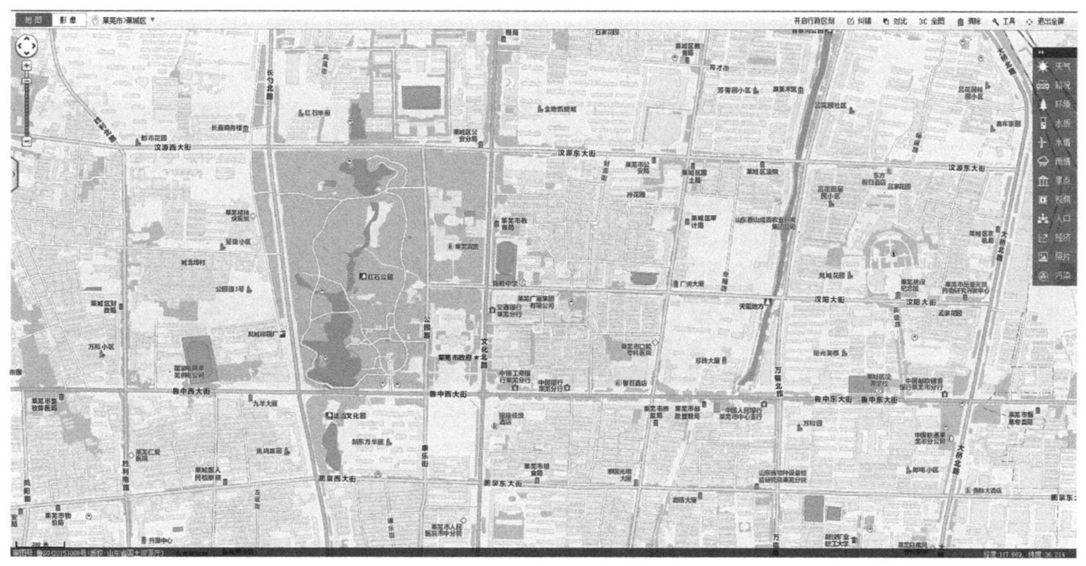

图 1-1-6　莱芜市城区在线地图

（资料来源：山东·天地图网站 http：//sdmap.gov.cn）

图 1-1-7　莱芜市城区中心地块影像图

（资料来源：山东·天地图网站 http：//sdmap.gov.cn）

4. 区域范围的规划和统计数据

查找上位规划，如城市所在省（乡镇所在县市）的城镇体系规划，城市所在城镇群、所在地区的发展规划，了解城市（镇）在区域中所处的地位和发展阶段，以及上位规划对其的定位。

查找各级统计网站，查看城市（镇）所在区域和城市（镇）的历年统计公报，定量分析城市（镇）在所在区域中的规模、职能定位及其发展优劣势（图 1-1-8）。

统计网站可通过直接在搜索引擎查找“××市（县）+统计”关键词进行查找，也可在市（县）政府网站上的相关板块进行查找，如“站群导航”中的统计局，或者“信息公开”栏目的“统计信息”（图 1-1-9）。

求真务实　爱岗奉献
团结拼搏　追求卓越

图 1–1–8　莱芜市统计信息网统计数据页面

（资料来源：http：//www.lwtjj.gov.cn/lwtjj/）

首　页　信息公开指南　信息公开目录　信息公开年度报告　依申请公开　重点领域　公共企事业单位　返回中国诸城

诸城市组配分类(18514)
- 组织机构(728)
- 法律文件(2666)
- 规划计划(701)
- 统计信息(583)
  - 统计公报(19)
  - 统计月报(344)
  - 统计数据分析(220)
- 财政信息(431)
- 人事信息(400)
- 应急管理(416)
- 工作动态(11136)
- 行政权力运行(418)
- 公共资源配置(70)
- 公共服务(174)
- 公共监管(734)
- 公共企事业单位(45)
- 政府工作报告(12)

诸城市主题分类(6218)

诸城市服务对象分类(7404)

当前位置：统计信息

序号	名称	发文日期	发布机构
1	2016年8月1日18时至8月2日1时雨情	2016年08月02日	市水利局
2	2016年7月31日6时至22时雨情	2016年08月01日	市水利局
3	2016年7月28日0时至7时雨情	2016年07月28日	市水利局
4	2016年7月26日15时至18时雨情	2016年07月27日	市水利局
5	诸城市上半年经济运行情况简析	2016年07月27日	市统计局
6	诸城市1-6月统计月报	2016年07月27日	市统计局
7	2016年7月21日19时至23时雨情	2016年07月22日	市水利局
8	2016年7月20日16时至21日7时雨情	2016年07月21日	市水利局
9	2016年7月19日13时至20日7时雨情	2016年07月20日	市水利局
10	2016年7月14日17时至15日17时30分雨情	2016年07月16日	市水利局
11	2016年6月30日15时至7月1日7时降雨情况	2016年07月01日	市水利局
12	2016年6月23日11时至24日7时雨情	2016年06月24日	市水利局
13	诸城市5000万元以上的联网直报投资项目逐渐增多	2016年06月23日	市统计局
14	我市固定资产投资产业结构有待优化	2016年06月23日	市统计局
15	诸城市1-5月份固定资产投资情况简析	2016年06月23日	市统计局
16	房地产开发投资有回升迹象	2016年06月23日	市统计局
17	诸城市1-5月份经济运行情况	2016年06月22日	市统计局
18	1-5月统计月报	2016年06月22日	市统计局
19	2016年6月14日18时至15日4时雨情	2016年06月15日	市水利局
20	1-4月份诸城市规模以上服务业保持较快增长	2016年06月15日	市统计局

图 1–1–9　诸城市政府网站信息公开栏统计信息页面

（资料来源：http：//www.zhucheng.gov.cn：8080/default_9812.html?classInfoId=4432）

三、调查计划制订

制订调查工作计划分为以下几个步骤：①根据调查所需的资料和深度确定调查内容，列出调查重点；②根据对当地行政机构设置的了解，初步将调查内容与各职能部门进行对应；③根据人员数量和工作时间，进行人员分组和日程安排。

Tips 1-1：莱芜市城市总体规划（2014—2030 年）调研工作计划

一、调研时间

各项工作同步进行，第一次集中调研时间为 7 月份，为期 1 周；之后再进行补充调研。

调研时间：7 月 21 ~ 25 日

二、调研方式

分为部门座谈、乡镇调研和现场踏勘三种类型。

1. 部门座谈：采取上门或召开座谈会的方式，邀请与总规密切相关的部门和开发区负责领导进行座谈，请各部门从自身事权的角度出发，谈莱芜市的城镇发展问题。

2. 乡镇调研：到各乡镇与主要领导和相关职能部门座谈，了解发展现状与要求，进行城乡建设的实地踏勘，调研重点乡镇、村庄，对居民进行深入访谈。

3. 企业调研：到主要产业的重点企业进行座谈，全面掌握莱芜市产业发展现状，对重点企业进行详细踏勘。

三、调研人员

1. 牵头单位：×××× 规划设计研究院

2. 参编单位：×××× 规划设计研究院

四、调研组织

1. 部门和区镇调研时，需规划局提前一天与部门或区镇联系确认，便于调研工作的开展。

2. 分组调研和收集资料时，各组均需规划局人员陪同，并配备车辆。

3. 调研分为：市域部分——空间组、产业组、设施组

市区部分——总体布局组、公共服务组、绿地水系组

五、调研计划

集中调研任务细化表 表 1-1-1

时间		任务安排	人员	备注
第 1 天	上午	项目组到莱芜	全体	至莱芜
	下午	莱城、钢城和邻近地区踏勘	全体	规划局座谈和对接工作 对本次规划的要求和建议 调研计划的讨论和确定
				市人大、政协座谈
				踏勘莱城区、钢城区、重点建设地区、重点产业建设的重点园区等
第 2 天	上午	市部门调研	空间组、总体布局组	市直部门到规划局座谈 住建委、国土局、政研室、统计局、史志办
		市部门调研	产业组	市级部门和重点企业座谈 发展改革委、经信委、招商局、科技局、农委、莱钢、泰钢
		市部门调研	设施组、公共服务组、绿地水系组	市级部门到规划局座谈 教育局、体育局、卫生局、水利与渔业局、水务集团、林业局、建委园林处、卫计委、房管局、文化局、残联、科技局、民政局、老龄委、商务局

续表

时间		任务安排	人员	备注
第 2 天	下午	部分部门需要上门调研	分组	整理资料清单 机动安排
		市城公共服务设施调研		市城公共服务设施踏勘、访谈 莱城、钢城中小学调研 莱城、钢城综合医院调研 莱城、钢城养老院调研
第 3 天	上午	各区的领导、区部门领导到规划局座谈	全体	莱城区、钢城区政府及两区职能部门到规划局集中座谈 两区政府领导、两区发改局、经信局、城建局、农业局、商务局、国土分局、教育局、卫生局、旅游局、民政局、水利与渔业局、水务集团、林业局、园林部门领导 （备注：两区、各部门基本情况介绍，“十二五”规划、未来发展设想，对本次总体规划的设想和建议）
	下午	到中心城区主要工业园区及企业调研	分组	工业园区主管部门访谈及重点企业调研 园区建设基本情况介绍 企业数量、规模、类型、投资规模、产能、近年产值与利税情况、企业效益、龙头企业情况、企业协作情况 园区发展未来思路设想
第 4 ~ 5 天	全天	下乡镇踏勘 选择若干村做调查及发放城镇化特征问卷	分组（半天一个镇）	乡镇政府座谈（镇政府领导、文教体卫主管领导） 乡镇基本情况介绍 各部门介绍相关基本情况，“十二五”规划、未来发展设想 产业、教育、医疗设施情况 对本次规划的设想和建议 镇园区或重点企业调研 园区或园区建设基本情况介绍 企业数量、规模、类型、投资规模、产能、近年产值与利税情况、龙头企业情况、企业协作情况 园区发展未来思路设想 乡镇实地踏勘 镇区居民座谈 镇区小学调研 镇区卫生院调研 通过学校学生和村民两种方式发放问卷

（资料来源：同济大学城市规划设计研究院，山东建大建筑规划设计研究院，济南市规划设计研究院．莱芜市总体规划调研工作计划 .2014.）

四、地形图准备

进入现场调查前，必须准备适当比例尺的地形图[城市（镇）总体规划常用地形图的比例尺为 1 ：5000 ～ 1 ：25000]，通过踏勘和调查研究，对地形图与城市（镇）建设现状有差异的地方进行校准和修改。另外，在现状调查结束后，还需要在地形图上绘制现状分析图，作为编制规划方案的重要依据和基础。同时，要准备绘图工具和记录工具。

此外，如航空照片、卫星遥感影像图等在有条件的情况下也应提前准备好，方便在实地踏勘过程中与地形图作比对。

五、调查提纲设计

调查提纲的设计除前述明确调查内容和重点以外，还需对调查内容进行细致的设计，确保调查内容尽可能完整细致。一是，根据调查计划的分组，各组人员分别制订调查表格，并由专门人员对所有调查表格进行汇总检查，避免遗漏或重复；二是，制订各组的访谈提纲，尤其针对规划经验较少的工作人员，访谈提纲应对问题和回答可能涉及的内容做尽可能详细的描述，确保访谈过程中不会有遗漏问题或答非所问；三是，针对城乡居民、企事业单位的调查问卷的设计。

第二节　现场调查

一、访谈与座谈

总体规划现状调查的三部分内容中，对物质空间现状的掌握和对各种文字、数据的收集整理等城市客观状况的采集均可以通过文献资料、图形资料的收集、实地踏勘等工作来实现。而市民的主观意识和愿望，包括城市规划执行部门、城市各行政职能部门以及广大市民阶层对于城市发展建设的意见建议和愿望，都需要依靠各种形式和途径的社会调查获取。其中，与被调查对象面对面的访谈是最直接的形式。访谈调查具有互动性强、可快速了解整体情况、相对省时省力等优点，也同时面临着信息失真、意见片面等情况出现的风险，因此访谈调查中，应就同一问题对不同人群进行重复提问，以尽可能全面地收集意见。

1. 部门座谈

总体规划中涉及的职能部门范围较为宽泛，且同一规划内容很可能涉及不同职能部门，如人口数据方面的调查内容就涉及公安部门、统计部门、民政部门和计生部门等，各部门统计口径不同，侧重点也不同，需要相互校核、综合应用；而有些部门则涉及总体规划多方面的内容，如民政部门，除涉及人口统计数据，社会福利设施乃至部分城市的城市社区规划建设也都由民政局统一管理，需要在制订调研计划时充分考虑，避免同一个部门多组人员多次调查的情况。另外，同一职能部门在不同地区和城市，管辖范围都有可能有所不同，需要到达现场后与当地规划部门积极沟通，灵活调整调查计划。

部门座谈过程中除完成各类文献、统计资料、图纸资料的收集工作，更重要的是利用面对面交流的形式，快速掌握该部门所承担职责的基本发展情况、现状中的突出问题、行业发展的需求、设想及工作实施中的难点，以便在短时间内对总体规划这部分内容的重点和难点建立概念。

2. 乡镇调查

总体规划中乡镇调查工作的开展一般综合考虑乡镇职能和空间距离两方面因素，以地域划片为基础进行分工。每个调查组负责若干个乡镇，对每个乡镇进行包括部门座谈、重点企业座谈、实地踏勘和问卷调查等多项调查工作。

Tips 1–2：总体规划调查中涉及城市多个职能部门，根据基础资料调查收集内容，建议分以下几种类型单位进行（表 1–2–1）。

总体规划调查涉及的职能部门　　表 1–2–1

序号	内容	涉及部门
1	城市发展及相关政策文件	政研室、人大常委会、政协、政府办公室等
2	自然条件与历史沿革	规划局、水务部门、气象部门、史志办、档案馆等
3	人口现状及发展趋势	统计局、卫计委、公安局、民政局、人力资源和社会保障局等
4	综合经济与产业发展	统计局、发展改革委、经济信息化委、招商局、财政局、科技局、农业局、林业局、畜牧局、旅游局等
5	空间发展与土地利用	规划局、住房和建设局、国土局、地矿部门等
6	公共服务设施与居住	教育局、文广新局、体育局、卫计委、民政局、科技局、商务局、旅游局、房管局等
7	交通运输与城市道路	规划局、交通运输局、公安局、公交公司等
8	市政工程设施	规划局、水务集团、供电公司、电信局、邮政局、燃气热力公司、人防办、地震局、消防支队、安监局等
9	绿化水系与环境保护	园林局、水利局、河务局、环保局、林业局等

（资料来源：作者自制）

乡镇调查的主要内容包括乡镇建设的历史、现状条件、资源禀赋；乡镇社会经济发展情况；乡镇公共设施和基础设施建设情况；镇驻地规模和建设情况；新农村建设情况等。座谈中除对以上内容进行调查以外，还应探讨乡镇发展面临的社会、经济、制度、政策困境，乡镇政府和相关职能部门对于乡镇发展的设想，重点企业的发展需求，农村居民生活中亟需改善的公共服务设施和市政基础设施等内容。

3. 重点部门和重点企业的上门访谈

由规划局统一组织的部门座谈后，还应依据调研反馈的具体情况对重点部门进行上门访谈，访谈可以就之前部门座谈中反应的重点难点问题进行更深入的了解。

在职能部门座谈之外，还应对工业园区和重点企业进行上门访谈。对工业园区的建立、运行情况和配套政策；园区中企业的类型、规模、运营状况、企业协作情况；园区未来的发展设想等进行调查。对重点企业的运营情况、发展需求、发展设想等进行调查。

4. 人大常委会、政协、市民代表座谈

对人大常委会、政协和市民代表的座谈是城市总体规划中公众参与的重要组成部分。座谈中主要了解人大常委会、政协和市民代表对城市发展和城市建设的意见和建议，如对城市未来发展方向的认识和判断、对城市建设不同方面的评价、市民生活中意见较大的问题、认为应该补充建设的设施和城市发展中碰到的困境等。

Tips 1-3：访谈技巧

1. 访谈准备

访谈可能是最普遍采用的定性技术。与更注重考察数量或事实的问卷调查不同，访谈通过谈话这种方式使得研究者能够获得丰富的和变化的数据集，更充分地认识有关经历、感觉或观点等封闭式问题无法获取的信息。表面看来，相对于具有正规结构的问卷，访谈仅仅是进入和保持一种谈话过程，但事实上，它本身是需要按照事先准备好的高度结构化的手段来进行的，因此，需要在访谈开始之前预备好访谈提纲，确定访谈的重点和谈话顺序，确保不会遗漏需要了解的关键性信息。

2. 交流态度

访谈不仅仅是一种被动的收集信息的手段，而是一次碰撞和交流的过程。访谈过程中需要高水平的人际交流技巧，例如吸引受访者，以有趣的方式提出问题；倾听的能力，记录下受访者的语言而不能打乱谈话的流程；给予支持而不能引入偏见。另外，还需要平衡与受访者的关系，保持真诚和睦的交流气氛，同时对讨论问题保持中立。

3. 语言组织

访谈中好问题的标准一般是指清楚、一致、容易理解和答案并不确定的问题。另外在访谈中要注意问题的个性化、口语化。

在深度访谈中，交叉检查通常是确定描述深度的有效性的很重要的办法。例如，“刚刚你提到……”、“你的意思是……”、“你是说……”、“还有其他的吗”等。

另外一种让受访者进一步透露信息的做法是采用“提示”，即可以给受访者提供一些进一步的选择并询问他们的看法。

4. 常见的访谈错误

不能仔细地听；

问题重复；

帮助受访者回答问题；

问了模糊的问题；

问了让受访者产生抵触情绪的问题；

问了引导性问题；

在受访者有兴趣展开时打断他；

不能将访谈记录完整记录。

5. 访谈纪要

访谈过程中由于语速较快，对记录能力要求较高。经验不足的工作人员可以采用录音笔（在征求对方同意的前提下）的方式进行记录，访谈结束后再整理。当场记录的过程中要抓住重点，记录关键性数据和关键词，另外可以使用自创的符号代表常用词以节约记录时间，并在访谈结束后第一时间内对访谈记录进行整理。[2]

二、资料收集

1. 资料收集内容

由于总体规划涉及城市（镇）社会、经济、人口、自然等诸多方面，因此总体规划基础资料的收集也同样必须涉及多方面的内容。这些内容大致可以分为以下几个大类。每一类基础资料的内容都直接或间接地成为编制城市总体规划时的依据或参考。

1.1 城市发展及相关政策文件

包括近五年的政府工作报告；关于城乡发展现状、问题的相关研究报告；关于城乡医疗、社保、住房、用地、就业和户籍等制度的有关政策文件；近五年的重要研究课题和成果；近五年的人大常委会、政协提案等。

通过城市发展相关政策文件的调查，可以了解城市发展建设的政策和制度环境、政府工作的重点和方向、城市发展建设过程中的突出问题等，为城市发展战略的研究提供基础。

1.2 自然条件及历史沿革

(1) 自然条件

包括地区地质状况（工程地质、地震地质、水文地质等）、气象资料、水文资料、地形地貌特征和自然资源的分布、数量及利用价值等。

通过自然环境资料的调查，了解地形起伏、地质地貌、水文地质，以用于城市用地评定，选择城市用地。自然灾害资料是选择城市用地和经济合理地确定城市用地范围的依据，是做好规划建设的前提条件之一。气象资料对城市用地布局和建设标准有重要影响。水文条件涉及城市安全、用水和景观。自然资源分布及利用价值影响城市产业发展和市民生活质量。

另外，地震有关资料信息以及冲沟、滑坡、沼泽、盐碱地、熔岩、沉陷性大孔土的分布范围，洪水淹没线应在用地评价图上标出。

(2) 历史沿革

包括城市历史沿革、地址变迁、规划史料、历史文化遗产及当地的民俗等。

通过了解历史沿革，可以以史为鉴，来分析城市未来的发展趋势，有助于确定城市的性质和发展方向，做出富有地方特色的规划方案。同时，使文化遗产得以保护和利用。

如果掌握资料比较充分，可以画出每个阶段的城市历史演化图，通过对城市发展过程中历次规划资料的收集及其与城市现状的对比、分析，也可以在一定程度上判断以往城市规划对城市发展建设所起到或者没有起到的作用，并从中吸取经验教训。

1.3 人口现状及发展趋势

人口资料主要包括现状及历年城镇常住人口、户籍人口、暂住人口和流动人口的数量，人口的空间分布，人口构成及比例关系（年龄构成、性别构成、劳动力构成、就业构成、家庭结构构成等），人口变动数据（生育率、出生率、死亡率、自然增长率、机械增长率等）。另外，历次人口普查资料是对城市人口进行深入分析的重要数据，应在基础资料收集过程中尽可能得到。

现状人口资料是确定城市性质和发展规模的重要依据之一。通过对城市人口的就业构成和年龄构成的分析，还可了解城市劳动力储备的状况，确定公共服务设施的种类、数量和规模。通过对人口空间分布的变化分析，可以了解城市人口的内部流动情况和城镇化发展趋势。

1.4　综合经济与产业发展

包括国民经济和社会发展情况、自然资源的开发利用情况、工业发展情况。国民经济和社会发展情况包括国民经济历年主要指标的增长速度，如国内生产总值（GDP）、人均GDP、固定资产投资、财政收入、社会消费品零售总额等；产业结构历年变化；第一、第二、第三产业经济状况；各类产业的历年产能、产值和利税数据；居民生活水平、收入水平等。自然资源的开发利用情况，包括矿产、水资源、燃料动力资源、农副产品资源的分布（数量）、利用价值等；旅游资源分布、特色及旅游线路和旅游设施等。工业现状及规划资料，包括用地面积、建筑面积、产品产量产值、职工数、用水量、用电量、运输量及污染情况，近期计划兴建和远期发展的设想。另外，历次经济普查资料是对城市经济和产业发展进行深入分析的重要数据，应在基础资料收集过程中尽可能得到。

城市经济是影响和决定城市发展的重要因素，在城市总体规划中，经济资料的调查是论证和确定城市发展战略目标、城市性质、城市规模、城市主导产业的基础。

1.5　空间发展与土地利用

包括与城市相关的区域规划、各片区控制性详细规划、已批项目修建性详细规划、各类专项规划和土地利用总体规划等规划资料。

城镇体系规划等更广泛空间范围的规划是确定城市性质、规模的重要依据之一，也是确定城市发展方向的重要参考。已批控制性详细规划应作为城市用地规划的重要参考。已批项目修建性详细规划可视为现状用地调查的一部分。各类专项规划则集中代表了相关职能部门对未来的发展设想。土地利用总体规划则直接影响规划建设用地的规模和范围。

1.6　公共服务设施与居住

（1）公共服务设施

公共服务设施调查包含公共管理与公共服务设施和商业服务业设施两大类，具体包括城市行政、文化、教育、体育、社会福利、商业、金融、娱乐康体等设施的现状及规划资料（设施规模、等级、用地面积、建筑面积、职工人数等）；现有主要公共建筑的分布、用地面积、建筑面积、建筑质量和近期、远期的发展计划等。

通过调查了解城市公共设施的建设水平、分布是否合理，以便在规划中提出改进措施，对于一些必要的大型公共建筑项目，即使近期无修建计划，也应该预留用地。

（2）居住

包括居住用地基本情况、商品房开发情况、需改造社区的范围、城中村情况以及旧城改造和城中村改造的相关政策、住房保障的相关政策等。

通过调查居住用地基本分布情况可以了解城市居民居住现状和居住用地的构成；商品房开发和销售情况可以帮助判断城市住房市场的供需情况和发展潜力；对需改造的社区和城中村情况的了解有助于居住用地的规划和旧城改造、城中村改造规划的开展，另外从存量规划的角度来看，大量低密度、低质量的居住用地也是城市未来发展中存量用地的重要组成部分；对旧城改造和城中村改造政策的了解是旧城更新规划的基础；对住房保障相关政策的了解可以帮助制定更有针对性和行之有效的住房保障规划。

1.7　交通运输与城市道路

包括对外交通、市内交通和道路的现状、存在问题和规划设想。

（1）对外交通

各类对外交通方式的客货运量；客货运的主要流向；对外交通站点的等级、规模、建设年代和设施质量；铁路、公路和航道的技术等级、走向、宽度、长度等；相关部门编制的发展规划。

（2）市内交通

现状道路的路幅、断面形式；交通性广场、桥梁、公共停车场等设施的建设情况；各主要交叉口的高峰、平时交通量情况；各类公共交通线路、车辆数、运量、站场的现状及相关部门的发展计划；城市 OD 交通量调查的资料。

1.8　市政基础设施

各项市政工程的建设现状。包括场站及其设施的位置与规模，管网系统及其容量，防洪工程、人防工程、防灾等工程设施的现状和存在的问题，今后的发展计划或设想等。

（1）给水资料：水源地、水质等级、水源保护现状；现状用水量、供水普及率、供水压力、用水大户；现状水厂布点、供水规模、用地面积；现状配水管网的分布、管径；现有水厂和管网的潜力、扩建的可能性。

（2）排水资料：排水体制；污水处理率；污水排放设施布点、处理等级、处理规模、用地面积、出口位置；现状污水排水管网的分布、管径；雨水排水管网的分布、管径；涵闸现状；城市及周边地区现状水系。

（3）供电资料：电厂、变电所（站）的容量、位置；区域调节、输配电网络概况、用电负荷的特点；高压线走向、高压走廊等；用电大户分布情况等。

（4）电信情况：电信设施及电信电缆（或电信导管）的布置、走向；电信网点的布点、容量、用地面积等。

（5）燃气情况：现状天然气气源、气化率；现状输配气管网分布、管径；液化气储配站位置、规模等。

（6）防灾设施：人防工程现状布点、设施占地规模；抗震防灾现状设施、措施；避震疏散道路；防洪、排涝的设施分布、标准；消防站、消防大队等设施分布、消防设备，消防供水现状等；了解城市预警系统、应急系统及有关措施的现状情况和修建计划。

（7）环境卫生：各类废弃物量；废弃物收集、运输、排放，废弃物无害化处理状况；垃圾处理场、收集及中转站、公共厕所的分布、容量、现状使用情况；环卫专用车辆及停车场、进城车辆冲洗站以及其他环卫机构等的数量与分布。

以上各项除现状外，均应了解其修建计划及其投资来源，并尽可能按专业附以图表。这些资料是进行城市市政工程规划的主要依据。

1.9 绿化水系与环境保护

(1) 绿化水系

各类城市公园、街头绿地、生产防护绿地、水面等开敞空间的现状规模、分布等，在图纸上确定绿线、蓝线的走向、保护范围，以及园林绿化部门发展规划。市域森林、湿地、风景区、生态保护区、各类绿化防护带的范围、走向和保护等级。

(2) 环境保护

包括污染源检测数据和环境质量监测数据两部分。

具体包括水资源保护区范围、环境监测成果、重点监控企业名单、环境污染（废水、废气、废渣及噪声）的危害程度（包括污染来源、有害物质成分）。其他影响城市环境质量有害因素的分布状况及危害情况，地方病及其他有害健康的环境资料以及对各污染源采取的防治措施和综合利用的途径。

2. 基础资料的表现形式

基础资料的表现包括图表、文字、图纸等多种形式，表现形式的选择以能说明情况和问题为准。基础资料调查中的常用表格如下（表 1-2-2 ~ 表 1-2-15），仅供参考。

人口概况表 **表 1-2-2**

镇（街）	总户数（户）	总人口（人）			非农业人口（人）
		合计	（其中）男	（其中）女	

（资料来源：作者自制）

人口变动一览表 **表 1-2-3**

人口数 / 年份	年底总人口（人）	常住人口（人）	暂住人口（人）	流动人口（人）

（资料来源：作者自制）

人口增长情况 **表 1-2-4**

年份	自然增长				机械增长				综合增长	
	增长率（%）	增长人口（人）	出生人口（人）	死亡人口（人）	增长率（%）	增加人口（人）	迁入人口（人）	迁出人口（人）	增长率（%）	增长人口（人）

（资料来源：作者自制）

人口年龄结构 表 1–2–5

年龄段 \ 人口数及其比重	人口数（人）	所占比重（%）
0 ~ 5 周岁		
6 ~ 14 周岁		
15 ~ 64 周岁		
65 岁以上		
合计		

（资料来源：作者自制）

主要工业企业情况 表 1–2–6

企业名称	企业属性	年底从业人数（人）	经营项目	总产值（万元）	净资产（万元）	产品销售收入（万元）	税收(万元)	利润总额（万元）

（资料来源：作者自制）

文化体育设施一览表 表 1–2–7

单位名称	设施等级	设施规模（座）	建筑面积（m^2）	占地面积（ha）	备注

（资料来源：作者自制）

教育设施一览表 表 1–2–8

学校类型	名称	占地面积（ha）	建筑面积（m^2）	教师数（个）	学生数（个）	班级数（个）	操场建设情况

（资料来源：作者自制）

城区道路一览表 表 1–2–9

名称	走向	性质	长度（km）	宽度（m）	断面形式	备注

（资料来源：作者自制）

主要桥梁一览表 表 1–2–10

桥梁名称	性质	总长（m）	净宽（m）	使用情况	河流名称	荷载

（资料来源：作者自制）

停车场情况一览表 表 1–2–11

名称	位置	用地面积（m^2）
×× 停车场		
×× 停车场		
合计面积		

（资料来源：作者自制）

现状水厂情况表 表 1–2–12

名称	建成时间	位置	占地面积（ha）	设计规模（t/日）	水厂日供水能力（t/日）	供水水源	备注

（资料来源：作者自制）

污水处理厂调查表 表 1–2–13

名称	建成时间	位置	占地面积（ha）	设计规模（t/日）	处理量（t/日）	处理工艺	尾水情况	排放情况

（资料来源：作者自制）

变电站一览表 表 1–2–14

名称	建成时间	位置	占地面积（ha）	变电电压（kV）	主变台数（台）	总容量（kVA）

（资料来源：作者自制）

现有输配电网络一览表 表 1–2–15

输配电线路名称	起点	讫点	等级

（资料来源：作者自制）

3. 资料收集方式

城市总体规划基础资料的收集方式主要有下发回收、现场回收、留置回收等，可根据调研的实际情况和日程安排灵活选择。

三、现场踏勘

在总体规划调查研究工作中，除了尽可能收集利用已有的文献、统计资料外，直接进入现场进行踏勘和观察也是一种非常重要的调查方法。通过规划人员的直接踏勘和观测工作，不仅可以获取现状情况、补充文献、统计资料和图纸资料的不足，还可以使规划人员在第一时间建立对于城市的感性认识。

1. 用地调查

以地形图和卫星影像图为基础，按照国家《城市用地分类与规划建设用地标准》GB 50137—2011 所确定的城市用地分类，对现状建成区范围内的所有用地进行实地调查，内容包括各地块的界限、用地性质、建筑层数、建筑质量等，并在地形图上进行标注，用于编制现状图和计算用地平衡表。按照《城市用地分类与规划建设用地标准》，城市用地按大类、中类和小类三级进行划分，以满足不同层次规划的要求。一般而言，城市总体规划阶段以达到中类为主，规模较小的城市可具体调查到小类，另外在现场踏勘阶段，对用地的记录应尽可能详尽，以便在规划过程中随时调阅。

由于基础资料的滞后性，地形图一般无法完全反映城市建设的现状，对地形图上缺失或与现状不一致的内容应进行补充，如新建建筑、道路、绿地等，应进行简单的测量（一般采用尺测或步测的方式），并按比例绘制在地形图上。

用地调查过程中除地形图和卫星影像图外，还应携带记号笔、马克笔、相机等记录工具，拍摄照片的编号应记录在地形图上，方便查阅。

Tips 1-4：在现场踏勘时要做到“三勤二多”

“三勤”：一要腿勤，既要多走路，以步行为好，在步行中把地形、地貌、地物调查清楚，把抽象的平面地形图，化为脑子中具体的、空间的立体图；二要眼勤，要仔细看、全面看，对特殊情况要反复看，并记忆下来，发现问题时，应联想规划改造的方案，把资料与规划挂上钩；三要手勤，把踏勘时看到的、听到的随时记下来；对地形图不合实际或遗漏的地方及时修改补充。

“二多”：一要多问，即多向当地群众和有关单位请教；二是多想，即多思考，对调查中发现的现状情况要反复研究，避免规划脱离实际。[3]

2. 关键节点踏勘

通常是对城市中具有典型意义的局部地区进行的调查工作。如各级各类城市中心、滨水地区、城中村地区、人地矛盾较为突出的老城区等。调查中一般采取现场记录、拍照、访谈等多种形式，旨在对影响总体规划全局的关键性要素进行全面深入的了解。

3. 重要交通节点调查

除对用地进行踏勘外，在城市总体规划调查阶段还应根据需要，对城市内部交通以及城市对外交通的重要节点进行交通流量调查。通过交通节点调查可以大致了解城市交通量的时空分布和重要节点的交通现状（设计通行能力与实际交通量），为交通规划的编制、交通设施的新建和改建、交通管理措施的提出提供数据基础。

调查对象建议选择城市重要桥梁、重要路段的交叉口、对外交通节点的出入口等。调查时间可以选择在工作日和休息日分别进行。交通节点调查要求记录在一天的不同时间段，单位时间（一般为 15 分钟）内通过道路断面（交叉口）的所有机动车（分方向和车型记录）、非机动车（分方向记录）和行人数（分方向记录）。调查方式可采取人工计数、录像等多种方式。人工计数的方式适用性强、精度较高、易于掌握，但耗时耗力。录像方式对设备有一定要求，但资料便携且能够反复使用，录像时一般可以选择在调查节点周边的高层建筑进行，方便俯拍全局，但要注意交通节点上空是否有遮挡。

四、问卷调查

问卷调查是城市总体规划中公众参与的重要手段之一。通过问卷调查，可以大致掌握城市中各类人群对于城市发展和建设的意见建议、对于个人和家庭未来发展的意愿等。问卷调查的最大优点是能够较为全面、客观、准确地反映群体的观点、意愿和意见，但问卷发放及回收过程中都需要较多人力和资金的投入。由于时间、人力、物力的限制，城市总体规划中更多地采用抽样调查的方式，如调查城市人口的 1%，乃至 1‰，只要样本数量到达一定程度，能够基本覆盖城市中的各类人群，且各人群抽样比例基本符合城市的人口构成情况即可。

1. 城市居民问卷调查

对城市居民的问卷调查着重于调查居民的日常生活情况、日常出行情况，对于城市建设各方面的满意程度，对城市建设的不足有哪些意见和建议，对城市未来发展的期许等。以期在调查中获得城市居民对城市形象和发展方向的看法、对城市建设各方面的需求及其自身发展（如住房选择、就业选择、迁居选择等）的意愿，为城市性质、规模的确定、城市各类设施的规划、城市空间布局等提供直接、间接的数据基础。

城市居民问卷的发放方式一般可以选择依靠行政渠道下发（如由居委会下发到居民）、依靠学校下发（由学生转交家长）、邮寄和街头询问等多种方式。其中，邮寄的回收率最低，但人力成本较低；街头询问的回收率最高但需要耗费大量的人力成本。因此，实际调查中以依靠行政渠道下发和依靠学校下发居多。

2. 乡镇居民问卷调查

对乡镇居民的问卷调查着重于调查乡村居民的日常生活、经济来源、外出务工情况、城镇化的意愿和对乡村各项建设的意见建议等。以期在调查中了解乡村居民的实际生活情况、对乡村的依赖程度、对城镇化的看法和自身意愿、对乡村建设的需求等，为城镇化水平预测、乡镇未来发展预期和城镇体系规划乃至城市住房、公共设施规模预测提供直接、间接的数据基础。

乡镇居民问卷的发放方式一般以依靠行政渠道下发和街头询问为主。依靠行政渠道下发可以以村集体为单位进行调查，回收率较高，但问卷有效性较低；街头询问可以与总体规划中的乡镇调查一起进行，相对来说效率较高。

3. 企业问卷调查

对企业的问卷调查着重于企业的规模、运营情况、企业发展的需求、对于城市建设的意见建议和未来迁移的可能性、意愿等。为城市主导产业的选择、工业用地规划、工业用地更新策略等的制定提供依据。

企业问卷的发放形式以行政渠道下发为主。

Tips 1-5：调查问卷的设计、格式和编排

为了更好地达到调查目的，调查问卷需要经过精心的设计。其类型、用语和问题的顺序都必须进行详细的规划。

1. 设计原则

问卷的设计一般遵循下列原则：

主题鲜明，避免出现与主题无关的夹带问题。

结构合理，遵循先易后难、先简后繁、先具体后抽象的次序。

长度适当，问卷长度宜控制在 30 分钟以内。如果是街头调查，问卷长度最好控制在 5 分钟以内，最长不宜超出 10 分钟。

便于处理。

2. 问卷的构成

问卷通常包含三部分的内容：介绍词、填表说明、问题。

（1）介绍词

介绍词一般放在问卷的开头，介绍词的好坏直接决定着调查者能否取得调查对象的信任和配合。一篇完整的介绍词需要包含以下几方面的内容：

表明进行该项调查的人或组织的身份；

说明该项调查的重要性；

使调查对象认识到他的回答的意义，

让调查对象了解将对他的回答秘密处理并为之保守秘密；

对调查对象的配合与支持表示感谢。

（2）填表说明

填表说明是关于如何填写问卷的说明，一般有三种类型：总体性的填写说明、问卷各部分的填表说明、个别问题的填表说明。

比较典型的一种填表说明如下：

请您根据自己的情况，在下列合适的数字上用“√”表示，除特殊说明外，均为唯一选择。

（3）问题安排

在将问题排序时，一般将同一个主题的问题放置在一起，即将问题分为几个群组，群组之间依照一定的逻辑来进行排序。

除此之外，应该注意在问卷的开头部分，可安排较易回答的开放性问题，切忌一开始就提出高度敏感性问题；核心问题，即整张问卷的中心问题可置于问卷的中间；而比较敏感的问题，如收支情况、耐用消费品拥有情况等可放在问卷的最后。

五、网络媒体及大数据

除传统手段外，新媒体、新技术、新数据的应用也能够使得总体规划的调查工作更加便捷、准确、直观，更具可信度。

图 1-2-1　同衡规划院现状调研 APP 成果
（资料来源：王鹏.大数据支持的城市规划方法初探 [A]// 中国城市规划学会.城乡治理与规划改革——2014 中国城市规划年会论文集（04 城市规划新技术应用）[C].中国城市规划学会：中国城市规划学会，2014.）

例如在调查准备阶段，在线地图可以帮助工作人员提前熟悉规划对象的整体概况，做到心中有数。

在实地踏勘阶段，利用在线地图的应用和二次开发，可以直接在在线地图数据库上进行操作，将踏勘结果直接记录整理到电子现状图上，减少后续图纸转电子文件的工作量，避免调研数据在这个过程中的损耗和偏差（图 1–2–1）。

在区域分析的过程中，对城市对外联系的主要方向可通过在线地图的人口迁移分析来进行初步了解；对区域内各城市联系强度的分析，除利用传统的客流数据进行分析外，百度等搜索网站上的搜索数据也可以在一定程度上反映城市居民之间彼此的关注程度和联系程度。

在公众意见收集的过程中，一是可以利用城市政府及其他当地组织机构的自媒体，如微博、微信平台、百度贴吧等，进行总体规划的宣传和居民意见、建议和意愿的收集；二是可以对当地微博、微信、贴吧用户的发布内容进行文本分析，提取与城市发展和建设相关的关键词。

在对城市空间布局和道路交通规划进行评价的过程中，可以结合城市居民的手机信令数据、公交卡数据、出租车数据等，分析居民日常出行的基本特征和交通热点地区，在此基础上对城市的用地布局和道路交通规划进行改善。另外，可以利用社交网站的签到数据，获取不同使用人群空间分布的特征，人群在不同场所产生的主观感受和情绪。可以利用生活服务类网站的信息，对于城市不同类型的设施分布进行读取（图 1–2–2 ～图 1–2–4）。

总体来说，新技术的产生和应用对于传统调研手段来说是非常必要的补充和辅助，因此城市规划工作人员应该及时对此进行关注和应用，使规划调研结果更为科学、可信、有效（图 1–2–5）。

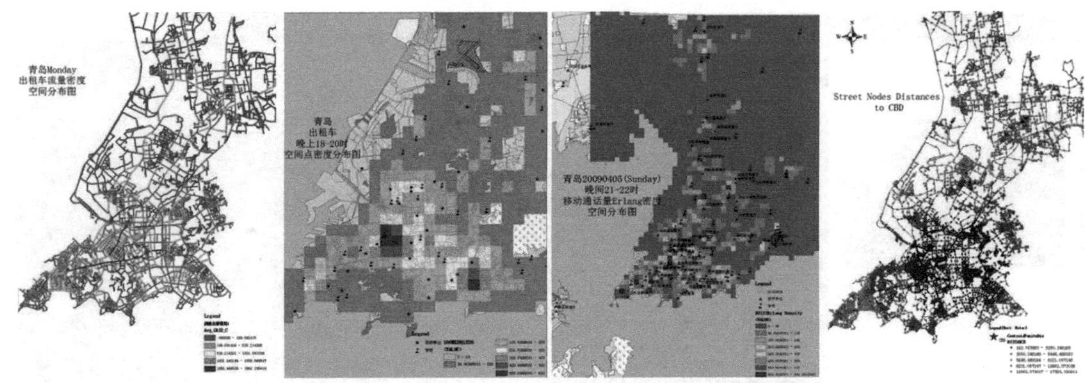

图 1-2-2　基于出租车 GPS 轨迹数据的城市空间结构分析图

（资料来源：王鹏 . 大数据支持的城市规划方法初探 [A]// 中国城市规划学会 . 城乡治理与规划改革——2014 中国城市规划年会论文集（04 城市规划新技术应用）[C]. 中国城市规划学会：中国城市规划学会，2014：21.）

单位格网内带有地理标记 Weibo 的数量

Geotagged Weibo

利用新浪微博 6 个月内用户发布的带有地理位置的微博（1 千万条记录）统计单位格网微博数量，表征各地区人类活动的强度。

Made by Jianghao Wang（Wangjh@Ireis.ac.cn）

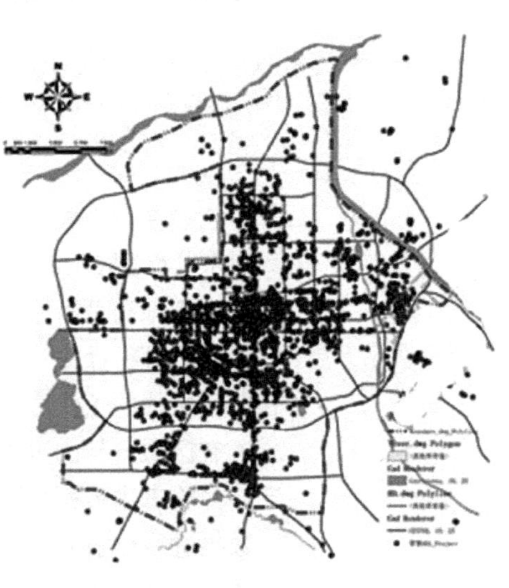

西安市主城区商业店铺位置

西安市主城区商业“热度”空间分布

图 1-2-3　基于新浪微博位置数据的江苏省人群分布强度图（左）

（资料来源：茅明睿 . 大数据时代的城市规划 . http：//www.planners.com.cn/share_show.asp?share_id=61&pageno=1）

图 1-2-4　基于大众点评网数据的西安市主城区商业“热度”空间分布（右）

（资料来源：郑晓伟 . 城市规划与研究中的开放数据（大数据）获取方法及应用分析技术 . http：//www.udparty.com/topic/1572.html）

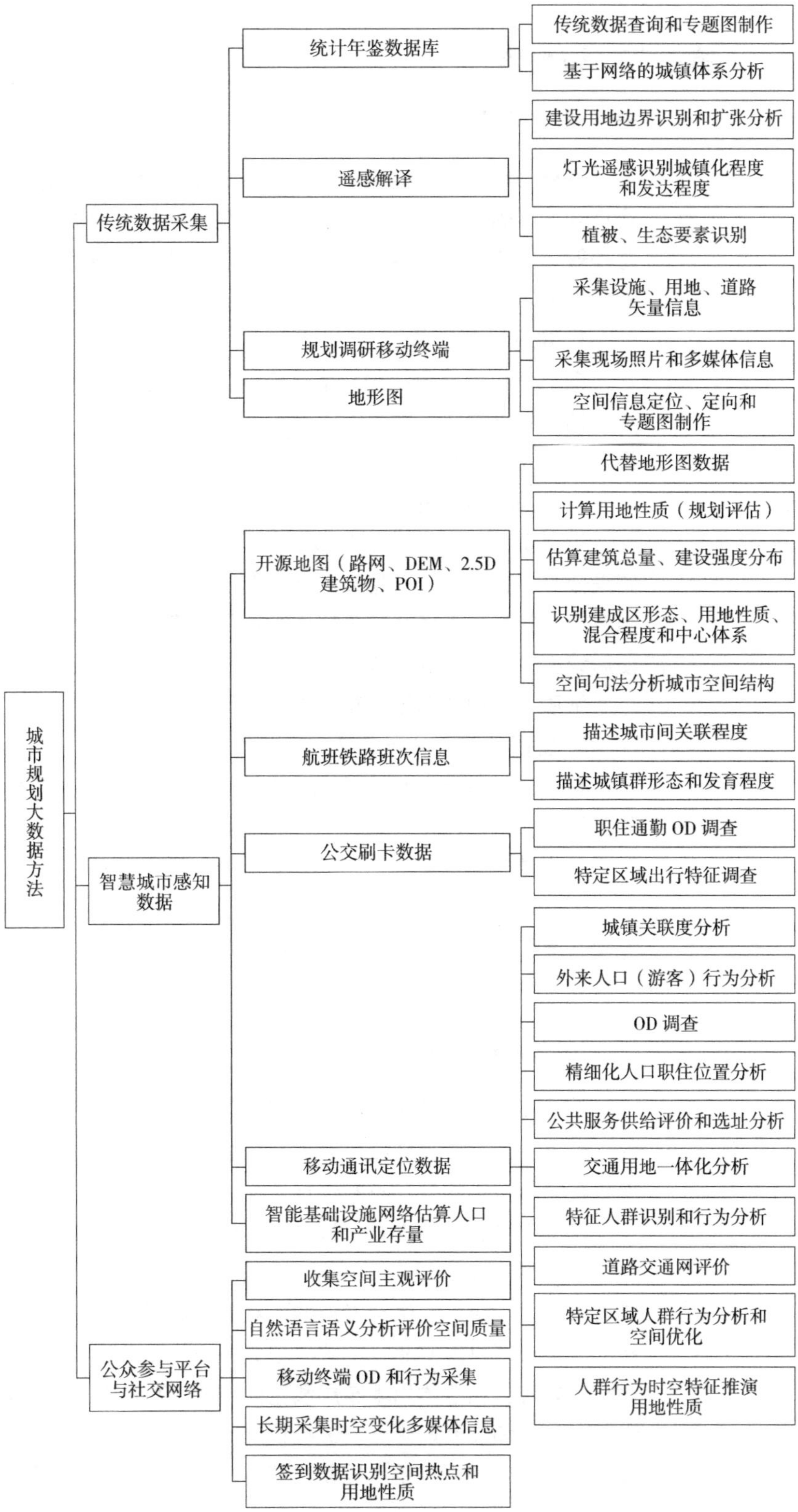

- 城市规划大数据方法
  - 传统数据采集
    - 统计年鉴数据库
      - 传统数据查询和专题图制作
      - 基于网络的城镇体系分析
    - 遥感解译
      - 建设用地边界识别和扩张分析
      - 灯光遥感识别城镇化程度和发达程度
      - 植被、生态要素识别
    - 规划调研移动终端
      - 采集设施、用地、道路矢量信息
      - 采集现场照片和多媒体信息
      - 空间信息定位、定向和专题图制作
    - 地形图
  - 智慧城市感知数据
    - 开源地图（路网、DEM、2.5D建筑物、POI）
      - 代替地形图数据
      - 计算用地性质（规划评估）
      - 估算建筑总量、建设强度分布
      - 识别建成区形态、用地性质、混合程度和中心体系
      - 空间句法分析城市空间结构
    - 航班铁路班次信息
      - 描述城市间关联程度
      - 描述城镇群形态和发育程度
    - 公交刷卡数据
      - 职住通勤 OD 调查
      - 特定区域出行特征调查
    - 移动通讯定位数据
      - 城镇关联度分析
      - 外来人口（游客）行为分析
      - OD 调查
      - 精细化人口职住位置分析
      - 公共服务供给评价和选址分析
      - 交通用地一体化分析
      - 特征人群识别和行为分析
      - 道路交通网评价
      - 特定区域人群行为分析和空间优化
      - 人群行为时空特征推演用地性质
    - 智能基础设施网络估算人口和产业存量
  - 公众参与平台与社交网络
    - 收集空间主观评价
    - 自然语言语义分析评价空间质量
    - 移动终端 OD 和行为采集
    - 长期采集时空变化多媒体信息
    - 签到数据识别空间热点和用地性质

图 1-2-5　城市规划大数据方法

（资料来源：王鹏. 大数据支持的城市规划方法初探[A]// 中国城市规划学会. 城乡治理与规划改革——2014 中国城市规划年会论文集（04 城市规划新技术应用）[C]. 中国城市规划学会：中国城市规划学会，2014：21.）

第三节　资料整理

一、调查资料汇总

基础资料汇总是城市总体规划中一项繁琐且关键的工作，基础资料内容是否详实、准确影响着城市总体规划最终成果的可操作性和科学性。基础资料汇总一般包括 4 方面内容：电子资料汇总、纸质资料汇总、座谈及访谈笔记汇总和问卷输入。

1. 电子资料汇总

电子资料包括图件和文字两部分内容。建立资料库，将各类资料按类别分类归档，列出清单，并由专人保管。除机密文件外，可将资料上传云存储，方便工作组人员随时查阅。

2. 纸质资料汇总

纸质资料包括各类部门提供的行业资料（注意标注时间），项目组要进行整理分类，按专人专项检查有无遗漏，并记录后交与委托方补充。另外，调研结束后，要由专人将文字资料进行拍照或者扫描，以防纸质文件遗失，同时方便后续工作人员检索和传阅。

纸质资料中的图纸资料要注意标明比例尺。

3. 座谈及访谈笔记汇总

整理总规调研过程中座谈会的座谈纪要，结合座谈和访谈笔记撰写总结，作为现状分析的原始素材。

4. 问卷输入

调研过程中进行的问卷调查在问卷回收后，要及时将问卷数据电子化，以免问卷遗失或损毁。在电子化的过程中，要对问卷进行编码，与纸质问卷一对一，方便校验。

二、文字资料整理

总体规划调研结束后，要及时将调研成果和初步的分析结论汇编成册，制作基础资料汇编。基础资料汇编是后续编制总体规划的基础，且在规划过程中，要根据收集数据的情况不断进行更新。

基础资料汇编的内容一般分为市域和中心城区两个层次（有时也可分为市域、规划区和中心城区三个层次）（表 1–3–1）。市域主要分三部分内容：一是城市社会、经济、生态发展的现状分析和研究，二是市域城镇体系现状及分析，三是市域重大交通、市政、公共服务设施的现状及评价；中心城区以用地为核心内容，在总体用地布局和空间结构分析的基础上，对各类用地和设施的现状、问题和发展设想一一进行梳理。另外，在基础资料汇编中，还应对上位规划、相关规划进行要点提取和总结，对上轮规划进行评价，为总体规划的编制提供基础。

基础资料汇编分章节内容　　表 1–3–1

市域部分	概况	区位、自然条件、建制沿革等
	相关规划	包括上位规划解读、相关规划解读、上轮规划评价等
	市域人口	人口现状，包括总人口、人口结构、人口分布等；人口变化，包括人口规模变化、人口结构变化、人口分布变化等；城镇化水平；规划区人口
	产业经济	产业概况，经济发展水平，历年变化；第一、二、三产业各自的发展水平和历年发展变化；产业发展的相关规划、主要优势和突出问题
	资源	农业资源、水资源、土地资源、森林资源、矿产资源、旅游资源、人文资源等支撑城市发展的主要资源禀赋
	市域城镇体系	城镇体系现状与城镇化水平，城镇体系发展历程；城镇体系相关规划及发展要求；城镇化过程中存在的主要问题
	市域交通	公路、铁路、机场、港口等区域性交通设施的现状及其存在的主要问题，相关部门的发展设想及规划要求
	市域公共管理与公共服务设施	市域内（主要是城区外的大型设施和乡镇设施）各类公共管理与公共服务设施的现状、存在的主要问题、相关部门发展设想及规划要求
	市域商业设施	各类商业设施（主要是城区外的大型设施和乡镇设施）的现状、存在的主要问题、相关部门发展设想及规划要求
	市域市政工程设施	各类市政设施（主要是城区外的大型设施和乡镇设施）的现状、存在的主要问题、相关部门发展设想及规划要求
中心城区部分	城区用地布局	建成区范围、总体布局形态、各类建设用地现状、用地平衡表、用地布局存在的问题、相关部门发展设想及规划要求
	城区道路交通	城区道路现状及存在问题；城区公共交通现状及存在问题；相关部门发展设想及规划要求
	城区公共管理与公共服务设施	各类公共管理与公共服务设施的现状、存在的主要问题、相关部门发展设想及规划要求
	城区商业设施	各类商业设施的现状、存在的主要问题、相关部门发展设想及规划要求
	城区居住用地	居住用地现状及主要问题；城区人口分布情况；商品房市场发展情况；保障房建设情况及相关政策
	城区工业仓储用地	工业用地布局及主要问题；重点园区建设发展情况；相关规划；仓储用地现状及主要问题；相关部门发展设想及规划要求
	城区绿地水系	绿地现状及主要问题、相关规划、相关部门发展设想及规划要求；水系现状及主要问题、现有蓝线要求；相关部门发展设想及规划要求
	城区风貌景观	城区景观风貌及建筑质量、高度分区等
	城区市政工程设施	各类市政设施（主要包括源和管线两部分）的现状、存在的主要问题、相关部门发展设想及规划要求
	环境保护与综合防灾	环境质量现状及问题、环保要求等；防洪、抗震、消防、人防等防灾设施的标准、现状及存在问题

（资料来源：作者自制）

《诸城市总体规划（2013—2030）》基础资料汇编目录

第 1 章　诸城概况

1.1 地理位置与交通区位；1.2 自然条件；1.3 建制沿革

第 2 章　人口

2.1 市域人口；2.2 历年人口变化；2.3 人口结构；2.4 市区人口；2.5 城镇化水平；2.6 现状中心城区人口

第 3 章　产业经济

3.1 总体发展情况；3.2 第一产业发展；3.3 第二产业发展；3.4 第三产业发展；3.5 有关规划要求；3.6 主要问题

第 4 章　资源

4.1 农业资源；4.2 水资源；4.3 土地资源；4.4 矿产资源；4.5 旅游资源；4.6 动植物资源

第 5 章　市域城镇体系

5.1 行政区划；5.2 城镇体系现状及城镇化水平；5.3 城镇体系相关规划及发展要求；5.4 主要问题

第 6 章　交通

6.1 市域交通；6.2 城区道路交通

第 7 章　公共管理与公共服务设施

7.1 行政办公设施；7.2 文化设施；7.3 教育科研设施；7.4 科研设施；7.5 体育设施；7.6 医疗卫生设施；7.7 社会福利设施；7.8 文物古迹；7.9 民族宗教设施；7.10 相关部门要求和相关规划要求

第 8 章　商业设施

8.1 商业设施概况；8.2 批发和零售业；8.3 住宿和餐饮业；8.4 金融机构；8.5 娱乐康体设施；8.6 其他服务设施；8.7 相关规划

第 9 章　现状中心城区用地布局

9.1 现状中心城区用地范围；9.2 总体布局特征；9.3 建设用地现状；9.4 现状中心城区建设用地平衡表；9.5 用地布局存在问题；9.6 有关部门意见及相关规划要求

第 10 章　城区居住用地

10.1 城区居住用地概况；10.2 城区社区概况；10.3 居住类型；10.4 存在的问题；10.5 相关规划要求及政策

第 11 章　现状中心城区工业仓储

11.1 概况；11.2 工业布局特点；11.3 规划重点园区；11.4 相关规划；11.5 城区物流仓储

第 12 章　城区绿地水系

12.1 绿地；12.2 水系；12.3 相关规划要求

第 13 章　城市风貌与景观

13.1 城区景观与风貌；13.2 现状问题；13.3 相关规划要求

第 14 章　郊区建设

14.1 郊区范围界定及概况；14.2 郊区主要街镇概况；14.3 郊区主要设施；14.4 相关规划要求

第 15 章　市域及中心城区市政工程现状

15.1 给水工程；15.2 排水工程；15.3 城区环卫；15.4 电力工程；15.5 燃气工程；15.6 通信邮政工程；15.7 供热工程

第 16 章　环境保护现状

16.1 环境质量现状及问题；16.2 部门设想

第 17 章　综合防灾

17.1 防洪排涝；17.2 消防；17.3 人防；17.4 抗震

第 18 章　各街镇调研访谈资料汇总

第 19 章　相关规划汇总

19.1 诸城市总体规划（2003—2020 年）；19.2 各镇总体规划及中心城空间发展规划；19.3 诸城市其他综合性规划；19.4 其他专项规划

（资料来源：同济大学城市规划设计研究院，山东建大建筑规划设计研究院.《诸城市总体规划（2013—2030）》）

三、现状图绘制

1. 绘制现状图

现状图是编制总体规划工作的基础。由于城市总体规划一般包括市域（县域）城镇体系规划和中心城区总体规划两个层次的内容，因此现状图也对应分为两部分。

市域部分现状图纸一般包括：区位分析图（包括各层次区位分析图、城市在区域中的相对优劣势和发展评价分析图等必要的分析图）、市域城镇分布图（包括市域城镇发展评价分析图、市域人口分布图等其他有助于总体规划编制的分析图等）、市域资源现状图（包括旅游资源、矿产资源等）、市域产业布局现状分析图、市域城镇体系现状图（包括空间结构、职能结构、等级规模结构等）、市域综合交通现状图、市域公共管理与公共服务设施现状图、市域市政工程设施现状图等。

城区部分现状图纸一般包括：城区用地现状图、城区建筑现状图（包括高度、质量等，依城市规模而定）、城市道路现状图、城市公共管理与公共服务设施现状图、城市市政设施现状图、城市绿地水系现状图、城市景观风貌现状图和其他城市各类现状图等。

城市现状分析图的比例根据城市大小一般为 1 ：5000 ～ 1 ：25000，大中城市为 1 ：10000 ～ 1 ：25000，小城市为 1 ：5000 ～ 1 ：10000，可以在近期绘制的城市地形图的基础上进行编制。另外，现状图的深度可以依城市规模和内容的不同而不同，如一般现状图的深度以用地分类的中类为主，但公共管理与公共服务类设施因其特殊性，可以细分到小类。

现状分析图的编制是总体规划实习现场调研结束后的一项主要成果，作为规划的参考依据，分析图的内容应尽可能详尽、准确。

《诸城市总体规划（2013—2030）》现状图集目录

01 诸城市区位图
02 大青岛区域分市经济及人口指标
03 市域旅游资源现状图
04 市域矿产资源现状图
05 市域城镇体系空间结构现状图
06 市域城镇体系职能结构现状图
07 市域城镇体系规模等级现状图
08 市域综合交通现状图
09 市域公共管理与公共服务设施现状图
10 市域商业设施现状图
11 市域给水工程现状图
12 市域排水工程现状图
13 市域电力工程现状图
14 市域环卫工程现状图
15 市域综合防灾现状图
16 相关规划拼合图
17 郊区用地性质现状图
18 城区用地现状图
19 城区道路现状图
20 城区居住用地现状图
21 城区公共管理与公共服务设施现状图
22 城区商业设施现状图
23 城区工业仓储用地现状图
24 城区建筑高度现状图
25 城区建筑质量现状图
26 城区绿地水系现状图
27 城区景观风貌现状图
28 城区给水工程现状图
29 城区排水工程现状图
30 城区雨水工程现状图
31 城区电力工程现状图
32 城区通信工程现状图
33 城区燃气工程现状图
34 城区供热工程现状图
35 城区环卫工程现状图
36 城区综合防灾现状图
37 城区环保现状图

（资料来源：同济大学城市规划设计研究院，山东建大建筑规划设计研究院.《诸城市总体规划（2013-2030）》）

Tips 1-6：现状图绘制要点

根据图面内容多少适当组合单项图；

图例完整，采用标准图例；

市域部分和城区部分图纸版面设计应统一，可根据图纸内容选择图纸方向（纵向／横向），每部分图纸的底图、比例尺和图例放置位置应统一，整套图纸的标注文字字体、大小等也应统一。

采用深颜色表现管线和设施；

线条粗细、标注大小与图纸大小相配合；

采用相同的颜色、线条较淡的底图，底图中应包括重要水系、交通线和重大基础设施地面管线等。

2. 建立用地平衡表

在现状图的基础上，根据各类用地进行统计，形成城乡用地汇总表（表1-3-2）和现状城市建设用地平衡表（表1-3-3）。

城乡用地汇总表　　　　表1-3-2

<table>
<tr><th>序号</th><th colspan="2">用地名称</th><th>用地代码</th><th>用地面积（hm²）</th><th>占城乡用地比例（%）</th></tr>
<tr><td rowspan="7">1</td><td colspan="2">建设用地</td><td>H</td><td></td><td></td></tr>
<tr><td rowspan="6">其中</td><td>城乡居民点建设用地</td><td>H1</td><td></td><td></td></tr>
<tr><td>区域交通设施用地</td><td>H2</td><td></td><td></td></tr>
<tr><td>区域公用设施用地</td><td>H3</td><td></td><td></td></tr>
<tr><td>特殊用地</td><td>H4</td><td></td><td></td></tr>
<tr><td>采矿用地</td><td>H5</td><td></td><td></td></tr>
<tr><td>其他建设用地</td><td>H9</td><td></td><td></td></tr>
<tr><td rowspan="4">2</td><td colspan="2">非建设用地</td><td>E</td><td></td><td></td></tr>
<tr><td rowspan="3">其中</td><td>水域</td><td>E1</td><td></td><td></td></tr>
<tr><td>农林用地</td><td>E2</td><td></td><td></td></tr>
<tr><td>其他非建设用地</td><td>E3</td><td></td><td></td></tr>
<tr><td colspan="4">城乡用地</td><td></td><td>100</td></tr>
</table>

（资料来源：《城市用地分类与规划建设用地标准》GB 50137—2011）

现状城市建设用地平衡表　　　　表1-3-3

<table>
<tr><th>序号</th><th colspan="2">用地名称</th><th>用地代码</th><th>面积（hm²）</th><th>百分比（%）</th><th>人均（m²/人）</th></tr>
<tr><td rowspan="4">1</td><td colspan="2">居住用地</td><td>R</td><td></td><td></td><td></td></tr>
<tr><td rowspan="3">其中</td><td>一类居住用地</td><td>R1</td><td></td><td></td><td></td></tr>
<tr><td>二类居住用地</td><td>R2</td><td></td><td></td><td></td></tr>
<tr><td>三类居住用地</td><td>R3</td><td></td><td></td><td></td></tr>
</table>

续表

序号	用地名称		用地代码	面积（hm^2）	百分比（%）	人均（m^2/人）
2	公共管理与公共服务用地		A			
	其中	行政办公用地	A1			
		文化设施用地	A2			
		教育科研用地	A3			
		体育用地	A4			
		医疗卫生用地	A5			
		文物古迹用地	A7			
		宗教设施用地	A9			
3	商业服务设施用地		B			
	其中	商业设施用地	B1			
		商务设施用地	B2			
		娱乐康体用地	B3			
		公用设施营业网点用地	B4			
		其他服务设施用地	B9			
4	工业用地		M			
	其中	一类工业用地	M1			
		二类工业用地	M2			
		三类工业用地	M3			
5	仓储用地		W			
	其中	一类仓储用地	W1			
		二类仓储用地	W2			
6	道路广场用地		S			
	其中	道路用地	S1			
		综合交通枢纽用地	S3			
		交通场站用地	S4			
7	市政公用设施用地		U			
	其中	供应设施用地	U1			
		交通设施用地	U2			
		安全设施用地	U3			
8	绿地与广场用地		G			
	其中	公园绿地	G1			
		生产防护绿地	G2			
		广场用地	G3			
城市建设用地（合计）					100	
9	非建设用地				—	—
	其中	水域	E1		—	—
		农林用地	E2		—	—
		其他非建设用地	E9		—	—
中心城区范围面积					—	—

（资料来源：《城市用地分类与规划建设用地标准》GB 50137—2011）

Tips 1-7：在城市用地计算中，要注意以下几个原则：

分片布局的城市，是由几片组成的，且相互间隔较远，这种城市的用地应分片进行分别计算，再统一汇总。

市带县的城市，在县域范围内的各种城镇用地，包括县城建制镇、工矿区、卫星城等，一般不计入中心城市用地之内，但若在县域范围内存在城市的重要组成部分或有重要影响的用地，如水源地、机场等，可以汇入计算。

现状用地按实际占用范围计算，且已批用地要按照已占用用地进行计算。

城市规划的用地面积一般按照平面图进行量算，山脉、丘陵、斜坡等均以平面投影面积，而不以表面面积计算。

总体规划用地计算的图纸比例尺一般不小于1：10000，分区规划用地计算的图纸比例尺不应小于1：5000，在计算用地时现状用地和规划用地应采用同一比例尺，保证同一的精度。

城市用地的计算，统一采用“公顷”为单位，考虑到实际能够量算的精度，1：10000图纸精确到个位数；1：5000图纸精确到小数点后一位；1：2000图纸精确到小数点后两位。

参考文献

[1] 谭纵波．城市规划[M]．北京：清华大学出版社，2005.

[2] Floyd J.Flowe, Jr.Survey Research Methods.Sage Publications, 2002.（美）弗洛伊德·J．福勒．调查研究方法[M]．孙振东，龙藜，陈荟，译．重庆：重庆大学出版社，2009.

[3] 王勇．城市总体规划设计课程指导[M]．南京：东南大学出版社，2011.

[4] 王鹏．大数据支持的城市规划方法初探[A]// 中国城市规划学会．城乡治理与规划改革——2014中国城市规划年会论文集(04城市规划新技术应用)[C]．中国城市规划学会：中国城市规划学会，2014：21.

[5] 茅明睿．大数据时代的城市规划．http：//www.planners.com.cn/share_show.asp?share_id=61&pageno=1.

[6] 郑晓伟．城市规划与研究中的开放数据（大数据）获取方法及应用分析技术．http：//www.udparty.com/topic/1572.html.

第二章　规划评析与解读

第一节　规划评估

一、评估类型

城市总体规划实施评估有两种形式：

一是，独立编制规划实施评估，有年度规划实施评估和阶段性规划实施评估，评估内容相对完善；

二是，作为总体规划的一部分，是编制城市总体规划时，对上版城市总体规划实施情况进行回顾与评析，此类实施评估侧重于规划实施程度评估，评估内容针对性较强。

二、评估依据

1. 国家层面

2009 年 4 月，住房和城乡建设部出台《城市总体规划实施评估办法（试行）》[①]，明确提出了城市总体规划实施情况的评估工作是城乡规划工作的重要

① 住房和城乡建设部.《城市总体规划实施评估办法（试行）》(2009).

组成部分，并对城市总体规划实施评估的组织形式、实施评估的基本内容等作出了规定。

2. 地方层面

各省（市、自治区）根据住房和城乡建设部总体规划实施评估办法（试行）制定地方总体规划实施评估的办法。如山东省住房和城乡建设厅于2012年发布的《关于印发〈山东省城市和县城总体规划实施评估办法（试行）〉的通知》。

地方层面的总体规划实施评估办法，是在参照国家总体规划实施评估办法的基础上，结合地方需要对评估内容和成果形式进行适当调整。

Tips 2-1：住房和城乡建设部《城市总体规划实施评估办法（试行）》

（1）组织形式

城市人民政府是城市总体规划实施评估工作的组织机关。城市人民政府应当按照政府组织、部门合作、公众参与的原则，建立相应的评估工作机制和工作程序，推进城市总体规划实施的定期评估工作。

（2）评估内容

城市总体规划实施评估报告的内容应当包括：

1）城市发展方向和空间布局是否与规划一致；

2）规划阶段性目标的落实情况；

3）各项强制性内容的执行情况；

4）规划委员会制度、信息公开制度、公众参与制度等决策机制的建立和运行情况；

5）土地、交通、产业、环保、人口、财政、投资等相关政策对规划实施的影响；

6）依据城市总体规划的要求，制定各项专业规划、近期建设规划及控制性详细规划的情况；

7）相关的建议。

城市人民政府可以根据城市总体规划实施的需要，提出其他评估内容。

（3）成果组成

规划评估成果由评估报告和附件组成。评估报告主要包括城市总体规划实施的基本情况、存在问题、下一步实施的建议等。附件主要是征求和采纳公众意见的情况。

三、评估方案

1. 评估目的

城市总体规划实施评估旨在评估总体规划实施的效果、发现实施中存在的问题和原因、提出相应的对应措施。因此，城市总体规划实施评估目的包括两方面。

一是，评估城市总体规划目标完成情况，即依据依法批准的城市总体规划与现状情况进行对照，全面总结总体规划各项内容的执行情况，客观评估城市总体规划的实施程度。

二是，评判城市总体规划内容可持续性，即结合城市总体规划实施环境变化，评判城市总体规划实施中存在问题及其原因，以此把握城市发展趋势，并指导相关后续工作的开展。

2. 评估思路

城市总体规划实施评估是一项“回顾”与“展望”交织的活动，它站在规划基年和规划目标年之间的某一时间点上，向后回顾过去——评估在过去的时段内现行城市总体规划的实施状况和实施环境，向前展望未来——评判在今后的发展环境中现行城市总体规划的可持续性，如图 2–1–1 所示。

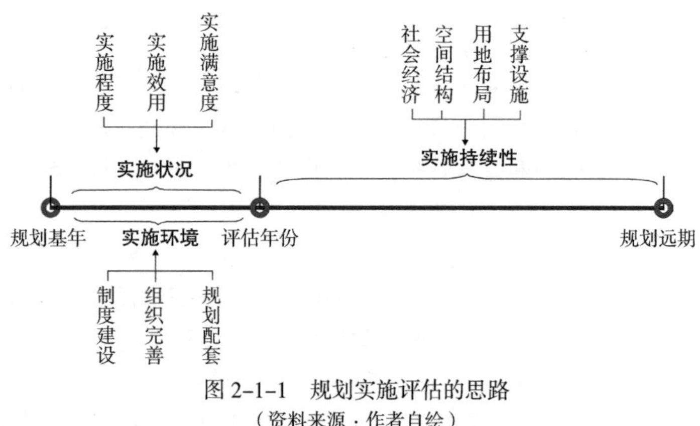

图 2-1-1 规划实施评估的思路
（资料来源：作者自绘）

3. 技术路线

城市总体规划实施评估一般采用“梳理—对照—评判”的技术路线，如图 2–1–2 所示。

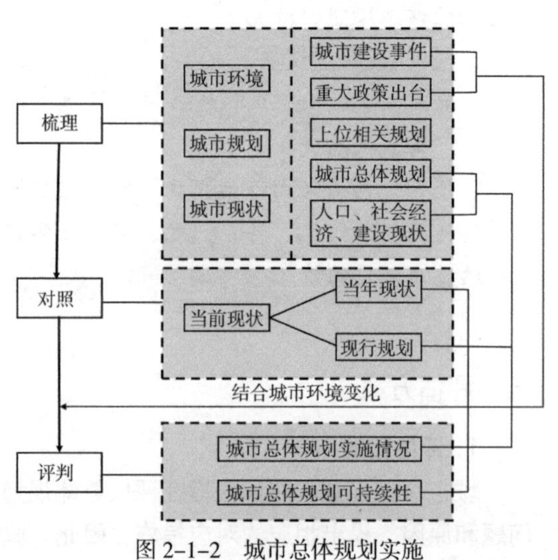

图 2-1-2 城市总体规划实施
（资料来源：作者自绘）

"梳理"——包括城市环境、城市规划和城市现状的梳理，其中城市环境是总结现行城市总体规划实施以来，城市发展建设的大事件和出台的与城市规划相关的重大政策、法规；城市规划梳理包括总体规划（历版城市总体规划，重点是现行城市总体规划）和上位及相关规划（上位规划、相关规划、下位规划编制）；城市现状梳理，即城市发展建设现状情况，重点包括城市人口、城市用地、产业经济、住房保障、生态环境、重点功能节点、重大设施等。

"对照"——包括当前现状（评估年份）与当年现状（现行城市总体规划编制基年）对照、当前现状与现行规划对照，其中当前现状与当年现状对照是通过城市当前现状情况与当年城市现状情况对比，分析出现行城市总体规划实施以来城市发展趋势；当前现状与现行规划对照则是通过现状与规划目标对比，分析城市总体规划完成情况。在对照时，重点完成当前现状图和当年现状图叠加、当前现状图和现行规划图叠加。

"评判"——在两层对照基础上，结合城市环境发展变化，对城市总体规划实施情况和城市总体规划可持续性进行判断。

4. 评估方法

4.1 定量分析

城市总体规划实施评估中采用的主要定量分析是对比法，即通过对城市现状与相应规划目标数量对比，获得规划实施情况的量化评价，以此评判城市总体规划目标完成情况；通过问卷统计分析，获得市民对城市规划实施影响的评估。除此之外，在城市用地一致性、城市空间结构持续性等方面评估，可以借助数学模型进行定量分析。

4.2 定性分析

对城市规划实施环境、实施机制、实施影响以及规划可持续性等无法量化分析，主要是通过主观判断和分析能力，推断出城市发展趋势和规划实施情况的分析方法，属于定性分析。

4.3 调查方法

为获取城市不同社会群体对城市总体规划实施影响的意见，一般展开多种形式的社会调研方法。如通过向市民发放问卷方式，获取市民对城市总体规划实施影响情况反馈意见以及对城市未来发展的建议；通过与人大常委会、政协及规划实施机构座谈，了解其对城市发展优劣势、资源、发展潜力、发展面临的问题以及发展期望等方面的见解。

四、评估内容

1. 评估体系

城市总体规划实施评估主要包括城市规划实施程度、实施机制、实施影响、实施环境和实施可持续评估 5 个方面（表 2–1–1）。

2. 重点领域

2.1 各领域评估内容

城市规划的重点是对城市土地与空间资源的合理利用进行综合部署，因此，城市总体规划实施评估工作重点也应放在城市空间方面，具体包括城市规

城市总体规划实施评估体系表　　表 2-1-1

评估方面	评估目的	评估内涵	逻辑解释
规划实施程度评估	对规划内容实现程度的描述和评估	城市目标、城市规模、发展方向、用地布局、公共服务设施、道路交通、市政设施、环境保护等	通过“现实状况”与“既定规划”的符合性比较，对规划实施的偏差进行分析和评判，偏差越小，说明规划的实现度越高
规划实施机制评估	对政府和规划管理部门在规划实施过程中管理与实施机制进行评价	规划编制和实施的体制和机制、组织实施规划监督规划执行、实施规划建设管理等	强调规划过程的有效性。 在规划管理体制和实施机制有效的情况下，如果规划目标和现实偏差大，则说明规划需要修改
规划实施影响评估	对规划实施的外部效果进行评估	规划对城市发展引导、公众利益的影响、对社会经济领域影响等	作为公共政策，规划对城市的影响重点体现在公众影响。 全面了解城市总体规划在实施过程中的影响力
规划实施环境评估	对规划实施的外部环境进行分析	城市发展的经济环境、政策环境、法制环境，有些是可以预计到，有的则未曾预计到，故需要对外部环境进行分析	城市社会经济发展往往大，不能忽视外部环境对规划实施的关键性影响。 规划是否适应县的环境往往决定规划是否需要修改
规划实施可持续性评估	当已预见到城市未来发展新趋势时，就需要对既有规划实施前景加以预测评判	城市发展环境发生变化后城市总体规划是否还能适应城市未来发展需要进行预判，如上位规划调整、行政区划调整、大型基础设施等，都会对城市产生影响	当已预见到城市未来发展新趋势时，就需要对既有规划的实施前景加以预测评判。 有助于提高规划编制的预见性

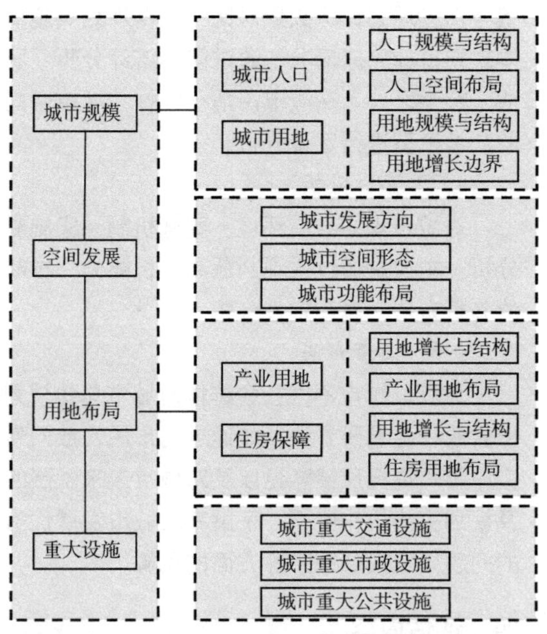

图 2-1-3　城市总体规划实施评估重点领域内容体系
（资料来源：作者自绘）

模、空间发展、用地布局和重大设施 4 个方面，如图 2-1-3 所示。

2.2　城市空间发展与规划目标一致性评估

《城市总体规划实施评估办法（试行）》（建规〔2009〕59 号）的发布，使城市总体规划实施评估工作的开展具有了法定依据。该办法第十二条明确了城市总体规划实施评估的 7 项内容，其中“城市发展方向和空间布局是否与规划一致”成为总体规划实施评估的首项内容，可以看出“城市发展方向和空间布局是否与规划一致”在城市总体规划实施评估的地位。

从物质空间形态角度，城市空间发展评估分为城市空间结构、城市形状、空间结构和形状的相互关系三个方面。其中城市空间重心、空间分布离散、功能用地分异和空间扩展方向作为城市空间发展的主要评估要素。

从社会价值角度分析，土地资源的分配和利用就要追求经济绩效、社会绩效和环境绩效的最佳结构，以使土地综合绩效最大化。其中地均GDP、公共设施（工作地点、游憩场所）平均出行距离、人均绿地面积作为综合城市空间发展绩效方面的评估要素。

五、评估阶段

1. 收集资料

总体规划实施评估收集资料主要包括三大类：规划类、统计类和政策类，详见表2–1–2。

城市总体规划实施评估主要资料列表　　表2–1–2

类别	资料名称		备注
规划类	总体规划	历版城市总体规划	（现状图和规划图电子版）
	相关规划	国民经济和社会发展规划 土地利用总体规划 交通、旅游、教育等相关规划	
	上位规划	国家、省域城镇体系规划 区域发展规划	
统计类	城市统计年鉴		规划实施以来
	城市建设统计报表		
	社会经济统计公报		
政策类	出台与城市规划相关的政策文件		
	出台与城市规划相关的法规文件		

2. 现状调研

总体规划实施评估现状调研主要完成两个方面的工作：

一是，在城市最新的地形图或影像图上，结合现场踏勘和调研，完成城市用地现状图；

二是，通过问卷调查、座谈会等形式，了解社会不同群体对城市建设的意见和建议以及对城市总体规划的认知程度。

3. 比对工作

城市总体规划评估工作的核心是规划目标的完成情况，而城市现状与规划目标对比主要是通过城市核心数据和城市用地图来反映。

3.1　核心数据表

城市数据表是反映城市规划主要内容的各项指标（表2–1–3）。

城市总体规划实施评估数据表 　　表 2–1–3

序号	指标名称		评估现状	规划目标
1	城镇人口			
2	城镇化率			
3	建设用地面积			
4	批准建设用地面积（合计）（按核发的建设用地规划许可证统计）			—
	其中	新增建设用地面积		—
		原有的建设用地面积		—
5	工业用地面积			
6	居住用地面积			
7	公共绿地面积			
8	中心城区道路总长度			
9	中心城区道路用地面积			
10	重大公共设施项目			
11	重大交通设施项目			
12	重大市政设施项目			
……	……		……	……

3.2　用地叠加图

运用 GIS 空间分析技术，将城市当前现状图与当年现状图叠加、当前现状图和规划用地图叠加。

城市当前现状与当年现状图叠加，可以反映新增建设用地规模、城市发展方向和城市空间布局。如图 2–1–4、图 2–1–5 所示，圆形 A 为城市当年现状图，椭圆形 B 为城市当前现状图，椭圆形 C 为规划图。通过 A 与 B 叠加，可以观测到规划实施以来，城市新增建设用地为深灰色区域，城市空间发展主要方向为向东。

当前现状图和规划用地图叠加，可以反映现状与规划的吻合度，根据现状用地与规划用地的一致性，规划用地实施情况分为三类：

第一类：规划实施的用地，即现状城市用地与规划一致；

第二类：规划未实施的用地，即规划的用地，现状中没有实施；

第三类：违反规划的用地，即没有规划的用地，现状中实施了。

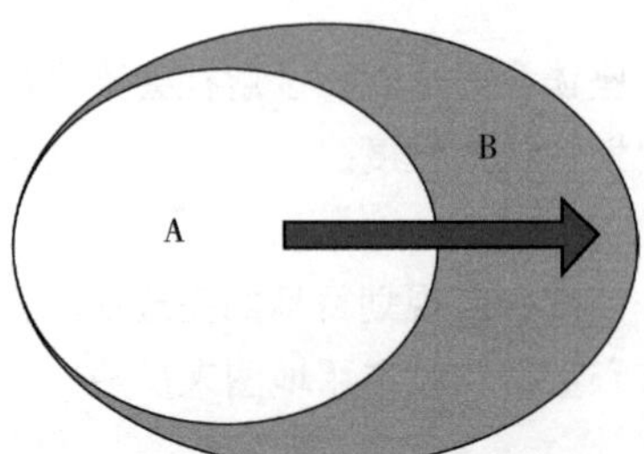

图 2–1–4　当前与当年现状叠加示意
（资料来源：作者自绘）

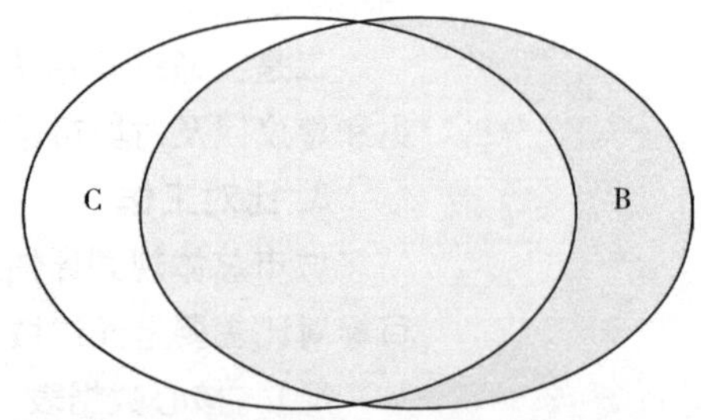

图 2–1–5　当前现状与规划叠加示意
（资料来源：作者自绘）

如图 2–1–5 所示，通过 C 与 B 叠加，白色区域为规划未实施用地、深灰色区域为违反规划用地，两图重合部分为规划实施用地。

4. 分析评判

仅凭现状与规划对比无法判别出按规划实施且合理、按规划实施却不合理，以及未按规划实施却合理、未按规划实施又不合理四种状况，难以从问题导向为总体规划修编明确地指出方向。

在现状与规划对比的基础上，引入规划实施环境分析，并结合实施机制和实施影响，对城市规划实施评估进行判别。

在实施机制和实施影响合理的情况下，如果实施环境变化大，实施程度高，即高—高型，预示着城市总体规划可持续低，需要修编城市总体规划；如果实施环境变化大，实施程度低，即高—低型，预示着城市总体规划可持续低，需要修编城市总体规划；如果实施环境变化小，实施程度低，即低—低型，说明城市总体规划的可持续性高，不需要修编城市总体规划；如果实施环境变化小，实施程度高，即低—高型，无法判别城市总体规划可持续性高，无法判别城市总体规划是否需要修编，如图 2–1–6 所示。

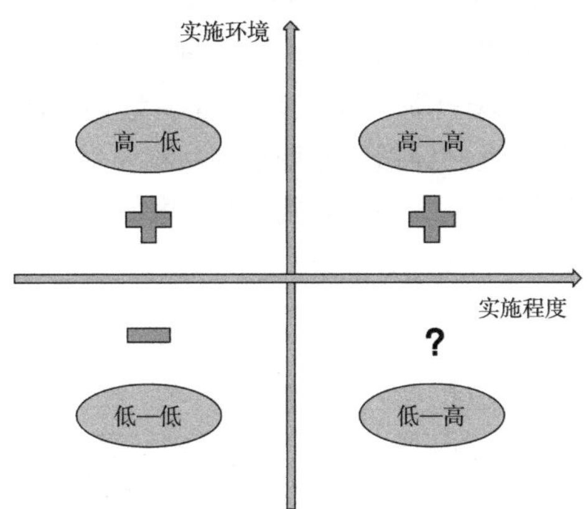

图 2–1–6　规划实施评估分析判断
（资料来源：作者自绘）

六、案例解析

1. 总体规划实施评估

1.1　概况

《诸城市城市总体规划（2003—2020）》规划确定"一带、四轴、三中心、八片区"的城市空间结构等一系列重大规划决策，为诸城市发展建设做出了重要贡献。但自规划实施以来，随着城市外部环境与自身发展变化，需要对城市总体规划进行重新审视。

1.2　评估方法

（1）评估思路

以 2003 年为规划基年、以 2020 年为规划目标年，以 2012 年为评估年份，采用定性与定量相结合的方法，对照着 2020 年规划目标，对 2003 年到 2012 年诸城市总体规划实施情况进行全面评估；针对评估主要结论，从实施环境、规划编制分析规划实施的影响，并提出了规划修编的建议。

（2）技术方法

项目采用了“两类梳理、两层对照”的技术路线。

“两类梳理”：现状建设情况梳理和现行城市总体规划实施以来的重大相关规划、政策的梳理。

“两层比照”：当前（2012）现状与当年（2003）现状的比照、当前现状与现行规划（2020）的比照。

1.3 评估过程

以城市建设用地和空间结构为例，分析基于“梳理—对照—评判”的总体规划实施评估。

（1）城市建设用地

1）当前现状与当年现状对比

2012 年，诸城市规划区范围总用地面积 361km²，其中城市建设用地面积 47.78km²。比 2003 年城市建设用地面积增加了 19.18km²，增长了 67.06%，年均增加城市建设用地 2.13km²，建设用地的增长较快，如图 2–1–7 所示。

2）当前现状与现行规划对比

根据 2003 版总体规划，规划近期 2010 年城市建设用地规模为 35.60km²，远期 2020 年城市建设用地规模为 51.90km²。通过对比发现，2012 年诸城市建设用地已经超过近期规划目标，现状建设用地完成近期建设规划 134.21%（表 2–1–4）。与远期规划目标相比，现状建设用地完成远期目标的 92.06%，如图 2–1–8 所示。

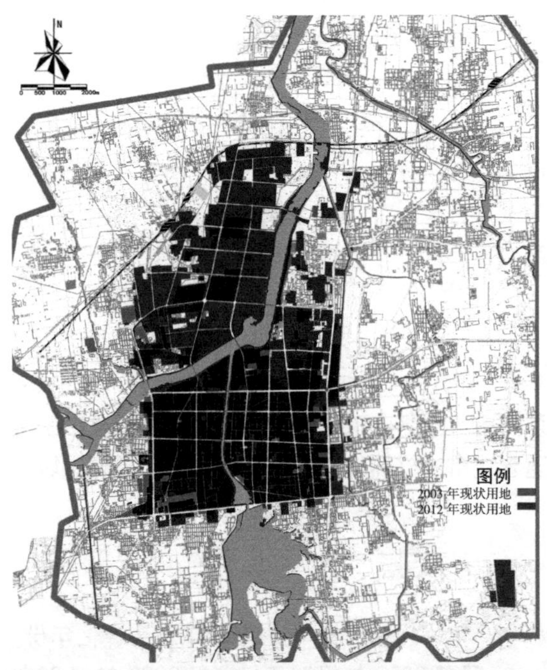

图 2–1–7 诸城市 2003 年与 2012 年现状建设用地对比图
（资料来源：《诸城市城市总体规划（2003—2020）实施评估》）

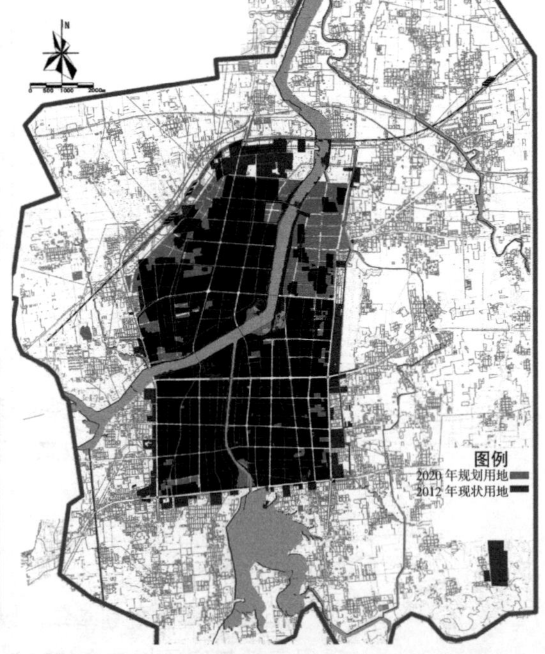

图 2–1–8 诸城市 2012—2020 年用地对比图
（资料来源：《诸城市城市总体规划（2003—2020）实施评估》）

城市建设用地现状与规划对照表 表 2–1–4

	建设用地（km^2）	人均建设用地面积（m^2）
2012 年现状	47.78	111.45
2010 年规划	35.60	119.85
2020 年规划	51.90	117.97
现状完成近期规划比例（%）	134.21	92.99
现状完成远期规划目标（%）	92.06	94.47

（资料来源：《诸城市城市总体规划（2003—2020）实施评估》）

从规划实施来看，2010 年规划建设用地 35.60km^2，其中规划实施用地 34.93km^2，占规划用地 98.12%。2020 年规划建设用地 51.90km^2，其中规划实施用地 34.93km^2，占规划用地 67.30%。

2012 年诸城市建设用地 47.78km^2，其中按照规划实施的用地 34.93km^2，占建设用地 73.10%，未按照规划实施用地的 12.85km^2，占建设用地 26.90%（表 2–1–5）。

城市建设用地实施程度对比表 表 2–1–5

类别		实际数值（km^2）	比例（%）
2012 年建设用地		47.78	100
其中	按照规划实施用地	34.93	73.10
	未按照规划实施用地	12.85	26.90
规划建设用地（2020 年）		51.90	100
其中	规划实施用地	34.93	67.30
	规划未实施用地	16.97	32.70

（资料来源：《诸城市城市总体规划（2003—2020）实施评估》）

3）评估结论

——通过当前现状与当年现状、当前现状与现行规划城市建设用地规模对比，诸城市城市建设用地增长较快，已逼近远期规划目标，城市未来发展空间不足；

——通过当前建设用地现状图与现行规划建设用地规划图叠加，诸城市按着规划实施的建设用地所占比例较高，规划对建设用地的引导作用较强。

（2）城市空间扩展

1）城市增长边界

根据诸城市近期、远期规划图，描出近期、远期建设用地边界；将现状建设用地与近期、远期建设用地边界叠加（图 2–1–9），分析城市增长情况。

从规划的建设用地边界来看，近期、远期规划在城市东面、南面、西面规划设定范围相同，诸城市中心城东面、西面、南面建设用地基本在近期、远期确定建设用地边界范围内；城市北面建设用地基本在近期建设用地边界内，部分超出了远期建设用地范围，如图 2–1–9 所示。2012 年，诸城市有 4.57km^2 用地在规划建设用地边界线之外，占建设用地 9.56%。究其原因主要是由于北部工业园区发展速度较快，加之紧邻青莱高速，该片区的开发时序也提速。

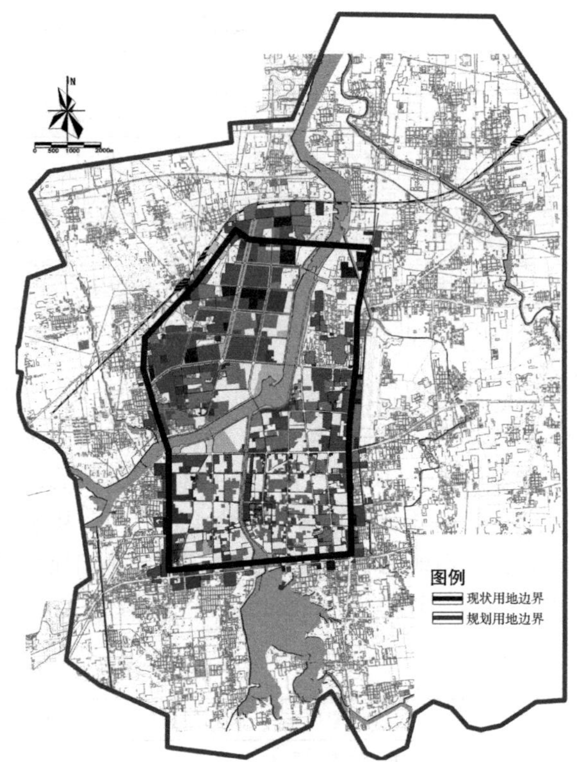

图 2-1-9　城市用地现状与规划边界对照
（资料来源：《诸城市城市总体规划（2003—2020）实施评估》）

诸城市城市空间增长边界基本在规划区范围内，少量城市建设用地超出规划建设用地边界。

2）城市发展方向

规划确定，诸城市以向北、东方向发展为主。

将 2003 年用地现状图和 2012 年用地现状图叠加（图 2–1–10）。通过对比，可以发现 2003—2012 年诸城市新增建设用地主要分布在北部工业园区、潍河西岸居住片区，由此可以看出诸城市用地主要发展方向为向北，城市整体保持紧凑形态向外拓展。

3）城市空间结构

规划确定，城市采用“一带、四轴、三中心、八片区”的紧凑式城市布局结构，城市建设用地与穿插其间的潍河、扶淇河有机结合，使城市发展与生态环境保护形成动态平衡（图 2–1–11）。

根据建设用地空间分布的特点，诸城整体城市空间格局可以概括为“一带一心六区两轴”。

与规划结构相比，城市发展空间景观带已经形成，城市发展轴线基本一致，但是城市片区发展不均衡，与规划存在一定偏差，从 2012 年的现状图（图 2–1–12）来看，城市已经形成的片区结构有原中心城区、西南居住片区、潍河西岸居住片区、东部工业园区、北部工业园区。规划中的东北居住片区、西南工业园区现状中不存在。

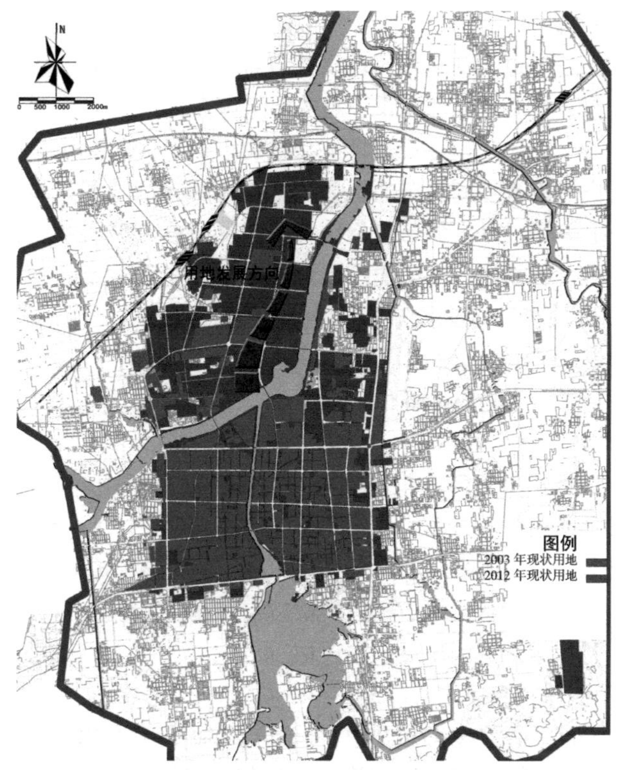

图 2-1-10 2003—2012 年城市扩展方向
（资料来源：《诸城市城市总体规划（2003—2020）实施评估》）

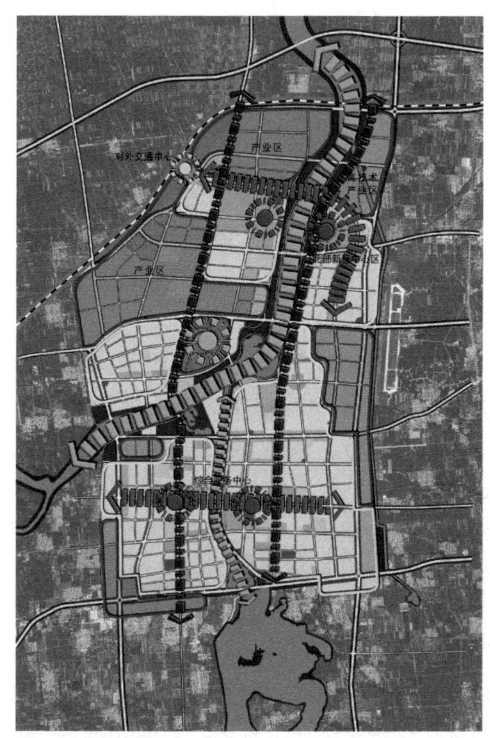

图 2-1-11 规划城市空间结构
（资料来源：《诸城市城市总体规划（2003—2020）实施评估》）

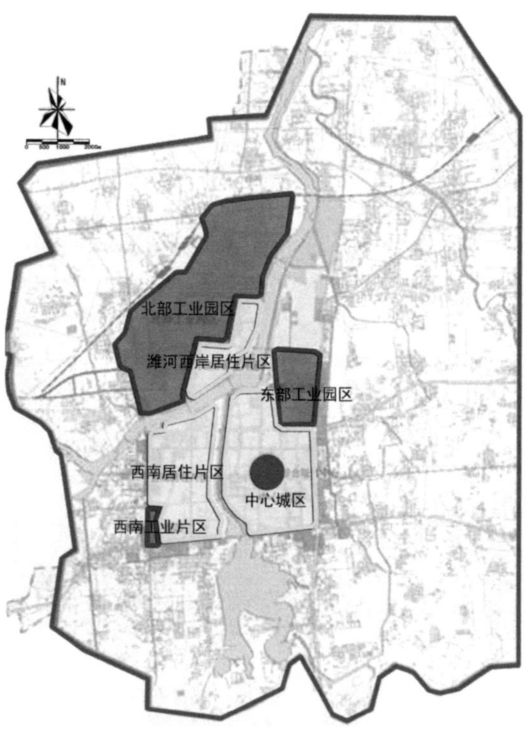

图 2-1-12 城市现状空间格局示意
（资料来源：《诸城市城市总体规划（2003—2020）实施评估》）

4）评估结论

——通过当前建设用地现状与当年建设用地现状图叠加，诸城市建设用地不断向外拓展，新增建设用地主要集中在城市北面；

——通过当前建设用地现状与现行规划建设用地边界图叠加，诸城市城市空间拓展均在规划确定的规划区范围内，且空间扩展方向与规划方向基本一致；

——通过规划城市空间结构图与现状结构图对比，城市空间扩展基本按规划实施，但需对各片区建设用地进行重新整合。

2. 城市空间发展与规划目标一致性评估

《胶南市城市总体规划（2004—2020）实施评估》中对城市空间发展与规划目标一致性进行了评估。

2.1　体系建构

城市空间发展与规划目标一致性评估体系由城市空间发展形态和城市空间发展绩效两个方面、7个评估指标、18项评估因子组成。依据城市空间发展形态和城市空间发展绩效评估结论的不同组合形成城市空间形态与绩效评估对策矩阵模型，从而提出相应的城市空间发展策略。

（1）城市空间发展形态评估

1）城市空间重心移动

空间重心的移动表明空间要素分布的总体变化趋势，通过城市空间重心的移动方向和距离，判断城市空间重心移动与规划城市空间重心符合度，具有重要意义。

空间重心的计算公式（2—1）：

$$\bar{x} = \sum_{i=1}^{n} M_i x_i \Big/ \sum_{i=1}^{n} M_i$$
$$\bar{y} = \sum_{i=1}^{n} M_i y_i \Big/ \sum_{i=1}^{n} M_i \qquad \text{公式（2—1）}$$

式中　M_i——建设用地单元某种属性下的“重量”，例如面积等；

x_i、y_i——第 i 个建设用地单元的中心坐标。

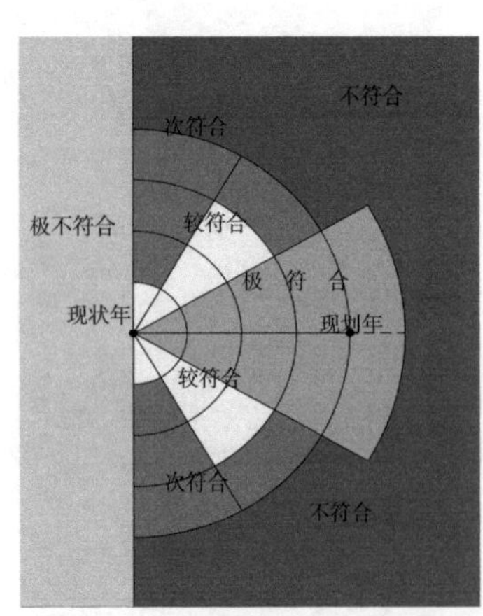

图 2-1-13　城市空间重心移动评估一致性判断模型
（资料来源：张军民等《城市空间发展与规划目标一致性评估体系架构——以山东省胶南市为例》）

假设城市空间重心是按照时间匀速移动的，将现状年和规划年的重心移动距离按照5年间隔划分，以现状年空间重心坐标为圆心，重心移动距离作为半径，做同心圆，按照30°角切分扇形，一共分为28个区域（包括26个扇形区域和扇形以外的区域）。

将28个区域分成5个等级：极符合、较符合、次符合、不符合、极不符合。采用专家打分法，请专家对不同区域进行符合程度等级判定，经过多轮建议征询、反馈和调整，得出最终区域等级分布（图2—1—13），并且对五

评估标准　　表 2-1-6

分值	100	80	60	40	20
评估结果	极符合	较符合	次符合	不符合	极不符合

个层次分别赋值（表 2-1-6）。

2）城市空间分布离散趋势

标准离差椭圆主要由三部分决定：长轴长度、短轴长度和旋转角度，其中椭圆的中心表示建设用地的空间分布重心，长轴表示在主方向上建设用地分布偏离空间重心的程度，短轴则表示在次要方向上建设用地分布偏离空间重心的程度，偏向角代表建设用地分布的主要方向。计算式为：

$$\tan\theta=\frac{\sum_{i=1}^{N}(x_i-\bar{x})^2-\sum_{i=1}^{N}(y_i-\bar{y})^2+\left[\left(\sum_{i=1}^{N}(x_i-\bar{x})^2-\sum_{i=1}^{N}(y_i-\bar{y})^2\right)^2+4\left(\sum_{i=1}^{N}(x_i-\bar{x})(y_i-\bar{y})\right)^2\right]^{1/2}}{2\sum_{i=1}^{N}(x_i-\bar{x})(y_i-\bar{y})}$$

公式（2-2）

长短轴方向的标准离差计算式为：

$$S_x=\left[\sum_{i=1}^{N}\left((x_i-\bar{x})\cos\theta-\sum_{i=1}^{N}(y_i-\bar{y})\sin\theta\right)\Big/N\right]^{1/2}$$

$$S_y=\left[\sum_{i=1}^{N}\left((x_i-\bar{x})\sin\theta-\sum_{i=1}^{N}(y_i-\bar{y})\cos\theta\right)\Big/N\right]^{1/2}$$

公式（2-3）

评估年的标准离差椭圆长轴与短轴长度之比介于现状年和规划年的比值范围之间，即判断为符合规划，评估分值由公式（2-4）确定，反之则为不符合，为 0 分。

$$Y=\frac{D_{评估}-D_{现状}}{D_{规划}-D_{现状}}\times100$$

公式（2-4）

式中　Y——建设用地空间分布离散趋势评估得分；

$D_{评估}$——评估年长短轴比值；

$D_{现状}$——现状年长短轴比值；

$D_{规划}$——规划年长短轴比值。

3）功能用地的空间分异

采用圈层分析环形系统模型的分析方法，选用现状年、评估年和规划年三个年份的基础数据，以城市中心为中心，以 0.5km 为间隔，生成可以覆盖整个建成区的环（图 2-1-14），通过对现状年、评估年和规划年建设用地叠加分析，得到三个年份各环内主要功能用地面积的数据，对城市主要功能用地的圈层分布及其变化趋势进行分析，总结出评估年的主要功能用地变化是否符合规划目标的变化趋势。

某圈层单元内评估年主要功能用地面积介于现状与规划之间，则判断为符合规划，反之为不符合规划，评估分值计算公式：

$$Y=\frac{n}{N}\times100$$

公式（2-5）

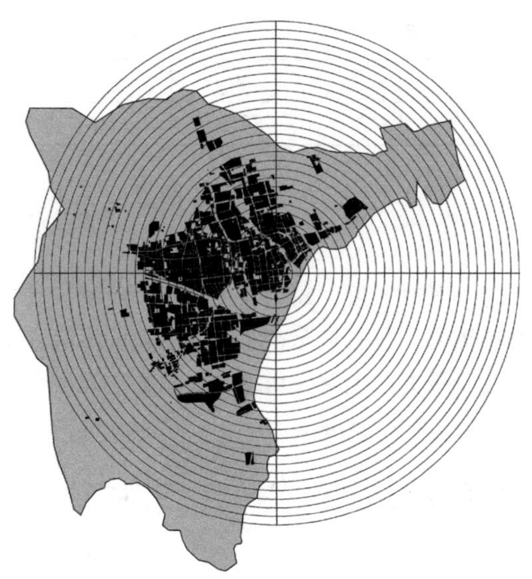

图 2-1-14 圈层分析环形系统示意图
（资料来源：张军民等《城市空间发展与规划目标一致性评估体系架构——以山东省胶南市为例》）

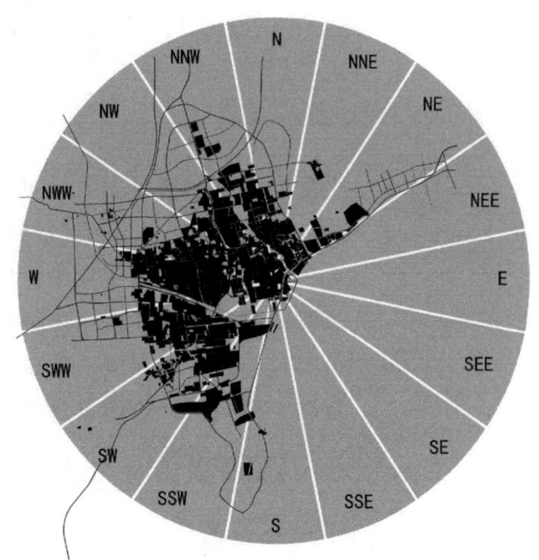

图 2-1-15 扇区划分示意图
（资料来源：张军民等《城市空间发展与规划目标一致性评估体系架构——以山东省胶南市为例》）

式中 Y——该项评估得分；

n——符合规划的圈层单元个数；

N——圈层单元总个数。

4）城市空间扩展各向异性

采用等扇分析法（图 2-1-15）分析城市扩展速度在不同方位上的差异，城市扩展的各向异性可以通过各个方位的面积增长、扩展速度和扩展强度的差异来进行对比分析。针对研究区域城市形态，为详细辨查各方位扩展差异，采用 16 方位分配法。

扩展强度主要用于分析各方位城市建设用地的扩展状态，对比分析不同时段各个研究单元建设用地面积扩展的强弱及扩展趋势。表达式为：

$$I_{ue}=\Delta u_{ij}/(\Delta t_j\times \text{TLA}_i)\times 100\%$$ 公式（2-6）

式中 I_{ue}——城市建设用地扩展强度指数；

Δu_{ij}——j 时段第 i 个研究单元城市建设用地扩展数量；

Δt_j——j 时段的时间跨度；

TLA_i——第 i 个单元城市建设用地总面积。

某扇形区内，如评估年扩展强度在规划扩展强度范围内，则判断该方向上评估年与规划目标相符合，反之为不符合。评估分值计算公式：

$$Y=\frac{n}{N}\times 100$$ 公式（2-7）

式中 Y——该项评估得分；

n——符合规划的扇区单元个数；

N——扇区单元总个数。

（2）城市空间发展绩效评估

1）城市空间发展经济绩效

经济绩效评估，不仅可以反映出城市的经济发展状况，还能反映城市建设及城市化的发展趋势，选取地均 GDP 作为城市经济绩效的衡量指标。

通过对现状年、评估年和规划年的地均 GDP 指标分析，如 $D_{现状}<D_{评估}<D_{规划}$，即判断为符合规划，评估分值由公式（2–8）确定：

$$Y=\frac{D_{评估}-D_{现状}}{D_{规划}-D_{现状}}\times 100 \qquad 公式（2–8）$$

式中　Y——城市空间发展经济绩效评估得分；

$D_{评估}$——评估年地均 GDP 值；

$D_{现状}$——现状年地均 GDP 值；

$D_{规划}$——规划年地均 GDP 值。

如 $D_{评估}<D_{现状}$，则评估年地均 GDP 增长趋势不符合规划目标的增长趋势，并且地均 GDP 值很低，说明经济绩效性低，因此评估分值为 0 分。

如 $D_{评估}>D_{规划}$，则评估年地均 GDP 增长突破规划目标，从经济绩效角度分析，地均 GDP 值越高，即为经济绩效性高，所以此项评估分值为 100 分。

2）城市空间发展社会绩效

从低碳节能化城市空间发展趋势出发，借鉴吕斌教授的研究成果[①]，采用市民到城市公共服务中心的平均出行距离、到城市工作地点的平均出行距离和到城市游憩地点的平均出行距离作为社会绩效评估指标（图 2–1–16）。

某公共服务中心（或者工作地点、游憩场地）的服务半径：

$$R_i=\sqrt{\frac{S_i}{\pi}} \qquad 公式（2–9）$$

某公共服务中心（工作地点、游憩场地）的平均出行距离：

$$D_i=\frac{2}{3}R_i \qquad 公式（2–10）$$

公共服务中心（工作地点、游憩场地）的平均出行距离：

$$D_{平均}=\frac{\sum_{i=0}^{n}D_iS_i}{S} \qquad 公式（2–11）$$

式中　R_i——某公共服务中心（工作地点、游憩场地）的服务半径；

S_i——各个公共服务中心（工作地点、游憩场地）的服务区面积；

$D_{平均}$——公共服务中心（或者工作地点、游憩场地）的平均出行距离；

S——城市总规模。

考虑到市级和区级公共服务中心出行频率可能不同，按照市级、区级公共服务中心平均出行频率比 1 ：3 来计算综合平均出行距离为：

---

① 吕斌，刘津玉．城市空间增长的低碳化路径 [J]. 城市规划学刊，2011（03）：33–38.

图 2-1-16 公共服务中心的服务范围
（资料来源：张军民等《城市空间发展与规划目标一致性评估体系架构——以山东省胶南市为例》）

$$D_{综合}=\frac{D_{市级}\times 1+D_{区级}\times 3}{4}$$ 公式（2–12）

式中 $D_{综合}$——综合平均出行距离；

$D_{市级}$——市级公共服务中心（或者工作地点、游憩场地）的平均出行距离；

$D_{区级}$——区级公共服务中心（或者工作地点、游憩场地）的平均出行距离。

市民到达公共服务中心的综合平均出行距离越短，则空间增长方式越低碳、社会绩效性越高。

综合以上研究，对城市空间发展社会绩效评估建立以下标准（表 2–1–7）。

3）城市空间发展环境绩效

环境发展既是经济和社会发展的保证，又是社会和经济发展的条件。衡量城市环境绩效的重要指标是人均绿地面积。

通过对现状年、评估年和规划年的人均公共绿地面积指标进行分析，如 $D_{现状}<D_{评估}<D_{规划}$，说明评估年的人均公共绿地面积增长趋势符合规划目标的发展趋势，评估分值由公式（2–13）确定：

$$Y=\frac{D_{评估}-D_{现状}}{D_{规划}-D_{现状}}\times 100$$ 公式（2–13）

式中 Y——城市空间发展经济绩效评估得分；

$D_{评估}$——评估年人均公共绿地面积；

$D_{现状}$——现状年人均公共绿地面积；

$D_{规划}$——规划年人均公共绿地面积。

如 $D_{评估}<D_{现状}$，则说明评估年人均公共绿地面积增长趋势不符合规划目标的增长趋势，从环境绩效角度分析，人均公共绿地面积值越低，即为环境绩效性低，因此，此项评估分值为 0 分。

城市空间发展社会绩效评估标准 **表 2–1–7**

判断标准		分值	评估结果
$D_{现状}<D_{规划}$	$D_{评估}<D_{现状}$ 且 $D_{评估}<D_{规划}$	70 ~ 100	与规划不符，绩效性高
	$D_{现状}<D_{评估}<D_{规划}$	30 ~ 70	与规划相符，绩效性高
	$D_{评估}>D_{现状}$ 且 $D_{评估}>D_{规划}$	0 ~ 30	与规划不符，绩效性低
$D_{现状}>D_{规划}$	$D_{评估}<D_{现状}$ 且 $D_{评估}<D_{规划}$	70 ~ 100	与规划不符，绩效性高
	$D_{规划}<D_{评估}<D_{现状}$	30 ~ 70	与规划相符，绩效性低
	$D_{评估}>D_{现状}$ 且 $D_{评估}>D_{规划}$	0 ~ 30	与规划不符，绩效性低

如 $D_{评估} > D_{规划}$，从环境绩效角度分析，人均公共绿地面积值越高，即环境绩效性高，因此，此项评估分值为 100 分。

（3）城市空间发展一致性评估体系

采用层次分析法和专家打分法相结合来构建城市空间发展绩效评估的指标体系权重，其权重系数之和为 100%（表 2–1–8）。

城市空间发展一致性评估体系 **表 2–1–8**

	评估领域	评估因子	权重	
城市空间发展形态评估	城市空间重心移动	建成区重心	0.500	0.167
		商业重心		0.133
		工业重心		0.083
		居住重心		0.117
	城市空间分布方向及离散趋势	建成区空间分布方向及离散趋势	0.056	
	功能用地的空间分异	建设用地空间分异	0.167	0.053
		公共设施用地空间分异		0.040
		工业用地空间分异		0.034
		居住用地空间分异		0.040
	城市空间扩展各向异性	建成区空间扩展各向异性	0.278	0.086
		公共设施用地空间扩展各向异性		0.075
		工业用地空间扩展各向异性		0.053
		居住用地空间扩展各向异性		0.064
合计		1.000		
城市空间发展绩效评估	城市空间发展经济绩效	地均 GDP	0.200	0.200
	城市空间发展社会绩效	公共服务中心平均出行距离	0.467	0.260
		工作地点平均出行距离		0.156
		游憩场所平均出行距离		0.052
	城市空间发展环境绩效	人均绿地	0.333	
合计		1.000		

采用综合评价模型，加权求和（公式（2–14））的方法，得到城市空间发展形态和空间发展绩效评估的总得分。

$$E = \sum_{i=1}^{n} P_i X_i \qquad 公式（2–14）$$

式中 E——城市空间发展与规划目标一致性评估总得分；

P_i——第 i 个指标的权重值；

X_i——评估体系中第 i 个指标的量化值。

2.2 对策模型

根据城市空间发展形态和城市空间发展绩效评估得分高低，对评估结果分成四种类型，即空间形态符合度高绩效性高型、空间形态符合度高绩效性低型、空间形态符合度低绩效性高型、空间形态符合度低绩效性低型。根据这四种组合类型，构成城市空间形态与绩效评估对策模型。结合不同的类型，采取相应的对策（图 2–1–17）。

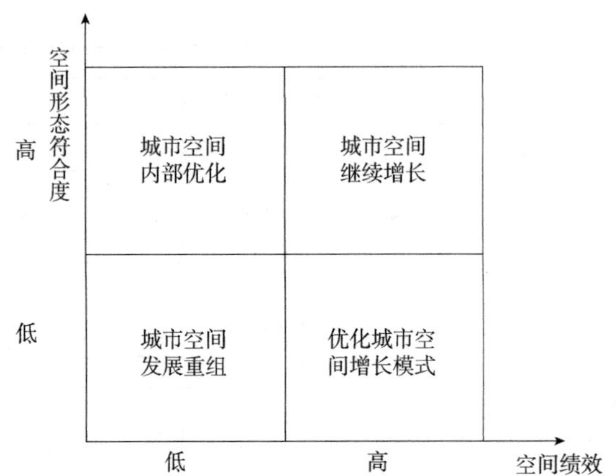

图 2–1–17　城市空间形态与绩效评估对策矩阵模型
（资料来源：张军民等《城市空间发展与规划目标一致性评估体系架构——以山东省胶南市为例》）

（1）对于空间形态符合度高绩效性高型，采用城市空间继续增长原则，保持规划的城市空间增长模式继续发展的同时，优化内部用地的空间布局。

（2）对于空间形态符合度高绩效性低型，采用城市空间内部优化原则，控制城市建设用地扩展速度，优化城市空间增长模式，使城市内部空间布局更合理。

（3）对于空间形态符合度低绩效性高型，采用优化城市空间增长模式原则，调整总体规划的城市空间增长模式，优化城市内部空间布局。

（4）对于空间形态符合度低绩效性低型，采用城市空间发展重组原则，调整总体规划的城市空间增长模式，现状城市空间布局重新组合。

2.3　案例分析

胶南市现行总体规划自 2004 年实施以来对胶南市的社会经济和城市建设发展起到了积极作用。但从城市空间发展一致性角度看，由于现阶段城市化快速发展，导致胶南市城市建设用地急速扩张，城市空间发展与规划预期产生了很大偏离（图 2–1–18）。

（1）城市空间发展形态评估

1）城市空间重心移动评估

采用空间重心的计算公式（2–1）来分析（表 2–1–9）：

由图 2–1–19 建成区重心移动轨迹可以看出，规划年（2020 年）建成区重心整体向东移动，而评估年（2010 年）建成区重心与规划年（2020 年）移动轨迹成 68° 夹角向东北方向移动，移动距离远远超出规划年重心的移动距离。由此判断，评估年（2010 年）已经突破了规划建设用地的扩展速度。

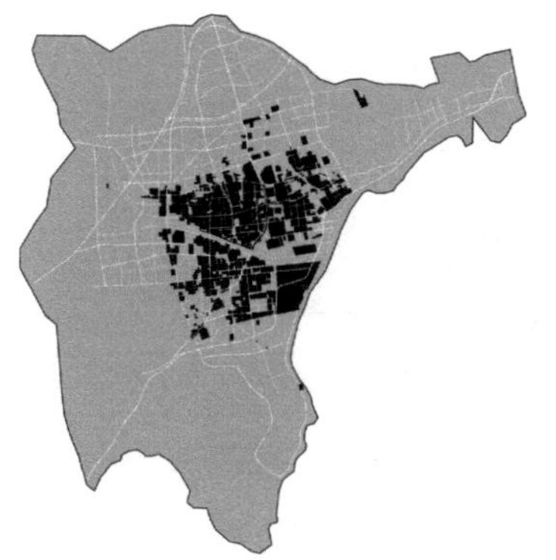
2004 年城市建设用地分布

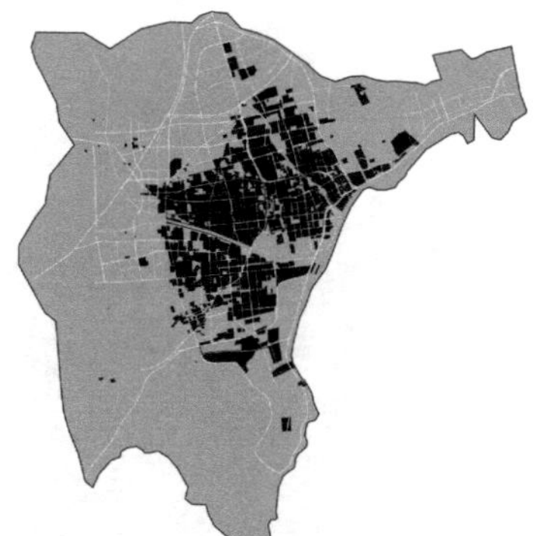
2010 年城市建设用地分布

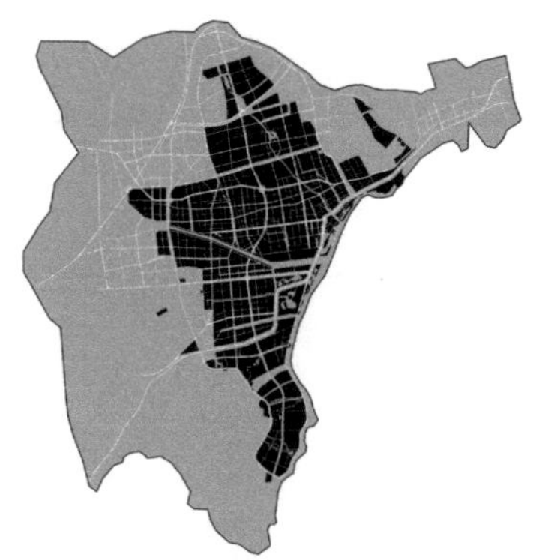
2020 年规划城市建设用地分布

图 2-1-18 现状年、评估年、规划年胶南市城市建设用地分布
（资料来源：张军民等《城市空间发展与规划目标一致性评估体系架构——以山东省胶南市为例》）

不同年建成区重心坐标测算值 **表 2-1-9**

重心坐标（m）	$\bar{x}$	$\bar{y}$
2004 年	3970923.44	500160.83
2010 年	3971517.40	500357.51
2020 年	3970946.26	500507.35

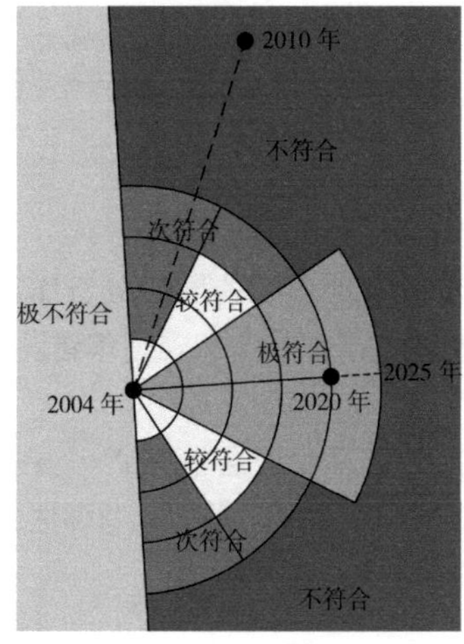

图 2-1-19 建成区空间重心移动评估一致性判断模型
（资料来源：张军民等《城市空间发展与规划目标一致性评估体系架构——以山东省胶南市为例》）

根据一致性判断模型看出，评估年的城市空间重心点落在半圆形区域之外且移动的角度和位置较大，为不符合，因此参考评估标准（表 2-1-6），该项评估分值为 40 分。

同理得出，商业重心移动评估分值为 40 分，工业重心移动评估分值为 40 分，居住重心移动评估分值为 60 分。

2）城市空间分布离散趋势评估

采用标准离差椭圆法测算出现状年、评估年及规划年各年标准离差椭圆的长轴长度、短轴长度和旋转角度（表 2-1-10、图 2-1-20）。

综合以上分析，从整体离散趋势上看，评估年胶南城市空间分布离散趋势与规划目标不符合，由公式（2-4）计算得出，城市

建设用地标准离差椭圆各项数值表 **表 2-1-10**

年份	θ	S_x（m）	S_y（m）	长短轴比值
2004 年	48.0	3771.8	3549.2	1.06
2010 年	41.7	5570.9	6110.7	1.10
2020 年	82.6	6475.6	3892.9	1.66

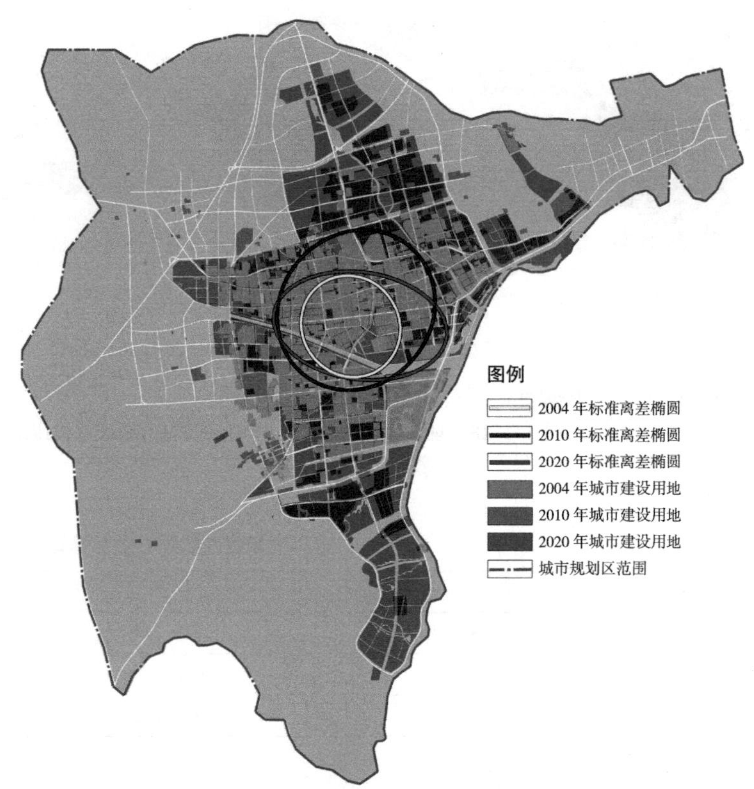

图 2-1-20 胶南市建设用地标准离差椭圆
（资料来源：张军民等《城市空间发展与规划目标一致性评估体系架构——以山东省胶南市为例》）

空间分布离散趋势评估得分为 7 分。

3）功能用地的空间分异评估

由图 2-1-14 胶南市城市建设用地面积的圈层分析作出折线图 2-1-21，评估年城市建设用地分布曲线基本位于现状年和规划年建设用地分布曲线的范围内，整体上符合规划的建设用地分布趋势。

由图 2-1-21 折线图可以看出，29 个圈层中有 24 个圈层的评估年折线介于现状与规划之间，因此，由公式（2-5）求得，此项评估分值为 83 分。

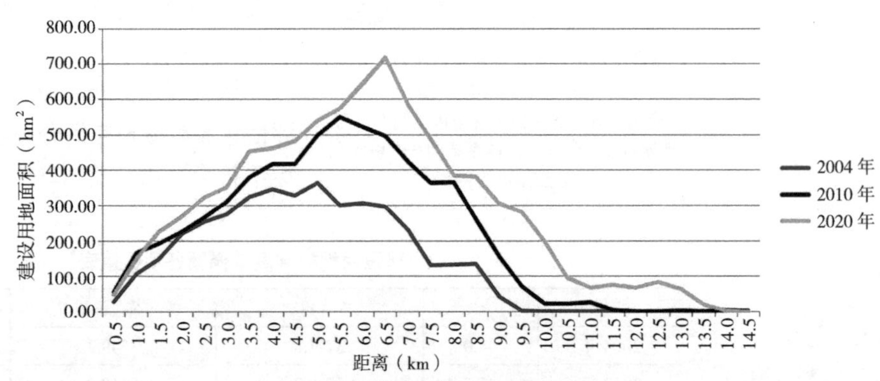

图 2-1-21 建设用地面积的圈层分布
（资料来源：张军民等《城市空间发展与规划目标一致性评估体系架构——以山东省胶南市为例》）

同理得出，公共设施用地的空间分异评估分值为 72 分；工业用地的空间分异评估分值为 45 分；居住用地的空间分异评估分值为 72 分。

4）胶南市城市空间扩展各向异性评估

由图 2-1-22 中可以看出，2010 年现状建成区主要是向 NNW 方向扩展，而 2020 年规划建成区是向 NW-NNW 和 SSW 两个方向扩展，由此判断，2010 年建成区的空间扩展方向与规划不符。

由公式（2-6）分析得出图 2-1-23，在 16 个方位中有 3 个方位的评估年建成区面积介于现状与规划建成区面积数值之间，因此，由公式（2-7）求得，此项评估分值为 19 分。

同理分析得出，公共设施用地、工业用地和居住用地的空间扩展各向异性评估分值分别为 81 分、44 分、69 分。

5）评估结果判定

从上述评估可知，经过六年的近期建设，胶南市在各个方面发展都很迅速，建设用地大量增加，此时胶南城市空间发展形态评估分值为 48.878 分（表

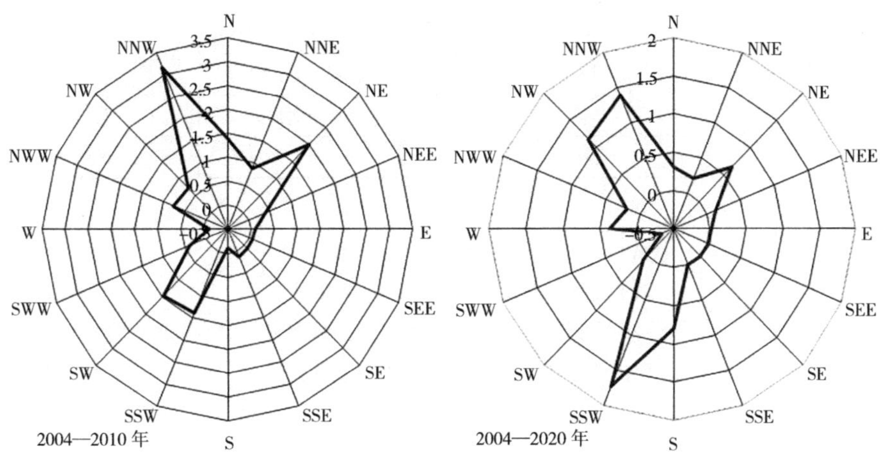

图 2-1-22 不同阶段不同方位建成区扩展强度雷达图

（资料来源：张军民等《城市空间发展与规划目标一致性评估体系架构——以山东省胶南市为例》）

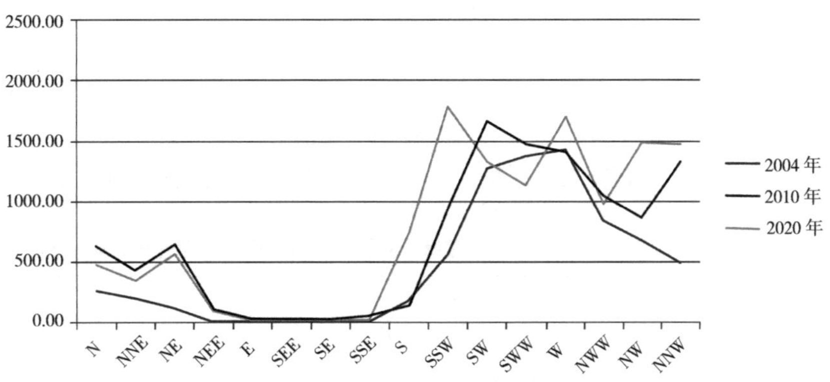

图 2-1-23 各方位建成区面积统计表

（资料来源：张军民等《城市空间发展与规划目标一致性评估体系架构——以山东省胶南市为例》）

2–1–11)，说明城市总体规划在城市空间发展方面并没有起到很好的协调和引导作用，城市空间布局与发展方向与规划目标相差甚远。

城市空间发展形态评估得分统计表　　　　表 2–1–11

	评估领域	评估因子	权重		得分	最终得分
城市空间发展形态评估	城市空间重心移动评估	建成区重心	0.500	0.167	40	6.68
		商业重心		0.133	40	5.32
		工业重心		0.083	40	3.32
		居住重心		0.117	60	7.02
	城市空间分布方向及离散趋势评估	建成区空间分布方向及离散趋势	0.056		7	0.392
	功能用地的空间分异评估	建设用地空间分异	0.167	0.053	83	4.399
		公共设施用地空间分异		0.040	72	2.88
		工业用地空间分异		0.034	45	1.53
		居住用地空间分异		0.040	72	2.88
	城市空间扩展各向异性评估	建成区空间扩展各向异性	0.278	0.086	19	1.634
		公共设施用地空间扩展各向异性		0.075	81	6.075
		工业用地空间扩展各向异性		0.053	44	2.332
		居住用地空间扩展各向异性		0.064	69	4.416
合计		—	1.000		—	48.878

(2) 城市空间发展绩效评估

1) 经济绩效

根据历年《胶南统计年鉴》，现状年（2004 年）地均 GDP 为 47023 万元 /km^2，评估年（2010 年）地均 GDP 为 59226 万元 /km^2，根据《胶南市城市总体规划（2004—2020)》，规划年（2020 年）地均 GDP 为 231546 万元 /km^2。

通过分析，现状年地均 GDP 增长趋势符合规划目标的发展趋势，但是与远期相比评估年地均 GDP 增长完成比例为 6.6%，增长滞后。由公式（2–8）计算得出，评估年胶南市城市空间发展经济绩效评估得分为 7 分。从经济绩效角度分析，经济绩效性过低。

2) 社会绩效

从表 2–1–12 中看出，从市级公共服务中心角度，评估年（2010 年）和规划年市级公共服务设施平均出行距离均比 2004 年有所增加，这说明随着建成区范围不断扩大，单中心的城市空间结构的优越性越来越弱。

胶南公共服务中心的平均出行距离比较（单位：m）　　表 2–1–12

年份	2004 年	2010 年	2020 年
市级	3238	3897	4143
区级	1890	1878	1876
综合	2227	2383	2443

从区级公共服务中心平均出行距离的计算结果，可以看出，评估年（2010年）和规划年（2020年）的区级公共服务中心平均出行距离均比2004年减少了，说明，城市建设用地扩张的同时，片区增加，相应的区级公共服务中心也同时增加，有利于低碳化的城市空间增长。

根据城市空间发展绩效评估判断标准，$D_{现状}<D_{评估}<D_{规划}$，且$D_{评估}$值更接近$D_{规划}$，因此，此项评估分值为60分。

同理得出，工作地点平均出行距离的空间发展绩效评估分值为20分，游憩场所平均出行距离的空间发展绩效评估分值为10分。

3）环境绩效

现状年（2004年）胶南市公共绿地面积为294.74hm^2，占城市建设用地的8.46%，人均公共绿地面积为10.50m^2/人；规划年（2020年）胶南市公共绿地面积为719.71hm^2，占城市建设用地的10.02%，人均公共绿地面积为12m^2/人。评估年（2010年），胶南市公共绿地面积为668hm^2，占城市建设用地的8.86%，人均公共绿地面积为17.70m^2/人。

从人均公共绿地面积方面分析，评估年的人均公共绿地面积突破规划年规划目标，从环境绩效角度分析，人均公共绿地面积值越高，即为环境绩效性高，因此，此项评估分值为100分。

4）空间绩效评估结果判定

胶南城市空间发展绩效评估分值为53.7分（表2-1-13），说明城市总体规划在城市空间发展绩效方面并没有起到很好的协调和引导作用，城市空间增长模式需要改进，现状的发展模式已经不适合城市的发展。

城市空间发展绩效评估得分统计表　　　　表2-1-13

	评估指标	评估因子	权重		得分	最终得分
城市空间发展绩效评估	城市空间发展经济绩效评估	地均GDP	0.200		7	1.4
	城市空间发展社会绩效评估	公共服务中心平均出行距离	0.470	0.260	60	15.6
		工作地点平均出行距离		0.160	20	3.2
		游憩场所平均出行距离		0.050	10	0.5
	城市空间发展环境绩效评估	人均公共绿地面积	0.330		100	33
合计		—	1.000		—	53.7

（3）评估结论及建议

1）评估结论

依据空间发展与规划目标一致性评估对策模型判断胶南市城市空间发展与规划目标一致性为空间形态符合度低、绩效性低型，应采用城市空间发展重组原则，调整总体规划的城市空间增长模式。

2）几点建议

——改善城市空间增长模式。胶南市城市空间增长模式应选择单中心多组团的布局模式，并及时调整城市发展方向，同时每个组团中均应配套相应的服务设施和游憩场所，尤其是城北工业区和南部大学城片区，既可缩短城市公共服务中心的平均出行距离，又满足了城市公共服务中心经济绩效和环境绩效的要求。

——采用土地利用集约模式。胶南市现状建设用地中存在大量的已批未建用地，土地使用率很低，因此应加强土地的集约利用，并及时引导和控制各个方向的城市建设用地扩展强度，减小空间分布离散趋势。

——进一步强化政府对规划实施建设的调控能力。作为总体规划编制的主体和决策者，在城市建设过程中进一步加强政府的宏观调控能力和城市规划的引导作用，使规划与实施建设真正做到相辅相成。

——建立总体规划综合数据信息平台和总体规划实施的信息跟踪和反馈机制。收集总体规划编制信息，形成总体规划编制的信息支撑体系，可以更便捷地分析城市空间发展的动态变化情况，及时做出调整。同时通过信息跟踪和反馈机制，随时了解总体规划引导城市建设的实效性、合理性，明确城市建设发展在不同阶段的重点，并及时有效地消除总体规划编制中影响规划实施的不利因素，形成城市总体规划滚动调整机制。

第二节　规划分析

一、分析思路

1. 技术路线

城市发展分析一般是从外部环境和内部要素两个视角全面认识城市发展因素的基础上，通过综合比较，遴选出当前影响城市发展的重要因素，并辩证地分析各重点因素对城市发展产生的影响和变化，如图 2–2–1 所示。

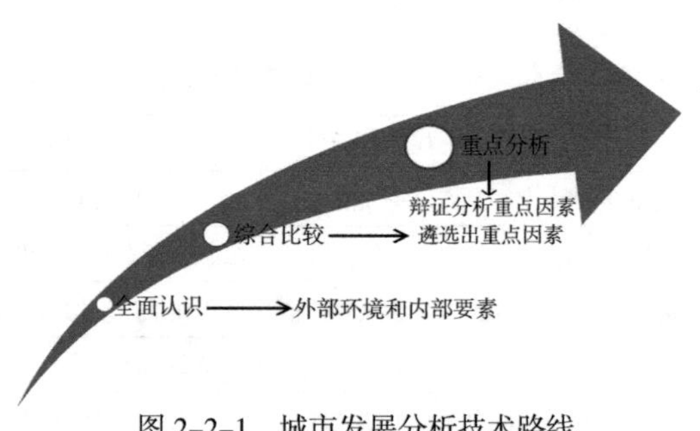

图 2–2–1　城市发展分析技术路线
（资料来源：作者自绘）

2. 发展因素

影响城市发展因素主要有外部环境和内部要素两大类，详见表 2–2–1。

城市发展因素表　　表 2–2–1

类别	因　素	举　例
外部环境	国家发展战略	科学发展观、新型城镇化、创新驱动
	区域发展环境	经济全球化、世界产业转移、区域一体化
	区域总体（专项）规划	长三角地区规划、鲁南经济带规划
	跨区域城市联盟（平台）	亚太经合组织、长三角城市联盟
	跨区域重大设施	南水北调工程、京沪高铁、沿海高速
	……	……

续表

类别	因素	举例
内部要素	区位交通	地理位置、经济区位
	自然资源	土地、水、矿产、能源
	社会经济	产业、经济、人才
	科技创新	研发机构、创新平台、星火计划
	生态环境	自然景观、生态保护工程、湿地
	历史文化	儒家文化、运河文化
	……	……

3. 分析要点

城市发展外部环境和内部要素分析的侧重点各有不同，见表 2–2–2。

城市发展因素分析要点 **表 2–2–2**

类别	分析内容	分析策略
外部环境	①外部环境的核心内容	①同类环境一般按着从高级到低级的顺序进行分析
	②外部环境对城市提出的要求、产生的新变化、可能对策	②不同环境一般按着对城市影响程度顺序进行分析
内部要素	①发展要素基本情况	①从比较中判断城市发展优势
	②发展要素的优势、劣势	②不仅考虑要素的历史与现状，更要考虑未来的发展

二、重点领域

1. 外部环境

外部环境分析可以从国家发展战略、区域发展环境、区域规划、跨区域联盟以及跨区域重大设施等方面展开。每个城市都有其发展特定的外部环境。在分析时，首先遴选影响城市发展主要外部环境；然后对各外部环境进行简要描述，重点是分析这些外部环境对城市发展及其规划可能产生带来的影响和变化。

如科学发展观作为国家重要战略体系，直接影响着城市空间增长模式和空间布局。在分析科学发展观对城市发展规划影响时，首先描述科学发展观的基本要求是实现全面可持续发展，有助于推动城市发展方式转变，从强调数量增长向发展质量转变，并推动城市两型社会建设，具体分析路径如图 2–2–2 所示。

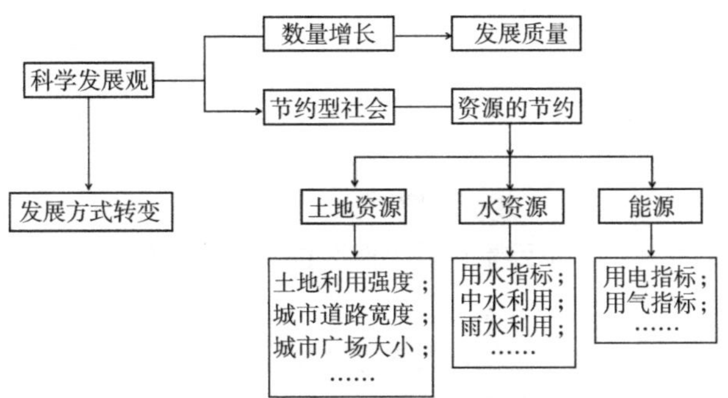

图 2–2–2　科学发展观对城市影响及变化

（资料来源：作者自绘）

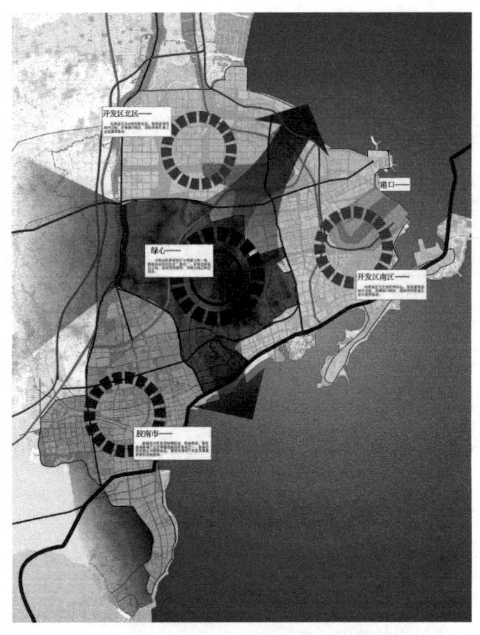

图 2-2-3 青岛市西海岸空间结构图
（资料来源：《胶南市城市总体规划（2004—2020）》）

区域发展环境变化对城市也会产生重大影响，继而影响着城市空间发展方向和空间结构。如《胶南市城市总体规划（2004—2020）》中分析了青岛西海岸对胶南市的要求（图 2-2-3）。

第一，青岛西海岸的概况。西海岸位于青岛胶州湾西侧，是青岛市发展制造业、物流业的理想载体，西海岸的发展，有利于青岛市建立大工业体系，尤其是在造船、汽车、家电电子等方面，实现工业产业结构的战略重组，同时为老城的疏解、退二进三、服务业升级以及历史文化名城保护提供了空间。

第二，分析青岛西海岸对胶南的影响。胶南市作为西海岸的重要组成部分，在陆域上环绕黄岛区，是前湾港和开发区最直接的延续空间，充分利用胶南市的土地资源，可以缓解青岛开发区用地紧张的矛盾。

2. 区位分析

2.1 分析思路

区位分析是从自然地理位置和经济区位两个视角，借助图形和定量分析方法，综合判断城市区位特征，如图 2-2-4 所示。

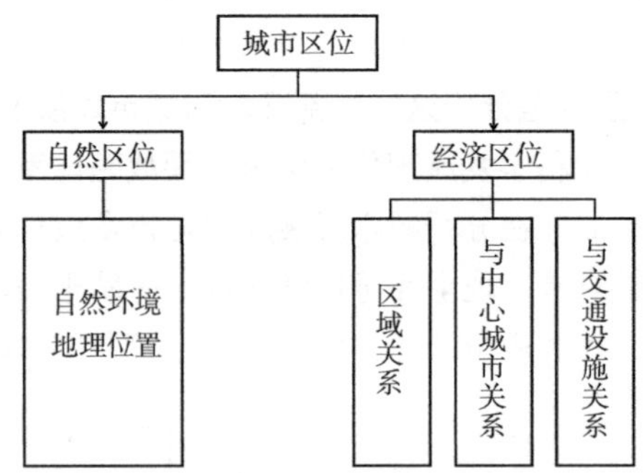

图 2-2-4 城市区位分析构成图
（资料来源：作者自绘）

2.2 分析内容

区位因素包括自然区位和经济区位（表 2-2-3）。

（1）自然区位

自然区位与自然地理位置相关，比如位于沿海地区、临近港湾或江河、处于区域中心位置等。历史上，自然区位是城市起源和发展的重要因素，现在自然区位一般叠加上人类经济活动形成经济区位。如长江三角洲本是指长江入海

区位分析内容列表　　表 2-2-3

	类别		具体内容
区位分析	自然区位	与自然环境要素的位置关系	位于沿海（江河湖泊）、位于区域几何中心
	经济区位	区域中位置	区域战略（规划）中对城市的定位、城市在区域空间中的位置
		与区域中心城市关系	邻近国际性大城市、与其他城市位置关系
		与交通枢纽（干线）的关系	与机场、港口、高铁站的距离，与高速铁路、高速公路远近

之前的冲积平原，现在更多是指中国第一大经济区或世界级城市群。自然区位分析往往采用描述法。

（2）经济区位

经济区位是经由人类经济活动形成的区位优势，如由于交通设施建设、周围城镇群体的形成等。经济区位分析一般包括：

一是，分析城市位于哪些经济区（带）。如济南市位于东北亚经济圈、环渤海经济圈、山东半岛城市群、济南城市经济圈、沿黄经济开发带。

二是，从不同层次的区域规划或区域发展战略中，找出城市的发展定位和城市在区域空间结构中的位置。如上海是长江三角洲地区的发展核心、济南是山东省会城市经济圈的中心城市。

三是，分析城市与区域中心城市、其他城市的位置关系，包括与中心城市距离，位于中心城市哪一辐射圈层。如江苏昆山区位分析中，重点分析昆山与邻近的国际性城市上海的位置关系；山东莱芜区位分析中，重点分析莱芜与邻近济南的位置关系。

四是，分析城市与重要交通设施，如机场、港口、高铁站的距离，与高速铁路、高速公路远近等。如济南市位于京沪铁路和胶济铁路交汇处，这两条铁路对济南市区位影响较大，区位分析中必然涉及铁路交通区位分析。

《胶南市城市总体规划（2004—2020）》规划中分析了胶南市在环渤海经济圈、山东半岛城市圈和青岛市的区位。

胶南市地处亚欧大陆和太平洋的海陆交汇地带，中国东部沿海南北交通的中间地带。

胶南市地处胶南半岛向鲁中和鲁南过渡地带，是沿海南北交通之咽喉，交通地位十分重要，如图 2-2-5 所示。

胶南市作为青岛市重要的次中心城市，连接黄岛开发区，受青岛市直接辐射，区位优势明显。

2.3　注意事项

分析城市区位因素时，应注意以下几个方面：

一是，区位有空间范围大小之分，分析时一般是按着从大到小的顺序，即世界级—跨国区域级—国家级—跨省域—省域—市域区位。如上海的区位，可以分析上海在世界城市体系、亚太地区、国家城镇体系、长江三角洲城镇群的位置。

二是，城市区位，除了与自身的地理位置、经济发展水平有关以外，更多的是一种相对特征，即通过与中心城市、周边城市的关系中确定。

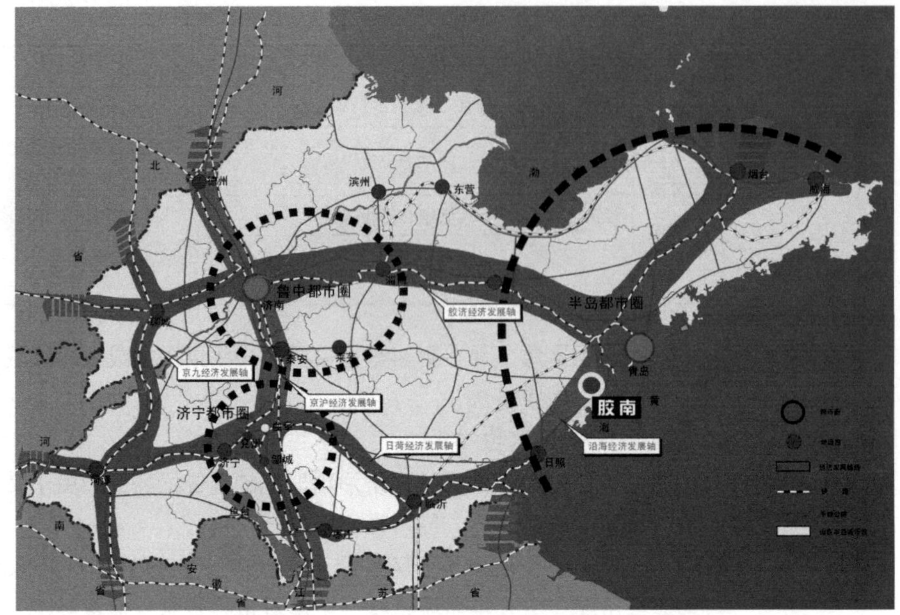

图 2-2-5　胶南在山东半岛城市群区位

（资料来源：《胶南市城市总体规划（2004—2020）》）

3. 经济分析

3.1　分析思路

经济分析是以城市 GDP 等经济指标为基础，采用定性与定量相结合的方法，通过纵向和横向比较，分析出城市经济发展的基本特征，如图 2-2-6 所示。

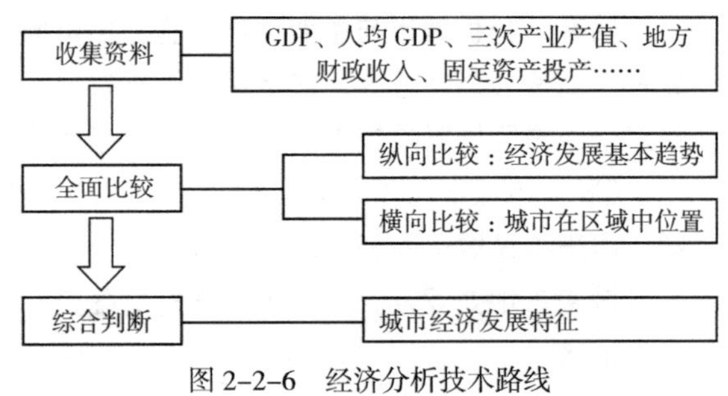

图 2-2-6　经济分析技术路线

（资料来源：作者自绘）

3.2　分析内容

经济分析主要包括经济发展水平、经济结构（重点是产业结构）、经济联系、经济空间（表 2-2-4）。

（1）经济发展水平

经济发展水平分析一般包括：

一是，通过历年经济发展指标（总量指标、人均指标、增长速度等），常用 GDP（或人均 GDP、GDP 增速），分析城市经济发展趋势；

二是，通过与区域其他城市或者同类城市主要经济指标（GDP、人均 GDP、地方财政收入、固定资产投资等）比较，分析城市在区域中位置或城市经济竞争力；

经济分析内容 表 2-2-4

	类别	常用指标	常用方法	表达
经济分析	经济发展水平	总量指标、人均指标、增长速度	比较法	趋势线、柱状图
	经济结构	三次产业产值、工业行业产值	区位熵、比较法	柱状图、饼状图
	经济联系	GDP、公路客运量、铁路客运量	引力模型、断裂点理论、社会网络分析	网络图
	经济空间	总量指标、人均指标、三次产业产值	比较法	空间分布图

三是，以某种经济发展阶段理论（常用的是钱纳里经济发展阶段、霍夫曼工业化阶段）为依据，通过主要指标对比，判断出城市发展阶段。

Tips 2-2：城市经济发展阶段理论

一、钱纳里经济发展阶段理论

钱纳里将区域经济发展划分为 6 个阶段（表 2-2-5）。

钱纳里关于经济发展阶段的判断及各阶段经济结构特征 表 2-2-5

发展阶段		人均 GDP（美元 / 人）				总需求结构		
		1970 年美元	1980 年美元	2000 年美元	2000 年人民币	初级产品	制造业产品	服务业产品
前工业社会		140 ~ 280	280 ~ 560	552	2208	38	15	47
工业化社会	工业化前期	280 ~ 560	600 ~ 1200	1104	4416	21	24	55
	工业化中期	560 ~ 1120	1200 ~ 2400	2208	8832	9	36	54
	工业化后期	1120 ~ 2100	2400 ~ 4500	4417	17668	4	34	62
后工业社会		2100 ~ 3360	4500 ~ 7200	8283	33132			
现代社会		3360 ~ 5040	7200 ~ 10800	13252	54100			

注：1）原书最早使用 1964 年美元确定基准收入水平的变动范围，根据原书作者的解释，按照换算因子 1.4 将其换算成 1970 年美元；根据美国官方统计数据，以 1970 年为 100，2000 年 GDP 的价格平价指数为 394.4%，将其换算为 2000 年美元；2000 年人民币按照购买力评价方法计算，1 美元＝ 4 元人民币。

2）农业劳动力的具体指标缺失，一般认为工业化前期非农业就业比重不低于 35%，到工业化中期阶段，该比重不低于 50%。

二、霍夫曼工业化发展阶段

霍夫曼根据霍夫曼比例，即消费资料工业净产值与资本资料工业净产值的比例，把工业化的过程划分为四个发展阶段（表 2-2-6）。

霍夫曼工业阶段指标 表 2-2-6

发展阶段	消费资料工业 / 资本资料工业	发展阶段	消费资料工业 / 资本资料工业
第一阶段	5（±1）	第三阶段	1（±0.5）
第二阶段	2.5（±1）	第四阶段	1 以下

注：其中的比例是依净产值（即附加价值）计算的。括号内的数字表示在前面基准数字基础上允许波动的幅度。

如在《莱芜市城市总体规划（2014—2030)》中，以GDP和GDP增长速度为主要指标，通过GDP增长速度趋势和山东省17个地市GDP比较分析了莱芜市经济发展水平。

1995—2007年，莱芜国内生产总值一直保持较快增长速度，年均增长率在12%以上，但是2008年后，国内生产总值增速呈现缓慢下降，如图2–2–7所示。

图2–2–7　莱芜市历年GDP及产业结构变化图

（资料来源：《莱芜市城市总体规划纲要（草案）汇报（2014—2030)》)

在山东省17个地市中，莱芜市GDP和GDP增长速度处于下游，总量弱势明显，如图2–2–8、图2–2–9所示。

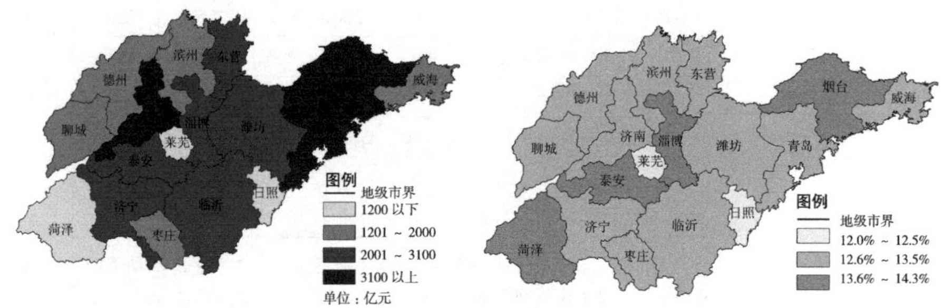

图2–2–8　山东省17城市GDP　　　图2–2–9　山东省17城市GDP增长速度

（资料来源：《莱芜市城市总体规划纲要（草案）汇报（2014—2030)》)

(2) 经济结构（主要是产业结构）

产业结构的分析主要有：

一是，通过三次产业产值比较，分析判断城市产业整体结构；

二是，通过历年三次产业产值比较，分析城市产业结构演变趋势；

三是，通过与区域内其他城市或同类城市三次产业产值比较，判断城市产业发展特征；

四是，根据各产业不同行业产值或就业人口数比较，分析判断各产业构成及其发展特征；

如在《莱芜市城市总体规划纲要（草案）(2014—2030)》，首先分析三次产业产值比较，判断产业整体特征；然后根据各行业工业增加值，分析工业行业构成特征。

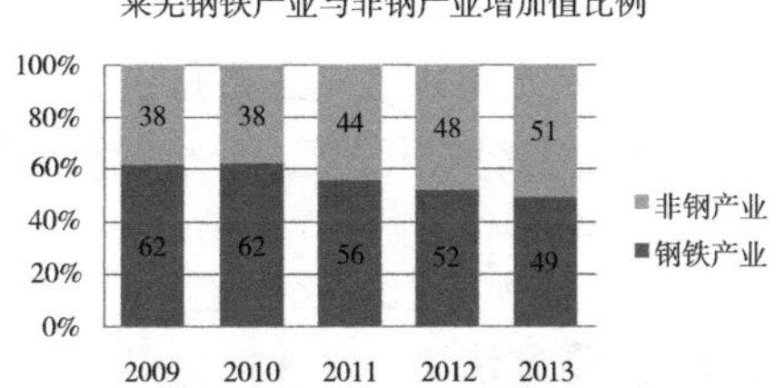

图 2-2-10　莱芜钢铁与非钢铁产业增加值
（资料来源：《莱芜市城市总体规划纲要（草案）汇报（2014—2030）》）

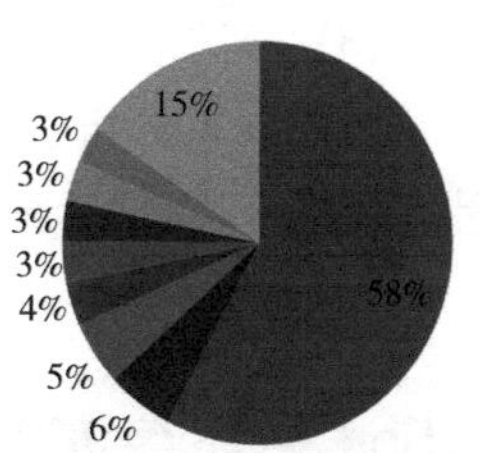

图 2-2-11　莱芜工业行业构成比例
（资料来源：《莱芜市城市总体规划纲要（草案）汇报（2014—2030）》）

莱芜市第二产业产值高，三次产业结构呈现出“二三一”特征，工业中，钢铁产业“一业独大”，但近年来占比快速下降，如图 2-2-10、图 2-2-11 所示。

在《济宁市城市总体规划（2008—2020）》中也分析了三次产业产值构成及其发展趋势和工业行业构成特征。

2007 年，济宁市第一产业完成增加值 213.5 亿元，增长 4.7%；第二产业完成增加值 960.1 亿元，增长 17.4%；第三产业完成增加值 562.4 亿元，增长 18.9%。三次产业的比重分别为 12.3 ：55.3 ：32.4，第三产业所占比重偏低，第二产业仍是推动济宁经济发展的主要产业，如图 2-2-12 所示。

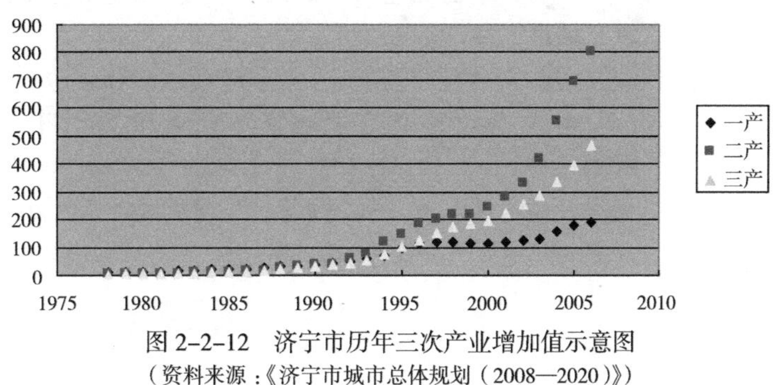

图 2-2-12　济宁市历年三次产业增加值示意图
（资料来源：《济宁市城市总体规划（2008—2020）》）

形成煤化工、生物技术、机械制造、医药食品、纺织服装五大主导产业，成为制造业的有力支撑，2007 年五大产业增加值 340.6 亿元，占制造业增加值的 76.2%，如图 2-2-13 所示。

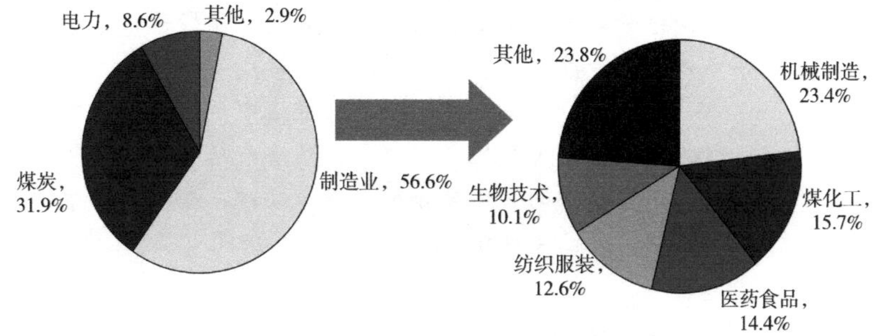

图 2-2-13　济宁市工业结构构成
（资料来源：《济宁市城市总体规划（2008—2020）》）

（3）经济联系分析

经济联系分析主要是借助一定定量模型（主要是引力模型、断裂点理论、社会网络分析），计算两两城市间经济联系强度，分析城市主要经济联系方向。

Tips 2-3：经济联系测度主要方法

一、引力模型

引力模型（Gravity Model）用来表征事物间相互作用的模型。地理学家塔费（E.J.Taffe）将引力模型引入空间相互作用研究中，认为两地之间的经济联系强度同它们的人口乘积成正比，同它们之间的距离成反比。

$$R_{ij}=\frac{KP_iP_j}{D_{ij}^2} \qquad \text{公式（2–15）}$$

式中 R_{ij}——两城市间的经济联系强度；

K——常数（通常也称为引力系数）；

P_i——第 i 城市人口；

P_j——第 j 城市人口；

D_{ij}——两城市之间的空间距离。

此后，引力模型被广泛应用于城市经济联系测度中，指标也扩展到经济、物流、交通。

二、断裂点理论

断裂点理论是关于城市与区域相互作用的一种理论。由康维斯（P.D.Converse）于1949年对赖利（W.J. Reilly）的“零售引力规律”加以发展而得。该学说认为，一个城市对周围地区的吸引力，与它的规模成正比，与距它的距离的平方成反比。故两个城市影响区域的分界点（即断裂点）公式。

$$d_{\mathrm{A}}=\frac{D_{\mathrm{AB}}}{1+\sqrt{\frac{P_{\mathrm{B}}}{P_{\mathrm{A}}}}} \qquad \text{公式（2–16）}$$

式中 d_{A}——从断裂点到A城的距离；

D_{AB}——A、B两城市间的距离。

三、社会网络分析

社会网络分析方法是由社会学家根据数学方法、图论等发展起来的一种定量分析方法，该方法已在社会学、经济学等领域得到广泛应用。社会网络分析方法主要包括中心性分析、凝聚子群分析、核心—边缘结构分析以及对等性分析。

在社会网络“中心性”的描述中，中心度与中心势是两种重要的测量方法。中心度指的是一个点在网络中居于核心地位的程度，而中心势考察的是整个图的整体整合度或者一致性，也就是一个图的中心度。而社会网络的中心性又可分为点度中心性、中间中心性、接近中心性三种。

在《济宁市城市总体规划（2008—2020）》中借用引力模型分析了城市经济联系主要方向。

采用下列公式来计算济宁市的经济联系强度：

$$R_{ij}=(\sqrt{P_iG_i}\times\sqrt{P_jG_j})/D_{ij}^{\ 2}$$ 公式（2-17）

式中 R_{ij}——两城市经济联系的强度；

P_i、P_j——两城市市区非农业人口数；

G_i、G_j——两城市市区非农产业 GDP；

D_{ij}——两城市的距离。

济宁市对外经济联系方向主要表现出两个特点：南北向是济宁主要的对外经济联系方向、东西向经济联系正在崛起，如图 2-2-14 所示。

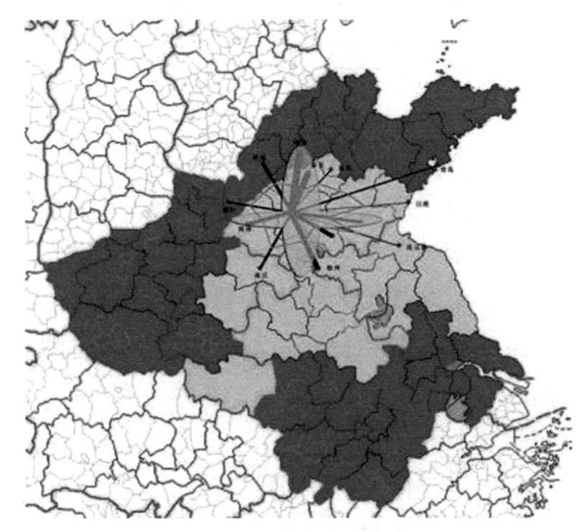

图 2-2-14 济宁与淮海经济区范围各主要城市的经济联系强度
（资料来源：《济宁市城市总体规划（2008—2020）》）

济宁市域内部的经济联系主要为东西方向，呈现"强中心、弱外围"的局面，如图 2-2-15、图 2-2-16 所示。

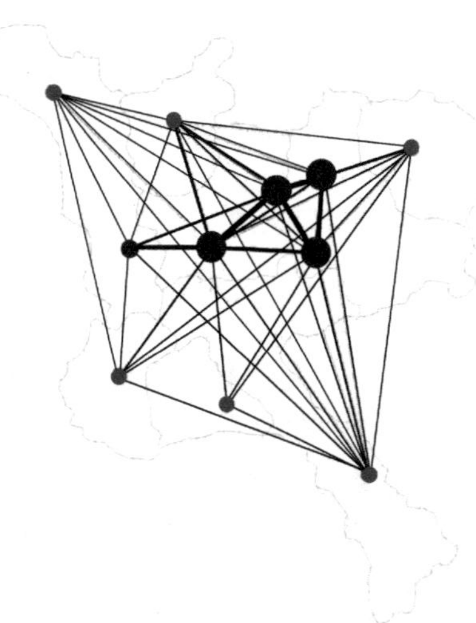

图 2-2-15 济宁市域经济联系方向分析
（资料来源：《济宁市城市总体规划（2008—2020）》）

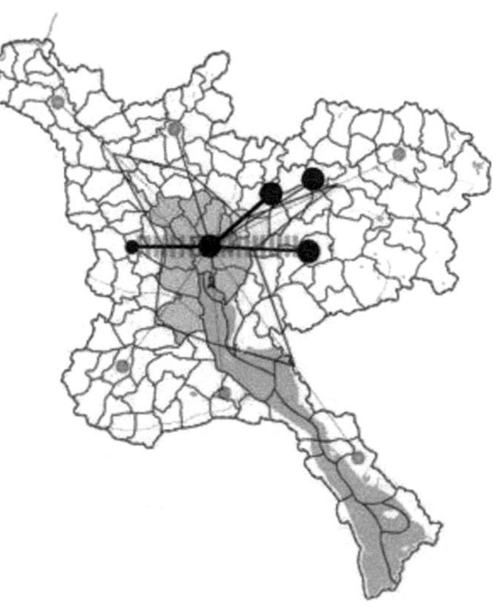

图 2-2-16 济宁市域断裂点与腹地分析
（资料来源：《济宁市城市总体规划（2008—2020）》）

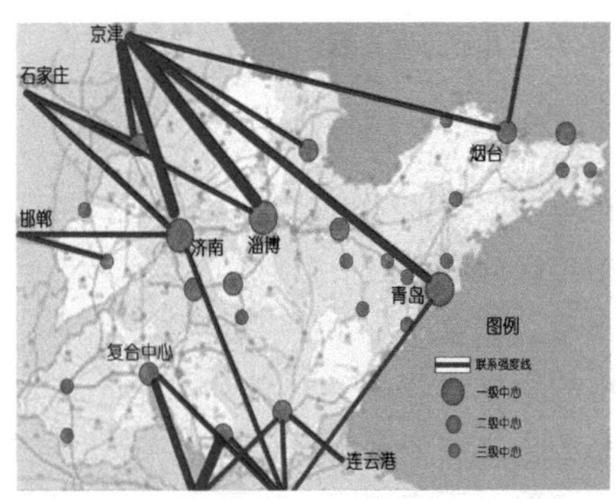

图 2-2-17　济南市省际经济联系分析
（资料来源：《济南市城市总体规划（2006—2020）》）

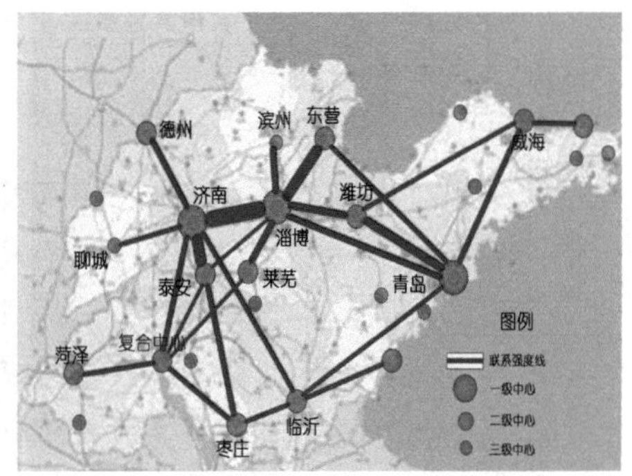

图 2-2-18　济南市省内经济联系分析
（资料来源：《济南市城市总体规划（2006—2020）》）

《济南城市总体规划（2006—2020）》中根据断裂点模式分析和经济联系方向，分析了济南市城市经济联系和腹地范围。

济南市的城市吸引范围、经济辐射范围和直接腹地范围均局限于山东省西半部；济南市的省内主要联系方向为山东省东部城市，省外的主要联系方向为京津都市圈和长三角都市圈，但与省内的联系强于省外联系，如图 2-2-17、图 2-2-18 所示。

（4）经济空间

经济空间的分析主要有：

一是，市域（县域）层面，通过各县市经济指标（GDP、人均 GDP、三次产业产值、工业增加值等）比较，分析城市经济空间分布情况；

二是，中心城层面，通过各产业园区用地指标、经济指标（如业务总收入、企业数量）等，分析中心城经济空间分布情况。

4. 人口分析

4.1　分析思路

人口分析是以人口各项指标为基础，采用定性与定量相结合的方法，通过纵向和横向比较，分析出城市人口发展的基本特征，如图 2-2-19 所示。

4.2　分析内容

人口分析主要包括人口规模、人口构成、人口分布（表 2-2-7）。

（1）人口规模

人口规模分析一般包括：

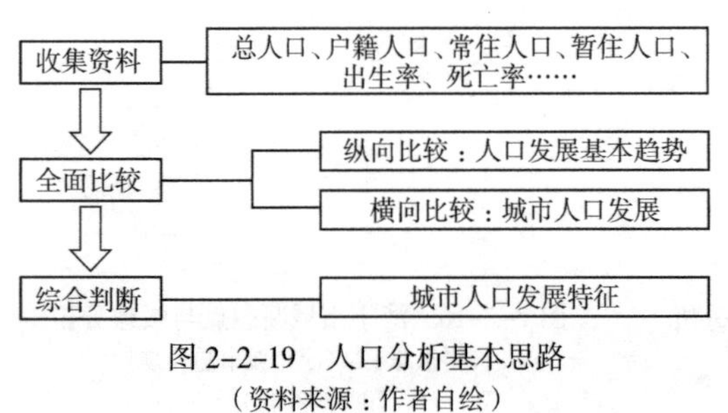

图 2-2-19　人口分析基本思路
（资料来源：作者自绘）

一是，根据历年人口指标（总人口、城市人口、非农业人口等），分析城市人口发展趋势；根据与区域其他城市人口规模比较，判断城市规模大小或城市吸引力大小；

二是，根据历年人口增长速度（综合增长率、自然增长率、机械增长率等），分析城市人口变动特点；根据与其他城市、区域人口增长率比较，判断城市人口增长快慢。

城市人口分析要点　　　　表 2-2-7

	类别	常用指标	常用方法	表达
人口分析	人口规模	总人口、户籍人口、暂住人口、综合增长率、自然增长率、机械增长率	比较法、回归分析法	趋势线
	人口构成	城市人口、乡村人口、非农业人口、男性人口、女性人口、三次产业就业人口、各年龄段人口	比较法	人口金字塔、柱状图、饼状图
	人口分布	总人口、城市人口	比较法、图形法	列表、柱状图、空间分布图

如《潍坊市城市总体规划（2005—2020）》分析了市域和市辖区人口变动情况。

从整体趋势上看，1992—2003 年潍坊市域总人口的增长速度变化不大，而市辖区人口呈持续增长趋势（图 2-2-20、图 2-2-21），但是增长率变化波动较大（图 2-1-22），显示出潍坊市辖区的人口增长受到外界因素影响较大。

相对于山东半岛城市群的其他城市，潍坊市辖区的历年人口增长速度仍然处于较低水平。根据三普、四普、五普相关资料，1980—2000 年潍坊市辖区人口增长速度仅高于日照市和淄博市，反映潍坊市相对于山东半岛城市群其他城市而言，中心城市人口吸引能力不足的特点（表 2-2-8）。

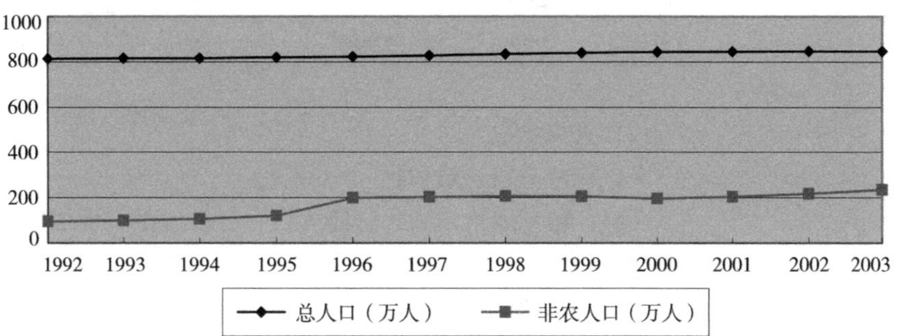

图 2-2-20　1992—2003 年潍坊市域人口历年变化
（资料来源：《潍坊市城市总体规划（2005—2020）》）

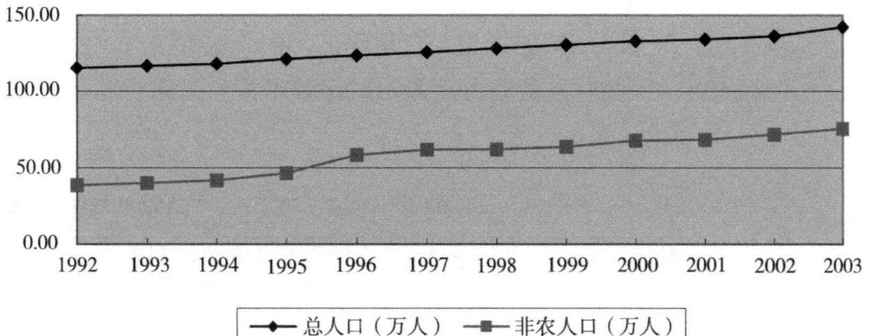

图 2-2-21　1992—2003 年潍坊市辖区人口历年变化
（资料来源：《潍坊市城市总体规划（2005—2020）》）

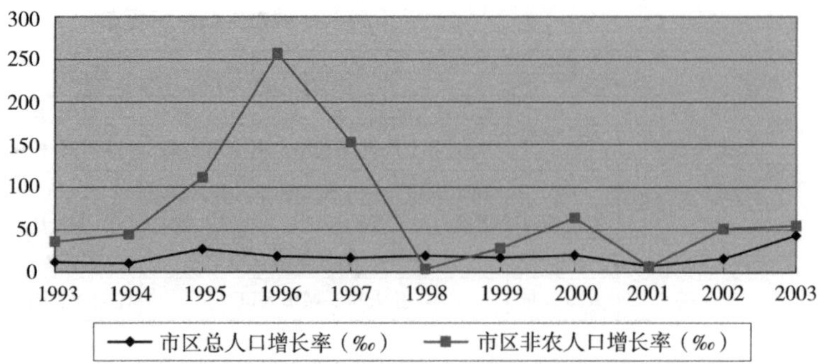

图 2-2-22 1992—2003 年潍坊市辖区人口增长率情况
（资料来源：《潍坊市城市总体规划（2005—2020）》）

山东半岛城市群各市市辖区人口增长情况 表 2-2-8

	1982—1990 增长（人）	1990—2000 增长（人）	1982—1990 年均增长率‰	1990—2000 年均增长率‰	年均增长率 增减‰
威海市区	52403	346401	28.2	68.6	40.4
青岛市区	274036	619163	17.6	26.2	8.6
济南市区	380101	595988	21.7	22.4	0.7
东营市区	189915	144337	44.6	20.4	-24.2
烟台市区	203945	307862	19.6	19.9	0.3
潍坊市区	149844	228536	17.6	18.3	0.7
淄博市区	252687	333273	13.5	12.7	-0.8
日照市区	108291	120466	14.0	11.1	-2.9

（2）人口构成

人口构成分析一般包括：

一是，根据城市不同年龄段人口，分析城市人口年龄构成以及未来城市人口变化特点；

二是，根据城市男性和女性人口，分析城市人口性别比例；

三是，根据历年城镇化水平，分析城镇化发展趋势及其特征；依据城镇化发展阶段理论，判别城市城镇化发展阶段。

如《济宁市城市总体规划（2008—2020）》中通过人口年龄结构，分析城市未来劳动力资源情况。

2007 年，济宁市人口呈现出"中间大、两头小"的总人口结构特征，处于"人口红利期"，劳动力资源相对比较丰富，未来青壮年劳动力将在很长时间内保持供应充足（表 2-2-9）。

2007 年山东省、济宁市人口年龄结构比较（%） 表 2-2-9

	18 岁以下	18 ~ 35 岁	35 ~ 60 岁	60 岁以上
山东省	18.68	27.55	39.41	14.36
济宁市	17.07	28.16	38.00	16.76

（资料来源：《济宁市城市总体规划（2008—2020）》）

(3) 人口分布

人口空间分布分析一般包括：

一是，通过各县市人口（总人口、户籍人口）数量、人口密度的比较，分析市域（县域）人口空间分布情况；

二是，通过中心城各乡镇（街道办事处）人口（总人口、户籍人口）数量、人口密度比较，分析中心城人口空间分布。

人口分布分析除了数量（列表、柱状图）比较以外，可以借助空间分布图，使人口空间特征更加直观。

《济南市城市总体规划（2006—2020）》中以乡镇（街道）为单位，以人口密度为指标，分析了中心城人口空间分布。从图 2–2–23 中可以看出，济南市中心城人口具有明显的中心—外围特征，即城市中心区人口密度较高，而外围地区人口密度较低。

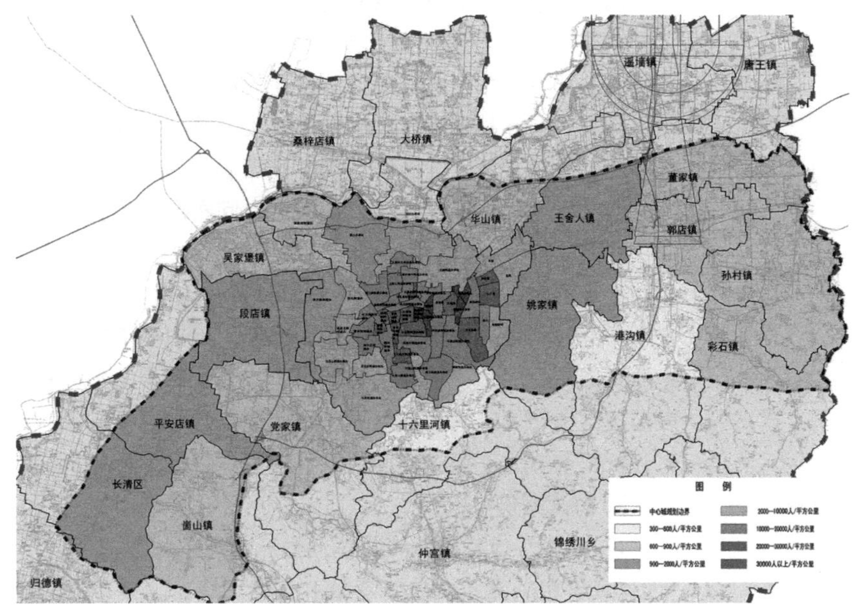

图 2–2–23 济南市中心城人口密度分布

（资料来源：《济南市城市总体规划（2006—2020）》）

第三节 规划解读

一、相关规划

《城乡规划法》第五条规定，“城市总体规划、镇总体规划以及乡规划和村庄规划的编制，应当依据国民经济和社会发展规划，并与土地利用总体规划相衔接”，因此相关规划解读重点是国民经济和社会发展规划以及土地利用总体规划。

1. 解读要点

国民经济和社会发展规划、土地利用总体规划和城市总体规划三者之间的关系如图 2–3–1 所示。

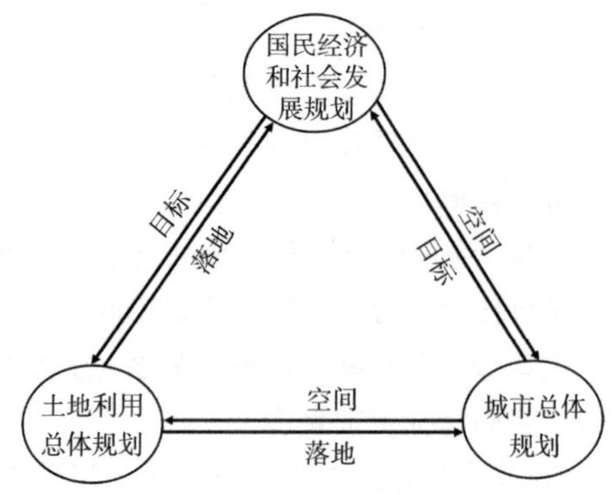

图 2-3-1 “三规”关系示意
（资料来源：作者自绘）

1.1 国民经济和社会发展规划

国民经济和社会发展规划是全国或地区经济、社会发展的总体纲要，体现了国家或地区国民经济的主要活动、科技进步主要方向、社会发展的主要任务以及城乡建设的各个方面所作的全面规划、部署和安排。

国民经济和社会发展规划侧重于发展目标的确定，因此解读时重点是梳理经济规模及增长速度、经济结构、区域协调、主体功能区和基本公共服务体系等内容，作为确定城市性质、规模、空间布局的重要依据。

1.2 土地利用总体规划

土地利用总体规划侧重于项目落地。《土地管理法》规定，城市总体规划，应当与土地利用总体规划相衔接，建设用地规模不得超过土地利用总体规划确定的城市和村庄、集镇建设用地规模。因此解读《土地利用总体规划》时，重点把握土地利用结构和布局调整，即确定规划目标年各类土地面积和布局，作为分析城市总体规划中建设用地供给基本依据。

2. 解读案例

（1）《咸宁市咸嘉新城总体规划》

《咸宁市咸嘉新城总体规划》在确定咸嘉新城产业选择时以《咸宁市国民经济和社会发展“十二五”规划》作为依据。

第一，规划解读。

一是，市域产业布局：融圈、临江、临路；融入武汉城市圈：发展劳动密集型产业，与武汉配套产业；发展临江经济：突出沿江产业布局，加快承接沿海产业转移；发展临路经济：以高铁、高速、国道为纽带，发展特色产业。

二是，市域产业结构：转型显现结构提升。咸宁市着力建设三大主导工业：一是以新材料、机电工业、新医药等为代表的高加工度行业发展区；二是以纺织服装、木材加工、食品等轻纺工业为主的轻型制造聚集区；三是以电力能源、建材、化工、冶炼等带有重工业特点的重型资源转化区。重工业成为产业转型的主导方向，工业产业结构进一步提升。

三是，市域经济发展：快速、健康、跨越。经济实力新跨越：2010 年全市生产总值为 502 亿元，高于“十一五”规划目标 329 亿元的 53%，增速达到 15.1%，规划 2015 年突破 1000 亿元，年均增长 16% 以上。2010 年人均 GDP 为 1.9 万元，力争 2015 年翻番。产业结构新转变：2010 年三产比重达 16 ：45 ：39，二三产比重为 84%，高于“十一五”规划的 80.5%，规划 2015 年二、三产业比重进一步提升，三产比重达到 12 ：48 ：40。基础设施新台阶：全社会固定资产投资强劲增长，“十一五”期间完成 1155 亿元投资总额，规划“十二五”投资总规模达到 3500 亿元，加大铁路、公路、港口建设步伐。

第二，主要结论。

咸宁近年来经济发展迅速，同时，城区主导产业正在进行向高加工行业和重型资源转化的阶段。咸嘉新城的建设能有效解决主城区面临承接产业空间不足与功能定位不配套等问题。咸宁应及时调整行政区划，形成以主城区为主，咸嘉新城为辅的飞地经济，打造垂江产业推进轴和实现中心城区拥湖面江战略的前沿。

咸嘉新城是咸宁市打造垂江产业推进轴和实现中心城区拥湖面江战略的前沿。

(2)《潍坊市城市总体规划（2005—2020)》之《潍坊城市用地发展研究》

《潍坊城市用地发展研究》在分析城市土地资源供给时，主要依据是《潍坊土地利用总体规划（1997—2010)》中有关建设用地规模和供给来源。

根据《潍坊土地利用总体规划（1997—2010)》，规划期内要有效控制建设用地总量和建设用地结构和空间布局，2010 年潍坊市中心城市控制面积 96.00km^2，人均用地为 98m^2，各类建设新增用地规模控制在 33.00km^2 内。

1997—2010 年规划期内潍坊市中心城市面积新增 33km^2（4.95 万亩），其中占用耕地 20.18km^2（3.03 万亩），占用非耕地（未利用土地、少部分园地、林地）12.82km^2（1.92 万亩）。城市用地占用耕地的系数为 0.61，说明耕地仍然是潍坊市中心城市用地的重要供给来源。

二、上位规划

上位规划是上级政府的发展战略和发展规划。按照一级政府、一级事权的政府层级管理体制，上位规划代表了上一级政府对空间资源配置和管理的要求。因此，下位规划不得违背这些原则和要求，并要将上位规划确定的规划指导思想、城镇发展方针和空间政策贯彻落实到本层次规划的具体内容中。

1. 主要类型

根据不同划分标准，上位规划可以有不同类型，如图 2-3-2 所示。

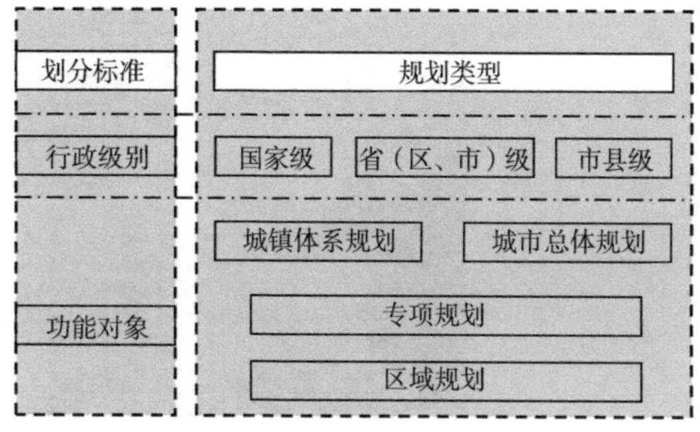

图 2-3-2 上位规划类型图

（资料来源：作者自绘）

事实上，这两种划分方法并非截然分离的，而是相互交错。如城镇体系规划，有国家级城镇体系规划和省级城镇体系规划；专项规划中以高铁为例，有中国高铁网规划、省级高铁网规划、省际高铁网规划等。

2. 解读要点

2.1　解读顺序

一是，同类上位规划解读时，一般是按着从高到低的顺序，即先是国家级规划，然后是省（区、市）级，最后是市县级。诚然，并不是所有的城市都是从国家级开始，对于县级市而言，其规划解读可能是从省（区、市）级规划开始。因此，具体从哪个级别开始解读，关键是看城市自身影响力。

二是，同级别上位规划解读时，一般是按着时间先后顺序。

2.2　解读内容

上位规划解读主要包括三个方面的内容：

一是，描述上位规划的主要内容。不同功能对象的规划，其主要内容有所差异。如城镇体系规划重点是城市经济区、城镇职能分工、城镇体系空间布局、重大设施规划；而总体规划重点是城市性质职能、城市规模、城镇空间结构、城镇等级规模等。

二是，梳理上位规划中涉及该城市的相关内容，以及上位规划对该城市提出的具体要求。

三是，分析上位规划编制对该城市可能产生的影响，重点是带来的发展机遇。

3. 解读案例

《泰安市大汶河滨河新区规划》在规划背景分析时，对上位规划中有关滨河新区相关定位进行解读。

一是，《泰安市城市总体规划（2006—2020）》规划提出，远景继续扩大规模，将满庄和北集坡镇纳入南部新城（图 2–3–3）。

图 2–3–3　滨河新区在《泰安市城市总体规划（2006—2020）》远景规划中示意
（资料来源：《泰安市大汶河滨河新区规划》汇报稿）

二是，《泰安高新技术开发区总体规划（2008—2020）》提出，远景跨越铁路向东发展，与北集坡镇驻地连成一片（图 2-3-4）。

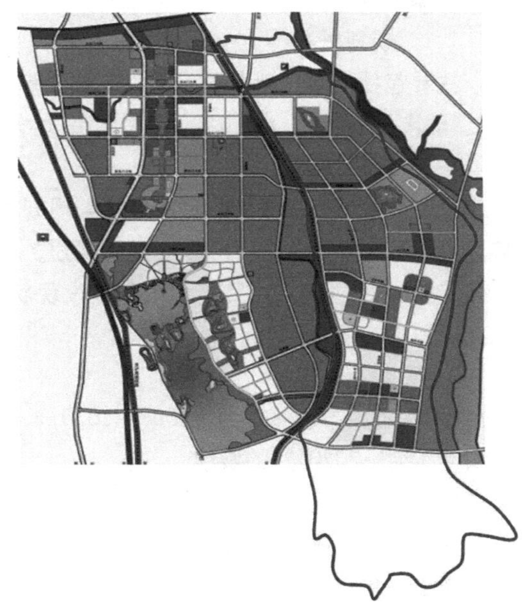

图 2-3-4 滨河新区在《泰安高新技术开发区（2008—2020）》远景规划中示意
（资料来源：《泰安市大汶河滨河新区规划》汇报稿）

三是，《泰安市城乡统筹总体规划（2008—2030）》提出，远期（2030 年）将省庄、北集坡、满庄纳入城区发展（图 2-3-5）。

图 2-3-5 滨河新区在《泰安市城乡统筹总体规划（2008—2030）》远景规划中示意
（资料来源：《泰安市大汶河滨河新区规划》汇报稿）

三、上版规划

1. 解读要点

1.1　规划概况

主要包括上版规划期限、规划范围、城市性质、城市规模（城市人口和用地）、城市发展方向、城市空间结构和重大支撑体系等。

1.2　规划评述

一是，解读上版规划的目的是评判规划的可持续性，因此应从总体规划实施成效和存在问题两个方面评述上版规划。

二是，通过对规划目标和城市建设现状对比（详见规划评估相关内容），总结规划实施情况。

2. 解读案例

《济宁市城市总体规划（2008—2020）》中有关上版规划《济宁市城市总体规划（2004—2020）》的解读。

（1）规划概况

一是，城镇体系空间结构。

城镇体系空间结构采取“中心突破、轴线辐射、城乡一体、网络发展”的模式，通过济兖邹曲复合中心作为一个整体优先发展，利用多层次的发展轴线辐射城乡空间，形成网络化的城乡发展空间模式。

二是，“济宁—曲阜”都市区发展战略。

都市区发展战略为“优势互补，职能各异，相向发展，一体化建设”，力图依托济兖邹曲四个城市，充分发挥其自身特点，突出主导职能，按照组织管理一体化、基础设施一体化、生态环境一体化和经济一体化目标，实现城市间优势互补，带动鲁南地区整体经济社会发展水平的提高。

三是，中心城区人口和用地规模。

人口规模：近期（2010 年）城市人口 70 万人，远期（2020 年）城市人口 100 万人。

用地规模：近期（2010 年）城市建设用地 82km^2，人均 117.14m^2；远期（2020 年）城市建设用地 114.96km^2，人均 114.96m^2。

四是，城市发展方向和总体布局结构。

规划确定城市发展方向为：向东为主，北部控制，西部改造优化，南部适当发展。

规划形成“一湖两城，双心三轴”的布局结构。

（2）对上版规划《济宁市城市总体规划（2004—2020）》的评述

上版总体规划《济宁市城市总体规划（2004—2020）》为济宁市的城市发展在用地方面提供了较好的框架。比如，确定了中心突破的发展思路，确立了都市区核心地位，强调对中部都市区的培育，集中形成竞争优势。尤为可贵的是在市域和中心城市之间明确提出了都市区层次的一体化战略方针，并确定了组织、经济、生态、市政、交通的具体一体化措施。上版总规促进了市域城镇带动的“两带”发育，其对中心城区的把握拉开了城市向东扩张的脚步，基本奠定了目前东西双城的发展格局。

但是，随着城市发展外部条件的改变以及实践环节的校验，上版总规的部分结论已经有悖于济宁发展的实际需求，甚至对新的发展有所制约，这突出表现为：

一是，区域研究不充分，区域对策缺乏。

上版总规《济宁市城市总体规划（2004—2020）》在区域分析上仅在经济发展战略研究专题部分对比了省内各市经济水平和全省规模以上工业企业运行情况，并指出了淮海经济区中徐州对济宁的竞争压力，但对其他方面触及不多，例如没有指出省发展格局中济宁需担当的角色。而今，日照港的崛起、山东省城镇发展战略从“一群三圈”向“一体两翼”的转变，不断发出围绕济宁市的区域发展格局正在革新的信号，因而济宁也需要谋求合理的新的区域位置。

二是，市域城镇体系规划重东轻西，西翼城镇发展动力缺乏。

上版总规《济宁市城市总体规划（2004—2020）》确定的三条发展轴线，一级轴线偏于东部，二级轴线虽在西侧，所依赖的轴线是京杭运河，城镇带动作用不明显。因而，所描绘的空间结构实际拉大了东西间的差距，使得西部城镇更难于搭乘城镇发展的快车道。

三是，济宁市的中心地位不突出，中心被削弱。

上版总规《济宁市城市总体规划（2004—2020）》过于低估济宁中心城区的人口吸纳能力和产业聚合能力，在战略部署上采取了逐步向东转移，将行政中心搬迁至曲阜并把辐射区域的机场设施选在东侧，与城镇化实际发展的需求相左，继续坚持不利于指导实际建设。

四是，产业结构规划不利于城市长远经济发展。

在经济发展进入快车道的阶段对产业调整的前瞻性谋划不足，经济发展一煤独大，城市产业定位过多强调煤炭、煤电等资源型产业的经济支撑因素，不利于城市产业结构的合理经营和经济长远发展。

五是，煤城矛盾长期存在，缺乏有效调解的途径。

特殊的地理构造决定了济宁市的城镇化建设与地下煤炭资源开采存在用地上的争夺，历史状况和制度环境也没有提供协调二者发展的有效途径。但是日益增长的城市空间扩张的自发性需求需要城市政府和企业在整体上仔细考量煤炭资源与城市化两个对社会经济贡献的综合效益，权衡得失，为城市发展受困于煤炭分布或者煤炭产业发展受制于城市建设需要的情况找到可以相互协调的依据。

六是，人口和用地增长超出预期，规划滞后于城市化。

上版总规《济宁市城市总体规划（2004—2020）》低估了济宁的现状规模和扩展速度。据统计，2007 年济宁市中心城区城市人口突破 90 万，用地突破 80km^2，均超过了上版规划的 2010 年指标，如果没有适当调整，不宜继续指导城市实际建设。

参考文献

[1] 孙施文，周宇．城市规划实施评价的理论与方法[J]. 城市规划汇刊，2003（02）：15-20+27-95.

[2] 张军民，侯艳玉，徐腾．城市空间发展与规划目标一致性评估体系架构——以山东省胶南市为例[J]. 城市规划，2015，39（06）：43-50.

[3] 尹宏玲，陈有川，张军民．规划实施评估引发的城市总体规划编制改进思考——以《胶南市城市总体规划（2004—2020）》实施评估为例[J]. 规划师，2012，28（09）：112-115.

[4] 崔功豪，魏清泉，刘科伟．区域分析与区域规划[M].2版．北京：高等教育出版社，2006.

[5] 栾峰．城市经济学[M]. 北京：中国建筑工业出版社，2012.

[6] 赵民，陶小马．城市发展和城市规划的经济学原理[M]. 北京：高等教育出版社，2001.

[7] 阿瑟·奥沙利文．城市经济学[M].4版．北京：中信出版社，2003.

[8] 许学强，周一星，宁越敏．城市地理学[M]. 北京：高等教育出版社，1997.

第三章　城镇体系与战略

第一节　目标与战略

城市规划是为了实现一定时期内城市的经济和社会发展目标，确定城市性质、规模和发展方向，合理利用城市土地，协调城市空间布局和各项建设所作的综合部署和具体安排。可见，对于城市规划而言，没有目标，其他都无从谈起；而综合表述与具体安排则是战略的要旨所在。

一、目标设定

城市发展目标是在一定时期内城市经济、社会、环境的发展所应达到的目的和指标。目标设定的对象，是经济、社会和环境发展的方方面面。目标设定的内容，是指目的和指标，它们分别对应定性与定量内容。目标制定的期限，是在城镇总体规划的时期内，这增加了目标的确定性与可操作性。

1. 目标含义

借鉴企业发展中个人工作目标设定的“SMART”原则，形成城市发展目标的设定思路。“SMART”原则中，每一个字母都对应一个单词（图 3–1–1）。

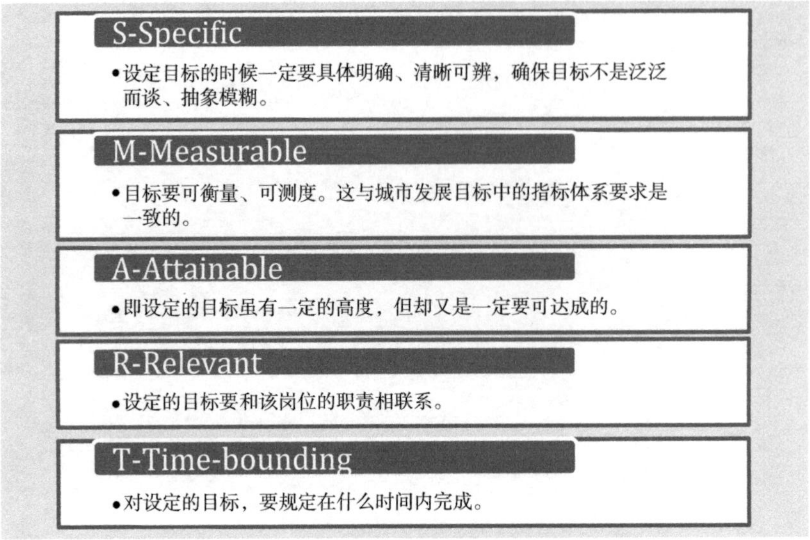

S-Specific

- 设定目标的时候一定要具体明确、清晰可辨，确保目标不是泛泛而谈、抽象模糊。

M-Measurable

- 目标要可衡量、可测度。这与城市发展目标中的指标体系要求是一致的。

A-Attainable

- 即设定的目标虽有一定的高度，但却又是一定要可达成的。

R-Relevant

- 设定的目标要和该岗位的职责相联系。

T-Time-bounding

- 对设定的目标，要规定在什么时间内完成。

图 3-1-1 “SMART”原则下的目标设定思路示意
（资料来源：作者自绘）

在实际规划编制工作中，目标设定要格外注重“A”和“R”。“Attainable 原则”要求与地方政府就目标值进行衔接，尤其是避免 GDP 等重要的发展指标难以企及或过分保守。“Relevant”原则要求目标设定要有几个相关，具体为：

（1）一定要与城市发展历程的主线相关，要基于现状、依托资源、符合趋势、挖掘潜力、契合动力、满足愿景[①]；

（2）一定要使城市发展目标的各组成部分内部相关，促进经济发展、社会进步和环境保护三大要素协调发展；

（3）一定要与城市发展的外部约束相关，不能超出区域的、宏观的要求。

城市总体规划中的城市发展目标制定时，应对既有的发展目标进行评判，并做出执行或修正的决策，以保持发展目标的连贯性。例如：2014 年上海市政府出台《关于编制上海新一轮城市总体规划指导意见》，明确未来上海发展目标定位要在 2020 年基本建成“四个中心”和社会主义现代化国际大都市的基础上，努力建设成为具有全球资源配置能力、较强国际竞争力和影响力的全球城市。这里的“四个中心”正是《上海市城市总体规划（1999—2020 年）》中提出的。

城市发展目标也具有阶段性，可以分别与城市近期建设规划和远期规划相对应。例如：《北京市城市总体规划（2004—2020 年）》将城市发展目标分成三个阶段：第一阶段，全面推进首都各项工作，努力在全国率先基本实现现代化，构建现代国际城市的基本构架；第二阶段，到 2020 年左右，力争全面实现现代化，确立具有鲜明特色的现代国际城市的地位；第三阶段，到 2050 年左右，建设成为经济、社会、生态全面协调可持续发展的城市，进入世界城市行列。

① 刘晓星．城市定位怎样才能清晰（N）．中国环境报，2013-06-12.

2. 定性目标

定性目标是与定量目标相辅相成的。定性目标通常用一段文字进行表述，会使用“优化……、改善……、提升……、完善……”、“打造……、建成……、形成……、达到……”等词语。其具体内容中既要包含“现代化城市”这样的总说，也要有社会、经济、生态与城建等分项内容的展开。

《襄阳城市总体规划（2011—2020年）》中的定性目标则包含城市发展总目标、社会发展目标、经济发展目标、文化发展目标、生态环境保护目标和资源保护利用目标等，具体是：

城市发展总目标：协调发展的区域中心、安全生态的宜居家园、活力高效的工业新城、开拓创新的文化名城。

社会发展目标：稳步推进城镇化进程，提高城乡居民生活水平，健全社会保障体系和公共服务体系，增强人口身体素质。

经济发展目标：转变经济增长方式，保持经济持续快速健康增长，调整三次产业结构，实现产业结构优化升级，增强产业可持续发展能力。

文化发展目标：以历史文化和现代气息的融合为襄阳的核心竞争力，提高人口文化素质和城市品位，增强自主创新能力，建设文化之都、汽车之城。

生态环境保护目标：优化产业结构、提高资源利用效率、改善生态环境质量、增强可持续发展能力。实行污染物排放总量控制，确保实现襄阳市的化学需氧量和二氧化硫两项主要污染物指标减排目标。

资源保护利用目标：优化资源利用结构，提高资源利用效率，促进经济发展与资源环境相协调，建设资源节约型社会。

3. 定量目标

这一部分通常以数字为主要形式来进行表述。参照住房和城乡建设部设定的城市总体规划指标体系①，定量目标包括经济、社会人文、资源、环境等4大类，GDP指标、人口指标、医疗指标、教育指标、居住指标、就业指标、公共交通指标、公共服务指标、水资源指标、能源指标、土地资源指标、生态指标、污水指标、垃圾指标、大气指标等15个中类、27项，分为控制型和引导型两种类型。详见表3–1–1。

城市总体规划指标体系一览表　　表3–1–1

指标分类	大类代码	指标分类	指标名称说明	单位	指标类型
经济指标	1	GDP指标	GDP总量	亿元	引导型
			人均GDP	元/人	引导型
			服务业增加值占GDP比重	%	引导型
			单位工业用地增加值	亿元/km^2	控制型

① 中华人民共和国住房和城乡建设部.关于印发《关于贯彻落实城市总体规划指标体系的指导意见》的通知（Z）.建办规〔2007〕65号.

续表

指标分类	大类代码	指标分类	指标名称说明	单位	指标类型
社会人文指标	2	人口指标	人口规模	万人	引导型
			人口结构	%	引导型
		医疗指标	每万人拥有医疗床位数 / 医生数	个、人	控制型
		教育指标	九年义务教育学校数量及服务半径	所、米	控制型
			高中阶段教育毛入学率	%	控制型
			高等教育毛入学率	%	控制型
		居住指标	低收入家庭保障性住房人均居住用地面积	m^2/ 人	控制型
		就业指标	预期平均就业年限	年	引导型
		公共交通指标	公交出行率	%	控制型
		公共服务指标	各项人均公共服务设施用地面积（文化、教育、医疗、体育、托老所、老年活动中心）	m^2/ 人	控制型
			人均避难场所用地	m^2/ 人	控制型
资源指标	3	水资源指标	地区性可利用水资源	亿	
			万元 GDP 能耗水量	m^3/ 万元	控制型
			水平衡（用水量与可供水量之间的比值）	百分比	控制型
		能源指标	单位 GDP 能耗水平	tce/ 万元 GDP	控制型
			能源结构及可再生能源使用比例	%	引导型
		土地资源指标	人均建设用地面积	m^2/ 人	控制型
环境指标	4	生态指标	绿化覆盖率	%	控制型
		污水指标	污水处理率	%	控制型
			资源化利用率	%	控制型
		垃圾指标	无害化处理率	%	控制型
			垃圾资源化利用率	%	控制型
		大气指标	SO_2、CO_2 排放消减指标	—	控制型

（资料来源：中华人民共和国住房和城乡建设部 . 关于印发《关于贯彻落实城市总体规划指标体系的指导意见》的通知 [Z]. 建办规〔2007〕65 号 .）

这些目标体现了总体规划中最重要的前瞻性，其中的一部分也会落实在空间中。比如，人口规模会决定用地规模，九年义务教育学校数量及服务半径会在教育科研用地和服务设施用地布局中体现，人均避难场所用地则需要在综合防灾规划中表达。实际工作中，可以在这些内容基础上有针对性的拓展和完善，比如增加人均道路交通用地、人均公园绿地等。较好的表达方式是列入现状和规划两列指标数据，以便对照比较。

一些重要指标的概念解释、确定方法或相关信息如下（表 3–1–2）。

部分指标概念解释、确定方法或相关信息表 **表 3-1-2**

指标名称	概念解释	确定方法
服务业增加值占 GDP 比重	服务业增加值占 GDP 的比重，反映了服务业在国民经济中的地位，是考察服务业发展情况的主要指标。服务业在国民经济中的比重越高，显示城市的服务功能越强	在发达国家，服务业增加值占 GDP 比重一般为 60% ~ 80%，中等发达国家为 50% ~ 60%，发展中国家为 40%左右。伦敦、东京、纽约等国际中心城市第三产业的比重都在 70% 以上，有的甚至高达 80%。[①] 2014 上半年，服务业的增加值占国内生产总值的比重达到了 48.2%[②]
人口结构	人口结构又称人口构成，是指将人口以不同的标准划分而得到的一种结果，主要包含性别结构和年龄结构	全国第六次人口普查中，全国性别结构为 118.06；60 岁及以上人口占 13.26%。《国务院关于加快发展养老服务业的若干意见》（国发〔2013〕35 号）预测，2025 年我国 60 周岁以上老年人口将突破 3 亿。为了应对人口老龄化，改变较低的生育率水平，二胎政策已经放开。这一政策将会提高人口自然增长率
高中阶段教育、高等教育毛入学率	入学率分为“毛入学率”和“净入学率”两种，“毛入学率”并不是粗略计算的意思，而是指在计算在学人数时，不考虑学生的年龄大小；而“净入学率”是指计算在学人数时要考虑学生的年龄大小，即只包括与某阶段教育相对应年龄段的学生人数之比例。由于无法准确知道未来年份学生年龄的分布情况，所以在确定未来年份某阶段教育的发展目标时，只能使用“毛入学率”	根据《国家中长期教育改革和发展规划纲要（2010—2020 年）》，2020 年高中阶段教育毛入学率达到 90%，高等教育毛入学率要达到 40%
公交出行率	公交出行率也叫公共交通出行分担率，指城市居民出行方式中选择公共交通（包括常规公交和轨道交通）的出行量占总出行量的比率。这个指标是衡量公共交通发展、城市交通结构合理性的重要指标	欧洲、日本、南美等大城市的公交出行率已达 40% ~ 60%。2012 年北京公交出行率为 44%。《务院关于城市优先发展公共交通的指导意见》（国发〔2012〕64 号）提出大城市公共交通占机动化出行比例达到 60% 左右。国家交通运输部《关于贯彻落实〈国务院关于城市优先发展公共交通的指导意见〉的实施意见》（交运发〔2013〕368 号）、《公交都市考核评价指标体系》（交运发〔2013〕387 号），提出“十二五”末“公交都市”示范城市有轨道交通的城市公共交通出行分担率（不含步行）达到 45% 以上
单位 GDP 能耗水平	单位 GDP 能耗又叫万元 GDP 能耗，是反映能源消费水平和节能降耗状况的主要指标	根据《能源发展国民经济和社会发展规划》，2015 年全国单位 GDP 能耗为 0.68 吨标准煤 / 万元，会较 2010 年降低 16%。未来，该指标将进一步降低
能源结构及可再生能源使用比例	能源结构指能源总生产量或总消费量中各类一次能源、二次能源的构成及其比例关系。可再生能源使用比例指可再生能源在城市能源结构中所占比例。可再生能源是指风能、太阳能、水能、生物质能、地热能、海洋能等非化石能源	根据《能源发展国民经济和社会发展规划》，到 2015 年，全国非化石能源消费比重提高到 11.4%，非化石能源发电装机比重达到 30%。天然气占一次能源消费比重提高到 7.5%，煤炭消费比重降低到 65% 左右。中国计划在未来 10 年内大幅增加对风能和太阳能的利用，使可再生能源的使用比例占到总能源的 20%[③]
绿化覆盖率	绿化覆盖率指绿化植物的垂直投影面积占项目规划总用地面积的比值。需注意与绿地率概念的差别	根据《城市园林绿化评价标准》GB/T 50563—2010，建城区绿化覆盖率标准Ⅰ级、Ⅱ级取值为 40.00% 和 36.00%，Ⅲ级和Ⅳ级取值为 34%

① 上海市人民政府 . 科教兴市统计指标解读：服务业增加值占 GDP 的比重 [DB/OL]. http：//www.shanghai.gov.cn/shanghai/node2314/node4128/node15316/node15317/userobject30ai10287.html.

② 人民网 . 国家发展和改革委前主任徐绍史答记者问 [DB/OL]. http：//lianghui.people.com.cn/2015npc/n/2015/0305/c394289-26643354.html.

③ 国家发展改革委：中国可再生能源比例占 20%[J]. 阳光能源，2009（04）：9.

续表

指标名称	概念解释	确定方法
污水处理率	污水处理率是指经过处理的生活污水、工业废水量占污水排放总量的比重	根据《关于加强城市基础设施建设的意见》（国发〔2013〕36 号），到 2015 年，36 个重点城市城区实现污水“全收集、全处理”，全国所有设市城市实现污水集中处理，城市污水处理率达到 85%。未来，该指标仍将显著提高。尤其是伴随小城镇污水处理厂和排水管线的建设，镇区污水处理率也会迅速提高
（垃圾）无害化处理率	（垃圾）无害化处理率是指经焚烧的、填埋的、回收等无害化处理手段的垃圾量之和除以总的垃圾产生量	根据《关于加强城市基础设施建设的意见》（国发〔2013〕36 号），至 2015 年，36 个重点城市生活垃圾全部实现无害化处理，设市城市生活垃圾无害化处理率达到 90% 左右。根据《关于进一步加强城市生活垃圾处理工作的意见》（国发〔2011〕9 号），到 2030 年，全国城市生活垃圾基本实现无害化处理
垃圾资源化利用率	垃圾资源化利用就是将垃圾进行综合处理后转变为可利用的资源	对于生活垃圾而言，根据《关于进一步加强城市生活垃圾处理工作的意见》（国发〔2011〕9 号），2015 年，城市生活垃圾资源化利用比例达到 30%，直辖市、省会城市和计划单列市达到 50%。未来，该指标将进一步提升。目前，个别城市因为生物技术垃圾资源化综合处理工程的落成生活垃圾资源化利用率将达到 99% 以上
排放消减指标	这里的排放消减指标主要包括可消减颗粒物、二氧化硫、氮氧化物、二噁英等	2014 年，《大气污染防治行动计划实施情况考核办法（试行）》（国办发〔2014〕21 号）出台后，相关国标陆续颁布。相关人员认为，《锅炉大气污染物排放标准》GB 13271—2014 实施后全国可消减颗粒物（包括 PM2.5）66 万吨，二氧化硫 314 万吨。《生活垃圾焚烧污染控制标准》GB 18485—2014 实施后，生活垃圾焚烧产生的氮氧化物可减排 25%，二氧化硫可减排 62%，二噁英类可减排 90%。《锡、锑、汞工业污染物排放标准》GB 30770—2014 规定新建企业污染物排放限值接近发达国家的标准要求，特别排放限值达到国际领先或先进水平，现有企业实施并达到新标准中的新建企业限值后，二氧化硫（SO_2）、化学需氧量（COD_{Cr}）、氨氮（NH_3-N）年排放量将分别消减 41%、47% 和 57%，废气中各类重金属的消减率均在 65% 以上。《非道路移动机械用柴油机排气污染物排放限值及测量方法（中国第三、四阶段）》GB 20891—2014 实施后，非道路移动机械用柴油机的排气污染物排放水平进一步降低，第三阶段单机氮氧化物减排量在 30% ~ 45% 左右，第四阶段单机颗粒物减排 50% ~ 94%[①]

二、战略选择

1. 概念引申

城市发展战略是指对城市经济、社会、环境的发展所作的全局性、长远性和纲领性的谋划。具体看，战略的主体对象是与城镇发展目标相一致，涉及城镇经济、社会和环境多方面；其特征在于全局性、长远性，表明发展战略是决定一个城市在未来一段时期内发展纲领；而其本质则是一种筹谋策划，意味着目标导引下的实施措施。

① 大气十条 25 项配套国标年内出齐二噁英排放减 90%[N]，法制日报，2014-06-03.

Tips 3–1：

企业发展战略的本质是选择。企业之所以要做战略选择，是因为企业进一步发展时通常会受到资源和财政限制，在这种情况下，一个企业在一定时期内必须根据自身的资源等实际情况，有重点的实施一种战略组合或几种战略。在总体规划的有限时期内，推动城市发展同样需要突破口。

2. 选择思路

2.1　思路 1：基于 SWOT 分析的成果选择

基于 SWOT 的现状分析和梳理，进一步进行各要素的交叉分析。具体见表 3–1–3[①]。

SWOT 交叉分析的要点表　　表 3–1–3

分析路径	选择思路
SO 交叉分析	自身优势与外部机会各要素间的交叉分析，制定利用机会发挥优势的战术
WO 交叉分析	自身劣势与外部机会各要素之间的交叉分析，制定利用机会克服自身劣势的战术
ST 交叉分析	自身优势与外部威胁各要素间的交叉分析，利用自身优势消除或回避威胁
WT 交叉分析	自身劣势和外部威胁各要素之间的交叉分析，找出最具有紧迫性的问题根源，采取相应措施来克服自身限制，消除或者回避威胁

这些交叉分析对应不同的战略路径，可以进行相对详尽的罗列。然后按照是否重要、是否直接、是否迫切等主观判断对不同的战略选择进行排序，从而廓清战略选择的思路。继而进行内容整合，明确该城市不同方面所适合的不同战略，形成结论。

《雅安城市发展战略咨询研究》中，首先通过 SWOT 的交叉分析得出了各种路径下的战略措施，并加以提炼和总结，从而形成核心策略：①以自然环境和历史文化优势为依托，塑造城市品牌形象；②提高教育、科技水平，用先进技术改造农业和提升工业产品竞争力；③大力发展以旅游业为龙头的第三产业（表 3–1–4）。

2.2　思路 2：以目标及问题为导向进行选择

我们经常会听到某个企业制定了未来多少年内的战略目标。这个时候，战略目标的设定也就是企业宗旨的展开和具体化，规定了企业在既定的战略经营领域展开战略经营活动所要达到的水平。对城市而言，也是如此。要做好城市发展战略，首先是要明确城市的发展目标，然后围绕此目标制定一条或若干条实现发展目标的路径，并以路径为“主线”串联起具体的“骨干项目”，最终形成相互支撑但又泾渭分明的整体。这里的“骨干项目”，便是战略的核心内容。

① 袁牧，张晓光，杨明 . SWOT 分析在城市战略规划中的应用和创新 [J]. 城市规划，2007（04）：53–58.

《雅安城市发展战略咨询研究》中的 SWOT 交叉分析表　　表 3-1-4

	S 发展优势 （1）优美的自然环境。 （2）丰富的资源。 （3）重要的交通联系通道。 （4）历史悠久，文化特色鲜明	W 发展劣势 （1）土地资源有限。 （2）经济规模小，城市化水平低。 （3）科技文化水平相对比较落后。 （4）景区吸引力不足，旅游知名度有待提高。 （5）城市基础设施滞后
O 发展机遇 （1）"西部大开发"政策引发经济腹地延伸。 （2）国内市场前景广阔。 （3）国内发达地区的旅游、休闲度假消费需求日益旺盛	SO 交叉分析 （1）利用资源环境综合优势，发展旅游、休闲、度假产业； （2）强化城市特色； （3）努力将资源优势转化为产业优势； （4）吸引外部投资开发利用优势资源	WO 交叉分析 （1）合理规划利用土地，发展山地种植等特色农业； （2）利用旅游业和其他优势产业提高第三产业发展速度； （3）引导投资加强城市基础设施建设； （4）推进城市化速度
T 发展挑战 （1）区域经济一体化使竞争加强。 （2）中国加入 WTO 的冲击。 （3）旅游产业面临激烈竞争。 （4）经济对资源依赖较大，环境面临污染威胁。 （5）深处内陆，没有多元化的交通体系	ST 交叉分析 （1）利用资源发展特色产业，积极参与区域竞争； （2）大力发展休闲度假产业； （3）实施可持续发展战略，减少环境污染和资源浪费，对资源进行深加工	WT 交叉分析 （1）壮大经济总量； （2）提高教育、科技、文化水平； （3）提高支柱产业的核心竞争力； （4）保护生态环境

（资料来源：北京清华城市规划设计研究院．雅安城市发展战略咨询研究 [Z].2004.）

问题导向出发也可以形成战略。城市发展中存在很多现实问题，这些问题可能有时会过于琐碎，但有些会成为城市进一步发展、加速发展或快速发展的瓶颈。这就需要积极、主动的姿态，从战略角度去化解危机、解决问题，使一些经久不愈的"城市病"上升到战略的高度得以逆转[①]。

有的城市发展战略在文字表达上就直接以目标为支撑，例如《泰安市城市总体规划（2011—2020 年）》中确定六大市域发展战略：即以建设社会主义新农村、促进城乡共同繁荣为主要任务的城乡统筹发展战略；以创建国际旅游名城为目标的品牌带动战略；以融入济南都市圈为目标的区域一体化战略；以提高城市竞争力为核心的产业集群战略；以空间集聚为导向的城市化战略；以脆弱资源保护为前提的可持续发展战略。

有的城市发展定位与战略看似是相互独立的体系，但二者几乎一一对应。例如《恩施市城市总体规划（2010—2030）》中，定位为：全省生态文明建设试验区，武陵山区旅游、商贸、物流经济中心区，全国先进少数民族自治州、民族团结进步示范区。战略为：加强生态文明建设，深入推进生态立州战略。加大结构调整力度，深入推进产业兴州战略；提升对外开放水平，深入推进开放活州战略。努力发展社会事业，推动和谐少数民族自治州建设。显然"全省生态文明建设试验区"需要"生态立州战略"；"旅游、商贸、物流经济中心区"需要"产业兴州战略"和"开放活州战略"；"全国先进少数民族自治州、民族团结进步示范区"则需要"努力发展社会事业，推动和谐少数民族自治州建设"（图 3-1-2）。

① 梁兴辉，关于城市发展战略的思考 [J]，现代城市研究，2004（09）：22-28.

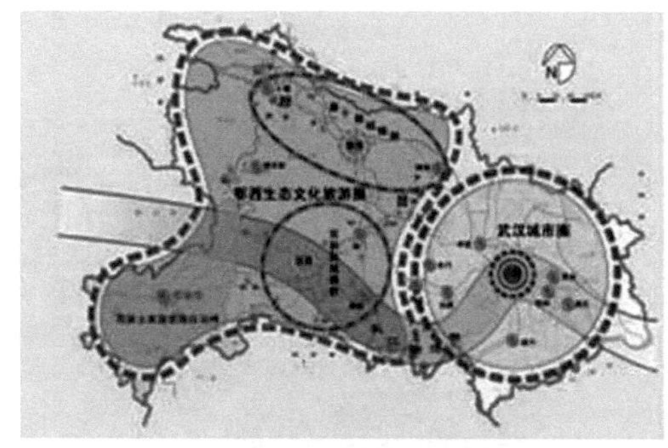
恩施在湖北省及鄂西生态文化旅游圈中的区位

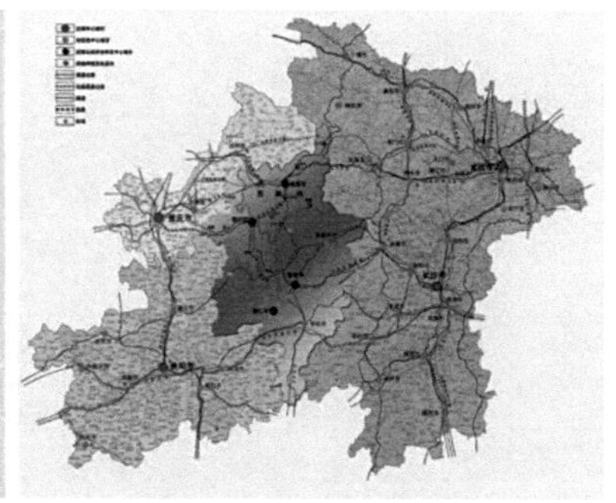
恩施在鄂渝湘黔毗邻地区暨武陵山经济协作区中的区位

图 3-1-2 《恩施市城市总体规划（2010—2030）》中的区位图

《青岛城市空间发展战略（初稿）》中，首先通过现状空间特征和问题识别，将青岛城市空间发展的城市尺度失衡、空间运行低效等问题归结为“优质空间资源分布的线性化以及山体、海湾的隔断”。继而得出“如何对待湾区？如何有效组合分散资源？如何提高城市运行效率？如何搭建远景城市框架？”的初步思路。在延续“生态间隔、组团发展”空间布局理念下，尊重新的战略背景和目标定位，吸取国际海湾型大都市建设经验，制定了“蓝色跨越、双城驱动、走廊发展、湾区统筹”切实可行的空间发展策略（表 3-1-5、图 3-1-3）。

《青岛城市空间发展战略（初稿）》中的空间战略名称与内容表　　表 3-1-5

空间战略名称	战略内容
蓝色跨越	实现基于 2011 年国家蓝色经济区战略的青岛市第三次空间跨越战略
双城驱动	承担青岛转型的黄岛责任，打破“单中心”结构，撬动城市发展框架转型
走廊发展	依托高快速路和轨道枢纽，构建走廊式多中心的发展格局，形成面向济南、面向烟台、面向日照的三条城市走廊
湾区统筹	减压胶州湾，修复生态框架；形成三大湾区，实现以海带陆、以陆促海；统筹整治与保护核心蓝海资源

2.3　思路 3：VSOD 方法——一种新思路的引介

从分析逻辑上看，上述两种思路各有侧重、各有特点，前者是一个相对开放的系统，后者针对性极强。有一种新方法——VSOD① 结合了二者的特点。这一方法在 SWOT 的基础上，为分析要素加入“愿景”（Vision），保留“优势”（Strength）和“机遇”（Opportunity），将“劣势”和“挑战”修正为“难点”（Difficulty）。这样，无论是“优势”、“机遇”，还是“难点”，都是响应“愿景”这一城市发展的整体目标的。简单地说，城市规划首先必须建立城市的“愿景”，然后，分

① 刘朝晖．VSOD 方法在城市规划中的应用——对传统 SWOT 分析方法的改进 [A]. 秦皇岛市人民政府、中国城市科学研究会、河北省住房和城乡建设厅 .2010 城市发展与规划国际大会论文集 [C]. 秦皇岛市人民政府、中国城市科学研究会、河北省住房和城乡建设厅，2010：5.

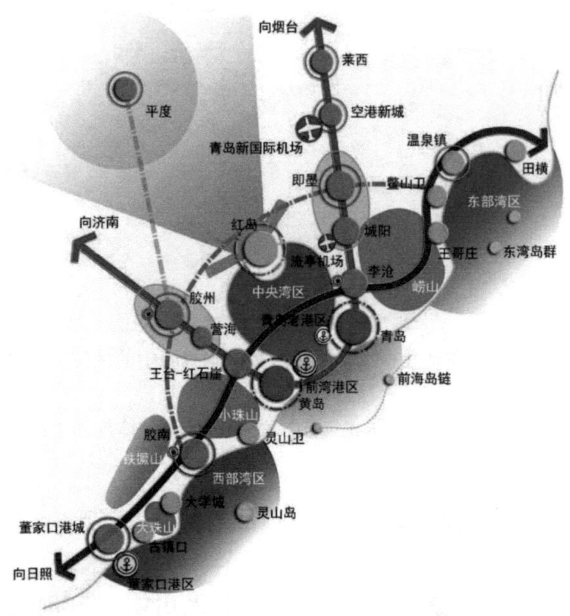

图 3-1-3　青岛市城市空间发展战略规划图
（资料来源：中国城市规划设计研究院．青岛城市空间发展战略（初稿）[Z].2014.）

析实现这一愿景所具有的自身优势条件和外部机遇，以及实现愿景的难点所在，通过优势、机遇和难点的比对，寻找可能的契合点，并从中选择最佳的战略组合。

三、战略重点

战略（Strategy）一词最早是军事方面的概念。“Strategy”一词源于希腊语“Strategos”，该词语后来演变成军事术语，指军事将领指挥军队作战的谋略。由于战略一词本身暗含了“战”的氛围，所以一个好的战略不可避免地拥有“对抗性”。也就是说，虽然战略重在谋划长远与大局，但其出发点却极具针对性。可以进一步认为，一份好的城市发展战略，不会是事无巨细、生造硬扯与空洞中庸的，而一定会是有重点、会凝练与可点睛的。

Tips 3–2：

对企业发展战略而言，主要包括：第一，企业未来要发展成为什么样子？第二，企业未来以什么样的速度与质量来实现发展？第三，企业未来从哪些发展支点来保证这种速度与质量？第四，企业未来需要哪些发展能力支撑？这四项内容中，前两项对应的是企业目标，后两项则对应企业战略。城市发展战略选择过程中也理应寻找到合适的支点和支撑力。

按照不同侧重进行类型划分，可以有侧重空间组织、侧重区域关系、侧重经济发展、侧重城镇建设、侧重发展时序、侧重社会人文等方面的战略。对各类型战略举例见表 3–1–6，便于进行选择。

常用的不同类型发展战略表　　　　表 3–1–6

战略分类	战略名称	核心内容	案　例
侧重空间布局	增长极战略	“经济空间”存在若干中心，并产生向心作用，从而产生相互联合的、一定范围的“场”，且总是处于非平衡状况的极化过程之中，其结果是一些“推进型产业”在一定区域的集聚和优先发展	《淮南市城市总体规划（2005—2020 年）》中的区域协调发展战略——建设淮蚌城镇群及皖北经济增长极：积极构筑以淮南、蚌埠为核心的皖北城镇群，联合建设成为皖北地区的经济增长极。加强与周边城市协作，在产业上寻求错位发展，积极利用蚌埠在交通和商贸上的优势来发展。淮南市要积极发挥在能源、旅游资源上的比较优势，建设经济强市
	点轴发展战略	随着经济的发展，经济中心逐渐增加，它们之间的联系也逐渐增多，交通线路等会成为联系载体。这种载体对人口、产业也具有吸引力，就形成点轴系统	《东营市总体规划（2005—2020 年）》中采用轴线集聚、核心增长的模式：由点到轴，由点轴到集聚区的发展是地域经济组织变化的客观趋势。东营市城镇布局呈现沿交通干线分布的格局。区内交通干线为依托，以主要城镇为核心，实施“中心集聚”以点连轴带动沿线拓展，提高各层次交通、信息线路的强度，增加城镇中心与其他各级乡镇之间的交通以及信息的空间可达性，从而形成优势区位的中心城镇沿交通走廊的发展轴线
	网络发展战略	各类增长极（即各类中心城镇）和增长轴的影响范围不断扩大，在较大的区域内经形成商等生产要素的流动网及交通网，加强了与区外其他区域经济网络的联系，在更大的空间范围内，将更多的生产要素进行优化配置，促进整个区域经济的全面发展	《北京市城市总体规划（2004—2020 年）》在北京市域范围内，构建“两轴－两带－多中心”的城市空间结构。其中，“多中心”是指在市域范围内建设的多个服务全国、面向世界的城市职能中心，打破了单极化结构
侧重区域关系	一体化战略	将独立的各个城镇职能有序、有机结合在一起，按照统一的计划或意图协调一致的行动，发挥“1+1>2”的团体作用，又可以分为产业链的上下游发展纵向一体化战略和通过联合或合并的横向一体化战略	《梅河口市城市总体规划（2009—2030 年）》中的融合策略：依托自身交通、资源、产业优势，强化与沈阳、吉林两大都市圈的联动发展，主动承接都市圈产业转移，共享都市圈人才和市场资源，使梅河口成为两大都市圈的产业配套基地和试验转化基地
	梯度转移战略	一个地区的经济发展客观上存在水平上的差异，高级地区通过不断向外扩散求得发展，中、低梯度地区通过接受扩散或寻找机会跳跃发展并反梯度推移求得发展	《瑞昌市总体规划（2006—2020 年）》中的对外开放战略：瑞昌市位处长江经济带与大京九经济带，主动接受九江、武汉、南昌等城市的经济辐射，应以九江市为依托，积极实现对外开放，扩大“外贸、外经、外资”，三外并举，更好地利用国内外两种资源、两个市场，在优势互补的基础上，多层次参与经济协作和水平分工，促进瑞昌市的经济发展和资源开发，逐步实现与国际市场基本接轨
	协同创新战略	将区域内各城镇的创新资源和要素有效汇聚，通过突破创新主体间的壁垒，充分释放彼此间“人才、资本、信息、技术”等创新要素活力而实现深度合作，共促发展	《梅河口市城市总体规划（2009—2030 年）》中的联盟策略：依托中心区位和交通优势，在多方共赢发展的前提下，主动与周边城市联盟，建立以梅河为中心的梅河经济区，通过共享品牌、共享市场、共享设施、共享信息、共享人才，深化经济区各县市的产业分工，实现经济区各县市的共同繁荣
侧重产业发展	结构升级战略	从技术结构层次低的结构形态向技术层次高的结构形态，从生产率低的占主体转向生产率高的占主体的结构形态。既包括产业之间的升级，如在整个产业结构中由第一产业占优势比重逐级向第二、第三产业占优势比重演进；也包括产业内的升级，即某一产业内部的加工和再加工程度逐步向纵深化发展	《瑞昌市总体规划（2006—2020 年）》中的产业结构调整战略：全面加快工业化进程，建立现代企业制度，调整结构培育优势，集聚发展，扶优扶强，着力培育建材、纺织、食品加工和机械四大支柱产业；积极推进农业产业化进程，强化农业基础，优化产业结构和产品结构，大力发展附加值高的高效农业和创汇农业；大力提高第三产业发展水平，以产业化、社会化为方向，提高第三产业的知识含量和集约效益，加快促进第三产业内部结构合理化；构成以农业为基础，工业为主导，商贸、旅游为后发的产业格局

续表

战略分类	战略名称	核心内容	案　例
侧重产业发展	就业优先战略	把促进就业放在经济社会发展的优先位置，作为经济社会发展的优先目标，选择有利于扩大就业的经济社会发展战略	—
	后发优势战略	后动优势，又称为次动优势、后发优势、先动劣势是指相对于行业的先进入企业，后进入者由于较晚进入行业而获得的较先动企业不具有的竞争优势，通过观察先动者的行动及效果来减少自身面临的不确定性而采取相应行动，获得更多的市场份额	—
侧重城镇建设	新型城镇化战略	以人的城镇化为核心，有序推进农业转移人口市民化，推动城镇化和信息化、工业化、农业现代化相互协调，促进城镇发展与产业支撑、就业转移和人口集聚相统一，形成以工促农、以城带乡、工农互惠、城乡一体的新型工农、城乡关系	《余杭区区域总体规划（2007—2020年）》中的一化带四化，共同实现现代化策略：实施“城市国际化战略”，坚持一化带四化、一化提升四化，即以城市化带动工业化、信息化、市场化、国际化，以国际化提升城市化、工业化、信息化、市场化。通过“五化”联动最终实现现代化，而现代化与工业化、城市化、信息化进程密不可分，国际化与市场化目标方向一致，因而实现新的余杭定位，关键就是要以城市化带动工业化、工业化推进信息化、以市场化和国际化共同实现现代化
	产城融合战略	推动产业结构升级与城市功能结构优化紧密结合，有序推进城市产业职能布局，注重配套设施建设的匹配与同步，实现以产促城、依城兴产，促进产业和城市融合发展	《兰州市城市总体规划（2011—2020年）》确定到2020年将建设形成“双城”格局，即：主城为兰州中心城区，副城为兰州新区。兰州新区要充分贯彻“产城融合”的发展理念和建设“生产、生活和生态”新区的要求
	形象提升战略	城市形象是城市的内在素质和文化内涵在城市外部形态上的直观反映。以地域文化为根基，构建城市主题形象，提升城市品位，增强城市竞争力，有效推动城市社会经济健康稳定的发展	《连云港市城市总体规划（2008—2030年）》中的特色彰显策略：依托与彰显“山海融汇”的自然特色，延续与弘扬“神韵古都”的城市特质，塑造与提升“活力新城”的现代形象
侧重发展时序	均衡发展战略	主张在区域间、区域内部各地区间平衡部署生产力，实现产业区域经济的平衡发展	—
	非均衡发展战略	将有限的资源有选择地集中配置在某些地区，首先使这些部门和地区得到发展，然后通过的诱导机制和产业间、地区间的联系效应与驱动效应，带动其他地区发展，从而实现整体发展	《烟台市城市总体规划（2005—2020年）》中的集聚发展战略：工业化时代，分工和协作成为主要的生产方式，因此发展空间集聚结构就成为基本的战略选择。故应引导市域人口和产业要素在发展潜力较大的北部滨海地带集聚，构建滨海城市带，为承接外来产业辐射、打造山东半岛制造业基地提供一体化的空间保障
侧重生态文化	绿色城市战略	积极探索代价小、效益好、排放低、可持续的绿色发展道路，建立绿色城市，实现绿色发展	《昆山市城市总体规划（2009—2030年）》中节能减排促进低碳城市建设策略：发展低碳产业、循环经济，鼓励节能技术的应用、开发与创新，提高资源的使用效率，减少污染物排放；合理配置产业用地和生活用地，促进机动交通出行减量，构建绿色交通体系；倡导健康、节约的生活方式和消费模式，全面推进低碳城市建设
	文化兴市战略	从更新思想观念、制定战略规划、发展文化事业、壮大文化产业和培养高素质人才等方面全方位加以推进，真正把文化事业和文化产业放在整个社会发展的战略性位置来考虑	《淮安市城市总体规划（2008—2030年）》中以潜运之都为文化主线的城市特色发展战略：结合京杭运河、洪泽湖和淮河水系等自然与人文资源，弘扬酒运之都的文化特色，淮安是著名的酒运之都，城市的繁荣和发展与京杭大运河紧密相关。经过漫长的历史发展，淮安已形成了包括酒运（运河）文化、名人文化、淮扬菜文化等丰富内涵的、独有的“酒运之都”城市文化

第二节　体系与统筹

城镇体系规划是城乡规划的重要组成部分。它旨在对一个特定的区域内进行合理的城市布局，科学配置区域基础设施，提出改善区域环境的措施；确定不同层级城市的地位、性质和作用；协调城市之间的关系，促进区域的合理发展。城镇体系规划的理念伴随时代发展而变化，当下，统筹城乡的思想是融入重点。

一、体系规划

城镇体系规划是在一定地域范围内，以区域生产力合理布局和城镇职能分工为依据，确定不同人口规模等级和职能分工的城镇发展规划。根据空间尺度的不同，城镇体系规划一般分为全国城镇体系规划、省域（或自治区域）城镇体系规划和市（县）域城镇体系规划。全国城镇体系规划由国务院城乡规划主管部门会同国务院有关部门组织编制，省域城镇体系规划由省、自治区人民政府组织编制。而市域与县域城镇体系规划包含在所在市、县的总体规划中，由市、县人民政府组织编制。对于县来讲，还有县域村镇体系规划这一类型。这一类型规划独立于总体规划，突出了村镇重点、增加了村庄布局规划内容，由县人民政府组织编制。

将市（县）域城镇体系规划内容与省域城镇体系规划、县域村镇体系规划的内容进行比较（表 3–2–1）。

市域城镇体系规划与省域城镇体系规划、县域村镇体系规划的内容比较一览表　　表 3–2–1

市域城镇体系规划	省域城镇体系规划	县域村镇体系规划
（一）提出市域城乡统筹的发展战略。其中位于人口、经济、建设高度聚集的城镇密集地区的中心城市，应当根据需要，提出与相邻行政区域在空间发展布局、重大基础设施和公共服务设施建设、生态环境保护、城乡统筹发展等方面进行协调的建议	（一）明确全省、自治区城乡统筹发展的总体要求。包括城镇化目标和战略，城镇化发展质量目标及相关指标，城镇化途径和相应的城镇协调发展政策和策略；城乡统筹发展目标、城乡结构变化趋势和规划策略；根据省、自治区内的区域差异提出分类指导的城镇化政策	（一）综合评价县域的发展条件。要进行区位、经济基础及发展前景、社会与科技发展分析与评价；认真分析自然条件与自然资源、生态环境、村镇建设现状，提出县域发展的优势条件与制约因素 （二）制定县域城乡统筹发展战略，确定县域产业发展空间布局。要根据经济社会发展战略规划，提出县域城乡统筹发展战略，明确产业结构、发展方向和重点，提出空间布局方案，并划分经济区
（二）确定生态环境、土地和水资源、能源、自然和历史文化遗产等方面的保护与利用的综合目标和要求，提出空间管制原则和措施	（二）明确资源利用与资源生态环境保护的目标、要求和措施。包括土地资源、水资源、能源等的合理利用与保护，历史文化遗产的保护，地域传统文化特色的体现，生态环境保护 （六）明确空间开发管制要求。包括限制建设区、禁止建设区的区位和范围，提出管制要求和实现空间管制的措施，为省域内各市（县）在城市总体规划中划定“四线”等规划控制线提供依据	（四）划定县域空间管制分区，确定空间管制策略。要根据资源环境承载能力、自然和历史文化保护、防灾减灾等要求，统筹考虑未来人口分布、经济布局，合理和节约利用土地，明确发展方向和重点，规范空间开发秩序，形成合理的空间结构。划定禁止建设区、限制建设区和适宜建设区，提出各分区空间资源有效利用的限制和引导措施

<table>
<tr><th>市域城镇体系规划</th><th>省域城镇体系规划</th><th>县域村镇体系规划</th></tr>
<tr><td rowspan="2">（三）预测市域总人口及城镇化水平，确定各城镇人口规模、职能分工、空间布局和建设标准</td><td rowspan="2">（三）明确省域城乡空间和规模控制要求。包括中心城市等级体系和空间布局；需要从省域层面重点协调、引导地区的定位及协调、引导措施；优化农村居民点布局的目标、原则和规划要求</td><td>（三）预测县域人口规模，确定城镇化战略。要预测规划期末和分时段县域总人口数量构成情况及分布状况，确定城镇化发展战略，提出人口空间转移的方向和目标</td></tr>
<tr><td>（五）确定县域村镇体系布局，明确重点发展的中心镇。明确村镇层次等级（包括县城—中心镇— 一般镇—中心村），选定重点发展的中心镇，确定各乡镇人口规模、职能分工、建设标准。提出城乡居民点集中建设、协调发展的总体方案</td></tr>
<tr><td rowspan="2">（四）提出重点城镇的发展定位、用地规模和建设用地控制范围</td><td rowspan="2">（七）明确对下层次城乡规划编制的要求。结合本省、自治区的实际情况，综合提出对各地区在城镇协调发展、城乡空间布局、资源生态环境保护、交通和基础设施布局、空间开发管制等方面的规划要求</td><td>（六）制定重点城镇与重点区域的发展策略。提出县级人民政府所在地镇区及中心镇区的发展定位和规模，以及城镇密集地区协调发展的规划原则</td></tr>
<tr><td>（七）确定村庄布局基本原则和分类管理策略。明确重点建设的中心村，制定中心村建设标准，提出村庄整治与建设的分类管理策略</td></tr>
<tr><td rowspan="2">（五）确定市域交通发展策略；原则确定市域交通、通信、能源、供水、排水、防洪、垃圾处理等重大基础设施，重要社会服务设施，危险品生产储存设施的布局</td><td>（四）明确与城乡空间布局相协调的区域综合交通体系。包括省域综合交通发展目标、策略及综合交通设施与城乡空间布局协调的原则，省域综合交通网络和重要交通设施布局，综合交通枢纽城市及其规划要求</td><td rowspan="2">（八）统筹配置区域基础设施和社会公共服务设施，制定专项规划。提出分级配置各类设施的原则，确定各级居民点配置设施的类型和标准；因地制宜地提出各类设施的共建、共享方案，避免重复建设。专项规划应当包括：交通、给水、排水、电力、电信、教科文卫、历史文化资源保护、环境保护、防灾减灾等规划</td></tr>
<tr><td>（五）明确城乡基础设施支撑体系。包括统筹城乡的区域重大基础设施和公共设施布局原则和规划要求，中心镇基础设施和基本公共设施的配置要求；农村居民点建设和环境综合整治的总体要求；综合防灾与重大公共安全保障体系的规划要求等</td></tr>
<tr><td>（六）根据城市建设、发展和资源管理的需要划定城市规划区。城市规划区的范围应当位于城市的行政管辖范围内</td><td>—</td><td>—</td></tr>
<tr><td>—</td><td>—</td><td>（九）制定近期发展规划，确定分阶段实施规划的目标及重点。依据经济社会发展规划，按照布局集中，用地集约，产业集聚的原则，合理确定 5 年内发展目标、重点发展的区域和空间布局，确定城乡居民点的人口规模及总体建设用地规模，提出近期内重要基础设施、社会公共服务设施、资源利用与保护、生态环境保护、防灾减灾及其他设施的建设时序和选址等</td></tr>
<tr><td>（七）提出实施规划的措施和有关建议</td><td>（八）明确规划实施的政策措施。包括城乡统筹和城镇协调发展的政策；需要进一步深化落实的规划内容；规划实施的制度保障，规划实施的方法</td><td>（十）提出实施规划的措施和有关建议</td></tr>
</table>

1. 人口与城镇化水平预测

1.1 市域总人口预测

关于市域总人口预测的方法，容易掌握也普遍使用的是综合增长率法和回归分析法。为增加预测的准确性和提高对人口概念的认识，建议将市域总人口各组成部分予以拆解并分别进行预测。当然，这取决于获取资料的丰厚程度，如果能获取人口普查数据较好。

以高密市域总人口预测为例，是按照“市域总人口＝市域户籍人口＋暂住人口－户籍流出人口”的思路进行的。具体是：

(1) 户籍人口规模预测

以 2000—2012 年《高密市统计年鉴》中户籍人口数据为基础，分别采用生长模型、Logistic 模型和二次式回归模型，在 SPSS 中进行趋势模拟与预测。本次规划采用生态环境门槛分析确定 Logistic 模型需设定的上限值。生态环境门槛分析法认为，土地生产能力是决定区域人口承载力的关键因子，通过 NPP—粮食生产的换算，根据经验选取 NPP 最大利用效率为 40%，计算出高密市人口承载能力为 140 ～ 180 万人。本次规划选取 150 万作为 Logistic 模型的上限值。2012 年高密市户籍人口为 87.63 万，利用上述拟合公式分别预测 2020、2030 年高密市户籍人口，结果见表 3-2-2。

高密市户籍人口规模预测结果表 表 3-2-2

模型	生长模型	Logistic 模型	二次式回归模型
公式	$Y=\exp(b_0+b_1(t-2000))$	$Y=1/(b_0+b_1b_2^{(t-2005)})$	$Y=b_0+b_1(t-2005)+b_2(t-2005)^2$
b_0	4.4403	0.6667	86.7024
b_1	0.0029	0.0048	0.4862
b_2	—	0.9936	-0.0022
R_2	0.963	0.963	0.966
2020	90.81 万人	92.65 万人	94.54 万人
2030	93.43 万人	94.91 万人	98.30 万人

考虑二胎政策逐步放开，对户籍人口的增长也有一定影响，因此户籍人口取较大值：2020 年为 93 万人、2030 年为 96 万人。

(2) 暂住人口规模预测

由高密市公安局提供的 2000—2012 高密市暂住人口数据（表 3-2-3）中发现，2000—2012 年间高密市暂住人口增长历程由两个数据断裂点分为三个阶段。分别是 2000—2007 年，由 5917 人增长到 8081 人，年均增长率为 45.5‰；2008—2009 年，由 26396 人减少到 21955 人，年均增长率 -168.2‰；2010—2012 年，由 46173 人增长到 56618 人，年均增长率 107.3‰。考虑到高密市未来经济发展趋势及作为青岛外围中心城市对暂住人口的吸引力的提升，考虑暂住人口增长率在规划期内由高到低变化，至 2015 年保持 150‰的年均增长率，至 2020 年保持 100‰的年均增长率，至 2030 年保持 50‰的年均增长率。预测结果如下：2020 年高密市暂住人口规模为 15 万人；2030 年高密市暂住人口规

2000—2012 年高密市暂住人口数据表 表 3-2-3

年份	暂住人口
2000	5917
2001	6216
2002	7541
2003	8141
2004	10822
2005	9517
2006	8017
2007	8081
2008	26396
2009	21955
2010	46173
2011	53188
2012	56618

（资料来源：高密市统计局 . 高密市统计年鉴 [Z].2001—2013）

模为 22 万人。

（3）户籍流出人口规模预测

户籍人口中，有一部分常年在外的打工者或上学的学生，这部分不考虑计入常住人口。通过调查，依循目前的发展态势，估测户籍非常住人口规模结果为：2020 年 2 万人；2030 年 2 万人。

（4）预测结果

综上，预测结果见表 3-2-4。

高密市总人口规模预测结果表 表 3-2-4

年份	户籍人口预测（万人）				暂住人口预测（万人）	户籍非常住人口预测（万人）	总人口（万人）
	生长模型	Logistic	二次项	取值			
2012	87.63					2	
2020	90.81	92.65	94.54	93	15	2	106
2030	93.43	94.91	98.30	96	22	2	116

1.2 城镇人口构成

城镇人口是“城”与“镇”的人口之和。其中，“城”是指城区，“镇”是指镇区。

城区是指在市辖区和不设区的市，区、市政府驻地的实际建设连接到的居民委员会和其他区域。镇区是指在城区以外的县人民政府驻地和其他镇，政府驻地的实际建设连接到的居民委员会和其他区域。这些概念中，有几个措辞需要特别注意。一是“实际建设”，这是指已建成或在建的公共设施、居住设施和其他设施用地的情况。二是“连接到”，这是指空间上的连续。三是“居委会”，这表明人口统计的最小单位，镇区对应的则可能是村委会。

在城区与镇区的人口统计中，应首先根据“实际建设连接到”的原则明确城区与镇区的现状建设用地范围，然后遵循“人地对应”原则进行统计。针对城中村是否纳入的问题，可以根据“村民”是否完成了向“居民”的身份转变、“村民”是否享有“连接到”的各项设施而改变生活方式来判定。

对城区而言，根据人口普查资料可以获得以乡镇街道为单位的常住人口（包括：居住在本乡镇街道，且户口在本乡镇街道或户口待定的人；居住在本乡镇街道，且离开户口登记地所在的乡镇街道半年以上的人；户口在本乡镇街道，且外出不满半年或在境外工作学习的人）。这种方式，在获得人口普查资料，且街道行政区划范围与城区所界定一致的情况下可以使用。当不具备这两个条件时，应根据统计年鉴中的下一次层级单位——居委会人口数据进行统计。

Tips 3-3：“飞地”及其人口的纳入

根据《统计上划分城乡的规定》，“与政府驻地的实际建设不连接，且常住人口在3000人以上的独立的工矿区、开发区、科研单位、大专院校等特殊区域及农场、林场的场部驻地视为镇区”。所以，城市中不与主城区相连的各类“飞地”形式的新区，也应纳入城区范围。

对镇区人口而言，通常包括常住人口（又分为户籍在现状用地范围内的户籍人口和寄宿学生等居住半年以上的寄住人口）、通勤人口（指劳动、学习在镇区内，住在规划范围外的职工、学生等）、流动人口（指出差、探亲、旅游、赶集等临时参与镇区活动的人员）。这其中，户籍人口可以根据统计年鉴获得，主要包括驻地村户籍人口和镇直人口（可用非农人口替代），其他数据则需要调查获得。

Tips 3-4：人口数据获得的方法

需要说明的是，设区市街道的人口，应使用区统计年鉴获得。统计年鉴中的人口通常是户籍人口，如获得公安局提供的暂住人口数据和户籍流出数据则有助于让人口统计分析更为准确。

1.3　城镇化水平预测

在搞清楚现状城镇人口的基础上，可获得现状城镇化率。在城镇化水平预测中，应首先通过发展趋势判断。为获得发展历程的资料，应结合历版总体规划的现状图和可能获得的人口基础资料获得某一时间断面的人地对应关系，从而明确城镇人口总数和城镇化水平。常用的城镇化水平预测方法包括增长率法、联合国法等。一定要避免先预测城市人口，然后反推城镇化水平的错误。在新型城镇化成为举国关注的城乡发展重头戏时，也应明确户籍城镇化率与常住人口城镇化率的区别，尤其是注重两个城镇化率中分子与分母均不相同。

2. 城镇等级规模结构规划

等级规模结构规划的内容本质上是对市域城镇人口进行预测、协调与分配的过程。

2.1　各城镇人口规模的分析与预测

首先，需要摸清各城镇（地级市城区、县（市）城区、镇区）人口发展的历史趋势与现状，这主要通过人口基础资料的统计和分析获得。

在此基础上，对其未来人口进行预测。预测前，梳理各城镇总体规划（县（市）城区、镇区）中的人口预测，并力争进行较好的衔接。实际操作过程中，由于做大做强成为多数城镇的普遍追求，所以上位规划很难以与这些所辖城镇的相关规划完全匹配，这就需要调整平衡、合理取舍。

比如：重大基础设施，特别是高等级公路，大中型港口等设施的空间分布建设会对周边城镇产生促进影响，大中型工业项目的选点布局以及工业区、各种类型开发区的发展布局也会对周边城镇产生聚集影响；而自然条件限制、资源限制与人口流出等则会成为限制城镇发展的条件。

2.2　等级规模的确定

等级规模含有两个部分。第一是"等级"部分，即按照"中心城市、副中心（次中心）、其他城市（镇）……"，"中心城市、重点镇、一般镇……"或"一级城市、二级城市、三级城市……"等一系列方式，在综合考虑城市行政级别、职能定位、发展历程与未来潜力等因素后进行城镇的等级划分。

第二是规模部分，需注意这里的"规模"可以是"等级"而不是具体人口规模的分配。也可以在"等级"的基础上深化各城镇人口规模预测，给予一个参考值。或者，同一等级城镇中，会对应不同的人口等级规模。例如《莱芜市城市总体规划纲要（2014—2030年）》中的等级规模结构规划中，"一般镇"的等级就有两个不同类型的人口规模（表3-2-5）。

《莱芜市城市总体规划纲要（2014—2030年）》中的等级规模结构规划表　　**表3-2-5**

城镇等级	名称	规划人口（2030）（万人）	参考人口（2030）（万人）
中心城区	莱城	>100	79
	钢城		21
重点镇	口镇	2 ~ 10	8
	颜庄镇		3
	羊里镇		3
	牛泉镇		3
一般镇	雪野镇	1 ~ 2	2
	杨庄镇		1.5
	方下镇		1.5
	高庄		1.5
	里辛		1.5

续表

城镇等级	名称	规划人口（2030）（万人）	参考人口（2030）（万人）
一般镇	寨里镇	0.5 ~ 1	0.5
	大王庄镇		0.5
	苗山镇		0.5
	辛庄镇		0.5
	茶业口镇		0.5
	和庄镇		0.5
总和		125 ~ 130	128

（资料来源：同济大学城市规划设计研究院、山东建大建筑规划设计研究院、济南市规划设计研究院．莱芜市城市总体规划纲要（2014—2030 年）[Z]. 2014.）

3. 城镇职能结构规划

城市职能（Urban Function）是指城市在一定地域内的经济、社会发展中所发挥的作用和承担的分工，着眼点是城市对城市本身以外的区域在经济、政治、文化等方面所起的作用。城市内部职能有时也被视为城市职能的组成部分，但在市域城镇体系范畴中，城市职能是从整体上看一个城市的作用、分工和特点，指的是城市与区域的关系、城市和城市间的分工，即城市基本职能（图 3-2-1）。

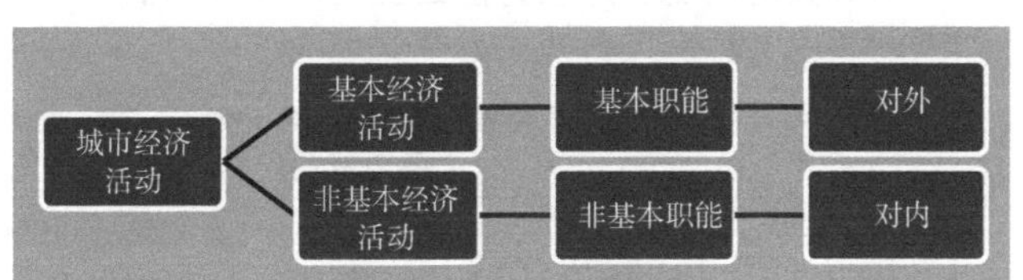

图 3-2-1　城市职能的划分示意
（资料来源：作者自绘）

城市职能结构规划的核心是城市职能分类。最早的方法是一般描述方法，该方法首先确定一个描述性名称命名的城市类别体系，然后根据对每个城市的了解将其各归其位；其缺点在于主观性较强，且不能满足城市多职能复合型要求。后来，统计描述方法出现，这是一种先确定分类系统、然后增加一个数量标准的方法。再往后，统计分析方法通过引入客观的统计量来衡量城市主导职能，常使用区位商、平均值和标准差等指标。伴随统计资料的丰富与计量方法的发展，多变量分析法开始出现，其主要的分析技术是主因素分析和聚类分析；这种分类已经不是城市经济职能的分类，而是包括城市经济、社会、文化等各种特征的分类[①]。

以商河县城镇职能类型规划为例，通过研究各行业从业人员的变化，可以反映出各地区的专业化部门，以表示该地区在区域内的职能分工情况。利用统计分析法（纳尔逊法）计算出 2011 年商河县各乡镇街道部门专业化程度。根据统计年鉴获得 2011 年各街办、乡镇不同行业从业人员总数（表 3-2-6）。

① 周一星．城市地理学 [M]. 北京：商务印书馆，2003.

2011 年商河县各街办、乡镇不同行业从业人员总数一览表　　表 3-2-6

	农林牧渔业	工业	建筑业	交通运输、仓储及邮电业	信息传输计算机服务业	批发与零售业	住宿和餐饮业	其他从业人员
许商办事处	12680	1826	3382	2020	375	3058	2334	676
殷巷镇	15840	2922	5139	1460	29	2810	1878	1234
怀仁镇	8302	2064	880	466	—	485	336	1723
龙桑寺镇	17590	772	1887	65	4	797	389	245
郑路镇	12657	5827	5054	1111	—	3334	1442	3729
贾庄镇	11773	1785	2465	759	74	1187	635	3525
玉皇庙镇	14171	3483	3972	402	94	810	941	3803
白桥镇	15918	1282	1335	653	—	647	483	1382
孙集乡	10041	4475	9491	1882	160	5631	842	5088
沙河乡	8089	848	1354	752	—	1112	264	6140
韩庙乡	9154	1298	1444	418	47	1023	362	1558
张坊乡	5812	102	1487	158	20	418	102	4176

使用 Excel 软件计算出各街办、乡镇不同行业从业人员总数占各自就业人员总数的比例。深色为前三位（表 3-2-7）。

2011 年商河县各街办、乡镇不同行业从业人员总数占各自就业人员总数比例一览表　　表 3-2-7

2011	农林牧渔业	工业	建筑业	交通运输、仓储及邮电业	信息传输计算机服务业	批发与零售业	住宿和餐饮业	其他从业人员
许商办事处	48.11962	6.929528	12.83443	7.665743	1.423096	11.60487	8.857349	2.565368
殷巷镇	50.58763	9.331886	16.41224	4.662749	0.092616	8.974195	5.997701	3.940981
怀仁镇	58.23513	14.47811	6.17284	3.268799	0	3.402076	2.356902	12.08614
龙桑寺镇	80.87728	3.549588	8.676261	0.298864	0.018392	3.664536	1.788588	1.126489
郑路镇	38.17639	17.57556	15.24401	3.351029	0	10.0561	4.3494	11.24751
贾庄镇	53.02437	8.039454	11.1021	3.418457	0.333288	5.346124	2.859974	15.87623
玉皇庙镇	51.20321	12.58491	14.35178	1.452522	0.339644	2.926724	3.400058	13.74115
白桥镇	73.35484	5.907834	6.152074	3.009217	0	2.981567	2.225806	6.368664
孙集乡	26.69769	11.89843	25.23531	5.003988	0.425419	14.97208	2.238766	13.52832
沙河乡	43.58532	4.569212	7.295652	4.051942	0	5.991702	1.42249	33.08368
韩庙乡	59.81443	8.481443	9.435442	2.731312	0.307109	6.684527	2.365395	10.18035
张坊乡	47.34827	0.830957	12.11405	1.287169	0.162933	3.405295	0.830957	34.02037

使用 Excel 中的“Average”、“Stdevp”命令分别计算出不同行业从业人员比例的平均值和标准差（表 3-2-8）。进一步计算 0.5、1、2 倍标准差与均值之和（表 3-2-9）。将各办事处、乡镇不同行业从业人员总数占各自就业人员

总数的比例数进行比较，越接近高倍数标准差与均值之和则表明专业化程度越高，也越代表了该地区产业主导方向。

"Average"、"Stdevp"值的计算结果一览表　　表 3-2-8

	农林牧渔业	工业	建筑业	交通运输、仓储及邮电业	信息传输计算机服务业	批发与零售业	住宿和餐饮业	其他从业人员
Average	52.58535	8.68141	12.08552	3.350149	0.258541	6.667484	3.224449	13.1471
Stdevp	13.9291	4.608024	5.164241	1.854109	0.383001	3.766657	2.147609	10.17272

0.5、1、2 倍标准差与均值之和的计算结果一览表　　表 3-2-9

不同标准差倍数	农林牧渔业	工业	建筑业	交通运输、仓储及邮电业	信息传输计算机服务业	批发与零售业	住宿和餐饮业	其他从业人员
0.5 时	59.5499	10.98542	14.66764	4.277204	0.450042	8.550812	4.298253	18.23346
1 时	66.51445	13.28943	17.24976	5.204259	0.641542	10.43414	5.372058	23.31982
2 时	80.44355	17.89746	22.414	7.058368	1.024544	14.2008	7.519667	33.49254

得出各办事处、乡镇专业化部门，并据此确定职能类型（表 3-2-10）。

商河县各乡镇街道专业化部门一览表　　表 3-2-10

地区	2011	主要职能
许商办事处	交通运输、仓储及邮电业；信息传输计算机服务业；批发与零售业；住宿和餐饮业	综合性
殷巷镇	住宿和餐饮业	服务型
怀仁镇	工业	工业型
龙桑寺镇	农林牧渔业	农业型
郑路镇	工业	工业型
贾庄镇	无	农业型
玉皇庙镇	工业	工业旅游型
白桥镇	农林牧渔业	农业型
孙集乡	建筑业；批发零售业	工业型
沙河乡	无	农业型
韩庙乡	无	农业型
张坊乡	无	农业型

4. 城镇空间结构规划

城镇空间结构本质上是区域空间结构的问题。区域空间结构是指一个地区各种要素的相对位置和空间分布形式。与城市空间结构有所区别的是，一个区域的空间结构更为抽象。

4.1　空间结构要素

点、线、面仍然是主要构成要素。具体看：

(1) 点——各个城镇建成区可以被抽象为点。

(2) 线——具有重要联系职能交通运输的干线、相对密集的人口和产业带可以抽象为线。

(3) 面——城镇发展密集区和其他重要的功能性区可以则作为面。

4.2　空间结构形式

在不同地域特点的不同发展阶段中，区域空间结构可能对应不同的结构极化模式，比如单核极化模式、双核整合模式、多核网络模式等（图 3–2–2）。

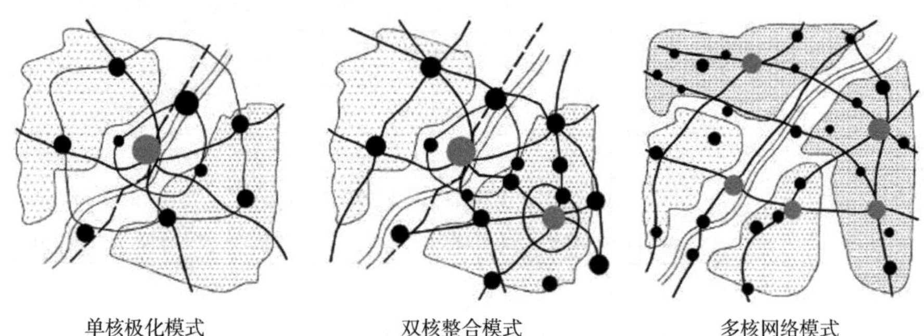

图 3-2-2　不同类型的空间结构示意
（资料来源：刘艳军，李诚固，孙迪．城市区域空间结构：系统演化及驱动机制 [J]. 城市规划学刊，2006，06：73-78.）

(1) 在单核极化模式中，中心城市往往是区域的政治、经济、文化、教育中心，集成区域各种要素，呈现空间极化状态。

(2) 在双核整合模式（即主副中心模式）中，副中心城镇是介于中心城市与一般城镇之间、且与主中心城市有一定距离的城市。中心城市与副中心城市优势互补、分工协作、相互支撑，共同对周边地区形成辐射力和带动力。

(3) 在多核网络模式中，市域内中心城市与次级城镇的差别减小，相互之间依托快速交通方式联系，呈现多中心、多层次的稳定化、网络化模式。我国绝大多数城市尚没有发展到这个阶段。①

以莱芜市域空间结构规划为例，其可以概括为“一体两翼、一带四片”，其中，一体指：莱城城区；两翼：北翼，以口镇、雪野为主的城镇密集带；南翼，以钢城、颜庄为主的城镇密集带。一带：由京沪高速公路、省道莱明线和济南—莱芜城际轨道形成的空间发展带。四区：北部山水生态休闲旅游片区、东部丘陵特色农业和生态涵养片区、西部平原现代农业高效片区、南部山林生态文化旅游片区（图 3–2–3）。

---

① 刘艳军，李诚固，孙迪．城市区域空间结构：系统演化及驱动机制 [J]. 城市规划学刊，2006，06：73-78.

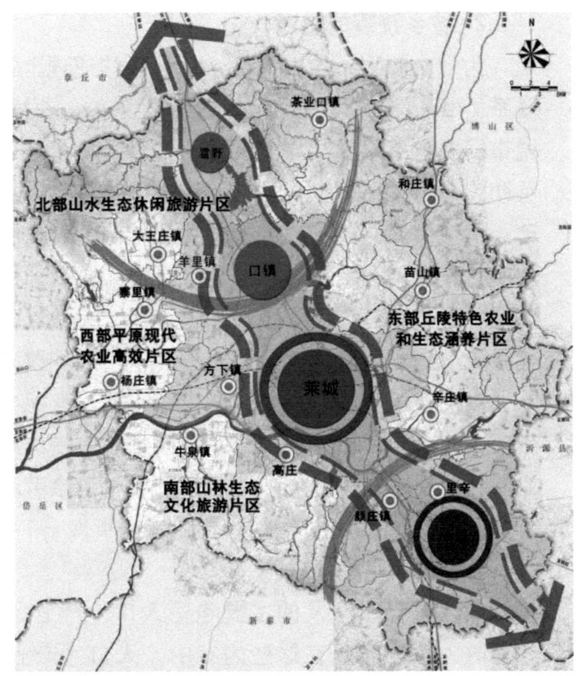

图 3-2-3 《莱芜市城市总体规划纲要（2014—2030 年）》中的市域空间结构规划图
（资料来源：同济大学城市规划设计研究院，山东建大建筑规划设计研究院，济南市规划设计研究院．莱芜市城市总体规划纲要（2014—2030 年）[Z]. 2014.）

二、城乡统筹

1. 城乡统筹的思想

长期以来，中国是一个典型的城乡“二元结构”的国家。中华人民共和国成立以后，为了民族独立和加快社会主义建设，国家确立了优先发展重工业的发展战略，并采取高度集中的计划经济、农产品统购统销、城乡户籍分隔管理等一系列制度，不仅从农业提取工业发展的原始积累，而且进一步固化了城乡“二元结构”。改革开放以后，随着家庭联产承包经营制度的实施，一系列经济体制改革相继推行并不断深化，农业市场化程度不断提高，农村劳动力自由迁移和就业范围不断拓宽，城乡、工农之间的产品要素交换环境得到了改善，但城乡“二元结构”的特征依然明显，“三农”问题日益凸显，从经济社会发展全局角度解决“三农”问题已经迫在眉睫。正是在这样的历史背景下，党的十六大提出，“统筹城乡经济社会发展，建设现代农业，发展农村经济，增加农民收入，是全面建设小康社会的重大任务”。这是第一次在党的全国代表大会上从国民经济社会全局的角度提出的城乡共同发展战略，开启了中国经济社会发展的新纪元。党的十七大进一步提出，“统筹城乡发展，推进社会主义新农村建设”。到党的十八大，“推动城乡发展一体化”则成为工业化、城镇化、信息化和农业现代化“四化同步”协调发展和全面建成小康社会奋斗目标的重要组成部分。[①]

---

① 张岩松．统筹城乡发展和城乡发展一体化 [J]. 中国发展观察，2013（03）：8–12.

2. 城乡统筹的内涵

为什么要实行城乡统筹？从一般的道理上讲，乃是因为农村和城市是相互联系、相互依赖、相互补充、相互促进的，农村发展离不开城市的辐射和带动，城市发展也离不开农村的促进和支持。城乡统筹就是通过城乡资源共享、人力互助、市场互动、产业互补，通过城市带动农村、工业带动农业，建立城乡互动、良性循环、共同发展的一体化体制。城乡统筹，关键是城市带乡村。城市带乡村是世界经济发展、社会进步的共同规律。世界发达国家和地区都经历过大量农村劳动力转移到第二、三产业，大量农村居民变成城市居民、城乡发展差距变小的发展阶段。我国经过二十多年的改革与发展，城市先发优势越来越明显，发展能量越来越大，城市有义务也有能力加大对农村带动的力度，城市带农村完全能带出“双赢”的结果。城市带农村，关键是解决好城市和工商企业要吸纳更多农民就业，让更多的农村剩余劳动力进入城市、融入城市；也在于让更多的资金、技术、人才流向农村[①]。

3. 城乡统筹的融入

城乡统筹所涉及的主要包括人口、产业、设施、空间、资源、管理、社保与收入等内容。在这些内容中，人口、产业、设施、空间等内容与城镇体系规划中的一些内容相对应，这就为把城乡统筹中的一些思路融入城镇体系规划中提供了平台。比如：在人口方面，一些城市总体规划中存在盲目做大做强中心城区的问题。为了达到这一目的，往往会人为地、想方设法地加大中心城市人口规模，从而导致中心城区以外的城镇人口和农村人口的过分降低，这可能会与农村发展的现实不同，也可能带来次级城镇发展空间不足、设施服务水平在城乡间极端失衡的问题。再比如，在公共服务设施方面，既要加强城市公共服务对乡村、特别是周边乡村的辐射水平，又要推进公共服务设施均等化；在基础设施服务方面，则需加大农村地区设施布点和城市市政公用管线等的延伸。

三、管制协调

1. 规划区

规划区是指城市、镇和村庄的建成区以及因城乡建设和发展需要，必须实行规划控制的区域。规划区的具体范围由有关人民政府在组织编制的城市总体规划、镇总体规划、乡规划和村庄规划中，根据城乡经济社会发展水平和统筹城乡发展的需要划定。划定规划区的目的是给城乡规划建设管理的话语权划定一个建设管理的“势力圈”，从而保证城市总体规划的有效实现，并为规划期后续时间做好充分准备、留足发展余地。

1.1 组成部分

城市规划区包含两个部分：一是城市建成区，二是因城乡建设和发展需要而必须实行规划控制的区域。在这两部分中，前者是很容易确定的；而后者到底涉及多大的范围才算是因城乡建设和发展需要必须实行规划控制的区域则存在一定

---

① 城乡统筹关键在城市带农村 [N]. 鄂尔多斯日报，2006-04-21A02.

变数。后者又可以分成两部分，一部分是总体规划确定的建设用地范围，具有确定性；另一部分则是总体规划确定的建设用地范围以外的区域，这具有非确定性。

1.2　划定原则

划定城市规划区，要坚持因地制宜、实事求是、城乡统筹和区域协调发展的原则，根据城乡发展的需要与可能，深入研究城镇化和城镇空间拓展的历史规律，科学预测城镇未来空间拓展的方向和目标，充分考虑城市与周边镇、乡、村统筹发展的要求，充分考虑对水源地、生态控制区廊道、区域重大基础设施廊道等城乡发展的保障条件的保护要求，充分考虑城乡规划主管部门依法实施城乡规划的必要性与可行性，综合确定城市规划区范围。城市规划区是城乡规划、建设、管理与有关部门职能分工的重要依据之一。在当前我国行政管理体制下，城市规划区是中央政府授予城市政府的事权范围，是区别于农村地区，城市政府施行城市规划管理、开展城市建设的空间范围。据此，土地、房产、开发区、地下空间等其他行业也都把城市规划区作为其重要职责范围。①

1.3　图示构成

因城乡建设和发展需要而必须实行规划控制的区域主要包括：第一，远期规划建设用地范围。第二，如总体规划包含远景的部分，则可将远景规划建设用地范围纳入。有一些用地虽不在远景范围内，但考虑更长远的空间发展需求，特别是对快速发展地区空间拓展不可预见性较强的城市而言，"高瞻远瞩"更为重要；这个时候，自然山体、水体的边界、对外交通线路等可以作为规划区进一步扩大后的空间范围界线。第三，重大基础设施、水源地及保护区、机场控制区、风景旅游和历史文化遗迹地区等涉及城市建设用地范围以外的区域应该考虑纳入。第四，规划建设用地以外的对外交通干道两侧等区域通常会成为突破发展、无序蔓延的主要区域，故也考虑将其纳入（图 3-2-4）。

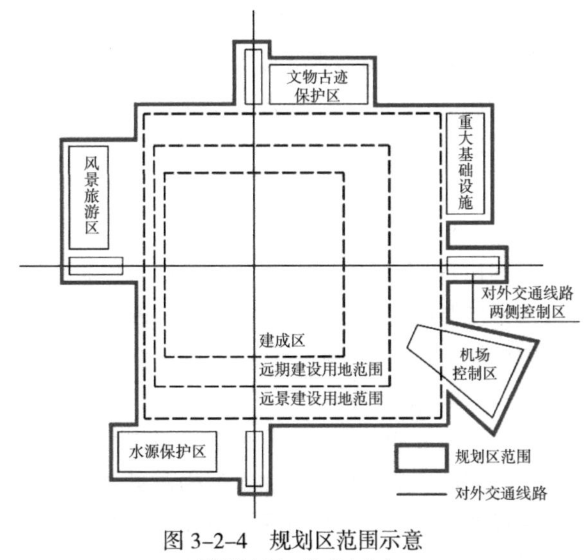

图 3-2-4　规划区范围示意
（资料来源：作者自绘）

① 官卫华，刘正平，周一鸣．城市总体规划中城市规划区和中心城区的划定 [J]. 城市规划，2013，37（09）：81-87.

城市规划区的不确定性也跟行政管辖层面的诉求相关。如北京、上海、天津、深圳等将全域都视为城市规划区，更多的是站在城乡统筹和区域统筹的角度；而《苏州城市总体规划（2006—2020）》中，则是把市辖区范围作为主体城市规划区以外，还吸纳进了昆山周庄、吴江同里等区域以及中心城区周边需要严格保护与控制的历史文化名镇（图 3–2–5）。

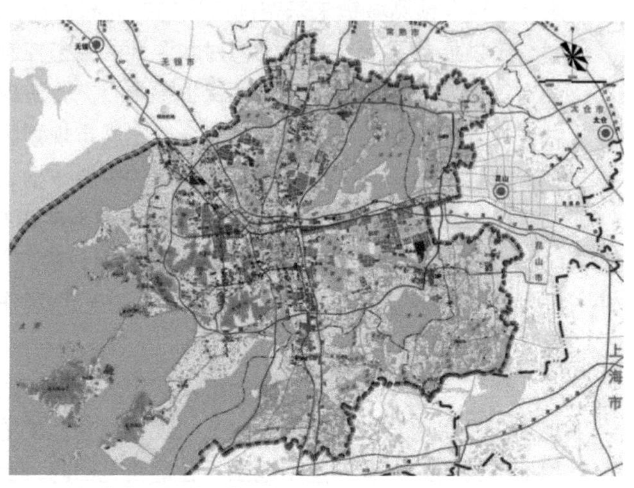

图 3-2-5 《苏州城市总体规划（2006—2020）》中的城市规划区图
（资料来源：中国城市规划设计研究院，苏州市城市规划设计研究院有限责任公司，苏州市城市规划编制中心 . 苏州城市总体规划（2006—2020）[Z]，2006.）

2. 空间管制

空间管制本质上是一种资源配置调节方式，通过划定区域内不同建设发展特性的类型区，制定其分区开发标准和控制引导措施，可协调社会、经济与环境可持续发展。一个完整的城市总体规划编制成果应包含有两个“空间管制”的部分：一是在城镇体系规划中，“确定生态环境、土地和水资源、能源、自然和历史文化遗产等方面的保护与利用的综合目标和要求，提出空间管制原则和措施”；二是在中心城区规划中，“划定禁建区、限建区、适建区和已建区，并制定空间管制措施”（表 3–2–11）。这里对市域城镇体系规划中的“空间管制”展开。

2.1　管制目的

协调区域空间发展、保护生态与资源、引导城乡建设、优化资源配置，并且通过对城市规划区不同类型空间的划分、分区比例结构的提出和相应管理策略的制定，最终使城乡达到一种和谐的态势，实现城乡统筹发展。①

2.2　划定方法

空间管制的对象包括生态环境、土地和水资源、能源、自然和历史文化遗产等方面。在具体操作中，有相对灵活的划定思路与方式。具体上，可以分为建设性分区和政策性分区。建设性分区为禁止建设区、限制建设区、适宜建设区和已建区，每一个区域分别对应不同的管控措施。

---

① 杨运红 . 基于新型城市化背景下的小城镇规划对策探讨 [J]. 四川建材，2011，37（02）：56–57.

禁建区、限建区与适建区的划定内容与管控措施表　　表 3-2-11

分区	核心理念	划定内容	常用管制措施
禁建区	生态首位保护第一	包括自然生态保护区（生态林地、生态湿地、生态绿化廊道以及其他生态敏感地区等）、水资源保护区（河流、湖泊、水库以及取水口、防洪大堤等）、风景旅游保护区（郊野公园、风景区、度假区绿地、民俗风情保护区）、历史文化保护区（文化遗址、历史街区、特色城镇村落、名人故居墓碑和古树名木建筑等）、基本农田保护区和矿产资源保护区。此外，重要的防护绿地、国道、省道、高速公路、铁路两侧、高压走廊等防护带也应划入禁建区范围	（1）严禁在生态敏感区内进行开发建设，禁止采石、挖沙、取土、开垦等破坏活动；严格保护区内的动植物、矿产、水体等资源，禁止狩猎、伐木等违法活动；维护自然保护区内的生态平衡与生态稳定。 （2）严格保护河流、湖泊、水库以及近海等水资源的饮用与使用安全，保证其不受各类固体废弃物和液体排放物的污染，各类污染物必须进行处理，达到标准后方可排入水体。对于防洪大堤、河道以及各类岸线必须指定明确保护整治措施，确保防洪大堤的稳固与河道的通畅。 （3）各类风景旅游保护区应严格保护区内的景点与旅游资源，坚决控制高强度的商业开发，尤其是房地产业的发展。各种以休闲、娱乐、度假等形式的商业开发，也必须在保证生态环境不受影响的前提下进行。 （4）各类文化遗址、历史街区、出土文物地址、文物保护单位等应根据相关法律和技术规定确定严格保护区、重点保护区和一般保护区，其中严格保护区和重点保护区内用地可进行适当的保护性旅游开发，禁止非保护性的开发建设。 （5）划定基本农田保护区范围，编制基本农田保护规划，对基本农田进行严格保护。对确需占用基本农田进行建设的活动，应进行用地置换，保证基本农田总量动态平衡，严禁一切违法占地行为。 （6）对已探明但未开采的各类矿产资源，应进行专项保护，禁止在其周边进行开发建设和随意占用等行为；对在开矿产应进行保护性开采，保护其生态性；对采完弃置矿产，在保护的同时应进行生态治理与生态恢复，还原其生态属性
限建区	农业为主控制开发	包括一般耕地、园地、荒地、未利用地以及与农业相关的池塘、水渠等用地，除此之外，还包括不具生态功能的林地、小片的独立工矿及基础设施建设用地等地区	（1）控制保护此区内的耕地，禁止乱圈乱占等违法行为。城乡建设确需占用耕地的，应经上级主管部门审批后方可进行建设。组织并鼓励部分地区退宅还耕、退耕还林，撤并和搬迁部分村庄，并编制土地整理规划，恢复农业生产。 （2）对一般的荒地、未利用土地应进行保护，加强此区的生态环境建设，植树造林、绿化荒山、治理废弃地，优先进行农业开发耕作，增强本区的生态自净能力。 （3）控制保护与农业灌溉和家畜饮用相关的各类水体，保护其不受污染，保证其供应能力。 （4）本着节约用地、集约发展的原则，农民建房应适当集中，形成规模。各个城镇、农村居民点及工矿区建设严格遵照规划控制指标执行，限定用地总量。 （5）在保证合理控制开发的同时，加强本区的服务功能，成为城镇农副产品供应基地，引入城镇垃圾填埋场、殡葬设施、给水厂等部分市政设施。同时本区各类重大基础设施建设也应有利于城镇的建设，保证对生态敏感区不造成危害
适建区	城乡建设优化发展	包括现状城镇建成区与村庄建成区，城镇引导建设区和村庄引导建设区，城镇发展建设备用区等，其中引导建设区主要是依据各个城镇与村庄的总体规划进行确定	（1）该区应以提高土地利用率和收益率为原则，建立完善的国有土地有偿使用制度，允许土地的出让、转让、拍卖和流通，最大程度实现土地的价值。 （2）城镇与农村建设用地各项指标应严格按国家的有关规定进行控制。建设区应严格按照总体规划的用地范围进行控制建设，不得随意占用禁建区与限建区，限建区确需纳入建设用地的，须经主管部门审批同意，并宜低强度开发。 （3）城镇建设密集区必须进行统一规划协调，按照设施共建共享、环境共建共保、空间协调统一的原则做好空间利用规划。打破行政壁垒和地方保护，按照市场化、一体化的原则协调发展。 （4）该区内需要保护的地段、文物、遗址等，可以根据情况制定相应的专项保护规划，同时应避免在保护区范围内进行建设。 （5）城镇与农村的建设应因地制宜，根据当地地形地貌和现状条件进行合理开发布局，保护各种生态资源、水资源和文化资源等，并逐渐形成地方特色。小城镇建筑应保持并形成地方风格，延续地方建筑文化、民俗民风

（资料来源：金继晶、郑伯红，面向城乡统筹的空间管制规划 [J]，现代城市研究，2009，24（2）：29-34.）

政策性分区指根据区域经济、社会、生态环境与产业、交通发展的要求，结合行政区划进行次区域政策分区，不同政策分区实施不同的管制对策，实施不同的控制和引导要求。例如，《莱芜市城市总体规划纲要（2014—2030 年）》中使用了法定性生态保护区、政策性生态控制区和都市化集聚发展区的称谓（表 3–2–12、图 3–2–6）。

《莱芜市城市总体规划纲要（2014—2030 年）》中的空间管制措施表　表 3–2–12

分区	划定依据	管制要求
法定性生态保护区	包括文物保护单位、森林公园、水源保护区、主要河流水域、永久性基本农田	严格禁止与禁止要素无关的建设行为。按照国家规定需要有关部门批准或者核准的、以划拨方式提供国有土地使用权的建设项目，必须服从国家相关法律法规的规定与要求
政策性生态控制区	介于法定性生态保护区与城市化集聚发展区间的用地，主要为东南部山区，中部一般农田，北部山体丘陵地带	原则上禁止城镇建设。按照国家规定需要有关部门批准或者核准的建设项目，在控制规模、强度下经审查和论证后方可进行
都市化集聚发展区	为规划城乡建设用地，集中在中部平原地区	城镇建设应依照城乡规划进行，建设用地总量严格执行土地利用规划要求

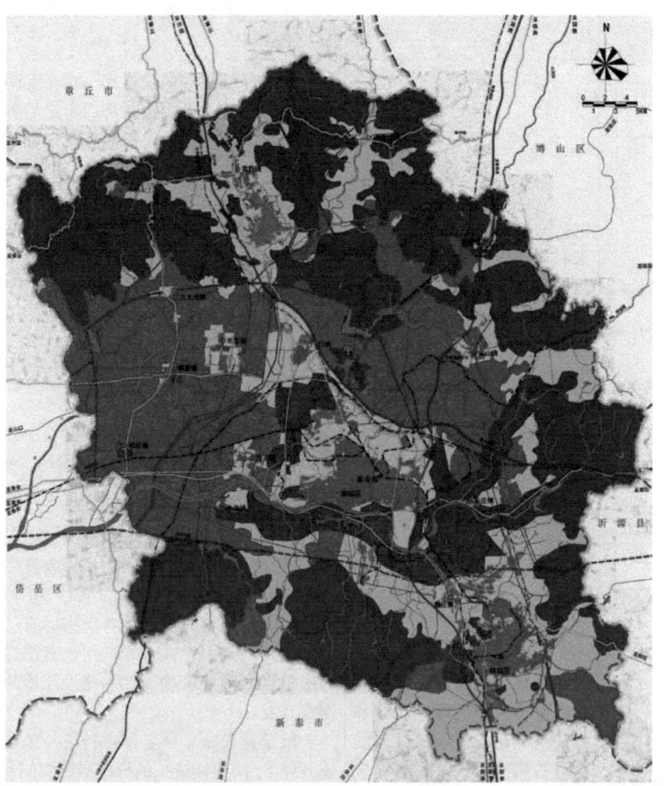

图 3–2–6 《莱芜市城市总体规划纲要（2014—2030 年）》中的空间管制规划图

3. 规划协同

3.1　需要协同的规划

现阶段，除了城市总体规划，涉及我国市（县）域空间发展的规划主要包括国民经济和社会发展规划、土地利用总体规划、主体功能区规划和生态功能区划三类。由于这些规划分属不同部门主管，存在一些难以协调的现实问题。为了更好地编制市（县）域城镇体系规划，有必要对其他规划进行了解，并作出最大可能的协同。

（1）国民经济和社会发展规划

国民经济和社会发展规划是全国或者某一地区经济、社会发展的总体纲要，以国民经济、科技进步、社会发展、城乡建设为对象，体现了国家或地方在规划期内国民经济的主要活动、科技进步主要方向、社会发展的主要任务以及城乡建设的各个方面所作的全面规划、部署和安排，提出政府在规划期内经济社会发展的方针政策、战略目标、主要任务和实施重点。该规划每五年编制一次，从“一五”到“十五”都称为“五年计划”，从“十一五”开始改称为“五年规划”。

（2）土地利用总体规划

土地利用规划是指在土地利用的过程中，为达到一定的目标，对各类用地的结构和布局进行调整或配置的长期计划。土地利用规划旨在处理好保护粮食安全和建设发展的关系，强调耕地保护，划定基本农田，明确各类土地的管制规则及改变土地用途的法律责任，其中，最底层、空间比例尺最大的乡镇土地利用总体规划是用地管理的主要依据。[①] 该规划是在国民经济和社会发展规划的框架下展开的。到目前为止，我国共进行过三次大的土地规划编制，第一轮是从1989年开始，第二轮是从1997年开始制定，第三轮是从2006年开始。

（3）生态功能区划

生态功能区划是以正确认识区域生态环境特征，生态问题性质及产生的根源为基础，以保护和改善区域生态环境为目的，依据区域生态系统服务功能的不同、生态敏感性的差异和人类活动影响程度，分别采取不同的对策。该规划是研究和编制区域环境保护规划的重要内容。环境保护部和中国科学院2008年发布《全国生态功能区划》，并于2015年发布修编版。

3.2 规划协同的要求

从“两规合一”到“三规合一”、再到“多规合一”，最终目的在于针对城市及其市域空间建立统一的空间信息平台并划定控制界线体系，以达到实现优化空间布局、有效配置土地资源的目标。在“两规合一”时代，是城市总体规划和土地利用总体规划之间的协同；在“三规合一”时代，是城市总体规划与国民经济和社会发展规划、土地利用总体规划之间的协同；进入“多规合一”时代，则是强化城市总体规划与国民经济和社会发展规划、土地利用规划、生态功能区划等多个规划以及其他文物保护、林地与耕地保护、水资源、文化与生态旅游资源、矿藏资源、综合交通、社会事业、主体功能区等各类规划的衔接。

对于城市总体规划来讲，空间的协同在其与其他规划的协同中最为关键。针对国民经济和社会发展规划，产业布局、重大项目或设施等涉及空间的内容

---

① 林坚，许超诣．土地发展权、空间管制与规划协同[J]. 城市规划，2014，38（01）：26-34.

Tips 3-5：

三界——空间管制边界

1. 城乡建设用地规模边界。按照规划确定的城乡建设用地面积指标，划定城、镇、村、工矿建设用地边界。

2. 城乡建设用地扩展边界。为适应城乡建设发展的不确定性，在城乡建设用地规模边界之外划定城、镇、村、工矿建设规划期内可选择布局的范围边界。扩展边界与规模边界可以重合。

3. 禁止建设用地边界。为保护自然资源、生态、环境、景观等特殊需要，划定规划期内需要禁止各项建设与土地开发的空间范围边界。禁止建设用地边界必须在城乡建设用地规模边界之外。

四区——空间管制区域

空间管制边界划定后，规划范围内形成四个区域：

1. 允许建设区。城乡建设用地规模边界所包含的范围，是规划期内新增城镇、工矿、村庄建设用地规划选址的区域，也是规划确定的城乡建设用地指标落实到空间上的预期用地区。

2. 限制建设区。城乡建设用地规模边界之外、扩展边界以内的范围。在不突破规划建设用地规模控制指标前提下，区内土地可以用于规划建设用地区的布局调整；在特定条件下，区内土地可作为本级行政辖区范围内城乡建设用地增减挂钩的新建用地。

3. 管制建设区。辖区范围内除允许建设区、限制建设区、禁止建设区外的其他区域。

4. 禁止建设区。禁止建设用地边界所包含的空间范围，是具有重要资源、生态、环境和历史文化价值，必须禁止各类建设开发的区域。

需要协同。针对土地利用总体规划，则需力争与其的“三界四区”相协同。针对生态功能区划，则需考虑各类生态功能区与生态环境、土地和水资源、能源、自然和历史文化遗产等方面的关系，并将其中重要生态功能区的红线作为重点协同对象。

空间的协同中，核心是界线控制体系的协同。这其中，最重要的是城市发展边界、耕地保护红线和生态保护红线的“三线”协同划定。比较合理的协同思路是首先划定耕地保护红线和生态保护红线，尤其是永久基本农田红线。再据此框架，结合城市发展目标、发展阶段、各种规划和政策约束等，划定城市发展边界。首先划定的耕地保护红线和生态保护红线是城市开发的底线，可以作为 UGB1。该界线应与土地利用总体规划的有条件建设区范围相一致，应在各类重要生态功能区之外；随后划定的城市发展边界是总体规划编制期限内的城市开发边界，可以作为 UGB2。由于城市总体规划和土地利用总体规划之间的“时间差”，UGB2 通常会在空间范围上大于土地利用总体规划中的城乡建设用地规模边界和城乡建设用地扩展边界。但近期建设规划中的 UGB2 则需要与城乡建设用地规模边界和城乡建设用地扩展边界协同。[①]

第三节 性质与规模

城市性质是城市建设的总纲，体现城市的最基本的特征和城市总的发展方向，为城市总体规划提供科学依据。城市规模则是衡量城市大小的数量概念，包括城市人口规模与城市用地规模。因为城市用地规模会随着人口规模的变化而变化，所以人口规模通常是决定性指标。

一、城市性质的确定

城市性质是城市在一定地区、国家以至更大范围内的政治、经济、与社会发展中所处的地位和所担负的主要职能。显然，该定义的主语是"地位"和"主要职能"。

1. 关于"地位"

关于"地位"，应从以下特征进行认识。

（1）"地位"是比较的结果

只有比较才可以获得优势。从比较对象类型看，重点在于同级城市之间的比较。从空间尺度上看，比较对象应与城市基本服务职能的辐射范围有关，可以是周边区域，也可以是国家乃至更大范围。也只有从区域宏观范畴深入分析和比较诚实的从比较内容看，突出个性是主要目的。

（2）"地位"包含多个层面

由于城市竞争是多方面的，所以城市定位的内容也是多方面的。一般而言城市定位包括产业定位、功能定位、综合定位，其中，产业定位是基础，功能定位是核心，综合定位是目的。

（3）"地位"从上位规划获得

在实际编制过程中，最简单与明确的方法就是采用上位规划的具体指导，也就是城市性质应以区域规划为依据。如果区域规划尚未编制，或者是编制时间过久，则需要掌握地区国民经济和社会发展规划中的要旨。

2. 关于"主要职能"

城市性质中的"主要职能"与职能的区别首先在于"主要"二字。即城市性质是城市主要职能的概括，也就是说城市职能可能有好几个，城市性质则是最主要、最本质的职能。城市本身就是一定地域内的中心，因而他们共同都具有一些职能。从行政职能看，省会、地级市、县城等都会承担不同区域的政治中心职能；从产业发展看，城市都会涉及商业服务、交通运输、制造生产、科教卫生等。在进行城市功能定位时，不是将这些大大小小的职能都列入，只有对区域承担主要任务或具有重要影响力的主要职能才能作为本质特征。城市职能是"Urban Function"，城市性质普遍译为"Designated Function of City"，二

① 郑娟尔，周伟，袁国华．对"三线"协同划定技术和管控措施的思考[J]. 中国土地，2016（06）：28-30.

者的区别在于"Designated"。该单词的中文含义为"指明的"。这要求城市性质中的城市职能不是所有的、而是特指的，不是现状的、而是规划的，不是完全客观描述性的、而是富有规划师主观意念的。

芜湖、襄阳两个例子比较很容易说明城市性质与城市职能的关系（表3–3–1）。在城市性质中，涉及了更大的空间尺度，使用了更加简明的措辞。

芜湖、襄阳城市性质与城市职能　　表 3–3–1

	芜湖市	襄阳市
城市性质	国家创新型城市、长江流域具有重要影响的现代化滨江大城市、安徽省双核城市之一	国家历史文化名城，湖北省省域副中心城市和新型工业基地城市
城市职能	全国重要的先进制造业基地、综合交通枢纽、现代物流中心和文化旅游中心；安徽省双核城市	我国中部地区的重要交通枢纽之一和区域物流中心、山水园林城市；国内知名的历史文化型旅游目的地城市，湖北省武当山、神农架的旅游基地和鄂西北旅游服务中心；湖北省农副产品生产和加工基地

（资料来源：芜湖市人民政府，芜湖市城市总体规划（2012—2030）[Z]，2013；襄阳市人民政府，襄阳市城市总体规划（2011—2020年）[Z]，2012.）

城市性质不是一成不变的，其伴随每一次总体规划的编制而有所演进。这其中，有继承、有延伸、有调整。以太原市为例，回顾中华人民共和国成立以来城市发展的历史，太原经历了一个由传统工业型城市逐步向文化经济型城市转变的过程。其历版城市总体规划中的城市性质和背景关联因素归纳见表3–3–2。

历版总体规划中的太原市城市性质表　　表 3–3–2

	城市性质	来源	背景关联因素
1954	山西的工业区中心，全省政治、经济、文化中心	太原市城市总体规划（1954—1974年）	为配合国家大规模的工业建设，在国家计委和建委的直接领导下进行规划编制
1981	太原市是山西省省会，是全省科技文教中心，是以冶金、机械、煤炭、化工为主的重工业城市	太原市城市总体规划（1981—2000年）	突出了科学技术和文化教育，充分考虑了当时的四大支柱产业，明确了产业发展的主导方向
1991	太原是山西省省会，全省政治、经济、教育、科技、文化中心，以冶金、机械、能源、化工为支柱的重工业城市，是山西能源重化工基地的中心城市	太原市城市总体规划调整文本（1991—2000年）	调整后城市性质基本不变，但适当予以补充，强调了太原市在全省的政治地位及能源重化工基地
1996	太原市是山西省省会，以能源、重化工为主的工业基地，华北地区重要的中心城市之一	太原市城市总体规划（1996—2010年）	第一次在城市性质中强调了城市的区位优势
2008	山西省省会，中部地区重要的中心城市，全国重要的新材料和先进制造业基地，历史悠久的文化古都	太原市城市总体规划（2008—2020年）	区域定位由华北地区调整为中部地区，其目的是落实国家中部崛起的发展战略，突出太原作为国家空间结构中重要区域节点的地位，强调太原未来应突出中心城市的金融、贸易、文化、科技等服务职能

（资料来源：武辉，张春祥.太原城市性质的规划演进[J]，城乡建设，2012（03）：26-28.）

二、城市规模的预测

1. 城市人口规模

前已述及城镇人口的界定。对于中心城区人口预测而言，常用的有综合增长率法、带眷系数法、剩余劳动力转移法、城市等级—规模方法。鼓励基于环境容量的思路去对人口预测结果进行校核，主要包括生态足迹法和环境承载力法。①

1.1　综合增长率法

（1）基本原理及其特点

综合增长率法是按照历年人口自然增长率和机械增长率的变化来推算城市人口的，是目前城市人口预测中最为普遍的方法。综合增长率法的关键就是科学确定城市人口自然增长率和机械增长率。其预测公式如下：

$$P_n=P_0\times[1+(m+k)]^n \qquad \text{公式（3-1）}$$

式中　P_n——规划末年的人口数；

P_0——规划基年的人口数；

n——规划年限；

m——年平均自然增长率；

k——年平均机械增长率；

$m+k$——年平均综合增长率。

该方法适用于经济发展稳定、人口增长率变化不大的城市。值得注意的是，随着人口基数增大和年龄结构趋于老龄化，人口增长的速度将会越来越慢，不可能都以稳定的速度增长。

（2）预测步骤

根据综合增长率法的基本原理，可以把综合增长率预测城市人口的步骤归纳如下：

1）计算城市近几年的自然增长率、机械增长率、年平均综合增长率。

公式分别如下：

$$\text{自然增长率}=\frac{\text{本年出生人口数}-\text{本年死亡人口数}}{\text{年平均人口数}}\times 1000‰ \qquad \text{公式（3-2）}$$

$$\text{机械增长率}=\frac{\text{本年迁入人口数}-\text{本年迁出人口数}}{\text{年平均人口数}}\times 1000‰ \qquad \text{公式（3-3）}$$

$$\text{人口年平均综合增长率}=\sqrt[\text{年限}]{\frac{\text{期末人口数}}{\text{期初人口数}}}-1 \qquad \text{公式（3-4）}$$

2）确定规划期内城市自然增长率、机械增长率以及年平均综合增长率。

自然增长率、机械增长率的确定，主要从城市人口增长惯性、国民经济社

① 张军民，陈有川．城市规划编制过程中的常用方法[M]. 武汉：华中科技大学出版社，2008.

会发展规划以及城市人口空间分布规律等方面进行综合考虑。

3）计算出规划期末城市人口

将规划确定的自然增长率、机械增长率、年平均综合增长率带入公式，即可求得规划期末城市人口。

1.2 带眷系数法

基本原理及其特点

当建设项目已经落实，规划期内人口机械增长稳定的情况下，宜按带眷系数法预测人口规模。计算时应分析从业人员的来源、婚育、落户等状况，以及城市的生活环境和建设条件等因素，确定增加的从业人员及其带眷系数。其预测公式如下：

$$P_n=P_1(1+a)+P_2+P_3 \qquad 公式(3-5)$$

式中 P_n——规划期末城市人口规模；

P_1——带眷职工人数；

a——带眷系数；

P_2——单身职工人数；

P_3——规划期末城市其他人口数。

带眷系数法的关键就是要确定带眷系数以及带眷比。其中，带眷系数指每个职工所带眷属的平均人数，职工带眷比指带有家属的职工与总人数的比例（表 3-3-3）。

职工带眷有关指标表 **表 3-3-3**

类别	占职工总数比重	备 注
单身职工	40% ~ 60%	①带眷职工比要根据具体情况而定。独立工业城镇采用上限，靠近旧城采用下限；建设初期采用下限，建成后采用上限。单身职工比相应变化。 ②带眷系数已考虑了双职工因素。双职工比例高的采用下限，比例低的采用上限
带眷职工	40% ~ 60%	
带眷系数	3 ~ 4，1 ~ 3	
非生产性职工	10% ~ 20%	

该方法对于估算新建工业企业和小城市人口的发展规模较为合适，但是不适合对已建好的整个城市人口规模进行预测。

1.3 剩余劳动力转移法

（1）基本原理及其特点

随着农村机械化程度和劳动生产效率的不断提高，出现了大量的农村剩余劳动力，这些劳动力进城、进镇，推动着我国城市化水平逐步提高。在预测城市人口规模时，可以通过分析农村剩余劳动力的数量变化和转移去向，来预测剩余劳动力进城、进镇的可能性及数量。其预测公式如下：

$$P_n=P_0(1+k)^n+Z\times V[f\times P_1(1+m)^n-(s/b)] \qquad 公式(3-6)$$

式中 P_n——规划期末城市人口规模；

P_0——规划基年城市人口数；

k——城市人口的自然增长率；

Z——农村剩余劳动力进城（镇）比例；

V——农村转移劳动力的带眷系数；

f——农业劳动力占农村总人口的比例；

P_1——城市周围农村现状人口总数；

m——城市周围农村人口的综合增长率；

s——农村耕地面积；

b——每个劳动力额定担负的耕地亩数；

n——规划年限。

剩余劳动力转移法的关键是要确定农村剩余劳动力进城比例、农业劳动力占周围农村总人口的比例、每个劳动力额定担负的耕地亩数。

该方法重点分析农村剩余劳动力向城市转移，因此适合于具有剩余劳动力的小城镇人口规模预测，不适合城市化水平很高的大城市、特大城市人口规模预测。

(2) 预测步骤

1) 收集整理城市、农村人口以及农村耕地面积数据资料

2) 确定各种参数值

城市人口自然增长率、城市周围农村人口的综合增长率的确定，可以参照综合增长率法中人口增长率确定的方法。

农村剩余劳动力进城比例、带眷系数、农业劳动力占周围农村总人口的比例、每个劳动力额定担负的耕地亩数等一系列参数的确定，通常是在现状调查的基础上，参照同类城市情况，并考虑城市未来发展状况加以确定。其中，每个劳动力额定担负的耕地亩数一般为 1.4 ~ 1.6ha；农业劳动力占周围农村总人口的比例一般为 45% ~ 50%。

3) 计算出规划期末城市人口

将各种现状资料和参数值代入预测公式，即可求得规划期末城市人口。

1.4 城市等级—规模法则

(1) 基本原理及其特点

城市等级—规模法则，是从城市人口规模和城市人口规模的位序之间的关系来预测城市体系的规模分布。

早在 1913 年，奥尔巴克发现 5 个欧洲国家和美国的城市人口资料符合下式关系：

$$P_iR_i=K \qquad \text{公式 (3-7)}$$

式中 P_i—— 一国城市按人口规模从大到小排序后第 i 位城市的人口数；

R_i——第 i 位城市的位序；

K——常数。

1949 年，美国社会学家捷夫提出城市等级—规模法则，即在经济发达的国家里，一体化的城市体系的城市规模分布为：

$$P_r=\frac{P_1}{R} \qquad \text{公式 (3-8)}$$

式中 P_r——第 r 位城市的人口；

P_1——最大城市（首位城市）的人口；

R——P_r 城市的位序。

这样，一个国家的第二位城市的人口是最大城市人口的一半，第三位城市是最大城市人口的三分之一，依此类推。

捷夫提出的等级—规模法则虽然形式简单，但却具有广泛的普适性，已经成为各国（地区）规划城市体系的重要依据。实践表明，世界上绝大多数发达国家的城市规模等级分布很好地符合捷夫定则，所以常常用捷夫法则来规划城市体系。

采用捷夫等级—规模法则预测城市人口的前提，是已知城市体系中其他城市的人口规模，而且假定其人口规模是合理的。

(2) 预测步骤

采用捷夫的等级—规模法则预测城市人口的步骤如下：

1）确定城市在地区（国家）城市体系中的规模位序

2）收集其他城市的人口规模

若需预测的城市为首位城市，一般要收集地区（国家）城市体系中第 2、3、4 位城市的人口规模；若需预测城市为非首位城市，一般仅收集首位城市的人口规模。

3）预测城市人口

1.5 生态足迹分析法

(1) 方法简介

生态足迹分析方法可以由生态足迹和生态承载力两部分组成。

生态足迹是指在一定技术条件下，为维持某一物质消费水平下的某一人口、某一区域的持续生存所必需的生态生产性土地面积的总和，即为每个人提供可支配的食品营养物质、水、能源、资源、住房、交通工具、各类消费品以及处理废弃物所需占有的土地及海洋面积。

生态承载力则是一个区域所能提供给人类的生态生产性土地面积的总和。生态性生产土地是指具有生态生产能力的土地和水体，它是生态足迹分析方法为各类自然资本提供的统一度量的基础。

(2) 假设条件

生态足迹分析方法基于两个假设：一是，人类消费的大多数资源和产生的废弃物可以计算；二是，这些资源和废弃物可以换算成生产这些资源和同化这些废弃物所需要的生产性土地面积。

(3) 生态足迹的计算方法与模型

1）计算各主要消费项目的人均年消费量值

第一步，划分消费项目。一般将消费项目划分为生物生态足迹和能源生态足迹，其中生物生态足迹可分为农产品、动物产品、林产品、水果、木材等大类，各大类下又有一些细分类，农产品主要有粮食、蔬菜、猪肉、牛羊肉。生物资源生产面积折算的具体计算采用联合国粮农组织 1993 年计算的有关生物资源的世界平均产量。采用这一平均产量主要是为了使计算结果可以进行国与国、地区与地区之间的横向比较。

能源消费的生态足迹主要是指能源生产所需要的生态空间，以及能源消费后吸收其所产生的二氧化碳所需要的生态空间。能源消费主要包括煤、焦炭、汽油、柴油、煤油、电力等。计算能源生态足迹是将能源的消费转化为化石燃料生产土地面积，采用世界上单位化石燃料生产土地面积的平均发热量为标准将当地能源消费所消耗的热量折算成一定化石燃料土地面积。

第二步，计算区域第 n 年消费总量。计算公式为：消费＝产出＋进口－出口，或者是根据人均消费量进行推测。

第三步，计算第 i 项的人均年消费量（C_i）。其方法是用年消费量除以城市人口。

2）计算为了生产各种消费项目人均占用生态生产性土地面积

利用生产力数据，将各项资源或产品的消费折算为实际生产性土地面积，即实际生态足迹的各项组分。设生产第 i 项消费项目人均占用的实际生态生产性土地面积为 A_i，其计算公式如下：

$$A_i=C_i/P_i \qquad \text{公式（3–9）}$$

式中 P_i——相应的生产性土地生产第 i 项消费项目的年平均生产能力。

3）计算生态需求足迹

第一步，汇总生产各种消费项目人均占用的各类生态生产性土地，即生态需求足迹。

第二步，计算等价因子 r_j。6 类生态生产性土地的生态生产力是存在差异的。等价因子就是一个使不同类型的生态生产性土地转化为在生态生产力上等价的系数。其计算公式为：

每类生态生产性土地的等价因子＝全球该类生态生产性土地的平均生产能力／全球所有各类生态生产性土地的平均生态生产力。

第三步，计算人均占用的各类生态生产性土地等价量。

第四步，求各类人均生态足迹的总和（ef）。计算公式为

$$ef=r_j\times\sum_{i=1}^{n}A_i \qquad \text{公式（3–10）}$$

第五步，计算地区总人口（N）的总生态足迹（EF）。计算公式为：

$$EF=N\times ef=N\times r_j\times\sum_{i=1}^{n}A_i=N\times r_j\times\sum(C_i/P_i) \qquad \text{公式（3–11）}$$

4）计算生态供给足迹

第一步，计算各类生态生产性土地的面积。

第二步，计算生产力系数。由于同类生态生产性土地的生产力在不同国家和地区之间是存在差异的，因而各国各地区同类生态生产性土地的实际面积是不能直接进行对比的。生产力系数就是一个将各国各地区同类生态生产性土地转化为可比面积的参数，是一个国家和地区某类土地的平均生产力与世界同类平均生产力的比率，例如荷兰的生产力系数为 3.01，表明相同面积条件下荷兰的耕地生产力要比世界平均的耕地生产力高出 201%。

第三步，计算生态容量，其计算公式为：

某类人均生态容量＝各类生态生产性土地的面积 × 等价因子 × 生产力系数。

第四步，总计各类人均生态容量，求得总的人均生态容量。

5）计算生态盈余或生态赤字

生态盈余或生态赤字等于生态需求和生态供给之间的差值。

（4）生态承载度的计算方法与模型

由于区域面积、区域人口和区域生态足迹总量不同，仅仅取生态需求足迹和生态供给足迹显然不能真实地反映某一区域的生态持续发展能力。在此，引入生态承载度作为评价某一区域生态系统可持续发展能力的综合指标，其模型为：

$$D=KEC/EF \qquad \text{公式（3–12）}$$

式中 D——生态承载度；

KEC——区域生态供给足迹；

EF——区域生态需求足迹。

根据城市总土地面积和建设用地面积，两项相减即得到城市生态用地面积，再除以人均合理生态用地面积即得到城市人口规模。具体公式如下：

$$P=S/s \qquad \text{公式（3–13）}$$

式中 P——规划期人口规模；

S——生态用地面积；

s——人均生态用地面积。

（5）应用实例

聊城市生态适度人口分析

1）聊城市人口分布与变化

近年来随着经济发展，聊城市各个县市区的人口均有一定的发展。由表3–3–4可知，东昌府区的人口6年间增长最快，从2006年的1.036×10^6人到2011年的1.171×10^6人，人口增长了近1.4×10^5人，反衬其他县市区的人口增长则相对缓慢。分析原因东昌府区处于市区各方面经济条件良好地区，一方面本身发展迅速，另一方面也吸引了各县市人来城区定居。聊城市各县市人口近年来的变化见表3–3–4。

据资料统计，聊城市人口从2006年的5.7282×10^6增长到2011年的6.044×10^6，6年间增长了3.2×10^5多人，增长速度达6万人／年，增长速度快，尤其是从2008年到2011年几乎成直线增长，这势必会导致生态承载力的压力。

2）城市生态足迹变化。

通过上述对聊城市2006—2011年的生态足迹、生态承载力和生态适度人口的计算，结合表3–3–5可以看出，聊城市生态足迹与生态承载力供给呈反方向发展趋势，人均生态足迹由2006年的$0.7428hm^2$逐年增加2011年的$0.8377hm^2$，而人均生态承载力则由$0.586hm^2$逐年减少到$0.554hm^2$。其中，2006年生态足迹相当于生态承载力的1.268倍，2007年为1.292倍，2008年为1.327倍，2009年为1.389倍，2010年为1.414倍，2011年为1.512倍，

2006—2011 年聊城市各县市人口数表　　表 3-3-4

城市	2006 年（万人）	2007 年（万人）	2008 年（万人）	2009 年（万人）	2010 年（万人）	2011 年（万人）
东昌府区	103.6	104.4	104.5	105.2	105.8	117.1
阳谷县	76	78	78.7	79.7	80.4	81.2
莘县	97.5	99.3	100.1	101.1	102.1	103
茌平县	57.8	58.7	59.2	59.8	60	64.8
东阿县	42	42.6	43.3	43.7	43.9	50.4
冠县	74.5	75.8	77	78	80	81
高唐县	47.9	48.3	48.5	48.8	49.1	49.7
临清市	73.2	72.3	72.5	74.8	76.1	76.7

倍数逐年增加说明需求与环境供给的关系日益紧张，聊城市生态环境安全面临着严峻的挑战。由表 3-3-5 计算可知，聊城市 2006—2011 年生态赤字占人均生态足迹分别为 21%、22.6%、24.7%、28%、29.3%、33.9%，同样为逐年增加的趋势，充分说明聊城市的发展模式中生态承载力的不足，城市发展是依靠消耗自然资源存量来实现，且这种依赖性也在逐步增强。

聊城市生态足迹变化情况表　　表 3-3-5

年份	人均生态承载力 /（hm^2/ 人）	人均生态足迹 /（hm^2/ 人）	生态赤字
2011	0.554	0.8377	−0.2837
2010	0.558	0.7892	−0.2312
2009	0.559	0.7763	−0.2173
2008	0.568	0.754	−0.186
2007	0.579	0.748	−0.169
2006	0.586	0.7428	−0.1568

由表 3-3-5 ～表 3-3-7 看出，耕地的人均生态足迹为粮食、油料、棉花、蔬菜、水果、蚕茧、猪肉、禽肉、禽蛋的人均生态足迹的总和，从 2006 年的 0.6721hm^2/ 人增长到 2010 年的 0.7575hm^2/ 人，期间 2011 年的值有所下降，为 0.7074hm^2/ 人，且与 2007 年的生态足迹相当。耕地足迹的增加说明随着人口的增加，人们对最基本的农产品需求开始增加。草地的人均生态足迹为牛肉、羊肉、奶类的总和，由 2006 年的 0.6721hm^2/ 人缓慢减少到 2010 年的 0.0266hm^2/ 人，2011 年猛增到 0.1252hm^2/ 人，反映了随着人们生活水平的提高、消费结构的多元化，增加了对肉奶类的需求量。林地的人均生态足迹为核桃和木材的总和，在小范围内波动先下降后上升后又下降，这与人工造林面积和木材采伐量的相对数量有关，需进一步研究。建设用地化石燃料的人均生态足迹走势平稳，说明聊城市城市化扩展速度较为平稳，对住房和基础设施的需求较为稳定；以石化、能源为主导的资源密集型产业在聊城市产业结构中保持一定比例。

聊城市 2006—2008 年生态足迹计算表　　表 3-3-6

土地类型	类别	2006			2007			2008		
		区域总产量（t/×10⁴kW·h）	全球平均产量/（t/hm²）	人均生态足迹/（hm²/人）	区域总产量（t/×10⁴kW·h）	全球平均产量/（t/hm²）	人均生态足迹/（hm²/人）	区域总产量（t/×10⁴kW·h）	全球平均产量/（t/hm²）	人均生态足迹/（hm²/人）
耕地	粮食	4238728	54.3	0.038	4555436	53.2	0.041	4599196	55.5	0.04
	油料	190073	12.01	0.008	158275	11.87	0.006	165175	12.55	0.006
	棉花	84727	1.3	0.032	91970	1.28	0.035	97384	1.3	0.036
	蔬菜	8266282	247.5	0.016	8142156	218.45	0.018	8733914	230.79	0.018
	水果	390758	94.3	0.002	508294	94.38	0.003	510347	98.39	0.003
	蚕茧	1293	1.378	0.001	1155	1.452	0	1045	1.447	0
	猪肉	218094	0.492	0.217	166028	0.391	0.205	167225	0.41	0.195
	禽肉	185325	0.769	0.118	144768	0.682	0.102	191691	0.711	0.129
	禽蛋	232775	0.472	0.241	215692	0.352	0.295	233587	0.383	0.292
草地	牛肉	62592	0.14	0.039	49492	0.2	0.021	49736	0.28	0.015
	羊肉	25233	0.14	0.016	16176	0.2	0.007	19151	0.28	0.006
	奶类	46458	0.4	0.01	53648	0.452	0.01	59098	0.487	0.01
林地	核桃	3	25.3	0	3	29.9	0	5	30.1	0
	木材	106896	14.76	0.001	82754	14.78	0.001	62412	14.88	0.001
水域	水产品	70318	0.55	0.005	42586	0.55	0.003	46569	0.57	0.003
建设用地	电力	257.04	840	0	280.45	840	0	312.63	870	0
化石燃料用地	煤炭	37.84	53.2	0	39.19	53.8	0	41.93	53.4	0
	燃气	11.28	84	0	11.59	84	0	12.56	87	0
	汽油	21.91	84	0	23.59	84	0	27.5	87	0

聊城市 2009—2011 年生态足迹计算表　　表 3-3-7

土地类型	类别	2009			2010			2011		
		区域总产量（t/×10⁴kW·h）	全球平均产量/（t/hm²）	人均生态足迹/（hm²/人）	区域总产量（t/×10⁴kW·h）	全球平均产量/（t/hm²）	人均生态足迹/（hm²/人）	区域总产量（t/×10⁴kW·h）	全球平均产量/（t/hm²）	人均生态足迹/（hm²/人）
耕地	粮食	4688180	54.5	0.041	5199352	55.25	0.044	5377381	57.05	0.044
	油料	165836	12.4	0.006	141869	12.46	0.005	137346	13.02	0.005
	棉花	95757	1.29	0.035	82470	1.23	0.031	70026	1.31	0.025
	蔬菜	8603232	229.82	0.018	8531485	230.197	0.017	8540405	231.26	0.017
	水果	545566	104.24	0.002	528280	108.12	0.002	548273	109.67	0.002
	蚕茧	825	1.5	0	0	1.642	0	0	1.733	0
	猪肉	177767	0.457	0.184	183375	0.469	0.183	195101	0.526	0.172
	禽肉	220506	0.764	0.137	238305	0.802	0.139	254127	0.833	0.141
	禽蛋	255766	0.4	0.301	319077	0.447	0.334	324537	0.499	0.301
草地	牛肉	43444	0.33	0.011	40932	0.38	0.009	36632	0.042	0.072
	羊肉	21350	0.33	0.006	22643	0.38	0.005	21329	0.042	0.042
	奶类	73446	0.502	0.012	88750	0.588	0.013	85004	0.641	0.011
林地	核桃	627	32.1	0	27	36.7	0	68	41.39	0
	木材	152966	14.97	0.002	147676	15.23	0.002	148573	15.21	0.002
水域	水产品	340561	0.62	0.019	66172	0.68	0.003	69743	0.7	0.003
建设用地	电力	340.95	1000	0	386.16	1020	0	402.8	1100	0
化石燃料用地	煤炭	42.97	55	0	49.41	56.56	0	51.4	57.77	0
	燃气	13.38	93	0	13.96	102	0	14.82	110	0
	汽油	30.31	93	0	33.79	102	0	36.15	110	0

各生物资源对人均生物资源生态足迹贡献率比较表　　表 3-3-8

年份	2011	2010	2009	2008	2007	2006
粮食	0.0521	0.0559	0.0525	0.0526	0.0552	0.0514
油料	0.0058	0.0068	0.0082	0.0084	0.0086	0.0104
棉花	0.0296	0.0398	0.0453	0.0476	0.0463	0.0429
蔬菜	0.0204	0.0220	0.0228	0.0240	0.0240	0.0220
水果	0.0028	0.0029	0.0032	0.0033	0.0035	0.0027
蚕茧	0	0	0.0003	0.0005	0.0005	0.0006
猪肉	0.2052	0.2322	0.2374	0.2589	0.2737	0.2917
禽肉	0.1688	0.1764	0.1762	0.1712	0.1368	0.1586
禽蛋	0.3598	0.4239	0.3903	0.3872	0.3950	0.3245
牛肉	0.0862	0.0114	0.0143	0.0201	0.0285	0.0525
羊肉	0.0502	0.0063	0.0071	0.0078	0.0093	0.0212
奶类	0.0131	0.0160	0.0159	0.0138	0.0137	0.0136
核桃	3.57E-07	1.72E-07	4.68E-06	4.14E-08	2.54E-08	3.07E-08
木材	0.0021	0.0023	0.0025	0.0010	0.0014	0.0019
水产品	0.0039	0.0041	0.0239	0.0037	0.0036	0.0060

聊城市能源生态足迹比较表　　表 3-3-9

	a	*b*	*c*	*d*
2006 年	0.41	0.38	0.07	0.14
2007 年	0.43	0.36	0.07	0.14
2008 年	0.42	0.36	0.07	0.15
2009 年	0.41	0.37	0.07	0.15
2010 年	0.42	0.39	0.06	0.14
2011 年	0.41	0.39	0.06	0.14

注：*a*：人均电力资源生态足迹贡献率；
b：人均煤炭资源生态足迹贡献率；
c：人均燃气资源生态足迹贡献率；
d：人均汽油资源生态足迹贡献率。

由表 3-3-8 和表 3-3-9 计算加和得出，各种生物资源中猪肉、禽肉和禽蛋对生物资源生态足迹贡献率较大，总份额达 70% 以上。所占比例之大，究其原因是以粮食为主的单一饮食结构向肉制品、蛋类等多元化饮食结构转变的过程中，肉制品、蛋类的需求量明显增加，从食物能源转化规律看，需要生态生产性土地面积最多的是肉类食物；聊城市能源的消费主要以煤和电为主，电力和煤炭资源的生态足迹贡献率占整个能源生态足迹。

3）聊城市生态适度人口变化

由表 3-3-10 可以看出，聊城市的实际人口从 2006 年的大约 5.73×10^6 人增长到 2011 年的 6.04×10^6 人，而生态适度人口却从 2006 年的 4×10^6 人一直降低到 2011 年的约 3.51×10^6 人，生态适度人口占实际人口的比重逐渐降低，说明聊城市人口增长速度明显快于环境的修复速度。计算得知过剩人口占实际人口比例由2006年的30.5%增加到2011年的41.8%，说明聊城市2006—2011年期间每年都有增加的人口在过度的消耗生态资源，而实际人口与生态适度人口呈现出负相关的态势，人地关系十分紧张。资料表明，人类活动对环境索取的数量大于其供给的能力时，生态供需会出现不平衡的状态。生态人口赤字则反映出，现有的生态环境资源、消费水平所维系的承载力远低于其所承载的人口数，不同年份人口在不同程度超出当时当地的环境承载力，势必给当前及后代子孙带来巨大的生态环境压力。

聊城市生态适度人口变化情况表 **表3–3–10**

年份	人均生态承载力/（hm^2/人）	总生态承载力/hm^2	人均生态足迹/（hm^2/人）	生态适度人口/（$\times 10^4$人）	实际人口/（$\times 10^4$人）	过剩人口/（$\times 10^4$人）
2011	0.554	2943566	0.8377	351.39	604.22	252.83
2010	0.558	2938317	0.7892	372.32	597.53	225.21
2009	0.559	2907226	0.7763	374.50	590.89	216.39
2008	0.568	2924643	0.754	387.88	584.91	197.03
2007	0.579	2957504	0.748	395.39	580.75	185.36
2006	0.586	2955934	0.7428	397.94	572.82	174.88

1.6 环境承载力法

（1）方法简介

环境承载力（Environment Carrying Capacity）或称环境容量，是指在某一时期、某种环境状态下，某一区域环境对人类社会经济活动的支持能力的阈值。其中包括自然资源的供给、社会条件的支持和污染承受能力三方面的内容。因此，环境承载力的大小可以用人类活动的方向、强度和规模来加以反映。

为了更加客观和科学地反映一定时期内城市环境系统对社会经济活动的承受能力的实际情况，通常用环境承载率（EBR）来评价。

从可持续发展战略和促进经济与环境协调发展的高度看，城市综合环境承载力的分析，实质上就是寻求在特定时空条件下的最佳开发强度。早在20世纪70年代中期，环境科学专家就提出了下列判别式：

$$\text{环境承载率（EBR）}=\frac{\text{环境承载量（EBQ）}}{\text{环境承载力（ECC）}} \qquad \text{公式（3–14）}$$

其中，环境承载量是指某一时期环境系统实际承受的人类系统的作用量值，可通过实际调查或监测得出。

根据环境承载力的定义和特点，从环境的本质出发，其可量性的指标体系应当包括：自然环境指标（淡水、土地、矿产、生物等）、社会条件指标（人口、交通、能源、经济状况等）和污染承受能力指标。

如果一个城市，0<EBR<0.80，表示开发强度不足，适宜大量开发；

0.80<EBR<1.0，表示达到开发平衡，需注意控制开发；

EBR>1.0，表示开发强度过度，不宜进一步开发。所以环境综合承载力分析是进行宏观调控，促进区域经济与环境协调发展的重要措施之一。

(2) 计算方法与模型

1) 综合环境承载力承载变量和制约变量的选择和权重的确定

承载变量是指影响环境综合承载力的各因子的实际浓度值和污染物实际排放量，制约变量是对应的制约标准和所要求控制的污染物总量指标值。

一个城市环境综合承载力可由一系列因素组成，每个因素都由相互制约又相互对应的承载变量和制约变量构成，而且制约变量也是一组动态因素，它们会随着区域环境的质量要求和生态保护要求不同而改变。

在各承载变量和制约变量的选择过程中，采用最多的方法是根据环境质量现状、污染趋势分析和有关环保专家意见，选择制约该区环境发展的最主要的“瓶颈”因子，包括自然环境因素、社会环境因素和污染物的承受能力。

制约变量作为一组动态因素可以根据规划的实际情况、规划年限等的不同具体确定。

各承载变量的权重可以采用特尔非法（即专家咨询法）确定，熟悉该领域的环境专家对各承载变量的重要性进行综合评判，得出相对客观权重。

2) 计算公式

综合环境承载力指标值，是对各单项承载力指标采用加权平均法求出的。计算公式如下：

$$I=\sum_{t=1}^{n} W_t \times I_t \qquad \text{公式 (3-15)}$$

式中　I_t——各单项承载力指标；

W_t——相应指标的权值。

(3) 应用实例

下面以济南市环境承载力，来简要说明环境承载力法的应用。

1) 承载变量和制约变量的选择及 EBR 的计算

考虑到城区与郊区在制约环境发展方面的区别，在选择济南市市区的承载变量时，我们更多地考虑了对城镇居民生活、休闲等生活环境影响大的因子，主要是公共服务设施、城市绿化水平等方面，具体选择了集中供热普及率、城市气化率、城市绿化覆盖率、人均占有绿地面积、环境保护总投资。具体数据见表 3-3-11。

2) 济南市市区环境承载力分析

从表 3-3-11 可以看出，济南市市区的环境承载率从时间序列上来看，总体上呈下降趋势，这是近年来对环境的治理还是卓有成效的。但环境的 EBR 较高，表明这一区域环境质量有待进一步提高，需要严格控制人类活动对环境的破坏。

济南市市区城市污染承载变量、制约变量及环境综合承载力饱和度表　　表 3–3–11

年份	集中供热普及率	城市气化率	城市绿化覆盖率	人均占有绿地面积	万元 GDP 能耗（吨标准煤 / 万元）	环境综合承载力饱和度
权重	0.2	0.2	0.2	0.15	0.25	—
控制值	40	99	40	8	当年 GDP 的 2%	—
2008	49	94.9	35.6	10.8	1.09	（37.7925）
2009	46	94.7	35.9	10.8	1.04	（37.2）
2010	45	95.5	36.9	11.3	1.00	（37.425）
2011	52.8	95.3	37.1	10.9	0.91	（38.9025）
2012	55	96.4	38.21	11.16	0.87	（39.8135）
2013	60.7	98.7	39	11.3	0.86	（41.59）
2014	72.6	98.8	39.6	11.4	0.81	（44.1125）

3）济南市市区的环境—经济—人口分析

根据近年的 EBR 与人均 GDP，可以得出济南市市区环境承载率与人均 GDP 之间有下列经验公式：

$$\mathrm{EBR} = 3.264394-0.208372\mathrm{Ln}G$$ 公式（3–16）

济南市市区 2008—2014 人均 GDP 及常住人口数表　　表 3–3–12

年份	人口（万人）	人均 GDP（元）	年份	人口（万人）	人均 GDP（元）
2008	622.69	45724	2012	691.74	69574
2009	667.85	50376	2013	699.9	74727
2010	681.4	64748	2014	706.7	82052
2011	684.94	64331			

表 3–3–12 列出了 2008—2014 年人均 GDP 及常住人口数，据此可以得到人均 GDP 与市区人口之间的经验公式如下：

$$P=3416170.25-\frac{5055038276.01}{G}$$ 公式（3–17）

由此可见，济南市市区人口也随着经济的发展呈上升趋势，人均 GDP 与环境承载率（EBR）、人口总量都有明显的相关关系，因此，环境承载率与人口总量之间，借助于经济发展（人均 GDP）这一中间变量也具有了间接的相关关系。

根据 EBR 与人均 GDP 的对数模型计算，当 EBR 等于 0.8 时，人均 GDP 为 136885 元，可见，济南市市区的环境压力较大，在短期内不能很快的达到最佳水平。因此，市区环境的近期目标是加强环境治理，努力最快的达到平衡。当人均 GDP 达到 136885 元时，济南市总人口约在 325 万上下浮动。也就是说，当 EBR 达到 0.8 的水平时，济南市市区的人口规模将会达到 325 万左右。

2. 城市用地规模

城市用地规模应与城市人口规模相对应，也就是通过城市人口规模乘以人均城市建设用地指标获得。人均建设用地指标是由现状人均城市建设用地规模、城市所在的气候分区以及规划人口规模等因素共同决定，所采用的规划人均城市建设用地指标应同时符合表中规划人均城市建设用地规模取值区间和允许调整幅度双因子的限制要求。详见表 3–3–13。

规划人均城市建设用地面积指标表　　　　**表 3–3–13**

气候区	现状人均城市建设用地规模（平方米/人）	规划人均城市建设用地规模取值区间（平方米/人）	允许调整幅度（平方米/人）		
			规划人口规模≤20.0万人	规划人口规模20.1～50.0万人	规划人口规模>50.0万人
Ⅰ、Ⅱ、Ⅵ、Ⅶ	≤65.0	65.0～85.0	>0.0	>0.0	>0.0
	65.1～75.0	65.0～95.0	+0.1～+20.0	+0.1～+20.0	+0.1～+20.0
	75.1～85.0	75.0～105.0	+0.1～+20.0	+0.1～+20.0	+0.1～+15.0
	85.1～95.0	80.0～110.0	+0.1～+20.0	−5.0～+20.0	−5.0～+15.0
	95.1～105.0	90.0～110.0	−5.0～+15.0	−10.0～+15.0	−10.0～+10.0
	105.1～115.0	95.0～115.0	−10.0～−0.1	−15.0～−0.1	−20.0～−0.1
	>115.0	≤115.0	<0.0	<0.0	<0.0
Ⅲ、Ⅳ、Ⅴ	≤65.0	65.0～85.0	>0.0	>0.0	>0.0
	65.1～75.0	65.0～95.0	+0.1～+20.0	+0.1～20.0	+0.1～+20.0
	75.1～85.0	75.0～100.0	−5.0～+20.0	−5.0～+20.0	−5.0～+15.0
	85.1～95.0	80.0～105.0	−10.0～+15.0	−10.0～+15.0	−10.0～+10.0
	95.1～105.0	85.0～105.0	−15.0～+10.0	−15.0～+10.0	−15.0～+5.0
	105.1～115.0	90.0～110.0	−20.0～−0.1	−20.0～−0.1	−25.0～−5.0
	>115.0	≤110.0	<0.0	<0.0	<0.0

注：新建城市（镇）、首都的规划人均城市建设用地面积指标不适应本表。

例如编制山东某县级市总体规划，其规划城市人口为 25 万、其现状人均城市建设用地规模为 102 平方米。查询上表可知，其规划人均城市建设用地规模取值区间为 90.0～110.0 平方米／人，其允许调整幅度为 −10.0 至 +15.0。经计算，该城市规划人均城市建设用地指标应在 92 平方米至 110 平方米之间。

还需了解，新建城市的规划人均城市建设用地指标应在 85.1～105.0 平方米／人内确定。首都的规划人均城市建设用地指标应在 105.1～115.0 平方米／人内确定。边远地区、少数民族地区以及部分山地城市、人口较少的工矿业城市、风景旅游城市等具有特殊情况的城市，应专门论证确定规划人均城市建设用地指标，且上限不得大于 150.0 平方米／人。

需特别指出的是，《城市用地分类与规划建设用地标准》GB 50137—2011 增加了城乡用地分类体系。它要求在编制城市总体规划时，对全市域通盘统计建设用地与非建设用地，其目的在于统筹城乡发展，切实保护生态资源，增加城市总体规划与土地利用规划之间协调性。城市（镇）总体规划城乡用地的数据计算应统一按表 3–3–14 分现状和规划汇总。

在表 3–3–14 中，城乡居民点建设用地包括城市、镇、乡、村庄的建设用地以及上述城乡居民点之外以居住、工业、物流仓储、商业服务业设施以及风

城乡用地汇总表 **表 3–3–14**

序号	用地代码	类别名称		面积（公顷）		占市域总用地比重（%）	
				现状	规划	现状	规划
1	H	建设用地					
		其中	城乡居民点建设用地				
			区域交通设施用地				
			区域公用设施用地				
			特殊用地				
			采矿用地				
2	E	非建设用地					
		其中	水域				
			农林用地				
			其他非建设用地				
总计		市域总用地				100	

景名胜区、森林公园等的管理及服务设施等为主的独立建设用地；区域交通设施用地指铁路、公路、管道运输、港口和机场等承担城市对外交通运输的设施用地，而中心城区内的铁路客货运站、公路长途客货运站以及港口客运码头纳入城市建设用地分类范畴；区域公用设施用地指为区域范围服务的区域性能源设施、水工设施、通信设施、殡葬设施、环卫设施、排水设施等用地，但与城市建设用地分类中的公用设施用地分类并不重叠。特殊用地包括军事用地和安保用地，分别对应专门用于军事目的的军事设施用地（不包括部队的家属生活区和军民共用设施用地）和监狱、拘留所、劳改场所和安全保卫部门等用地（不包括公安局）；采矿用地为采矿、采石、采沙、盐田、砖瓦窑等地面生产用地及尾矿堆放地。水域指河流、湖泊、水库、坑塘、沟渠、滩涂、冰川及永久积雪，不包括公园绿地及单位内的水域；农林用地包括耕地、园地、林地、牧草地、设施农用地、田坎、农村道路等用地；其他非建设用地包括空闲地、盐碱地、沼泽地、沙地、裸地、不用于畜牧业的草地等用地。需注意，自然保护区、风景名胜区、森林公园等内的非建设用地按照土地实际使用性质归入非建设用地中的相应地类。

编制镇总体规划时，应首先明确是对现有镇区的规划还是对新建镇区的规划。对现有的镇区进行规划时，其规划人均建设用地指标应在现状人均建设用地指标的基础上，按表 3–3–15 规定的幅度进行调整，需同时符合指标级别和允许调整幅度两项规定要求。

对新建镇区进行规划时，由于大型工程项目等的兴建，本着既合理又节约的原则进行规划，人均建设用地指标可按表 3–3–16 第二级确定。在纬度偏北的Ⅰ、Ⅶ建筑气候区，建筑日照要求建筑间距大，用地标准可按表 3–3–16 第三级确定。在各建筑气候分区内，新建镇区均不得采用第一、四级人均建设用地指标。第四级用地指标，只能用于Ⅰ、Ⅶ建筑气候区的现有镇区。需了解，考虑到边远地区地多人少的镇区用地现状，不做出具体规定，可根据所在省、自治区制定的地方性标准确定。

规划人均建设用地指标表 表 3–3–15

现状人均建设用地指标（平方米 / 人）	规划调整幅度（平方米 / 人）
≤ 60	增 0 ~ 15
>60 ~ ≤ 80	增 0 ~ 10
>80 ~ ≤ 100	增、减 0 ~ 10
>100 ~ ≤ 120	减 0 ~ 10
>120 ~ ≤ 140	减 0 ~ 15
>140	减至 140 以内

人均建设用地指标分级表 表 3–3–16

级别	一	二	三	四
人均建设用地指标（平方米 / 人）	＞ 60 ~ ≤ 80	＞ 80 ~ ≤ 100	＞ 100 ~ ≤ 120	＞ 120 ~ ≤ 140

第四节 案例——山东省商河县城镇体系规划①

一、基本概况与现状特征

1. 基本概况

1.1 地理位置

商河县是山东省济南市市辖县，位于山东省西北部，南依黄河，北望京津，东与滨州市接壤，西同德州市为邻，总面积 1162.68km^2。县域内，京沪高速公路、省道 248 线纵贯南北，德龙烟铁路、省道 316 线横穿东西。

1.2 自然环境

商河县属黄河冲积平原。境内河流较多，徒骇河由县域南部通过，德惠新河由县域北部通过，商中、商西、商东 3 条河流纵贯西北，土马河、前进河横贯东西。商河县属大陆性暖温带半湿润季风气候，年均气温 12.3℃，年降水量 600mm 左右。

1.3 社会经济

2015 年，商河县总人口 63.69 万人，实现地区生产总值 165.7 亿元，较上年增长 8.8%；人均地区生产总值 28777 元（按常住人口 57.6 万人计算），较上年增长 8.3%。全县经济保持平稳发展态势，结构调整步伐加快，民生保障水平提高，社会事业全面发展，生态环境继续改善。

2. 现状特征

商河县下辖许商街道办事处与玉皇庙镇、贾庄镇、怀仁镇、殷巷镇、孙集镇、白桥镇、郑路镇、龙桑寺镇、韩庙镇、张坊乡、沙河乡 11 个乡镇。

2.1 单中心结构明显，人口集聚能力较弱

县城是县域中心。除工业总产值以外，商河县城镇人口、社会经济以及公共设施主要集中在县城。城镇人口规模最大的许商街办，其城镇人口仅为 10

① 山东建大建筑规划设计研究院．商河县城市总体规划（2015—2030 年）（阶段性成果）[Z].2016.

万人左右；多数乡镇的城镇人口规模不足 1 万人。

2.2 小城镇发展不平衡，对区域带动能力不足

县域西南的玉皇庙镇拥有省级经济及开发区，社会经济发展、人口聚集能力较强，与其比邻的贾庄镇得益于紧邻高速公路下线口而使得经济发展速度持续提高。二者以外，包括传统的省级中心镇、重点镇在内的其他小城镇发展相对缓慢，辐射带动能力较小。

2.3 职能形成初步分工，但是仍需进一步明确

各城镇依托资源、区位优势，逐步形成特色优势产业，职能也日益明确，主要有农业型、工业型、旅游型和综合型四种类型。

2.4 小城镇以行政职能为主，经济职能较弱

许商街办是县城中心，功能较为综合。除此之外，商河其他乡镇多是作为镇域范围的行政管理中心，产业多以农贸为主，经济发展水平整体不高。

二、发展条件与目标战略

1. 发展条件

1.1 优势分析

(1) 重大交通设施落地，交通区位初现优势。商河县位于济南市域北部，距济南城区 90km，县域内长期没有铁路、高速公路。近年来，德龙烟铁路、京沪高速（济南至乐陵段）相继竣工，拉近了商河县与京津冀、环渤海城市的时空距离，也加强了商河县与省城济南之间的联系。

(2) 劳动力成本较低，外部投资吸引增强。商河县具有明显的土地优势，并且建筑成本与劳动力成本较低，因此具有相对较低的劳动力成本，对外来投资有较强的吸引力。现代牧业、齐鲁化纺等一批重大项目陆续落地、建设和投产。

(3) 温泉资源丰富，生态经济优势加强。商河县温泉具有储量大、埋藏浅、水质好、水温适宜、疗养价值高、用途广等特点，为旅游业的发展奠定了良好的基础。2016 年，商河成为济南市第一个国家生态县，彰显出了巨大的生态优势。

(4) 产业不断升级，劳动力有回流趋势。2015 年，全县第一产业增加值 46.0 亿元，增长 4.5%；第二产业增加值 63.4 亿元，增长 13.9%；第三产业增加值 56.3 亿元，增长 5.3%。随着商河县社会经济的发展，县城各项基础设施配套逐步完善，劳动力尤其是部分具有高技术的劳动力开始回流。

(5) 农业园区优先，乡镇发展特色鲜明。商河县已建成生产主导型、科技示范型、旅游观光型等各类现代农业园区 18 个，形成了“一园两区两带三线”的现代农业产业布局。乡镇因地制宜、错位发展，各自寻求产业发展重点，拥有良好的发展前景。

1.2 劣势分析

(1) 城镇化发展滞后。2014 年，商河县县域城镇化率为 33.22%，而济南市的城镇化率为 66.4%，仅达到济南市城镇化率的二分之一。同年，商河县工业化率 39.89%，城镇化率与工业化率之比为 0.83 : 1，城镇化水平滞后于工业化水平。

(2) 产业水平较低。2015年，全县三次产业构成由2014年的27.2 : 39.1 : 33.7调整为27.7 : 38.3 : 34.0，二产比重不升反降。区位熵和产值比例较高的产业主要集中在传统行业，比如，纺织业、农副食品加工业、非金属矿物质品业和化学原料化学制造品业。

(3) 产城空间分离。商河县的经济开发区分为南北两区。经济开发区的南区，位于玉皇庙镇镇区南部，向北距离商河县城15km。这样导致了聚集效应底下、交通通勤距离过远等问题的出现。

1.3 机遇分析

(1) 区域演进迅速，为提高自身竞争力提供平台。济南市明确的“北跨”战略中，跨越黄河向济阳、商河方向的发展，带来了包括政策倾斜、与省城基础设施衔接、城镇体系的一体化建设等一系列举措，使得作为济南“北跨”发展重要战略承接地和城市空间拓展“北大门”的商河县面临前所未有的机遇。

(2) 特色资源丰厚，为第三产业发展提供抓手。2014年，中国矿业联合会正式命名济南市为“中国温泉之都”，济南市政府在全市开展“中国温泉之都”建设专项行动，并确立了“一带两镇三区”的温泉产业开发格局。其中，商河温泉基地名列“两镇”之一。商河人文旅游资源特色同样突出，区县国家级非物质文化遗产数量名列全市首位，为多资源协同的旅游开发模式奠定了基础。

(3) 后发机遇明显，为产业结构调整提供保障。商河县工业基础相对薄弱，在后工业化社会转型的背景之下，这种薄弱的基础所带来的环境污染较小等发展代价将会转变为城市发展的优势。我国的休闲产业正处在黄金发展期，正是商河县借助其温泉旅游资源发展休闲产业、向绿洲城市迈进的契机。

(4) 区域设施蓄力，为融入区域发展提供动力。未来，京沪高速（济南至乐陵段）南延链接济南东部城市道路，济南市域铁路项目日渐明朗，将推动商河县与济南市中心城实现更紧密的联系。2016年，环渤海快速铁路山东段明确落地，商河县作为该铁路济南境内的站点所在地将与滨州、东营、潍坊、烟台等城市紧密联系。

1.4 挑战分析

(1) 周边县市发展竞争激烈。商河县在地方财政收入、规模以上工业总产值、社会消费品零售额以及出口总额四项指标上都落后于其他县市。未来发展中，既有差距会进一步作为区域竞争的软肋。

(2) 产业转移承接难以确定。在积极承接中心城市等地的产业转移过程中，什么样的产业进行转移、何时进行转移、是否适合在当地落地、是否同步进行产业升级等一系列问题都具有不确定性。

(3) 区域地位仍然较难提升。商河是济南的北大门，这种地理区位的优势如何迅速转变为面向京津冀城市群以及黄河三角洲高效生态经济区的桥头堡迫切需要提上日程，并且找到可资利用的抓手。

2. 发展目标

充分把握“新常态”下国家和山东省新型城镇化发展趋势，以省会城市群经济圈建构为契机，依托独特的区位和丰富的资源优势，以纺织服装、食品加工、玻璃制造等优势产业为支撑，积极培育节能环保、装备制造等战略性新兴产业，精心打造以温泉为特色的健康休闲产业，协同推进现代生活性服务业和现代农业等基础产业发展，着力打造宜居、宜业、宜游的人居环境，努力建成经济充满活力、生态环境优美、文化特色鲜明的温泉生态城。

3. 发展战略

3.1　后发优势“定”县

积极承接济南产业转移的同时，注重传统粗放型经济发展弊端的再现，减少发展代价的付出，紧抓后工业时代大都市区中心城市向郊县辐射的职能多元化趋势。

3.2　现代服务“重”县

利用温泉、生态、农业、文化等资源，积极发展温泉旅游等健康休闲产业，着力推动现代物流、办公园区等项目，努力提高现代服务业发展水平、质量及其对经济发展的推动作用。

3.3　休闲田园“怡”县

将温泉旅游产业类型多样化，依托城市水系、绿地的生态效益与景观风貌，整合县域农业景观资源，积极打造文化品牌，打造鲁北地区旅游强县。

3.4　交通物流“通”县

利用已经落地的公共交通优势，优化县域体系内的物流运输网络，积极引入铁路物流、公路物流和园区物流项目，在济南都市圈乃至山东半岛地区面向京津冀地区发展中寻求物流节点作用。

3.5　人居环境“优”县

注重产业发展与生活环境、生态环境的平衡，在推动城镇化进程的同时推进旧城改造、棚户区改造等事项，关注城市绿地、水系等建设，力推节能减排工作开展。

三、资源保护与空间管制

1. 资源保护

1.1　文物古迹保护

全县共有省级文物保护单位11处，市级文物保护单位9处。规划将全县文物保护单位分为两类，一类是靠近或位于城乡居民点的，划定保护范围和建设控制地带；另一类则是远离城乡居民点的，只划定保护范围，该范围与当地管理部门实行登录保护的范围一致。

1.2　饮用水源地保护

清源湖水库水源保护区范围：黄河邢家渡取水口以下引水条渠、沉沙池和水库大坝截渗沟外边界范围内的区域为水源一级保护区。丰源湖水库水源保护区范围：水库引水渠两侧50米及水库大坝外边界四周100米范围内的陆域和水库大坝范围内的水域为一级水源保护区；自水库引水渠与商中河交汇处起到大沙河之间的河道水域以及沿岸纵深1000米范围内的陆域为水源二级保护区。

1.3　生态廊道保护

主要为滨河廊道。徒骇河、德惠新河河槽、滩地及两堤内堤肩外28米为管理范围，管理范围外30米为保护范围。商东河、临商河、跃进河、改碱河的河槽、滩地至两堤外堤脚外5米为管理范围，管理范围外15米为保护范围。大沙河两外堤脚之间350米为管理范围，管理范围外15米为保护范围。

1.4 耕地资源保护与利用

基本农田保护范围以商河县《土地利用总体规划（2006—2020年）》确定的范围为准，控制总面积为69310公顷。

2. 空间管制

按照禁建区、限建区与适建区划定（图3–4–1）。

2.1 禁建区

对生态、安全、资源环境、城市功能等对人类有重大影响的地区，一旦破坏很难恢复或造成重大损失，原则上禁止任何城镇开发建设行为。包括：基本农田保护区、大型市政通道、水源地一级保护区、文物保护单位保护范围。

2.2 限建区

因某种环境敏感性或城镇远景发展的需要而需限制土地使用类型和开发强度的区域，其内的开发行为必须经严格审批后方可进行有条件开发。包括：一般农田区域、远期迁建的村庄、基础设施廊道、生态廊道、城镇远景建设用地范围、水源地二级保护区、文物保护单位建设控制地带。

2.3 适建区

已经划定为城乡建设发展用地的范围，需要合理确定开发模式和开发强度。包括城镇远期建设用地范围、农村居民点远期建设用地，以及县域内城乡居民点建设用地范围以外的区域交通设施用地、区域公用设施用地、特殊用地和采矿用地。

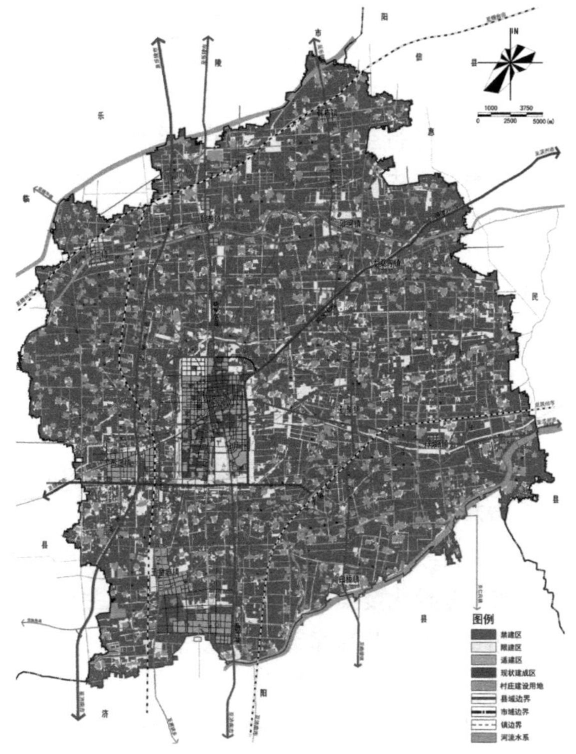

图3–4–1 空间管制规划图

3. 城市规划区划定

推进城乡统筹、城乡一体，加强乡村城市规划管理，更好地预留城镇发展空间，将城市规划区划定为县域全域。

四、城乡统筹规划

1. 统筹城乡要素有序流动，提高城镇化发展质量

根据农民留恋农村户籍意愿，采取近中期保留农民的农村户籍等多样措施盘活县城房地产存量，改造城中村、近郊村。建设用地指标和“增减挂”指标向玉皇庙镇、贾庄镇倾斜，推进集体经营性建设用地出让、租赁、入股。引导社会资本建设新农村，重点向农资和种业农业产前和农产品流通和加工等农业产后环节投入，提高农业产业化水平。积极发展农业合作社和家庭农场，提高土地规模经营水平。

2. 统筹城乡产业功能分工，三次产业融合发展

建立县城—建制镇的产业分工体系，县城重点集聚创造地方财税强的大中型骨干企业和大型商贸流通市场，壮大省级经济技术开发区，扶持镇乡特色产业发展。利用农业＋互联网改造传统农业，促成多种类型的“农产品种植—精深加工—观光旅游”的发展模式。

3. 统筹城乡空间发展，优化城乡居民点布局

巩固壮大县城产业发展和公共服务能力，加快吸引人口向此集中。协调城镇密集区的一体化发展。通过调整行政区划等措施，形成人口集聚动力。打造具有风貌特色的小城镇与美丽乡村。完善县域公路网络，加快小城镇与县城的快速交通网络建设，形成以县城为中心，覆盖镇村的公路网络体系。

4. 统筹城乡公共服务，缩小城乡差距

顺应城乡人口向县城流动趋势，加大公共服务供给，扩大教育卫生设施规模，合理进行空间布局，满足城乡居民高质量生活需要。实现进城农民和子女在教育、卫生、住房和社会保障等公共服务方面获得均等待遇。保障村镇居民生活基本需要，加强水电路设施建设、村容村貌整治。

五、人口与城镇化水平预测

1. 县域人口

1.1　现状与特征

商河县县域户籍人口为63.60万，常住人口56.83万人。人口特征是：第一，总体呈现出波动缓慢增长的状态，人口增加主要来源于自然增长。第二，少年儿童和老年人口比重偏高，处于增长和老龄化两重趋势；与山东省、济南市相比，人口教育程度整体还不高。第三，人口总体呈外流状态，但外流速度下降。第四，差异化聚集特征明显，县域人口主要集中在许商街道办事处、玉皇庙镇、郑路镇，呈现出南多北少特点。

1.2　县域人口预测

县域人口采用综合增长率法、趋势外推法、经济相关法预测，建议人口规模，近期（2020年）商河县总人口为68万、远期2030年总人口为73万（表3–4–1）。

县域总人口预测综合结果　　　　表 3-4-1

	2020 年（万人）	2030 年（万人）
综合增长率	66	71
趋势外推法	63	75
经济相关法	64	67
建议值	68	73

2. 城镇化水平

2.1　现状与特征

截至 2014 年末商河县镇化水平为 33.22%，城镇化发展特点是：第一，县域整体城镇化率相对较低。第二，各街道、乡镇城镇化水平不一，商河县城镇化水平北部地区高于南部地区。第三，商河县已进入城镇化发展的加速阶段。规划期内其城镇化发展速度将不断提高。

2.2　县域城镇化预测

参照相关规划和上位规划，县域城镇化水平采用综合增长率法、联合国法、经济相关法进行预测、建议近期（2020 年）商河县城镇化水平 48%、远期（2030 年）城镇化水平为 65%（表 3-4-2）。

城镇化率预测综合结果　　　　表 3-4-2

预测方法	2020 年（%）	2030 年（%）
联合国法	49.43	75
综合增长率法	39.67	61
经济相关法（2020 年 GDP283 亿元；2030 年 GDP667 亿元）	44	59
修正预测值	48	65

2.3　县城人口

中心城的人口统计口径主要包含以下几个方面：①城区人口统计范围内的所有户籍人口；②城区内的暂住人口，主要包含城区内中学、职业学校住校人数，企业人数以及因在县直小学上学而增加的人口（根据实地调查，15% 的县直小学生其户口在农村，家长为了孩子能够在县城上学需购买学区房，因此，将这部分学生及其家长统计为城镇人口，约为 3100 人），另外，根据公安局的一项人口调查，城区内新建小区的居民有 10% 左右的人户籍在农村，总数约为 7000 人。根据统计，中心城人口规模为 11.2 万人。

根据综合增长率法、劳动力需求法、区域分配法的预测结果，建议中心城 2020 年人口为 22 万人，2030 年为 30 万人（表 3-4-3）。

六、城镇等级规模结构规划

城镇体系的等级规模结构是城镇体系的重要组成部分，是健全和完善城镇体系的基础。由于各乡镇驻地的发展条件不同，近年来各乡镇驻地的人口规模

中心城人口预测综合结果 表 3-4-3

预测方法		2020 年（万人）	2030 年（万人）
综合增长率法	低速（2015—2020 年为 100‰，2020—2030 年为 68‰）	19.49	31.52
	中速（2015—2020 年为 105‰，2020—2030 年为 73‰）	20.02	33.96
	高速（2015—2020 年为 110‰，2020—2030 年为 78‰）	20.57	36.58
劳动力需求法	低速（中心城 GDP187.5 亿元，人均产出 12 万元；2030 年中心城 GDP585 亿元，人均产出 20 万元）	22.66	42.41
	高速（2020 年中心城 GDP232.5 亿元，人均产出 12 万元；2030 年中心城 GDP825 亿元，人均产出 20 万元）	28.09	59.81
区域分配法（2020 年，中心城人口占城镇人口的 60%，到 2030 年中心城人口占城镇人口比重维持在 55% 左右）		20	26
平均值		21.81	38.38
规划值		22	30

呈现出了不同的增长速度。县域西南部的乡镇是重点发展区域，县域东北部的乡镇发展机会相对较少，因此均衡的城镇发展模式并不适宜。根据各乡镇人口预测结果，依据级间差别最大、级内差别最小的原则，县域城镇体系的等级规模序列为“中心城——重点镇—— 一般镇”三个等级，构成城镇的等级体系结构（图 3-4-2）。

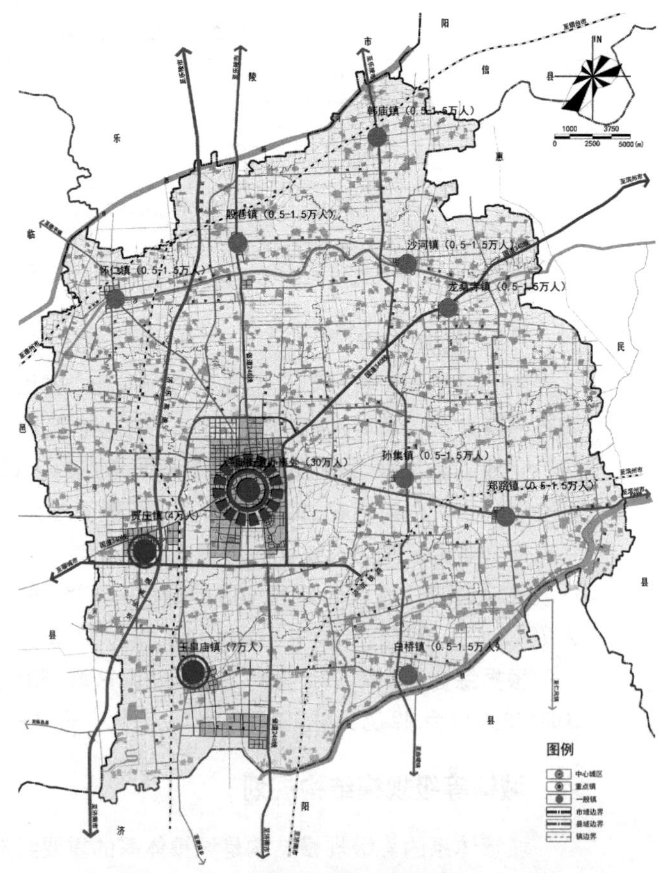

图 3-4-2 县域城镇等级规模结构规划图

第一级——指中心城，即商河县城，人口规模控制在 30 万人以内。

第二级——指重点镇：包括玉皇庙镇、贾庄镇。玉皇庙镇城镇人口 7 万，贾庄镇城镇人口规模为 4 万人。

第三级——指一般镇，包括怀仁镇、殷巷镇、沙河镇、韩庙镇、龙桑寺镇、郑路镇、孙集镇与白桥镇共 8 个镇，各镇城镇人口规模为 0.5 万～ 1.5 万人。

七、城镇空间结构规划

县域城镇空间结构的设计是对规划区域主要居民点的整体空间布局和安排。基于县域不平衡发展思路，根据各城镇现状情况和未来趋势将商河县域分为优先发展区、积极发展区和一般发展区。在优先发展区与积极发展区之内，城镇规模较大，相互之间的联系较多，呈现出以县城为核心带动、多点响应齐发的密集建设态势。因此，规划形成“一心一带、三区多点”的县域城镇空间格局（图 3–4–3）。其中：

“一心一带”：一个发展中心，一条城市发展带。发展中心主要依托商河县县城，通过产业和人口的集聚形成县域发展的极化中心。城镇发展带包括殷巷镇、中心城、贾庄镇、玉皇庙镇，主要是依托京沪高速及 248 省道发展。

“三区多点”：三区包括中心城、贾庄镇、玉皇庙镇在内的优先发展区；以怀仁镇、殷巷镇为重点的积极发展区；以东，包含沙河、郑路等多个城镇在内

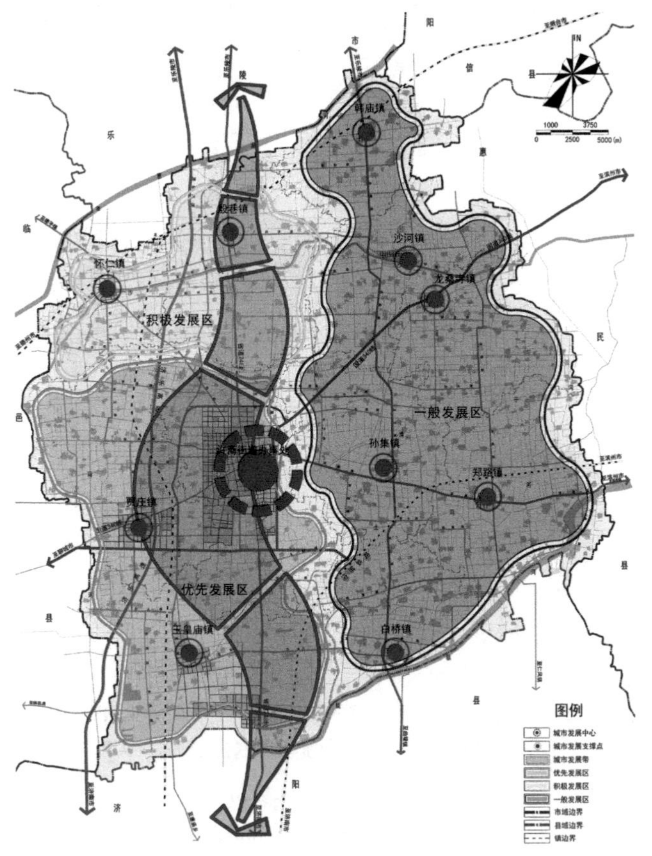

图 3–4–3　县域城镇空间结构规划图

的一般发展区。多点主要是指贾庄镇、玉皇庙镇、怀仁镇、殷巷镇等为核心的城镇发展的支撑点。

八、城镇职能结构规划

城镇职能类型反映了城镇在县域中的发展定位和承担的社会劳动分工，对商河县各镇职能的定位主要考虑商河县社会经济发展现状与发展战略，以及每个镇的发展特色和各镇间的地区差异。综合分析商河县社会经济发展条件，形成强化中心城区的综合经济实力和对外服务职能、促进城镇间分工协作的思路。结合各城镇现实基础及发展潜力的分析，本次规划将县域城镇按职能划分为：综合型、工业型、农业型三种（表 3-4-4）。具体是：

（1）综合型：许商街道办事处；

（2）工业型：玉皇庙镇、贾庄镇、怀仁镇、殷巷镇；

（3）农业型：韩庙镇、沙河镇、龙桑寺镇、孙集镇、郑路镇、白桥镇。

县域城镇职能结构规划一览表　　　　表 3-4-4

等级	城镇	职能	主要职能
中心城	许商街道办事处	综合型	温泉旅游、现代服务业、现代物流业以及精细化工、生物医药产业、新材料
重点镇	玉皇庙镇	工业型	农副产品加工、医药化工、玻璃制造
	贾庄镇		都市农业和石油、纺织、新型建材等先进制造加工业
一般镇	殷巷镇		新兴建材、机械制造、花卉苗木
	怀仁镇		纺织服装、棉花种植
	白桥镇	农业型	大蒜种植、畜牧业养殖
	郑路镇		粮食种植
	孙集镇		粮食种植、蔬菜花卉、畜牧养殖
	龙桑寺镇		绿化苗木、畜牧养殖
	沙河镇		黄金梨、白莲藕、畜牧养殖
	韩庙镇		粮食种植、畜牧养殖

参考文献

[1] 刘晓星．城市定位怎样才能清晰？（N），中国环境报，2013-06-13（008）．

[2] 中华人民共和国住房和城乡建设部．关于印发《关于贯彻落实城市总体规划指标体系的指导意见》的通知（Z），建办规〔2007〕65 号．

[3] 上海市人民政府．科教兴市统计指标解读：服务业增加值占 GDP 的比重 [DB/OL]. http：//www.shanghai.gov.cn/shanghai/node2314/node4128/node15316/node15317/userobject30ai10287.html.

[4] 人民网．国家发展和改革委员会前主任徐绍史答记者问 [DB/OL].（2015-03-05）．http：//lianghui.people.com.cn/2015npc/n/2015/0305/c394289-26643354.html.

[5] 国家发改委：中国可再生能源比例占 20%[J]，阳光能源，2009（04）：9.

[6] 大气十条25项配套国标年内出齐二噁英排放减90%[N]，法制日报，2014-06-03.

[7] 袁牧，张晓光，杨明.SWOT分析在城市战略规划中的应用和创新[J]，城市规划，2007（04）：53-58.

[8] 梁兴辉.关于城市发展战略的思考[J]，现代城市研究，2004（09）：22-28.

[9] 刘朝晖.VSOD方法在城市规划中的应用——对传统SWOT分析方法的改进[A]. 秦皇岛市人民政府、中国城市科学研究会、河北省住房和城乡建设厅.2010城市发展与规划国际大会论文集[C]，秦皇岛市人民政府、中国城市科学研究会、河北省住房和城乡建设厅：中国城市科学研究会，2010：5.

[10] 同济大学城市规划设计研究院，山东建大建筑规划设计研究院，济南市规划设计研究院.莱芜市总体规划纲要（2014—2030）（Z），2014.

[11] 周一星.城市地理学[M]，北京：商务印书馆，2003.

[12] 刘艳军，李诚固，孙迪.城市区域空间结构：系统演化及驱动机制[J]，城市规划学刊，2006（06）：73-78.

[13] 中国城市规划设计研究院，苏州市城市规划设计研究院有限责任公司，苏州市城市规划编制中心.苏州城市总体规划（2006—2020）（Z），2006.

[14] 张岩松.统筹城乡发展和城乡发展一体化[J]，中国发展观察，2013（03）：8-12.

[15] 城乡统筹关键在城市带农村[N]，鄂尔多斯日报，2006-04-21A02.

[16] 杨运红.基于新型城市化背景下的小城镇规划对策探讨[J]，四川建材，2011，37（02）：56-57.

[17] 金继晶，郑伯红.面向城乡统筹的空间管制规划[J]，现代城市研究，2009，24（02）：29-34.

[18] 官卫华，刘正平，周一鸣.城市总体规划中城市规划区和中心城区的划定[J]，城市规划，2013，37（09）：81-87.

[19] 林坚，许超诣.土地发展权、空间管制与规划协同[J]，城市规划，2014，38（01）：26-34.

[20] 郑娟尔，周伟，袁国华.对“三线”协同划定技术和管控措施的思考[J]，中国土地，2016（06）：28-30.

[21] 武辉，张春祥.太原城市性质的规划演进[J]，城乡建设，2012（03）：26-28.

[22] 张军民，陈有川.城市规划编制过程中的常用方法[M]，武汉：华中科技大学出版社，2008.

第四章　用地分类与评定

第一节　用地分类与控制标准

用地分类既是认识土地利用的开始，也是编制用地规划、实施监测和控制土地使用情况的依据。城市总体规划主要采用《城市用地分类与规划建设用地标准》GB 50137—2011，县级人民政府驻地以外的镇（乡）总体规划也可采用《镇规划标准》GB 50188—2007。

此外，在我国现行的技术标准中，与城乡规划密切相关的其他用地分类标准主要涉及土地利用总体规划采用的《土地利用现状分类》GB/T 21010—2017 和《土地规划用途分类及含义》（2009 年）两套用地分类体系。

一、城市总体规划的用地分类

2012 年 1 月 1 日实施的《城市用地分类与规划建设用地标准》GB 50137—2011 是城市、县人民政府所在地镇和其他具备条件的镇的总体规划编制、用地统计和用地管理工作的依据和标准，主要包括城乡用地分类体系、城市建设用地分类体系和规划建设用地的控制标准等三部分内容。

1. 城乡用地分类体系

城乡用地分类体系覆盖市（县、镇）域范围内所有土地，采用三级分类体系，共分为 2 大类，9 中类，14 小类（图 4-1-1），城乡用地分类和代码为强制性条文。

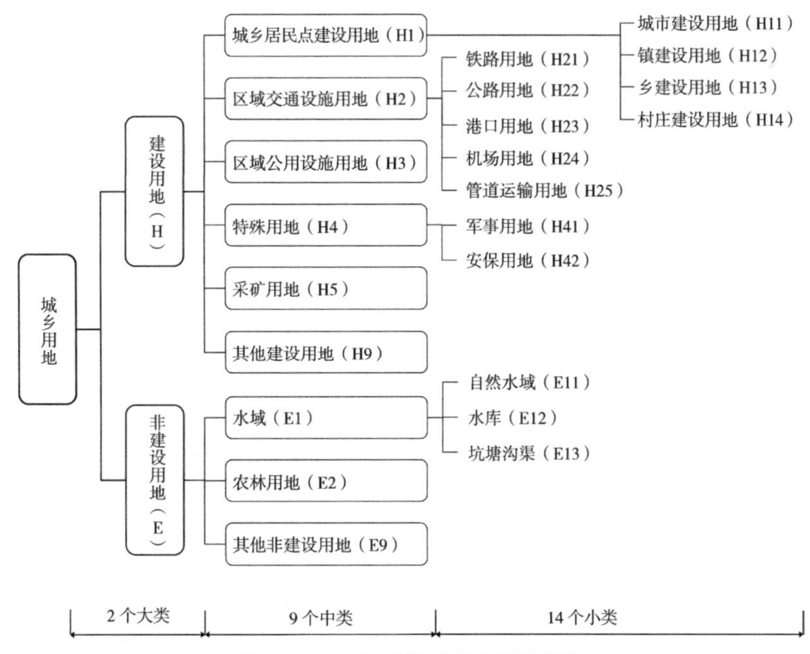

图 4-1-1　城乡用地分类类别和代码

（资料来源：《城市用地分类与规划建设用地标准》GB 50137—2011）

城乡用地分类体系分为建设用地与非建设用地 2 个大类。建设用地分设 6 个中类、11 个小类，城市建设用地分类只是作为城乡居民点建设用地（H1）中类下的一个小类（H11）出现；非建设用地分设水域、农林用地和其他非建设用地 3 个中类、3 个小类。该分类体系有以下三方面特点①。

首先，该分类体系充分对接《中华人民共和国土地管理法》中的农用地、建设用地和未利用地“三大类”用地，在同等含义的地类上尽量与《土地利用现状分类》GB/T 21010—2017 衔接（表 4-1-1），体现了市域城乡统筹的思想，有利于客观反映用地在属性特征、管理需求等方面的差异。

其次，该分类体系引入行政建制的建设用地分类方式。将“城乡居民点建设用地（H1）”与《中华人民共和国城乡规划法》中规划编制体系的市、镇、乡、村规划层级相对应，划分为“城市建设用地（H11）”、“镇建设用地（H12）”、“乡建设用地（H13）”和“村庄建设用地（H14）”，满足市域用地规划管理的需要，并实现与土地利用总体规划中的用地规划分类的对接。

此外，城乡用地分类体系将铁路、港口、机场、特殊用地等服务于大区域、与城市居民及人口规模相关性不大的功能性用地分别归入“区域交通设施用地（H2）”、“区域公用设施用地（H3）”和“特殊用地（H4）”，并与“城乡居

---

① 赵民，程遥，汪军. 为市场经济下的城乡用地规划和管理提供有效工具——新版《城市用地分类与规划建设用地标准》导引 [J]. 城市规划学刊，2011（06）：4-11.

城乡用地分类与《中华人民共和国土地管理法》"三大类"对照表　　表 4–1–1

《中华人民共和国土地管理法》三大类	城乡用地分类类别		
	大类	中类	小类
农用地	E 非建设用地	E1 水域	E13 坑塘沟渠
		E2 农林用地	—
建设用地	H 建设用地	H1 城乡居民点建设用地	H11 城市建设用地
			H12 镇建设用地
			H13 乡建设用地
			H14 村庄建设用地
		H2 区域交通设施用地	H21 铁路用地
			H22 公路用地
			H23 港口用地
			H24 机场用地
			H25 管道运输用地
		H3 区域公用设施用地	—
		H4 特殊用地	H41 军事用地
			H42 安保用地
		H5 采矿用地	—
		H9 其他建设用地	—
	E 非建设用地	E1 水域	E12 水库
		E9 其他非建设用地	E9 中的空闲地
未利用地	E 非建设用地	E1 水域	E11 自然水域
		E9 其他非建设用地	E9 中除去空闲地以外的用地

（资料来源：《城市用地分类与规划建设用地标准》GB 50137—2011，3.2.1 条文说明 .）

民点建设用地（H1）"并立，不纳入人均城市建设用地指标的核算，确保各类城市的人均城市建设用地的水平更具可比性，符合城市实际建设情况和社会经济活动的特点，避免交通枢纽性城市、旅游城市、军事重镇等一些特殊城市，因统计口径原因而出现"人均城市建设用地面积过大、用地结构不合理"的假象。

2. 城市建设用地分类体系

城市建设用地分类采用三级分类体系，包括 8 大类、35 中类、42 小类（图 4–1–2），用地分类和代码为强制性条文。相对于前一版《城市用地分类与规划建设用地标准》GBJ 137—1990 主要有以下几方面特点[①]。

（1）强化市场因素，分类体现不同土地性质。根据土地及其建成设施的不同经营性质，将"城市公共设施用地"分为"公共管理与公共服务用地（A 类）"与"商业服务业设施用地（B 类）"两大类，以突出"事业性"与"经营性"

① 赵民，程遥，汪军 . 为市场经济下的城乡用地规划和管理提供有效工具——新版《城市用地分类与规划建设用地标准》导引 [J]. 城市规划学刊，2011（06）：4–11.

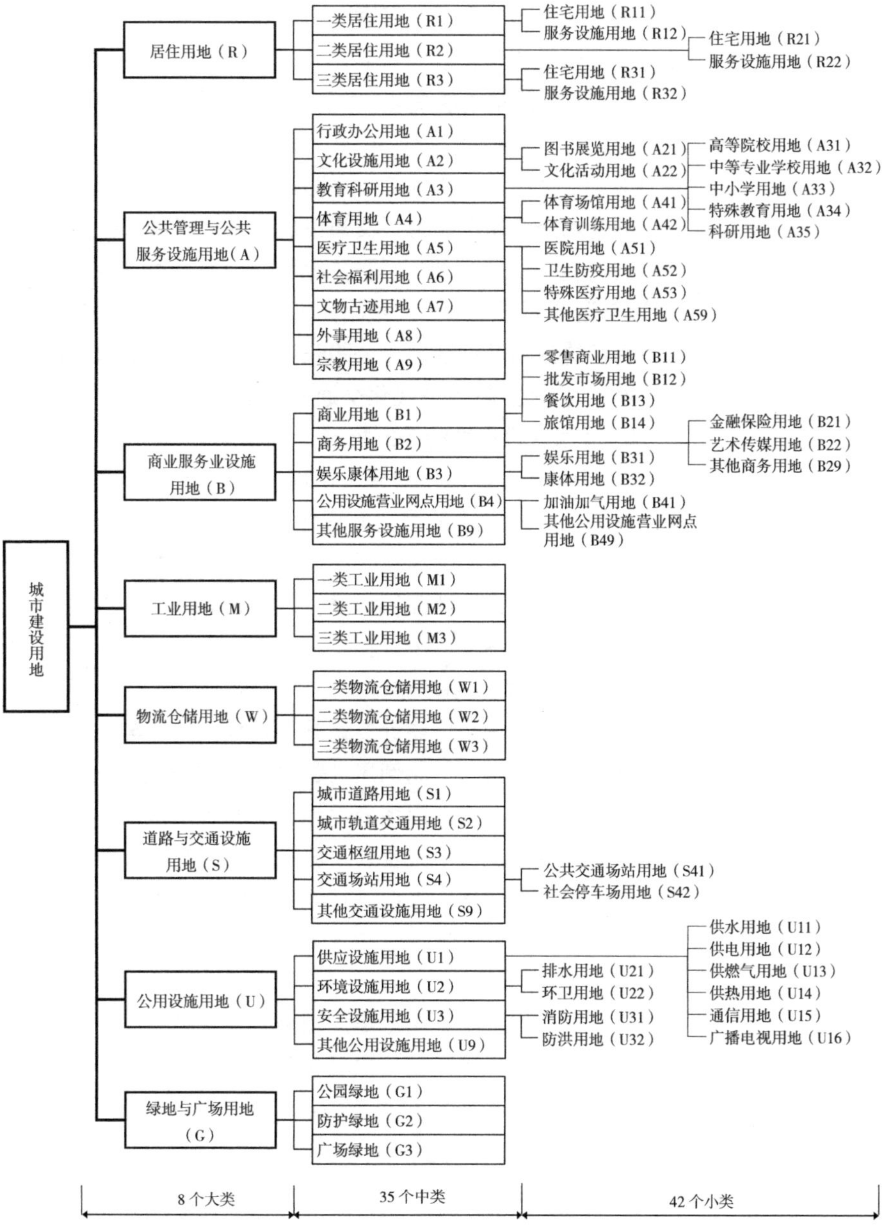

- 城市建设用地
  - 居住用地（R）
    - 一类居住用地（R1）
      - 住宅用地（R11）
      - 服务设施用地（R12）
    - 二类居住用地（R2）
      - 住宅用地（R21）
      - 服务设施用地（R22）
    - 三类居住用地（R3）
      - 住宅用地（R31）
      - 服务设施用地（R32）
  - 公共管理与公共服务设施用地（A）
    - 行政办公用地（A1）
    - 文化设施用地（A2）
      - 图书展览用地（A21）
      - 文化活动用地（A22）
    - 教育科研用地（A3）
      - 高等院校用地（A31）
      - 中等专业学校用地（A32）
      - 中小学用地（A33）
      - 特殊教育用地（A34）
      - 科研用地（A35）
    - 体育用地（A4）
      - 体育场馆用地（A41）
      - 体育训练用地（A42）
    - 医疗卫生用地（A5）
      - 医院用地（A51）
      - 卫生防疫用地（A52）
      - 特殊医疗用地（A53）
      - 其他医疗卫生用地（A59）
    - 社会福利用地（A6）
    - 文物古迹用地（A7）
    - 外事用地（A8）
    - 宗教用地（A9）
  - 商业服务业设施用地（B）
    - 商业用地（B1）
      - 零售商业用地（B11）
      - 批发市场用地（B12）
      - 餐饮用地（B13）
      - 旅馆用地（B14）
    - 商务用地（B2）
      - 金融保险用地（B21）
      - 艺术传媒用地（B22）
      - 其他商务用地（B29）
    - 娱乐康体用地（B3）
      - 娱乐用地（B31）
      - 康体用地（B32）
    - 公用设施营业网点用地（B4）
      - 加油加气用地（B41）
      - 其他公用设施营业网点用地（B49）
    - 其他服务设施用地（B9）
  - 工业用地（M）
    - 一类工业用地（M1）
    - 二类工业用地（M2）
    - 三类工业用地（M3）
  - 物流仓储用地（W）
    - 一类物流仓储用地（W1）
    - 二类物流仓储用地（W2）
    - 三类物流仓储用地（W3）
  - 道路与交通设施用地（S）
    - 城市道路用地（S1）
    - 城市轨道交通用地（S2）
    - 交通枢纽用地（S3）
    - 交通场站用地（S4）
      - 公共交通场站用地（S41）
      - 社会停车场用地（S42）
    - 其他交通设施用地（S9）
  - 公用设施用地（U）
    - 供应设施用地（U1）
      - 供水用地（U11）
      - 供电用地（U12）
      - 供燃气用地（U13）
      - 供热用地（U14）
      - 通信用地（U15）
      - 广播电视用地（U16）
    - 环境设施用地（U2）
      - 排水用地（U21）
      - 环卫用地（U22）
    - 安全设施用地（U3）
      - 消防用地（U31）
      - 防洪用地（U32）
    - 其他公用设施用地（U9）
  - 绿地与广场用地（G）
    - 公园绿地（G1）
    - 防护绿地（G2）
    - 广场绿地（G3）

8个大类　35个中类　42个小类

图4-1-2　城市建设用地分类

（资料来源：《城市用地分类与规划建设用地标准》GB 50137—2011）

的设施属性差异，并将市政公用设施中具有经营性质的用地（如邮政、电信办公用地和公用设施营业网点等）分别划入B2、B4类用地，体现了实际的用地性质，便于与土地出让和管理经营相衔接。

（2）理顺权属，重新划分居住用地。居住用地调整为3个中类，将居住用地小类调整为“住宅用地”和“服务设施用地”两类，结合《物权法》的有关规定，将住区内的城市支路以下的道路用地、绿地以及一些具有公共权属的配建设施统一划入住宅用地小类。同时，将中、小学用地划入“教育科研用地（A3）”下的独立小类“中小学用地（A33）”，有利于结合人口和服务半径对中小学校进行统一规划布点和建设管理，确保住区公益性、便民性设施的规划配套，适应社会发展及社区建设的需要。

(3) 适应用地功能变化，适度拆并相关用地类型。将“仓储用地”改为“物流仓储用地”，增加了物资中转、配送、批发、交易等用地内涵；对“对外交通用地”、“交通设施用地”、“道路广场用地”等做了梳理。将城市通勤出行所需求的基本交通用地划为“交通设施用地”；将城市公共活动广场用地划入“绿地 (G)”，与“公园绿地”、“防护绿地”同属一类；增设了“轨道交通线路用地”(轨道交通地面以上部分的线路用地)、“综合交通枢纽用地”(包含与城市生活较为密切的铁路客货运站、公路长途客货运站、港口客运码头用地以及公交枢纽用地)，以适应城市现代化交通设施建设趋势。

3. 规划建设用地的控制标准

《城市用地分类与规划建设用地标准》GB 50137—2011 在规划建设用地统计、规划人均城市建设用地面积标准、规划人均单项城市建设用地面积标准，以及规划城市建设用地结构等方面为总体规划方案编制提出了技术要求，其中规划人均城市建设用地面积标准、规划人均单项城市建设用地面积标准的相关规定属于强制性条文。

3.1 规划建设用地统计

城市规划建设用地统计要现状和规划、用地与人口对应。现状和规划的用地分类计算应采用同一比例尺，城市（镇）总体规划宜采用1 : 10000或1 : 5000比例尺的图纸进行建设用地分类计算，并且用地面积应按平面投影计算。每块用地只可计算一次，不得重复；城市建设用地统计范围与人口统计范围必须一致，人口规模应按常住人口进行统计，城市建设用地在现状调查时按现状建成区范围统计，在编制规划时按规划建设用地范围统计。多组团分片布局的城市（镇）可分片计算用地，再行汇总。

规划建设用地统计精度要求用地的计量单位应为“万平方米”(公顷)，代码为“hm^2”；数字统计精度应根据图纸比例尺确定，1 : 10000 图纸应精确至个位，1 : 5000 图纸应精确至小数点后一位。

城市总体规划用地统计要包括城乡用地汇总和城市建设用地平衡计算两部分内容，并规定了统计格式要求（表 4–1–2、表 4–1–3）。

3.2 人均城市建设用地面积标准

人均城市建设用地面积标准由“允许采用的规划人均城市建设用地面积指标”和“允许调整幅度”组成的“双因子”控制，确定城市人均城市建设用地面积指标时应同时符合这两个控制因素（表 4–1–4）。其中，前者规定了在不同气候区中不同现状人均城市建设用地面积指标城市（镇）可采用的取值上下限区间，后者规定了不同规模城市（镇）的规划人均城市建设用地面积指标比现状人均城市建设用地面积指标增加或减少的可取数值。

此外，标准中还规定：新建城市（镇）的规划人均建设用地指标应在 85.1 ~ 105.0m^2/人内确定；首都由于行政管理、对外交往、科研文化等功能较突出，用地较多，因此规划人均城市建设用地指标应在 105.1 ~ 115.0m^2/人内确定；边远地区、少数民族地区城市，以及部分山地城市、人口较少的工

城乡用地汇总表　　　　表 4–1–2

用地代码	用地名称		用地面积（hm^2）		占城乡用地比例（%）	
			现状	规划	现状	规划
H	建设用地					
	其中	城乡居民点建设用地				
		区域交通设施用地				
		区域公用设施用地				
		特殊用地				
		采矿用地				
		其他建设用地				
E	非建设用地					
	其中	水域				
		农林用地				
		其他非建设用地				
	城乡用地				100	100

（资料来源：《城市用地分类与规划建设用地标准》GB 50137—2011）

城市建设用地平衡表　　　　表 4–1–3

用地代码	用地名称		用地面积（hm^2）		占城市建设用地比例（%）		人均城市建设用地面积（m^2/人）	
			现状	规划	现状	规划	现状	规划
R	居住用地							
A	公共管理与公共服务设施用地							
	其中	行政办公用地						
		文化设施用地						
		教育科研用地						
		体育用地						
		医疗卫生用地						
		社会福利用地						
		文物古迹用地						
		外事用地						
		宗教用地						
B	商业服务业设施用地							
M	工业用地							
W	物流仓储用地							
S	道路与交通设施用地							
	其中：城市道路用地							
U	公用设施用地							
G	绿地与广场用地							
	其中：公园绿地							
H11	城市建设用地				100	100		

备注：年现状常住人口万人；年规划常住人口万人。

（资料来源：《城市用地分类与规划建设用地标准》GB 50137—2011）

规划人均城市建设用地指标（m²/ 人） 表 4-1-4

气候区	现状人均城市建设用地面积指标	允许采用的规划人均城市建设用地面积指标	允许调整幅度		
			规划人口规模 ≤ 20.0 万人	规划人口规模 20.1 ～ 50.0 万人	规划人口规模 >50.0 万人
Ⅰ、Ⅱ、Ⅵ、Ⅶ	≤ 65.0	65.0 ～ 85.0	>0.0	>0.0	>0.0
	65.1 ～ 75.0	65.0 ～ 95.0	+0.1 ～ +20.0	+0.1 ～ +20.0	+0.1 ～ +20.0
	75.1 ～ 85.0	75.0 ～ 105.0	+0.1 ～ +20.0	+0.1 ～ +20.0	+0.1 ～ +15.0
	85.1 ～ 95.0	80.0 ～ 110.0	+0.1 ～ +20.0	−5.0 ～ +20.0	−5.0 ～ +15.0
	95.1 ～ 105.0	90.0 ～ 110.0	−5.0 ～ +15.0	−10.0 ～ +15.0	−10.0 ～ +10.0
	105.1 ～ 115.0	95.0 ～ 115.0	−10.0 ～ −0.1	−15.0 ～ −0.1	−20.0 ～ −0.1
	>115.0	≤ 115.0	<0.0	<0.0	<0.0
Ⅲ、Ⅳ、Ⅴ	≤ 65.0	65.0 ～ 85.0	>0.0	>0.0	>0.0
	65.1 ～ 75.0	65.0 ～ 95.0	+0.1 ～ +20.0	+0.1 ～ 20.0	+0.1 ～ +20.0
	75.1 ～ 85.0	75.0 ～ 100.0	−5.0 ～ +20.0	−5.0 ～ +20.0	−5.0 ～ +15.0
	85.1 ～ 95.0	80.0 ～ 105.0	−10.0 ～ +15.0	−10.0 ～ +15.0	−10.0 ～ +10.0
	95.1 ～ 105.0	85.0 ～ 105.0	−15.0 ～ +10.0	−15.0 ～ +10.0	−15.0 ～ +5.0
	105.1 ～ 115.0	90.0 ～ 110.0	−20.0 ～ −0.1	−20.0 ～ −0.1	−25.0 ～ −5.0
	>115.0	≤ 110.0	<0.0	<0.0	<0.0

注：（1）气候区应符合《建筑气候区划标准》GB 50178—93 的规定；
（2）新建城市（镇）、首都的规划人均城市建设用地面积指标不适用本表。
（资料来源：《城市用地分类与规划建设用地标准》GB 50137—2011）

Tips 4-1：如何确定规划人均城市建设用地面积指标

例如，华南某市所处地域为Ⅳ气候区，现状人均城市建设用地面积指标 95.0m²/ 人，规划期末常住人口规模为 95.0 万人。对照表 4-1-4，规划人均城市建设用地面积取值区间为（80.0 ～ 105.0）m²/ 人，允许调整幅度为（−10.0 ～ +10.0）m²/ 人。因此，“双因子”控制下的规划人均城市建设用地面积指标可选（85.0 ～ 105.0）m²/ 人。

例如，华东某市所处地域为Ⅲ气候区，现状人均城市建设用地面积指标 119.2m²/ 人，规划期末常住人口规模为 75.0 万人。对照表 4-1-4，规划人均城市建设用地面积取值区间为≤ 110.0m²/ 人，允许调整幅度为＜ 0.0m²/ 人。因此，规划人均城市建设用地面积指标不能大于 110.0m²/ 人。

矿业城市、风景旅游城市等，应可根据实际情况，本着“合理用地、节约用地、保证用地”的原则，经专门论证确定规划人均城市建设用地指标，且上限不得大于 150.0m²/ 人。

3.3 规划人均单项城市建设用地面积标准

城市总体规划中单项城市建设用地的远期控制标准，主要涉及人均居住用地面积、人均公共管理与公共服务设施用地面积、人均道路与交通设施用地面积、人均绿地与广场用地面积、人均公园绿地面积等五个人均单项城市建设用地面积指标。标准中规定人均居住用地面积指标按照气候区分为两类进行区间控制（表4–1–5），其他人均单项城市建设用地面积指标按照最低值进行控制（表4–1–6）。

人均居住用地面积指标（m^2/人）　　表4–1–5

建筑气候区划	Ⅰ、Ⅱ、Ⅵ、Ⅶ气候区	Ⅲ、Ⅳ、Ⅴ气候区
人均居住用地面积	28.0 ~ 38.0	23.0 ~ 36.0

（资料来源：《城市用地分类与规划建设用地标准》GB 50137—2011）

其他人均单项城市建设用地面积控制指标（m^2/人）　　表4–1–6

人均指标		面积（m^2/人）
人均公共管理与公共服务设施用地		≥ 5.5
人居道路与交通设施用地面积		≥ 12.0
人均绿地与广场用地面积		≥ 10.0
其中	人均公园绿地面积	≥ 8.0

（资料来源：《城市用地分类与规划建设用地标准》GB 50137—2011）

3.4　规划城市建设用地结构

规划城市建设用地结构，是指居住用地、公共管理与公共服务设施用地、工业用地、道路与交通设施用地和绿地与广场用地等五大类用地规划占城市建设用地总量的比例（表4–1–7）。其中，规模较大城市（镇）的“道路与交通设施用地（S）”占城市建设用地的比例宜比规模较小城市（镇）高；工矿城市（镇）、风景旅游城市（镇）等由于工矿业用地、景区用地比重大，其用地结构可根据实际情况进行具体调整，体现出该类城市（镇）的专业职能特色。

规划城市建设用地结构　　表4–1–7

用地名称	占城市建设用地比例（%）
居住用地	25.0 ~ 40.0
公共管理与公共服务设施用地	5.0 ~ 8.0
工业用地	15.0 ~ 30.0
道路与交通设施用地	10.0 ~ 25.0
绿地与广场用地	10.0 ~ 15.0

（资料来源：《城市用地分类与规划建设用地标准》GB 50137—2011）

二、土地利用总体规划的土地分类体系

土地利用总体规划是依据国民经济和社会发展规划，以区域内全部土地为对象，以土地资源的综合调控为主要目的，严格限制农用地转为建设用地，控制建设用地总量，以保护耕地与基本农田为核心思想。虽然其与城市总体规划都是以土地利用为对象的空间规划，但在规划管理、编制、审批、实施以及监督等多方面存在明显差异（表4–1–8）。

城市总体规划与土地利用总体规划的差异要点比较　　表 4–1–8

大类	细类	城市总体规划	土地利用总体规划
管理	主管部门	城乡规划部门	国土资源部门
编制	编制依据	国民经济和社会发展规划	国民经济和社会发展规划、上层次土地利用规划
	主要内容	项目空间布局、建设时序安排	耕地保护范围、用地总量及年度指标
	编制方式	独立	自上而下、统一
审批	审批机关	省、市人民政府（或国务院）	省、市人民政府（或国务院）
	审查重点	人口与用地规划	耕地占补平衡、各类用地指标
	法律地位	《中华人民共和国城乡规划法》	《中华人民共和国土地管理法》
实施	实施力度	约束性	强制性
	实施计划	近期建设规划	年度用地计划
	规划年限	一般二十年	一般十五年
监督	监督机构	本级人民代表大会审议、上级政府乃至国务院	上级政府乃至国务院

（资料来源：陈雯，闫东升，孙伟．市县“多规合一”与改革创新：问题、挑战与路径关键 [J]. 规划师，2015（02）：17-21.）

土地利用总体规划的土地分类体系包括《土地利用现状分类》GB/T 21010 和《土地规划用途分类及含义》两套用地分类系统[①]。其中，《土地利用现状分类》GB/T 21010 在土地利用总体规划编制中起到现状基础数据的作用；《土地规划用途分类及含义》是土地利用总体规划编制使用的分类方法，在土地利用现状调查的基础上，将有关地类重新归并或调整所形成的土地规划用途类别[②]。两套土地用途分类可以通过基数转换进行有效衔接。

1. 土地利用现状分类

2017 年颁布的《土地利用现状分类》GB/T 21010—2017 是我国针对土地资源分类制定的统一的国家标准，采用二级分类体系，共分 12 个一级类、73 个二级类（图 4–1–3）。土地利用现状分类重点在于实现了土地用途分类的“全覆盖”，其按照土地的用途、经营特点、利用方式和覆盖特征等因素，对土地利用分类进行归并和划分，以便统一国土资源的统计。因此，其对耕地、林地、草地、水域等具有非建设用地属性的土地分类较为详细。

在建设用地方面，土地利用现状分类的划分较好地体现行业分类特点，按照用地性质和功能进行划分，如“商服用地”、“公共管理与公共服务用地”、“交通运输用地”等在二级类划分方面能较好地与城乡用地分类衔接，并在“住宅用地”划分中考虑行政建制的因素，划分为“城镇住宅用地”、“农村宅基地”等。

2. 土地规划用途分类

《土地规划用途分类及其含义》（2010）作为规范性附录，随《市（地）级

① 叶昌东，郑延敏，张媛媛．“两规”新旧土地利用分类体系比较 [J]. 热带地理，2013，33（03）：276-281.

② 中华人民共和国国土资源部．市（地）级土地利用总体规划编制规程：TD/T 1023—2010 [S]. 北京：中国标准出版社，2010.

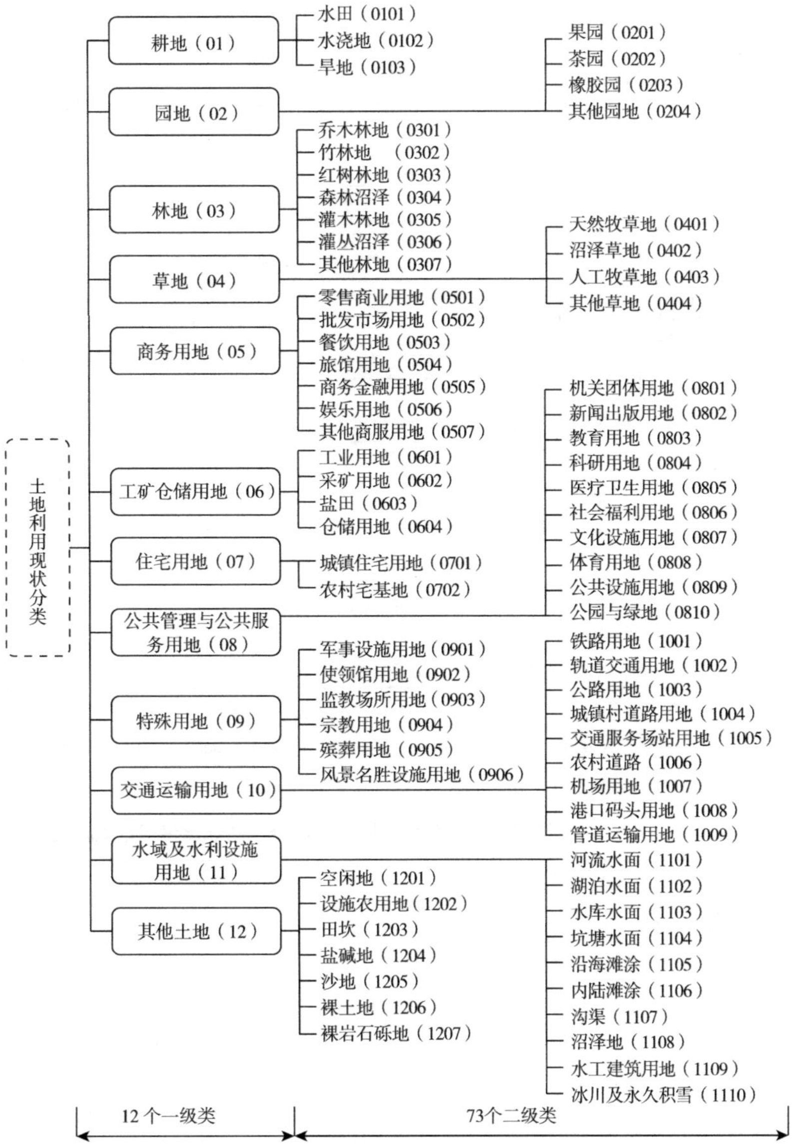

- 土地利用现状分类
  - 耕地（01）
    - 水田（0101）
    - 水浇地（0102）
    - 旱地（0103）
  - 园地（02）
    - 果园（0201）
    - 茶园（0202）
    - 橡胶园（0203）
    - 其他园地（0204）
  - 林地（03）
    - 乔木林地（0301）
    - 竹林地（0302）
    - 红树林地（0303）
    - 森林沼泽（0304）
    - 灌木林地（0305）
    - 灌丛沼泽（0306）
    - 其他林地（0307）
  - 草地（04）
    - 天然牧草地（0401）
    - 沼泽草地（0402）
    - 人工牧草地（0403）
    - 其他草地（0404）
  - 商务用地（05）
    - 零售商业用地（0501）
    - 批发市场用地（0502）
    - 餐饮用地（0503）
    - 旅馆用地（0504）
    - 商务金融用地（0505）
    - 娱乐用地（0506）
    - 其他商服用地（0507）
  - 工矿仓储用地（06）
    - 工业用地（0601）
    - 采矿用地（0602）
    - 盐田（0603）
    - 仓储用地（0604）
  - 住宅用地（07）
    - 城镇住宅用地（0701）
    - 农村宅基地（0702）
  - 公共管理与公共服务用地（08）
    - 机关团体用地（0801）
    - 新闻出版用地（0802）
    - 教育用地（0803）
    - 科研用地（0804）
    - 医疗卫生用地（0805）
    - 社会福利用地（0806）
    - 文化设施用地（0807）
    - 体育用地（0808）
    - 公共设施用地（0809）
    - 公园与绿地（0810）
  - 特殊用地（09）
    - 军事设施用地（0901）
    - 使领馆用地（0902）
    - 监教场所用地（0903）
    - 宗教用地（0904）
    - 殡葬用地（0905）
    - 风景名胜设施用地（0906）
  - 交通运输用地（10）
    - 铁路用地（1001）
    - 轨道交通用地（1002）
    - 公路用地（1003）
    - 城镇村道路用地（1004）
    - 交通服务场站用地（1005）
    - 农村道路（1006）
    - 机场用地（1007）
    - 港口码头用地（1008）
    - 管道运输用地（1009）
  - 水域及水利设施用地（11）
    - 河流水面（1101）
    - 湖泊水面（1102）
    - 水库水面（1103）
    - 坑塘水面（1104）
    - 沿海滩涂（1105）
    - 内陆滩涂（1106）
    - 沟渠（1107）
    - 沼泽地（1108）
    - 水工建筑用地（1109）
    - 冰川及永久积雪（1110）
  - 其他土地（12）
    - 空闲地（1201）
    - 设施农用地（1202）
    - 田坎（1203）
    - 盐碱地（1204）
    - 沙地（1205）
    - 裸土地（1206）
    - 裸岩石砾地（1207）

12 个一级类 | 73个二级类

图 4-1-3 土地利用现状分类

（资料来源：《土地利用现状》GB/T 21010—2017）

土地利用总体规划编制规程》TD/T 1023—2010 等行业标准[①]发布。土地规划用途分类中各个地类都能与土地利用现状分类建立对应关系，采用了三级分类体系，包括农用地、建设用地和其他土地 3 个一级分类、10 个二级分类、25 个三级分类（图 4-1-4）。与城乡用地分类对应关系方面，两者在地类的定义与划分上存在较多相似之处，大多数地类均能建立对应关系。

在农用地和其他土地两个大类方面，土地规划用途分类均能与城乡用地分类中的“非建设用地（E 类）”找到对应关系（表 4-1-9），只是土地规划用途分类对农用地的分类更为细致，突出土地利用总体规划保护耕地与基本农田的核心思想。

① 包括《市（地）级土地利用总体规划编制规程》TD/T 1023—2010、《县级土地利用总体规划编制规程》TD/T 1024—2010、《乡（镇）土地利用总体规划编制规程》TD/T 1025—2010.

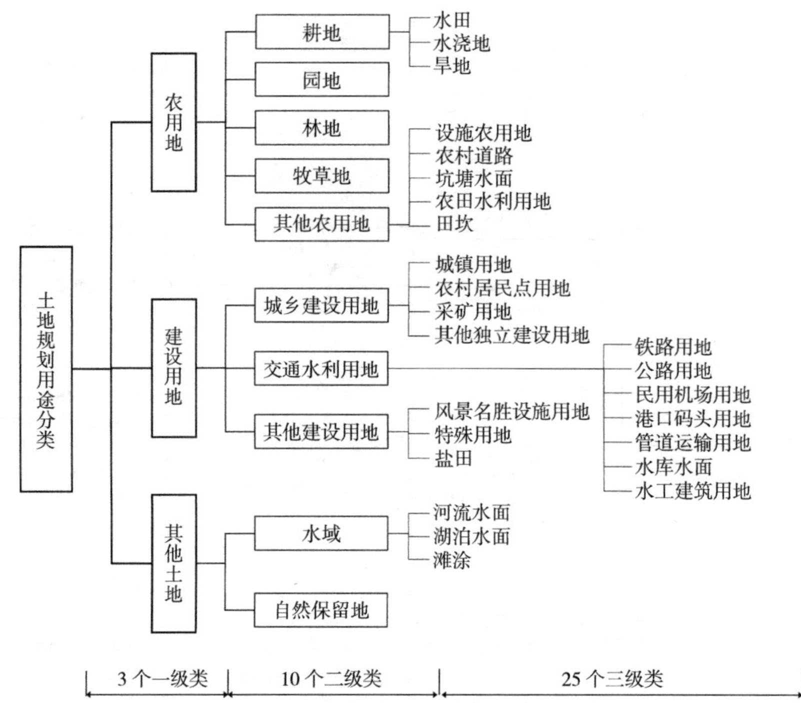

图 4-1-4　土地规划用途分类体系

（资料来源：《市（地）级土地利用总体规划编制规程》TD/T 1023—2010）

土地规划用途分类与城乡用地分类的非建设用地对应关系　　表 4-1-9

土地规划用途分类			《城市用地分类与规划建设用地标准》		
一级分类	二级分类	三级分类	类别代码	名称	备注
农用地	耕地	水田	E2	农林用地	
		水浇地			
		旱地			
	园地	无			
	林地	无			
	牧草地	无			
	其他农用地	设施农用地			
		农村道路			
		坑塘水面	E13	坑塘沟渠	
		农田水利用地			
		田坎	E2	农林用地	
其他土地	水域	河流水面	E11	自然水域	
		湖泊水面			
		滩涂			
	自然保留地	无	E9	其他非建设用地	
			E11	自然水域	冰川及永久积雪

（资料来源：根据《市（地）级土地利用总体规划编制规程》TD/T 1023—2010 和《城市用地分类与规划建设用地标准》GB 50137—2011 整理。）

在建设用地方面，土地规划用途分类整体上相对粗略，共分为城乡建设用地、交通水利用地和其他建设用地 3 个二级类。基本能够与城乡用地分类实现对应，但个别地类在含义上无法完全对接城乡用地分类（表 4-1-10）。例如，其他独立建设用地的含义为“指采矿用地以外，对气候、环境、建设有特殊要求及其他不宜在居民点内配置的各类建筑用地”，故涉及城乡居民点建设用地（H1）、其他建设用地（H9）、区域公用设施用地（H3）等不同性质用地；特殊用地含义为“指城乡建设用地范围之外的、用于军事设施、涉外、宗教、监教、殡葬等的土地”，涉及城乡用地分类中的特殊用地（H4）、殡葬等区域公用设施用地（H3）以及军民合用机场等区域交通设施用地（H2）等用地。此外，土地规划用途分类中水库水面属于建设用地，而在城乡用地分类中为非建设用地。

3. 城市总体规划中的应用

《中华人民共和国城乡规划法》第五条规定城市（镇）总体规划的编制要与土地利用总体规划相衔接。因此，在城市总体规划中，不仅要了解土地利用的现状分类和规划用途分类，而且还要掌握土地利用总体规划相关的规划内容和管控要求，在基础数据获取、用地选择以及规模预测、用地布局、空间管制等方面做好“两规”衔接工作，体现“多规合一”的理念，从而提高规划方案的现实可操作性。

土地规划用途分类与城乡用地分类中建设用地对应关系　　表 4-1-10

土地规划用途分类			《城市用地分类与规划建设用地标准》		
一级分类	二级分类	三级分类	类别代码	名称	备注
建设用地	城乡建设用地	城镇用地	H1	城乡居民点建设用地	
		农村居民点用地			
		其他独立建设用地	H1	城乡居民点建设用地	涉及多个不同性质用地
			H3	区域公用设施用地	
			H9	其他建设用地	
		采矿用地	H5	采矿用地	不含盐田
	交通水利用地	铁路用地	H2	区域交通设施用地	不含 H24 中军民合用机场用地
		公路用地			
		民用机场用地			
		港口码头用地			
		管道运输用地			
		水库水面	E12	水库	
		水工建筑用地	H3	区域公用设施用地	对应 H3 中水工设施用地
	其他建设用地	风景名胜设施用地	H9	其他建设用地	对应 H9 中风景名胜区用地
		特殊用地	H24	机场用地	对应 H24 中军用机场用地
			H3	区域公用设施用地	对应 H3 中殡葬设施用地
			H4	特殊用地	
		盐田	H5	采矿用地	对应 H5 中盐田

（资料来源：根据《市（地）级土地利用总体规划编制规程》TD/T 1023—2010 和《城市用地分类与规划建设用地标准》GB 50137—2011 整理。）

首先，在现状基础数据获取方面，通过梳理城乡用地分类与土地利用现状分类之间的对应关系，可以充分利用国土部门土地利用现状数据库“全覆盖”的优势，以第二次全国土地调查及土地变更调查数据库为基础，快速准确地统计、落实各类用地的数量和空间边界，完成城市现状图和城乡用地现状汇总表。

其次，在用地选择方面，土地利用总体规划中的基本农田保护区、禁止建设区等要素边界是城市用地评定和发展方向选择、城市增长边界确定的重要影响因素，在相应的规划环节中，应通过数据转换，准确识别其边界，作为确定性的约束性条件加以考虑。

第三，在规模预测方面，土地利用总体规划确定的城乡建设用地（21）总量，特别是城镇用地和农村居民点用地总量，在土地利用总体规划的规划期限内对城乡居民点建设用地（H1）总量构成约束。因此，在确定人均城市建设用地面积标准和人均农村居民点用地面积标准前提下，土地利用总体规划对市域总人口，以及城镇人口的规模预测产生约束影响。

第四，在用地布局和空间管制方面，土地利用总体规划中“三界四区”是重要制约因素。其中，城乡建设用地规模边界和扩展边界，以及对应的“允许建设区”和“有条件建设区”对城镇用地布局、特别是近期建设用地布局产生约束；限制建设区、禁止建设区中的基本农田以及具有重要的生态环境、历史文化价值等要素边界会直接影响市域空间管制边界的划定，其管控要求也影响到城市总体规划中空间管制措施的确定。

最后，在城乡用地的规划汇总阶段，结合国土部门的土地利用现状数据、土地利用总体规划数据，同样可以通过分类体系的对应关系，迅速汇总，科学统计城乡用地汇总表。因此，通过“两规”的技术性衔接，能够避免在共同的规划期限内出现“两规冲突”，实现“两规”协调的目标。

Tips 4–2：土地利用总体规划中“四区三界”的内涵

“四区”：建设用地边界划定后，规划范围内形成四个管制区域：

1. 允许建设区。城乡建设用地规模边界所包含的范围，是规划期内新增城镇、工矿、村庄建设用地规划选址的区域，也是规划确定的城乡建设用地指标落实到空间上的预期用地区。

2. 有条件建设区。城乡建设用地规模边界之外、扩展边界以内的范围。在不突破规划建设用地规模控制指标的前提下，区内土地可以用于规划建设用地区的布局调整。

3. 限制建设区。辖区范围内除允许建设区、有条件建设区、禁止建设区外的其他区域。

4. 禁止建设区。禁止建设用地边界所包含的空间范围，是具有重要资源、生态、环境和历史文化价值，必须禁止各类建设开发的区域。

“三界”：市、县、乡级土地利用总体规划划定的三个建设用地边界：

1. 城乡建设用地规模边界。按照土地利用总体规划确定的城乡建设用地面积指标，划定城、镇、村、工矿建设用地边界。

2. 城乡建设用地扩展边界。为适应城乡建设发展的不确定性，在城乡建设用地规模边界之外划定城、镇、村、工矿建设规划期内可选择布局的范围边界。扩展边界与规模边界可以重合。

3. 禁止建设用地边界。为保护自然资源、生态、环境、景观等特殊需要，划定规划期内需要禁止各项建设的空间范围边界。

——国土资厅发〔2009〕51号；国土资源部办公厅关于印发市县乡级土地利用总体规划编制指导意见，2009

三、镇用地分类体系

由于县级人民政府驻地镇与其他镇虽同为镇建制，但两者从其管辖的地域规模、性质职能、机构设置和发展前景来看却截然不同，两者并不处在同一层次。因此，2007年出台《镇规划标准》GB 50188—2007，不适用于县级人民政府驻地镇，仅"适用于全国县级人民政府驻地以外的镇规划，乡规划可按本标准执行①"。

《镇规划标准》规定了镇用地的分类和名称，以及相应的镇规划建设用地标准。避免了各地在编制镇规划时，用地分类和名称不一，计算差异较大，导致数据与指标可比性差等问题，其分类既同城市用地分类方法大致相同，又具有镇用地的特点，有利于用地的定量分析和镇规划用地的统计工作。

1. 镇用地的分类

镇用地的分类按土地使用的主要性质划分为9大类、30小类（图4–1–5）。其中镇建设用地为居住用地、公共设施用地、生产设施用地、仓储用地、对外交通用地、道路广场用地、工程设施用地和绿地8大类用地之和，不包括水域和其他用地。

2. 规划镇建设用地标准

镇总体规划建设用地标准包括人均镇建设用地面积标准、规划镇建设用地结构标准两部分内容。

2.1 人均镇建设用地面积标准

人均镇建设用地指标应为规划范围内的建设用地面积除以常住人口数量的平均数值。人口统计应与用地统计的范围相一致。人均镇建设用地指标分为四级（表4–1–11）。

人均镇建设用地指标分级 **表4–1–11**

级别	一	二	三	四
人均建设用地指标（m^2/人）	＞60～≤80	＞80～≤100	＞100～≤120	＞120～≤140

（资料来源：《镇规划标准》GB 50188—2007）

① 《镇规划标准》GB 50188—2007，第1.0.2条。

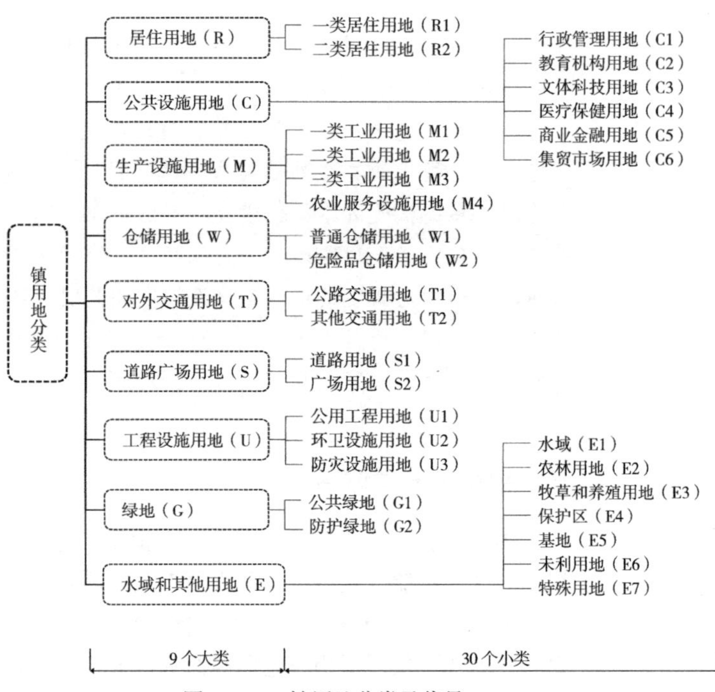

图 4-1-5　镇用地分类及代号

（资料来源：《镇规划标准》GB 50188—2007）

在控制方式上，根据不同的镇区类型，结合气候区和现状人均建设用地水平等因子进行控制，其中镇区类型分为新建镇区和依托现有镇区两大类型。

对于新建镇区进行规划时，规划人均建设用地指标应按第二级确定；当地处《建筑气候区划标准》的Ⅰ、Ⅶ建筑气候区时，可按第三级确定；新建镇区在各建筑气候区内均不得采用第一、四级人均建设用地指标。

对现有的镇区进行规划时，规划人均建设用地指标的确定要同时符合指标级别和允许调整幅度的两项规定要求。允许调整幅度是指规划人均建设用地指标对现状人均建设用地指标的增减数值（表 4-1-12），总的调整幅度一般控制在 $-15 \sim +15m^2$/ 人范围内。第四级用地指标只能用于Ⅰ、Ⅶ建筑气候区的现有镇区，即除Ⅰ、Ⅶ建筑气候区外的镇区规划人均建设用地指标最高应不超过 120m²/ 人。

镇规划人均建设用地指标　　　　表 4-1-12

现状人均建设用地指标（m²/ 人）	规划调整幅度（m²/ 人）
≤ 60	增 0 ~ 15
>60 ~ ≤ 80	增 0 ~ 10
>80 ~ ≤ 100	增、减 0 ~ 10
>100 ~ ≤ 120	减 0 ~ 10
>120 ~ ≤ 140	减 0 ~ 15
>140	减至 140 以内

（资料来源：《镇规划标准》GB 50188—2007）

此外，地多人少的边远地区的镇区，可根据所在省、自治区人民政府规定的建设用地指标确定。

2.2　规划镇建设用地结构标准

标准规定了镇区总体规划中镇区居住、公共设施，道路广场，以及公共绿地四类用地占镇建设用地的比例区间，并按照中心镇和一般镇两种类型进行控制（表 4–1–13）。此外，对于邻近旅游区及现状绿地较多的镇区，其公共绿地所占建设用地的比例可大于规定比例的上限。

镇规划建设用地比例　　　　**表 4–1–13**

类别代号	类别名称	占建设用地比例（%）	
		中心镇镇区	一般镇镇区
R	居住用地	28 ~ 38	33 ~ 43
C	公共设施用地	12 ~ 20	10 ~ 18
S	道路广场用地	11 ~ 19	10 ~ 17
G1	公共绿地	8 ~ 12	6 ~ 10
四类用地之和		64 ~ 84	65 ~ 85

（资料来源：《镇规划标准》GB 50188—2007）

第二节　用地评定与用地选择

用地评定是城市总体规划的一项重要基础性工作，是将评定区范围内用地划分若干评定单元，并对各评定单元进行建设适宜性等级类型评定。城市用地选择是在用地评定的基础上，结合城市规模的初步判断以及城市功能结构的发育情况分析，对城市用地的发展方向以及重点功能用地的发展布局做出判断。

这个环节为城市总体规划方案构思提供了空间基础，得出的判断和结论是总体规划用地方案构思展开的重要前提支撑。

一、用地评定

用地评定是指对拟作为城乡发展的用地，根据其自然环境条件、人为影响因素，做出工程技术和功能需求方面的综合评定，并确定各评定单元的建设适宜性等级类别。用地评定是确定重大建设项目选址和城市空间发展方向的重要依据。《城乡用地评定标准》CJJ 132—2009 为城市、镇总体规划和乡、村庄规划的用地评定工作提出了具体的技术要求，并界定了城乡用地评定单元的建设适宜性等级的四个类型（表 4–2–1）。

1. 用地评定的因素

城市用地布局不仅受到工程地质、地形地貌、水文气象、自然生态等自然环境条件的影响，同时也受到城市社会经济活动以及相关规划的空间管控的影响和约束。因此，用地评定需要考虑的因素不仅包括城乡自然环境条件，还包括人为影响因素。

城乡用地评定单元的建设适宜性等级类型　　表 4-2-1

等级	名称	概念
Ⅰ类	适宜建设用地	场地稳定、适宜工程建设，不需要或采取简单的工程措施即可适应城乡建设要求，自然环境条件、人为影响因素的限制程度可忽略不计的用地
Ⅱ类	可建设用地	场地稳定性较差、较适宜工程建设，需采取工程措施，场地条件改善后方能适应城乡建设要求，自然环境条件、人为影响因素的限制程度为一般影响的用地
Ⅲ类	不宜建设用地	场地稳定性差、工程建设适宜性差，必须采取特定的工程措施后才能适应城乡建设要求，自然环境条件、人为影响因素的限制程度为较重影响的用地
Ⅳ类	不可建设用地	场地不稳定、不适宜工程建设，完全或基本不能适应城乡建设要求，自然环境条件、人为影响因素的限制程度为严重影响的用地

（资料来源：《城乡用地评定标准》CJJ 132—2009）

1.1　自然环境条件

（1）工程地质方面。主要包括岩土类型、地基对建筑物的承载力，城市所在地区的抗震设防等级，地震断裂带的走向与分布，地下矿藏分布、储量、开采价值以及地下采空区范围等；对具有岩溶的地质构造地区，要了解岩溶暗河的分布及其构造特点；丘陵或山区要注意滑坡、泥石流、崩塌可能，以及冲沟的活动和发育情况等。

（2）地形地貌方面。主要是整体的地形地貌特征，如冲沟分布、地面高程、地形形态等方面的特征。

（3）水文气象方面。包括流域的水系分布、水资源可利用量、潜在城市水源地、洪水淹没程度、水流对河岸的冲刷、河床泥沙的淤积、地下水的存在形式、含水层厚度、地下水流向、地下水开采漏斗范围等水文及水文地质条件；太阳辐射、风象、温度、最大冻土深度、降水与湿度等气候条件。

（4）自然生态方面。包括具有特殊地貌和植被、有丰富的景观多样性、生物多样性或者承担重要的生态功能的地段，以及具有生态敏感性的自然水系、山体、湿地、绿洲等要素。土地质量较差的地区还应注意土壤质量的影响。

1.2　人为影响因素

（1）城乡建设现状。包括已建区现有建筑物、构筑物、工程设施的质量、保留价值、可获得空间完整程度、主要污染源和影响范围等因素；城市空间功能结构的发育情况、城市中心体系的现状以及主要功能板块特征等因素。

（2）基础设施条件。包括现状和已经规划定线的区域交通、输油管线等设施廊道，以及评定区域范围内道路、水、电、气、热等设施的服务水平与质量。这些都可以用以对评定区域内用地的设施支撑或制约程度进行判断。

（3）规划管控要求。土地利用总体规划、城乡生态环境规划、江河流域规划等不同类型和层面规划对评定区域的管控分区和要求，特别是自然保护区、文物保护区、基本农田保护区、水源保护区、风景名胜区、森林公园、军事禁区与管理区、机场净空控制区等各类保护区、控制区的用地范围和控制要求。

（4）其他社会经济因素。具有城市个性特征的其他因素，例如特殊的行政区划范围、产业结构、就业结构以及民族分布特征等方面因素。

2. 综合定量评定法

综合定量评判法是《城乡用地评定标准》CJJ 132—2009 给定的方法，该方法是将评定区按照一定的标准划分为若干评定单元，再将每个评定单元对应的特殊指标和基本指标通过定量分值和权重纳入一个计算公式，直接计算出每个评定单元最终的综合定量分值，该分值即决定评定单元的类型等级。

该方法特点是分析结果集中在一张用地评定图上，计算量大，注重计算过程的严谨，需要借助 GIS 等分析软件，但无法直观地反应各因素层面单独的空间影响结果。该方法主要按照"划定评定区——选取评定指标——划分评定单元——判定等级类别"的步骤展开。

2.1　划定评定区

划定评定区是城乡用地评定的前提条件。用地评定区是拟作为城乡发展用地的范围，包括城乡现状建成区用地和拟定的新区用地。由于在开始用地评定时，规划区往往尚未最终划定，且不同城市的规划区的划定范围差异也很大，有的将市区全部划为城市规划区。并且因地域、规模和类型等方面的差异，不同城市面对的因素类型和影响程度不同。因此，评定区的范围要结合具体情况分析确定。

在具体设计中，评定区的划定要结合前期现状分析和规划研究内容，以及对城市空间结构的构思判断，先初步拟定一个可能的评定区范围，一开始可以将范围拟定的适当大一些，如果后续设计中发现拟定范围过小，则应及时扩大评定范围，并补充相关评定内容；如果范围过大，可在最后成果图绘制阶段相应的缩小范围。

2.2　选取评定指标

选择科学合理的指标是城市建设用地评定的基础，对评定结果的科学性起着关键作用。综合定量评判法中的指标体系由指标类型、一级和二级指标层构成，指标类型应分为特殊指标和基本指标；一级指标层应分为工程地质、地形、水文气象、自然生态和人为影响五个层面；二级指标层应为具体指标（表 4-2-2）。

评定单元的评定的指标类型　　**表 4-2-2**

因素	一级指标	二级指标	
		特殊指标	基本指标
自然环境条件	工程地质	断裂、地震液化、岩溶暗河、滑坡崩塌、泥石流、地面沉陷、矿藏、特殊性岩土、岸边冲刷等	地震基本烈度、岩土类型、地基承载力、地下水埋深（水位）、土—水腐蚀性、地下水水质等
	地形	冲沟、地面坡度、地面高程等	地形形态、地面坡向、地面坡度等
	水文气象	洪水淹没程度、水系水域、灾害性天气等	地表水水质、洪水淹没程度、污染风向区位、最大冻土深度等
	自然生态	生态敏感区	生物多样性、土壤质量、植被覆盖度等
人为影响因素	人为影响	各类保护区、控制区、区域重大设施廊道等	土地使用强度、现状功能结构、各类设施服务水平、行政区划、民族分布特点等

（资料来源：根据《城乡用地评定标准》CJJ 132—2009 整理。）

在具体的设计过程中，指标选择要因地制宜，突出重点，表中所列指标并不是每个城市都必须考虑的要素，要结合城市的实际选择那些影响大或较大的指标，而忽略一些影响小的指标，但评定单元涉及的特殊指标必须采用。指标体系一般采用座谈、专家咨询的方式确定，以提高其科学性和合理性。

2.3 划分评定单元

评定单元是用地评定的基本单位和基本作业单元。将评定区划分为若干评定单元时，尽可能保证同一评定单元的要素属性基本一致。评定单元的界限要符合现状建成区用地、评定区界限；要依据地貌单元、工程地质单元分区及水系界线、洪水淹没线、特殊价值生态区界线等划分评定单元；将具有强震区断裂、不良地质现象等特殊属性的城乡用地，按其影响范围单独划分评定单元；结合各类保护区、控制区、风景名胜区的控制范围界线划分评定单元。

此外，对于无以上特殊因素或特殊因素很少的平原地区，会出现大面积均质单元，无法反应人为影响因素的影响，这时需要采用网格法将特殊单元以外的区域划分为网格单元，进行基础设施支撑程度、土地可得性方面的分析。通常小城市可采用 200 ～ 500m 的方网格，大城市可采用 500 ～ 2000m 的方网格，具体网格尺寸可根据评定范围的大小和主导因素的复杂程度进行确定①。

2.4 判定等级类别

根据《城乡用地评定标准》CJJ 132—2009，用地评定采用定性评判与定量计算评判相结合的方法进行评定。特殊指标的定性分级一般分为"一般影响、较重影响、严重影响"三级；基本指标的定性分级一般分为"适宜、较适宜、适宜性差、不适宜"四级；参照定量标准，确定评定指标的定量分值，并与其定性分级相对应。最后计算各评定单元的建设适宜性等级类型（表 4–2–3），绘制综合评定图和相应的文字说明。

评定单元建设适宜性等级类别及主要特征 **表 4–2–3**

等级类别	类别名称	主要特征			
		场地稳定性	场地工程建设适宜性	工程措施程度	人为影响因素的限制程度
Ⅰ	适宜建设用地	稳定	适宜	不需要或稍微处理	可忽略不计
Ⅱ	可建设用地	稳定性较差	较适宜	需简单处理	一般影响
Ⅲ	不宜建设用地	稳定性差	适宜性差	特定处理	较重影响
Ⅳ	不可建设用地	不稳定	不适宜	无法处理	严重影响

（资料来源：《城乡用地评定标准》CJJ 132—2009）

3. 分项评定法

分项评价法是根据具体城市的地域特征，结合影响要素的影响程度，先在因素和一级指标层面进行合并和取舍，选择关键的影响因素作为评定分项进行评定，再将评定分项进行定性或加权综合得出综合评定结果。

① 张军民，陈有川．城市规划编制过程中的常用方法 [M]. 武汉：华中科技大学出版社，2008.

该方法特点是分析结果由分项评定图和用地综合评定图组成；计算量较小，容易操作，并能直观地反应特殊或焦点因素单独的空间影响结果，但主观判断较多，容易出现遗漏关键因素的情况。该方法的评定过程分为四步。

3.1　确定评定分项

在因素层面判断各一级指标对城市空间适宜性评价的影响程度，对指标进行适当的取舍，针对性的选取特殊指标和关键的基本指标，并在因素或一级指标层面进行合并，形成分项评价的主题和指标，如土地承载力、地质灾害、重要污染源影响、地形地貌（坡度）、生态敏感性、土地的可得性、基础设施支撑等分项评定的主题①。具体操作中，可结合城市实际选择关键的几个分项主题，例如对于工程地质条件良好，且地形不很复杂的小城市，分项评价内容也可简化为自然条件、土地空间的可得性和基础设施支撑等三个分项主题；而对于山地城市的用地评定中，由于地形复杂，地面坡度即可作为一个单独的分项评定主题。

3.2　进行分项评定

确定主题后，参照《城乡用地评定标准》CJJ 132—2009 中定性分级和定量分值的要求，建立分项评定的指标体系，根据具体情况统一划分成三级或四级，并确定相应的定量分值。然后，依据指标体系划定各分项评定的评定单元，优先确定“严重影响”或“不适宜级”的评定单元，依次类推，形成分项中评定单元的评定结果。得到的分项评定图能直观反映出某一影响因素层面对建设适宜性的单独影响结果。

3.3　定性综合评定

完成全部分项主题评定后，进入建设适宜性综合评定阶段，先进行定性判断各评定单元的建设适宜性等级类型。所有分项评定中，如果出现评定单元达到“严重影响”级标准，直接划定为不可建设用地；如果仅出现一个达到“较重影响”级标准，直接划定为不宜建设用地；如果仅出现一个达到“一般影响”级标准，直接划定为可建设用地，根据这个标准先定性判断各评定单元的等级类型。

3.4　定量综合评定

如果定性判断较为困难，则需结合定量分析进行评定。根据各分项评定单元的形态差异，通过叠加处理，形成综合评定的计分单元。确定各分项主题评定的权重，并将分项评定的定性分级进行定量分值；对计分单元进行分项评定分值加权综合，计算最后的计分单元的综合分值。根据分值结合定性标准进行等级确认②。

其计算公式如下：

$$P=\sum_{i=1}^{m} w_i \cdot X_i \qquad \text{公式（4-1）}$$

式中　P——计分单元综合评定分值；

m——分项因子数；

w_i——第 i 分项评定计算权重，根据具体评定项目具体确定；

X_i——第 i 分项计分单元分级赋分值。

① 张军民，陈有川．城市规划编制过程中的常用方法 [M]. 武汉：华中科技大学出版社，2008：160.

② 张军民，陈有川．城市规划编制过程中的常用方法 [M]. 武汉：华中科技大学出版社，2008.

二、用地选择

用地选择是在用地评定的基础上，需要综合考虑城市的功能组织和空间布局形态、城市运营管理和建设工程经济、城市的生态安全和可持续发展等多方面问题，明确城市空间发展方向，分析城市空间增长边界，形成城市重要功能板块的空间选择意向。

用地选择是用地评定和方案构思之间的桥梁，实际操作中要结合方案的初步构思设想，反复分析比较。

1. 用地选择原则

用地选择相对于用地评定更强调一个理性的“主观”判断过程，且重点关注人为影响因素的作用，选择的原则主要有以下几个方面。

（1）经济上的可行性。用地选择要满足工业、住宅、市政公用设施等项目建设对用地的地质、水文和地形等条件的要求，尽量减少工程准备的费用。了解城市不同功能用地和设施对坡度的不同要求（表 4–2–4）及不同地貌特征构建特色城市形态的途径，如河谷地带、低丘山地和水网地区等可将水系、山丘等作为城市生态廊道或城市绿肺予以保留，做到地尽其利、地尽其用，合理利用土地资源和自然环境资源。

城市主要建设用地适宜规划坡度一览表　　表 4–2–4

用地名称	最小坡度（%）	最大坡度（%）
工业用地	0.2	10
仓储用地	0.2	10
铁路用地	0	2
港口用地	0.2	5
城镇道路用地	0.2	8
居住用地	0.2	25
公共设施用地	0.2	20
其他	—	—

（资料来源：《城市建设用地竖向规划规范》CJJ 83—2016）

（2）功能上的合理性。用地选择要有利于城市用地的合理布局和功能组织，有利于基础设施的配套建设及高效合理运行，形成方便、舒适、优美的工作和居住环境。注意水资源对工业建设项目和城市规模的约束情况，以及风向对于工业用地和居住用地的选址的影响；例如，在盆地或峡谷的城市，千万不要忽视微风与静风的频率，如果只按盛行风向作为布置用地的依据，而没有注意静风的影响，则有可能加剧环境污染。

（3）要素上的统筹性。遵守相关法律、法规和技术规定中有关土地利用的规定，用地选择要尽量少占农田、保护耕地，尽量利用劣地、荒地、坡地，注重与相关规划中各类保护区、控制区等特殊管控区域的对接，注意原有的自然资源和水系脉络等生态结构，以及地域的特色文化遗产的保护，以实现城乡一体化的和谐发展。

(4) 时序上的持续性。用地选择不仅要寻求用地满足城市未来空间发展的需求，同时也要结合城市发展的近期建设需要，以及与城市空间结构发育状况的结合，关注城市空间和功能的扩展的路径依赖性，保证城市的可持续发展和建设分期实施的有序协调。

(5) 利益上的协调性。由于城市空间对于城市经济与产业、社会发展与和谐、区域共生与协作的支撑作用与促进作用，其发展必然关系到城市管理者、社会组织、市民等不同群体的利益诉求。现实中，不同城市、不同发展阶段以及不同的发展愿景，都可能造成各个要素在城市管理者、市民和规划师心目中权重的变化。因此，用地选择应当有经济、社会的意识与视角，注重各方利益诉求的协调。

城市用地选择是一个复杂的决策体系，除法律的刚性规定以外，影响因素之间以及内部可能构成相互冲突的两难困境，并且涉及不同群体的发展愿景和利益诉求的协调。因此，在很多情况下，对这些影响因素和选择原则的认识、排序与调和决定了城市用地选择结果以及总体规划的质量水平，而在很大程度上，这依赖于设计者的知识能力、实践经验、投入程度与沟通技巧。

2. 用地选择思路

用地选择的视角是建立在用地评定得出的不同等级类型用地"供给"与城市空间发展"需求"的关系判断上，选择思路可大致归纳为如下几方面。

2.1 总结用地评定结果，梳理备选空间特征

用地评定得出的建设适宜性的四类用地，在空间上可能是集中连片，也可能是错落排列或零星分布。因此，应对其空间分布特征进行总结，并标明其中的空间要素特征。对Ⅰ类适宜建设用地和Ⅱ类可建设用地集中连片的位置、大致规模、主要的空间特征等内容进行总结，反应出城市空间发展未来主要的可能"供给"空间，明晰确定城市发展方向的空间基础。

对于Ⅲ类不宜建设用地和Ⅳ类不可建设用地，不仅要关注其空间分布的状态，还要关注确定其等级类型的基本农田保护区、军事禁区与管理区、地下采空塌陷区等各类保护区、控制区等要素的性质和管控要求。这些要求会对周边适宜建设用地的功能"需求"产生不利的影响和约束，并直接或间接影响城市空间发展方向选择。例如，城市当前面对的主要任务是选择城市的工业新区，但某适宜建设用地区域却毗邻风景名胜区或生态敏感区，这种情况往往会导致工业新区另选它址，进而影响城市近期发展方向。

2.2 依托现状空间结构，分析结构可生长性

城市空间的功能结构具有相对的持久性和一定的锁定效应，并且城市空间发展过程无法进行"试错"。因此，城市未来整体空间结构形态的选择，必须考虑城市空间的功能结构发育和现状建成区的建设水平。

城市空间的功能结构发育分析主要包括城市空间的现状功能结构特征、新兴功能板块位置规模和发育程度、城市结构要素关系合理程度等内容。通过这些分析可以得出城市空间的现状功能结构关系中存在哪些问题，在空间扩展和功能结构要素发育呈现哪些趋势，进而在结构的稳定性和可生长性方面得出判

断，形成城市空间发展方向以及方案构思的基础。

现状建成区的建设水平同样会影响到用地选择的判断。一方面，城市空间扩展或城市新区等可能“增量区域”的建设现状的保留价值、改变用地功能或搬迁的可能性，将影响到新区建设的可行性，进而影响到用地选择和城市整体的空间结构；另一方面，城市建成区内的旧城改造可能性、工业区外迁的可行性等都会影响到城市新功能板块的区位选择，进而影响对城市未来整体空间结构判断。

2.3　把握区域关系重点，关注重大设施影响

区域关系指一个城市与周边其他城市或地区的关联程度。在城市区域化和区域城市化的趋势中，各个城市作为城市网络中的“节点”，彼此之间的经济关联的类型、方式和强度都会影响到城市空间的发展方向、产业结构和发展重点的选择。

高速公路、铁路等区域重大基础设施，一方面可以强化区域间的联系而对城市空间发展起到引导作用，另一方面也会成为制约城市空间发展的“门槛”；是否跨越“门槛”发展有时是城市空间发展的两难选择。此外，河流、山体、高压走廊也会成为城市的发展“门槛”，特别是对中小城市空间发展的影响尤为突出。因此，关注区域关系以及重大设施的影响分析，可以有助于科学把握城市空间的发展方向。如果Ⅰ类和Ⅱ类等级用地位于处于主导的经济流向上，并有较为优越的区域交通条件，且没有城市的发展各类制约“门槛”，则该方向或地段将会对城市新区开发、特别是产业布局有着强烈的吸引作用。

2.4　关注设施支撑水平，注重扩展的可持续

在城市空间扩展过程中，城市基础设施，特别是城市道路设施往往起到先导作用。城市新区一般具有适度超前的基础设施建设水平，并以此支撑该区域后续空间发展。因此，关注城市基础设施支撑水平和城市的近期发展需求，有助于判断近期城市空间扩展的主要方向。

另一方面，也要从城市整体的角度，综合判断城市空间结构的远期发展目标，分析近期扩展区域能否满足城市未来建设空间的需求，在远期目标需求和近期现实需求之间做好平衡，科学确定城市不同阶段的发展方向，确保城市空间发展的可持续性。

3. 用地选择步骤

城市空间发展方向选择是总体规划方案展开的重要基础和前提判断，需要经过充分的论证，慎之又慎。综合以上思路，一般按以下的步骤进行(图4-2-1)。

3.1　拟定初步的空间增长边界

在对评定结果的空间特征分析基础上，梳理城市建设用地可能的“供给”空间范围、数量、位置、规模以及特征，以及自然保护区、军事禁区与管理区、地下采空塌陷区等各类保护区、控制区的区域管控要求。初步形成城市建设空间发展可能达到的边界，构建初步的城市空间增长边界。

结合对城市人口规模的初步研究结论，以及现状人均城市建设用地面积指标，根据《城市用地分类与规划建设用地标准》GB 50137—2011要求估算城市总用地规模，验证初步的城市空间增长边界的范围能否满足城市空间发展

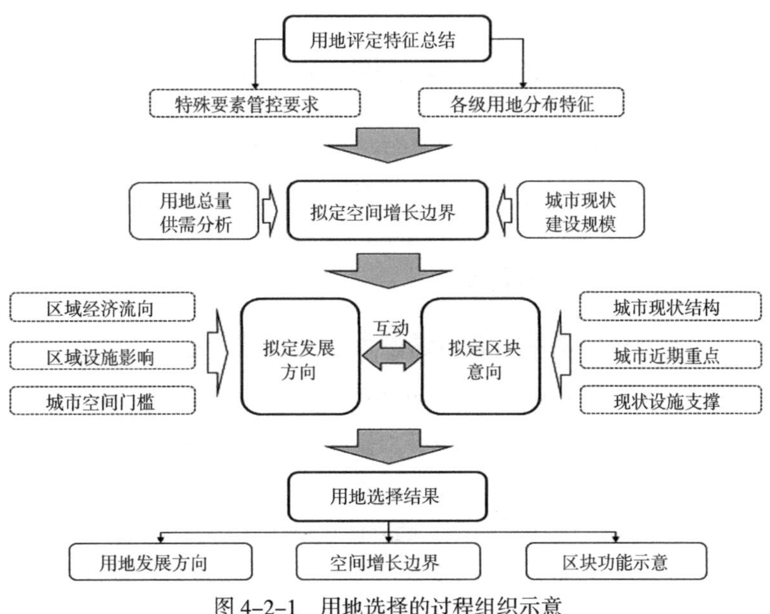

图 4-2-1 用地选择的过程组织示意

“需求”。一般情况下，城市空间增长边界的规模应远大于城市总用地的“需求”规模。

3.2 拟定城市用地的发展方向

结合区域经济、交通等方面的分析，以及特殊保护区和控制区的空间管控要求，在用地评定的基础上，初步形成城市发展方向的几个判断。当城市空间扩展需要跨越各种空间限制所产生的“门槛”时，要重点关注跨越“门槛”的成本分析，通过比较分析形成最终的城市用地发展方向的判断。实际操作中，由于分析问题的出发点不同，不同的设计方案会形成不同的城市用地发展方向判断，这也是正常现象，应在后续的设计环节，通过方案比较进行综合或取舍。

基于形成的城市发展方向判断，分析城市用地发展的空间“供给”和“需求”平衡，如果“供给”远大于“需求”则可以继续进行设计；如果“供给”小于“需求”，一般情况是用地评定区划定范围过小，需扩大评定范围，进而影响城市空间增长边界的划定。

3.3 拟定选择区块的功能意向

根据用地评定的各等级类型“区块”的空间分布特征，结合城市空间结构发育情况、基础设施支撑以及近期发展重点的分析，对城市发展方向的不同判断下的用地区块做“粗线条”构思，例如工业新区、新建生活片区、旧城区、东部新区等。这个“粗线条”选择与后续的城市布局模式选择、空间结构构思实际是融为一体、一脉相承，换句话说，就是在用地选择阶段就已经开始进行方案构思和结构设计的思维“勾勒”了。

这种“勾勒”有助于从功能关系的合理性和可行性角度对城市发展方向判断进行校核和检验，但更多地是从较宏观的方面进行的，例如用地选择是否集中紧凑、工业与居住的相互关系是否恰当、区域关系和空间格局是否吻合、原有城镇格局或功能结构是否得到优化等。

3.4　形成有待验证的基本判断

作为一个环节，用地选择的结果需要形成清晰的“结论”，以便进入后续的构思阶段。这些结论是有待在后续环节验证的判断，主要包括城市空间增长边界的判断、城市空间发展方向选择的判断，以及城市主要区块的功能意向安排。这些判断只有经过后续阶段的不断验证和修正，才能成为最终的结论。

第三节　案例解析

一、南京市城市建设用地适宜性评定

南京市城市建设用地适宜性评定是《南京市城市总体规划（2007—2020）》十八项专题研究之一，结合南京地理地质特点，参照《城乡用地评定标准》中的综合定量评判法，运用 GIS 技术展开评定工作，主要内容和步骤如下[①]。

1. 建数据库，选取评定指标

南京市城市建设用地适宜性利用 ArcGIS 建立全市用地评定专题的数据库，地理空间参照为南京 92 坐标系，85 国家高程基准，成果图比例尺为 1 ：5 万，评定面积为 6582km^2。

评定指标选取是在深入分析影响南京市城市建设的自然环境条件和工程建设条件的基础上，通过召开多次专家咨询会讨论，舍弃了受评定标准影响不考虑的指标、受资料难以收集而限制的指标后确定的，用地评定指标体系由 9 个一级指标、18 个二级指标组成。其中，特殊指标类中包括 5 个一级指标、12 个二级指标；基本指标类中包括 4 个一级指标、6 个二级指标（表 4–3–1）。

2. 数据处理，划分评定单元

用地评定基本单元的确定，是以评定指标要素数据库为基础，应用 GIS 的空间数据叠置分析方法获得。通过将各评定要素进行叠置，叠加形成的图斑即构成用地评定基本单元，以确保单元自然属性基本一致，以及空间关系的完整性和一致性。单元的大小没有绝对的限制，共划分了 12675 个基本单元，最大单元的面积为 51171hm^2，最小单元的面积为 5hm^2。

3. 指标分级，确定指标权重

特殊指标涉及 12 类二级指标，每类指标按影响程度分为严重影响级、较重影响级和一般影响级共三级，并确定其相应的定量分值依次为“10 分”、“5 分”、“2 分”，分值小者限制性小，见表 4–3–2。

基本指标涉及 6 类二级指标，每类指标分为适宜级、较适宜级、适宜性差级、不适宜级四级，定量分值依次为“10 分”、“6 分”、“3 分”、“1 分”，分值大者适宜于建设，见表 4–3–3。

基本指标的权重值根据南京市具体情况，通过专家打分确定。由于地形地貌、水文气象、自然生态 3 个一级指标均仅包含 1 个二级指标，故 3 个二级指标的权重为 10，不需专家打分。其他指标的权重通过两轮专家打分的平均值确定（表 4–3–4）。

---

① 叶斌，程茂吉，张媛明 . 城市总体规划城市建设用地适宜性评定探讨 [J]. 城市规划，2011，35（04）：41–48.

南京城市建设用地适宜性评定指标体系　　表 4-3-1

序号	类型	一级指标	二级指标
1-01	特殊指标	工程地质	特殊性岩土
1-02			断裂
1-03			地震液化
1-04			滑坡崩塌
1-05			地面塌陷
1-06			岸边冲刷
1-07		地形地貌	丘陵
1-08		水文气象	区域防洪
1-09			灾害性天气
1-10		自然生态	特殊生态系统
1-11		规划控制	保护区
1-12			控制区
2-01	基本指标	工程地质	岩土类型
2-02			地基承载力
2-03			抗地震设防烈度
2-04		地形地貌	地面坡度
2-05		水文气象	洪水淹没
2-06		自然生态	林木覆盖

（资料来源：叶斌，程茂吉，张媛明．城市总体规划城市建设用地适宜性评定探讨 [J]. 城市规划，2011，35（04）：41-48.）

南京城市建设用地适宜性评定特殊指标分级标准　　表 4-3-2

序号	一级指标	二级指标	定量标准		
			严重影响级（10 分）	较重影响级（5 分）	一般影响级（2 分）
1	工程地质	特殊性岩土	垃圾填埋场垃圾	—	长江漫滩软土
2		断裂	—	—	微弱全新活动断裂
3		地震液化	—	—	轻微
4		滑坡崩塌	不稳定	—	—
5		地面塌陷	强烈	—	弱
6		岸边冲刷	—	—	不稳定
7	地形地貌	丘陵	≥ 20 ~ 50m	—	—
8	水文气象	区域防洪	—	城市防洪工程（行洪区、泄洪区、蓄滞洪区）	—
9		灾害性天气	—	—	严重灾害性天气
10	自然生态	特殊生态系统	湿地	—	—
11	规划控制	保护区	水源地保护区	—	地下文物埋藏区
12		控制区	国家、省级风景名胜区;国家、省级森林公园；矿产资源极具开采价值	市级风景名胜区、市级森林公园、矿产资源较具开采价值	机场净空区、矿产资源具有潜在开采价值

注："—" 表示没有特殊指标属于这个分值。
（资料来源：叶斌，程茂吉，张媛明．城市总体规划城市建设用地适宜性评定探讨 [J]. 城市规划，2011，35（04）：41-48.）

南京城市建设用地适宜性评定基本指标分级标准　　表 4-3-3

序号	一级指标	二级指标	定量标准			
			不适宜级（1 分）	适宜性差级（3 分）	较适宜级（6 分）	适宜级（10 分）
1	工程地质	岩土类型	软土	砂土	硬塑黏性土	基岩、卵砾石
2		地基承载力	＜ 100kPa	100kPa ~ 180kPa	180kPa ~ 250kPa	＞ 250kPa
3		抗地震设防烈度	—	—	Ⅶ度	Ⅵ度
4	地形地貌	地面坡度	＞ 30%	20% ~ 30%	10% ~ 20%	＜ 10%
5	水文气象	洪水淹没	—	按百年一遇设防	—	无洪水淹没
6	自然生态	林木覆盖	—	林地	—	其他

注：“—”表示没有基本指标属于这个分值或者没有这个分类。

（资料来源：叶斌，程茂吉，张媛明．城市总体规划城市建设用地适宜性评定探讨 [J]. 城市规划，2011，35（04）：41-48.）

南京城市建设用地适宜性评定基本指标的权重值　　表 4-3-4

一级指标	二级指标	二级权重 wi″	一级权重 wi′	计算权重 wi
工程地质	岩土类型	4	0.50	2.0
	地基承载力	4		2.0
	抗地震设防烈度	2		1.0
地形地貌	地面坡度	10	0.20	2.0
水文气象	洪水淹没线	10	0.20	2.0
自然生态	林木覆盖	10	0.10	1.0

注：一级权重值总和为 1.00，计算权重值总和为 10.0。

（资料来源：叶斌，程茂吉，张媛明．城市总体规划城市建设用地适宜性评定探讨 [J]. 城市规划，2011，35（04）：41-48.）

4. 综合计算，得出评定分值

利用 GIS 系统，对基本评定单元进行加权计算，分两步得到各评定单元的综合作用分值。

第一步，计算单元的特殊指标综合影响系数 K，K 值介于 0 和 1 之间，最大为 1。K 值大者为更适宜于建设。按如下公式计算：

$$K = 1 \Big/ \sum_{j=1}^{n} Y_j \qquad \text{公式（4-2）}$$

式中　$n=0$ 时，$K=1$；

n——覆盖了单元的特殊指标的个数；

Y_j——第 j 个特殊指标的影响分值；

j——特殊指标分级表中的二级指标的序号；

K 值介于 0 和 1 之间，最大为 1。K 值大者为更适宜于建设。

第二步，采用指标加权方法计算单元的综合分值 P。基本公式为：

$$P = K \sum_{i=1}^{m} W_i \cdot X_i \qquad \text{公式（4-3）}$$

式中 P——评定单元综合分值；

K——特殊指标的综合影响系数；

m——覆盖了单元的基本指标的个数；

W_i——第 i 个基本指标的计算权重；

X_i——第 i 个基本指标的影响分值；

i——基本指标分级表中的序号。

5. 依据规范，确定单元等级

基本单元的用地评定等级类别的划分按照定性和定量相结合的原则确定。

首先，采用“分级定性法”进行定性划分。在评定单元内特殊指标出现一个或一个以上“严重影响级”（10 分）的二级指标，即划定为不可建设用地；特殊指标未出现“严重影响级”（10 分）的二级指标，但出现一个或一个以上“较重影响级”（5 分）的二级指标，即划定为不宜建设用地；特殊指标未出现“严重影响级”（10 分）及“较重影响级”（5 分）的二级指标，但出现一个或一个以上“一般影响级”（2 分）的二级指标，即划定为可建设用地。

其次，按照计算的基本单位的综合分值划分用地的建设适宜性类别，其划分标准如表 4–3–5 所示。单元的综合分值越高，用地的适宜性越好。如果定性划分和定量划分的结果冲突，按照最大限制原则，选择较不利于建设的类别。例如定量划分结果为 II 类，定性判定为 III 类，那么取 III 类。

最后，进行评定类别的落界，制图综合。基本的原则是空间上连续的区域中，孤立类别的面积小于 1hm² 的图斑合并到周围相邻面积最大的图斑中，并参考如下落界标准：①保持强震区断裂、不良地质现象等特殊属性的城市用地的完整性；②与地貌单元、工程地质分区单元、水系界线、洪水淹没线保持一致；③结合保护区、管理区、净空限制区的控制范围界线和特殊价值生态区界线等进行必要的综合。此外，在评定类别的落界中尽量考虑现有用地边界线，以保证用地评定成果的实用性（表 4–3–6、图 4–3–1）。

城乡用地建设适宜性定量评定表 **表 4–3–5**

类别等级	类别名称	基本单元的综合分值（分）
Ⅰ类	适宜建设用地	$P \geq 60.0$
Ⅱ类	可建设用地	$30.0 \leq P < 60.0$
Ⅲ类	不宜建设用地	$10.0 \leq P < 30.0$
Ⅳ类	不可建设用地	$P < 10.0$

（资料来源：叶斌，程茂吉，张媛明．城市总体规划城市建设用地适宜性评定探讨[J]. 城市规划，2011，35（04）：41-48.）

南京城市建设用地适宜性类别面积统计 **表 4–3–6**

评定类别 / 面积	适宜建设用地	可建设用地	不宜建设用地	不可建设用地	合计
面积（hm^2）	253407	144146	46074	214573	658200
所占比例（%）	38.5	21.9	7	32.6	100

（资料来源：叶斌，程茂吉，张媛明．城市总体规划城市建设用地适宜性评定探讨[J]. 城市规划，2011，35（04）：41-48.）

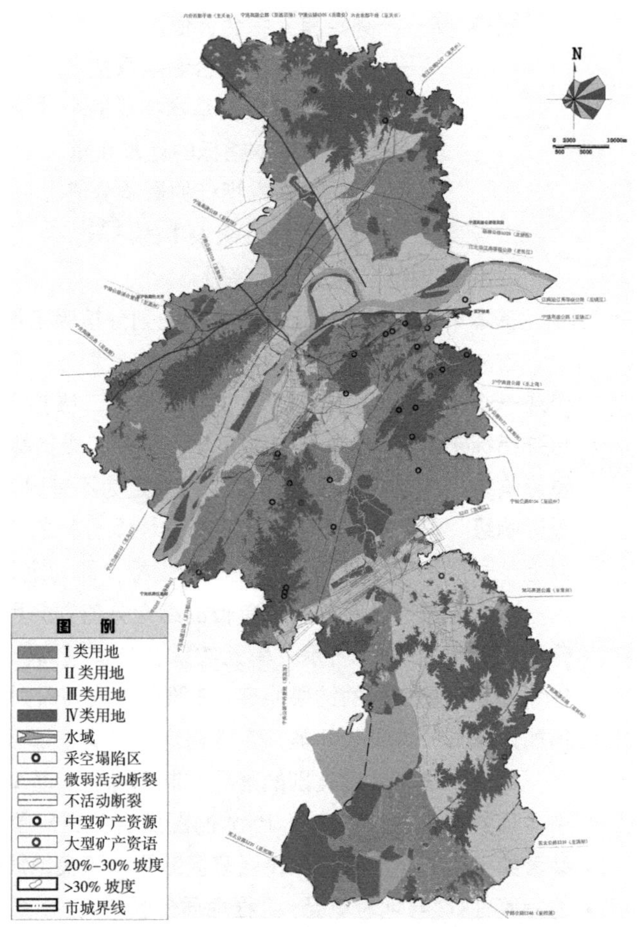

图 4-3-1 南京市城市建设用地适宜性类别评定

（资料来源：叶斌，程茂吉，张媛明．城市总体规划城市建设用地适宜性评定探讨 [J]. 城市规划，2011，35（04）：41-48.）

6．分析特征，确定空间格局

通过分析四类评定等级类别用地的空间分布特征，发现Ⅰ、Ⅱ类用地（适宜建设用地和可建设用地）主要分布在沿长江两岸带形用地和以主城为核心的南北向城镇发展带上。由此结合南京自然山水条件、现状城镇基础，顺应区域城镇发展格局，按照集中、集约的发展思路，确定城市的主要发展方向。规划提出将城镇和产业沿江和沿主要交通走廊布局，形成“两带一轴”城镇空间结构。

“两带”指沿江发展的江北城镇发展带和江南城镇发展带；“一轴”指沿宁连——宁高高速公路走廊形成的南北向城镇发展轴（图 4-3-2）。并在“轴”或“带”上以生态空间为绿楔，最终形成“多心开敞、轴向组团、拥江发展”的现代都市区空间格局，既体现了精明增长理念、有利于客运交通走廊的形成和提高城市整体运行效率；又符合南京的地形地貌和气候环境特征，突出了城市特色。

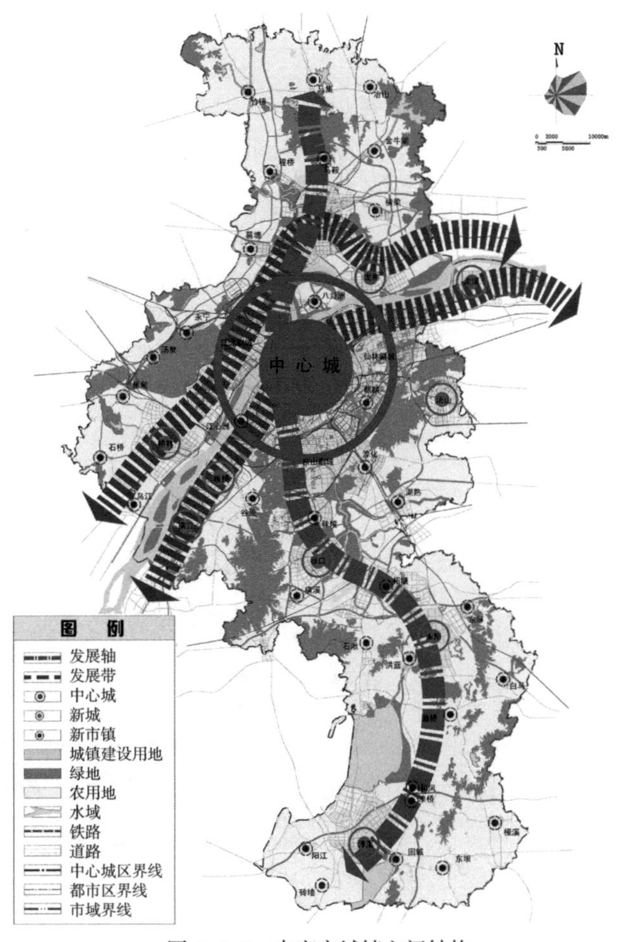

图 4-3-2 南京市城镇空间结构

（资料来源：叶斌，程茂吉，张媛明.城市总体规划城市建设用地适宜性评定探讨 [J]. 城市规划，2011，35（04）：41-48.）

二、莱芜市城市建设用地适宜性评定①

莱芜市是山东省辖地级市，位于山东省中部，位于国家高速公路网横线 G22 青兰高速公路以及放射线 G2 京沪高速（明莱高速）的交汇点，是山东省会城市群的中心城市之一。莱芜市中心城区为组团式分散布局模式，包括莱城区和钢城区两部分，中心城区北、东、南三个方向为山区丘陵，城区地形坡度变化较大，且周边有煤矿采空塌陷区、铁矿采空塌陷区、岩溶塌陷区以及城市水源地等特殊限制性因素。

在莱芜市城镇空间发展格局方面，相关专题已经确定区域空间结构为“一体两翼，一带四片”（表 4-3-7），形成以莱城区、钢城区为中心，依托京沪高速公路、省道莱明线和济南—莱芜城际轨道形成南北向城镇空间发展带（图 4-3-3）。其中规划中的济莱城际铁路将在雪野、口镇、莱芜、钢城东设有站点。

① 同济大学城市规划设计研究院，山东建大建筑规划设计研究院，济南市规划设计研究院.莱芜市总体规划纲要（2014—2030）[Z]. 2014.

莱芜市区域空间结构构想　　表 4-3-7

要素	内容
“一体”	莱城城区，作为莱芜协调区域发展、强化省会副中心城市职能的核心载体
“两翼”	北翼：以口镇和雪野为依托，构建对接济南的旅游服务基地、济莱协作的先进制造业基地等新兴发展空间； 南翼：通过对钢城区产业转型、配套服务升级，构筑新欧亚大陆桥重要的陆港产业协作战略支点、辐射鲁中南区域商贸物流中心和现代服务业高地
“一带”	城镇空间拓展带：依托京沪高速公路（G2）、省道莱明线和拟建的济莱城际轨道，构建城镇化空间和功能集约化发展的主体功能带，是工业和第三产业布局的重点
“四片”	1）北部山水休闲旅游片：构筑省会城市群重要的生态休闲基地。 2）西部平原高效农业片：形成山东省重要的姜蒜生产、集散和加工基地。 3）东部丘陵特色农业片：加强生态涵养，构建以特色商贸业和飞地经济对接淄博的窗口。 4）南部山林生态旅游片：利用近郊山林优越的生态环境，大力发展城郊生态休闲和旅游服务业

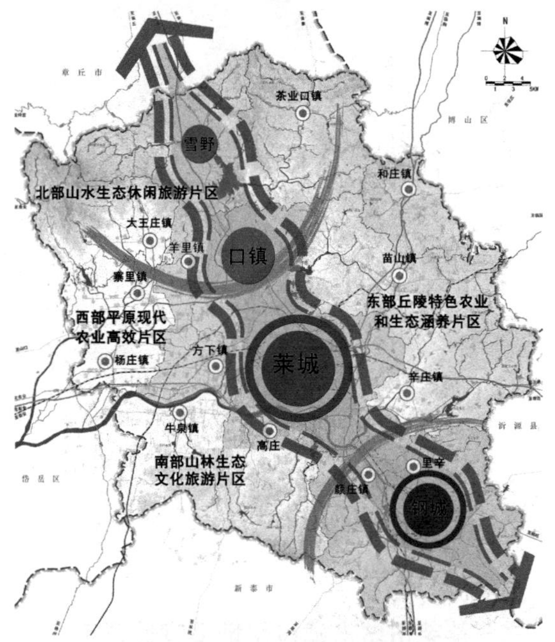

图 4-3-3　莱芜市规划区域结构图
（资料来源：同济大学城市规划设计研究院，山东建大建筑规划设计研究院，济南市规划设计研究院．莱芜市总体规划纲要（2014—2030）[Z].2014.）

在城市建设用地适宜性评定方面，莱芜市采用分项评定法，先建立分项评定主题并进行分项评定，再通过叠置分析的方法，获得建设用地适宜性综合评定图，主要内容和步骤如下①。

1. 选择指标，确定分项主题

划定莱芜市中心城区用地适宜性评定范围为：南至行政边界、北至小冶村、西至下马家泉村、东至龙巩峪村，包含现状莱城区、钢城区在内，评定区面积共 1289.40hm^2。

① 同济大学城市规划设计研究院，山东建大建筑规划设计研究院，济南市规划设计研究院．莱芜市总体规划纲要（2014—2030）[Z]. 2014.

基于因地制宜和突出重点的原则，经专家咨询，选定水文地质、地形条件和生态保护三方面主题进行分项评定，并选取地质灾害、地震断裂带、洪水淹没程度、坡度、水源地、基本农田等6个关键影响因子作为分项指标（表4–3–8）。由于所选的指标因子均为《城乡用地评定标准》中的特殊指标，权重基本相当，故本次用地评定采用定性评价方法，将影响因子划分为“严重影响”、“较重影响”、“一般影响”三个等级，并据此进行分级定性标准的确定（表4–3–9）。

分项评价主题与指标 表4–3–8

序号	分项主题	分项指标
1	水文地质条件评定	地质灾害
2		地震断裂带
3		洪水淹没程度
4	地形条件评定	坡度
5	生态保护评定	水源地
6		基本农田

指标评价体系定性标准 表4–3–9

分项主题	分项指标	定性标准		
		严重影响	较重影响	一般影响
水文地质条件评定	地质灾害	高易发区	中易发区	低易发区
	地震断裂带	—	中等、微弱全新活动断裂带	非全新活动断裂带
	洪水淹没程度	场地标高低于设防洪（潮）标高≥2.0m	场地标高低于设防洪（潮）标高1.0～2.0m	场地标高低于设防洪（潮）标高0.5～1.0m
地形条件评定	坡度	≥25%	15%～25%	8%～15%
生态保护评定	水源地	水源地一级保护区及地表水源二级保护区	地下水源二级保护区	水源地准保护区
	基本农田	高标准农田	基本农田	一般农田

注：“—”表示没有这个分类。

2. 分项评定，得出分项结果

在分项主题下，根据所包含的指标因子的分布状况，划定各指标因子的定性“斑块”分布，并通过叠加分析，形成各分项主题的评定单元及其定性等级，形成分项主题图。

参照《城乡用地评定标准》确定，确定分项主题下的叠加定性分析的原则：叠加后“斑块”出现一个“严重影响级”指标，划定为“严重影响级”单元；未出现“严重影响级”指标，但出现一个或一个以上“较重影响级”指标，划定为“较重影响级”单元；未出现“严重影响级”及“较重影响级”指标，但出现一个或一个以上“一般影响级”指标，划定为“一般影响级”单元的。

2.1 水文地质条件评定

将莱芜市水文地质条件中各影响因子"斑块"进行叠置分析，共形成34个专题评定单元，最大单元的面积为25099hm²，最小单元的面积为6.5hm²，确定水文地质主题下的建设用地适宜性分项评定图（图4–3–4）。其中，严重影响级单元面积为15449hm²，主要两个城区之间，沿牟汶河东西带状分布，另外在莱城区西北部、南部，钢城区西南部呈团状分布；较重影响级单元面积为13893hm²，除临近莱城区西部分布外，主要分布在外围山体；一般影响级单元面积为48451hm²，除莱城区北侧外，以四周山体为主；无影响区域面积为51147hm²（表4–3–10）。

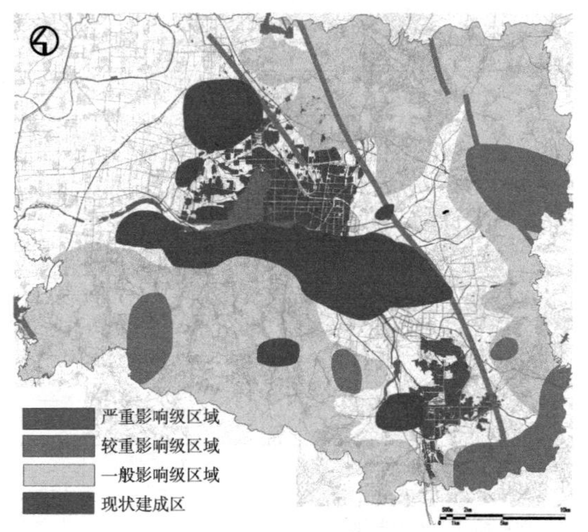

图4–3–4　水文地质条件分项评定图
（资料来源：同济大学城市规划设计研究院，山东建大建筑规划设计研究院，济南市规划设计研究院．莱芜市总体规划纲要（2014—2030）[Z]. 2014.）

莱芜市城市建设用地水文地质条件评定面积统计表　　表4–3–10

评定类别	严重影响级	较重影响级	一般影响级	其他	合计
面积（hm²）	15449	13893	51147	48451	128940
所占比例（%）	12.0	10.8	39.7	37.5	100

2.2 地形条件分项评定

由于莱芜地处山区，地形条件主题下只选择地形坡度一个指标。基于GIS坡度分析，将评定区分为133个评定单元，其中33个评定单元属于严重影响级，面积为4532hm²；43个评定单元属于较重影响级，面积为11323hm²；56个评定单元属于一般影响级，面积为18210hm²；其他无影响区域面积为94875hm²（表4–3–11、图4–3–5），整体上，莱城区西北方向不受地形坡度限制，钢城区周边受限较多。

莱芜市城市建设用地地形条件分项评定面积统计表　　表4–3–11

评定类别	严重影响级	较重影响级	一般影响级	其他	合计
面积（hm²）	4532	11323	18210	94875	128940
所占比例（%）	3.5	8.8	14.1	73.6	100

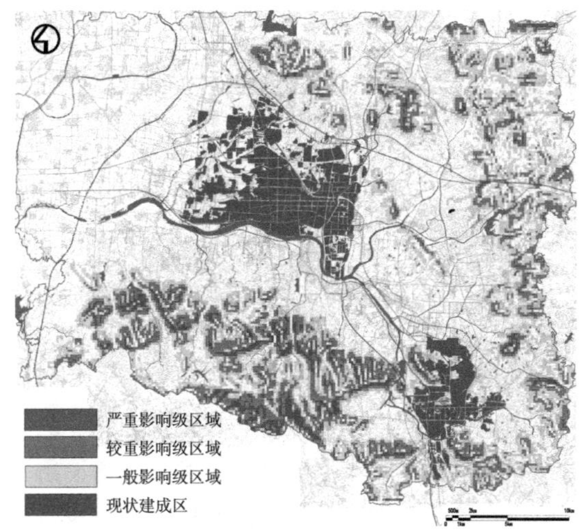

图 4-3-5　地形条件分项评定图
（资料来源：同济大学城市规划设计研究院，山东建大建筑规划设计研究院，济南市规划设计研究院．莱芜市总体规划纲要（2014—2030）[Z]. 2014.）

2.3　生态保护分项评定

根据莱芜市水源地位置及保护控制范围，在评定区中划出 18 个"斑块"；根据基本农田保护边界和一般农田分布情况，在评定区中划出 212 个"斑块"。通过对以上各影响因子"斑块"叠置，共形成 586 个专题评定单元，最大单元的面积为 9119hm^2，最小单元的面积为 2.6hm^2。按照叠加定性分析的原则，得出生态保护主题评定图。其中，严重影响级单元面积为 25144hm^2，具城区最近的单元分布在莱城区东部；较重影响级单元面积为 33510hm^2，城区周边均有分布；一般影响级单元面积为 14929hm^2，具城区最近的单元分布在莱城区西侧；无影响区域主面积为 55357hm^2（图 4-3-6、表 4-3-12）。

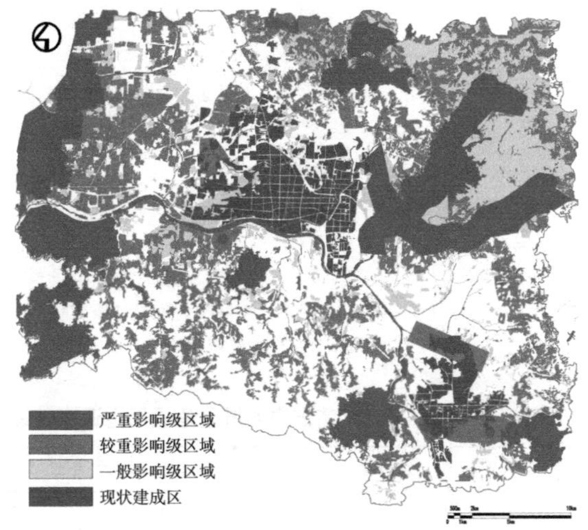

图 4-3-6　生态保护类要素分项评价图
（资料来源：同济大学城市规划设计研究院，山东建大建筑规划设计研究院，济南市规划设计研究院．莱芜市总体规划纲要（2014—2030）[Z]. 2014.）

莱芜市城市建设用地生态保护分项评定面积统计表　　表 4-3-12

评定类别	严重影响级	较重影响级	一般影响级	其他	合计
面积（hm^2）	25144	33510	14929	55357	128940
所占比例（%）	19.5	26.0	11.5	43.0	100

3. 综合判断，确定等级类型

分项评定结束后，通过叠加定性分析的原则，对三个分项主题评定结果进行叠加分析，得出最终的建设用地适宜性评定总图。

按照出现一个及以上“严重影响级”的评定单元，全部划定为Ⅳ类不可建设用地；出现一个及以上“较重影响级”的评定单元，除去“严重影响级”评定单元部分，其余全部划为Ⅲ类不宜建设用地；出现一个及以上“一般影响级”的评定单元，除去“严重影响级”及“较重影响级”评定单元部分，其余全部划为Ⅱ类可建设用地；未出现任何影响因子的区域，全部划定为Ⅰ类适宜建设用地的原则，得到莱芜市用地适宜性综合评价图。

在空间分布方面，Ⅰ类适宜建设用地和Ⅱ类可建设用地占评定区总面积的32.9%，主要分布在莱城区的西北和北侧为主，以及钢城区的东侧和北侧；Ⅲ类不宜建设用地和Ⅳ类不可建设用地占评定区总面积的67.1%，主要分布以莱城区和钢城区之间带状分布为主，对莱城区向东、向南发展以及钢城区向西、向东南发展产生严重制约（图 4-3-7、表 4-3-13）。

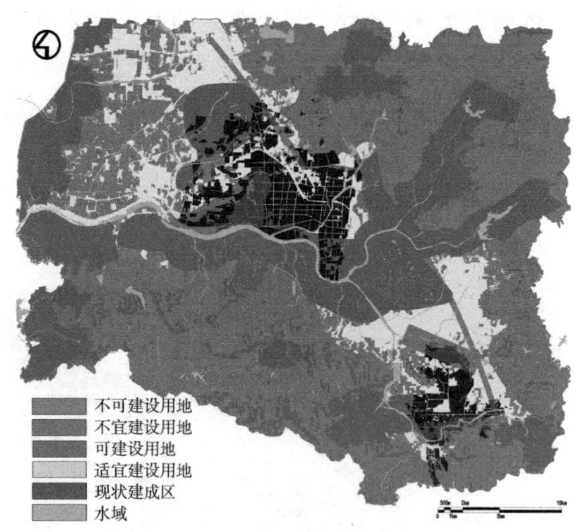

图 4-3-7　建设用地综合评价图

（资料来源：同济大学城市规划设计研究院，山东建大建筑规划设计研究院，济南市规划设计研究院．莱芜市总体规划纲要（2014—2030）[Z]. 2014.）

莱芜市中心城区建设用地适宜性综合评定面积统计表　　表 4-3-13

评定类别	不可建设用地	不宜建设用地	可建设用地	适宜建设用地	合计
类别等级	Ⅳ类	Ⅲ类	Ⅱ类	Ⅰ类	—
面积（hm^2）	43853	42683	23233	19171	128940
所占比例（%）	34.0	33.1	18.0	14.9	100

4. 拟定增长边界与发展方向

总结莱芜市中心城区用地适宜性评价结果，结合城市现状建成区的比较分析，在空间分布上，具有优先发展的适宜区域“增量”区域分布如下：①莱城区：主要分布在东部和北部，大约五个区域，可为城区可提供的“增量”空间约 43.08km^2，这些区域均已有部分道路建设，具有良好发展基础，土地可得性较高；②钢城区：主要分布在钢城区东部和南部，大约四块区域，为城区可提供的“增量”空间约 39.40km^2（图 4–3–8）。

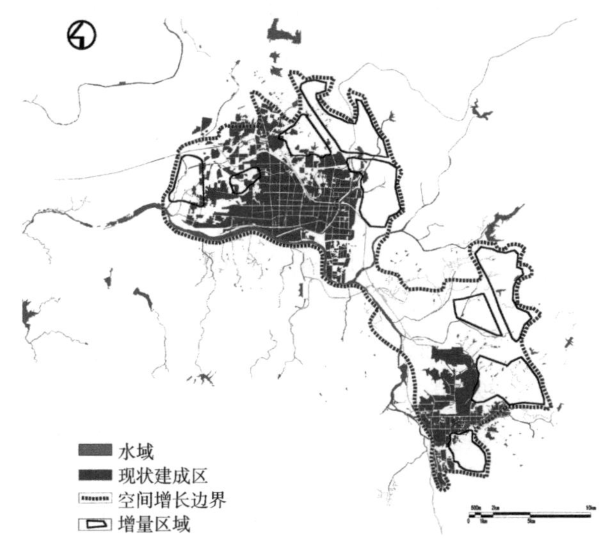

图 4–3–8 城市用地选择及增长边界示意

（资料来源：同济大学城市规划设计研究院，山东建大建筑规划设计研究院，济南市规划设计研究院．莱芜市总体规划纲要（2014—2030）[Z]. 2014.）

此外，莱芜主要经济流向为向北，相关专题研究确立城市发展目标为“构建融入济南、联动淄泰、陆港协作、辐射鲁中南的的省会副中心城市”，并预测 2030 年城市建设用地规模约 122km^2，人口规模 100 万人；其中，莱城规划建设用地规模 91km^2，相对现状建成区需要“增量”面积为 17.53km^2；钢城建设用地规模 31km^2，相对现状建成区需要“增量”面积为 5.26km^2。以上两大片“可能”的“增量”区域面积可以满足城市空间扩展需要。

因此，在相关专题配合下，初步拟定中心城区空间增长边界大致范围（图 4–3–8），包括范围内采空塌陷区等不可建设用地和地震断裂带影响区域等不宜建设用地在内的总面积为 322.83km^2，其中 I 类适宜建设用地和 II 类可建设用地合计 181.54km^2（表 4–3–14）。

莱芜市中心城区增长边界面积统计表 **表 4–3–14**

评定类别	不可建设用地	不宜建设用地	可建设用地	适宜建设用地	合计
类别等级	Ⅳ类	Ⅲ类	Ⅱ类	Ⅰ类	—
面积（hm^2）	8671	5458	4261	13892	32283
所占比例（%）	26.8	17.0	13.2	43.0	100

由此，基于北部的莱城区和南部的钢城区之间，存在牟汶河的阻隔，以及大片煤矿塌陷区。故莱芜市两个城区只能在组团式分散模式下寻求各自的空间发展方向，并加强两区之间的联系。结合各城区现状的功能发育、基础设施支持等情况的综合分析，可以确定莱城区发展方向拟定以西向、北向拓展为主；钢城区用地发展方向以东向、南向为主。

参考文献

[1] 陈雯,闫东升,孙伟．市县“多规合一”与改革创新:问题、挑战与路径关键[J]．规划师．2015，31（02）：17-21．

[2] 程茂吉，王波．南京市城市总体规划实施评估及相关思考[J]．现代城市研究，2011，26（04）：88-96．

[3] 高捷．我国城市用地分类体系重构初探[D]．同济大学，2006．

[4] 同济大学城市规划设计研究院，山东建大建筑规划设计研究院，济南市规划设计研究院．莱芜市总体规划纲要（2014—2030）（Z）．2014．

[5] 南京市规划局．《南京市城市总体规划（2007—2030）》成果草案[EB/OL]．http：//www.njghj.gov.cn/ngweb/Page/Detail.aspx? InfoGuid=ecff0 999-40d4-44ab-b390-18666e5ba9fa．

[6] 孙国庆．多规合一国土空间综合分区方法与支持工具研究[D]．中国地质大学（北京），2013．

[7] 吴志强，李德华．城市规划原理[M]．4版．北京：中国建筑工业出版社，2010．

[8] 叶斌，程茂吉，张媛明．城市总体规划城市建设用地适宜性评定探讨[J]．城市规划．2011，35（04）：41-48．

[9] 叶昌东，郑延敏，张媛媛．“两规”新旧土地利用分类体系比较[J]．热带地理．2013，33（03）：276-281．

[10] 张军民，陈有川．城市规划编制过程中的常用方法[M]．武汉：华中科技大学出版社，2008：160．

[11] 赵民，程遥，汪军．为市场经济下的城乡用地规划和管理提供有效工具——新版《城市用地分类与规划建设用地标准》导引[J]．城市规划学刊．2011（06）：4-11．

[12] 全国国土资源标准化技术委员会．土地利用现状分类：GB/T 21010—2017 [S]．北京：中国标准出版社，2017．

[13] 中华人民共和国国土资源部．市（地）级土地利用总体规划编制规程：TD/T 1023—2010 [S]．北京：中国标准出版社，2010．

[14] 中华人民共和国建设部．镇规划标准：GB 50188—2007 [S]．北京：中国建筑工业出版社，2007．

[15] 中华人民共和国住房和城乡建设部．城市用地分类与规划建设用地标准：GB 50137—2011 [S]．北京：中国计划出版社，2011．

[16] 中华人民共和国住房和城乡建设部．城乡用地评定标准：CJJ 132—2009 [S]．北京：中国建筑工业出版社，2009．

第五章　方案构思与设计

城市总体布局是城市总体规划中的重要内容，其任务是在城市性质和规模基本确定之后，基于城市建设用地适宜性评定，结合城市自身特点与要求，对城市各组成用地进行统一安排，合理布局，使其各得其所，有机联系，并为今后的空间发展留有余地。

城市总体布局的设计过程一般要经过"构思—结构"、"结构—方案"、"方案—布局"三个阶段。实际上，三个阶段之间并没有严格的界限区分，需在设计中灵活掌握。例如，对于结构并不复杂的小城市，往往三个阶段同步推进；其次，三个阶段之间也不是单向的线性关系，需要在构思立意、规划结构和布局方案之间往复校核，确保逻辑的一致性；最后，在整体上这三个阶段仅是城市总体规划编制中的一个环节，需要与城市发展战略、专题研究、城镇体系规划等其他环节密切配合，相互协调、修正，并协同推进。

第一节　方案构思与结构设计

在方案构思之前，已经进行了城市现状分析、城市发展战略、用地评定与选择、城市性质与规模等方面的分析研究，形成了初步的判断。"构思—结构"

阶段主要是以这些有意识的判断为基础，构建出城市空间发展的“粗线条”结构框架。这个阶段鼓励运用创造性思维形成“多样化”的结构构思方案，并能用语言、草图和文字进行逻辑地说明。

这个过程不仅是“设计者”运用创造性思维进行问题总结、逻辑思考、概念形成和空间结构建构的过程，而且也是“多样化”的规划结构草图进行比较、互动和整合的理性分析过程。是否具备“内在逻辑性”是评判构思的重要标准。这个过程一方面可以检验“设计者”对基础理论知识的掌握程度和灵活运用能力，另一方面可以培养“设计者”对城市以及区域发展中焦点问题的识别和判断能力，以及对城市空间发展的整体把握能力。

一、方案构思

1. 构思的基本认识

1.1 设计者的立场

“设计者”是有“立场”的。在城市总体规划设计中需要从两个方面来理解设计者的立场。

首先，要正确认识转型背景下规划师的社会职责和价值观。城市的发展涉及政府、企业、居民等不同层面和类型的利益群体，他们对空间要素的组织有着不同的利益诉求。在我国城市规划逐步由传统的物质空间规划向多元公共政策转型中，规划师不仅是城市空间布局与设计的技术角色，而且也是承担着一定职责的社会角色，如宣扬集体和公众利益，减轻个人或市场行为可能带来的负面作用，保护社会弱势阶层和贫困群体的利益等。因此，为保障快速城市化中多方利益平衡，规划师应具有宣扬社会公正、公平及城市可持续发展的价值观，以及制定公共政策的职能与技能，如综合协调、争议解决、项目管理及领导等能力①。

其次，在设计过程中，每个“设计者”都会面临“立场”选择的问题。在城市发展战略、城市性质、用地选择等环节，“设计者”虽然都能进行“理性”的分析，但“有限理性”让“设计者”形成的判断和结论都带有主观的价值偏好，进而形成对焦点问题的不同解决思路。比如对城市布局模式选择组团式还是集中式的判断；对过境交通选线的“出发点”是基于建构“合理”的城市空间框架，还是基于交通需求方便运输组织等，这些差异化判断都会构成不同的设计构思“立场”，并据此形成“多样化”构思方案和深化路径。

因此，初学者必须正视这种“立场”差异。一方面，要求设计者树立正确的价值观，真正理解规划师所承担的社会职责，明确自己的设计“立场”；另一方面，要在设计中通过对问题认识的深化，不断修正自己的初始“立场”，启发新的设计思路和灵感，并敢于“抛弃”被证明不科学或不现实的“立场”。

1.2 造性的思维

作为一项创作性的活动，方案构思需要在设计中运用创造性的思维去寻找能解决问题的新视野。创造性的思维强调对现有信息的处理必须具有原创性，

① 宋彦，李超骕．美国规划师的角色与社会职责 [J]. 规划师，2014，30（09）：5-10.

Tips 5-1：规划师的角色与社会职责

西方的城市规划在二战后的几十年中逐渐从物质空间规划转变为社会、经济与文化等多元的公共政策。与此同时，规划师的角色与社会职责也经历了一系列的转型和演变。宋彦、李超骕（2014）针对美国规划师在规划愿景构建、规划前期支撑研究、规划编制、规划实施及规划评估等规划环节中的职责、角色及其所具备的核心技能进行了详细论述（表 5-1-1）。

美国规划师在规划过程中的角色、技能、主要工作与社会职责　　表 5-1-1

规划阶段	主要工作	角色概述	技能要求	主要社会职责
规划愿景构建阶段	搜集不同利益群体的价值观信息；引导多元利益主体达成共识；在最终的愿景构建的过程和结果中，保障社会弱势群体及少数集团的利益	信息搜集者、协调者	信息搜集能力、组织能力及交流与沟通能力	引导多元利益主体达成共识，亦保障各个社会团体的利益（特别是社会弱势群体及少数集团的利益）
规划前期支撑研究阶段	获取不同来源的数据；运用专业分析方法（人口及经济预测、投入产出分析、交通流量分析、土地适应性评价、环境容量分析等）进行分析并得出结果，从而对规划编制提供前期支撑	数据搜集员、人口预测师、经济分析师、环境分析师、交通分析师、模型构建师	数据搜集技能、人口统计数据库的分析能力、经济数据与表格的分析能力、运用地理信息系统的能力、构建不同规划情景及使其可视化的能力、调查问卷与访谈的设计与分析能力、研究报告的写作能力	为公共或私人领域的决策提供科学和中立的支撑信息；确保社会资源利用的合理性；预见社会的结构性变化，提出支撑性政策建议
规划编制阶段	通过专业性手段（如现实反馈）促进不同利益团体达成共识；针对规划方案的专业性问题，与专业人员（如工程师、建筑师、景观设计师、法律顾问和公共健康专家等）进行深入探讨；与规划涉及的各方利益团体进行沟通和谈判，以引导和促成规划内容的确定；确保规划内容与规划愿景和目标对接，且满足城市和社区的需求；撰写规划文本	技术顾问、协调者、辅导员、专业会议组织人员、主见者、仲裁者、谈判人员、城市形象营销师、规划文本撰写人员	信息搜集能力、专业规划技术（如对地理信息系统、INDEX 等软件的应用能力）、沟通与交流能力、组织能力、争议解决能力、话题陈述技能、演讲能力、谈判技能、规划文本撰写能力	通过鼓励不同利益集团的对话，促使“解放性知识”产生；保障政策制定不向执政机构和权力强势的利益集团偏移，保证各个社会利益集团、特别是弱势阶层和贫困群体的利益，从而促进社会和空间的公平
规划实施阶段	制定规划实施方案，通过政府法规、行动计划、宣传与教育等手段促进规划实施；进行规划实施方案的项目实施管理，与规划实施涉及的其他政府部门及大量的非政府组织进行交流和协作，确保规划的顺利实施	规划实施方案制定人员、项目实施管理协调员、游说人员、城市形象营销师	实施方案的制定与撰写能力、项目管理能力、交流协作能力、沟通与游说能力	宣扬城市或社区的公众（集体）利益；通过规划的“综合协调”功能，弥补市场或个人行为带来的负面效果
规划评估阶段	对规划进行评估，并撰写规划评估报告；将规划评估结果反馈给公众与相关政府部门	信息搜集者、规划评估师、信息反馈者	信息搜集能力、规划评估技能、规划评估报告撰写能力、信息反馈能力	保证信息评估和反馈过程与结果的中立性和公平性；保障政府的可信度

（资料来源：宋彦，李超骕．美国规划师的角色与社会职责 [J]. 规划师，2014，30（09）：5-10.）

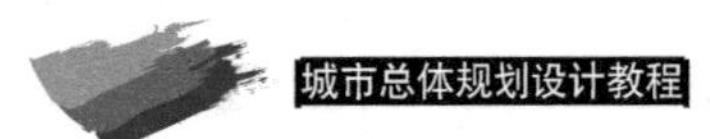

将现有的、在记忆中所储存的信息重新组合，脱离固有的思维模式去寻找解决问题的路径，有时甚至会得到连“设计者”都意想不到的结果。这种突发的构思往往来自直觉，但形成那种“自发的创造”需要建立在“精神营养”和经验基础之上。

方案构思在理性思维之外，还需要借助边缘思维来补充、配合，以形成“多样性”的构思方案。边缘思维常常是与直觉、创造力和幽默紧密联系的，其观察问题的方式是整体性的。这种思维是在一个网状结构的内部跳跃性进行的，总是尝试通过不断的探索寻求更佳方案。当某个路径阻碍了其他方案的出现时，那就要重新回到出发点来尝试探索另外一个路径（图 5–1–1）。

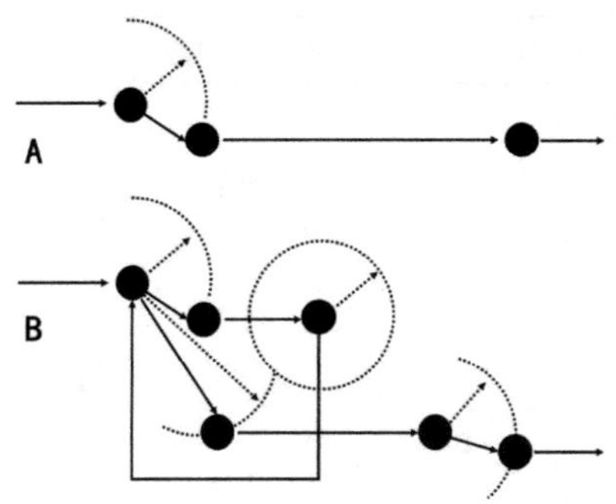

图 5–1–1　简单的（A）和复杂的（B）构思探索过程
（资料来源：赖因博恩，科赫 . 城市设计构思教程 [M]. 汤朔宁，郭屹炜，宗轩，译 . 上海：上海人民美术出版社，2005：40.）

Tips 5–2：边缘思维

边缘思维建立在这样一个基础上，即任何观点都只是众多可能性中的一个。……在我们找到了一个解决问题的途径的时候，我们仍然需要去寻找其他的可能性。我们对找到的这个途径已经有所了解，并且可能以后再回到这条路上，但我们还在寻找更多的办法。……我们不是在找一个最好的办法，而是在尽可能地寻找更多的办法[①]。

“理性思维＋边缘思维”的方式有助于方案构思中探索差异化的构思路径。这种探索能力往往由设计者的经验和思维意向决定的。对初学者来说，由于“自身创造”的范围非常狭窄，这个探索过程是非常困难的。这就需要通过了解其他设计项目，以及自己的设计训练来扩展这种能力，因为“设计只能在设计中学会”。

1.3　往复修正过程

构思是对思维意向的统筹安排，其不是结构设计最初的一个小“环节”，在后续的“结构—方案”阶段和“方案—布局”两个阶段中，同样需要创造性

① 赖因博恩，科赫 . 城市设计构思教程 [M]. 汤朔宁，郭屹炜，宗轩，译 . 上海：上海人民美术出版社，2005：39.

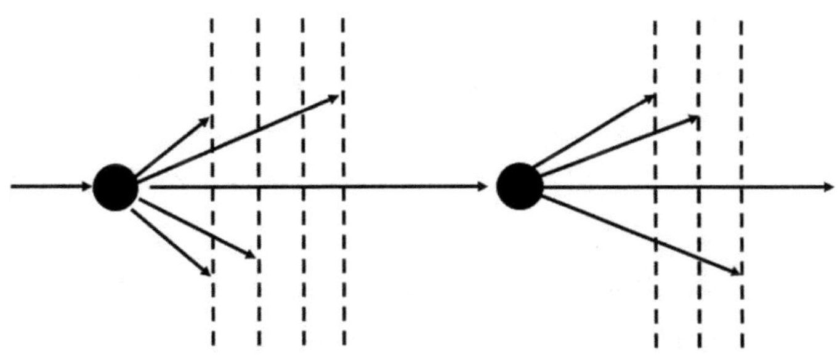

图 5-1-2　构思过程中建立其他可能性和评估过滤器
（资料来源：赖因博恩，科赫 . 城市设计构思教程 [M]. 汤朔宁，郭屹炜，宗轩，译 . 上海：上海人民美术出版社，2005：40.）

的思维解决面对的新问题，因此，构思是贯穿于方案设计的整个过程。

其次，构思并非一个单向的思维过程。基于不同“立场”形成差异化构思之后，设计工作会面临“减少多样性”的任务，这就需要通过建立“过滤器”对不同构思进行横向的对比、修正或整合，不断减少可能性的数量（图 5-1-2），直到最后只留下一个“最合理”方案。这个过程一般通过小组讨论、评议等方式来完成，而“过滤器”的建立并非仅仅是“草图”结果之间的比较，而应该包括“立场”、理念、路径等在内的整体逻辑的比较。在比较中，内在的“逻辑一致性”往往比简单的结果比较更有说服力。

在这种比较、修正与整合过程中，小组内部不同“立场”通过“过滤器”的“碰撞”，最初的“立场”得到了检验和修正，最终形成“共识”，整合后的构思与结构方案的内在逻辑被重新构建起来。并且在后续的方案阶段中，也会与专题研究、专项规划、城镇体系规划等其他环节相互“碰撞”，不断地再被修正，逐步实现方案设计从“非理性”到“理性”的过渡，最终形成具有“逻辑性”用地布局方案。

2. 方案构思的技巧

在开始构思方案时，面对前期分析和研究的内容，可能已经有了很多片段式的“零星”想法，但更多的情况下是“思维混乱”、“无从下手”的局面，这就要求“设计者”能抓大放小，抓住影响城市发展的一个或数个焦点问题，并根据所掌握的理论知识进行大胆构思，努力追求有“个性”的构思角度，尝试寻找处理问题的独特方法与表达方案的创造性形式。

2.1　“取”与“舍”——抓大放小，识别影响空间结构的关键要素

影响城市未来空间功能结构的因素涉及城市的方方面面，往往零散而不系统。对“设计者”来说，一个重要的任务就是从中遴选出影响城市空间未来发展格局的重大的关键影响要素或焦点问题，进行“聚焦”和“有意识的”选择性分析。这个“聚焦”过程要按照影响程度从大到小、空间尺度由外至内的、要素等级从高到低的顺序进行分析选取。例如，优先在外部环境中的跨区域重大基础设施、城市山水格局、基本农田保护区、生态底线等空间类要素，以及城市在区域中地位、产业特色、上位规划对城市性质与规模的规定等非空间要素中，分析识别涉及城市的发展方向、城市规模、城市性质以及布局模式等方

面的重大问题。其次，再从城市层面如城市骨架肌理、现状功能结构特征、产业选择与布局等方面寻找影响城市内部空间结构的关键要素或焦点问题。

2.2 “思”与“画”——做到思考与动手同步，“立场”与空间相统一

构思需要“勤动手”，这就需要工作底图。按照重要程度依次将影响城市空间发展的关键空间要素在草图上“落地”，勾勒出城市的基本山水格局、区域交通骨架、现状的城市功能板块等结构要素形成工作底图。在工作地图上，对不确定的空间类关键要素构思自己“立场”和解决思路，如城际铁路的选线与站点选择、城市空间是否实现跨河或跨高速扩展、单中心还是双心发展模式等，尝试判断并快速勾勒城市的功能结构板块、城市中心体系以及交通性主干道骨架等结构构思要素，并用文字记录下自己的想法。例如选线理由、新区的功能定位、规模以及判断理由等内容。

对初学者的建议是，一定要“敢下手”、“勤动手”和“手脑并用”，将要素“落地”的理由随手标注在草图上，保存好“瞬间”的“思维片段”。通过查资料、审视各结构要素之间的协调关系以及构思的“逻辑性”是否成立，努力进行“自我否定”，直到能“自圆其说”为止。这样不仅可以提高整个构思的“科学化”程度，而且可以避免在逻辑上出现“文不对题”的危险。最重要的一点是可以在“自我否定”的思维碰撞中激发出新的构思灵感。

2.3 “借”与“超”——发挥创造性思想，构建要素空间组合模式

“自身创造”需要通过对相似案例或成功案例的理念、结构模式和处理手法的分析、领会、模仿和借鉴，以及不断的设计训练来扩展。这是初学者激发自己设计灵感的重要途径之一。

带着“问题”去学习、总结和领会相关案例的构思理念和方法，是初学者最好的学习方法。例如城市中心与滨河形态的空间关系处理问题、组团式布局中各组团的交通联系问题、跨越城市“门槛”的功能联系问题等。做到“有的放矢”，才能真正“借”到“真经”来修正自己的构思，才能在模仿的基础上实现超越，迅速促进方案构思成形。反过来，“借”的过程也会促进对“问题”本身的认识。只有当设计者对问题有了深刻认知之后，才能酝酿出一个相对“成功”的解决方案。

2.4 “破”与“立”——提炼构思主题，建立理念与空间的呼应关系

构思不仅仅是“画图”，比“画图”更重要的是提炼构思的主题，即“立意”。“设计者”可从“问题导向”寻求“破题”，着眼于城市空间发展的焦点问题，如生态格局、产业发展、空间结构等方面；亦可“目标导向”出发，依托某种理论，结合城市定位、城市规模和性质、区域发展格局等预设一个构思目标。

在构思初期，针对焦点问题的判别、“立场”的选择往往是杂乱的、主观的，甚至是“非理性”和相互矛盾的，如果将它们简单地堆砌起来只能得到稀奇古怪的大杂烩。因此，就需要经历从“非理性”向“理性”的逻辑建构过程，系统地将各种问题认识、空间结构意向以及发展目标等纳入一个协调的逻辑整体中，可从“问题导向”和“目标导向”两方面同步进行、相向分析，并逐步修正，逻辑建构起理念与空间的呼应关系，实现真正意义上的“立意”。

2.5 “想”与“述”——注重文字表述，形成阶段成果的整体逻辑

在构思阶段，文字的组织和表述不应被忽视。思维过程往往是跳跃的、片段式的或直觉的，要形成说服别人的“合理”理由或观点，就需要尽可能对问题本身以及解决问题的思路进行完整的描述。文字表述的过程是思维系统化、“理性化”的过程，在这个过程中，通过逻辑检验可以构建起构思要素之间，以及不同设计环节之间的整体一致性。

在文字的组织过程中，可能会发现自己想要解决的问题根本就不是一个真正的“问题”或者发现自己的解决思路出现偏差，这些都是正常的现象。对发现问题的再思考会有助于构思组织的深化，同时也有助于丰富、补充与方案构思同步进行的专题研究、发展战略、城镇体系、城市性质等环节的深化，从而推进了整个城市总体规划设计工作的深入。

在本质上，上述“技巧”实际是方案构思中不同方面的“经验”总结。在设计工作中要结合城市特点灵活运用、有先有后、有重有轻，在遵循一般设计原则的前提下，努力尝试“多视角”探寻设计灵感，构思“多样化”的特色方案，并不断地尝试、总结和凝练，形成自己的“创造”技巧。

3. 方案构思的组织

由于城市未来发展的不确定性，大到宏观政策，小到一条高速公路的选线，都会影响城市空间发展的轨迹。在构思过程中，构思的结果往往受到某些重要要素处理原则、方式的影响。因此，构思过程的组织可以借鉴情景规划的思路和方法。通过小组讨论来辨别城市发展的焦点问题，判读并构建构思的“场景”基础，提炼和组织构思的主题和结构方案。整个过程大致可以分为五个阶段（图 5–1–3）。

3.1 识别关键要素，架构工作底图

影响城市发展的关键性要素，按照“确定性”的程度分为确定性关键要素和不确定性关键要素两大类。其中，确定性关键要素是指可以通过预测进行准确把握、没有不确定因素的影响或者已经形成共识判断、城市未来发展所受的要素影响能被准确评价的要素；不确定性关键要素是指这些要素出现与否、出现的时间以及地点是无法准确预测的，但又对城市发展具有重要乃至关键性的影响，或者经分析论证仍存在很大争议的要素。这些要素整体上可以分为空间类要素和非空间要素两大类（表 5–1–2）。

要素识别过程通常是通过小组讨论的形式确定的，在实际工作中往往由课题组与政府部门、专家、社会组织等深入沟通后确定。通过以上分类分析，实

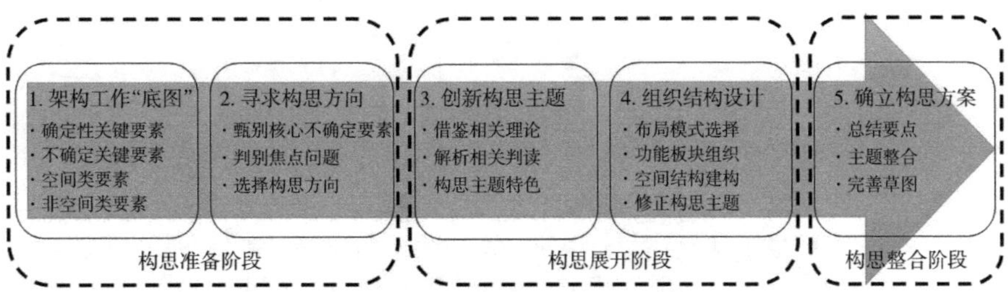

图 5–1–3　方案构思的组织过程

Tips 5–3：情景规划

情景规划（scenario planning）最早出现在第二次世界大战不久以后。当时是一种军事战略规划方法，1960 年代在商业规划中成为一种商业预测工具，1980 年代后情景规划被欧美国家广泛运用于战略规划中。当今，情景规划方法被认为是处理动态的、复杂的、非线性和不确定的环境的最好方法之一①。

在我国，对情景规划的研究主要是在城市规划、企业发展战略、土地利用、生态环境规划、战略管理等领域，其中，城市规划领域对情景规划的研究尚处在起步阶段。情景规划普遍被认为是一种应对不确定性的长远规划工具，其思维方式着眼于未来状态（即情景），从关键因素入手演绎整个发展途径，其目标是在认识到城市存在多种发展可能的基础上，寻找影响城市发展方向的最核心的不确定因素，并根据这些因素的各种可能组合，预测城市的多种发展前景，从而为城市政策制定者提供参考②。

情景规划在城市规划中的应用。情景规划的重要特点就是改变规划人员的心理模式，打破固有的思考方式，充分考虑城市特色、需求以及发展等多方位信息，主张创造性的去思考复杂和不确定性未来的各种可能，探寻城市发展的关键因素，提倡对多元场景的构建，追求的是应对不确定未来的能力，而不是强调唯一的最优解。综合现有的研究，情景规划步骤一般包括确定关键因素、建立情景、分析情景、情景评价四个步骤。

1）因素辨析。包括确定规划面临的焦点问题、时间框架、参与者等，明确可以预先确定的因素、寻找关键不确定因素。焦点问题是规划工作的背景、待解决的问题和实现的目标，它是整个规划的出发点。

2）构建情景。对系统的动力因素、因果关系、表现特征等进行全面分析，选择最有可能的关键不确定因素组合构建不同的情景主题。

3）丰富情景。在不同的情景主题下，丰富每个情景的细节，以便制定出具有足够应对不确定能力和灵活性的方案。

4）情景评价。系统考察各种情景的利弊，并进行综合评估，从中选出最佳方案，或者继续在最佳方案基础上进行修改完善，这是一个非线性过程。后续要对主导方案持续跟进，建立监控指标系统为未来的发展变化提供预警。

---

① 王睿．基于情景规划的城市总体规划编制方法研究 [D]. 华中科技大学．2007.

② 赵民，陈晨，黄勇，等．基于政治意愿的发展情景和情景规划——以常州西翼地区发展战略研究为例 [J]. 国际城市规划，2014，29（02）：89-97.

构思过程中城市发展关键要素分类表 表 5–1–2

层面与类别		空间类要素	非空间要素
确定性关键要素	区域层面	现状的或已经规划确定的河流形态；地震断裂带走向；高速公路、铁路、省级以上公路、输油管线、高压走廊等区域基础设施廊道等线状要素；重要的风景名胜区、湿地等块状的空间要素等	当前区域经济格局；上位规划中对本城市的城市性质、城市规模、产业定位、发展方向等规划要求；城市间经济联系、产业关联特征等
	城市层面	基本农田分布，城市现状功能结构，城市中心体系特征，城市交通干道骨架等空间要素；已经列入计划、范围明确的重大项目或规划项目区等空间要素	城市的资源禀赋、产业特征；经前期研究确定无异议的城市的发展目标、发展战略、城市性质和规模等初步结论
不确定性关键要素	区域层面	仅有意向、研究分析后仍存较大争议的区域基础设施廊道等线状要素或重要的块状空间要素	国家政策变化，区域市场环境、区域经济格局变迁等
	城市层面	在布局模式、产业空间、城市中心位置、功能结构组织等方面存在较大意见分歧；存在争议的重大规划项目区选址等	经分析论证，仍存在争议的城市发展目标、发展方向、区域管制、发展战略、主导产业、城市性质和规模等方面的初步结论

现两个目的：一是构建出城市空间结构方案构思的工作“底图”，将确定性关键要素中可以“落地”的空间类要素，按照“抓大放小”的原则，落实到草图上，作为既定“已知”约束条件；二是从中判别最具不确定性的关键要素，并对其重点分析，形成的判断组合会构成差异化的“立场”基础和前提假设，并成为“落地”过程中城市空间结构要素组织中的重要“变量”，从而构成不同的结构构思深化路径。

3.2 判别焦点问题，寻求构思方向

通过对不确定性要素进行提取、排序和聚焦，提炼 2 ~ 3 个最核心的不确定性关键要素，并抽象出焦点问题。焦点问题通常围绕一个主题以问题的形式提出，在本质上是对城市建设和空间发展中主要矛盾的判别，不同规模、发展阶段和区位的城市面临着不同的焦点问题。焦点问题可以涉及非空间实体类要素，如城市空间扩展与生态敏感区保护的矛盾如何处理、城市特色塑造如何体现地域文化、区域管制和区划调整能否顺利实现创新等；也可以涉及具体的空间要素，如产业布局与空间结构模式选择问题，多重制约下的城市发展方向选择问题等。

通过对焦点问题所涉及的不确定性关键要素的各种可能性进行组合，可以形成不同“立意”的基础，构建差异化的构思方向和路径。例如某城市最后选取两个最核心的不确定性关键要素，则可能形成四个构思方案方向和路径（表 5–1–3），每一种组合中的“可能性”假设构成了本构思方向主题提炼的前提条件或“立场”。

构思过程中构思方向选择 表 5–1–3

最核心的不确定性关键要素		要素①	
		可能性 A	可能性 B
要素②	可能性 a	（A–a 组合） 构思方向一	（B–a 组合） 构思方向二
	可能性 b	（A–b 组合） 构思方向三	（B–b 组合） 构思方向四

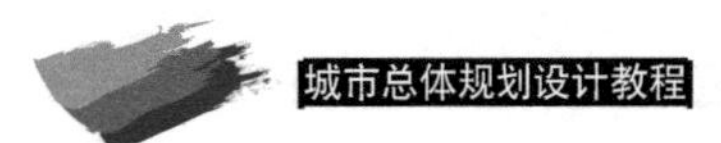

3.3　梳理规划理念，创新构思主题

基于对构思方向的选择，寻找可以借鉴的理论和学说，围绕焦点问题，组织自己的“构思主题”，以寻求对关键要素“立场”判断的解释、支撑或证明。并逻辑地建构起“构思主题”与城市发展目标、城市性质、规划理念、焦点问题等方面的“一致性”，在此基础上，再针对性地展开城市空间功能组织和结构设计。

借鉴的理论或学说是构思具体化的指导原则，也是提炼、修正自己“构思主题”的理论支撑。通过对“构思主题”的提炼，可以验证自己对关键要素的“立场”判断是否正确，也可以验证所选理论是否合适。因此，通过“要素辨别—焦点问题—构思主题—相关理论”之间的互动，可以不断修正、明确自己的构思方向，凝练出特色的构思主题。

3.4　组织结构设计，完善构思逻辑

与构思主题梳理同时进行的是“动手”进行城市空间结构的设计，做到思维建构与“动手”勾勒草图同步进行。在构思“底图”的基础上，将不确定性的关键空间要素根据“立场”判断进行“落地”，并从山水格局、对外交通骨架格局、道路干道骨架、功能片区、城市中心体系、重要节点、结构轴线等空间结构要素入手展开结构设计，重点考量要素布局的内在合理性以及与构思主题的契合度，从而形成基于特定“构思主题”下的城市未来空间发展场景。

构思“落地”过程中，对于明显存在不合理，甚至是错误的判断，要及时进行修正。这种修正反过来有助于启发结构设计的全新思路，但这种修正和新思路须在既定的前期立场、构思主题和结构设计要素组织之间的逻辑框架之中进行。如果这种修正和新思路超出了这个逻辑框架，或者选定的“构思主题”在这个“对话”过程中被证明是不成立的，或者发现构想中的空间结构要素组织无法实现，那么就要勇敢抛弃自己的“主题”，重新回到起点，选择其他的构思方向。

3.5　总结构思要点，确立构思方案

通过上述步骤，结合下文将要展开的结构设计内容，形成个人或本小组的结构设计方案，并总结出相应的构思要点用以交流讨论和比较综合。

二、结构设计

城市空间结构是从空间角度来探索城市功能活动的内在联系，是城市社会经济活动在土地使用上的投影，反映出构成城市经济、社会、环境发展的主要要素，在一定时间形成的相关关联、影响和制约的关系。在城市总体规划中，城市空间的结构设计就是能够提炼反映城市功能活动关联特征和空间特色的功能板块、节点以及轴线等结构要素，确定结构要素的空间分布模式，统筹处理城市各大系统之间、要素之间的关联关系。

1. 布局模式的选择

城市空间布局模式的选择是城市用地功能组织的前提。按照城市的用地形态和道路骨架形式，城市布局模式可分为集中式布局和分散式布局两类。集中式布局特点是城市各项主要用地集中连片布置，根据道路网形制可分为网格状、环形放射状、混合状等模式；分散式城市布局特色是城市空间受自然地形、矿产资源或交通干线的分隔，呈现非集聚的分布方式，主要有组团状、带状、星状、环状、卫星状等（表 5-1-4）。

布局模式的选择关键在于因地制宜，从城市实际出发，既要与当前城市的发展条件相适应，也要满足城市未来社会、经济、环境发展的需求，综合考虑城市布局结构的科学性、合理性、艺术性和根植性，不应沉浸于理想模式的抽象，更不应该以"先入为主"的方式将某种布局模式生硬地强加于城市之上。

首先，要结合城市所处发展阶段、城市外部影响和制约因素统筹考虑。处于快速扩张阶段的大城市，由于需要一种能灵活应对快速变化的不确定性，一般可以选择分散式城市布局模式，例如《深圳经济特区总体规划（1986—2000)》确定的多中心组团结构对深圳城市空间发展发挥了良好导向作用；而对于山区或丘陵地区的城市，由于河流或山地分割，多采用分散式布局形式，如兰州、宜宾等城市。

其次，布局模式的选择要考虑城市规模、现状城市空间形态特征、城市内部各功能要素的发展需求，并要与城市公共中心体系选择相契合。城市规模越大，城市中心体系越复杂，一般可以采用多中心的分散布局模式；对于中小城市而言，城市各功能中心应相对集中，行政、文化、商业的集中布局有利于增强城市功能的影响力，多采用集中布局的模式。

城市空间布局模式一览表　　表 5-1-4

布局模式		适用范围	典型城市
集中式	网格状	适用于没有外围限制条件的平原地区的中小城市，大城市以上级别的城市容易导致摊大饼式的蔓延	唐山、西安、苏州
	环形放射状	大城市、特大城市比较常见的城市布局形式。城市交通的通达性较好，有很强的向心紧凑发展的趋势，一般不适用于小城市	北京、巴黎
分散式	组团状	城市由两个以上有一定的空间距离的团块组成，要点在于处理好集中与分散的"度"，一般适用于大城市，山区等特殊地理环境中的中心城市也可采用	淄博、宜宾
	带状（线状）	适用于受地形的限制和影响的城市，沿着主要对外交通轴线两侧呈长向发展，但不宜过长，规模应受限制，注重纵向交通联系，应建立绿地加以适当分割	深圳、兰州、济南
	星状（指状）	放射状、大运量公共交通系统的建立对这一形态的形成具有重要影响，沿多条交通走廊定向向外扩展形成，发展走廊之间保留大量的非建设用。一般适用于大城市，受地形制约的中心城市也可采用	哥本哈根
	环状	城市一般围绕着湖泊、山体、农田等核心要素呈环状发展，在结构上可看成带状城市在特定情况下首尾相接的发展结果。适用于特殊自然环境中的大城市或组群城市	新加坡、浙江台州、荷兰兰斯塔德地区
	卫星状	一般以大城市或特大城市为中心，在其周围发展若干个小城市而形成，是大城市控制规模、疏散中心人口和产业的方式	伦敦、上海

（资料来源：参照《城市规划原理（第四版）》和《城市总体规划设计课程指导》整理。）

Tips 5-4：宜宾市城市空间结构[1]

宜宾市地处四川盆地南缘，东与泸州市毗邻，北与自贡市接壤，西靠乐山市和凉山彝族自治州，南接云南省昭通地区。处于金沙江、岷江和长江的三江交汇处，东靠万里长江，西接大小凉山，素有“万里长江第一城”之称。宜宾市山丘广布，平坝狭小，中山、低山、槽谷、丘陵和平坝，错综交织，姿态万端。现状以三江城区为核心，具有沿江发展趋势，城区内七星山、真武山、白塔山等生态斑块对城市分割作用明显。

《宜宾市城市总体规划（2013—2020）》确定2020年中心城区常住人口140万人，中心城区城市建设用地140平方公里。为适应地形，加强山、水、城之间的有效联系，沿江都市区将发挥综合资源优势，以宜宾市中心城区为核心，推进沿江城镇一体化、同城化发展，促进人口和产业向都市区集中。

城市发展方向的总体方针为“东进西优、南北贯通、集约高效、各有侧重”。其中，“东进”是重点沿长江北岸向东发展，长江南岸注重对历史文化与生态文明的整体性保护；“西优”是对西部城区尤其是传统城区的全面优化提升；“南北贯通”强调南北贯通的联系，加强与区域腹地的对接，减少老城的向心性交通；“集约高效”则是依托各组团的文化、产业、枢纽、生态等优势发展基础，充分挖掘土地潜力，提高综合利用效率，集约高效发展；“各有侧重”针对带型发展，采取“同时发展、各有侧重”的方式，从空间上实现从单心辐射型向带状多组团开放型的发展转变。

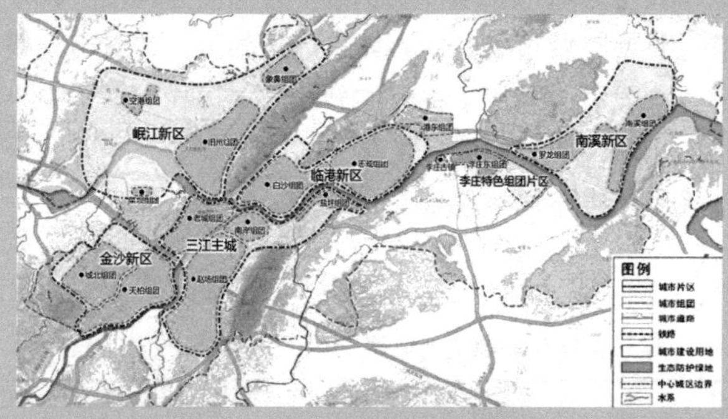

图5-1-4　宜宾市中心城区空间结构图（2020）
（资料来源：宜宾市城乡规划局，《宜宾市城市总体规划（2013—2020）》[EB/OL]. 2015.）

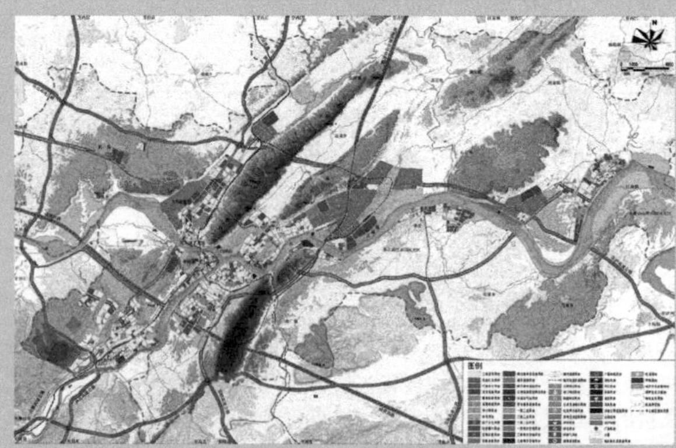
图5-1-5　宜宾市中心城区用地规划图（2020）
（资料来源：宜宾市城乡规划局，《宜宾市城市总体规划（2013—2020）》[EB/OL]. 2015.）

规划构建“一城四区、三江多组团”的组合型带状城市布局结构，具体包括：三江主城，岷江新区，临港新区，金沙新区，南溪新区，李庄、李庄东特色组团，港东组团等（图5-1-4、图5-1-5）。其中，三江主城规划包括老城、南岸、赵场和盐坪4个城市组团；岷江新区规划包括旧州、象鼻、空港和菜坝4个城市组团；临港新区规划包括白沙、志诚2个城市组团；金沙新区规划包括天柏和城北2个城市组团；南溪新区规划包括南溪和罗龙2个城市组团。

① 宜宾晚报，《宜宾市城市总体规划（2013—2020）》系列解读（15）[EB/OL]，2014-10-10，http：//www.ybwb.cn/html/2014/mss_1010/1826.html.

一般情况下，在方案构思阶段，基本能确定城市空间的布局模式，但也存在很难判断出哪种模式更适合城市发展需求的情况。如果两种模式均可很好地回答焦点问题，那么就可以沿着两种模式走下去，形成不同的构思方案后，再做比较。

2. 功能板块的组织

在结构设计中，城市用地功能组织要着眼于“功能板块”的提炼、划分以及相互关系组织，不要过多的聚焦于具体的用地性质。城市总体布局中主要功能要素涉及城市居住与生活系统、城市工业生产用地、城市公共设施系统、城市道路交通系统、城市绿地与开敞空间系统等五大系统的布局①。因此，功能板块的组织以工业类、居住类两大主导功能为基础，处理好与绿地及城市开敞空间系统、公共服务设施布局与城市公共中心体系、城市交通干道骨架系统等方面的协调关系为核心，进行板块划分。

提炼城市现状功能结构特征是构思“功能板块”的基础。基于城市现状功能结构发育状况，“抽象”出一张城市现状功能结构图，并总结结构特征，以此作为工作的基础，思考城市从现状功能结构状态“如何生长”、“怎样生长”，以及“生长成怎样”的未来城市空间功能结构状态。

功能板块的勾勒是对城市未来功能布局“粗线条”的组织安排。在拟定的城市空间增长边界内，在用地用地评定结论的约束下，把城市未来“可能”的用地发展“需求”范围勾勒为不同的“板块”。勾勒过程要与城市布局模式选择、城市山水格局构建、城市公共中心体系选择等环节统筹进行。选择集中还是分散布局模式，采用多中心还是单一中心，要与功能板块的组织结合起来一并考虑。

板块之间常以山、水等自然要素以及各类廊道、区划边界、交通性主干道等关键的空间要素为分界线。每个“板块”应以一类或某几类功能用地为主导的城市功能集聚区域，并应具有一定规模，边界相对清晰。板块的名称一般反映板块在城市未来总体布局中的定位，这个定位是由板块功能或中心在城市公共中心体系的等级和类型差异决定（图 5–1–6），例如中心区板块、新城板块、产业新区、科教园区、生态（绿地）功能板块等。

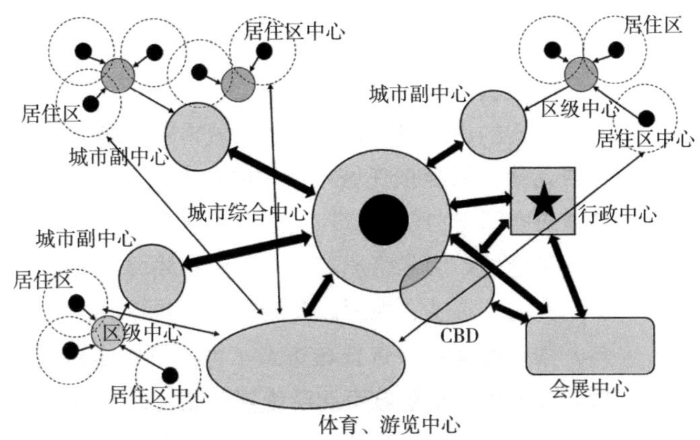

图 5–1–6　城市中各类公共活动中心构成

（资料来源：谭纵波. 城市规划 [M]. 北京：清华大学出版社，2005.）

① 吴志强，李德华. 城市规划原理 [M]. 4 版. 北京：中国建筑工业出版社，2010：282–285.

3. 空间结构的建构

城市空间结构的建构，要从区域和城市整体的角度处理好城市与山水格局、近期与远期、工业与居住等三方面的"关系"；协调好交通干道骨架系统、绿地与开敞空间系统、公共设施系统等三大系统关系；提炼出空间结构的"点、线、面"三大要素，实现城市功能、空间结构和空间形态之间关系的和谐（表 5-1-5）。

城市功能、结构和形态的相关性　　表 5-1-5

	功能	结构	形态
表征	城市发展的动力	城市增长的活力	城市形象的魅力
涵义	· 城市存在的本质特征 · 系统对外部作用秩序和能力 · 功能缔造结构	· 城市问题的本质性根源 · 城市功能活动的内在联系 · 结构的影响更为深远	· 城市功能与结构的高度概括 · 映射城市发展的持续与继承 · 鲜明的城市个性与景观特色
相关的影响因素	· 社会和科技的进步和发展 · 城市经济的增长 · 政府的决策	· 功能变异的推动 · 城市自身的成长与更新 · 土地利用的经济规律	· 政府的决策 · 功能的体现 · 市民价值观的变化
基本构成内容	· 城市发展的目标进取 · 发展预测 · 战略目标	· 城市增长方法与手段的制定 · 空间、土地、产业、社会结构的整合	· 人与自然的和谐 · 传统与现代并存 · 物质与精神文明并进 · 城市规划设计的成果
总体要求	强化城市综合功能 ⇄ 完善城市空间结构 ⇄ 创建完美的空间形态 作为变革的动力　作为目标的导向 这是我们从事城市规划应有的认识论和思想方法，可以使我们在观察分析城市问题时不至于迷惑于一事，或失误于一时，在处理和解决城市问题过程中避免脱离实际		

（资料来源：陶松龄，张尚武 . 现代城市功能与结构 [M]. 北京：中国建筑工业出版社，2014.）

3.1　处理好三大"关系"

（1）城市与山水格局关系

城市的山水格局是构建良好城市空间形态的基础。方案构思作为一项艺术创造活动，需要依托城市周边的自然禀赋，合理处理山、水、城之间的关系，使城市空间与自然环境相互融合和渗透。

结合城市山水格局特征，通过布局城市大型生态斑块、建立城市内部与山水之间的景观生态视廊以及城市的公共绿地和防护绿地等方式，组织城市绿地与开敞空间体系；依托城市滨水地段可以组织城市文化休闲等特色功能中心、板块或节点，组织城市功能板块；结合山水格局可"依山就势"组织城市干道骨架和城市轴线，甚至可将重要的山水区域纳入城市空间结构中，成为城市空间功能结构的重要组成部分，构建特色的城市空间结构。经过"现实"的城市特色山水格局与"理想"的城市空间布局模式之间的不断相互"契合"修正，才能构建出体现城市空间布局艺术特色的城市空间形态。

Tips 5–5：栖霞市中心城区空间结构规划

栖霞市地处胶东半岛山区丘陵地区，国家级生态示范市，烟台市唯一的内陆市，生态优势是其最大的比较优势。中心城区地处山区，位于南部的老城区受地形影响，周边已无可供城市进一步拓展的空间，跨越长春湖向北发展成为城市空间扩展必然的选择，栖霞市城市结构由单一中心的块状结构向双中心的组团状结构演变。

长春湖位于南部的老城区和北部的松山工业园区之间，是重要的生态资源和旅游景区。在“生态立市”的城市发展总体战略下，开发生态旅游、提升城市品位、彰显城市个性是栖霞市的重要发展目标，长春湖作为重要的载体已与城市的文化、休闲、体育和旅游等功能实现了融合发展，栖霞市中心城区空间发展需求寻求一条保护与发展“双赢”的道路。

在《栖霞市城市总体规划（2003—2020）》中，为发挥城市的生态优势以及满足城市北跨发展的需要，将长春湖景区纳入城市空间结构中，构建栖霞市最具代表性的城市“绿核”，凸显城市山水特色，规划栖霞市中心城区规划结构为：“两区、一核、一带”组团型生态山水城市（图 5–1–7、图 5–1–8）。

两区：老城片区和松山片区。其中，老城片区规划以行政办公、商贸、文教、旅游为主的综合城市片区；松山片区，以松山镇和松山工业园区为依托，实现“镇区合一”，规划以加工制造业、物流、商贸为主的产业片区；

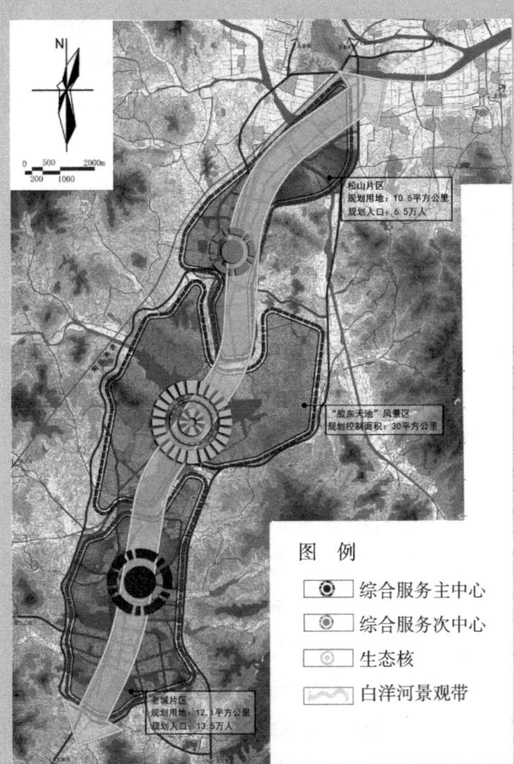

图 5–1–7　栖霞市中心城区空间结构图
（资料来源：栖霞市规划建设局，《栖霞市城市总体规划（2003—2020）》）

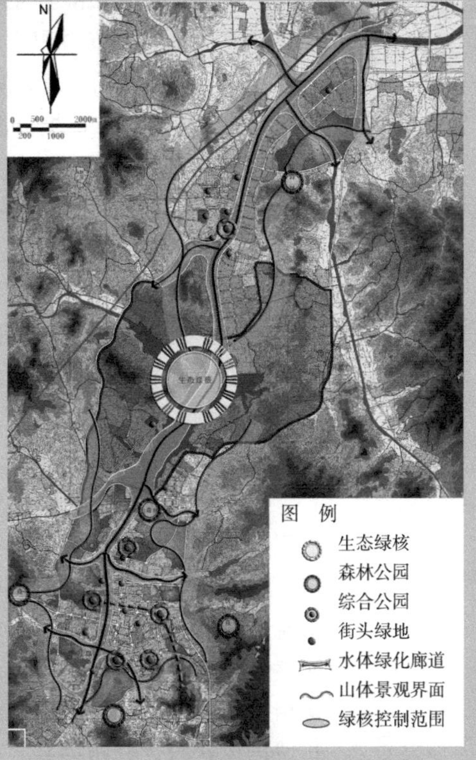

图 5–1–8　栖霞市中心城区绿线系统规划图
（资料来源：栖霞市规划建设局，《栖霞市城市总体规划（2003—2020）》）

一核：长春湖生态核，规划控制范围为30平方千米，以生态旅游为主，形成城市生态绿心；

一带：白洋河景观带。有机地将城市老城片区、松山片区、风景区联系起来，构成市区的生态景观带，实现老城片区、松山片区和风景区的“三区合一”。

——《栖霞市城市总体规划（2003—2020）》

（2）近期与远期的关系

处理好近期与远期的关系，实际上是关注城市空间结构“如何”从现状的形态“生长”成为未来的结构形态。这就需要处理好近期重点项目区“落地”，远期的功能板块与现状功能结构之间的关系。

对于已经实施、或已明确范围的近期重点项目区，作为“既定”事实及时落在构思的“底图”上，分析其对城市远期功能板块布局的影响；对于没有明确“空间指向”或存在选址争议的近期重点项目区应重点分析，尽可能选择跟既有城市的功能结构发育相关联的地区，并需要充分论证其与远期功能板块之间的关系合理性，权衡不同“落地”方案之间的技术比较。

由于城市空间结构具有相对的恒定性，远期的功能板块的划定尽可能延续现状功能板块的格局，对于远期寻求发展的新功能板块，要兼顾与近期、现状功能板块之间的功能和空间关联，并关注城市空间扩展的“门槛”限制，重点分析跨越“门槛”的成本和时机。从而在时间和空间两个维度上协调城市现状、近期需求、远期结构形态之间关系，保证城市空间扩展的连续性和弹性，增加空间结构方案的城市“根植性”。

（3）工业与居住的关系

在城市用地构成比例中，居住生活类用地和工业仓储类用地共占城市建设用地比例一般在50%以上，构成城市功能空间的主体。居住生活是城市的首要功能活动，追求良好的人居环境是城市规划的主要目标之一；工业仓储类用地产生大量劳动力需求和客货运量，但对城市环境产生一定的负外部性。因此，工业与居住功能板块的位置选择与功能关系组织是否合理直接影响城市空间结构的设计水平，要从“垂直”和“水平”两个维度处理好工业与居住的关系。

在“垂直”维度上，要结合城市的用地评定、风频风向、城镇性质、产业定位等不同设计环节的分析结论和判断，合理选择确定新建工业类功能板块、居住类功能板块的位置和规模，处理好各自系统内与现有居住、工业类功能板块的关系。现有工业板块保留、调整、功能置换等不同处理方式和功能整合策略，以及现有污染源的处理方式，都会与新工业园区选址和定位密切相关，并最终影响城市空间功能结构组织；同样，新居住板块的选择也要与城市现状职住分布关系、公交导向、就业中心变迁、旧城区改造策略等方面统筹考虑。

在“水平”维度上，统筹工业板块与居住、公共服务、绿地与开敞空间系统、道路交通等不同功能系统之间的关系。减少工业板块对其他城市功能用地的负

Tips 5-6：齐河经济开发区空间结构规划

齐河经济开发区位于齐河县城东北部，与齐河县城仅隔一条京沪铁路，距离济南市区仅 10km。开发区空间扩展历程表明，以紧邻县城的京沪铁路线北侧为起步区，沿东西向的 308 国道逐步向东、向北扩展（图 5-1-9）。

图 5-1-9　齐河经济开发区空间布局形态演变分析图
（资料来源：齐河县规划建设局 . 齐河经济开发区先期概念性规划 [R].2005.）

在开发区功能结构发育方面，2004 年，开发区现状用地性质主要以工业、居住、道路、公共设施等用地为主，并呈现出明显的功能分区的雏形。主要表现为：二类工业集中区、综合生活区、起步区小企业集聚区、冶金工业区、物流园区、焦斌生活区（原为镇驻地）、休闲度假区（图 5-1-10）

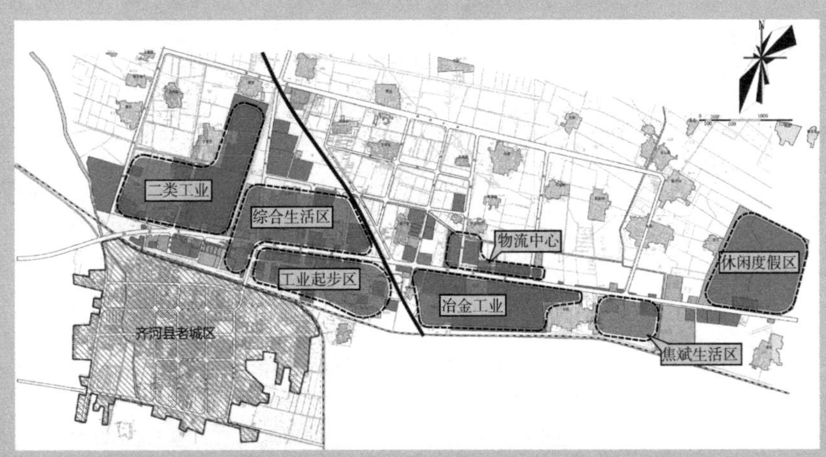

图 5-1-10　齐河经济开发区现状功能发育分析图
（资料来源：齐河县规划建设局 . 齐河经济开发区先期概念性规划 [R].2005.）

齐河经济开发区的性质为：以发展外向型工业为主导，集休闲度假、生活居住于一体，生态环境良好、配套设施完备的现代化城市新区。基于产业研究的结论，第二产业发展定位为：巩固并不断提升钢铁、造纸、化工等传统工业，通过实施产业群战略，整合传统产业形成地方产业群；积极扶持机械、电子信息等高新技术产业，加快齐河开发区工业的全面升级。第三产业定位为：以现代物流业、休闲度假为特色，加快融入、配套和对接济南服务业。

在对开发区用地评定的基础上（图 5-1-11），结合齐河县城的整体发展战略和开发区的自然条件，将开发区整体换分为三大“板块”，板块之间为利用现状河流形成的生态景观廊道，形成开发区的规划结构为“两心、三片、七区”（图 5-1-12）。

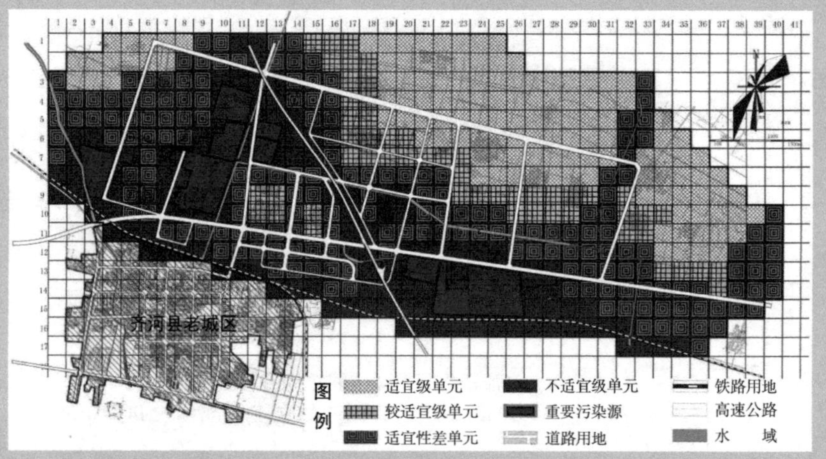

图 5-1-11　齐河经济开发区用地选择综合评定图
（资料来源：齐河县规划建设局．齐河经济开发区先期概念性规划 [R].2005.）

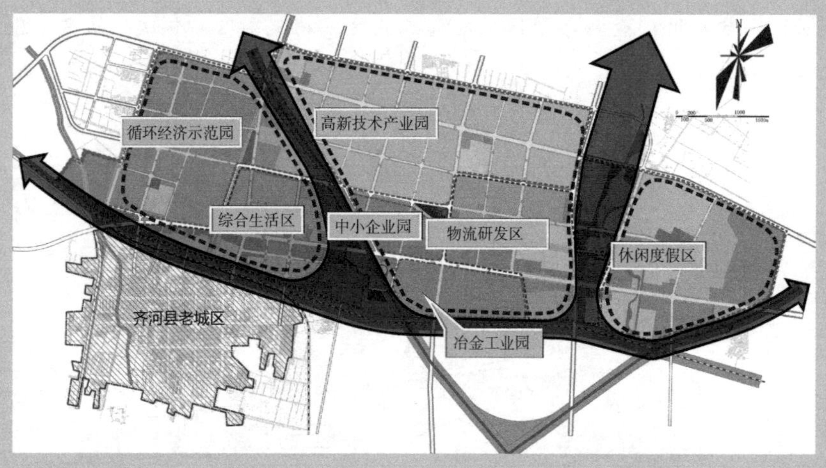

图 5-1-12　齐河开发区规划功能结构图
（资料来源：齐河县规划建设局．齐河经济开发区先期概念性规划 [R].2005.）

在空间结构建构中，主要处理了以下几方面的关系：

（1）依托现有功能板块基础进行规模升级。依托二类工业集中区向北发展，利用土地开发可操作度较高的土地优势，积极发展循环经济；依托现有的物流中心构建物流研发功能区，扩展物流功能，培育企业研发功能，形成开发区东部的综合服务中心。

（2）对现有功能板块进行板块间的整合与重组。将现状生活服务区和起步工业区整合为开发区的综合公共服务中心，特别是对于工业起步区，由于其位置已经成为开发区的核心位置，在影子地价不断升高的背景下，功能置换的内在需求强烈，规划提出逐步转化为生活用地；此外，还将现状休闲度假区与焦斌生活区（原为镇驻地）整合为以旅游、会议、商务、休闲度假为主功能板块，增强服务的本地化和功能完善化。

（3）对现有功能板块进行规模控制。对于现状的冶金工业区，严格控制规模，尽可能减少对城市周边地区的影响。

（4）对拟定的新增功能板块进行“落地”。结合用地评定，将开发区北部土地开发可操作度高，且集中的区域，作为未来开发区主要的产业承载空间，基于产业专题的研究结论，布局为高新技术产业园区；此外剩余用地较零碎，无法安排大型项目，但基础设施完善程度较高的区域，安排中小企业园区。

——《齐河经济开发区先期概念性规划》（2005 年）

外部性，避免污染源、货运交通对城市生活的影响；密切居住板块与公共服务、绿地与开敞空间系统的关系；适度考虑职住平衡和功能混合，避免机械的功能分区等都是在“水平”维度上统筹处理好工业与居住关系需要考虑的重要方面。

3.2　组织好三大“系统”

在结构设计中，一般情况下，以居住生活类用地和工业仓储类用地为主构成了城市空间结构中“面”状或“板块”状结构要素，而交通干道骨架系统、绿地与开敞空间系统、公共设施系统则是提炼城市空间结构设计的“点”状和“线”状要素的关键“素材”。

（1）交通干道骨架系统

结构设计中的交通干道骨架系统组织包括对外交通骨架和城市干道骨架梳理两部分内容。这个阶段在深度上宜“粗”不宜“细”，重点关注重大对外交通设施和廊道，以及城市快速路、交通性主干道的空间组织，选线或布点具有逻辑上的可行性和合理性即可，不必追求定位的准确性，而对其他主干道和次干道一般不予考虑。

这个过程需要在梳理出城市现有的交通干道骨架的工作“底图”上，结合城市道路交通系统专项规划的初步结论、城市布局模式选择和功能板块构想，勾勒粗线条的交通“骨架”。其中，对外交通骨架梳理包括现状、相关规划已定线和本次规划已有分析定论的铁路、高速公路、公路等“线”状对外交通廊道，以及港口、火车站、机场等重要的“点”状设施；城市干道骨架梳理主要结合现有的城市骨架机理重点考虑快速路、交通性主干道等要素走向和选线，小城镇可以适当深化一些，但也仅限于主次干道。

关注的重点在于两方面：一是系统内部对外交通和城市干道两个系统的整体衔接性；二是各功能板块与干道网络的协调程度，特别是交通干道骨架系统与城市布局模式、用地扩展方向、居住板块、工业板块、城市公共中心选择是否协调。一般情况下，由于重大对外交通设施、廊道选线差异或城市现有干道骨架的制约，会同时“勾勒”出 2 ～ 3 个交通干道骨架草图，这时需要重点聚焦不同草图方案的差异比对分析，必要情况下可借助小组讨论的方式确定最后的骨架系统。

（2）绿地与开敞空间系统

绿地与开敞空间系统的组织主要是以城市大环境山水格局为基础，尝试勾勒出主要的大型城市综合公园、生态斑块、生态廊道。通过提炼绿地与开敞空间系统的“点”、“线”、“面”要素，能将城市及周边的河湖水面、风景名胜区、森林公园、山川林木、农田植被、城市主要绿地空间等要素一起构建成开放式的城乡一体的生态绿化格局。

这个过程要因地制宜，充分发掘城市山水格局和生态资源优势，尽可能利用城市内部山体和水面、周边重要的生态资源构建绿地生态系统的主要板块，结合滨水绿带、居住和工业之间生态隔离带，以及依托重大交通设施廊道、交通性主干道、城市不同功能结构板块间预留生态廊道等构建主、次绿地生态廊道。此外，还要注意系统性、整体性的把握，适度考虑分布的均衡。组织好城市绿地生态系统与城市不同功能板块和节点之间的嵌合关系，在没有生态禀赋依托的重要功能板块中也要布置相应的节点，保证整个系统要素在空间上适度均衡分布。

（3）公共设施系统

城市公共设施用地涉及公共管理与公共服务用地、商业服务业设施用地两大类用地。在城市中不同类型和层级的公共服务类设施的空间聚集，形成了不同层级的公共中心，例如城市级中心、区级中心、居住区级中心；或不同性质的功能中心，如商业中心、行政中心、文化中心、体育中心等。结构设计阶段公共设施系统的组织主要是选择并确定城市中心体系、特色城市级功能中心或节点，以及“板块”中心的等级和大致位置，以“点”或“圈”的方式在图上表述，可以标注符号的大小表示等级。

各中心的位置选择或等级确定，受城市布局模式、城市规模和现有的城市公共中心体系布局影响较大。设计中要优先选择城市级的公共中心，例如市级商业中心、行政中心、文化中心、体育中心或综合的城市中心等，或结合分散式城市空间布局模式确定城市的主中心、副中心等。大城市一般是多中心格局，不同类型、层级的中心在空间中并不聚集，中小城市的各类城市级中心一般相对集中。此外，有些情况下，当某种公共服务功能高度聚集，也可作为城市级的“功能板块”出现，例如中央商务区（CBD）、科教园区等，或与居住等其他功能用地组成综合的功能板块，如中心城区板块、综合中心板块等。

最后，其他功能板块的“中心”等级确定需要结合片区位置、规模和定位合理判断，一般大城市的居住类功能“板块”中心一般相当于区级中心；小城市的居住类“板块”中心一般相当于居住区级中心；中等城市的居住类“板块”中心介于区级和居住区级之间，与其规模和服务半径有关。

3.3　提炼好三大“要素”

结构设计中的各部分内容并非是孤立的，需要同步进行，统筹考虑。在梳理各方面内容自身的系统性的同时，更要关注各系统之间的合理性和功能关系的协调程度。结构设计的最终目的是构建出图面简洁、特色鲜明、主题突出的空间结构规划图，用凸显城市空间结构特色的“点、线、面”要素来表达。

提炼好空间结构的三大“要素”，需要将分属不同功能板块、不同系统的要素进行对比、整合。提炼出能上升到城市空间结构层面、具有典型性和代表性的“点、线、面”三类要素。特别关注点与点、点与线、点与面等要素之间应在重要性、尺度、功能关系等方面要具有良好的协调程度，并且与构思主题吻合，较好地展现出城市性质、发展目标与战略、规划理念等主题定位。

“点”是指在城市整体层面，能够统领城市空间结构的“核心”。可以是城市中心体系中的核心内容，例如高度概括后的城市中心、副中心；或者是城市山水格局构建中的具有举足轻重地位、能代表城市特色的“城市生态核”；或者是特色的功能中心，如中央商务核、产业中心核等。提炼的关键在于各系统最重要的“点”、“心”、“核”等要素之间的比较。在提炼城市结构层面的核心“点”要素时，我们可以尝试回答以下两个问题：选出的“点”要素是否代表城市最高层级的中心或节点？该“点”是否最能代表城市空间特色或构思主题？

“线”是指能够提炼出的清晰反映城市整体空间特色的结构轴线或功能带。“线”状要素的提炼，一般需要依托重要的山水格局、设施廊道或者公共服务设施带等特色“带状”功能空间的支撑。例如滨河生态景观带、城市发展轴、城市公共设施轴等。一般情况下“线”状要素一般需要经过城市结构层面的“点”要素，例如城市公共设施或发展轴一般需要城市主中心、次中心等两个以上的功能节点支撑，且与城市形态相吻合，不能凭空出现。

Tips 5–7：空间结构轴线的选择

轴线提炼需要在不同系统的“线”状要素比较中，选取最核心的几条上升到城市空间结构的组成要素（图 5–1–13）。

图①“一心两轴四片”中的两个轴线均有城市“点”要素支撑，并有城市形态的配合，因而两条轴线是合适的；

图②“一心两轴三片”中南北轴线缺少功能和节点的支撑，在城市层面出现过于牵强，如确需表达此南北轴线，应在下一个层次——中心片区的结构中表达出来；

图③“一心三轴三片”中的斜轴虽然有两个片区中心支撑，但从三大功能板块的形态中可以判别，两个次中心之间斜轴缺少必要的功能形态配合，过于牵强，故不应体现在城市结构层面。

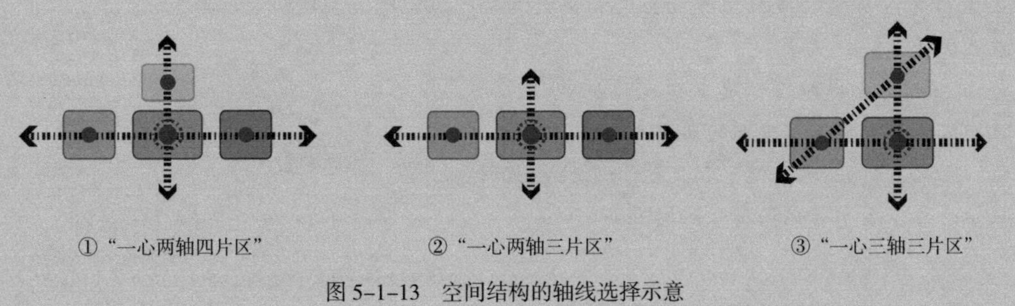

图 5–1–13 空间结构的轴线选择示意

“面”状要素的提炼，需要对各类功能板块进行合并、整合、组合后才能形成，一般用“片区、区、板块、组团”命名。例如核心片区、综合新区、商务片区、工业组团等。“面”状要素的范围不宜太小，必要时会“合并”一些规模偏小、特色不突出的“板块”，要突出主导功能特色，并协调理好“面”与“面”之间的关系；尽量避免出现“板块”规模差距过大、特色不明显的问题。“面”的划分一般以重要的生态廊道、城市空间跨越的“门槛”为界，有时也会以城市主要交通性干道为界划分。

此外，需要注意的是，有时结构层面“点”描述的要素实际上具有“面”的特征，例如城市生态绿核、中央商务核等均表现出有一定范围的“面”域特征。

通过对结构设计中三大“要素”的提炼，可以明晰各类要素的主次、等级。能在空间结构中出现的要素，必定是那些能上升到城市层面、代表城市空间特色的要素；而无法上升到城市层面的某些要素，如某些次要的绿地生态廊道和节点、等级偏低的片区中心等，仍然是各系统内部结构或局部片区层面功能组织必不可少的。一般情况下，规模较大的城市的空间结构“要素”更简洁、抽象，而小城镇的空间结构相对细腻、具体。

三、结构整合

由于存在着“立场”差异以及差异化构思路径和主题，这就需要对不同构思下的空间结构方案进行整合，一般通过小组交流讨论的方式实现。

Tips 5–8：山东莱芜市杨庄镇空间结构规划

《莱芜市杨庄镇总体规划》（2013—2030 年）规划杨庄镇区空间结构为：“一轴八区、五心三点”的组团型城镇（图 5–1–14）。

“一轴”：指沿依托康通路形成的南北向城镇发展轴，串联城镇各功能区，与主要交通设施相联系，带动整个镇区发展；

“八区”：分别指太和综合片区、商贸物流区、农产品精深加工区、现代农业科技示范区、杨庄生活片区、现代涉农制造业园区和高效循环农业区等；

“五心”：北部的行政中心、商业中心、研发中心、体育中心、中部的商业次中心；

“三点”：农产品精深加工区、现代农业科技示范区以及高效循环农业区的服务中心。

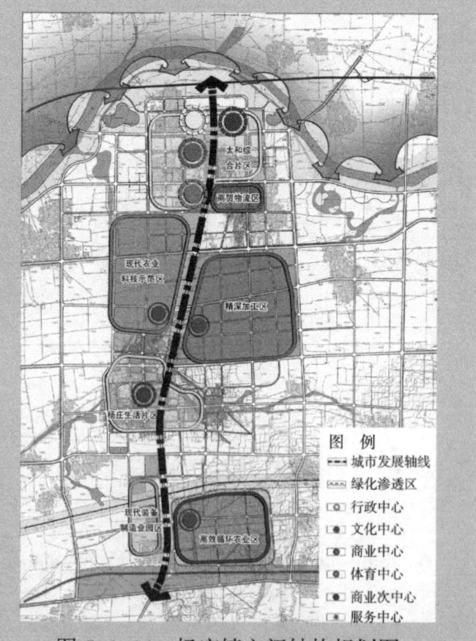

图 5–1–14　杨庄镇空间结构规划图
（资料来源：山东建大建筑规划设计研究院．莱芜市杨庄镇总体规划（2013—2030 年）[R]. 2015.）

1. 整合的思路

对不同构思的内容进行比较和整合，在关注结构设计方案的可行性和合理性的基础上，重点检查构思的前提假设、规划理念、发展路径、空间结构设计等内容的内在逻辑一致性。基本的整合思路主要有以下几个方面：

1.1　先虚后实

首先应对城市性质、产业定位、发展速度、规划理念等前期判断和构思主题方面的内容进行分类比较。按照构思主题差异性将不同的构思方案进行分组，对相似的构思主题进行整合，形成差异明显、特色突出的几个构思主题。然后将每个主题内的空间结构设计方案进行比较和整合，从构思主题与结构设计要点内在的逻辑一致性、空间结构设计中功能组织关系合理性、结构要素协调程度以及现实可行性等方面进行比较和整合。

1.2　先外后内

同一构思主题下的空间结构设计方案的比较，应先从城市与区域的外部关系方面进行整合，特别是山水格局、对外交通廊道选线、空间扩展方向和布局模式等方面，重点突出方案差异的比较分析。然后再对城市内部空间的结构要素进行比较和整合。一般情况下，如果构思方案外部差异通过比较分析实现整合，那将直接影响或决定了城市内部结构要素设计思路。

1.3　先面后点

在具体的结构要素组织方面，先整合“面、线”状要素，再整合“点”状要素。也就是先从城市各功能板块划分、板块定位、结构关系、交通干道骨架系统、绿地生态格局等方面的差异进行整合，再关注各类中心和功能节点的整合。

1.4　先重后轻

先关注城市级的重要要素，特别是公共服务设施体系中城市公共中心体系、绿地与开敞空间系统中城市层面的节点和廊道，以及重大的交通设施节点，其次再比较次要的廊道和节点。

通过以上整合思路，在“艺术性”和“科学性”两方面将众多的构思“过滤”、整合为 1 ～ 2 个构思主题，每个构思主题下形成 1 ～ 2 个结构设计方案，为后续的结构深化和方案设计打好基础。

2. 整合的内容

方案构思结果包括构思主题和构思图纸两部分内容。通过整合、修正，达成更多的共识，便于优化后续方案深化的路径。

2.1　构思主题

同一构思主题下可以形成不同的结构设计方案，结构构思草图仅作为一种空间“可能”，无法反映构思的全部内容和价值。因此，构思主题就成为构思方案是否具备说服力的关键。在形式上，可以直接写在相应的草图上，做到图文并茂，也可单独整理成文字，在交流讨论中用语言表达出来。初学者常常在意自己草图的表达效果，而忽视这部分内容的重要性。完整意义上的构思主题组织应包括立场和前提假设、构思理念、空间结构设计要点等三方面内容。

立场和前提假设主要涉及对城市发展战略、城市性质和规模、市域空间结构、城市发展方向等方面重点问题的"个性"判断，以及对决定构思方向的最核心的不确定性关键要素的选择理由和解决思路。例如某城市性质初步确定"以煤炭和现代化工业为主导的山水园林城市"，对"煤炭和现代化工业"的理解会导致主导产业选择的差异，进而导致产业空间布局的差异；对"山水园林城市"理解的偏差会导致结构设计中要素选择差异。

构思理念主要是在焦点问题的解决思路、所借鉴理论或学说在构思中的应用、城市空间结构要素提炼的理由等方面所形成的判断、理解和理念。

空间结构设计要点一般包括整体的结构要素关系、结构要素的描述和不确定性要素的处理手法说明等内容。结构设计方案要点描述常总结成类似"两心三片，一带三轴"的描述，并对其中的"心"、"片"、"带"、"轴"结构要素进行位置、性质、功能和规模等方面描述。

2.2 图纸内容整合

构思阶段的图纸通常以手绘草图或示意图的形式出现，是用"图示"方式直观的表达自己构思内容。草图力求风格简洁，重点突出，表现方式可自由发挥，比例无具体要求。主要应包括以下图纸：

(1) 区域空间格局示意图。突出城市与周边城市、城区或区域关系密切的空间要素的关系、对外交通格局，以及与外围风景名胜区、森林公园等生态禀赋之间山水格局构建等内容。

(2) 规划结构示意图。主要体现城市的功能结构板块、干道骨架、重要廊道和功能轴线、重要的城市中心或功能节点等"点、线、面"要素。

(3) 其他必要的分析图。可根据具体的城市规模和特点，增加其他的分析示意图。例如绿地与开敞空间格局分析图、交通干道骨架分析图、公共设施布局结构示意图等。

四、案例解析

1. 常州西翼地区发展战略构思组织

在《常州西翼地区发展战略研究》中，课题组将"情景规划"方法应用于城市发展战略规划研究。其技术路径是借助调查、评估和预判等方法为决策者展现对应于不同"政治意愿"的各种发展情景的空间图景以及潜在的代价与收益，并通过充分沟通寻求地区发展的战略共识。其中在规划立场和前提假设、情景构思组织过程等方面对本节学习具有较好的参考价值①。

1.1 规划的立场与假设

在规划立场方面，认为城市规划并不是一项价值中立的工作，规划方案也不应是规划专家一厢情愿的"科学"判断。规划师需要有一定的价值取向和追求，既要体现"工具理性"，更要追求"价值理性"。

在城市发展与方案选择权方面，认为在"发展型政府"及政府掌握较多公共资源的条件下，城市发展往往取决于"政治意愿"。基于不同的社会诉求和

---

① 赵民，陈晨，黄勇，等．基于政治意愿的发展情景和情景规划——以常州西翼地区发展战略研究为例 [J]. 国际城市规划，2014，29 (02)：89-97.

政治考量，城市发展会有不同的发展可能性或“发展情景”。规划方案的选择，既要有基于“技术理性”的评判，更要取决于其与不同“政治意愿”的契合程度。因此，在空间方案形成的过程中，需要辨识与“权力”和“政治意愿”相对应的发展情景。

在“情景规划”方法的价值方面，认为情景规划是在认识到城市存在多种发展可能的基础上，寻找影响城市发展方向的最核心的不确定因素，通过表达不同利益主体“政治意愿”情景，以及其潜在的经济、社会、环境及政治益损，为决策者提供清晰和完整的信息。

1.2 最关键不确定要素

课题组通过田野调查、部门访谈和沟通，发现常州西翼地区分属钟楼区、新北区、武进区三个区管辖，常州市、区两级政府对西翼地区认识的局限性和各方“政治意愿”不一，相关规划对这一地区的发展各有表述，导致常州西翼地区一直没有一个整体发展的谋划，存在用地散乱、产业能级低、高等级的交通基础设施未能有效利用等诸多问题。课题组在充分了解市、区、镇各级政府及主管部门等各方的诉求和意愿基础上，分析相关各方在西翼地区发展的战略层面的“共识”和“矛盾”。并据此提炼出该地区发展面临的三个最关键不确定性要素：区域管治创新、项目规模与产业活力和地区发展与区域交通基础设施关联程度（表 5–1–6）。

常州西翼地区最关键的不确定要素选取　　表 5–1–6

最关键的不确定要素	选取理由
区域管治创新	在现实的“行政区经济”框架下，区、镇级政府之间存在着发展博弈，在跨区界的公共服务供给、区域环境整治、土地指标供给等方面存在诸多矛盾，从而导致西翼地区的发展长期处于滞后状态。 但区域管治创新涉及行政区划调整，必定会导致区级政府之间的不同“收益—损失”；所以对于高层决策者而言，这并非一个轻易可下的决心
项目规模与产业活力	西翼地区的区位优势不如东部，政策优势不如南、北部；但若能通过引进大项目而产生“旗舰效应”和“扩散效应”，形成新的经济增长点；或者是培育和提升产业集群，增进产业活力，亦可带动本地区跨越式发展。但上述过程背后均避免不了复杂的博弈，且均存在一定的偶然性
区域交通基础设施关联程度	地区发展与区域交通基础设施关联也是关键要素之一；曾有建议将常州机场定位为“苏南地区航空货运中心”，并实行主动定向招商策略，引入机场物流企业以促进产业与交通设施的良性循环发展；然而这取决于政府作为和物流企业的区域布局，并非空间规划可以决定的

（资料来源：赵民，陈晨，黄勇，等. 基于政治意愿的发展情景和情景规划——以常州西翼地区发展战略研究为例 [J]. 国际城市规划，2014，29（02）：89-97.）

1.3 选择确定构思方向

基于“探索式”的情景分析思维，对 3 个最关键的不确定性要素进行排列组合，理论上可以生成常州西翼地区未来发展的 8 种发展情景（表 5–1–7）。并在与市规划主管部门有效沟通的基础上，遴选了情景编号①、②、⑤、⑧等 4 种发展情景。情景编号①的前提假设是三个最关键的不确定要素全部未实现；情景编号②假设“区域管治创新”一项最关键的不确定要素得以实现；情景编

八种发展情景的生成分析　　表 5-1-7

不确定要素组合 / 情景编号	①	②	③	④	⑤	⑥	⑦	⑧
区域管治创新	○	●	○	○	●	●	○	●
项目规模与产业活力	○	○	●	○	●	○	●	●
地区发展与区域交通基础设施关联	○	○	○	●	○	●	●	●
符号解释○：不确定要素未实现；●：不确定要素得以实现								

（资料来源：赵民，陈晨，黄勇，等. 基于政治意愿的发展情景和情景规划——以常州西翼地区发展战略研究为例 [J]. 国际城市规划，2014，29（02）：89-97.）

号⑤假设“区域管治创新”和“项目规模与产业活力”两项最关键的不确定要素得以实现；情景编号⑧假设三项最关键的不确定要素全部得以实现。

1.4　形成构思情景方案

情景构思一：延续现状的发展情景

基于现实发展框架，西翼地区将延续现状的“松散型”发展模式，公共服务仍然以零散的镇区、居民点为中心进行布局。各行政单元“就近联合、多片集聚发展”。一方面，引导武进区的各乡镇产业向城镇产业集聚区搬迁，与新北区的黄河路综合产业区联合发展；另一方面，武进区的邹区镇应与钟楼区就近联合发展。这种情景可规避行政区划调整的高昂成本，是近期最可能的发展趋势，也是理论上最可行战略。

规划形成黄河路产业综合片区、西部城镇产业发展区、北部新城片区、西北城镇发展片区、钟楼片区等五大片区（图 5-1-15、图 5-1-16）。

情景构思二：居住新城情景

该发展情景是基于区域管治创新得以实现的前提下，公共资源得以统筹配置，城市建设品质和城市公共服务水平进一步提升。中心城建设区进一步向高速公路西部扩展，主要以居住、公共设施用地为主。西翼地区凭借紧邻常州市

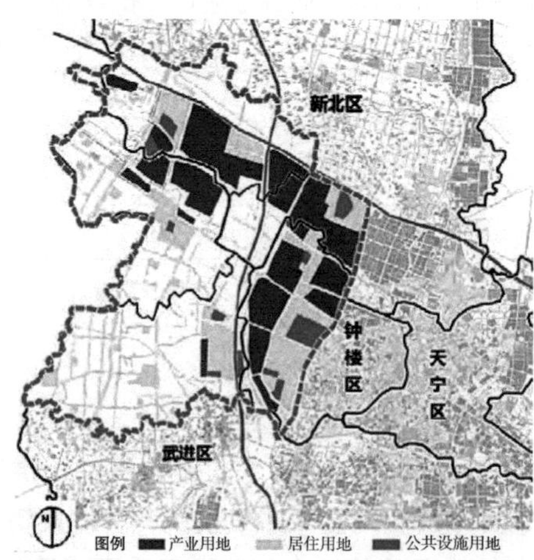

图 5-1-15　情景构思一土地使用概念图

（资料来源：赵民，陈晨，黄勇，等. 基于政治意愿的发展情景和情景规划——以常州西翼地区发展战略研究为例 [J]. 国际城市规划，2014，29（02）：89-97.）

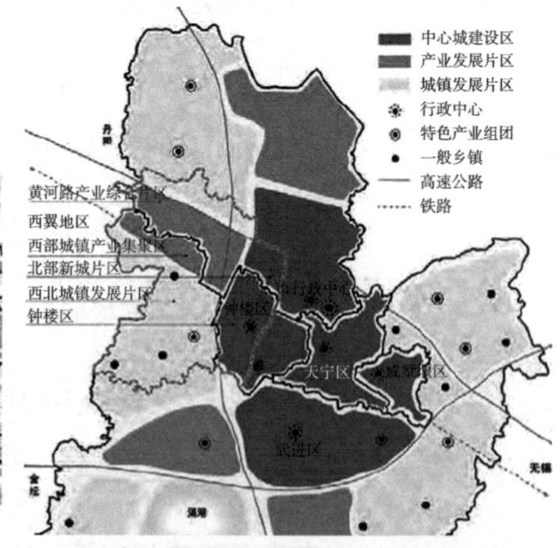

图 5-1-16　情景构思一空间拓展示意

（资料来源：赵民，陈晨，黄勇，等. 基于政治意愿的发展情景和情景规划——以常州西翼地区发展战略研究为例 [J]. 国际城市规划，2014，29（02）：89-97.）

中心区的区位条件，承接了常州中心城外溢人口，成为疏散中心城人口的常州市西部聚居区和常州中心城的“后花园”—“居住新城”。

规划形成了黄河路产业综合片区、北部新城片区、西北城镇发展片区、钟楼片区、西部居住新城片区等五大片区（图 5–1–17、图 5–1–18）。

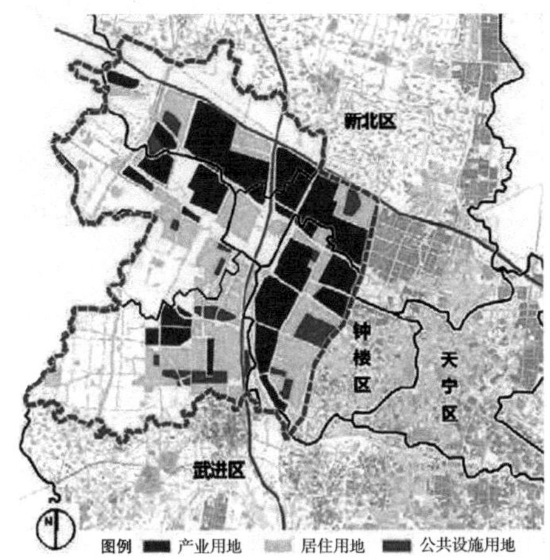

图 5-1-17　情景构思二土地使用概念图
（资料来源：赵民，陈晨，黄勇，等. 基于政治意愿的发展情景和情景规划——以常州西翼地区发展战略研究为例 [J]. 国际城市规划，2014，29（02）：89-97.）

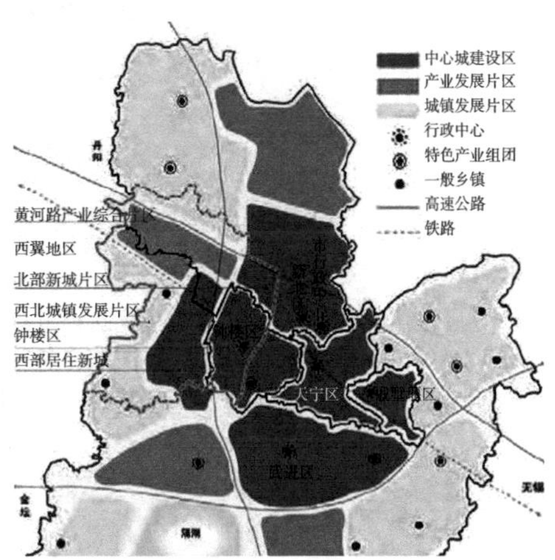

图 5-1-18　情景构思二空间拓展示意
（资料来源：赵民，陈晨，黄勇，等. 基于政治意愿的发展情景和情景规划——以常州西翼地区发展战略研究为例 [J]. 国际城市规划，2014，29（02）：89-97.）

情景构思三：产业新区情景

基于行政管制创新和引入大项目、促进产业集群升级均得以实现的前提下，公共资源集约效应使得城市公共服务等相关配套和城市空间品质发生较大的提升，这有利于西翼地区市场活力的提升和对大型项目的吸引。产业发展片区在现状的基础上向鼓楼区西部扩展，逐步实现产业外拓式和跳跃式的发展，从而成为市级的经济增长极——“产业新城”。该情景很可能是未来发展条件成熟后的最终目标之一，并可以带动大型项目向沪宁铁路以北、沪宁高速以南以及新孟河以西集中。

规划形成了综合产业新区、北部新城片区、西北城镇发展片区、钟楼片区等四大片区（图 5–1–19、图 5–1–20）。

情景构思四：物流—展贸为特色的综合新区情景

该发展情景必须在前述三个关键要素全部实现的前提下才可能实现。在区域管治的有效调控和引导下，城市公共服务水平提升和产业项目的引进促进了城镇化的进程，而城镇化则加速了城镇专业化的分工和产业的进一步发育，两者步入相互促进的良性发展轨道。

在此情景下，应特别关注物流展贸新区的集中建设，积极主动、有目的地吸引有大量航空、铁路物流需求的公司，诸如联邦快递、顺丰快递、戴尔公司等，或大型公司的物流基地、区域物流站进驻。大型企业与本地交通基础设施的组合产生放大效应，将带来产业上的连锁反应——展览、商贸、商务、研发等功能的进一步集聚和繁荣，从而形成“物流—展贸为特色的综合新区”。

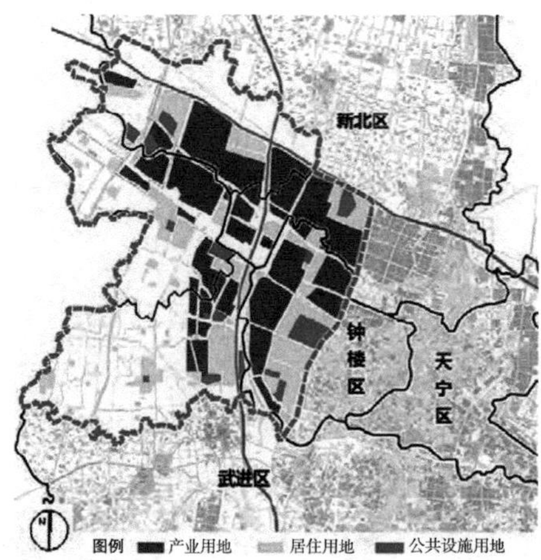

图 5-1-19　情景构思三土地使用概念图
（资料来源：赵民，陈晨，黄勇，等.基于政治意愿的发展情景和情景规划——以常州西翼地区发展战略研究为例[J].国际城市规划，2014，29（02）：89-97.）

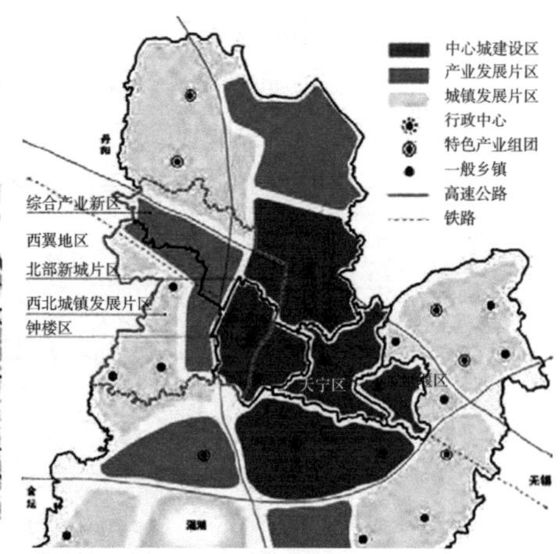

图 5-1-20　情景构思三空间拓展示意
（资料来源：赵民，陈晨，黄勇，等.基于政治意愿的发展情景和情景规划——以常州西翼地区发展战略研究为例[J].国际城市规划，2014，29（02）：89-97.）

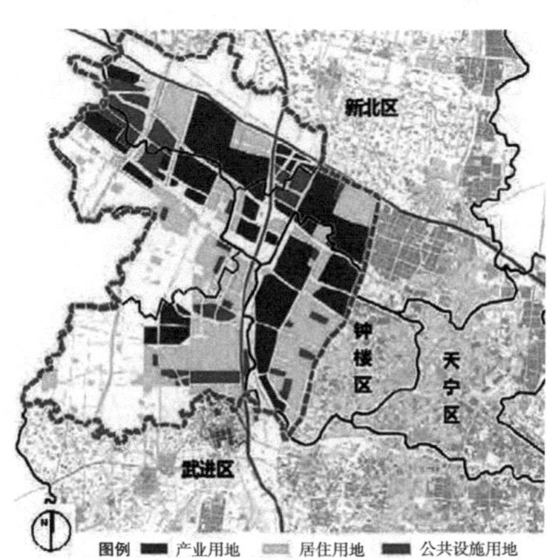

图 5-1-21　情景构思四土地使用概念图
（资料来源：赵民，陈晨，黄勇，等.基于政治意愿的发展情景和情景规划——以常州西翼地区发展战略研究为例[J].国际城市规划，2014，29（02）：89-97.）

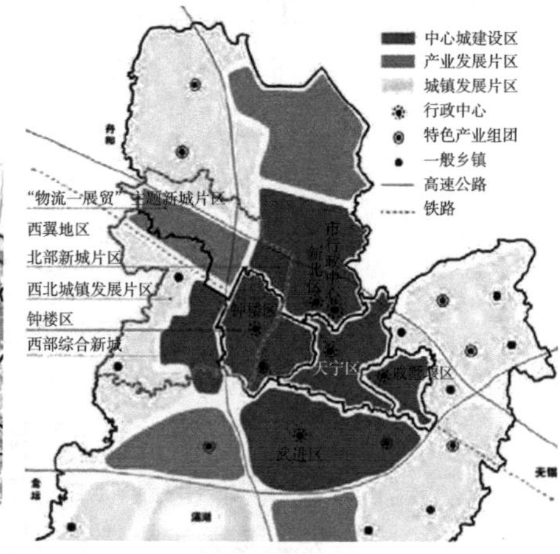

图 5-1-22　情景构思四空间拓展示意
（资料来源：赵民，陈晨，黄勇，等.基于政治意愿的发展情景和情景规划——以常州西翼地区发展战略研究为例[J].国际城市规划，2014，29（02）：89-97.）

规划形成物流——“物流—展贸”主题新城片区、北部新城片区、西北城镇发展片区、钟楼片区、西部综合新城等五大片区（图 5-1-21、图 5-1-22）。

1.5　综合权衡与决策

具有不同“政治意愿”的利益相关者对四个情境构思表现出不同偏好（表 5-1-8）。但各区在远期战略目标上存在“共识”，即都认为本次规划模拟的四个主要情景中，“物流—展贸为特色的综合新区情景”是最具发展潜力的，只是各区在战略路径上存在分歧。

因此，课题组认为常州西翼规划需要采用“适应性”的“动态决策”，在满足近期发展需要的同时，为远期发展留下战略性空间。“动态决策”可分为三个阶段：第一阶段在现实空间管制框架下，“就近”原则联动发展；第二阶段：

利益相关方对四个情境构思的偏好差异　　表 5-1-8

	赞同方	理由	发展方向
情景一	武进区	常州西翼从属于不同行政主体，难以绝对化和理想化地整合发展，应重点进行跨区的规划对接和协调发展	发展条件成熟后，实现由“情景一”向“情景三”或“情景四”转变
情景二	新北区	未来西翼地区的发展首先形成“生态化的环境、国际化的功能”的居住新城，而再谋求进一步的发展	可经由“情景二”向“情景四”演变
情景三	武进区	可以实行大型项目向沪宁铁路以北、沪宁高速以南以及新孟河以西集中	认为“情景三”可能是最终目标之一
情景四	武进区 新北区	武进区、新北区均赞同该情景很可能是远期理想目标；此外，钟楼区认同该可能性，并提出“未来可能是‘情景二’和‘情景四’的结合”	市级各职能部门建议在“情景四”为基础，综合“情景二”和“情景三”，形成新的综合方案

（资料来源：赵民，陈晨，黄勇，等. 基于政治意愿的发展情景和情景规划——以常州西翼地区发展战略研究为例 [J]. 国际城市规划，2014，29（02）：89-97.）

在创新区域管治制度的前提下（否则目标为情景构思一），且有大量物流需求的大项目的引入（否则目标为情景构思二或情景构思三）；第三阶段若针对机场和铁路物流的主动招商成功，则集中进行空港物流园的物流、商务、创意研发等产业功能的开发，最终形成情景构思四。

2. 莱芜市莱城区空间结构设计

莱芜市莱城区空间结构设计是在前期总体规划实施评估、产业、人口与用地、市域规划等专题或专项研究初步成型的基础上展开的。莱城区是莱芜市组团式分散布局模式的一部分，与钢城区共同组成莱芜市中心城区。

2.1　莱城区的判读

（1）以东向、西向发展为主，未来空间扩展“增量”空间有限

近十年莱城城区的发展方向以东向、西向发展为主，北向、南向发展发展较缓慢。增量居住用地主要集中在城区东北方向的高新区北片区；增加工业用地主要集中在城区东西两侧，东部以高新技术园区、西部以泰钢工业园载体拉开了城市框架。根据城市规模的预测结果，在空间扩展方面，莱城区“增量”空间有限，至 2030 年，莱城区空间增量仅相当于现状的 31.43%（表 5-1-9）。

莱城区城区规模控制一览表　　表 5-1-9

	2014 年	2030 年	增量空间
用地规模（km^2）	70.02	92.03	22.01
人口规模（万人）	37.30	79.00	41.7

（资料来源：莱芜市城市总体规划编制联合课题组.《莱芜市城市总体规划（2014—2030）》[R]. 2015.）

（2）现有公共中心体系与功能板块格局基本成型

莱城城区已形成“一心五片”的城市空间结构。其中，“一心”是指沿鲁中大街、市政府周边的城区主中心；“五片”是指位于中心的综合生活片区、以泰钢集团为依托的城西片区、以高新技术企业产业聚集为主的高新区南片区、以文化和高等院校为主高新区北片区、功能混合的张家洼片区（图 5-1-23）。

在公共中心体系方面，市级公共服务中心框架基本形成，市级行政中心、商业中心高度集中在城区核心；市级文化体育中心在东部高新区，高新区北片区、城片区南、张家洼片区等次级公共服务中心初步形成，城西片区中心尚未形成。

图 5-1-23　莱芜市莱城城区现状功能结构图

（资料来源：莱芜市城市总体规划编制联合课题组.《莱芜市城市总体规划（2014—2030）》[R].2015.）

（3）明确城区发展选择、产业空间布局等重大议题

根据用地评定的结论，莱城区发展方向拟定以西向、北向拓展为主；根据产业专题研究的判读，涉及莱城区主要有两大产业基地，以及依托莱城区现状"一心五片"的城市空间结构构建的四大特色版块，对于济南—莱芜城际铁路的选线也已研究确定位置（表 5-1-10）。

莱城区重大议题的初步研究结论　　　　表 5-1-10

相关要素	已有研究结论
发展方向选择	拟定以西向、北向拓展为主
两大产业基地	城西的泰钢不锈钢产业基地：发展钢铁业、先进装备制造业为主；城东的莱芜高新区战略性新兴产业基地：发展装备制造及汽车零部件、电子信息、新材料、航空器材装备产业、清洁能源、生物医药等为主
四大特色版块	CBD 区域性商贸娱乐产业集聚区；莱芜市文教及研发产业集聚区；张家洼生活品物流及商贸产业集聚区；凤城大街传统商贸产业集聚区
城际铁路	规划济莱城际铁路线路中心城区段经过市区外围，远期可逐步弱化既有辛泰铁路功能，减少对市区的分割；莱芜站设于济莱高速以北，有利于带动北部地区的发展，对城市远期发展有利

（资料来源：莱芜市城市总体规划编制联合课题组.《莱芜市城市总体规划（2014—2030）》[R]. 2015.）

2.2 架构工作底图

在莱芜市莱城区现状图的基础上架构工作底图（图 5–1–24、图 5–1–25）。

首先，提炼出河流水系、对外交通廊道、城市交通性干道、现状功能板块以及城市中心体系等现状的关键性空间要素。

其次，将水源地二级保护区、生态敏感区、采空塌陷区、拟定的城市增长边界等约束性要素标注出来。

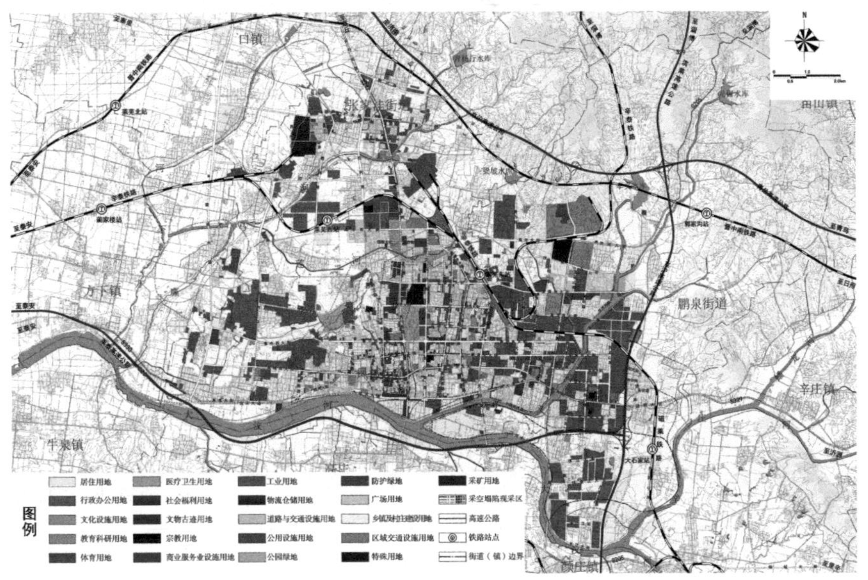

图 5–1–24 莱芜市莱城区现状图

（资料来源：莱芜市城市总体规划编制联合课题组.《莱芜市城市总体规划（2014—2030）》[R].2015.）

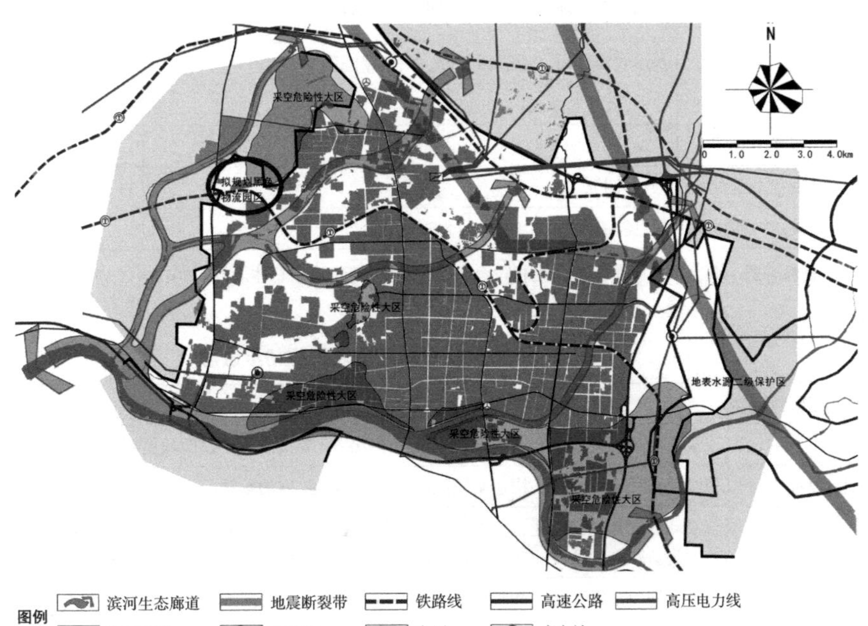

图 5–1–25 莱芜市莱城城区规划构思底图

（资料来源：莱芜市城市总体规划编制联合课题组.《莱芜市城市总体规划（2014—2030）》[R]. 2015.）

第三，将已经明确的项目区，以及已经规划定线的高速公路、铁路、城际铁路等线状设施以及相对应的点状设施标注出来。

构建出工作底图包括的关键要素可以列表的方式出现（表 5–1–11），或直接标注在图上，在实际操作中，工作底图是以手绘图的形式出现的。

2.3 功能板块组织

基于对莱城区的判读，确定莱城区总体布局以“内涵优化”策略为主，注重城区内部空间重组和结构优化。初步将莱城城区勾勒为五大功能板块：南部综合生活片区、北部生活片区、科教产业片区、西部工业片区、东部工业片区。并初步拟定“双心四点”的公共中心体系（表 5–1–12、图 5–1–26）。

“双心”：一处为以现状市级行政中心、商业中心、商务中心为基础，高度复合，规划构成城市级综合服务中心；另一处为科教产业片区，依托现状文化中心构建承担城市级文化、商业、科研、休闲等职能的城市级综合服务副中心。

莱城区结构设计工作底图要素一览表 **表 5–1–11**

	要素类型	现状关键要素	规划关键要素
区域层面	山水格局	大汶河、方下河、嘶马河、莲河、孝义河、辛庄河以及周边大致山体形态（坡度 25 度以上）	
	公路系统	现状的济青高速、泰莱高速、博莱高速；G205、S242、S329、S332、S330；5 个高速出入口；莱芜长途汽车总站、莱芜汽车北站	规划定线的青兰高速；规划 G205 改线外迁；S242 改线迁至莱城大道
	铁路系统	辛泰铁路、磁莱铁路、莱芜东站、莱芜西站	在建的中南铁路和莱芜北站（客货运）；规划济莱城际铁路和莱城站（客运）
	区域设施	长输天然气管道、3 条 220kV 高压走廊	
	生态资源	莱城区东部地表水源二级保护区、红石公园、嘶马河湿地	大汶河、方下河、嘶马河、莲河、孝义河、辛庄河等滨河生态廊道
城市层面	重要制约因素	基本农田分布、地震断裂带、采空塌陷区	
	功能结构发育	“一心五片”	
	现状中心体系	“二心三点”	
	现状干道骨架	“五横四纵”	打通鹿鸣路，东延汇河大道
	确定的项目区	黑色物流园区、山东财经大学莱芜分校等	

（资料来源：莱芜市城市总体规划编制联合课题组 .《莱芜市城市总体规划（2014—2030）》[R]. 2015.）

莱城区功能板块组织初步设想 **表 5–1–12**

功能板块名称	内容
综合生活片区	以现状的综合生活片区为基础，承载城市级综合公共中心，以旧城更新和内部优化为主
北部生活片区	以张家洼片区为依托，构建莱城区居住生活功能扩展的承载区
科教产业片区	以高新区北片区为依托，借助济莱城际铁路建设，以高教科研与文化体育设施的建设为引领，配套高端居住，预留高新科技创意产业园，构建“济莱一体化”协作中重要的生产性服务区
西部工业片区	以现状城西泰钢工业园和张家洼片区工业“向心”整合发展为主，发展钢铁业、先进装备制造业为主
东部工业片区	依托现状的高新区南片区，以工业用地的更新改造为主导、以居住提升与设施配套为辅助，建设产城融合的高新技术产业区

（资料来源：莱芜市城市总体规划编制联合课题组 .《莱芜市城市总体规划（2014—2030）》[R]. 2015.）

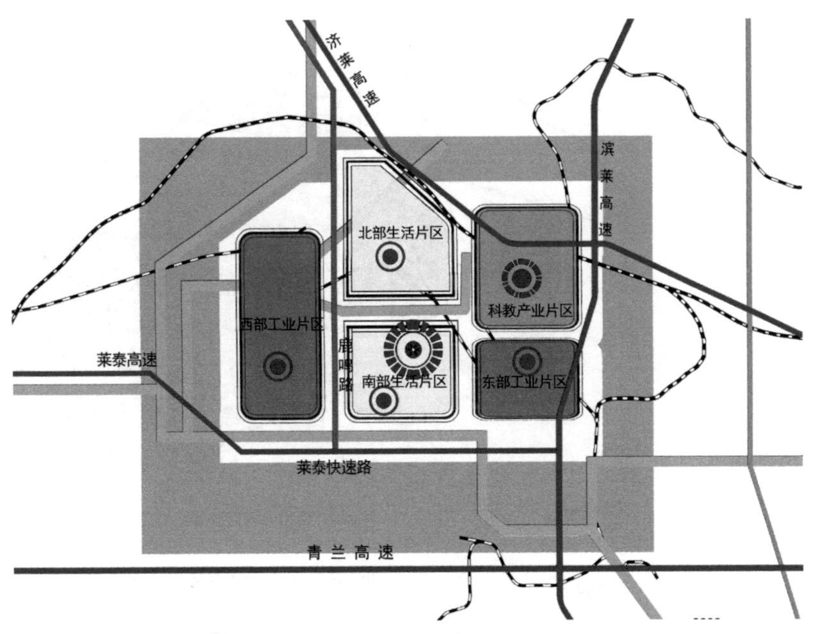

图 5-1-26 莱芜市莱城城区功能板块划分示意
（资料来源：莱芜市城市总体规划编制联合课题组.《莱芜市城市总体规划（2014—2030）》[R]. 2015.）

“四点”在南部综合生活片区、北部生活片区、东部工业片区、西部工业片区等四个片区构建的片区级公共中心。

2.4 干道骨架梳理

首先，明确铁路、城际铁路、高速公路、公路等对外交通设施的走向和相应的站点设置。包括已建或在建的三条铁路线和七处客货运站、济莱城际铁路和莱芜站、“两横一纵”高速公路网和 5 处城市高速出入口、两处公路客运站、一条规划改线后的国道（G205）、五条省道等要素。

其次，在莱城区“五横四纵”现状干道骨架系统基础上，以问题为导向，着力解决城区内辛泰铁路对城区的分割问题，增加跨线的交通干道；重点关注跨线、跨河桥位等“瓶颈”的预留、扩建、增加的可行性。

最后，结合功能板块的划分，以解决内外交通衔接和功能板块间交通联系为重点，初步梳理形成“六横七纵”的干道骨架结构。其中“六横”为汇河大道、鲁矿大道、嬴牟大街、龙潭大街、鲁中大街、汶河大道—汇源大街；“七纵”为莱城大道、西内环、鹿鸣鹿、长勺路、大桥路、凤凰路、九龙山路（图 5—1—27）。

2.5 绿地格局建构

莱城区地处大汶河北岸，城区内部和周边分布有方下河、嘶马河、莲河、孝义河、大汶河、辛庄河等六条河流以及曹西沟等九条城中沟，此外，在城区北侧还有青杨行水库、龙固、梁坡水库、孝义水库等四处水库。规划梳理莱城区绿地及开敞空间系统为“两廊、八片、六点、多线”的格局（图 5—1—28）。

“两廊”为：沿城区南部大汶河以及北部济青高速构建的两条生态主廊道。

“八片”为：依托青杨行水库、龙固水库、孝义水库、梁坡水库，以及方下河中段、嘶马河、孝义河、辛庄河的下河口等构建莱城区主要的生态板块。

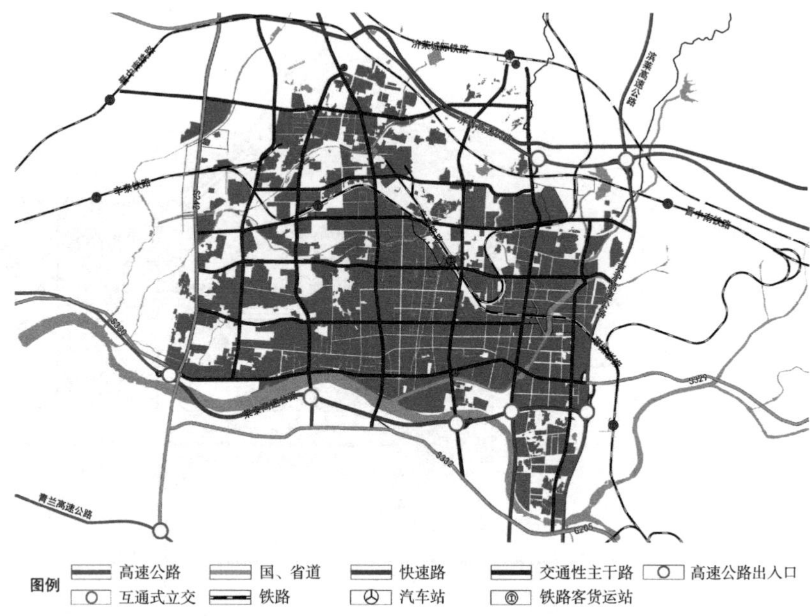

图 5-1-27　莱芜市莱城城区交通干道骨架系统构思草图

（资料来源：莱芜市城市总体规划编制联合课题组 .《莱芜市城市总体规划（2014—2030）》[R]. 2015.）

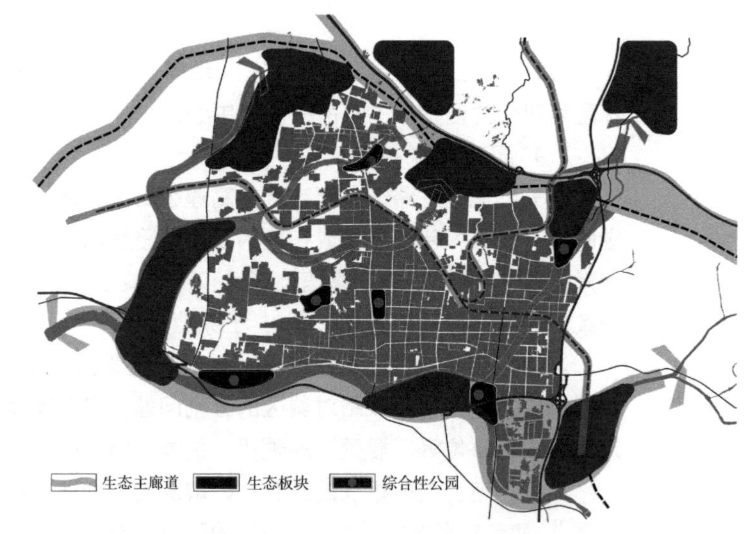

图 5-1-28　莱城城区绿地系统格局构思草图

（资料来源：莱芜市城市总体规划编制联合课题组 .《莱芜市城市总体规划（2014—2030）》[R]. 2015.）

"六点"为：保留红石公园、雅鹿山公园、西海公园等城区现状三处综合公园外，在科教产业片区、北部生活片区结合河流和城中沟增设三处综合性公园。

"多线"为利用城区内河流、城中沟、铁路沿线防护隔离带等构建次级生态廊道。

2.6　规划结构整合

将功能板块与干道骨架、绿地格局和中心体系叠加分析，发现存在三方面问题。

(1) 以城区现状功能板块为基点，思考“怎样生长”成构思的功能板块划分示意时，发现构思的功能板块划分示意过于“理想”，没有考虑高速公路、铁路、河流等“门槛”对功能组织的制约作用。

(2) 特殊的山区丘陵地貌使得初步建构的绿地格局呈现“网状”自由形态，构建“天然”的不规则的建设用地板块，特别是城际铁路枢纽片区难以与南部的科教产业片区成为一个整体，而构想中的北部生活片区实际被河流划分为两个“板块”。

(3) 莱城区定位于莱芜市的市级中心所在地，城市服务功能的提升对现状建成区的工业存在强烈的外迁压力；东部工业园区受外部地质条件和生态条件约束，规模将受到极大的压缩。

基于以上问题，为体现莱城区山、水、城的空间特色，结合莱城区的定位，最终以“网状”的绿地生态格局为本底，作为城市功能板块划分的依据，并兼顾产业与生活的关系，重新建构莱城区的总体布局结构为“双心五点、一轴八片”（图 5–1–29）。

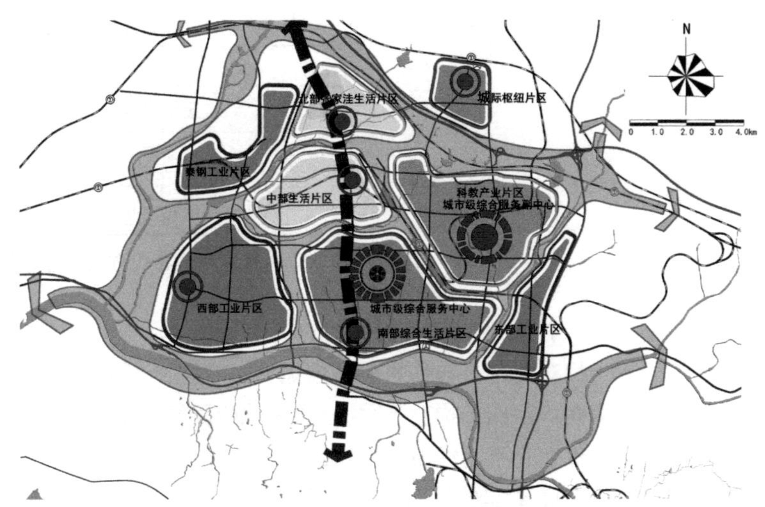

图 5-1-29 莱芜市莱城区规划结构方案草图

（资料来源：莱芜市城市总体规划编制联合课题组.《莱芜市城市总体规划（2014—2030）》[R]. 2015.）

“双心”：为城市级综合服务中心和城市级综合服务副中心。

“五点”：调整为五个主要片区的片区中心。

“一轴”：经过市级中心的南北公共设施轴。

“八片”：南部综合生活片区，中部生活片区，北部张家洼生活片区、科教产业片区，西部工业片区、泰钢工业片区、城际枢纽片区，东部工业片区。

第二节 结构深化与方案提出

“结构—方案”阶段是城市总体布局设计的核心，是一个由整体转向细部，由宏观驾驭转向微观落实的过程，要求按照各类用地的功能要求及布局原理，将“框架性”的空间结构方案进行细化、具体化，转换为初步用地布局方案。

一、深化过程的组织

结构深化过程不能简单地理解为通过“色块”将规划结构进行“落地”的“画图”过程，结构深化需要以构思主题为指导，以城市各类功能用地为媒介，在城市空间结构规划“目标”引领和城市空间结构现状“约束”之间进行相向“互动”，探索城市未来空间发展路径、轨迹和布局形态。这个过程是对构思主题和规划结构的可行性和合理性的验证，并需要其他设计或研究环节相互配合。其基本组织思路如图 5-2-1 所示。

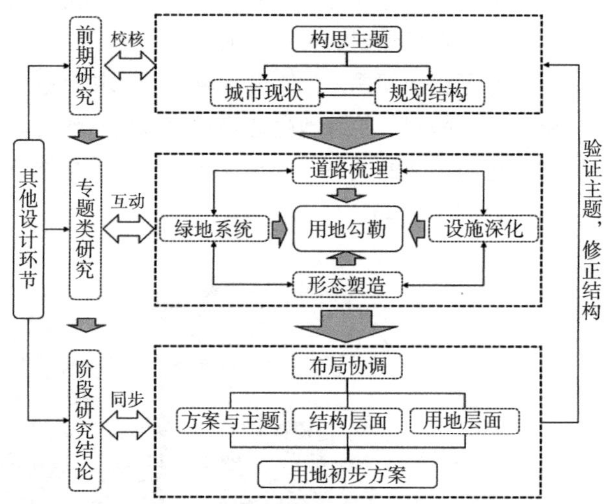

图 5-2-1　总体规划用地布局方案设计思路

1. 注重现状和结构之间的相向互动

相对而言，与构思阶段强调“主观”的创造性思维，突出城市空间扩展的框架式“目标”构建不同，结构深化阶段更强调方案构思“客观”的“可行性”和城市空间不同性质用地组织的“合理性”。

考虑现实的可行性，需要关注现状用地布局、地形条件、“门槛”约束、已批未建重大项目、现状道路肌理等重要约束因素。分析现状建成区用地性质或功能改造的可能性和必要性，以及城市增量扩展区域的现状条件等，根据各类用地之间的兼容性进行“存量”布局调整和“增量”布局安排，才能将结构“目标”中的要素通过不同的功能用地“落地”。

此外，也需要从功能结构的“目标”出发，站在“目标合理”的高度，分析、认识城市各功能用地与布局结构方面的问题，才能从全局的高度统筹各功能用地，避免“目光短视”而过于聚焦于局部的小问题。因此，结构深化需要从“现状—用地勾勒—结构”和“结构—用地勾勒—现状”往复设计来深化展开，并注意与平行进行的发展战略、产业、生态等其他专题类研究环节相互配合和校核。

2. 突出以勾勒用地为核心的要素协调

从深化结果看，初步用地布局方案是用“用地色块”落实并反映“点”、“线”、“面”等规划空间结构要素。由于城市用地功能组织是个综合系统，局部的细微调整都将直接关联其他功能用地的调整。因此，初步用地布局方案提出并非一蹴而就的，需要经过几轮的深化过程才能完成，最初可将功能板块细化到跨街坊的“大功能色块”，再逐渐地深化到街坊内部的“用地色块”。

这个过程需要围绕用地“色块”的勾勒，结合道路系统梳理、设施类用地深化、绿地生态系统细化以及形态特色的塑造等方面渐进式地深入展开，系统地、动态地、辩证地协调功能要素之间的关系。以道路系统骨架、绿地生态格局、公共服务设施等三大“系统”的深化为重点，统筹考虑近期与远期、局部与整体、工业与居住等方面的“关系”处理，并特别是关注不同系统内部、系统之间要素的协调程度。例如，道路骨架的完整性和主次干道的层级分布合理性、工业和居住用地对各类设施需求差异的满足程度、城市绿地与开敞空间布局在塑造特色形态和服务城市功能方面的实现能力、近期城市扩展区域的建设可行性、居住与工作联系的便捷性、重大设施选址会对周边用地功能布局的影响等方面的问题。

3. 注意规划结构与构思主题的修正

在方案提出的过程中，要注意对前期形成的判断以及相关专题或专项研究的反馈，重新提炼、修正已经形成的规划构思主题和规划结构。这种修正过程来自两方面的内容：一方面是城市现状制约因素导致出现的新问题、新情况，使得最初的结构构思方案走样或变形，无法体现原有的规划构思或背离构思主题；另一方面是发展战略、产业选择、专项用地等其他专题类研究在目标确定、模式选择、空间组织等方面的变化，也会直接影响规划结构与构思主题。

因此，在经过一轮用地布局方案设计后，及时完成规划结构与构思主题的修正，避免深化过程中对设定“目标”的背离，使得城市远期布局的“理想”形态与近期的发展需求和城市“现实”结构之间相互契合，增加规划方案的城市“根植性”。

二、用地布局的勾勒

勾勒用地的过程是通过勾勒不同大小、不同颜色的“色块”方式由“粗”到“细”渐进式展开的。最初“色块”的类型可以分为居住类用地、公共服务类用地（包括公共管理与公共服务设施用地和商业服务业设施用地）、工业仓储类用地、绿地类生态用地（包括绿地和湿地、山体等非建设用地）等四大类“功能色块”，再逐步细化得到城市用地分类的大类和中类用地。

1. 勾勒顺序

用地勾勒一般需要经过多轮深化，第一轮以四大类“功能色块”为主，需要与城市道路系统中主、次干道的梳理“落地”过程的配合，同步进行，并关注主、次干道的走向与选线，以及与不同功能“色块”的关系，注意层级衔接的合理性等内容。

首先，先用轮廓线方式勾勒出明确保留的功能板块或用地，以及边界明确的近期重点建设项目区或项目用地，特别是公共服务类用地、生态斑块、已批未建项目区、道路干道骨架、线状和点状公用设施等用地范围。

其次，结合用地类专项研究，重点勾勒出规划“增量”的公共服务类、绿地生态类两大类用地的“色块”，突出规划结构方案以及专项规划结构中的“点”、“线”要素“落地”。主要包括城市级和片区级行政、文化体育、商业等公共服务设施类用地，以及生态绿地、城市级公园绿地、片区级公园绿地、防护绿地、广场等用地，做到轮廓清晰，表达大致用地范围，不必过于在意“功能色块”的用地规模。

最后，完成居住类用地和工业仓储类用地的“落地”。居住类用地的勾勒与城市规模有关，小城市一般可按照居住区的规模进行简单的勾勒，大城市可按照更大的居住片区（10 万人以上）的规模进行勾勒；工业仓储用地可按照专业专项研究确定的产业性质或园区类型进行勾勒，例如化工产业区、钢铁工业区、仓储物流区等。

按照这个顺序勾勒完成后，进入后续的多轮深化，逐步将四大类“功能色块”转变为城市用地分类的大类和中类用地，达到边界明确（定位）、规模可控（定量）的深度要求。

2. 勾勒深度

勾勒深度要掌握好平衡，各功能板块（区）要尽量均衡表达的深度。第一轮勾勒时，“色块”可以跨越几个街坊，尽量保持勾勒的范围内用地性质相对单一即可。

由于最初城市道路系统的梳理只涉及主、次干道，因此，第一轮的四大类“功能色块”勾勒可以跨越城市主、次干道，不必过于关注现状用地边界细节，以及具体街坊或地块改造或变迁的可能性。

进入第二轮细化后。要以城市用地大类为主，与道路系统次干道或支路网深化相配合，尽量做到由“跨街坊”勾勒到“街坊内”勾勒。其中公共管理与公共服务设施用地、绿地与广场用地、公用设施用地等具有公益属性的用地需细化到中类，并在标准选择、布局模式以及空间组织等方面需要相应的专项用地研究分析的配合。例如医院、学校、公共绿地、重大市政工程设施等标准选取、需求、布局等方面的分析。

最后，进入第三轮优化确认环节，从各子系统的整体性和层次性、不用功能用地之间综合协调的角度，结合城市规模总量的约束，以及不用性质的用地总量、单一设施规模要求、现状地块边界等方面要求，调整并确认街坊内不同用地性质的地块边界。

勾勒的轮次与具体城市的复杂程度、设计人员的熟练程度有关。勾勒深度与城市规模有关，一般城市规模越小，对地块边界的精确程度要求越高。涉及强制性内容、具有公益属性的用地，要明确每一“用地色块”的用地规模和边界、设施等级和设施规模、新建或扩建的建设方式等内容。

三、道路系统的梳理

道路系统的梳理需要与用地勾勒相配合，首先要做到对外交通设施的“定线”、“定点”和“定标准”；其次，城市道路交通系统内外衔接的关系上，“落地”城市的快速路、交通性主干道和生活型主干道系统；最后，在用地勾勒配合下完成次干道、支路网的梳理。

1. 对外交通梳理

在对外交通梳理方面，结合交通需求分析，将结构设计阶段确定的“线”状廊道和“点”状设施从“示意”转化为具体的选线和用地，初步做到“定线、定点、定标准”。使对外交通设施既高效服务城市，又避免对城市空间扩展形成障碍，或干扰城市内部的功能空间组织。

“定线”：对规划新建、迁建的铁路、高速公路、国道、省道等“线”状对外交通设施进行现实可行性分析，确定线路位置与走向，尽可能避免对城市的包围或分割。如无法避免，则可将对城市分割作用小的设施廊道选在城市功能板块之间，并不得将公路作为城市干道。

“定点”：港口、火车站、汽车站、机场、高速公路出入口等交通枢纽类的“点”状设施，结合周边功能用地组织，确定准确位置；衔接好对外交通系统与城市道路交通系统，避免相互干扰。

“定标准”：根据交通需求分析，依据规范要求确定“线”状对外交通设施的控制宽度，以及“点”状设施的等级和用地规模，在手绘图纸上可不必追求规模的精准，画出大致相符的规模范围即可。

2. 城市道路梳理

城市道路系统梳理要由构思阶段“宜粗不宜细”转变为“重系统、重规范、先主后次”的原则进行梳理。

“重系统”：城市道路的系统性以及等级衔接关系是优先考虑的问题。根据城市用地功能和交通需求特征，结合自然条件和现状路网形制确定城市道路系统的等级和内容。对于大城市重点梳理快速路、交通性主干道和生活型主干道系统，适当考虑次干道，暂不考虑支路系统，形成清晰的主、次干道系统并与对外交通设施衔接顺畅；对于中小城市则重点梳理主、次干道，并适当考虑支路网。

“重规范”：《城市道路交通规划设计规范》等相关规范对城市交通、大型枢纽、道路系统等提出具体的技术要求。在结构深化阶段，一方面需要遵循规范要求进行设施“落地”；另一方面，从规范要求角度，启发深化过程，避免遗漏相关内容，实现设计与规范的互动。

“先主后次”：根据交通需求关系，与用地布局勾勒同步进行，注意“落地”深度的协调，第一轮用地勾勒需要重点确定城市快速路、主干道的选线，并对次干道进行梳理，注重可能性、可行性但不必过于追求精准“落地”；第二轮需要从用地组织与道路系统关系上，调整、“落地”主、次干道，形成完善的干道系统。在此基础上梳理重要的支路网。

四、设施类用地深化

1. 城市公共服务设施

城市公共服务设施用地的深化需要对公共管理与公共服务、商业服务业设施两大类用地区别对待。公共管理与公共服务用地具有公益属性，按照用地分类的中类深度进行布局，商业服务业设施一般可按照大类进行布局。

公共管理与公共服务设施用地在用地布局勾勒中具有优先地位。重点确定各类设施需求的总规模、等级分类、设施数量、设施标准以及相应的位置和用地范围。例如，大城市可以按照城市级和区级两级对行政、体育、文化、医疗等设施进行空间位置选择和用地勾勒，中小城市只按照城市级考虑即可；此外，不同设施的分析和落地要注意与现状结合，例如医院布局要进行床位需求分析，按照现状医院扩建或搬迁的可能性，确定医院的需求数量和空间分布位置，并勾勒出用地；体育用地要结合城市现有的场馆设施确定是否扩建以及新建的数量、类型、性质和规模。

商业服务业设施主要是按照城市级和片区级两级配置，在位置和具体的空间形态方面进行深化，并统筹协调与其他功能用地的组合关系。要特别注意判断“板块”或“片区”的规模，如果居住类“片区”用地规模是由几个居住区组成，则商业服务业设施要按照“市级—片区级—居住区级”三级配置，在片区中心落地后，还需要在勾勒的居住区用地范围内考虑居住区级中心的用地安排；如果“片区”规模与居住区相当，则商业服务业设施按照“市级—居住区级”两级配置，而此时的片区中居住用地的勾勒实际就是勾勒居住小区的用地范围。

2. 公用设施用地

公用设施类用地深化表现在两方面，一方面是文字方面的分析说明，包括设施的需求量、设施廊道选择与宽度确定、规划设施的规模等级和数量、现状设施保留或扩建可能、设施位置的选择与确定等内容，即是设施“落地”的依据，也是专项说明书的初稿；另一方面是方案图纸，这个阶段只需要标出廊道空间和“点状”设施的可行位置或大致用地范围即可，不需要严格确定其在图纸上的用地边界。

对于大城市而言，廊道空间的布局主要是110kV以上高压走廊、区域输油或输气管线等重大基础设施廊道空间的预留和选择，明确其控制宽度，并注意其对其他功能用地安排的影响。对于中小城市35kV高压走廊也需要予以关注，并判断保留、迁移或升级的可行性。

“点状”设施用地主要考虑对城市用地布局存在影响的水厂、热电厂、变电站、集中供热锅炉房、污水处理厂、燃气厂站、消防站、邮政局等设施，明确其等级和用地规模，通过与周边用地关系的分析，确定位置，标上符号即可。小城市也可勾勒出大致的范围，便于暴露用地布局的矛盾以便对布局方案进行修改完善。

五、绿地系统的细化

绿地系统的细化需要在大环境生态格局、公园绿地、防护绿地和广场用地等四方面进行空间“落地”。按照“重系统，先高后低”的原则勾勒边界，整体上可为三步：

首先，从城市全局高度整体性地把握绿地与开敞空间系统与其他城市建设用地的关系，明确绿地系统生态绿地、公园绿地、防护绿地和广场用地四方面用地的大致范畴，确定绿地系统中的“点”、“线”、“面”要素中每一部分绿地空间属于哪一种用地性质，并结合绿地系统专项用地分析，明确公园绿地等级构成和城市级公园绿地总规模、可能数量以及大致空间分布要求等。

其次，将绿地系统结构中性质明确、边界相对清晰的要素，结合城市实际勾勒出其边界。包括滨河绿带、风景名胜区、森林公园、湿地公园、生态林地等边界清晰的城市周边大环境生态斑块；区域基础设施廊道生态廊道和城市内部的防护走廊的边界范围；现状或已规划确定的城市公园绿地和城市广场用地的边界范围等。

最后，对位置不确定、边界不明确的城市级绿地生态类用地，综合考虑与城市居住、休闲娱乐、文体活动等用地的整体关系，合理确定位置和规模边界，如城市级的公园绿地、大环境生态用地、重要的防护绿地和广场用地等；对于片区级的公园绿地或次要的绿化廊道，一般不要“急于求成”，要与周边用地功能组织的深化相配合，逐步深化并确定其位置和边界。

完成各类绿地“落地”工作后，需要再提炼绿地与开敞空间系统的结构要素，检验绿地系统整体的等级分布和空间分布的合理性。从“点”、“线”、“面”结构关系层面检验绿地系统的层次性是否清晰、空间分布是否均衡。

六、形态特色的塑造

初步方案设计阶段城市形态特色的塑造，是在城市空间功能组织中通过发掘、提炼城市空间的特色要素，统筹协调好城市空间与外部山水格局、历史文化传承、空间特色机理、城市轴线组织等方面的关系，塑造出与城市性质和规模相适应、体现城市个性特征的城市空间的形态与景观风貌特色。

1. 形态特色要素

城市总体布局中的形态特色塑造关键在于识别特色要素。城市形态特色要素可以概括为显性要素和隐形要素两个方面，在城市总体规划层面，显性要素主要包括山水格局、空间肌理、城市轴线等宏观层面的结构性要素，隐性要素是城市空间结构特色中所蕴含着文化层面因素，主要包括历史文脉和城市文化等方面要素。

1.1 显性特色要素

山水格局要素：主要指山脉、江湖、地形地貌构成的“山、林、水、湖、海”等城市大环境格局要素，以及其与城市的关系。构思阶段已经提炼的山水格局要素，在结构深化中要通过比较、聚焦，选取与城市空间结构形态关系最为密切、最具特色的要素，处理好其与城市空间布局的关系，或者将其作为独立要素纳入城市空间结构中，采取功能复合、形态交融、景观渗透等方式组织好其与其他城市空间的关系；或者在城市区域格局中作为城市生态背景或城市空间组织的重要控制点来组织城市功能空间、城市轴线、生态或景观廊道。例如，在桂林市新一轮总体规划中，延续了上版城市总体规划中所确定的“两江四湖三楔”的城市与山水环境的关系，提出中心城区要展现“城乡交融、城景互衬、山水层叠、网络交织”的山水城市格局（图 5–2–2）。

空间肌理要素：城市长期历史岁月中积淀形成的特色肌理，例如城市总体布局模式、街道尺度与格局、建筑风貌、开敞空间、天际轮廓线等方面往往是特色空间形态塑造的重要要素来源。在结构深化中，不仅要予以重点关注和保护，更重要是结合城市空间形态方面的表现方式和塑造特色的路径探求这种肌理的延续。例如，《西安城市总体规划（2008—2020 年）》提出的“九宫格局，棋盘路网，轴线突出，一城多心”空间布局特色，巧妙地继承和延续了明清时期“十”字形传统结构特征，在整体上突出了唐代轴线对称、棋盘格网的空间

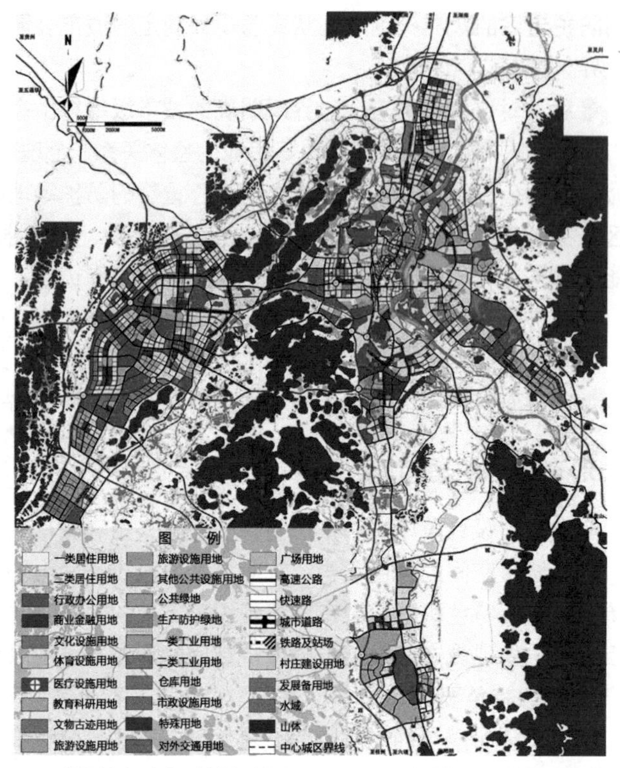

图 5-2-2 《桂林市城市总体规划（2010—2020 年）》中心城区用地规划图
（资料来源：桂林日报.《桂林市城市总体规划（2010—2020 年）》介绍 [N]. 2011-12-03.）

Tips 5-9：桂林市山水格局构建

桂林市是国际性风景旅游城市、国家级历史文化名城、中国山水城市。桂林的山水景观以漓江风光和喀斯特地貌为代表，有山青、水秀、洞奇、石美“四绝”之誉，是“山、水、城”有机融合的典型代表。

《桂林市城市总体规划（2010—2020 年）》提出，要坚持“山水环境观”，强调以“保护山水资源、传承山水文化、创新山水城市”为出发点，力求实现保护漓江、城市向西、拓展旅游业的发展目标；突出展现“城在景中、景在城中、城景交融”的山水城市的特色，将桂林建设成为“中国山水之都，世界旅游名城”，以实现“大旅游、新产业、强枢纽、幸福城”为城市发展的主导方向，打造广西新经济平台。

在中心城区规划空间结构方面，提出中心城区展现“城乡交融、城景互衬、山水层叠、网络交织”的山水城市格局，形成“两带双核八组团”的城市空间结构。其中，“两带”为南北向的沿漓江城市生活旅游发展带和东西向的城市新兴综合服务发展带。“双核”为老城中心区和临桂新区。“八组团”为老城中心组团、瓦窑—大风山组团、叠彩—八里街组团、临桂新区组团、四塘组团、雁山组团、七星组团和铁山组团。此外，构建沿漓江城市发展带，坚持上版城市总体规划中所确定的“两江四湖三楔”的城市与山水环境的关系，严格控制与保护“两江三楔”所涉及的开敞空间与视觉走廊；临桂新区应结合山水环境进行开发建设，以紧凑发展模式为主。

在中心城区景观风貌格局方面，构建桂林市“三水三山”的区域生态网络结构，维护区域生态系统的平衡与稳定。并依托“三山、三水”的自然生态景观格局，结合历史人文

环境与组团式布局的结构特点，中心城区整体形成“一城、一区、三楔、八廊、多轴、多点”的城市景观风貌格局；建设规划各类城市公园。保证城市居民出户400米之内能进入公园绿地游憩，城市绿化覆盖率达到50%以上①。

Tips 5-10：西安市城市空间结构特色塑造

西安是世界著名古都、国家历史文化名城。西安市拥有包括汉长安城、唐长安城等著名大遗址在内的全国重点文物保护单位41处。还拥有丰富的河湖水系、台塬、秦岭山脉等独特的历史地形地貌及国家级风景名胜保护区等。《西安城市总体规划（2008—2020年）》提出主城区的空间布局特色为“九宫格局，棋盘路网，轴线突出，一城多心”（图5-2-3、图5-2-4）②。其中：

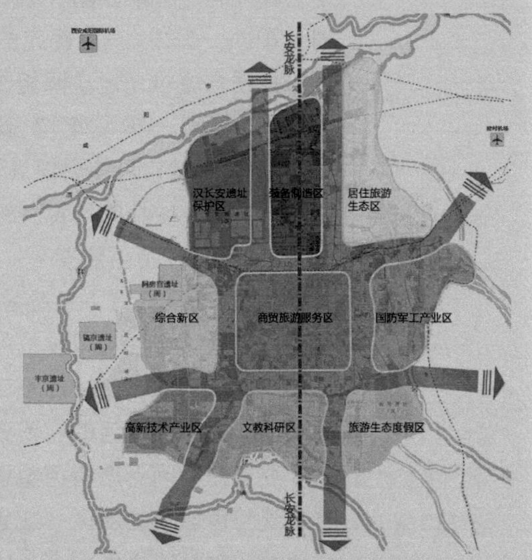

图5-2-3　西安主城区功能结构图
（资料来源：西安市规划局.《西安城市总体规划》（2008年—2020年）[EB/OL]，2010-05-26.）

“九宫格局”：是充分利用交通轴，大遗址、生态林带、楔形绿地等空间要素构建主城区与外围组团、新城之间的间隔，形成功能各异、虚实相当的“九宫格局”布局模式。

“棋盘路网”：是指西安市区道路网继承唐长安方格网、棋盘式机理格局，外围功能区结构也以棋盘路网为特色，构筑一个高效、快捷、一体化、人性化和可持续发展的绿色综合交通运输体系。

“轴线突出”：是指南眺终南山，北望渭水，是纵贯西安南北的一条城市主轴“长安龙脉”。

“一城多心”：是指以西安主城区为城市发展的主中心，以外围11个组团、新城、中心城镇等为城市发展的副中心，构建城乡一体化发展的城镇空间布局形态。

在城市文化特色塑造方面，规划提出以历史文化名城整体保护为核心，加强对历史文化资源的整体保护，弘扬优秀传统文化，重点保护传统空间格局与风貌、文物古迹、大遗址、河湖水系等，体现西安古都特色，妥善处理好城市建设与历史文化名城保护的关系。并采取“新旧分治”的理念，加强老（明）城的整体保护。在老（明）城内，保护与恢复历史街区、人文遗存，形成“一环（城墙）、三片（北院门、三学街和七贤庄历史文化街区）、三街（湘子庙街、德福巷、竹笆市）和文保单位、传统民居、近现代优秀建筑、古树名木”等组成的保护体系（图5-2-5）。

在形态特色塑造方面，延续八水绕城和秦岭绿色屏障形成的山水城市格局，构筑“三环八带十廊道”的绿化主骨架，加快浐灞区域生态整治、团结水库治理、渭河城市段综合治理等工程；加强水土保持和天然林保护工程建设，严格控制和管理秦岭北麓区域内的各类建设项目；推进大绿二期工程、泾渭湿地自然保护区、渭河滨河新区生态带、灞河入渭口万亩生态湿地等工程建设，到2020年，城市绿化覆盖率50%以上。

---

① 桂林日报.《桂林市城市总体规划（2010—2020年）》介绍[N].2011-12-03.

② 西安市规划局.《西安城市总体规划》（2008年—2020年）[EB/OL]，2010-05-26. http：//www.xaghj.gov.cn/ptl/def/def/index_915_6145.html.

结构秩序，使古城中心所特有的方格网传统肌理形态自然向外延伸、拓展[①]。

城市轴线要素：城市传统轴线是城市功能组织方式，往往也成为城市空间形态的特色要素，其可以是一条道路、一种功能组织的空间序列、一条线性的开敞空间等。在结构深化过程中，对城市现有的轴线尽可能地通过功能空间组织进行延续，形成城市空间结构形态的特色。例如《西安城市总体规划（2008 年—2020 年）》确定的“长安龙脉”城市主轴、《泰安市城市总体规划（2011—2020 年）》确定的体现泰山文化“三脉”内涵的历史文化轴等；也可以是结合城市功能空间组织或城市资源禀赋重新塑造，例如《泰安市城市总体规划（2011—2020 年）》确定的体现城市现代化面貌和时代特征的时代发展轴、《济南市城市总体规划（2006 年—2020 年）》确定的体现“山、泉、湖、河、城”一体的泉城特色风貌主轴等。

1.2　隐性特色要素

历史文脉：城市历史遗留下来的文化精髓及历史渊源，是城市记忆的延续，包括能反映城市独特风貌的社会特征、文化脉络、民族特色、生活习俗，以及承载记忆的历史街区、历史环境以及重要的历史节点，如西安的钟鼓楼、北京的故宫、京杭大运河的古河道、古城区的护城河等。这些要素由于其独特的价值，往往在空间形态特色塑造中占据重要的地位。在设计中，或者依托这些要素构建特色城市功能区；或者将其纳入城市空间形态的其他特色要素中，例如成为城市轴线或景观廊道上的重要节点。

城市文化：是一种文明形成的群体行为模式和生活方式，它包括知识、信仰、艺术、情感、道德、风俗习惯以及社会成员获得的任何能力[②]，往往通过城市内部与外部公众对城市内在实力、外显活力和发展前景的认知而被感知和评价。城市文化通过城市形象得以外显，城市形象的各个方面都深深地打上了文化的烙印，正如伊里尔·沙里宁所说“让我看看你的城市，我就能够说出这个城市的居民在文化上追求的是什么”[③]。因此，在总体规划层面识别城市文化的内涵和空间特征，特别是城市显性特色要素背后的文化内涵，对于理解、应用和创造特色城市空间形象，彰显城市文化品质具有重要作用。

2. 形态特色塑造

城市空间形态特色的塑造，需要挖掘城市独特的个性和品质，识别形态特色要素，并通过结构深化阶段的功能和空间组织体现出来。这个过程需要两方面工作。

首先，需要一个特色主题的挖掘和凝练过程。凝练城市形态特色主题不能停留在对客观事物外部现象的简单判断，人对城市空间特色认知的具有特殊性，只通过简单的感性认识和推理判断来确定城市空间特色是不够的，而应研究其深层内涵和构成规律[④]。这个过程开始于构思阶段对城市文化、城市职能、

---

① 马琰，史晓楠．传承城市肌理的西安总体布局研究 [A]. 多元与包容——2012 中国城市规划年会．中国云南昆明．2012.

② 朱俊成．城市文化与城市形象塑造研究 [D]. 江西师范大学，2006.

③ 任平．时尚与冲突：城市文化结构与功能新论 [M]. 南京：东南大学出版社 .2000.

④ 段进．城市空间特色的认知规律与调研分析 [J]. 现代城市研究，2002（01）：59-62.

Tips 5–11：南京市形态特色塑造

在南京城市空间特色研究中，通过社会学调查研究方法和空间解析方法，充分论证南京“山、水、城、林”特色要素的基础上，对山、水、城、林的内涵、概念以及人的认知进行了系统研究，更为重要的是对四个要素结合后的城市空间结构特点、环境特点、尺度特点、人文特征等进行了研究。认为南京的城市空间特色应既包涵山、水、城、林特色要素，也包涵风格风貌、空间形态等人文要素；既包涵以往历史积淀形成的传统空间特色，也应包涵对未来空间特色潜在发展的预测，最后把南京城市空间特色以简练的字句表述为：“山水聚势，城林守形，文华荟萃，居所怡然”，提出了总体规划阶段的城市空间特色规划总的原则为“保护山水、发展城林、构筑系统、强化标志”。最后，明确具体设计方法是：通过保护山形水态的格局，设立自然山水的保护面达到维护自然山水的永恒性；通过保护绿色林荫道体系，优化城市的生态环境达到城林文化的延续；通过强化城市标志与特色意义，如：加强入口景观、对景标志、特色区域、重点环境等空间环境的特色系统设计以及建筑风貌的控制，进一步强化城市空间的整体特色①。

在新一轮南京市城市总体规划修编中，探索应用紧凑城市理论，根据南京的自然条件特点，提出构建以主城为核心，以放射性交通走廊为发展轴，以生态空间为绿楔，“多心开敞、轴向组团”的组团式现代都市区格局。都市区主要城镇沿快速交通走廊呈现“一带五轴”的布局特征，“一带”是指江北沿江城镇发展带，“五轴”是指江南以主城为核心形成的5个放射状的城镇发展轴，规划以复合交通走廊作为发展轴串联各城镇组团，各个城镇组团实行集中紧凑、功能多元化发展，提高城镇开发的密度和综合功能。这样的城镇空间形态，与快速交通走廊相结合，具有较好的弹性和可成长性（图5–2–4）。

根据气象专题的研究，为缓解紧凑型城市布局引发的“屏风效应”和“热岛效应”问题，提出强化生态绿楔的思想。发展轴之间是依托山水条件形成6个生态绿楔，城镇之间有隔离绿地间隔，从而形成“绿城相契、轴向串珠”的开放式的空间形态。一方面能对城镇建设起到良好的调控作用，有效避免城镇空间的无序蔓延，另一方面，通过对开敞空间的保护利用，结合城镇之间的山林、水体和基本农田，形成高生态性的都市区生态绿地系统，能保障都市区的环境品质，对都市区气候条件也能起到一定的调节作用②。

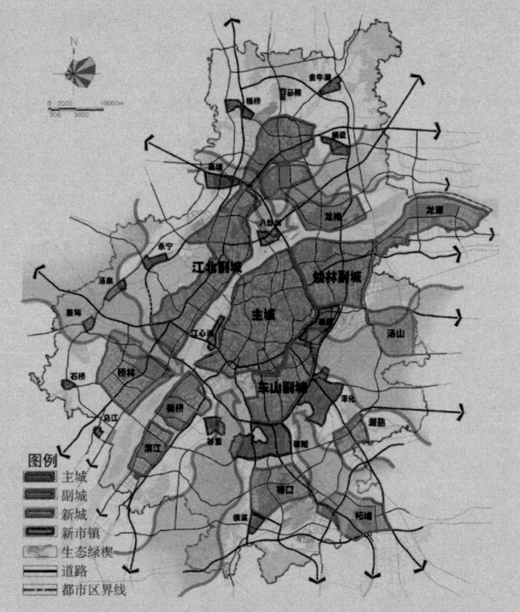

图5–2–4　南京市都市区空间结构规划图
（资料来源：程茂吉．紧凑城市理论在南京城市总体规划修编中的运用[J]. 城市规划，2012（02）：43–50.）

① 段进．城市空间特色的认知规律与调研分析[J]. 现代城市研究，2002（01）：59–62.

② 程茂吉．紧凑城市理论在南京城市总体规划修编中的运用[J]. 城市规划，2012，36（02）：43–50.

城市性质等非空间类关键要素的聚集和提炼，以及对城市空间组织、自然禀赋等空间类关键要素的提炼和空间结构意向的表达，只有通过深入和全面的调查研究，对多元、多级、多层次特色要素的深入整合和挖掘，才能凝练城市形态特色的主题。

其次，研究城市特色主题的空间“落地”以及主题功能的体现。形态特色塑造不仅需要来自于对于特色主题的思维过程，还需要灵活运用空间组织的艺术手法配合。在结构深化过程中，结合用地功能的组织，需要综合运用传统格局延续、创新空间轴线、强调空间序列、突出特色分区、划定核心区域等手法，才能强化、突出和体现空间形态特色和城市特色主题。例如《济南市城市总体规划（2006 年—2020 年）》在城市空间结构规划和城市景观风貌与总体设计中，抓住济南市城市空间形态中“山、泉、湖、河、城”有机结合的基本特色，以河、湖、山、城为基盘，以绿色为基调，以主要河、路为骨架，塑造城市形态特色。

Tips 5–12：济南市景观风貌规划

济南市由于受北部黄河、南部山体等自然条件的制约，济南中心城市以东西带状组团式发展为主，市区内自然资源丰富，古城格局独特，名胜古迹众多，构成了融“山、泉、湖、河、城”为一体的城市风貌格局。

《济南市城市总体规划（2011—2020 年）》规划确定城市主要发展方向为：向东、西两翼拓展为主。中心城规划形成“一城两区”的空间结构。“一城”为主城区，“两区”为西部城区和东部城区，以经十路为城市发展轴向东西两翼拓展。主城区与西部城区、东部城区之间以生态绿地相隔离（图 5–2–5）。

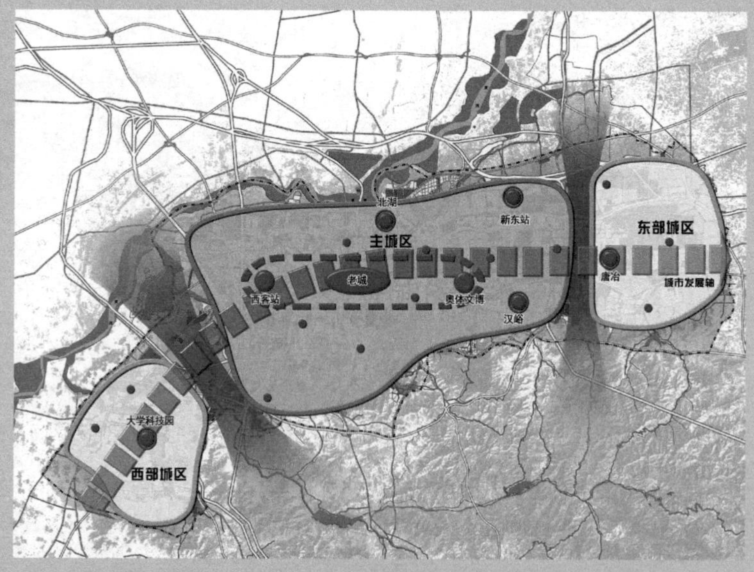

图 5–2–5　济南市中心城区空间结构规划图

（资料来源：济南市规划局网站 .《济南市城市总体规划（2011—2020 年）》批后公示 [EB/OL]. 2016–08–29.）

在城市景观风貌特色塑造方面，为了体现“一城山色半城湖、四面荷花三面柳”，“家家泉水、户户垂杨”的城市风貌特色，在强调体现南部自然绿色山体景观、中部城市人文景观、北部黄河水体及滨河景观的基础上，规划提出整体城市风貌特色为：保护“山、泉、湖、河、城”有机结合的城市风貌特色，保护南北以自然山水为特征、东西以城市发展时代延续并与南北山水融合为特征的城市格局。

规划确立了“四轴、六区”的城市风貌特色格局（表 5-2-1、图 5-2-6）。在四条城市景观风貌轴线中，一条是依托城市内部功能组织的空间序列和山水格局的关系构建而成的，其余三条均为依托城市干道或河流等开敞空间构建而成的。此外，规划形成古城—商埠区、腊山新区、燕山新区、王舍人—贤文片区、东部城区和西部城区等六个风貌分区，并明确相应的控制要求①。

济南市城市景观风貌轴线格局要素一览表　　表 5-2-1

	要素名称	要素内容
四轴	南北泉城特色风貌主轴	以千佛山、古城、黄河为主线，串联四大泉群和大明湖等重要自然、历史要素，是展现和延续自然山水城市特征的景观风貌主轴
	东西城市时代发展主轴	以经十路为主线，串联泉城特色风貌带、燕山和腊山新区及东、西部城区，是体现城市发展时代特征的景观风貌主轴
	燕山新区现代城市景观轴	以大辛河为纽带，向北串联华山风景区和黄河，向南串联龙洞地区，形成新区现代城市景观和自然景观相互融合的景观风貌副轴
	腊山新区现代城市景观轴	以腊山河为纽带，向北串联美里湖和黄河，向南串联腊山，形成新区现代城市景观和自然景观相互融合的景观风貌副轴

（资料来源：济南市规划局网站.《济南市城市总体规划（2011—2020 年）》批后公示 [EB/OL]. 2016-08-29.）

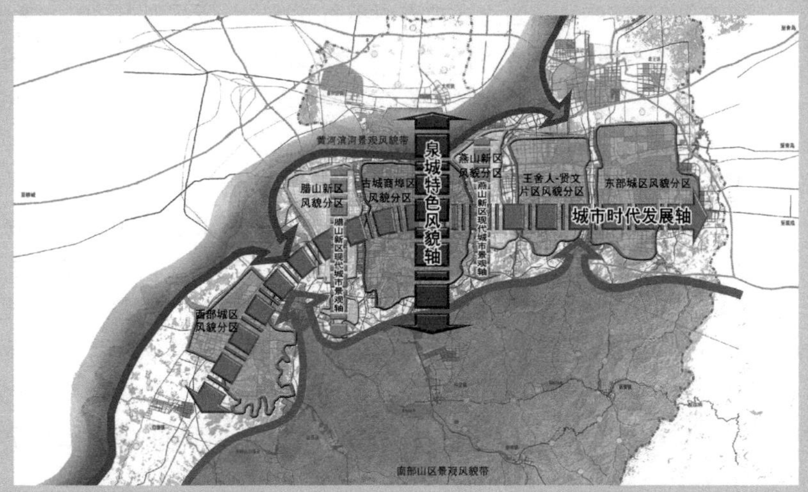

图 5-2-6　济南市中心城区景观风貌规划图

（资料来源：济南市规划局网站.《济南市城市总体规划（2011—2020 年）》批后公示 [EB/OL]. 2016-08-29.）

---

① 济南市规划局.《济南市城市总体规划（2011—2020 年）》批后公示 [EB/OL].2016-08-29. http：//www.jnup.gov.cn/zdgh/16381.htm.

七、初步方案的提出

1. 用地布局的综合协调

城市总体布局是整个城市空间不同系统、不同功能用地的合理部署和有机组合。因此，初步方案提出之前需要从设计环节、城市结构以及城市用地等三个层面进行城市总体布局的综合协调。

1.1 设计环节之间的协调

城市总体布局方案是将城市某种发展“愿景”进行“落地”后的空间表达，仅仅是整个总体规划设计过程中的一个环节。与之同步开展的其他环节在初步方案展开之前均已形成初步结论，如城市发展战略、城镇体系规划、城镇性质和规模，以及其他专题研究等。此外，居住、工业、公共服务设施、道路交通、绿地、公用设施、历史文化遗产保护等专项的说明性文字分析也需要与方案同步进行。这些设计环节和相应的文字说明是配合、指导和协调初步方案设计的前置条件，且是必不可少的。因此，初步方案的提出需要审视“落地”后的方案与其他环节之间的协调和配合程度。

重点关注方案在实现城市发展目标、体现城市性质、落实产业空间、选择布局模式等方面是否遵循其他环节的研究结论，是否对其他环节有反馈建议；在城市规模总量约束、不同功能用地的组织思路、标准选择、系统构成等方面是否落实了规划构思的设想，是否与相应的文字说明相符。

对于不一致的内容或出现新情况、新问题予以重点关注，并及时反馈到相关的环节，如果是专题或专项分析结论过于“理想化”，则应提出完善建议；如果是初步方案设计中存在遗漏，则需对方案设计或相应文字说明进行修改、补充和完善。特别是当上述内容由不同“设计者”承担时，这种“方案＋专题(项)”的协调变得更为重要，可以为每一个设计者随时修正自己内容，避免偏离“主题”或“主线”，即可保障初步方案“有理可循”，又有利于提高相关专题类研究的针对性，促进方案设计的顺利深入。

1.2 城市结构层面的协调

前文谈到，城市用地布局方案是以城市各类功能用地为媒介，在城市空间结构规划“目标”引领和城市功能结构的现状“约束”之间进行相向“互动”。验证提出的用地布局方案是否偏离了最初的规划结构“目标”，就需要通过对初步方案进行一次“点、线、面”结构要素再提炼。如果再提炼空间结构与最初的空间结构构思不一致，则需要对这种结构变化进行合理性分析：若最初设想的空间结构仍具有合理性，则要检查结构深化过程中哪方面出现了偏差。

在城市整体层面重新把握“点、线、面”等结构要素之间的协调程度，重点关注城市的空间特色与山水格局的融合关系、城市的近期发展需求与城市远期形态之间衔接关系、工业与居住整体关系等方面的协调程度。此外，还需要对城市干道系统、绿地生态系统、公共服务设施等三个系统的规划结构进行再提炼，从系统的层次性、整体性以及内部要素关系的合理性进行协调分析，并在系统之间，以及系统与其他功能用地关系进行协调程度分析，针对出现的不协调的部分进行调整和优化。

1.3　城市用地层面的协调

在微观城市用地层面，主要从“垂直”和“水平”两个角度展开不同性质的用地“色块”之间的协调。

在“垂直”角度，主要从用地“色块”所属的“系统”出发，分析该“色块”在本系统中的合理性以及与系统中其他“色块”之间的协调程度；在“水平”角度，是从“色块”与周边其他功能用地“色块”关系分析协调程度。例如某一公园绿地“色块”，首先确定其在绿地生态系统中的等级地位、服务半径、规模大小的合理性；其次分析在功能片区内，其与居住用地、公共服务设施、周边道路等要素的相互协调程度，并做相应调整。

2. 阶段成果

2.1　成果内容

通过用地布局的综合协调、反复调整，形成不同构思下的用地布局的初步方案，为后续方案综合和最终用地布局的确定奠定了基础。阶段成果主要包括以下内容。

区域的衔接分析图。在构思阶段区域空间格局示意图基础上，结合本阶段空间结构的再提炼而形成，包括对外交通格局、山水关系、空间结构中的核心要素等。

空间规划结构图。用地布局初步方案再提炼后，形成的空间结构规划图。

用地布局初步方案图。一般采用手绘图的方式；以大类为主，其中公共管理与公共服务设施用地、绿地与广场用地、公用设施用地等涉及强制性内容的用地到中类；城市建设用地总量基本符合城市规模的总量约束，不需要很精准；用地“色块”边界清晰，色块规模不需要精准；主次干道系统清晰，梳理出重要的支路网；居住和工业用地可以用轮廓线按照居住（小）区和产业园区类型勾勒跨街坊的轮廓范围，并表达出来轮廓内相应级别的绿地和设施类用地。

必要的系统规划图。包括城市干道系统规划图、绿地系统规划图、公共服务设施规划图等图纸。

最后，总结方案特点、准备交流的提纲和内容，主要包括城镇性质和规模、构思主题、区域格局、规划结构要点、系统规划要点、用地布局特点等方面内容。

2.2　其他要求

与方案设计同步进行的其他环节也要形成阶段成果，为后续的方案整合提供支持，主要包括以下内容。

（1）基础资料汇报、上版总体规划实施情况、相关规划解读、现状分析等内容需要全部完成；

（2）市域城镇体系规划的内容应基本完成；

（3）城市发展战略、人口、产业或生态等专题研究形成初稿；

（4）针对工业、居住、道路、不同设施等专项用地分析要形成初步说明性文字。

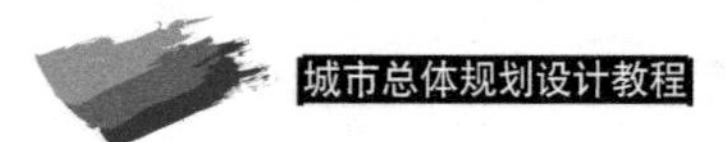

第三节　方案比较与综合

城市是一个开放的巨系统，城市总体布局不仅是城市各项用地的功能组织和合理安排，而且也涉及城市建设投资的经济效益，以及不同利益相关方的发展诉求等方方面面错综复杂的问题。因此，面对动态和非线性的不确定环境，城市总体布局往往是多解的。在总体规划设计中，由于对城市发展面临的焦点问题、不确定性关键要素的识别以及处理方式等方面存在差异，往往会导致出现迥异的初步方案。正因如此，多方案比较与综合就成为设计的重要的环节。

通过方案比较，依托一个或几个初步方案，借鉴其他方案的构思内容和空间处理手法，可以探求一个布局上科学、经济上合理、技术上先进的综合方案，或者可以让不同“愿景”主题的方案在发展思路、目标设定、空间路径等方面特色更为明晰和路径更加完整，为决策者提供多元的决策选项。

一、比较的思路

多方案比较是城市规划工作中最为常见而又行之有效的工作方法之一。在方法论层面，方案比较的方法有两大类：第一类是通过寻找共同因子（或要素）来分析方案的趋同；第二类是通过发现特殊性或独特性的差异来认识与分析不同方案的个别化特征。此外，方案比较与综合贯穿总体规划设计的不同阶段，比较的环境、目的不同会导致关注重点和比较内容上的差异，有时仅涉及城市各类功能用地组织和布局的技术性比较，有时则还会包括城市性质、规模、目标、规划理念等价值要素的比较。因此，需要根据不同的环境、设计阶段、比较目的来组织方案比较的思路。

在构思结构阶段，规划结构的整合实际上也是一种方案比较和综合的过程，其目的在于修正、丰富构思主题和建立空间结构的“目标”。在这个过程中，虽然存在通过寻找共同因子对相似构思主题进行合并的目的，但更多的是寻找差异化的思路，注重识别不同构思的个性化差异特征，特别是通过对城市发展目标、理念等价值要素方面的差异辨别，鼓励形成“多样化”的构思主题和结构方案。

在方案设计阶段，比较目的更多的是为了从多角度探求城市发展的可能性与合理性。这个阶段的比较的思路存在两种情况：一种为了形成“差异化”的初步方案，一般表现为将差异化的构思主题通过寻找共同的“价值立场”和理念基础来“合并”，做到集思广益、主题特征突出；另一种是为了整合同一主题下不同的初步方案，更多注重不同方案之间在不同功能要素处理差异的优缺点分析，通过比较、分析和取舍，不仅可以更全面而深入地研究分析问题，消除总体布局中的“盲点”，而且在技术角度可以形成最具合理性的综合方案。

在公众参与阶段，比较目的在于展现不同方案对不同社会阶层与集团利益主张诉求的体现程度。比较的思路更多聚焦于方案布局差异所反映的“价值立场”差异，以及不同利益诉求的平衡能力和被接受程度，体现了总体规划作为“调控和统筹城市各项建设的协调平台”的作用。

在规划决策阶段。比较的目的在于反映不同方案在保护和管理城市空间资源的有效性。这时不同方案之间在宏观层面要素如城市性质、理念、阶段重点等价值要素，以及城市空间布局结构层面要素的差异成为关注的重点，这些差异在经济、社会、环境及政治方面的潜在益损成为比较、取舍和综合的判断基础。这个阶段体现出总体规划作为"保护和管理城市空间资源的重要手段[①]"的属性特征。

因此，总体规划布局方案比较必须在"政策性"和"技术性"之间寻求平衡，从对城市发展的经济效益、社会效益和环境效益等不同方面综合评价，才能整合并探求一个最"合理"，而非"最优"的综合方案。

二、比较的内容

在"结构—方案"阶段结束后，不同构思主题会形成不同的用地布局初步方案，而相同构思主题也会形成不同初步方案。这样方案比较的内容不仅仅是空间布局要素合理性、经济技术上的可行性的比较，还包括城市发展目标、城市性质、规划理念等方面的价值判断内容的比较。因此，方案比较要从"逻辑性"、"可行性"和"合理性"三方面抓住比较问题的核心，比较的内容可归纳为以下几项：

1. 方案理念的逻辑性

（1）焦点问题识别的准确性。对不确定性关键要素的判别、判断的差异比较；空间"落地"方式的合理性分析；城市空间发展主要矛盾的判别；焦点问题提炼的准确性，以及解决思路的合理性比较。

（2）方案主题和理念的科学性。在城市性质、发展战略、城镇结构、产业选择、目标定位等方面解析的科学性以及现实可行性比较。

（3）理念与空间布局的逻辑性。在城市布局模式、空间结构、山水格局、区域重大设施选线以及各大功能用地系统等城市空间结构层面，体现和契合方案主题和理念的程度比较。

2. 城市布局的合理性

（1）城市区域层面的协调性。城市与其他城镇、城市与农村、市区与郊区等关系的协调程度及优缺点分析；区域重大"点状"基础设施的位置选择，以及高速公路、铁路等区域重大"线状"设施的选线分析；城市山水格局、城市空间形态特色等艺术性处理手法等比较。

（2）城市结构要素的合理性。围绕"布局结构—功能系统"之间关系进行比较分析，包括城市空间结构的"点、线、面"要素关系的合理程度；城市居住与生活系统、城市工业生产用地、城市公共设施系统、城市道路交通系统、城市绿地与开敞空间系统等五大系统之间的关系协调程度；五大系统内部层次性、整体性以及内部要素之间关系的合理性比较。

（3）功能用地布局的合理性。在微观层面对居住、工业、公共设施、道路交通、城市绿地等主要功能用地布局合理程度进行比较分析（表 5–3–1）。

---

① 《城市总体规划编制改革与创新》总报告课题组，城市总体规划编制的改革创新思路研究 [J]. 城市规划，2014，38（S2）：84-89.

城市主要用地布局分析内容一览表　　表 5-3-1

用地类型	分析内容
居住用地组织	分析选址位置是否恰当、规划布局方式与现状条件的契合度、各级公共服务设施的配置情况、建设的可行性与效益等
公共设施用地	用地的选择和规模是否满足一定的服务范围，分析交通便捷程度和城市基础设施配套水平，能否满足对城市景观组织的要求
工业用地	分析用地的组织形式及其在城市布局中的作用和特点；不同园区的产业类型与仓储、对外交通、研发等功能用地的关系；不同园区的产业关联关系；主要污染源与风向、河流水面、居住的关系
道路交通用地	包括铁路站场、港口、机场、客运站等位置选择，及其与城市交通联系情况；过境交通与城市内部交通的衔接和联系；货运站与工业、仓储用地的交通联系情况；城市道路等级是否明确，系统是否完善；居住区与文化区、商业区、工业区、仓储区之间的联系是否安全便捷
城市绿地	结合用地自然条件有机组织，合理有效地设置绿地指标；均衡分布于城市各功能组成要素中；供居民休息游乐的公共绿地应兼顾共享、均衡和就近分布等原则

3. 经济技术的可行性

自然环境的适宜性。主要结合用地评定与选择的内容展开比较，内容包括城市选址（或发展用地）中的工程地质、水文地质、地形地貌等是否适于城市建设；各方案用地范围占用耕地情况；工业“三废”及噪声等对城市的污染程度；对生态系统或生态敏感区的影响程度；城市用地布局与自然环境的结合情况；城市环境质量与品质优良程度等方面。

经济社会的现实性。主要包括城市建设的投资收益分析和社会成本比较分析两方面内容。要估算各方案近期造价和总投资及可能的收益情况，比较投入和产出比例是否经济高效；是否满足城市的近期发展需求，并有利于分期建设，留有足够的进一步发展空间；社会成本比较包括是否符合区域性发展规划的要求、市民的选择意愿和接受程度、各方案动迁范围规模大小及拟采取的补偿措施和政策等，其他社会利益主体可能的接受程度等。

工程设施的可行性。城市防洪、防震、消防和人防等工程设施所应采取的措施是否得当；给水、排水、电力、电信、供热、燃气等城市基础设施的系统结构是否合理；水源地、水厂、污水处理厂、电厂、燃气厂站等重大“点状”设施布局，以及高压走廊、区域交通廊道等的“线状”设施廊道选择是否合理及对城市的影响程度。

一般情况下，比较的目的是为了整合同一主题下不同的方案，可以通过对上述九方面内容进行赋值打分（表 5-3-2），并根据权重进行加权求和得出不同方案的得分，或者通过定性比较来确定中选方案。中选方案一般在比较内容上占据更多项的“最优”，并会成为方案整合的依托基础，吸取其他方案的优点长处后，进行归纳、修改、补充和汇总，优化成为最合理的方案，为进一步开展用地布局和各专项规划的深化奠定基础。但是，如果比较的目的是为了形成“差异化”的方案为后续决策提供不同的参考，则比较的重点会更聚焦于构思主题和理念、规划结构等宏观层面的“个性化”差异，突出在经济、社会、环境及政治方面的潜在益损分析。

因此，无论是哪种比较目的，都要从追求“最佳方案”的观念中解脱出来，努力去寻找城市科学、可行、合理的发展方向和空间路径。

城市总体布局多方案比较内容一览表　　表 5-3-2

主要方面	比较内容	方案一	方案二	方案……
方案理念的逻辑性	焦点问题识别的准确性			
	方案主题和理念的科学性			
	理念与空间布局的逻辑性			
城市布局的合理性	城市区域层面的协调性			
	城市结构要素的合理性			
	功能用地布局的合理性			
经济技术的可行性	自然环境的适宜性			
	经济社会的现实性			
	工程设施的可行性			

三、过程的组织

比较的过程，可以是在同一设计团队（小组）内部或不同设计团队（小组）之间进行比较，一般按照从宏观到微观、从主题到空间的顺序渐进深入进行。

1. 理念和结构的比较

在宏观层面，从规划理念和空间结构两方面进行比较。其中，规划理念重点关注城市性质、发展战略、目标定位以及阶段路径等“主题”方面的内容；空间结构重点关注城市布局模式、空间结构、山水格局、区域重大设施选线等结构层面重点问题的空间处理比较，聚焦不同方案共同点和差异点，并根据实际情况和比较目的确定取舍。

当比较的目的是为了得到一个优化方案，则聚集不同方案的宏观层面的“共识”，并对局部的差异点进行优缺点的评价，取长补短、综合权衡来“求同化异”，形成在规划理念和规划结构上新的“共识”（图 5-3-1）。

当差异特征明显，特别是在城市性质、发展方向等重大问题方面分歧严重时，或者方案比较的目的就是为了形成“差异化”的不同方案，则应聚焦方案

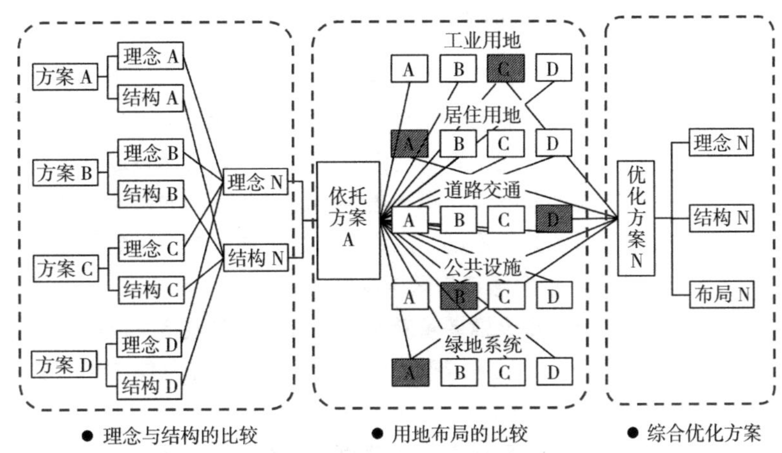

图 5-3-1　初步方案比较分析和选择过程示意

（资料来源：参照陈友华，赵民．城市规划概论 [M]. 上海：上海科学技术出版社，2000 等文献修改。）

理念和结构的“本质”差异，在“主题——空间”内在逻辑一致的框架之下，进行主题和结构的合并，提炼、突出方案的“特色内容”，并据此形成两个新“共识”，并沿着“特色”的路径分别比较和整合下去。

2. 用地布局比较选择

通过不同方案之间在功能用地布局要素处理差异的优缺点分析，不仅可以更全面而深入地研究分析问题，消除总体布局中的“盲点”，而且可以实现在技术角度形成最具合理性的综合方案。

在“共识”基础上构建形成新的理念和结构后，基于不同方案“点、线、面”结构要素的层次性、整体性和内部要素布局的合理性，寻找与之最为贴切的一个方案作为“依托方案”。

在“技术”层面对“依托方案”和其他方案进行横向对比。主要从现实的可行性、不同系统的整体性、系统之间的合理性、用地功能之间的协调性等方面对五大系统进行比较。优先进行系统之间的比较，再进行局部地段不同用地功能组织关系的协调程度比较，深入地研究分析不同方案在功能组织或空间结构上优缺点和存在的问题。

3. 整合提出优化方案

以“依托方案”为基础，择优选择不同方案在五大系统方面的设计优点，最终整合出一个主题明确、结构清晰、布局合理的新方案。如果碰到布局中的某一特定问题分歧较大，例如过境交通干线的走向、城市中心位置的选择、各级公共服务设施的配置等，可以进行针对性的专题讨论确定最终结论。

方案比较是通过对不同方案优缺点的综合评定，取长补短，从而实现设计方案在“构思主题—规划理念—功能关系—用地布局”之间的良性互动和修正，它需要一个充分讨论、综合权衡的过程。由于方案比较涉及内容和问题具有多方面、多层次的特点，因此要根据城市的具体情况有所取舍，抓住城市发展的核心要素和方案的焦点问题进行评定和比较，并尽量做到定性和定量分析相结合，可以在比较中将可比内容制成表格，用扼要的文字或数据逐项填写，按照不同方案分项填写，以便各个方案之间进行比较，最终做出取舍。

四、方案的综合

城市总体布局的方案优化在于综合优势，不仅要从环境、经济、技术、艺术等方面比较方案的优缺点，而且还要与城市总体规划的其他环节相互配合，共同确定优化、综合的方向和内容。综合比较过程中要坚持问题导向，聚焦不同方案的差异点，探求差异的原因和可能的影响，并进行仔细权衡和讨论，确定最终的处理原则、思路和方法。方案综合主要包括以下四个方面。

1. 理念修正与区域统筹

方案综合需要重新审视区域条件对城市发展的影响作用，对城市发展定位进行修订，从区域整体发展入手整合优化总体布局方案，以达到社会、经济和环境效益的协调统一，实现多赢目标。

首先，对城市发展焦点问题在认识上形成“共识”，努力聚焦规划期内城市发展的主要矛盾，并据此展开方案综合。例如对于交通枢纽城市，应重点考虑交通组织和相关功能用地的布局方面的焦点问题；对于旅游城市，要在城市定位、旅游相关功能用地、设施布局和功能组织等方面寻求焦点问题上的“共识”。

其次，重新梳理和修正相应的规划理念。在新理念提炼过程中，会不可避免地涉及市域城镇体系与空间格局、发展战略与区域协作、产业选择与布局、城市定位与发展目标、发展动力与布局模式等方面内容的完善。

最后，在方案整合中，不能忽视城市与外部自然环境、城市与乡村、市区与郊区之间的协调和统筹，这是协调城市与区域关系的着手点。通过把握内、外部关系的变化，来确定城市布局与空间结构的延伸和扩展，从而推动城市与区域整体协调发展。例如在初步方案设计中，往往聚焦于“重大”的对外交通廊道的选线，而对于城乡之间、城郊之间的区域一体化的交通设施布局缺少足够的关注，因此，方案综合中需要考虑如何高效整合城乡之间、城郊之间的交通联系，形成一体化综合交通体系，引领周边地区经济发展。

总之，方案的综合并不仅仅是几个方案简单的叠加比较分析，而是推进、深化整个设计工作进一步展开的一个环节，对城市定位、发展战略的再修正，以及区域层面的要素的再统筹是综合优化方案的首要任务，也是方案设计环节与其他环节衔接的重点。

2. 结构整合与功能协调

城市空间结构清晰是用地功能组织合理的一个标志，反过来说，功能协调整合会进一步优化城市空间结构。因此，在方案综合中，对城市空间结构认识深度和内容都会有所变化，这就需要在城市空间结构层面，重新进行城市空间结构的再提炼和五大系统的功能关系优化。

城市空间结构再提炼和整合，是通过比较不同方案的“点、线、面”结构要素的规模、范围、内涵特色以及要素关系处理是否得当，按照结构要素是否凸显城市空间结构特色的“典型”性，以及与整合后新的规划理念的契合程度为分析重点，完成城市空间结构的再整合。

五大系统功能关系的优化。城市居住与生活系统、城市工业生产用地、城市公共设施系统、城市道路交通系统、城市绿地与开敞空间系统等五大系统是城市空间结构与具体功能用地布局的联系纽带，发挥着承上启下的作用。因此，五大系统自身的整体性、合理性，以及系统之间的协调程度是方案综合的重点内容。在实际操作中，以选择的依托方案为基础（图 5–3–1），通过不同方案在五大系统结构、布局、细部处理等方面优缺点的比较，选择吸收其他方案的优点，完成五大系统功能关系的优化。

3. 道路优化与布局调整

在城市总体布局中，城市道路系统是城市空间布局的骨架，是满足各种功能用地交通需求的空间载体。结构整合完成后，要优先梳理并优化道路系统，要遵循现代交通运输对城市本身以及对道路系统的要求，结合城市具体实际，合理划分道路类别和等级，构成多层次、多功能道路网，衔接并处理好城市内部交通组织和城市对外联系，以及道路系统与居住、工业等其他系统的关系。重点关注城市干道系统和重要的交通设施布局，并与城市交通发展战略相协调。

例如铁路场站、长途客货运站、大型社会公共停车场等设施，站场选址会影响城市重心的变化、居住建设模式的选择、商业等公共服务设施的集聚等。

4. 方案确定与文字梳理

经过方案综合，做到集思广益，深化了共识，明确了后续方案推进的路径和方向。最后形成的综合方案在内容、深度上都会比原有初步方案有所加深，但仍以大类为主，绿地和公共服务设施的具有公益属性的“色块”可以划分到中类；主次干道也得到了进一步的明确；城市建设用地总量参照城市规模控制，精确度较上一阶段有所提高；道路系统、绿地系统、公共设施布局等系统的规划内容基本得到了确认。因此，作为阶段成果，方案图纸主要包括优化后的用地布局方案图，以及相对应的空间结构、城市干道系统、绿地系统、公共设施布局等规划或分析图。

此外，还需对不同环节、不同方案的说明文字进行分析梳理，明确城市发展战略、城镇体系规划、人口、产业及生态等专题研究后续深化方向、重点和内容；并将针对工业、居住、道路、不同设施等专项用地方面的分析说明进行适当梳理和整合，配合后续布局深化和专项规划的展开。

第四节　布局深化与专业规划

布局深化阶段规划的编制重点是在微观层面注重用地“色块”的定位和定量控制，最终提出“合规”、“合理”的用地布局成果。“合规”是从技术标准和规范的要求出发，对图件深度、用地布局和要素组织进行深化和规范化；“合理”是从城市总体布局原则、要求出发，确保最终的用地布局方案的可行性和合理性。

与布局深化同步展开的还有各类专项规划，城市总体规划中的专项规划主要包括综合交通、市政基础设施（给水、排水、供电、电信、供热、燃气）、绿地水系、景观风貌、历史文化遗产保护、环境卫生设施、环境保护、综合防灾、地下空间开发利用等规划类型。各专项规划是从各专项系统内部，“纵向”确定其相关设施或廊道的分布、规模、控制宽度等要求；而城市用地布局深化则是“横向”处理不同功能用地之间的组织关系。因此，布局深化与专项规划需同步展开、相互校核、共同推进，直至完成最终成果。

一、深化过程的组织

1. 布局深化的思路

1.1　熟悉相关规范要求，明确深化深度

《中华人民共和国城乡规划法》第二十四条规定“编制城乡规划必须遵守国家有关标准”。总体规划编制中涉及的技术标准和设计规范众多(表 5–4–1)。这些标准和规范针对特定的用地或设施在等级规模、设置标准、控制要求等方面提出了具体的要求，其中的强制性条文直接涉及人民生命财产安全、人身健康、环境保护和其他公众利益方面的内容，必须严格地遵守和执行。

在用地布局深化中，熟悉相关标准和规范可以保障总体规划文本、说明

与城市总体规划用地布局相关的部分法规和标准一览表 **表 5–4–1**

内容	要求	相关的法律规范
R 居住用地	以大类为主、中类为辅	《城市居住区规划设计标准》GB 50180—2018 《城市居住区人民防空工程规划规范》GB 50808—2013
A 公共管理与公共服务设施用地	以中类为主、小类为辅	《城市公共设施规划规范》GB 50442—2008 《文化馆建设标准》建标 136—2010 《城市普通中小学校校舍建设标准》(2002) 《体育建筑设计规范》JGJ 31—2003 《公共图书馆建设用地指标》(2008) 《综合医院建设标准》建标 110—2008 《城镇老年人设施规划规范》GB 50437—2007 《老年人照料设施建筑设计标准》JGJ 450—2018 《城市紫线管理办法》(2004) 《历史文化名城名镇名村保护条例》(2008) 《历史文化名城保护规划规范》GB 50357—2005
B 商业服务业设施用地	以大类为主、中类为辅	《城市公共设施规划规范》GB 50442—2008 《汽车加油加气站设计与施工规范》GB 50156—2012
M 工业用地	以大类为主、中类为辅	《工业项目建设用地控制指标》(2008)
W 物流仓储用地	以大类为主、中类为辅	《物流中心分类与基本要求》GB/T 24358—2009 《物流园区分类与规划基本要求》GB/T 21334—2017 《镇(乡)村仓储用地规划规范》CJJ/T 189—2014
S 道路与交通设施用地	以中类为主、小类为辅	《城市道路交通规划设计规范》GB 50220—95 《城市轨道交通线网规划标准》GB/T 50546—2018 《城市轨道交通工程项目建设标准》建标 104—2008 《城市道路交叉口规划规范》GB 50647—2011 《城市道路交叉口设计规程》CJJ 152—2010 《城市道路工程设计规范》CJJ 37—2012 《汽车客运站级别划分和建设要求》JT/T 200—2004 《城市综合交通体系规划编制导则》(2010) 《城市综合交通体系规划编制办法》(2010) 《城市快速路设计规程》CJJ 129—2009 《城市道路公共交通站、场、厂工程设计规范》CJJ/T 15—2011 《城市停车设施规划导则》(2015)
U 公用设施用地	以中类为主、小类为辅	《城市给水工程规划规范》GB 50282—2016 《城市排水工程规划规范》GB 50318—2017 《城市电力规划规范》GB/T 50293—2014 《城市配电网规划设计规范》GB 50613—2010 《城市供热规划规范》GB/T 51074—2015 《城镇燃气规划规范》GB/T 51098—2015 《城市通信工程规划规范》GB/T 50853—2013 《城市工程管线综合规划规范》GB 50289—2016 《城市黄线管理办法》(2006) 《城市环境卫生设施规划规范》GB 50337—2003 《防洪标准》GB 50201—2014 《城市防洪工程设计规范》GB/T 50805—2012 《城市抗震防灾规划标准》GB 50413—2007 《城市消防规划规范》GB 51080—2015
G 绿地与广场用地	以中类为主	《城市绿地分类标准》CJJ/T 85—2017 《公园设计规范》GB 51192—2016 《城市道路绿化规划与设计规范》CJJ 75—97
H2 区域交通设施用地	以小类为主	《城市对外交通规划规范》GB 50925—2013

续表

内容	要求	相关的法律规范
H3 区域公用设施用地	—	略
H4 特殊用地	以小类为主	略
H5 采矿用地	—	略
H9 其他建设用地	—	《风景名胜区分类标准》CJJ/T 121—2008 《风景名胜区规划规范》GB 50298—1999
E 非建设用地	以中类为主	《城市水系规划规范》GB 50513—2009 《城市蓝线管理办法》(2006) 《水资源规划规范》GB/T 51051—2014
强制性内容	—	《中华人民共和国城乡规划法》(2008) 《城市规划编制办法》(2006) 《城市规划强制性内容暂行规定》(2002) 《工程建设标准强制性条文(城乡规划部分)》(2013)

注：本表仅列出与城市总体规划用地布局相关的部分法规和标准，在具体的设计中针对某一设施布局或规模计算应查询相对应的标准和规范。

书、图纸等成果的数据计算准确、内容完备、格式和用语规范，明确各部分设计内容的深度、广度和精度；其次，进行专项用地或设施深化时，只有掌握相关规范中对要素的等级、类型、规模、位置、标准、管控等技术标准和设计要求，才能科学合理地确定其用地位置和规模，处理好与其他用地和要素的空间组织关系，将规划中的不同等级、类型设施的用地通过具体的“色块”进行准确“落地”。

城市用地布局深化中城市建设用地深度与城市规模有关，城市规模越小，其用地分类越细，大中城市应以大类为主、中类为辅，小城镇一般以中类为主、小类为辅；对于公共管理与公共服务设施用地（A）、道路与交通设施用地（S）、公用设施用地（U）等涉及强制性内容的用地应以中类为主、小类为辅；此外，规划建设用地范围内的区域交通设施用地（H2）、特殊用地（H4）等用地应以小类为主，非建设用地（E）以中类为主。

1.2　专项用地纵向深化，图文协同推进

在总体布局原则的指导下（表 5-4-2），用地布局深化最重要的“工作支撑”是各类专项规划和专项用地的“纵向”深化，以明确各专项规划和专项用地系统内构成要素的总量需求、构成类型、等级结构、设置标准等技术要求，以及该类用地或设施“色块”的分布、大小和选址要求，使得“色块”规模与布局合乎规范要求。

“纵向”深化离不开专项规划和专项用地的说明撰写。通过对专项用地存在问题的总结和分析、发展目标设定、策略和标准选择、实施路径设定、空间布局的安排等方面的系统分析、论证和安排，才能推进各项功能用地“纵向”深化。在“可行性”、“合理性”以及“合规性”的基础上进行专项用地“色块”规模和边界的确认。因此，说明书或与某类用地相关的专题研究是用地布局深化的前提，文字与图纸协同推进有利于两者保持内容一致，确保用地布局深度和精度要求。

城市总体布局原则 表 5-4-2

布局原则	注释
持续发展原则	在城市总体布局中，要着眼全局和长远利益，用长远的眼光，对未来城市发展趋势做出科学、合理和较为准确的预测，力求以人为中心的经济—社会—自然复合系统的持续发展
城乡融合原则	城乡融合、协调发展，力求系统综合、时空发展有序，城市和乡村布局上合理，功能上既有分工、又有合作，避免盲目发展和重复建设
区域整体原则	对内处理好各城市功能之间的关系，对外从区域角度审视与处理好城市与周围地区的关系，而取得城市整体发展上的平衡和最优，实现区域整体发展和城市经济、社会、环境、文化综合发展
集约紧凑原则	兼顾城市发展理想与现实，科学合理地组织城市用地功能。通过对城市土地使用进行科学、合理的配置，寻求城市土地使用的集约效益，寻求城市发展的长远利益和城市经济社会环境的综合效益
优化环境原则	充分利用自然资源及条件，科学布局，合理安排各项用地，保护生态、优化环境，力求城市布局结构清晰、交通便捷、环境协调
因地制宜原则	有利生产、方便生活，合理安排居民住宅、乡镇工业及城市公共服务设施，因地制宜，突出城市个性及特色
弹性有序原则	合理组织功能分区，统筹部署各项建设，处理好近期建设与远景发展关系，留有弹性和发展余地，使城市发展的各个阶段建设有序，整体协调发展

（资料来源：王勇．城市总体规划设计课程指导 [M]. 南京：东南大学出版社，2011：152.）

1.3 关注强制性的内容，明确控制要点

城市总体规划的“强制性内容”涉及当前城市发展的主要问题和影响城市可持续发展的关键性要素，主要包括“规划区范围、规划区内建设用地规模、基础设施和公共服务设施用地、水源地和水系、基本农田和绿化用地、环境保护、自然与历史文化遗产保护以及防灾减灾等内容”。强制性内容在《城乡规划法》中被赋予了很高的法律地位和严格的修改审批程序，而且也是指导下层次规划的编制和实施管理的重要依据。因此，在总体规划用地布局深化中，对“强制性内容”要做到“四定”要求，即定对象、定数量、定位置、定要求①。确保其内容既具法定性又具可操作性。

此外，还须遵守各类规范和标准中强制性条文。强制性条文是工程建设标准中直接涉及人民生命财产安全、人身健康、环境保护和其他公众利益的、必须严格执行的强制性规定。《工程建设标准强制性条文》中的“城乡规划部分”涉及总体规划编制要素的条文必须遵守，包括了用地规划、综合交通规划、居住区规划、公共服务设施规划、绿地系统规划、市政公用工程规划、防灾规划、历史文化保护规划八个篇章。

1.4 合理确定空间尺度，协调量化约束

图纸用地表达的深度与城市规模及反映到地形图上的图纸比例有关。《城市用地分类与规划建设用地标准》GB 50137—2011 规定“城市（镇）总体规

① 蒋伶，陈定荣．城市总体规划强制性内容实效评估与建议——写在城市总体规划编制审批办法修订之际 [J]. 规划师，2012，28（11）：40-43.

Tips 5–13：城市总体规划的强制性内容

《城市规划编制办法》（2005 年）第三十二条规定城市总体规划的强制性内容包括：

（一）城市规划区范围。

（二）市域内应当控制开发的地域。包括：基本农田保护区，风景名胜区，湿地、水源保护区等生态敏感区，地下矿产资源分布地区。

（三）城市建设用地。包括：规划期限内城市建设用地的发展规模，土地使用强度管制区划和相应的控制指标（建设用地面积、容积率、人口容量等）；城市各类绿地的具体布局；城市地下空间开发布局。

（四）城市基础设施和公共服务设施。包括：城市干道系统网络、城市轨道交通网络、交通枢纽布局；城市水源地及其保护区范围和其他重大市政基础设施；文化、教育、卫生、体育等方面主要公共服务设施的布局。

（五）城市历史文化遗产保护。包括：历史文化保护的具体控制指标和规定；历史文化街区、历史建筑、重要地下文物埋藏区的具体位置和界线。

（六）生态环境保护与建设目标，污染控制与治理措施。

（七）城市防灾工程。包括：城市防洪标准、防洪堤走向；城市抗震与消防疏散通道；城市人防设施布局；地质灾害防护规定。

划宜采用1：10000或1：5000比例尺的图纸进行建设用地分类计算”。实际上，300万以上大城市、特大城市总体规划比例一般在1：50000以上，在1：50000的图纸上，$1hm^2$ 用地面积的地块 2mm × 2mm，50m 道路红线间距为 1mm，图纸表达只能到规划对象位置的深度；在1：10000比例的地形图上，$1hm^2$ 用地面积的地块 10mm × 10mm，50m 道路红线间距为 5mm，可以表达到规划对象形态的深度（图 5–4–1）。因此，要合理的确定用地布局规划的空间尺度，并尽可能采用较大的比例尺，一般中小城市采用1：10000比例尺，小城镇可以采用1：5000比例尺。

由于在建设用地总量、不同系统各类设施的总需求量等方面存在总量约束，例如建设用地（H）总量、城乡居民点建设用地（H1）总量、各类设施的总需求量等，这些总量需要在中心城区与市（镇）域之间，以及不同城市组团之间进行分配、平衡，在总量约束下往往“此消彼长”。此外，在各类设施用地“落地”时，很难实现图纸绘制中的“色块”规模与说明分析中用地计算的需求数字一致，并且在用地边界调整中，一个“色块”边界的调整会带来边界两侧不同用地类型统计数据的变化，也是“此消彼长”。因此，量化约束关系需要在市域与中心城区之间、文字分析计算与图纸用地统计之间、不同类型用地性质统计之间协调好，既做到“定点、定量、定位”的用地布局要求，也实现了不同层面统计数据的平衡。

2. 布局深化的步骤

根据布局深化的思路，布局深化过程是以法规和规范标准为依据，以各类

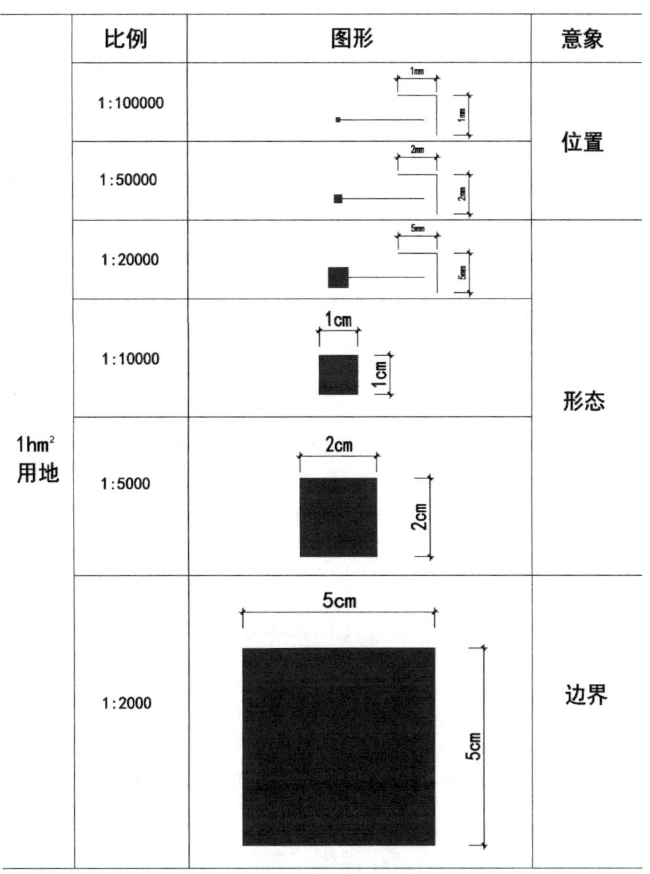

比例
图形
意象
1hm²
用地
1:100000
1:50000
1:20000
1:10000
1:5000
1:2000
1cm
2cm
5cm
位置
形态
边界

图 5-4-1 不同图纸比例图形效果示意

（资料来源：蒋伶，陈定荣．城市总体规划强制性内容实效评估与建议——写在城市总体规划编制审批办法修订之际 [J]. 规划师，2012，28（11）：40-43.）

专题或专项研究为支撑，对城市总体规划的用地布局进行细化。过程组织可以大致分为三个阶段（图 5-4-2）。

2.1 分析诊断阶段

针对既有的综合方案，依托产业、生态、人口与用地等相关专题研究，重点展开综合交通、市政基础设施（给水、排水、供电、电信、供热、燃气）、绿地水系、景观风貌、历史文化遗产保护、环境卫生、环境保护、综合防灾等各种专项规划的“纵向”研究。诊断分析既有方案存在的问题，明确深化方向，主要从两方面展开。

首先，以相关法规和规范标准的规定和技术要求为依据，结合城市的具体实际，对各专项用地的体系构成、标准选择、总量控制、等级结构、设施规模、强制内容、空间布局、配置原则、范围确定、管控措施等方面展开系统分析，明确不同功能用地和设施的空间分布数量、位置、规模、建设方式等内容，掌握“技术上”和“理论上”的“空间需求”。

其次，结合城市的具体实际，依据城市不同功能关系的组织要求，通过分析城市现状用地约束条件、经济技术可行性以及各类用地间的影响等内容，明确城市“可能的”和“现实的”“空间供给”能力。

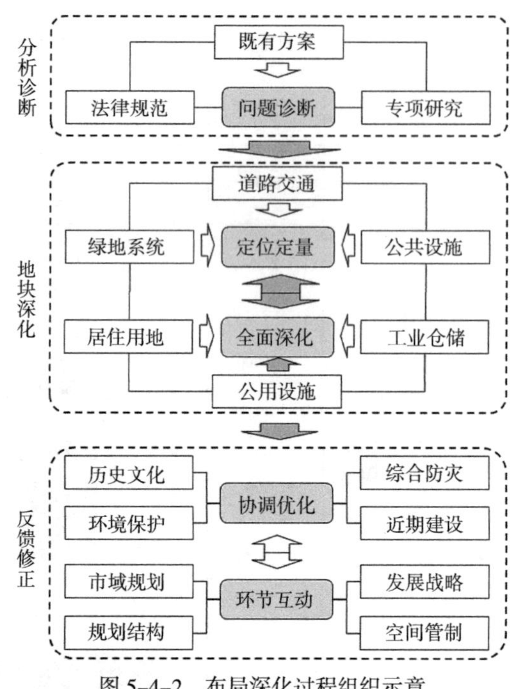

图 5-4-2　布局深化过程组织示意

通过平衡“空间需求”和“空间供给”，诊断、发现既有综合方案各系统或专项用地方面存在的问题；明确解决问题的思路，以及深化的路径和方向，为后续具体的深化提供“可行、合理、规范、科学”的依据。

2.2　地块深化阶段

由于城市总体规划中各类专题研究、专项规划都会或多或少涉及不同的功能用地，布局深化阶段的图纸一般都是计算机绘图，往往初学者不知道从何下手。因此，为便于操作，将地块深化阶段分为前后两步骤。

（1）优先“落地”道路交通、绿地、公共服务设施三大系统用地

道路系统中心线“定线”和道路红线“放线”是其他功能用地“落地”的前提。道路中心线的确定要充分考虑现状条件和相关的规范要求，明确城市主、次干道的等级、功能、走向、红线；并与城市综合交通专项或专题规划相配合，进行道路网和各类交通设施、站场的“细化”；根据支路的规划要求梳理支路网；确定对外交通设施、综合客货运枢纽、公交站场、大型公共停车设施等的布局、位置、用地规模控制，做到“定性、定位、定量”。

与道路网和各类交通设施“落地”同步进行的是城市绿地系统和公共服务设施的深化。明确公园绿地位置、用地范围，以及防护绿地的布局和规划宽度；确定主要地表水体边界及其周边的控制范围；根据确定的公共中心体系，明确商业服务业设施用地的用地范围，以及行政、文化、教育、体育、卫生等公共管理和公共服务设施用地的数量、分布、位置、设施规模以及用地边界等布局。

三大系统全部落地后，从三大系统内部层级关系以及与城市其他功能板块或节点之间的空间关系方面进行检验，并统计相应的用地规模，从总量、人均标准、单块设施用地规模、空间分布等方面与专题或专项研究相关内容进行校核。

(2) 以“功能板块”为单元全面“落地”与深化其他建设用地

全面落实、深化公用设施用地、居住用地、工业用地、物流仓储用地等其他大类用地时，应以“功能板块”为单元，综合考虑“功能板块”内部各类用地的分布规律，以及相互间促进、制约或影响的关系落实、确定各类用地的“边界”。

公用设施用地要明确水厂、污水处理厂、热电厂、变电站、燃气厂站、垃圾处理厂（场）等设施的位置和用地范围，并根据防护要求处理好与其他用地的关系；推敲居住用地与不同等级类型公共服务设施、绿地等之间的位置关系，城市公共服务设施按照“市级—片区级—居住区级”三级配置，居住用地则可按照“片区—居住区—居住小区”三级结构进行布局；工业、物流仓储用地结合产业专题，以对应的产业园区为单位划定规模，园区内部、园区与园区之间要统筹考虑与公共服务设施等用地的关系。

全面落实八大类用地后，统计初步的城市建设用地平衡表，以及与强制性内容相关的设施用地的规模，与对应的专题或专项规划内容进行校核和相互修正。

2.3　反馈修正阶段

用地深化的环节并非单项的线性过程，而是一个在规范要求和现状约束、专项用地研究和用地布局设计、市域与中心城区、文字说明与图纸上的“落地”统计、总量控制与单项指标之间不断地进行反馈修正、完善优化的过程。

在用地深化中，环境保护、历史文化、综合防灾、近期建设等专项研究的相关内容的同步推进，同样有助于用地布局的协调优化。例如，主要污染源的污染控制对布局的影响；历史文化街区的核心保护范围、视线通廊和建设控制地带与布局是否冲突；主要防灾避难场所、救援通道、消防设施的规模和服务半径能否满足要求；近期重点建设区域在用地布局上是否与远期功能布局相互矛盾等。

在实际工作中，形成最终成果之前的反馈修正过程可能跨度几个月，甚至几年的时间，其中原因可能是现实中的问题，如区域重大项目的实施与规划分析的结果不一致；也可能是深化过程出现的新问题，如某类设施由于现状条件制约需要改线或调整位置等，这就需要与市域规划、城市发展战略、空间管制等其他设计环节通过反馈、互动，协调解决。从这种意义上讲，用地深化工作直到完成最终用地布局、说明书、专题研究等全部成果后，才算真正结束。

二、道路交通系统深化

1. 深化内容

城市道路与交通系统规划包括城市交通发展战略和城市道路交通综合网络规划两个组成部分。涉及的用地包括区域交通设施用地（H2）以及道路与交通设施用地（S）两类用地。在与用地布局的其他用地互动修正后，需要进行指标的校核。城市道路与交通设施用地占城市建设用地的比例为10%～25%；人均道路与交通设施用地面积最低不应小于12.0m^2/人。

城市交通发展战略规划包括确定交通发展目标和水平；确定城市交通方式

和交通结构；确定城市道路交通综合网络布局、城市对外交通和市内的客货运设施的选址和用地规模；提出实施城市道路交通规划过程中的重要技术经济对策；提出有关交通发展政策和交通需求管理政策的建议。

城市道路交通综合网络规划包括：确定城市公共交通系统、各种交通的衔接方式、大型公共换乘枢纽和公共交通场站设施的分布和用地范围；确定各级城市道路红线宽度、横断面形式、主要交叉口的形式和用地范围，以及公共停车场、桥梁、渡口的位置和用地范围；平衡各种交通方式的运输能力的运量；对网络规划方案作技术经济评估；提出分期建设与交通建设项目排序的建议。

道路交通系统规划图主要内容包括：分类标绘客运、货运道路的走向；铁路和公路线路及站场、高速公路出入口、港口、机场、长途汽车站、火车站等对外交通设施的位置和用地范围；分等级标绘城市道路系统，明确快速路、主次干道中心线线形控制点的位置、坐标及高程、红线宽度、道路横断面、重要交叉口形式；公共交通场站的位置和用地范围；公共停车场的位置和用地范围。

2. 深化思路

本阶段的深化思路是按照“重细节、守规范，全覆盖”的原则展开。

“重细节”：注重“线”与“点”状设施要素“定线”、“定边界”的现实可行性以及技术要求细节，做到主次干道定中心线、定红线、定断面，认真梳理支路网；交通设施落地定规模、定等级、定边界等。

“守规范”：严格执行相关技术标准和规范，特别是强制性条文要求的工作内容、深度、标准。按照《城市对外交通规划规范》GB 50925—2013、《城市道路交通规划设计规范》GB 50220—95 等规范对各类设施用地的技术要求，完成区域交通设施用地（H2）以及道路与交通设施用地（S）的用地深化。对相应的设施用地规模、道路网密度、道路红线宽度等指标进行校核，并从城市道路交通系统与相邻用地功能协同的角度，完成与其他功能用地的反馈、修正。

“全覆盖”：强化城市道路交通系统的整体性。需要对城市对外交通的联系、内部交通的组织、各种交通方式的转换、节点与网络之间衔接关系等全面梳理，完成交通发展目标与战略、对外交通、道路系统、公共交通、静态交通等规划内容的全面整理，明确各要素的总需要量、等级结构、设置标准等内容，并完成相对应的说明书。

3. 区域交通设施用地

区域交通设施用地深化的主要技术规范依据为《城市对外交通规划规范》GB 50925—2013，包括铁路、公路、港口、机场和管道运输等区域交通运输及其附属设施用地的选址要求和用地控制要求。

区域交通设施用地需要以城市综合交通规划为前提，并应与城市功能布局密切配合，合理确定其等级、规模和用地边界，并适当预留发展空间。需要注意的是“区域交通设施用地”（H2）不包括中心城区的铁路客货运站、公路长途客货运站以及港口客运码头。

3.1 铁路用地

铁路用地深化包括确定线路用地、铁路设施用地以及线路两侧隔离带控制宽度等三方面内容。

铁路线路规划应符合城市布局要求，合理选用线路技术标准，满足技术、经济、安全和环境的要求。铁路线路规划应符合城市布局要求，合理选用线路技术标准，满足技术、经济、安全和环境的要求。

铁路设施的用地规模和用地长度应根据功能布局、设施规模和建设用地条件合理确定（表 5–4–3）。集装箱中心站应设置在中心城区外，具有便捷的集疏运通道，与铁路干线顺畅连接，与公路有便捷的联系；编组站、动车段（所）等铁路设施应设置在中心城区外，编组站宜与货运站结合设置，位于铁路干线汇合处，与铁路干线顺畅连接。

城镇建成区外高速铁路两侧隔离带规划控制宽度应从外侧轨道中心线向外不小于 50m；普速铁路干线两侧隔离带规划控制宽度应从外侧轨道中心线向外不小于 20m；其他线路两侧隔离带规划控制宽度应从外侧轨道中心线向外不小于 15m。

铁路设施规划用地指标一览表　　表 5–4–3

项目	类型	用地规模（hm^2）	用地长度要求（m）
集装箱中心站	—	50 ~ 100	1500 ~ 2000
编组站	大型	150 ~ 350	5000 ~ 7000
	中小型	50 ~ 150	2000 ~ 4000
动车段	—	50 ~ 150	2500 ~ 5000
动车所	—	10 ~ 50	1800 ~ 2500

（资料来源：《城市对外交通规划规范》GB 50925—2013）

3.2 公路用地

公路用地指高速公路、国道、省道、县道和乡道用地及附属设施用地。深化内容包括确定公路网功能等级、公路红线宽度以及两侧隔离带规划控制宽度，以及确定高速公路城市出入口、高速公路服务设施等站场布局和用地规模。

公路按在公路网中的地位和技术要求可分为高速公路、一级公路、二级公路、三级公路和四级公路。特大城市和大城市主要对外联系方向上应有 2 条二级以上等级的公路。

公路红线宽度和两侧隔离带规划控制宽度应根据城市规划、公路等级、车道数量、环境保护要求和建设用地条件合理确定。城镇建成区外公路红线宽度和两侧隔离带规划控制宽度应符合表 5–4–4 的规定。

城镇建成区外公路红线宽度和两侧隔离带规划控制宽度（m）　　表 5–4–4

公路等级	高速公路	一级公路	二级公路	三级公路	四级公路
公路红线宽度	40 ~ 60	30 ~ 50	20 ~ 40	10 ~ 24	8 ~ 10
公路两侧隔离带控制宽度	20 ~ 50	10 ~ 30	10 ~ 20	5 ~ 10	2 ~ 5

（资料来源：《城市对外交通规划规范》GB 50925—2013）

高速公路城市出入口，应根据城市规模、布局、公路网规划和环境条件等因素确定，宜设置在建成区边缘；应与城市道路合理衔接，出入口位置和数量既要保障对城市的交通服务，又要减少对高速公路交通的影响。特大城市可在建成区内设置高速公路出入口，其平均间距宜为 5 ～ 10km，最小间距不应小于 4km。

3.3 港区用地

港区用地指海港和河港的陆域部分，包括码头作业区、辅助生产区等用地。港区陆域的装卸、库场、辅助设施等用地应根据港区功能分区、装卸流程、交通组织和用地条件合理确定用地规模和纵深（表 5–4–5）。

码头陆域纵深控制一览表 **表 5–4–5**

类别	海港码头陆域纵深（m）	河港陆域纵深（m）
集装箱码头	500 ~ 800	200 ~ 450
多用途码头	500 ~ 800	200 ~ 450
散装码头	400 ~ 700	180 ~ 350
件杂货码头	400 ~ 700	180 ~ 350

（资料来源：《城市对外交通规划规范》GB 50925—2013）

3.4 机场用地

机场用地指民用及军民合用的机场用地，包括飞行区、航站区等用地，不包括净空控制范围用地。枢纽机场、干线机场距离市中心宜为 20 ～ 40km，支线机场距离市中心宜为 10 ～ 20km。机场跑道轴线方向应避免穿越城区和城市发展主导方向，宜设置在城市一侧。跑道中心线延长线与城区边缘的垂直距离应大于 5km；跑道中心线延长线穿越城市时，跑道中心线延长线靠近城市的一端与城区边缘的距离应大于 15km，与居住区的距离应大于 30km。

机场用地应根据机场分类、功能布局和客货运量规模等要求，并按 0.5 ～ 1.0hm²/ 万人次 · 年客运量进行控制确定（表 5–4–6）。

机场规划用地控制指标一览表 **表 5–4–6**

机场分类	面积（hm²）
枢纽机场	700 ~ 3000
干线机场	200 ~ 700
支线机场	100 ~ 200

（资料来源：《城市对外交通规划规范》GB 50925—2013）

4. 城市道路用地深化

城市道路系统深化的主要技术规范为《城市道路交通规划设计规范》GB 50220—95、《城市道路工程设计规范》CJJ 37—2012 和《城市道路交叉口规划规范》GB 50647—2011 等。道路系统的深化包括：一是，城市道路中心线、红线的定位确定，道路横断面组织设计以及主要交叉口的形式；二是，确定主要交通站场设施位置、用地范围；三是，核算道路网络系统的技术指标。

4.1 道路网深化

确定城市快速路、主次干道系统的走向以及道路红线时，尽可能与现有的城市道路红线的规划控制与管理相衔接，对于已规划控制并实施的城市快速路、主次干道的中心线、横断面、主要交叉口应尽可能保留和延续；并优先确定重要控制桥位、桥涵位置，作为道路中心线定位的先决条件。

道路定位最核心的是道路中心线的定位。道路中心线定线要符合《城市道路工程设计规范》CJJ 37—2012 中平面和纵断面等方面的技术指标规定，尽可能采用大的平曲线半径（表 5–4–7）；在地形起伏较大的山区地带，道路中心线的选型要考虑道路最大纵坡和最大坡长的约束（表 5–4–8），根据用地评定中地形坡度分析合理确定连续与均衡道路中心线线形。

城市道路平曲线中圆曲线最小半径　　表 5–4–7

设计速度（km/h）		100	80	60	50	40	30	20
不设超高最小半径（m）		1600	1000	600	400	300	150	70
设超高最小半径（m）	一般值	650	400	300	200	150	85	40
	极限值	400	250	150	100	70	40	20

（资料来源：《城市道路工程设计规范》CJJ 37—2012）

城市道路机动车道最大纵坡　　表 5–4–8

设计速度（km/h）		100	80	60	50	40	30	20
最大纵坡（%）	一般值	3	4	5	5.5	6	7	8
	极限值	4	5	6		7	8	

（资料来源：《城市道路工程设计规范》CJJ 37—2012）

与道路中心线定线协同进行的是道路红线的“放线”定位以及横断面确定，道路红线和横断面确定要尽量利用已有的道路中心线、红线、横断面，非必要不建议“一刀切”式的拓宽老城区道路、改变道路断面；尽量保持新建道路垂直正交或与现有道路平行；尽量避让需保留的重要现状地块；尽量考虑城市与自然环境“景观骨架”组织以及同毗邻用地的功能性质相协调。城市道路红线宽度确定应符合相关规定（表 5–4–9、表 5–4–10）。

20 万人以上城市道路红线规划宽度　　表 5–4–9

项目	城市人口（万人）	快速路	主干路	次干路	支路
道路宽度（m）	>200	40 ~ 45	45 ~ 55	40 ~ 50	15 ~ 30
	50 ~ 200	35 ~ 40	35 ~ 40	30 ~ 45	15 ~ 20
	20 ~ 50	—	35 ~ 45	30 ~ 40	15 ~ 20

（资料来源：《城市道路交通规划设计规范》GB 50220—95）

20 万人以下的城市道路红线规划宽度　　表 5–4–10

项目	城市人口（万人）	干路	支路
道路宽度（m）	20 ~ 5	25 ~ 35	12 ~ 15
	1 ~ 5	25 ~ 35	12 ~ 15
	< 1	25 ~ 30	12 ~ 15

（资料来源：《城市道路交通规划设计规范》GB 50220—95）

城市道路横断面宜由机动车道、非机动车道、人行道、分车带、设施带、绿化带等组成，其形式主要取决于道路性质、等级和功能的要求、交通量的大小、周边用地的性质，同时还要综合考虑现实条件和工程设施等方面的要求（表5–4–11），并符合相关规范的控制要求（表5–4–12、表5–4–13），避免简单地套用固定模式而使道路横断面千篇一律。例如对于穿越老城区的城市主次干道，老城区内的局部路段拓宽确实有难度则可以采用分路段确定道路红线和断面形式。

城市道路横断面类型及特点　　表5–4–11

形式	特点	使用条件
单幅路	机动车、非机动车混合行驶，可以根据高峰调节横断面的使用宽度，具有占地小、投资省、交叉口通行效率高的优点	多用于“钟摆式”交通路段及生活性道路，在用地困难拆迁量较大地段以及出入口较多的商业性街道上可优先考虑。一般用于交通量小的次干道和支路
两幅路	解决机动车对向行驶相互干扰的矛盾，双向交通比较均匀	适用于机动车交通量大，车速要求高，非机动车数量不多的道路。常用于快速路、郊区一级公路
三幅路	有利于解决机动车与非机动车相互干扰的矛盾、保障交通安全。多层次绿化，从景观上可以取得较好的美化城市的效果	适用于机动车交通量十分大而又有一定的车速和车流畅通要求、同时非机动车交通量又较大的生活性道路或交通性客运干道
四幅路	机、非分流，机动车双向分流，提高车速和交通安全。占地大	一般适用于机动车、非机动车交通量很大的主干路

（资料来源：徐循初．城市道路与交通规划[M]. 北京：中国建筑工业出版社，2005：110–111.）

20万人以上城市规划道路中机动车道条数（条）　　表5–4–12

城市规模与人口（万人）	快速路	主干路	次干路	支路
＞200	6～8	6～8	4～6	3～4
≤200	4～6	4～6	4～6	2
20～50	—	4	2～4	2

（资料来源：《城市道路交通规划设计规范》GB 50220—95）

20万人以下城市规划道路中机动车条数（条）　　表5–4–13

城市人口（万人）	干路	支路
5～20	2～4	2
1～5	2～4	2
＜1	2～3	2

（资料来源：《城市道路交通规划设计规范》GB 50220—95）

4.2　交叉口深化

在城市总体规划阶段，交叉口规划应与规划道路网系统及整体宏观交通组织方案相协调，明确不同区域交叉口交通组织策略以及选择不同类型交叉口形式的基本原则，确定主要道路交叉口的布局。

(1) 立体交叉口控制

在分析城市道路跨越铁路、高速公路等对外交通设施的可行性和合理性的基础上，根据相交道路等级类型及功能、交通流行驶特征等确定立体交叉口类型（表5—4—14、表5—4—15）；依据立体交叉口形式和通行能力确定立体交叉口规划用地控制面积（表5—4—16），框定立体交叉用地范围；合理控制互通式立体交叉的规划间距，并应协调与周围环境及用地布局的关系。

立体交叉口类型及交通流行驶特征 表5—4—14

立体交叉口类型	主路直行车流行驶特征	转向车流行驶特征	非机动车及行人干扰情况
立A类（枢纽立交）	连续快速行驶	缺少交织、无平面交织	机非分行，无干扰
立B类（一般立交）	主要道路连续快速行驶，次要道路存在交织或平面交叉	部分转向交通存在交织或平面交叉	主要道路机非分行，无干扰；次要道路机非混行，有干扰
立C类（分离式立交）	连续行驶	不提供转向功能	—

（资料来源：《城市道路工程设计规范》CJJ 37—2012）

城市立体交叉口选型 表5—4—15

立体交叉口类型	选型	
	推荐形式	可选形式
快速路—快速路	立A_1类	—
快速路—主干路	立B类	立A_2类、立C类
快速路—次干路	立C类	立B类
快速路—支路	—	立C类
主干路—主干路	—	立B类

（资料来源：《城市道路工程设计规范》CJJ 37—2012）

立体交叉口规划用地面积和通行能力 表5—4—16

立体交叉口层数	立体交叉口中匝道的基本形式	机动车与非机动车交通有无冲突点	用地面积（万m^2）	通行能力（千辆/h）	
				当量小汽车	当量自行车
二	菱形	有	2.0～2.5	7～9	10～13
	苜蓿叶形	有	6.5～12.0	6～13	16～20
	环形	有	3.0～4.5	7～9	15～20
		无	2.5～3.0	3～4	12～15
三	十字路口形	有	4.0～5.0	11～14	13～16
	环形	有	5.0～5.5	11～14	13～14
		无	4.5～5.5	8～10	13～15
	苜蓿叶形与环形①	无	7.0～12.0	11～13	13～15
	环形与苜蓿叶形②	无	5.0～6.0	11～14	20～30
四	环形	无	6.0～8.0	11～14	13～15

注：①三层立交中的苜蓿叶形为机动车匝道，环形为非机动车匝道；
②三层立交中的环形为机动车匝道，苜蓿叶形为非机动车匝道。

（资料来源：《城市道路交通规划设计规范》GB 50220—95）

当城市道路与高速公路相交，快速路与快速路相交，必须采用立体交叉。

当城市道路与其他公路相交时，一级公路按主干路、二级和三级公路按次干路、四级公路按支路，确定与公路相交的城市道路交叉口类型。

当主干路与主干路交叉口的交通量超过 4000 ~ 6000pcu/h，相交道路为四车道以上，且对平面交叉口采取改善措施、调整交通组织均收效甚微时，可设置立体交叉。

当两条主干路或者主干路与其他道路交叉，当地形适宜修建立体交叉，且技术经济比较合理时，可设置立体交叉。

当道路跨河或跨铁路时，可利用桥梁边孔修建道路与道路的立体交叉。

当城市道路跨越铁路、高速公路等“门槛”采用分离式立交时，要分析确定上跨或下穿形式，以及放坡后与城市其他道路衔接的可能性。

(2) 平面交叉口控制

新建道路交叉口应尽量保证道路为垂直正交，现状异形交叉口应逐步改造，禁止新建丁字形或异形交叉口的出现，同时避免五条以上道路同时交汇于一处。平面交叉口转角部位红线应作切角处理，常规丁字、十字交叉口的红线切角长度宜按主、次干路 20 ~ 25m、支路 15 ~ 20m 的方案进行控制（图 5-4-3）。

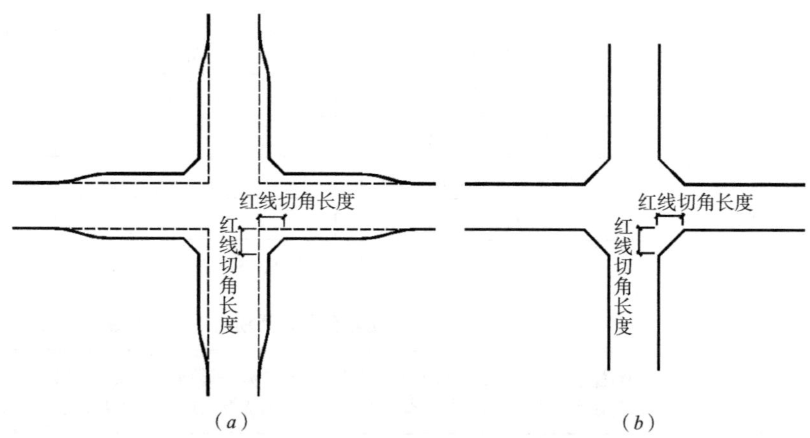

图 5-4-3　交叉口红线切角长度示意
(a) 有交叉口展宽设置；(b) 无交叉口展宽设置

4.3　网密度校核

城市道路用地深化后，要计算道路网密度，并根据《城市道路交通规划设计规范》GB 50220—95 规定，修正相关内容（表 5-4-17、表 5-4-18）。

20 万人以上的城市道路网密度规划指标　　　　**表 5-4-17**

项目	城市人口（万人）	快速路	主干路	次干路	支路
道路网密度 (km/km^2)	> 200	0.4 ~ 0.5	0.8 ~ 1.2	1.2 ~ 1.4	3 ~ 4
	50 ~ 200	0.3 ~ 0.4	0.8 ~ 1.2	1.2 ~ 1.4	3 ~ 4
	20 ~ 50	—	1.0 ~ 1.2	1.2 ~ 1.4	3 ~ 4

（资料来源：《城市道路交通规划设计规范》GB 50220—95）

20 万人以下的城市道路网密度规划指标　　表 5-4-18

项目	城市人口（万人）	干路	支路
道路网密度（km/km^2）	5 ~ 20	3 ~ 4	3 ~ 5
	1 ~ 5	4 ~ 5	4 ~ 6
	＜1	5 ~ 6	6 ~ 8

（资料来源：《城市道路交通规划设计规范》GB 50220—95）

5. 城市轨道交通用地

城市轨道交通用地指独立地段的城市轨道交通地面以上部分的线路、站点用地。城市总体规划阶段的轨道交通规划方案应侧重线网规模和整体布局，并应对轨道交通用地进行控制，为轨道交通建设预留足够的建设空间。此外，需要从战略角度考虑轨道交通建成后对沿线的环境影响，协调与周边建设用地的关系。

城市轨道交通用地控制包括线路、车站和车辆基地的控制。线路用地控制规划应根据各线路（含联络线）的走向方案，提出线路走廊用地的控制原则和控制范围的指标要求；车站用地控制规划应综合考虑车站功能定位、周边土地使用功能和交通系统等因素，提出换乘车站用地控制原则和控制范围的指标要求；车辆基地用地控制规划应确定车辆基地用地的规划控制范围。各城市应划定城市轨道交通线路的控制保护地界，研究确定线路走廊用地的控制指标。

根据《城市轨道交通工程项目建设标准》（建标 104—2008）的相关规定和要求，在线路经过地带，应划定轨道交通走廊的控制保护地界（表 5-4-19）；车辆基地占地面积指标宜按表 5-4-20 进行控制，并适当留有余地。

城市轨道交通走廊控制保护地界最小宽度标准　　表 5-4-19

线路地段	控制保护地界计算基线	规划控制保护地界
建成线路地段	地下车站和隧道结构外侧，每侧宽度	50m
	高架车站和区间桥梁结构外侧，每侧宽度	30m
	出入口、通风亭、变电站等建筑物外边线的外侧，每侧宽度	10m
规划线路地段	以城市道路规划红线中线为基线，每侧宽度	60m
	规划有多条轨道交通线路平行通过或线路偏离道路以外地段	专项研究

（资料来源：《城市轨道交通工程项目建设标准》建标 104—2008）

车辆基地占地面积指标表（m^2／车）　　表 5-4-20

车型	A.B	Lb
车辆基地（厂架修，设备维修）	1000	900
车辆段（定修级）	900	750
停车场	600	500

（资料来源：《城市轨道交通工程项目建设标准》建标 104—2008）

6. 交通枢纽用地深化

交通枢纽用地指铁路客货运站、公路长途客运站、港口客运码头、公交枢纽及其附属设施用地。

对外交通枢纽应按交通功能分为对外交通客运枢纽和对外交通货运枢纽，并应分开设置。对外交通客运枢纽按对外交通区位、服务功能和客运规模分为三级（表 5–4–21），选址应与城市道路系统、公路系统和公共交通系统合理衔接，有条件的客运枢纽应与城市轨道交通系统衔接；对外交通货运枢纽应优先考虑与铁路站场、港区、机场等衔接，实现多式联运，并应规划集疏运通道，与城市道路系统和公路系统合理衔接，其选址和用地规模应根据产业布局、货源分布、流量运输组织等因素合理确定。

对外交通客运枢纽分级（人次 / 日） **表 5–4–21**

分级	一级	二级	三级
客运规模	＞80000	30000 ~ 80000	＜30000

（资料来源：《城市对外交通规划规范》GB 50925—2013）

6.1 铁路客货运站

铁路客运站应根据高峰小时旅客发送量分为特大型、大型和中小型客运站。人口规模 50 万以上的城市可根据城市布局宜设置多个铁路客运站，并应明确分工、等级与衔接要求；铁路货运站场宜设置在中心城区外围，应具有便捷的集疏运通道，可结合公路、港口等货运枢纽合理设置（表 5–4–22）。

铁路设施规划用地指标一览表 **表 5–4–22**

项目	类型	用地规模（hm^2）	用地长度要求（m）
客运站	特大型	＞50	1500 ~ 2500
	大型	30 ~ 50	1500 ~ 2500
	中小型	8 ~ 30	1200 ~ 1800
货运站场	大型	25 ~ 50	500 ~ 1000
	中小型	6 ~ 25	300 ~ 500

（资料来源：《城市对外交通规划规范》GB 50925—2013）

6.2 公路客货运站

公路客运站必须与城市的主要干道连接，直接通达市中心以及其他交通枢纽，公路客运站的规划用地规模应根据客运功能和客运量确定。公路货运站应根据城市布局和货运规模，结合铁路货站、港区、工业区、仓储区和物流园区合理设置；其用地规模应根据货物运输的种类、货运量和运输方式确定，并应符合现行行业标准的有关规定（表 5–4–23）。

汽车客运站占地面积指标（单位：m^2/ 百人次） **表 5–4–23**

设施名称	一级车站	二级车站	三、四、五级车站
占地面积	360	400	500

（资料来源：《汽车客运站级别划分和建设要求》JT/T 200—2004）

6.3 港口客运码头

港口客运码头宜布置在中心城区，用地规模应按高峰小时旅客聚集量确定，旅游码头应根据城市布局、航道资源、水域开发条件等合理确定。有条件的地区可设置客运、旅游综合码头。

6.4 公交枢纽用地

公交枢纽应设在公交线路汇集的地方，一般结合对外交通设施、城市公共中心等主要客流汇集点布置。多条道路公共交通线路共用首末站时应设置枢纽站，枢纽站可按到达和始发线路条数分类，2～4条线为小型枢纽站，5～7条线为中型枢纽站，8条线以上为大型枢纽站，多种交通方式之间换乘为综合枢纽站。枢纽站规模应根据用地条件确定，具备条件的，除应按《城市道路公共交通站、场、厂工程设计规范》CJJ/T 15—2011首末站用地标准计算外，还宜增加设置与换乘基本匹配的小汽车和非机动车停车设施用地。

7. 交通场站用地

交通场站用地包括公共交通场站用地和社会停车场用地两大类。用地深化阶段主要对城市综合交通规划中的公共交通规划确定的公共交通场站设施进行“落地”，并确定社会停车场的分布、数量和用地，主要的技术规范和规定为《城市道路交通规划设计规范》GB 50220—95、《城市道路公共交通站、场、厂工程设计规范》CJJ/T 15—2011和《城市停车设施规划导则》（建城〔2015〕129号）等。

7.1 公共交通场站

总体规划阶段的公共交通规划应根据城市发展规模、用地布局和道路网规划，布局公共交通场站设施，包括城市轨道交通车辆基地及附属设施，公共汽（电）车保养场、停车场（库）、首末站，出租汽车场站设施等用地，以及轮渡、缆车、索道等的地面部分及其附属设施用地。

公交场站的用地面积一般以运营车辆数并按有关规范和标准计算确定。公共汽车和电车的首末站应设置在城市道路以外的用地上，每处用地面积可按1000～1400m^2计算，公共交通车辆调度中心的工作半径不应大于8km，每处用地面积可按500m^2计算；城市出租汽车采用营业站定点服务时，营业站的服务半径不宜大于1km，其用地面积为250～500m^2。

公交保养场、停车场规划的总体服务水平必须满足所有公交车辆停车、保养的要求。根据《城市道路公共交通站、场、厂工程设计规范》CJJ/T 15—2011规定，停车场的规划用地宜按每辆标准车用地150m^2计算，在用地特别紧张的大城市，停车场用地面积不应小于每辆标准车120m^2。保养场用地应按所承担的保养车辆数计算，并应符合表5-4-24的规定。首末站、停车场、保养场的综合用地面积不应小于每辆标准车200m^2，无轨电车还应乘以1.2的系数。

无轨电车和有轨电车整流站的规模应根据其所服务的车辆型号和车数确定。整流站的服务半径宜为1～2.5km。一座整流站的用地面积不应大于1000m^2；大运量快速轨道交通车辆段的用地面积，应按每节车厢500～600m^2计算，并不得大于每双线千米8000m^2。

公共交通保养场用地面积指标　　　　表 5-4-24

保养场规模（辆）	每辆车的保养场用地面积（m^2/ 辆）		
	单节公共汽车和电车	铰接式公共汽车和电车	出租小汽车
50	220	280	44
100	210	270	42
200	200	260	40
300	190	250	38
400	180	230	36

（资料来源：《城市道路公共交通站、场、厂工程设计规范》CJJ/T 15—2011）

7.2　社会停车场

城市应按照“适度满足基本车位，从紧控制出行车位”的原则①，建立以配建停车设施为主、社会停车场为辅、路内停车为补充的停车供应体系。并按照差别化的停车分区发展策略，在具备建设条件、存在供需缺口的地区规划建设城市公共停车场。停车分区发展策略综合考虑人口分布、就业岗位密度、土地开发强度、公共交通服务水平、道路交通承载能力和运行状况、停车设施使用特征等因素，合理划定停车分区。通常可分为严格限制区、一般限制区、适度发展区 3 类（表 5-4-25）。

停车分区划分与影响因素　　　　表 5-4-25

	一类区：严格限制区	二类区：一般限制区	三类区：适度发展区
土地利用性质与强度	高密度开发的城市主、次中心	非高密度开发的城市次中心、城市集中建设地区内除中心区以外地区	其他区域
交通设施供应水平	公共交通供应充足	公共交通供应一般	公共交通供应较差
交通运行状况	交通运行状况较差	交通运行状况尚可	交通运行状况好
交通出行特征	公交分担率高	公交分担率较高	公交分担率低

（资料来源：《城市停车设施规划导则》（建城〔2015〕129 号））

城市停车供给总量应在停车需求预测的基础上确定，规划人口规模大于 50 万人的城市，机动车停车位供给总量宜控制在机动车保有量的 1.1 ～ 1.3 倍之间；规划人口规模小于 50 万人的城市，机动车停车位供给总量宜控制在机动车保有量的 1.1 ～ 1.5 倍之间。

社会公共停车场规模一般不宜大于 300 泊位，服务半径不宜大于 300m；社会公共停车场用地总面积可按规划城市人口每人 0.8 ～ 1.0m^2 计算。其中：机动车停车场的用地宜为 80% ～ 90%。机动车公共停车场用地面积，宜按当量小汽车停车位计算。地面停车场用地面积，每个停车位宜为 25 ～ 30m^2；停车楼和地下停车库的建筑面积，每个停车位宜为 30 ～ 35m^2。

① 根据《城市停车设施规划导则》（建城〔2015〕129 号），基本车位是指满足车辆无出行时车辆长时间停放需求的相对固定停车位；出行车位是指满足车辆有出行时车辆临时停放需求的停车位。

此外，配建停车场作为城市停车设施的主体，许多城市出台了适用于本地的配建停车指标（表 5–4–26）。总体规划阶段应结合城市实际提出适用于本地的配建停车指标。

上海市停车配建指标表（2014 年） 表 5–4–26

项目			指标单位	建议配建标准		
				一类区	二类区	三类区
住宅	商品房	一类（平均每户建筑面积> 150m² 或别墅）	车位 / 户	1.2	1.4	1.6
		一类（90m² ≤平均每户建筑面积≤ 150m²）	车位 / 户	1.0	1.1	1.2
		三类（平均每户建筑面积 < 90m²）	车位 / 户	0.8	0.9	1.0
	经济适用房		车位 / 户	0.6	0.6	0.0
	公共租赁房和廉价房		车位 / 户	0.5	0.4	0.5
办公	—		车位 /100m²	0.6 ≤ x ≤ 0.7	0.8	1.0
商业	综合商业		车位 /100m²	0.6	0.8	1.0
	超级市场、批发市场		车位 /100m²	0.8	1.2	1.5
医院	社区医疗服务中心		车位 /100m²	0.2	0.3	0.5
	疗养院		车位 /100m²	0.4	0.6	0.8
	中高档宾馆、旅馆、酒店		车位 / 客房	0.6		
	一般旅馆、招待所		车位 / 客房	0.4		
餐饮娱乐			车位 /100m²	1.5	2.0	2.5
体育场馆	一类（体育场≥ 15000，体育馆≥ 4000）		车位 / 百座	3.5		
	二类（体育场 < 15000，体育馆 < 4000）		车位 / 百座	2.0		
	三类（娱乐性体育设施）		车位 / 百座	10.0		
影剧院	—		车位 /100m²	0.4	0.6	0.8
展览馆	—		车位 /100m²	0.4	0.6	0.8
游览场所	中心城区		车位 /100m²	0.07		
	郊区（县）		车位 /100m²	0.16		
长途汽车客运站	二级站及以下（内环外）		百位旅客	2.0		
	一级站（内环内）			2.0		
	一级站（内环外）			1.8		
	高于一级站（内环内）			1.6		
	高于一级站（内环外）			1.2		
客运码头			车位 / 年平均日每百位旅客	3.0		
客运码头			车位 / 年平均日每百位旅客	1.5		
轨道交通车站	一般站		车位 / 远期高峰小时每百位旅客	—		
	换乘站（中环线以外）			0.2		
	枢纽站（中环线以外）			0.3		
客运机场			车位 / 高峰日进出每百位旅客	4.0		
公交枢纽	首末站（中环线以外）		车位 / 高峰日每百位旅客	0.1		
中学	临时接送车位		车位 / 每百名学生	1.0	1.2	1.5
小学			车位 / 每百名学生	1.5	1.5	1.8
幼儿园			车位 / 每百名学生	1.5	1.5	2.0

（资料来源：《城市停车设施规划导则》（建城〔2015〕129 号））

三、主要功能用地深化

除道路与交通的深化外，其他各类功能用地深化一般优先进行公共管理与公共服务设施、商业服务业设施用地以及绿地与广场用地的深化；再进行居住用地和工业用地的深化和市政公用设施用地深化。

1. 公共管理与公共服务设施用地

1.1　深化内容

公共管理与公共服务设施用地具有公益属性，是总体规划的强制性内容之一，要做到既具法定性又具可操作性，必须在规范约束、合理布局的基础上做到“四定”要求，即定对象、定数量、定位置、定要求[①]，定对象包括定用地性质、设施名称等；定数量包括定规模、标准等；定位置包括定分布、位置、用地边界、道路走向等；定要求包括定相关规定、措施、执行的规范等。

(1) 提炼整体结构，计算总量规模

提炼城市公共服务设施布局结构，确定市级和区级中心的位置，根据《城市用地分类与规划建设用地标准》GB 50137—2011 中对人均用地指标、占城市建设用地比例等控制要求，确定公共管理与公共服务设施用地（A）总用地规模，明确各级中心的性质、定位和布局要求。并同样参照相关规范要求计算公共管理与公共服务设施用地中各中类用地规模总量的大致范围。

Tips 5-14：莱芜市公共中心体系规划

远期规划公共管理与公共服务设施用地 1027.10 公顷，占城市建设用地的 8.94%，人均公共管理与公共服务设施用地 10.27 平方米。

规划采用“城市级—地区级”二级公共中心布置，形成“一主、一副、五点”的空间布局。

规划 1 个市级中心。城市级综合服务中心，位于莱城南部生活片区鲁中大街、文化路段，承担城市级行政、商业、商务及休闲等职能。

规划 1 个市级副中心。城市级综合服务副中心，位于高新区龙潭东大街、凤凰路段，承担城市级文化、体育、科研、商业、商务及休闲等职能。

规划 5 个地区级公共中心。其中莱城城区形成三个地区级公共服务中心，分别是以商业、休闲为主导功能的长勺路、凤城大街路段公共中心，长勺路、长兴路路段公共中心，原山路、凤城大街路段公共中心；钢城城区形成两个地区级公共服务中心，分别是以商业、休闲为主导功能的钢都大街、双泉路段公共中心，以行政、文化、休闲为主导的府前大街、文化路段公共中心。

——《莱芜市城市总体规划（2014—2030 年）》

---

① 蒋伶，陈定荣. 城市总体规划强制性内容实效评估与建议——写在城市总体规划编制审批办法修订之际 [J]. 规划师，2012，28（11）：40-43.

(2) 明确标准，理清现状设施

一般情况下，行政办公、体育、文化、医疗等设施按照“市—区”两级配置，这就需要在理清现状各类设施迁建、扩建、保留的可能性基础上，明确各类公共服务设施标准的等级规模、设置标准和要求。除了计算各类设施的用地总面积、占城市建设用地比例、人均用地外，还需明确各级、各类设施的位置、规模、设施内容、设施标准、现状设施规划对策等内容。这就需要掌握不同类型设施的设置标准和用地标准，特别是体育场馆、综合医院、学校等设施的规模标准，才能做到“定对象，定数量”的要求。例如在医院用地和中小学用地深化中，分别要用“床／千人”、“用地／床”和“生／千人”、“用地／生”等千人指标和单个设施的用地指标。

在医院用地的布局深化中，首先需要依据确定的“床／千人”指标，计算全市医院床位总需求，分析现状综合医院和专科医院的空间扩展、迁建可能性，根据每个病床占地指标确定现状医院的规划用地规模和病床规模。其次，计算新建医院的数量，确定每个新建医院的床位数、用地面积。最后从空间布局的合理性出发确定新建医院的位置和用地范围。

在中小学用地深化，同样要根据城市的人口特征，结合城市当地的出生率分析确定“生／千人”的千人指标，以此确定各类学校的学生数。在明确现状各学校的保留、扩建、撤并等规划对策基础上，确定新建学校的数量和班数，并按照“用地／生”指标确定各学校的用地规模，在此基础上，统筹布局中小学用地。

(3) 因地制宜，明确设施分布

在布局中，遵循各类公共管理与公共服务用地选址原则的前提下（表5-4-27），要结合城市实际确定各类设施的空间布局。其公益属性决定了现状

公共管理与公共服务用地选址和规划要点 **表 5-4-27**

设施用地类型	选址要求	规划要点
行政办公用地	交通便利、人流集中、配套设施齐全、环境良好的区段；通常与文体科技、商业服务业设施用地毗邻	宜采取集中与分散相结合的方式，以提高效率
文化设施用地	交通便捷、方便安全，对生活休息干扰小的地段；其中公益性设施（如社区活动中心等）选址应考虑服务对象人口的重心位置；占地规模较大的城市设施（如博物馆、展览馆等），宜在城市周边设置	宜满足合理的服务半径；规模较大的城市设施要有足够的停车面积和广场，便于疏散瞬时交通
教育科研用地	尽可能保留或在现状基础上进行用地扩展；新建的教育机构，若规模较大或对场地有特殊要求的，选址宜在城市边缘地区交通便利、环境优美的地区；科技园区常与综合性院校毗邻	新建教育机构宜适当集中布置；科研机构和专科学校，常常与生产性机构结合布置，形成一定的专业化地区
体育用地	大型体育设施一般应布置在城市中心区外围或边缘，需要具有良好的交通疏散条件；服务于居民日常活动的区级体育设施，常与居住用地、公建中心结合布置	大中城市体育宜分级——市级和区级进行布置，应满足用地功能、环境和交通等方面的要求，并适当留有发展余地
医疗卫生用地	交通便利、环境安静的地段；休疗养院等宜布置在自然环境优美、安全卫生的良好地段；传染性疾病的医疗卫生设施宜布置在城市边缘地区的下风方向	医疗卫生设施应分级设置，布局应适当考虑服务半径；大城市应规划预留出“应急”医疗设施用地
社会福利设施用地	老年人设施（如养老院）选址应在自然环境较好的地段；残疾人康复设施宜布置在交通便利，且人流、车流干扰少的地带；儿童福利院设施宜临近居住区选址	一般分片分级设置，如居住区内结合社区设置养老院

（资料来源：根据《城市公共设施规划规范》GB 50442—2008 整理。）

设施分布具有“锚固”性，较难改变位置。因此，在老城区应尽量避免采用服务半径的方式去确定设施分布，应按照服务区域的人口容量，充分利用现有的设施进行扩建和改建，满足社会需求，并合理确定新建设施的数量、规模、位置；在城市新区则可以结合居住人口的分布，考虑服务范围和服务人口的均衡合理布局，也并非机械地按照服务半径进行布点。

1.2 技术要求

(1) 设施用地总量指标

公共管理与公共服务设施用地总量，根据《城市用地分类与规划建设用地》GB 50137—2011 规定，人均公共管理与公共服务设施用地面积≥ 5.5m^2/ 人，占城市建设用地比例为 5.0% ~ 8.0%。

由于《城市公共设施规划规范》GB 50442—2008 与《城市用地分类与规划建设用地标准》GB 50137—2011 在文化娱乐设施用地、教育科研用地等具体界定方面不一致，如《城市公共设施规划规范》GB 50442—2008 中的文化设施用地包括部分经营性文化娱乐设施，且教育科研用地指标不包括中小学设施用地(表 5–4–28)。因此，分项指标的确定可结合城市具体实际，修正后确定。

城市公共设施规划用地综合总指标及分项指标表　　表 5–4–28

分项指标	指标分项	人口规模（万人）				
		< 20	20 ~ 50	50 ~ 100	100 ~ 200	≥ 200
行政办公	占中心城区规划用地比例（%）	0.8 ~ 1.2	0.8 ~ 1.3	0.9 ~ 1.3	1.0 ~ 1.4	1.0 ~ 1.5
	人均规划用地（m^2/ 人）	0.8 ~ 1.3	0.8 ~ 1.3	0.8 ~ 1.2	0.8 ~ 1.1	0.8 ~ 1.1
文化设施用地	占中心城区规划用地比例（%）	0.8 ~ 1.0	0.8 ~ 1.1	0.9 ~ 1.2	1.1 ~ 1.3	1.1 ~ 1.5
	人均规划用地（m^2/ 人）	0.8 ~ 1.0	0.8 ~ 1.1	0.8 ~ 1.0	0.8 ~ 1.0	0.8 ~ 1.0
教育科研用地	占中心城区规划用地比例（%）	2.4 ~ 3.0	2.9 ~ 3.6	3.4 ~ 4.2	4.0 ~ 5.0	4.8 ~ 6.0
	人均规划用地（m^2/ 人）	2.5 ~ 3.2	2.9 ~ 3.8	3.0 ~ 4.0	3.2 ~ 4.5	3.6 ~ 4.8
体育用地	占中心城区规划用地比例（%）	0.6 ~ 0.9	0.5 ~ 0.7	0.6 ~ 0.8	0.5 ~ 0.8	0.6 ~ 0.9
	人均规划用地（m^2/ 人）	0.6 ~ 1.0	0.5 ~ 0.7	0.5 ~ 0.7	0.5 ~ 0.8	0.5 ~ 0.8
医疗卫生用地	占中心城区规划用地比例（%）	0.7 ~ 0.8	0.6 ~ 0.8	0.7 ~ 1.0	0.9 ~ 1.1	1.0 ~ 1.2
	人均规划用地（m^2/ 人）	0.6 ~ 0.7	0.6 ~ 0.8	0.6 ~ 0.9	0.8 ~ 1.0	0.9 ~ 1.1
社会福利用地	占中心城区规划用地比例（%）	0.2 ~ 0.3	0.3 ~ 0.4	0.3 ~ 0.5	0.3 ~ 0.5	0.3 ~ 0.5
	人均规划用地（m^2/ 人）	0.2 ~ 0.3	0.2 ~ 0.4	0.2 ~ 0.4	0.2 ~ 0.4	0.2 ~ 0.4

注：①表中文化设施用地的指标包含经营性文化娱乐设施；
②表中教育科研用地指标不包括中小学。
（资料来源：《城市公共设施规划规范》GB 50442—2008）

(2) 设施标准指标

公共管理与公共服务设施涉及的类型较多，因此设施分级指标以及单个设施标准指标涉及众多的规范和标准，例如《体育建筑设计规范》JGJ 31—2003、《文化馆建设标准》建标 136—2010、《综合医院建设标准》(2008)、《城市普通中小学校校舍建设标准》(2002)、《历史文化名城保护规划规范》GB 50357—2005、《城镇老年人设施规划规范》GB 50437—2007 等。

在用地深化中，要根据城市规模合理确定各类设施市级、区级规划控制指标，并要结合单项设施的标准确定具体“色块”的大小。单项设施标准指标主要涉及公益性文化娱乐设施、体育设施、综合医院、中小学校以及社会福利设施等。例如体育设施一般按照市、区两级规划用地，而市级体育设施规模与用地面积的控制要求是确定具体市级体育设施“色块”的重要依据（表 5–4–29、表 5–4–30）。

市级、区级体育设施规划用地指标（hm^2）　　表 5–4–29

设施级别	人口规模（万人）				
	< 20	20 ~ 50	50 ~ 100	100 ~ 200	≥ 200
市级体育设施	9 ~ 12	12 ~ 15	15 ~ 20	20 ~ 30	30 ~ 80
区级体育设施	—	6 ~ 9	9 ~ 11	10 ~ 15	10 ~ 20

（资料来源：《城市公共设施规划规范》GB 50442—2008）

市级体育设施用地面积　　表 5–4–30

场馆类型	100 万人以上城市		50 万 ~ 100 万人口城市		20 万 ~ 50 万人口城市		10 万 ~ 20 万人口城市	
	规模（千座）	用地面积（hm^2）	规模（千座）	用地面积（hm^2）	规模（千座）	用地面积（hm^2）	规模（千座）	用地面积（hm^2）
体育场	30 ~ 50	8.6 ~ 12.2	20 ~ 30	7.5 ~ 9.7	15 ~ 20	6.9 ~ 8.4	10 ~ 15	5.0 ~ 6.3
体育馆	4 ~ 10	1.1 ~ 2.0	4 ~ 6	1.1 ~ 1.4	2 ~ 4	1.0 ~ 1.3	2 ~ 3	1.0 ~ 1.1
游泳馆	2 ~ 4	1.3 ~ 1.7	2 ~ 3	1.3 ~ 1.6	—	—	—	—
游泳池	—	—	—	—	—	1.25	—	1.25

（资料来源：《体育建筑设计规范》JGJ 31—2003）

在医疗卫生设施用地深化中，千人指标床位数和综合医院建设用地指标是确定单个综合医院“色块”规模的重要依据（表 5–4–31、表 5–4–32）。同样应用到千人指标的还有中小学用地。

此外，公共图书馆、养老设施等设施都有相应的规范或标准为依据，在用地深化中均需结合运用，进行相应设施的“色块”落地。《公共图书馆建设

医疗卫生设施规划千人指标床位数（床／千人）　　表 5–4–31

	人口规模（万人）				
	< 20	20 ~ 50	50 ~ 100	100 ~ 200	≥ 200
千人指标床位数	4 ~ 5	4 ~ 5	4 ~ 6	6 ~ 7	≥ 7

（资料来源：《城市公共设施规划规范》GB 50442—2008）

综合医院建设用地指标（m^2／床）　　表 5–4–32

建设规模	200 ~ 300 床	400 ~ 500 床	600 ~ 700 床	800 ~ 900 床	1000 床
用地指标	117	115	113	111	109

（资料来源：《综合医院建设标准》（2008））

用地指标》(2008) 规定城市公共图书馆根据服务人口数量分为大型馆、中型馆和小型馆，并确定各类公共图书馆的用地标准 (表 5–4–33)；《城镇老年人设施规划规范》GB 50437—2007 规定了养老设施配建指标及设置要求 (表 5–4–34)。

公共图书馆的设置原则　　表 5–4–33

服务人口（万人）	设置原则	服务半径（km）
≥ 150	大型馆：设置 1 ~ 2 处，但不得超过 2 处；服务人口达到 400 万时，宜分 2 处设置	≤ 9.0
	中型馆：每 50 万人口设置 1 处	≤ 6.5
	小型馆：每 20 万人口设置 1 处	≤ 2.5
20 ~ 150	中型馆：设置 1 处	≤ 6.5
	小型馆：每 20 万人口设置 1 处	≤ 2.5
5 ~ 20	小型馆：设置 1 处	≤ 2.5

（资料来源：《公共图书馆建设用地指标》(2008)）

养老设施配建指标及设置要求　　表 5–4–34

项目名称	基本配建内容	配建规模及要求	配建指标	
			建筑面积（m^2/床）	用地面积（m^2/床）
老年公寓	居家式生活起居、餐饮服务、文化娱乐、保健服务用房等	不应小于 80 床位	≥ 40	50 ~ 70
市级养老院	生活起居、餐饮服务、文化娱乐、医疗保健、健身用房及室外活动场地等	不应小于 150 床位	≥ 35	45 ~ 60
居住区（镇）级养老院	生活起居、餐饮服务、文化娱乐、医疗保健用房及室外活动场地等	不应小于 30 床位	≥ 30	40 ~ 50
老人护理院	生活护理、餐饮服务、医疗保健、康复用房	不应小于 100 床位	≥ 35	45 ~ 60

（资料来源：《城镇老年人设施规划规范》GB 50437—2007）

2. 商业服务业设施用地

2.1　深化内容

商业服务业设施用地是指各类商业、商务、娱乐康体等设施用地，不包括居住用地中的服务设施用地以及公共管理与公共服务用地内的事业单位用地。该类用地主要指一般需要通过市场配置、具有营利性质的设施。一般情况下，大中城市商业服务业按照“市级—区级—地区级”三级配置，小城市按照“市级—居住区级”二级配置。

方案深化阶段重点是对各级商业中心进行定点、定位和定量的落实。明确城市各级商业金融中心市级和区级中心的数量、位置和规模以及规划布局要求。

首先，要充分利用城市原有商业服务业设施的基础和条件，慎重对待城市传统商业中心，因地制宜统筹好现状商业服务业设施用地的改建、扩建可能和具体的边界。城市传统的商业中心一般都会得到延续，但历史文化保护区内一般不宜布局新的大型商业金融设施用地。

其次，在城市新区，根据确定的各级商业服务业设施规模，综合考虑交通可达性、人口分布特征、市场需求和规划引导等因素，结合轨道交通、居住区分布等推敲布局形态和不同用地的空间组合关系，确定用地边界。大型商业金融机构应布置在交通便利的地段，且应合理规划内外交通组织；区级和地区级设施要充分考虑与居民生活的密切程度和服务居民的数量，合理确定服务半径和规模。

最后，要特别注意对周边环境有影响的商业服务业设施用地的安排。商品批发场地宜根据所经营的商品门类选址布局，所经营商品对环境有污染时还应按照有关标准规定，规划安全防护距离；易燃易爆的商品市场则应设于城市边缘，并应设置相应的防护带以符合安全、卫生等要求；加油（气）站等公用设施营业网点用地则应以需求为导向，根据区域供需平衡情况，优先安排在缺口地区布局。

完成商业服务业设施空间布局和地块边界的“落地”后，要统计商业服务业设施用地总量、占城市建设用地比例、人均用地面积以及各级商业金融中心用地的用地规模等指标进行校核，并根据校核情况进行地块调整。

2.2　技术要求

商业服务业设施用地（B）包括商业用地（B1）、商务用地（B2）、娱乐康体用地（B3）、公用设施营业网点（B4）和其他服务设施用地（B9）等五类用地，是指主要通过市场配置的服务设施，包括政府独立投资或合资建设的设施（如剧院、音乐厅等）用地。其中："其他商务用地"（B29）包括在市场经济体制下逐步转轨为商业性办公的企业管理机构（如企业总部等）和非事业科研设计机构用地。

由于现行的《城市公共设施规划规范》GB 50442—2008 中的商业金融用地规划指标并不包括已经纳入商业服务业设施用地的部分营利性公共设施和市政公用设施用地（表 5-4-35）。因此，总量指标要在实际操作中，结合城市具体情况研究确定（表 5-4-36）。

城市各级商业中心应结合服务人口确定布局。市级商业金融中心服务人口宜为 50 万～100 万人，服务半径不宜超过 8km；区级商业金融中心服务人口宜为 50 万人以下，服务半径不宜超过 4km；地区级商业金融中心服务人口宜为 10 万人以下，服务半径不宜超过 1.5km。商业金融中心选址应具有良好的交通条件，但不宜沿城市交通主干路两侧布局。

商业金融设施规划用地指标　　　　**表 5-4-35**

城市规模	人口规模（万人）				
	< 20	20 ~ 50	50 ~ 100	100 ~ 200	≥ 200
占中心城区规划用地比例（%）	3.1 ~ 4.2	3.3 ~ 4.4	3.5 ~ 4.8	3.8 ~ 5.3	4.2 ~ 5.9
人均规划用地（m^2/人）	3.3 ~ 4.4	3.3 ~ 4.3	3.2 ~ 4.2	3.2 ~ 4.0	3.2 ~ 4.0

注：表中“商业金融用地”不包括已纳入商业服务业设施用地的部分营利性公共设施和市政公用设施用地。

（资料来源：《城市公共设施规划规范》GB 50442—2008）

各级商业金融中心规划用地指标（hm^2） 表 5-4-36

城市规模	人口规模（万人）				
	< 20	20 ~ 50	50 ~ 100	100 ~ 200	≥ 200
市级商业金融中心	30 ~ 40	40 ~ 60	60 ~ 100	100 ~ 150	150 ~ 240
区级商业金融中心	—	10 ~ 20	20 ~ 60	60 ~ 80	80 ~ 100
地区级商业金融中心	—	—	12 ~ 16	16 ~ 20	20 ~ 40

注：400 万人口以上城市，市级商业金融中心规划用地面积可按 1.2 ~ 1.4 的系数进行调整。
（资料来源：《城市公共设施规划规范》GB 50442—2008）

3. 绿地与广场用地

3.1 深化内容

在总体规划阶段，城市绿地系统规划的任务是：调查与评价城市发展的自然条件，参与研究城市的发展规模和布局结构，研究、协调城市绿地与其他各项建设用地的关系，确定和部署城市绿地，处理远期发展与近期建设的关系，指导城市绿化的合理发展。

绿地与广场用地深化是城市总体规划中城市绿地系统规划的空间“落实”，包括公园绿地（G1）、防护绿地（G2）和广场用地（G3）等三个中类。

Tips 5-15：城市绿地系统规划的主要成果

城市绿地系统规划的主要成果内容包括：

（1）提出绿地系统的建设目标及总体布局；

（2）明确公园绿地、防护绿地的布局和规划控制要求；

（3）提出主要地表水体及其周边的建设控制要求，对具有重要景观和遗产价值的水体提出建设控制地带及周边区域内土地使用强度的总体控制要求。

——《关于规范国务院审批城市总体规划上报成果的规定》（暂行）（2013）

由于城市绿地系统在系统构成中涉及非建设用地（E）中的风景名胜区、水源保护区、郊野公园、森林公园、自然保护区、风景林地、城市绿化隔离带、野生动植物园、湿地、垃圾填埋场恢复绿地等生态绿地，且城市主要地表水体的边界也直接影响各类城市绿地的“落地”。因此，在布局深化“落地”中，首先，要确定生态绿地（E）与城市绿地（G）之间的“界限”，明确“落地”各类生态绿地和水域（E）的边界，落实城市蓝线。城市蓝线的划定主要是针对城市规划区范围内需要保护和控制的主要地表水体，应结合防洪规划和河流水体的设防等级划定，准确界定规划区内所有河道水面及防护带的长度、宽度，用附表表达，确定岸线使用原则。

通常情况下以拟定的城市建设用地范围为界，城市建设用地范围外区域基础设施两侧的防护绿地，按照实际使用用途纳入城乡建设用地分类“农林用地”

(E2),位于城市建设用地范围以外的其他风景名胜区或生态斑块应分别归入"非建设用地"(E)的"水域"(E1)、"农林用地"(E2)以及"其他非建设用地"(E9)中;位于城市建设用地范围内基础设施两侧的防护绿地纳入防护绿地(G2);以文物古迹、风景名胜点(区)为主形成的具有城市公园功能的绿地纳入"公园绿地"(G1)。

其次,遵循规范要求,因地制宜地进行公园绿地(G1)、防护绿地(G2)和广场用地(G3)三类用地的"落地"。公园绿地包括综合公园、社区公园、专类公园、带状公园、街旁绿地五种类型;防护绿地包括卫生隔离带、道路防护绿地、城市高压走廊绿带、防风林、城市组团隔离带等类型;广场用地是指以游憩、纪念、集会和避险等功能为主的城市公共活动场地,不包括以交通集散为主的广场用地。

一般情况下,在旧城区受现状条件制约应充分利用现有绿地,以"小型化、均衡化"为主要布局原则;在城市新区,应根据人口密度并同时考虑公园的服务半径,合理布局确定城市综合公园、专类公园、居住区级公园及各类街旁绿地的位置和规模。在落地顺序上,优先综合公园、专类公园和广场用地,防护绿地、社区公园、带状公园和街旁绿地用地边界的确定应与其他城市功能用地的空间关系协调中确定,社区公园只落实到居住区公园即可。

最后,划定城市绿线,提出相关控制要求。计算绿地与广场用地总量、人均绿地与广场用地面积、人均公园绿地面积等总量控制指标,以及相关的单项指标进行校核。此外,作为城市绿地系统内容,还应明确包括生产绿地和附属绿地在内的所有绿地的控制要求。

3.2 技术要求

绿地与广场用地主要涉及的规范标准有《城市绿地分类标准》CJJ/T 85—2017、《公园设计规范》GB 51192—2016 等。

根据《城市用地分类与规划建设用地标准》GB 50137—2011,绿地与广场用地占城市建设用地比例为 10.0% ~ 15.0%;人均绿地与广场用地面积 ≥ 10.0m^2,其中人均公园绿地面积≥ 8.0m^2。

(1) 公园绿地

公园绿地的内容和规模应符合《公园设计规范》GB 51192—2016 的规定(表 5–4–37)。综合性公园(G11)包括全市性公园和区域性公园,市级公园为全市服务,兼顾邻近地区。区级公园服务半径 1000 ~ 1500m,可进行半天以上的活动;社区公园不包括居住组团绿地,居住区级服务半径 500 ~ 1000m;带状绿地指宽度不小于 8m,可供市民游憩的狭长形绿地,常沿城市道路、城墙、滨水设置;块状绿地面积要求不小于 400m^2,绿化占地比例不小于 65%。

(2) 防护绿地

应明确城市规划建设用地范围内的工业与居住之间的卫生隔离带、道路防护绿地、城市高压走廊绿带、防风林、城市组团隔离带、江河两岸防护绿化带等的宽度。其中市区 35 ~ 1000kV 高压架空电力线路规划走廊宽度应符合表 5–4–38 规定。

公园绿地的内容和规模要求　　表 5–4–37

公园类型	内容	规模
综合公园	应设置游览、休闲、健身、儿童游戏、运动、科普等多种设施	$\geqslant 5hm^2$
动物园	适合动物生活的环境；游人参观、休息、科普的设施；安全、卫生隔离的设施和绿带，后勤保障设施	$>20hm^2$
专类动物园	—	$>5hm^2$
植物园	应创造适于多种植物生长的环境条件，应有体现本园特点的科普展览区和科研实验区	$>40hm^2$
专类植物园	—	$>2hm^2$
历史名园	应具有历史原真性，并体现传统造园艺术	—
其他专类公园	应根据其主题内容设置相应的游憩及科普设施	$>2hm^2$
社区公园	应设置满足儿童及老年人日常游憩需要的设施	—
游园	应注重街景效果，应设置休憩设施	—

（资料来源：《公园设计规范》GB 51192—2016）

市区 35 ～ 1000kV 高压架空电力线路规划走廊宽度　　表 5–4–38

线路电压等级（kV）	高压线走廊高度（m）	线路电压等级（kV）	高压线走廊宽度（m）
直流（±800）	80 ～ 90	330	35 ～ 45
直流（±500）	55 ～ 75	220	30 ～ 40
1000（750）	90 ～ 110	66、110	15 ～ 25
500	60 ～ 75	35	12 ～ 20

（资料来源：《城市电力规划规范》GB/T 50293—2014）

Tips 5–16：仓储用地与居住用地之间的卫生防护距离

《重庆市城乡规划仓储用地规划导则》（试用）（2008）中规定，仓储用地与居住用地之间的卫生防护距离应符合表 5–4–39 的规定，防护范围内宜绿化。

仓储用地与疗养院、医院和高新技术园区等环境质量要求较高的设施或机构的卫生防护距离，宜按表 5–4–39 规定值的 1.5 ～ 2 倍进行控制。

建筑材料露天堆场与居住用地的卫生防护距离不应小于 300m，与其他设施用地的防护距离不应小于 100m。

有大量重型车辆运输和有较多的露天作业的仓储区宜在用地周边设置较大范围绿化隔离带或土堤式绿化带。

重庆市仓储用地与居住用地的卫生防护距离表　　表 5–4–39

仓库类型	防护距离（m）
全市性水泥供应仓库、废品仓库	300
非金属建筑材料供应仓库、煤炭仓库、未加工的二级原料临时储藏仓库、$500m^3$ 以上的藏冰库	100
蔬菜、水果储藏库，600t 以上批发冷藏库，建筑材料与设备供应仓库（无起灰料的），木材贸易和箱桶装仓库	50

（资料来源：《重庆市城乡规划仓储用地规划导则》（试用）（2008））

4. 居住用地深化

4.1　深化内容

居住用地布局深化，是与居住区级服务设施和居住区级公园绿地（社区公园）协同进行，主要包括三方面内容。

（1）确定城市居住用地的结构单元的规模、数量，以及居住用地各结构单元的位置、面积、人口容量、居住用地类型。

居住用地的结构单元，一般用“居住片区”的概念表达。居住片区划分要充分考虑与城市空间结构要素的关系，一般在城市结构的功能板块内划分居住片区，并以河流、铁路、交通性主干道等作为片区边界，且不同居住单元的人口容量应接近。根据各居住片区的人口容量，判断片区规模与居住区规模的关系。如果居住片区的人口容量超过 10 万人，则该居住片区相当于两个居住区规模，则需配套相应的居住区级公共服务设施和绿地。

居住用地地块的边界，是在与片区级中心或居住区级中心、居住区公园的空间组织关系协调中确定的。在旧城区要在考虑改造的可行性和必要性基础上确定居住用地，在城市新区要在功能关系合理性的基础上，确保居住地块的最少规模，并尽量保证地块形状的规整。

（2）提出住房建设目标；明确住房保障的主要任务，确定住房政策，提出保障性住房的建设标准、近期建设规模和空间布局原则等规划要求。

（3）计算居住用地总量、占城市建设用地比例、人均居住用地面积等指标，以及各居住片区的面积、人口容量，与城市人口规模等指标进行校核，确保人口容量分配与城市整体空间结构、城市公共服务设施体系、城市绿地与开敞空间体系以及工业区分布之间的协调。

4.2　技术要求

根据《城市用地分类与规划建设用地标准》GB 50137—2011 规定，居住用地占城市建设用地比例 25.0% ～ 40.0%。

居住单元的人口容量，主要受土地使用强度控制的影响，在操作中应结合城市强度控制分区合理选择指标进行计算。一般大中城市的居住单元的人口规模在 10 万～ 20 万人，小城市以居住区规模 3 万～ 5 万人划分居住单元，小城镇则以相当于居住小区规模 1 万～ 1.5 万人划分居住单元。例如，上海市《城市居住地区和居住区公共服务设施设置标准》DGJ 08-55-2006 中规定：居住地区人口规模一般为 20 万人左右，居住区人口规模一般为 5 万人左右，居住小区人口规模一般为 2.5 万人左右，街坊人口规模一般为 0.4 万人左右。

5. 工业与仓储用地

5.1　深化内容

（1）确定城市工业区的布局结构，以及各工业区的定位、规模、位置

根据城市各项产业的空间关系与发展衔接关系，以及市域产业选择与布局等方面的研究结论，确定城区内各工业区的定位、主要产业特征以及相应的主要用地性质。并分析相关企业的平均用地规模，校核工业园区内的路网间距，在此基础上遵循不同类型工业用地的布局原则进行地块的“落地”。

此外，采取生产区、生活区、办公区分片布置方式的工业园区，应根据城市的性质、工业的类型、工业园区在城市中的布局以及建设条件和自然条件的差异，处理好工业用地与配套的其他用地的空间和规模关系，并结合相关企业的平均用地规模，合理确定工业园区的整体规模。

(2) 明确现有工业用地调整原则、范围和用地性质的变化

从城市产业选择与布局整体出发，明确提出现有工业用地调整原则、策略和路径，特别是对占地面积大、布局分散、存在环境污染和安全隐患、不符合产业政策需进行转型或异地搬迁的企业，应明确“留、改、并、迁”等具体措施、范围和用地调整的方向。

在城市新增产业用地方面，要充分考虑职住关系，适度均衡分布工业区；考虑产业集群化的发展趋势，以产业园区形式将有协作关系的工厂企业就近集中布置，并为后期发展留有余地；处理好对外交通的联系，减少对市内交通干扰，合理组织货运交通，降低运输成本。

(3) 明确物流仓储用地的定位、规模、位置

结合产业专题的研究结论，根据不同类型、性质的物流仓储用地的分类控制要求，确定仓储用地的布局，同类仓库宜集中布置，并于居住区及公共建筑之间设置一定宽度的卫生防护带。对于老城区内的物流仓储用地应提出明确的调整原则、策略和路径。

5.2 技术要求

根据《城市用地分类与规划建设用地标准》GB 50137—2011 规定，工业用地占城市建设用地比例 15.0%～30.0%。工业用地于其他用地的卫生防护距离应符合相关的规范和标准的要求，并符合不同类型工业用地的布局原则(表 5–4–40)。

不同类型工业用地的布局原则 **表 5–4–40**

工业用地类型	布局要点
一类工业用地（M1）	1）对居住、公共设施和公共环境基本无干扰、污染和安全隐患的工业用地。 2）可以集中组成工业区，也可以和居住用地混合布置，但应成组成团相对独立。 3）可集中布置于多层厂房之内，形成楼宇工业。楼宇工业宜选择无干扰和无污染的工业项目，并符合卫生和消防的相关要求
二类工业用地（M2）	1）对居住、公共设施和公共环境有一定干扰、污染和安全隐患的工业用地。 2）应单独设置，不得和居住用地混杂。工业用地与居住用地之间的距离，应符合卫生防护距离的有关规定。 3）有污染物排放的企业，应达到国家相关标准后才可向外排放。不得在城市上风向布置有污染气体排放的企业，不得在城市上游地区布置有水污染排放的企业。 4）已搬迁或废弃的二类工业用地在环境保护有关规定年限内，未作清污处理之前，禁止作为居住、公共建设用地
三类工业用地（M3）	1）对居住、公共设施和公共环境有严重干扰、污染和安全隐患的工业用地。 2）应远离城市中心区单独布置，严禁在各类保护区范围内及对保护区产生不利影响的区域内选址。 3）污染较严重的工业宜集中布局，应布置在城市下风向、下游方向的独立工业地段

（资料来源：重庆市规划局．重庆市城乡规划工业用地规划导则（试用）[S]. 2007.）

四、专项规划与近期建设规划

根据《中华人民共和国城乡规划法》第十七条规定，各类专项规划是城市（镇）总体规划的内容。《城市规划编制办法》第三十四条规定“编制各类专项规划，应当依据城市总体规划”。根据《城市规划编制办法实施细则》规定，“单独编制的各项专业规划要符合该专业规划的有关技术规定”。因此，城乡规划中的各类专项规划具有以下两种编制形式。

第一种城市总体规划编制中的专项规划。主要的规划目的是明确各专项规划的规划原则和发展目标，通过对规划标准、需求预测、等级网络分布等系统研究，协调相关设施用地与其他各项建设用地的关系，确定其用地布局和控制范围，明确控制要求。

第二种属“单独编制的专项规划”。这种类型的专项规划，以城市总体规划为依据，并应符合相关专业（行业）有关技术规范、标准等规定，是总体规划的若干主要方面、重点领域的展开、深化和具体化。在内容上以“纵向”展开为主，涉及区域、总体、详规多个规划层次，一般包括现状分析、规划原则、发展目标，规划规模、设施体系、用地布局、实施时序、投资估算等内容，规划用地和空间布局的内容只是其中一个专门篇章。

此外，近期建设规划属于城市总体规划编制的重要组成部分，根据《城市规划编制办法》第三十五条规定，近期建设规划也可以依据城市总体规划单独编制。

基于本书主题，本节内容主要指的是第一种，即城市总体规划编制中的专项规划和近期建设规划。由于在前文布局深化中已经涉及城市道路交通系统、绿地系统规划的相关内容，故本节不再涉及相关内容。

1. 市政基础设施规划

城市总体规划中的市政基础设施规划的总体任务，是根据城市经济社会发展目标，结合城市实际，确定规划期内各项市政工程系统的设施规模、容量，合理布局各项设施，制定相应的建设策略和控制要求。

1.1 内容要求

市政基础设施各专项规划的工作内容可以概括总结为“选质定量、选点定源、选制定网”。“选质定量”就是解决供给与需求的问题，选用什么类型的水、电、气、热，城市所需要的量有多少；“选点定源”就是解决关键基础设施的布局问题；“选制定网”就是考虑供应、排放和服务的网络采用什么形式、管线的走向（表 5–4–41）。

1.2 规划思路

市政基础设施各专项规划的工作程序，一般可以按照“现状分析—预测需求（负荷）—规划布局—实施要求”的步骤过程来开展。

每个城市的自然条件、社会经济、城市规模、基础设施现状存在较大差异，因此，现状分析中要对城市的现状和总体发展趋势有一个总体的判断，抓住城市市政基础设施建设中存在的主要问题或焦点问题，因地制宜进行规划。例如，内陆城市可能主要面对资源性缺水问题或地质灾害问题，滨水城市需要注意水污染问题和洪涝灾害，包括海潮灾害的一些问题。

市政基础设施规划内容要求 **表 5-4-41**

专项规划	内容要求
给水工程规划	（1）预测城市用水量，平衡供需水量；（2）选择城市给水水源，确定取水方式和位置；（3）确定水厂等给水设施的位置、规模和容量；（4）合理确定给水系统的形式，科学布局给水设施和输配水管网系统；（5）制定水资源保护要求和措施
排水工程规划	（1）合理确定规划期内污水处理量，污水处理设施的规模与容量；（2）科学布局污水处理厂（站）等各种污水处理与收集设施、排涝泵站等雨水排放设施；（3）确定排水体制，划分排水分区；（4）制定水环境保护、污水利用等对策与措施
电力工程规划	（1）合理确定规划期内的城市用电量、用电负荷，进行城市电源工程种类选择和布局规划；（2）确定城市输、配电设施的规模、容量以及电压等级和层次；（3）科学布局变电站（所）等变配电设施和输配电网络；（4）制定各类供电设施和电力线路的保护措施
通信工程规划	（1）确定规划期内城市通信的发展目标，预测通信需求；（2）合理确定邮政、电信、广播、电视等各种通信设施的规模、容量；（3）科学布局各类通信设施和通信线路；（4）制定通信设施综合利用对策与措施，以及通信设施的保护措施
供热工程规划	（1）确定城市集中供热对象、供热标准、供热方式；（2）预测城市供热量和负荷，合理确定城市热源种类、热源规模和供热方式，包括城市热电厂、热力站等供热设施的数量、容量和布局；（3）科学布局各种供热设施和供热管网；（4）制定节能保温的对策与措施，以及供热设施的防护措施
燃气工程规划	（1）确定供热对象和供气标准，预测燃气负荷；（2）选择气源种类，进行城市燃气气源规划；（3）确定各种供气设施的规模、容量和位置；（4）选择燃气输配管网的压力级制，科学布局输配气管网；（5）制定燃气设施和管道的保护措施
工程管线综合	（1）汇总各专业工程管线分布，分析其合理性；（2）综合确定各种工程管线的干管走向、水平排列位置；（3）确定关键节点的工程管线的具体位置；（4）提出各专业工程管线的修改建议

（资料来源：戴慎志．城市工程系统规划 [M]. 北京：中国建筑工业出版社，2008：38-45.）

需求（负荷）量的预测与计算涉及未来发展诸多因素，一般采用多种方法相互校核。各类预测指标的选择应参照国家的有关技术规范，根据城市的地理位置、资源状况、城市性质和规模、经济基础和居民生活水平等因素的不同，在调查研究的基础上，因地制宜合理确定。另外，需求（负荷）预测应考虑需求总量在区域、市域、规划区以及中心城区不同空间尺度之间的平衡问题。

规划布局中，要注意综合协调其大系统内密切相关的各专业规划。城市水系统内的给水与排水工程规划，应综合协调其水源净水工程设施与污水处理、雨污水排放工程设施的规划布局，以及与消防、防洪工程设施的相互关系。能源系统的供电、燃气、供热工程规划，应综合协调城市能耗负荷中各专业的分配比例，综合确定城市电源、燃气气源、热源工程设施的规模、容量、规划布局；城市供电工程还应考虑避免对城市电信工程设施的干扰等问题。

用地深化中，要特别注意与其他城市系统“横向”的综合协调，以及不同地域尺度各专项规划内部“纵向”综合协调。例如，应综合协调各种市政基础设施廊道与城市组团间的防护廊道、生态廊道等的结合；城市给水、排水规划必须从流域范围综合研究城市水资源保护区、大型设施、管网系统、污水处理与排放，需要统筹考虑该流域内数个城市各项工程设施的规划布局；供电工程规划受到区域电网、城市所在区域的水系、风向、地形地貌及交通等条件的影响，城市发电厂、区域变电所布局必须与区域电网紧密结合。有些城市发电厂具有向城市供电和区域电网送电的双重功能，区域变电所具有向该区域内数个城市供电的功能。

1.3 需求预测

需求（负荷）总量的预测是各项市政基础设施规划的第一项任务，是进行设施布局、管网规划的主要依据。需求预测主要涉及两个方面，预测方法与标准的选择。

需求预测一般采用多种方法相互校核。城市总体规划阶段常用的预测方法有三种：①人均综合指标法，是根据相关规范提供的人均指标与城市总体规划确定的城市人口规模计算；②单位建设用地指标法，是确定城市单位建设用地的指标后，根据规划的城市用地规模，推算需求量（负荷）；③年增长率法，是根据历年来城市的供水、供电、供气等的年递增率，并考虑经济发展的速度，选定递增函数，再由现状使用量，推求规划期末的需求量（表 5-4-42）。

在预测计算中预测指标的选择很关键，应尽量结合实际，把握好规划指标

各类工程系统需求（负荷）预测方法 **表 5-4-42**

需求（负荷）	主要方法	公式	备注
用水量预测	人均综合用水量指标预测法	$Q=Nqk$ Q——城市用水量； N——规划期末城市总人口数； q——规划期内人均综合用水指标； k——规划期供水用户普及率	用水量计算指标参照《城市给水工程规划规范 GB 50282—2016
	分类求和法	$Q=q_1+q_2+q_3+q_4+q_5$ q_1——城市生活用水量； q_2——公共建筑用水量，可取居民生活用水量的 10% ~ 25%； q_3——工业生产用水量，可取城市总用水量的 50% ~ 70%； q_4——市政公共服务用水量，可取城市总用水量的 5% ~ 10%； q_5——管网漏水等未预见水量，可取城市总用水量的 5% ~ 10%	
污水量预测	分类求和法	$Q=q_1\times k_1+q_2\times k_2$ Q——城市污水量； q_1——城市综合生活用水量（平均日）； k_1——城市综合生活污水排放系数； q——城市工业用水量（平均日）； k_2——城市工业废水排放系数	污水量计算指标可参见《城市排水工程规划规范》GB 50318—2017
雨水量预测	降雨强度公式	$Q=q\psi F$ Q——雨水量（L/s）； q——暴雨强度（L/（s・ha））； ψ——径流系数； F——汇水面积（ha）	雨水量计算指标可参见《城市排水工程规划规范》GB 50318—2017
电力负荷预测	综合用电水平法	$A_n=dS$ A_n——年用电量； d——用电水平指标； S——计算范围内的人口数量或建筑面积（m^2）或用地面积（km^2）	电力负荷预测指标可参见《城市电力规划规范》GB/T 50293—2014
	年平均增长率法	$A_n=A_0$（$1+a$）n A_0——基准年份用电量； a——规划期年平均用电增长率； n——预测规划的年数	
热负荷预测	单位面积供暖热指标法	$Q=q_f F$ Q——供暖热负荷（W）； F——总建筑面积（m^2）； q_f——单位面积供暖热指标（W/m^2）	热负荷预测指标可参见《城市供热规划规范》GB/T 51074—2015
燃气负荷预测	比例估算法	$Q=Q_s K_m/365+Q_s（1/p-1）/365$ Q——计算月平均日用气量； Q_S——居民生活用气量； P——居民生活用气量占总用气量比例（%）； K_m——居民生活用气的月高峰系数（1.1 ~ 1.3）	燃气负荷预测指标可参见《城镇燃气规划规范》GB/T 51098—2015

（资料来源：李亚峰，马学文，王培．城市基础设施规划 [M]. 北京：机械工业出版社，2014.）

运用的范围。例如，我国各地具体条件差别较大，难有统一精确的城市用水量标准。虽然《城市给水工程规划规范》规定城市用水量指标按照不同的分区、不同的城市规模选取，但每项指标的取值区间的范围较大，规划时确定城市用水量标准，除了参照国家的有关规范以外，还应结合当地的用水量统计资料和未来城市的经济发展目标等因素综合确定。

1.4 设施布局

在城市市政基础设施专项规划中涉及用地的主要包括水厂、污水处理厂、热电厂、区域锅炉房、发电厂和变电站、燃气厂站、电信局和邮政中心局等设施，市政基础设施专项规划中设施布局涉及的用地性质，主要包括四大类：

(1) 区域公用设施用地（H3）包括为区域服务的公用设施用地，包括区域性能源设施、水工设施、通信设施、广播电视设施、殡葬设施、环卫设施、排水设施等用地。

(2) 城市建设用地中的公用设施用地（U），包括供水（U11）、供电（U12）、供燃气（U13）、供热（U14）、通信（U15）和广播电视用地（U16）等设施用地，不包括独立地段的电信、邮政、供水、燃气、供电、供热等其他公用设施营业网点用地，该用地归入“其他公用设施营业网点用地”（B49）。

(3) 城市建设用地中的工业用地（M），电力工程规划中的电厂用地不属于“供电用地”（U12），该用地应归入“工业用地”（M）；燃气工程规划中的制气厂用地不属于“供燃气用地”（U13），该用地应归入“工业用地”（M）。

(4) 城市建设用地中的防护绿地（G2），特别是城市规划建设用地范围内的各类设施、廊道等有明确卫生防护距离要求，并据此形成的防护绿带一般都属于防护绿地（G2）。

理清专项规划中设施布局与用地性质之间的关系，是相关设施用地深化“落地”的基础。有利于统筹总体用地布局中各设施的位置、设施廊道宽度，以及明确其对应的用地边界。设施“色块”的规模大小和廊道的控制宽度确定则需要遵循相关规范、标准，并结合城市实际确定。

(1) 给水工程

城市给水工程设施包括城市取水设施、自来水厂、再生水厂、加压泵站、高位水池等。各类水厂用地应按规划期给水规模确定（表 5–4–43），当配水系统中需设置加压泵站时，泵站用地也由给水规模确定（表 5–4–44），专项规划的其他内容应符合《城市给水工程规划规范》GB 50282—2016 中的规定。

水厂厂区、泵站周围均应设置宽度不小于 10m 的绿化地带，并宜与城市绿化用地相结合。

水厂用地指标 **表 5–4–43**

给水规模（万 m^3/d）	地表水水厂		地下水水厂 $[m^2/(m^3 \cdot d^{-1})]$
	常规处理工艺 $[m^2/(m^3 \cdot d^{-1})]$	预处理 + 常规处理 + 深度处理工艺 $[m^2/(m^3 \cdot d^{-1})]$	
5 ~ 10	0.50 ~ 0.40	0.70 ~ 0.60	0.40 ~ 0.30
10 ~ 30	0.40 ~ 0.30	0.60 ~ 0.45	0.30 ~ 0.20
30 ~ 50	0.30 ~ 0.20	0.45 ~ 0.30	0.20 ~ 0.12

（资料来源：《城市给水工程规划规范》GB 50282—2016）

加压泵站用地面积　　表 5-4-44

给水规模（万 m³/d）	用地面积（m²）
5 ~ 10	2750 ~ 4000
10 ~ 30	4000 ~ 7500
30 ~ 50	7500 ~ 10000

（资料来源：《城市给水工程规划规范》GB 50282—2016）

给水管网的布置形式主要为环状网和树状网。一般城市中心地区布置成环状网，而郊区或城市次要地区，则布置成树状。在规划时应尽可能采用环状管网布局，按主要流向布置几条平行干管，其间用连通管连接。干管位置尽可能布置在两侧用水量大的道路上，以减少配水管数量。平行的干管间距为 500 ~ 800m，连通管间距 800 ~ 1000m。

（2）排水工程

排水工程规划要求确定城市排水体制、雨（污）水泵站数量、位置，污水处理厂数量、规模、处理等级以及用地范围等内容。城市排水工程设施主要为雨水泵站、污水泵站、污水处理厂等（表 5-4-45 ~ 表 5-4-47）。

雨水泵站规划用地指标　　表 5-4-45

建设规模（L/s）	>20000	10000 ~ 20000	5000 ~ 10000	1000 ~ 5000
用地指标（m²·s/L）	0.28 ~ 0.35	0.35 ~ 0.42	0.42 ~ 0.56	0.56 ~ 0.77

注：有调蓄功能的泵站，用地宜适当扩大。

（资料来源：《城市排水工程规划规范》GB 50318—2017）

污水泵站规划用地指标　　表 5-4-46

建设规模（万 m³/d）	>20	10 ~ 20	1 ~ 10
用地指标（m²）	3500 ~ 7500	2500 ~ 3500	800 ~ 2500

（资料来源：《城市排水工程规划规范》GB 50318—2017）

城市污水处理厂规划用地指标　　表 5-4-47

建设规模（万 m³/d）	规划用地指标（m²·d/m³）	
	二级处理	深度处理
>50	0.30 ~ 0.65	0.10 ~ 0.20
20 ~ 50	0.65 ~ 0.80	0.16 ~ 0.30
10 ~ 20	0.80 ~ 1.00	0.25 ~ 0.30
5 ~ 10	1.00 ~ 1.20	0.30 ~ 0.50
1 ~ 5	1.20 ~ 1.50	0.50 ~ 0.65

注：1. 表中规划用地面积为污水处理厂围墙内所有处理设施、附属设施、绿化、道路及配套设施的用地面积。

2. 污水深度处理设施的占地面积是在二级处理污水厂规划用地面积基础上新增的面积指标。

3. 表中规划用地面积不含卫生防护距离面积。

（资料来源：《城市排水工程规划规范》GB 50318—2017）

泵站和污水处理厂周围应设置一定宽度的防护距离，减少对周围环境的不利影响，专项规划的其他内容应符合《城市排水工程规划规范》GB 50318—2017 中的规定。

城市污水管网的布置，应在划分排水区界内划分排水流域的基础上，根据污水厂和出入口的数量确定污水主干管的走向与数目；再根据主干管确定干管的布置形式，并结合地形尽量采用重力流形式，避免提升。雨水管渠的布置同样是在根据排水分区，确定自排区和强排区的基础上，尽量以重力流形式使雨水就近排入附近的水体，尽量避免设置雨水泵站，且把经过泵站排泄的雨水径流减少到最小限度。

（3）供电工程

城市电力工程设施包括城市供电电源与城市供电设施。城市供电电源可分为城市发电厂和接受市域外电力系统电能的电源变电站；城市供电设施包括变电所、开关站、配电所等。

城市发电厂的种类包括火电厂、水电厂、核电厂和其他电厂，其用地的确定应根据电厂的规划容量、机组组合，依据行业标准《电力工程项目建设用地指标》（2010）确定用地规模。

大中城市电源变电站通常为220～500kV变电所，小城镇电源变电站的进线电压等级通常为110kV或35kV。在确定规划新建的变电站、开关站等设施的用地规模时，应符合《城市电力规划规范》GB/T 50293—2014相关规定（表5–4–48、表5–4–49）。

在用地深化中，电厂的出线走廊应根据发电厂与城网的连接方式划定，城市变电站出口应划定2～3个电缆进出通道。

城市电力线路分为架空线路和地下电缆线路两类，其中35kV及以上高压架空电力线路应规划专用通道，且不宜穿越市中心地区、重要风景名胜区或中

35～500kV变电所规划用地控制指标 表5–4–48

序号	变压等级（kV）一次电压/二次电压	主变压器容量（MVA/台<组>）	变电所结构形式及用地面积（m^2）		
			全户外式用地面积	半户外式用地面积	户内式用地面积
1	500/200	750–1500/2–4	25000～75000	12000～60000	10500～4000
2	330/220及330/110	120–360/2–4	22000～45000	8000～30000	4000～20000
3	220/110（66、35）	220/110（66、35）	6000～30000	5000～12000	2000～8000
4	110（66）/10	20–63/2–3	2000～5500	1500～5000	800～1500
5	35/10	5.6–31.5/2–3	2000～3500	1000～2600	500～1000

注：本指标未包括厂区周围防护距离或绿化带用地，不含生活区用地。

（资料来源：《城市电力规划规范》GB/T 50293—2014）

10（20）kV开关站规划用地面积控制指标 表5–4–49

序号	设施名称	规模及结构形式	用地面积（m^2）
1	10（20）kV开关站	2进线8～14出线，户内不带配电变压器	80～260
2	10（20）kV开关站	3进线12～18出线，户内不带配电变压器	120～350
3	10（20）kV开关站	2进线8～14出线，户内带2台配电变压器	180～420
4	10（20）kV开关站	3进线8～18出线，户内带2台配电变压器	210～500

（资料来源：《城市电力规划规范》GB/T 50293—2014）

心景观区，并应避开空气严重污秽区或有爆炸危险品的建筑物、堆场等。市区35kV以上高压架空电力线路规划走廊宽度应符合控制要求（表5–4–50）。专项规划的其他内容应符合《城市电力规划规范》GB/T 50293—2014中的规定。

市区35～1000kV高压架空电力线路规划走廊宽度　　表5–4–50

线路电压等级（kV）	高压线走廊高度（m）	线路电压等级（kV）	高压线走廊宽度（m）
直流（±800）	80～90	330	35～45
直流（±500）	55～75	220	30～40
1000（750）	90～110	66、110	15～25
500	60～75	35	12～20

（资料来源：《城市电力规划规范》GB/T 50293—2014）

（4）通信工程

城市通信工程规划的技术规范是《城市通信工程规划规范》GB/T 50863—2013。城市通信工程设施主要包括电信局站、无线通信与无线广播传输设施、有线电视用户与网络前端、邮政设施等内容。

电信局站可分一类局站和二类局站，其中，一类局站是位于城域网接入层的小型电信机房；二类局站位于城域网汇聚层及以上的大中型电信机房。城市电信用户密集区的二类局站覆盖半径不宜超过3km，非密集区二类局站覆盖半径不宜超过5km，其规划用地应符合表5–4–51规定。

城市主要二类局站规划用地　　表5–4–51

电信用户规模（万户）	1.0～2.0	2.0～4.0	4.0～6.0	6.0～10.0	10.0～30.0
预留用地面积（m^2）	2000～3500	3000～5500	5000～6500	6000～8500	8000～12000

注：1. 表中局所用地面积包括同时设置其兼营业点的用地；
2. 表中电信用户规模为固定宽带用户、移动电话用户、固定电话用户之和。
（资料来源：《城市通信工程规划规范》GB/T 50853—2013）

城市有线广播电视网络主要设施可分为总前端、分前端、一级机房和二级机房4个级别。一般反映在用地层面主要是总前端、分前端设施用地（表5–4–52）。

城市有线广播电视网络总前端规划建设用地　　表5–4–52

总前端划建设用地			分前端划建设用地		
用户（万户）	总前端数（个）	建设用地（m^2/个）	用户（万户）	分前端数（个）	建设用地（m^2/个）
8～10	1	6000～8000	＜8	1～2	2500～4500
10～100	2	8000～11000	≥8	2～3	4500～6000
≥100	2～3	11000～12500 （12000～13500）			

注：1. 表中规划用地不包括卫星接收天线场地；
2. 表中括号规划用地含呼叫中心、数据中心用地。
（资料来源：《城市通信工程规划规范》GB/T 50853—2013）

邮政设施分为邮件处理中心和提供邮政普遍服务的邮政营业场所。其中，营业场所用地，包括邮政支局和邮政所等，应纳入“其他公用设施营业网点用地”（B49）。

城市邮件处理中心用地应按现行行业标准《邮件处理中心工程设计规范》YD 5013 的有关要求执行；城市邮政局所设置应符合现行行业标准《邮政普遍服务标准》YZ/T 0129 的有关规定，按照服务半径或服务人口确定邮政局所的设置数量（表 5–4–53）。每处城市邮政支局用地面积为 0.1 ~ 0.2hm²。

邮政局所服务半径和服务人口 **表 5–4–53**

类别	每邮政局所服务半径（km）	每邮政局所服务人口（万人）
直辖市、省会城市	1 ~ 1.5	3 ~ 5
一般城市	1.5 ~ 2	1.5 ~ 3
县级城市	2 ~ 5	2

（资料来源：《城市通信工程规划规范》GB/T 50853—2013）

通信管道宜敷设在人行道下，若在人行道下无法敷设，可敷设在非机动车道下，不宜敷设在机动车道下。通信管道与通道应尽量避免与燃气管道、高压电力电缆在道路同侧建设，不可避免时通信管道、通道与其他地下管线及建筑物间的最小净距应符合相关规范的规定。

（5）燃气工程

燃气工程规划要求确定各类气源设施与储配设施的数量、位置、用地控制。城镇燃气厂站设施包括天然气厂站、液化石油气厂站、汽车加气站、人工煤气厂站等：其中，天然气厂站包括天然气门站、高压调压站、次高压调压站、液化天然气气化站、压缩天然气储配站等设施；液化石油气厂站包括气化、混气、灌装站等设施；人工煤气厂站包括人工煤气厂和人工煤气储配站等设施。

燃气工程专项规划首先在科学合理预测城镇用气负荷、城市气源的基础上，进行燃气管网和设施的布局。在相关的燃气设施中，单个设施占地面积较大的主要有门站、液化天然气气化站、人工煤气储配站（表 5–4–54 ~ 表 5–4–56），其他设施一般占地规模较小，在 1hm² 以下，设计中可根据《城镇燃气规划规范》GB/T 51098—2015 的规定确定。

门站用地面积指标 **表 5–4–54**

设计接收能力（$10^4m^3/h$）	≤ 5	10	50	100	150	200
用地面积（hm^2）	0.5	0.6 ~ 0.8	0.8 ~ 1	1 ~ 1.2	1.1 ~ 1.3	1.2 ~ 1.5

（资料来源：《城镇燃气规划规范》GB/T 51098—2015）

液化天然气气化站用地面积指标 **表 5–4–55**

储罐水容积（m^3）	≤ 200	400	800	1000	1500	2000
用地面积（hm^2）	1.2	1.4 ~ 1.6	1.6 ~ 2	2 ~ 2.5	2.5 ~ 3	3 ~ 3.5

（资料来源：《城镇燃气规划规范》GB/T 51098—2015）

人工煤气储配站用地面积指标 表 5-4-56

储气储气总容积（10^4m^3）	≤ 1	2	5	10	15	20	30
用地面积（hm^2）	0.8	1 ~ 1.2	1.5 ~ 1.8	2 ~ 2.6	2.8 ~ 3.5	3 ~ 4	4.5 ~ 5

（资料来源：《城镇燃气规划规范》GB/T 51098—2015）

中心城区规划人口大于 100 万人的城镇输配管网，宜选择 2 个及以上的气源点，气源选择时应考虑不同种类气源的互换性，且燃气主干管应选择环状管网。

长输管道应布置在规划城镇区域外围，若必须在城镇内布置时，应按现行国家标准《输气管道工程设计规范》GB 50251 和《城镇燃气设计规范》GB 50028 的规定执行。长输管道和城镇高压燃气管道的走廊应予以划定，并与公路、城镇道路、铁路、河流、绿化带及其他管廊等的布局相结合。

(6) 供热工程

总体规划阶段的供热规划应结合供热方式、供热分区及热负荷分布，综合考虑能源供给、存储条件及供热系统安全性等因素，合理确定城市集中供热热源的规模、数量、布局及其供热范围，并应提出供热设施用地的控制要求。

城市主要的集中供热热源有热电厂、集中锅炉房、低温核供热厂以及清洁能源分散供热等。其中，燃煤或燃气热电厂的建设应"以热定电"，合理选取热化系数，厂址应便于热网出线和电力上网，并宜位于居住区和主要环境保护区的全年最小频率风向的上风侧；燃煤集中锅炉房宜位于居住区和环境敏感区的采暖季最大频率风向的下风侧；燃气集中锅炉房应便于热网出线、天然气管道接入和靠近负荷中心。热电厂和集中锅炉房的用地指标宜满足相关规定要求(表 5-4-57、表 5-4-58)。

热电厂用地指标 表 5-4-57

机组总容量（万 kW）	机组构成（MW）(台数 × 机组容量)	厂区占地（hm^2）
燃煤热电厂	50（2 × 25）	5
	100（2 × 50）	8
	200（4 × 50）	17
	300（2 × 25+2 × 100）	19
	400（4 × 100）	25
	600（2 × 100+2 × 200）	30
	800（4 × 100）	34
	1200（4 × 300）	47
	2400（4 × 600）	66
燃气热电厂	≥ 400MW	360m^2/MW

（资料来源：《城市供热规划规范》GB/T 51074—2015）

锅炉房用地指标（m^2/MW） 表 5-4-58

设施	用地指标
集中燃煤锅炉房	145
集中燃气锅炉房	100

（资料来源：《城市供热规划规范》GB/T 51074—2015）

热网的布置形式包括枝状和环状两种方式。蒸汽管网应采用枝状管网布置方式；供热面积大于 1000 万 m^2 的热水供热系统采用多热源供热时，各热源热网干线应连通，在技术经济合理时，热网干线宜连接成环状管网。专项规划的其他内容应符合《城市供热规划规范》GB/T 51074—2015。

1.5　管线综合

工程管线综合应结合城市道路系统规划，依托道路网布局尽可能使线路短捷，各工程管线宜地下敷设，并充分利用现状工程管线，解决各种工程管线平面、竖向布置时管线之间以及与道路、铁路、构筑物存在的矛盾。

综合布置管线产生矛盾时，应按下列避让原则处理：压力管让重力管；可弯曲管让不易弯曲管；管径小的管让管径大的；分支管让主干管。以上避让原则中，前两条主要针对不同种类的管线产生矛盾的情况，后两条主要针对同一种管线产生矛盾的情况。

工程管线在道路下面的规划位置应相对固定。从道路红线向道路中心线平行布置的次序宜为：电力电缆、电信电缆、燃气配气、给水配水、热力干线、燃气输气、给水输水、雨水排水、污水排水。

在道路红线宽度大于等于 30m 时，宜双侧布置给水配水管和燃气配气管；道路红线宽度大于等于 50m 时，宜双侧设置排水管。

工程管线采用地下敷设方式时，工程管线的最小覆土深度和埋深要求，工程管线的最小水平净距、管线交叉时最小垂直净距、工程管线与构筑物之间的最小水平净距等，可参照《城市工程管线综合规划规范》GB 50289—2016 的规定。

2. 其他专项规划

2.1　环境卫生设施规划

在城市总体规划中应预测城市生活垃圾产量和成分，确定城市生活垃圾收集、运输、处理和处置方式，给出公共厕所布局原则及数量，并给出主要环境卫生工程设施的规划设置原则、类型、标准、数量、布局和用地范围，制定环境卫生设施的隔离与防护措施。

城市生活垃圾量预测主要采用人均指标法，工业固体废物量主要采用增长率法和工业万元产值法。当采用人均指标法预测城市生活垃圾量时，人均垃圾产量按当地实际资料采用，若无资料时，一般可采用 0.8 ~ 1.8 千克(人日)计算。

环境卫生公共设施包括公共厕所、生活垃圾收集点、废物箱、粪便污水前端处理设施等。明确相关设施的布局原则、数量和设置要求。

环境卫生工程设施包括垃圾转运站、生活垃圾卫生填埋厂、生活垃圾焚烧厂、建筑垃圾填埋场、粪便处理厂等。

垃圾转运站布置要考虑服务半径与运距确定：采用非机动车收运方式的，生活垃圾转运站服务半径宜为 0.4 ~ 1.0km；采用小型机动车进行垃圾收集运输时，收集服务半径宜为 2 ~ 4km；采用大、中型机动车进行垃圾收集时，可根据实际情况扩大服务半径。生活垃圾转运站宜靠近服务区域中心或生活垃圾产量多且交通运输方便的地方，不宜设在公共设施集中区域和靠近人流、车流集中地区。生活垃圾转运站设置标准应符合表 5-4-59 的规定。

生活垃圾转运站设置标准 表 5-4-59

转运量（t/d）	用地面积（m^2）	与相邻建筑间距（m）	绿化隔离带宽度（m）
>450	>8000	>30	≥ 15
150 ~ 450	2500 ~ 10000	≥ 15	≥ 8
50 ~ 150	800 ~ 3000	≥ 10	≥ 5

（资料来源：《城市环境卫生设施规划规范》GB 50337—2003）

生活垃圾卫生填埋场应位于城市规划建成区以外、地质情况较为稳定、取土条件方便、具备运输条件、人口密度低、土地及地下水利用价值低的地区，并不得设置在水源保护区和地下蕴矿区内。生活垃圾卫生填埋场距大、中城市规划建成区应大于 5km，距小城市规划建成区应大于 2km，距居民点应大于 0.5km。

生活垃圾焚烧厂宜位于城市规划建成区边缘或以外，综合用地指标采用 50 ~ 200m^2/t · d，并不应小于 1hm^2，其中绿化隔离带宽度应不小于 10m 并沿周边设置。

2.2 环境与资源保护规划

环境与资源保护规划的主要任务是根据城市的环境功能、环境容量和经济技术条件确定生态环境保护与建设目标，提出污染控制与治理措施。

在目标设定方面，需要确定规划期内二氧化硫、烟尘、工业粉尘、化学需氧量、氨氮和工业固体废弃物等主要污染排放量达到控制指标要求，地表水水质达到规划目标；确保饮用水水源地安全，城市空气环境质量明显改善；一般性固体废弃物得到有效处理，危险废物得到安全处置，逐步实现放射源的监管，确保辐射环境安全。

在环境功能区划方面，环境功能分区是实施城市环境分区管理和污染区总量控制的基础和前提。环境功能分区可分为大气环境功能分区、声学环境功能分区、水环境功能分区，各环境功能区划分及执行环境标准见表 5-4-60 ~ 表 5-4-62。

最后，需要制定大气环境、水环境、声环境等污染的主要污染源的污染控制和综合治理措施，提出固体废弃物和辐射污染防治的具体对策。

2.3 综合防灾减灾规划

综合防灾减灾规划的主要任务是根据城市自然环境、灾害区划和城市定位，确定城市消防、防洪、人防、抗震等设防标准；科学布局各项防灾设施；组织城市防灾生命线系统；制定防灾设施统筹建设、综合利用、防

大气环境功能区划分 表 5-4-60

功能区	范围	质量要求
Ⅰ类	自然保护区、风景名胜区和其他需要特殊保护的区域	一级浓度限值
Ⅱ类	居住区、商业交通居民混合区、文化区、工业区和农村地区	一级浓度限值

（资料来源：《环境空气质量标准》GB 3095—2012）

声学环境功能区划分　　表 5-4-61

功能区		范围	环境噪声限值	
			昼间	夜间
0 类区		康复疗养区等特别需要安静的区域	50	40
1 类区		居民住宅、医疗卫生、文化教育、科研设计、行政办公为主要功能，需要保持安静的区域	55	45
2 类区		以商业金融、集市贸易为主要功能，或者居住、商业、工业混杂，需要维护住宅安静的区域	60	50
3 类区		以工业生产、仓储物流为主要功能，需要防止工业噪声对周围环境产生重要影响的区域	65	55
4 类区	4a	道路交通干线两侧一定距离之内、需要防止交通噪声对周围环境产生严重影响的区域，包括 4a 类和 4b 类两种类型：4a 类为高速公路、一级公路、二级公路、城市快速路、城市主干路、城市次干路、城市轨道交通（地面段）、内河航道两侧区域；4b 类为铁路干线两侧区域	70	55
	4b		70	60

（资料来源：《声环境质量标准》GB 3096—2008）

水环境功能区划分　　表 5-4-62

功能区	范围	执行标准
Ⅰ类	源头水、国家自然保护区	Ⅰ类
Ⅱ类	集中式生活饮用水水源地一级保护区、珍稀水生生物栖息地、鱼虾类产卵场、仔稚幼鱼的索饵场等	Ⅱ类
Ⅲ类	集中式生活饮用水地表水源地二级保护区、鱼虾类越冬场、洄游通道、水产养殖区等渔业水域及游泳区	Ⅲ类
Ⅳ类	一般工业用水区及人体非直接接触的娱乐用水区	Ⅳ类
Ⅴ类	农业用水区及一般景观要求水域	Ⅴ类

（资料来源：《地表水环境质量标准》GB 3838—2002）

护管理等对策与措施。依据的技术规范与标准有《城市抗震防灾规划标准》GB 50413—2007、《防洪标准》GB 50201—2014、《城市防洪工程设计规范》GB/T 50805—2012、《城市消防规划规范》GB 51080—2015、《建筑设计防火规范》GB 50016—2014 等。

(1) 防洪规划

防洪规划的主要任务是根据城市的经济情况和自然条件，确定防洪标准，统筹安排各种预防和减轻洪水对城市造成灾害的工程和非工程措施。

防洪标准应根据城市的重要性确定，各等别的防洪标准应按表 5-4-63 的规定确定。排涝标准根据城市所在地区的暴雨公式、水文情况、城市地形地貌属性来确定。对于洪水的防治，从流域的治理入手，在“蓄”和“排”两方面提出主要防洪对策。

(2) 城市抗震防灾规划

城市抗震防灾规划的主要任务是制定城市总体布局中的减灾策略和对策、确定抗震设防标准和防御目标、提出城市抗震设施建设、基础设施配套等抗震防灾规划要求与技术标准，以及规划的实施与保障措施。

城市防护区的防护等级和防洪标准　　　　表 5-4-63

防护等级	重要性	常住人口（万人）	当量经济规模（万人）	防洪标准[重现期（年）]
Ⅰ	特别重要	≥ 150	≥ 300	≥ 200
Ⅱ	重要	＜ 150，≥ 50	＜ 300，≥ 100	200 ~ 100
Ⅲ	比较重要	＜ 50，≥ 20	＜ 100，≥ 40	100 ~ 50
Ⅳ	一般	＜ 20	＜ 40	50 ~ 20

注：当量经济规模为城市防护区人均 GDP 指数与人口的乘积，人均 GDP 指数为城市防护区人均 GDP 与同期全国人均 GDP 的比重。

（资料来源：《防洪标准》GB 50201—2014）

我国工程建设从地震基本烈度 6 度开始设防。抗震设防烈度有 6、7、8、9、10 等级。6 度及 6 度以下的城市一般为非重点防灾城市。6 度地震区内的重要城市与国家重点抗震城市和位于 7 度以上（含 7 度）地区的城市，都必须考虑城市抗震问题。

城市抗震减灾在规划方面可以采用以下对策：一是在城市发展用地选址时，尽量避开断裂带、溶洞区等地质不良地带；二是进行建筑群规划时，应考虑保留必要的空间和间距，便于人员有紧急疏散的安全空间和场所；三是安排疏散通道和避难场所，满足救灾与疏散的需要。城市内疏散通道的宽度不应小于 15m，一般为城市主干道；紧急避震疏散场所的服务半径宜为 500 米，固定避震疏散场所的服务半径宜为 2 ~ 3km。紧急避震疏散场所的用地不宜小于 $0.1hm^2$，固定避震疏散场所不宜小于 $1hm^2$，中心避震疏散场所不宜小于 $50hm^2$。

（3）消防规划

消防规划的任务是对城市总体消防安全布局和消防站、消防给水、消防通信、消防车通道等城市公共消防设施和消防装备进行统筹规划并提出实施意见和措施。

城市消防站应分为陆上消防站、水上消防站和航空消防站。陆上消防站分为普通消防站、特勤消防站和战勤保障消防站。普通消防站分为一级普通消防站和二级普通消防站。

陆上消防站选址应符合下列规定：消防站应设置在便于消防车辆迅速出动的主、次干路的临街地段；消防站执勤车辆的主出入口与医院、学校、幼儿园、托儿所、影剧院、商场、体育场馆、展览馆等人员密集场所的主要疏散出口的距离不应小于 50m；消防站辖区内有易燃易爆危险品场所或设施的，消防站应设置在危险品场所或设施的常年主导风向的上风或侧风处，其用地边界距危险品部位不应小于 200m。陆上消防站的设置可按表 5-4-64 确定。

城市应设置消防通信指挥中心。消防通信指挥系统应符合现行国家标准《消防通信指挥系统设计规范》GB　50313 的有关规定。城市消防用水可由城市给水系统、消防水池及符合要求的其他人工水体、天然水体、再生水等供给。

（4）城市人防规划

城市人防规划的主要任务是贯彻“长期准备、重点建设、平战结合”的原则，确定城市人防发展水平、建设重点、布局等。

城市消防站的设置要求 **表 5-4-64**

级别	建设用地面积（m^2）	规划要求
一级普通消防站	3900 ~ 5600	城市建设用地范围内应设立一级普通消防站
二级普通消防站	2300 ~ 3800	城市建设用地范围内设置一级普通消防站却又困难的区域，经论证可设二级普通消防站
特勤消防站	5600 ~ 7200	地级以上城市（含）以及经济较发达的县级城市应设特勤消防站，经济发达且有特勤任务的城镇可设特勤消防站
战勤保障消防站	6200 ~ 7900	地级以上城市（含）以及经济较发达的县级城市应设战勤保障消防站

注：上述指标未包含站内消防车道、绿化用地的面积，在确定消防站建设用地总面积时，可按 0.5 ~ 0.6 的容积率进行测算。

（资料来源：《城市消防规划规范》GB 51080—2015）

城市人防规划需要确定人防工程的总量规模和人防设施的布局。预测城市人防工程总量首先需要确定城市战时留城人口数。一般来说，战时留城人口约占城市总人口的 30% ~ 40% 左右。按人均 1 ~ 1.5m^2 的人防工程面积标准，可推算出城市所需的人防工程面积。

注意城市地下空间与防空工程的转换利用，城市的其他地下空间，通过一定处理转换措施后，可以转换为防空；同样，防空工程在平时也可用作其他功能。

2.4　历史文化遗产保护规划

历史文化遗产保护规划主要任务是确定历史文化保护及地方传统特色保护的内容和要求；提出历史文化遗产及传统风貌特色保护的原则、目标和内容；提出城市传统格局和特色风貌的保护要求；划定历史文化街区、历史建筑保护范围，确定各级文物保护单位的范围；提出历史建筑及其风貌协调区的保护原则和基本保护要求。主要技术规范依据为《历史文化名城保护规划规范》GB 50357—2005。

历史文化街区的保护范围应当包括历史建筑物、构筑物和其风貌环境所组成的核心地段，以及为确保该地段的风貌、特色完整性而必须进行建设控制的地区。历史建筑的保护范围应当包括历史建筑本身和必要的风貌协调区。控制范围清晰，附有明确的地理坐标及相应的界址地形图，并在城市用地布局深化中要明确文物古迹用地（A7）的位置、规模。文物古迹用地（A7）是指具有保护价值的古遗址、古墓葬、古建筑、石窟寺、近代代表性建筑、革命纪念建筑等用地，不包括已作为其他用途的文物古迹用地。

3. 近期建设规划

3.1　地位认识

近期建设规划作为城市总体规划的重要组成部分，是实施总体规划的时序安排和近期建设项目安排的依据。2006 年实施的《城市规划编制办法》第三十五条规定："近期建设规划到期时，应当依据城市总体规划组织编制新的近期建设规划"，并要求近期建设规划的期限原则上应当与城市国民经济和社会发展规划的年限一致，并不得违背城市总体规划的强制性内容。

2008 年实施的《中华人民共和国城乡规划法》也将近期建设规划列为重要的条款之一，并规定了其编制的依据及重点内容。近期建设规划的法定地位，动态发展、滚动编制的编制方法，有利于实现城市总体规划与国民经济和社会发展规划的动态衔接，以及总体规划的动态落实和修正。近期建设规划成为城市解决现实重大问题的手段，以及充当经济转型过程中各利益群体“协调者”的角色[①]。

3.2 内容要求

根据《城市规划编制办法》（2006年）第三十六条规定，近期建设规划应当包括六方面内容：①确定近期人口和建设用地规模，确定近期建设用地范围和布局；②确定近期交通发展策略，确定主要对外交通设施和主要道路交通设施布局；③确定各项基础设施、公共服务和公益设施的建设规模和选址；④确定近期居住用地安排和布局；⑤确定历史文化名城、历史文化街区、风景名胜区等的保护措施，城市河湖水系、绿化、环境等保护、整治和建设措施；⑥确定控制和引导城市近期发展的原则和措施。

近期建设规划的规划期限为五年，2008年《中华人民共和国城乡规划法》规定近期建设规划内容除“近期建设的时序、发展方向和空间布局”外，突出强调重点内容为“重要基础设施”、“公共服务设施”、“中低收入居民住房建设”、“生态环境保护”等四个方面。因此，近期建设规划编制的核心内容主要包括以下几个方面：

（1）近期目标与建设策略

依据城市总体规划、社会经济发展计划和国家城市发展的方针政策，合理制定城市建设近期发展目标。

根据确定的发展目标以及对现状存在问题的判别，围绕近期建设重点提出建设策略。

（2）近期发展方向与规模

预测城市土地供需关系，结合用地评定，明确近期城市发展方向，确定近期人口规模和用地规模。

（3）近期功能结构与布局

针对城市功能结构的现状，明确调整和优化用地功能结构方向，并综合安排近期建设确定的各项功能用地，确定近期建设用地空间布局。

（4）近期建设重点及内容

明确城市建设重点新建区域和旧城改造的区域，并从道路交通、城市基础设施，公共服务设施、住房建设、生态保护、产业发展等方面提出近期建设的重点内容。

（5）近期建设项目与时序

确定近期建设的项目库，明确近期建设的项目选址、规模、投资估算与实施时序等内容。

（6）明确控制和引导措施

根据确定的发展目标、近期建设重点内容及项目，确定控制和引导城市近期发展的原则和措施。

---

① 杨恢武，郑文辉，刘志成．新时期近期建设规划的特殊定位与工作思路的革新[J]．现代城市研究，2013，28（01）：35-38.

3.3　规划思路

(1) 强调以问题为导向的“实施性”规划

近期建设规划作为行动规划，要解决近期建设的实际问题，要突出务实性和操作性两个特征，通过对近几年城市总体规划实施中产生的矛盾和问题的判读，立足于现状，了解和研究形成当前现状的条件和原因，切实解决当前发展面临的突出问题。

其次，近期建设重点内容以及建设项目均有明确的空间指向性和相应的实施主体。因此，近期建设重点地区、城市空间结构的调整和优化、建设用地的空间布局等均应基于“城市用地现状”的基础上“修改”而成。对于近期项目“落地”确实有困难的，例如现状局部用地边界制约或道路干道打通的确有困难，应明确近期项目“落地”的反馈调整结果，并与城市远期的用地布局相协调，突出近期建设的阶段性、可实施性的规划特性。

(2) 突出以“加法”为手段的衔接规划

城市总体规划的年限一般为20年，远期设定的目标、结构和布局需要通过滚动编制的近期建设规划来衔接，同时近期建设规划突出强调近五年的建设时序安排和用地布局的可实施性。因此，近期建设规划应以“城市用地现状”为“工作底图”，根据确定的项目库进行“加法”规划。主要包括两方面：

一方面，通过分析近期土地投放总量，确定城市空间“增量扩张”的区域，以及区域内的项目所对应的用地性质。另一方面，通过对城市现状建成区内“存量优化”区域，以及区域内的项目所对应的用地性质变化，通过“加法”，将“增量扩张”和“存量优化”区域内用地变化叠加到“城市用地现状图”上，从而形成“近期建设规划图”。

此外，近期建设规划作为一个有明确目标导向的发展阶段，又有保持自身相对完整性的内在需求，因此，近期城市空间结构相对完整性与远期规划的布局结构的整体性是辩证统一的关系，保持其内在的一致性也是作为衔接规划的一个重要关注方面。

(3) 明确以强制性内容为核心的刚性控制

“强制性内容”作为城市总体规划的核心内容，不仅在《城乡规划法》中被赋予了很高的法律地位和严格的修改审批程序，而且也是指导下层次规划的编制和实施管理的重要依据。《城市规划编制办法》第三十五条规定近期建设规划“不得违背城市总体规划的强制性内容”。

因此，城市近期建设规划涉及总体规划阶段“强制性内容”的部分，必须强调法定性又具可操作性，实施刚性控制。

(4) 建立以项目库为支撑的行动计划

近期建设规划是在“城市空间”这个平台上进行建设项目的整合，其实际也是五年的行动计划。近期建设的项目库的确定应遵循以下原则：城镇发展中急需解决，特别是涉及民生、环保等方面的突出问题；近期城镇建设发展的重点领域或项目，尤其是近期已立项或批准的各行业项目；由公共财政投资主导的重要基础设施、公共服务设施、保障性住房等项目；与近期建设规划相吻合的申请项目或其他需要近期建设实施的项目。

项目库的内容应包括项目性质、名称、位置或选址、内容及规模、时序安排、投资估算以及类型等内容（表 5–4–65）。此外，在城乡统筹、一体化发展的大背景下，有必要在近期建设项目库中增加市域层面的相关内容。

近期建设项目库 **表 5–4–65**

项目性质	项目名称	位置或选址	内容及规模	时序安排	投资估算	类型
道路建设						
公共设施建设						
基础设施建设						
住房建设						
—						
—						

五、图纸成果的确定

逐项深化后，最终形成的城市总体布局成果仍需要用发展的、动态的、综合的观念来统筹、协调和优化各项内容。最终的图纸成果应符合《城市规划制图标准》CJJ/T 97—2003 的要求。根据《关于规范国务院审批城市总体规划上报成果的规定（暂行）》（建规〔2013〕127 号），总体规划上报成果图纸包括基本图纸和补充图纸，并规定了 28 张基本图纸为总体规划的必备图纸。

1. 用地规划图

用地规划图最终成果图纸比例为 1 ∶ 10000 或 1 ∶ 25000，应以大类为主、中类为辅；小城镇可用 1 ∶ 5000，一般以中类为主、小类为辅。对于公共管理与公共服务设施用地（A）、道路与交通设施用地（S）、公用设施用地（U）等涉及强制性内容的用地应以中类为主、小类为辅；此外，规划建设用地范围内的区域交通设施用地（H2）、特殊用地（H4）等用地应以小类为主，非建设用地（E）以中类为主。

中心城区用地规划图主要内容包括：标明中心城区范围；规划各类城市建设用地的性质和范围；主要地名、山体、水系；风景名胜区、自然保护区、水源保护区、矿产资源分布区、森林公园、公益林地保护区、历史文化街区等保护区域的范围。

2. “四线”控制图

“四线”控制图比例应与用地规划图保持一致，主要内容应满足表 5–4–66 要求。

3. 其他基本图纸

除用地规划图和“四线”控制图外，中心城区的基本图纸以及相关内容见表 5–4–67。

4. 近期建设规划图

城市近期建设图的图纸比例、深度应与总体规划图一致。主要内容包括：标明中心城区范围；标出近期建设项目用地和现状用地性质和范围；主要地名、山体、水系；风景名胜区、自然保护区、水源保护区、矿产资源分布区、森林公园、公益林地保护区、历史文化街区等保护区域的范围。

“四线”控制图的图纸内容　　表 5-4-66

图名	主要内容
中心城区绿线控制图	标明公园绿地、防护绿地的位置和范围
中心城区蓝线控制图	标明江、河、湖、库、渠和湿地等主要地表水体的保护范围（用实线表示）和建设控制地带界线（用虚线表示）
中心城区紫线控制图	标明历史文化街区的核心保护范围和历史建筑本身（用实线表示），历史文化街区的建设控制地带和历史建筑的风貌协调区（用虚线表示）
中心城区黄线控制图	标明对城市布局和周边环境有较大影响的城市基础设施用地控制界线，主要包括：重要交通设施；自来水厂、污水处理厂、大型泵站等重要给水排水设施；垃圾处理厂（场）等重要环卫设施；城市发电厂、高压线走廊、220kV（含）以上变电站、城市气源、燃气储备站、城市热源等重要能源设施等

（资料来源：《关于规范国务院审批城市总体规划上报成果的规定（暂行）》（建规〔2013〕127 号））

其他基本图纸的规定内容　　表 5-4-67

序号	图名	主要内容
1	公共管理和公共服务设施规划图	标明市（区）级的行政、教育、科研、卫生、文化、体育、社会福利等公共管理和公共服务设施的用地布局
2	综合交通规划图	标明对外公路、铁路线路走向与场站；港口、机场位置；城市干路；公交走廊、公交场站、轨道交通场站、客货运枢纽等的布局
3	道路系统规划图	标明城市道路等级、主要城市道路断面示意、主要交叉口类型及与对外交通设施的衔接
4	公共交通系统规划图	标明快速公共交通系统、主要公共交通设施的布局等。 规划期内有发展轨道交通需求的城市，还应当绘制“中心城区轨道交通线网规划图”。图中应当标明中心城区轨道交通线路的基本走向，车辆基地、主要换乘车站以及中心城区周边供停车换乘的大型公共停车设施位置等
5	居住用地规划图	标明居住用地的布局和规模
6	给水工程规划图	标明城市供水水源保护区范围；取水口位置、水厂位置、输配水干管布置等，标注主干管管径
7	排水工程规划图	标明排水分区、雨水管渠和大型泵站位置等；污水处理厂布局、污水干管布置等，标注处理规模
8	供电工程规划图	标明电厂、高压变电站位置；输配电线路路径、敷设方式、电压等级；高压走廊走向等
9	通信工程规划图	标明邮政枢纽、电信枢纽局站、卫星通信接收站、微波站与微波通道、无线电收发信区等通信设施的位置，通信干管布置
10	燃气工程规划图	标明城市燃气气源；燃气分输站、门站、储配站的位置；输配气干管布置等
11	供热工程规划图	冬季采暖城市绘制此图。标明供热分区；集中供热的热源位置、供热干管布置等
12	综合防灾减灾规划图	标明消防设施、防洪（潮）设施；重大危险源、地质隐患点的分布；防灾避难场所、应急避难和救援通道的位置等
13	历史文化名城保护规划图	历史文化名城绘制此图。划定历史文化街区核心保护范围；历史文化街区的建设控制地带与历史建筑的风貌协调区，标明重要地段建筑高度、视线通廊的控制范围
14	绿地系统规划图	标明绿地性质、布局；市（区）级公园、河湖水系和风景名胜区范围

（资料来源：《关于规范国务院审批城市总体规划上报成果的规定（暂行）》（建规〔2013〕127 号））

六、案例解析

1. 莱芜市中心城区道路交通系统规划

《莱芜市城市总体规划（2014—2030 年）》确定莱芜市城市性质为“全国重要的钢铁生产、深加工产业基地，山东省会副中心，山水宜居城市”。产业和旅游并重的城市定位，需要绿色、集约、高效的交通系统支撑。

针对莱芜市中心城区道路体系存在的主要问题，总结为以下几个方面：对外交通分割城区，城区路网连通性差；过境交通、货运交通穿越中心城区，缺

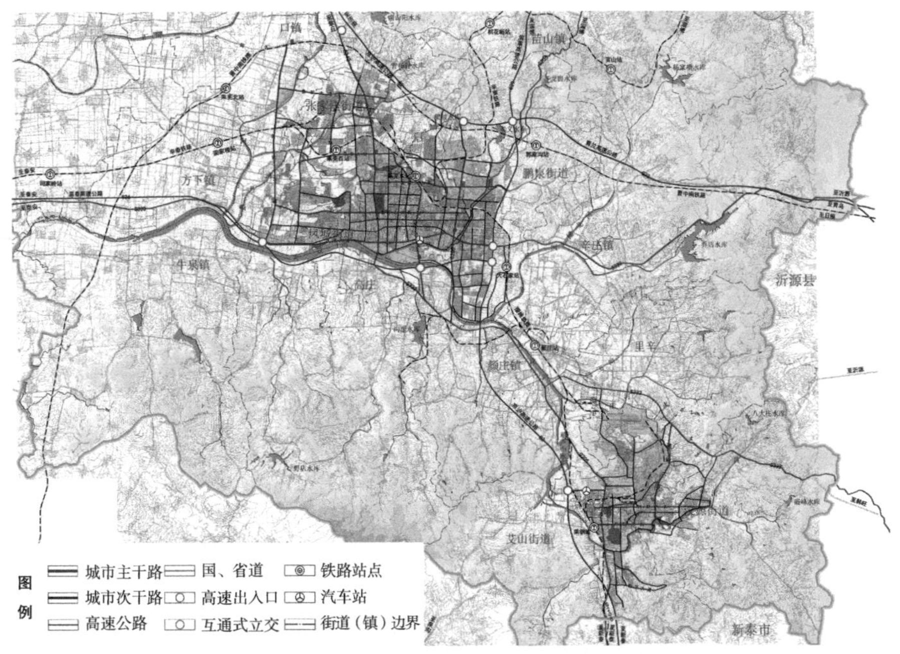

图 5-4-4 莱芜中心城区综合交通现状图
（资料来源：《莱芜市城市总体规划（2014—2030 年）》）

乏外围分流通道；道路网结构不合理，次干、支路网缺乏（图 5-4-4）。

1.1 交通发展目标与战略

交通发展目标：高效、绿色、民生；可达性提高，莱城与钢城之间的出行时耗小于 30 分钟；公交、步行、非机动车交通方式优先发展。

交通发展战略：①实现对外交通与城市交通之间的顺畅衔接。加强对外交通枢纽建设，改善城市各种交通运输方式之间的接驳换乘条件。②构建跨组团骨干交通网络，支撑莱城—钢城双城格局。建立与中心城区规模相适应、功能清晰、层次分明的路网结构。③以快速公交走廊和枢纽建设为重点推进公交优先发展。在中心城区构建快速、常规、城乡公交网络，完善公交场站等基础配套建设。④提升中心城区慢行品质，大力建设连续通达的步行、自行车交通网络，加强与公交体系的便捷接驳，支撑“绿色钢城”目标实现。

1.2 路网骨架结构

骨架路网模式重点实现客货分流、过境交通外引。规划“双城快速走廊＋货运外环”的骨架结构，引导中心城区过境车流绕越，保护核心区生活功能。保障货运外环与高速公路、国省道衔接顺畅，屏蔽货运交通至中心城区以外（图 5-4-5、图 5-4-6）。

1.3 路网规划

城市道路分为快速路、主干路、次干路和支路四个等级。快速路的红线宽度按 50m 控制，构建莱城城区至钢城城区的快速客运轴线。主干路的红线宽度按 30 ~ 60m 控制，莱城城区主干路系统为“六横六纵”，钢城城区主干路系统为“五横五纵”，道路网密度为 1.45km/km^2。次干路的红线宽度按 20 ~ 40m 控制，道路网密度为 1.75km/km^2。支路红线的宽度按 16 ~ 20m 控制。

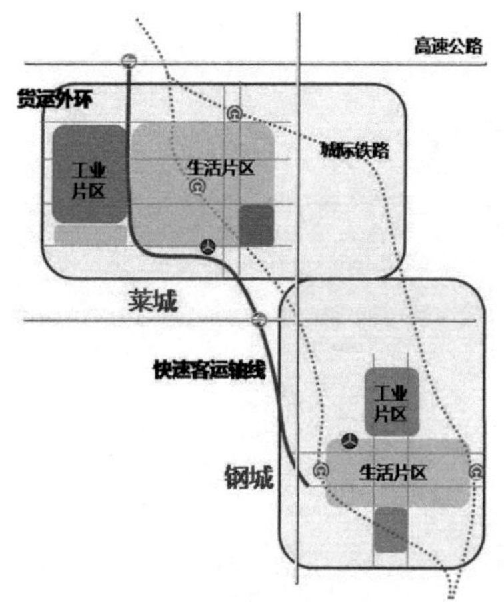

图 5-4-5　莱芜中心城区骨架路网模式图
（资料来源：《莱芜市城市总体规划（2014—2030 年）》）

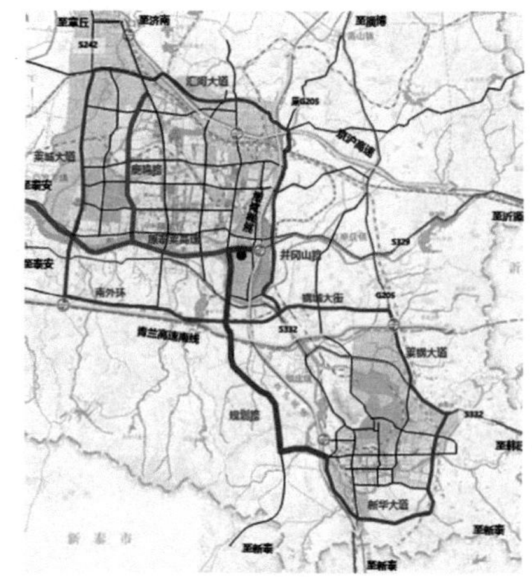

图 5-4-6　莱芜中心城区骨架交通体系图
（资料来源：《莱芜市城市总体规划（2014—2030 年）》）

1.4　公共交通规划

现状公共交通总体发展水平较低。规划实施公交优先发展战略，规划期末全市机动化出行中公交分担率达到 30%。以常规公交为主体、快速公共交通系统为骨干、出租车为补充，城乡公交统筹发展。中心城区规划 6 个公交枢纽、9 个公交车场（图 5–4–7）。

1.5　慢行系统规划

规划期末力争步行及非机动车出行比例维持在 50% 以上。在完善城市路网的慢行交通体系的基础上，充分发挥莱芜绿化面积覆盖高、多条河道贯穿城市的优势，沿牟汶河、孝义河等河流两岸构建绿色滨水生态休闲慢行网络。

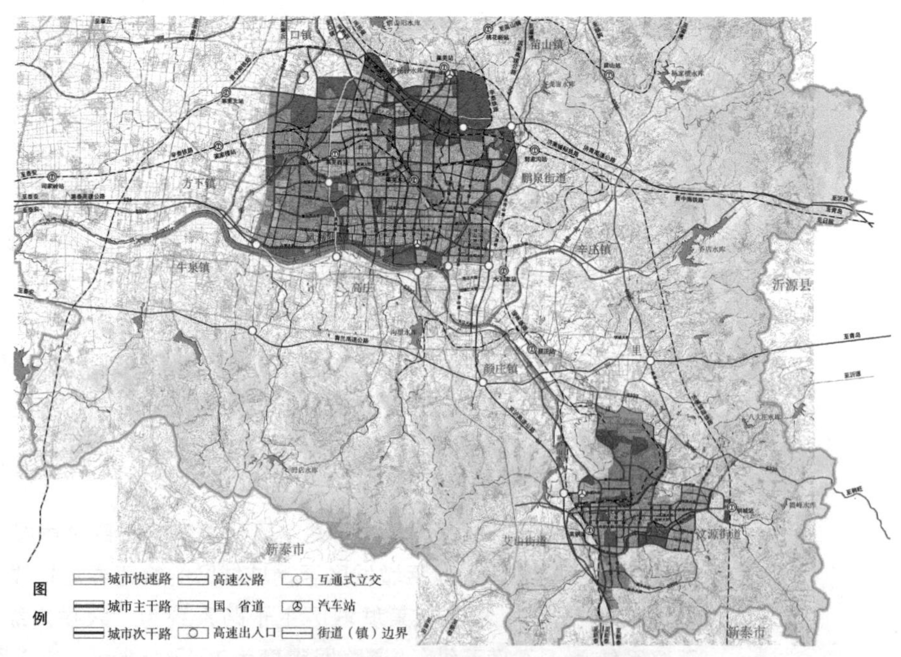

图 5–4–7　莱芜中心城区综合交通规划图
（资料来源：《莱芜市城市总体规划（2014—2030 年）》）

1.6 停车设施规划

采用集中与分散相结合的方式配置停车场，服务半径为 200 ～ 300m。加强旧城改造中公共停车泊位的建设，落实建筑停车配建指标。规划公共停车场总用地 87hm^2。

2. 莱芜市中心城区市政基础设施规划

2.1 城市给水规划

(1) 现状分析

莱芜市中心城区现状地下水超采严重，工业用水取用水质优良的地下水，不符合优水优用的供水原则；水源地原水污染日趋严重，保护力度不够；管网布局不合理；水厂处理设施老化。

(2) 需水量预测

采用人均指标法与分类用水法两种方法进行预测，最后进行综合分析并给出推荐值。预测莱芜中心城区最高日需水量 37 万立方米／日（不含大型工业企业用水）。

(3) 供水设施规划

中心城区范围内实施区域统筹供水。莱城城区保留一水厂、三水厂、龙兴水厂，扩建城源水厂；结合污水处理厂建设再生水厂。莱城城区总供水能力达到 29.4 万立方米／日。钢城城区保留双泉水厂、丈八丘、付家桥水源地；结合金水河水库，新建钢城城区水厂；建设再生水厂；钢城城区总供水能力达到 8.5 万立方米／日（图 5–4–8、图 5–4–9）。

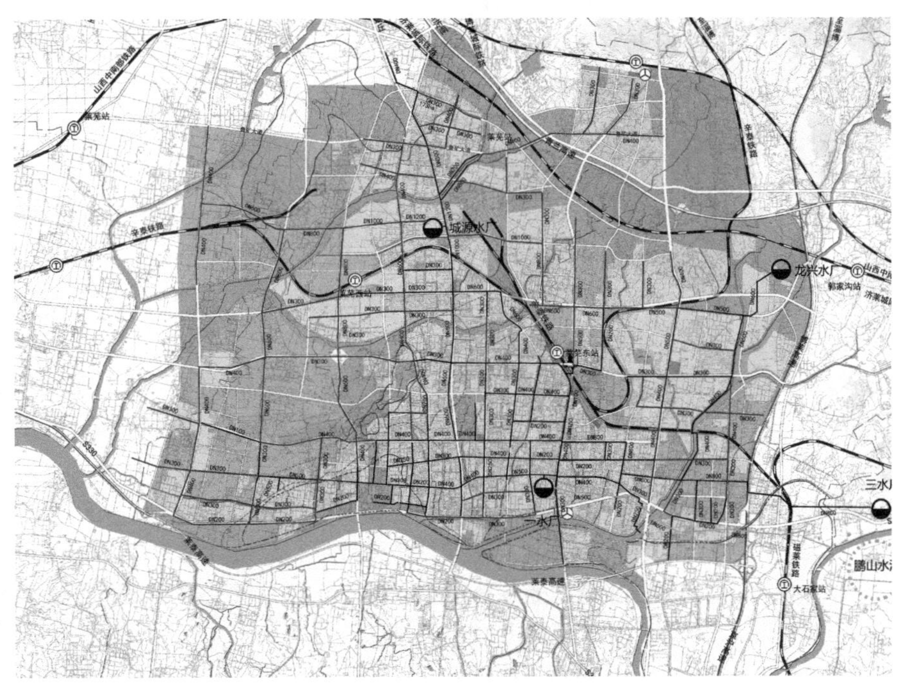

图 5–4–8 莱城城区给水工程规划图

（资料来源：《莱芜市城市总体规划（2014—2030 年）》）

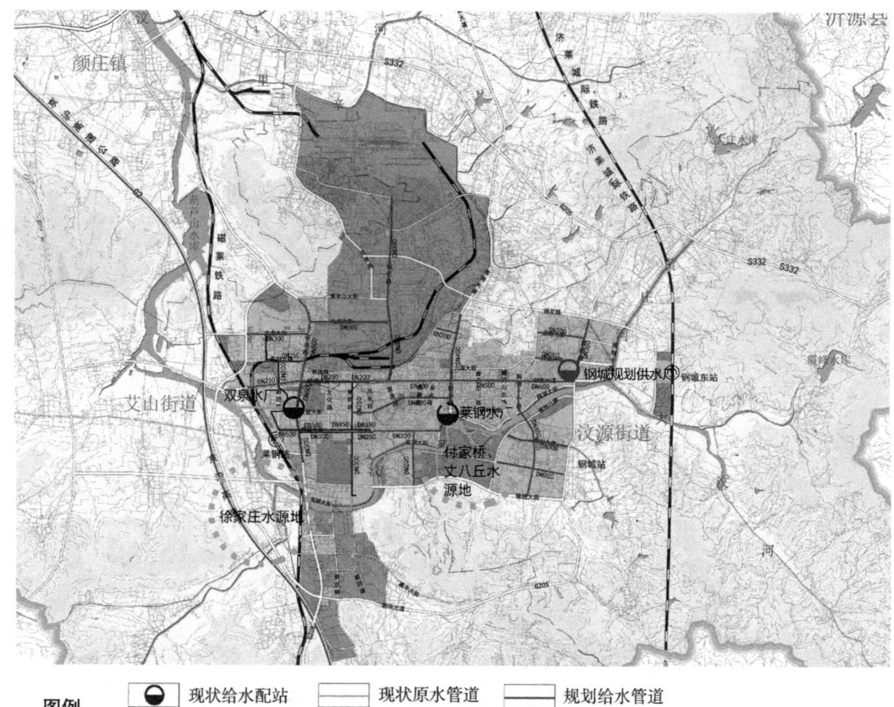

图 5-4-9　钢城城区给水工程规划图

（资料来源：《莱芜市城市总体规划（2014—2030 年）》）

（4）供水管网规划

规划采用环状管网供水系统，在布置供水管网时，充分利用现有供水管道，部分管道根据规划逐步进行改造，同时兼顾分期建设的可能性。

2.2　城市排水规划

（1）现状分析

现状污水处理厂建设不完善，中水回用使用率低，污水管网不成系统。

（2）排水体制

规划排水体制为雨、污分流制。

（3）污水量预测

至规划期末，中心城区污水收集处理率 100%；中心城区城市日污水量 21.5 万立方米 / 日；莱钢集团、泰钢集团、莱城电厂三家工业企业的污水排放量为 6.36 万立方米 / 日。

（4）污水设施与污水系统规划

中心城区规划 5 处污水处理厂，总处理量为 29 万立方米 / 日。根据地形及污水处理厂布局将中心城区划分为 17 个污水分区，其中莱城城区 13 个，钢城城区 4 个（图 5-4-10、图 5-4-11）。

（5）雨水系统规划

按照雨污分流和雨水就地利用、就近排放的原则，建成高标准的城市雨水系统，确保排水顺畅。中心城区一般地段排雨标准为 2 年一遇；城市重点地区、地势低洼区、重要道路交叉口和立交桥雨水排除设施的排雨标准为 3 ～ 5 年一

图例
现状污水处理厂　现状污水管道　规划污水管道　D400 管径及走向
规划污水处理厂　改错污水管道　污水系统分区

图 5-4-10　莱城城区污水工程规划图
（资料来源：《莱芜市城市总体规划（2014—2030 年）》）

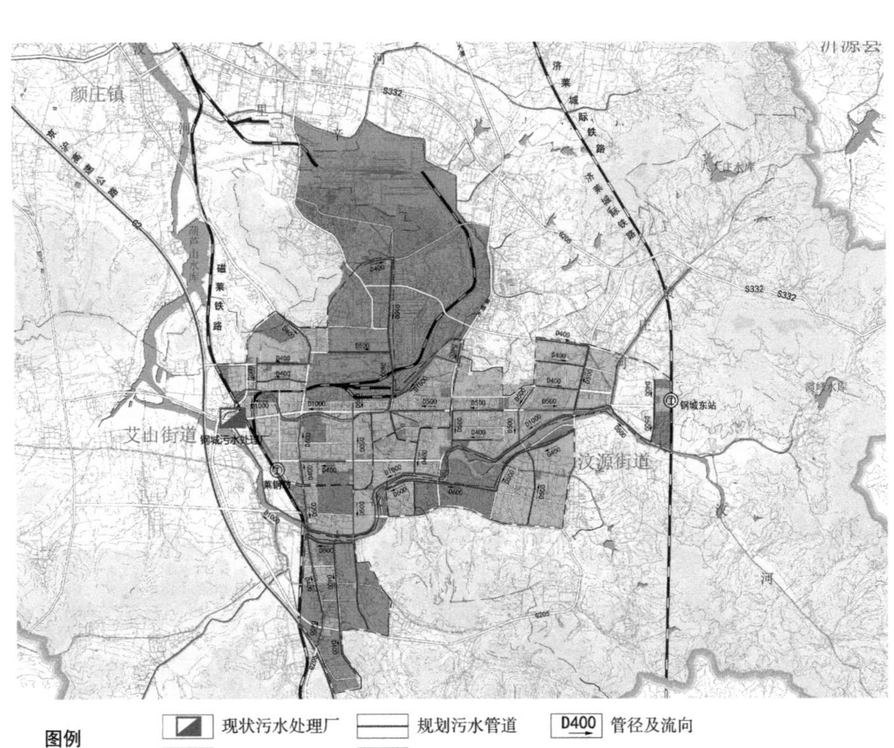

图例
现状污水处理厂　规划污水管道　D400 管径及流向
现状污水管线　污水系统分区边界

图 5-4-11　钢城城区污水工程规划图
（资料来源：《莱芜市城市总体规划（2014—2030 年）》）

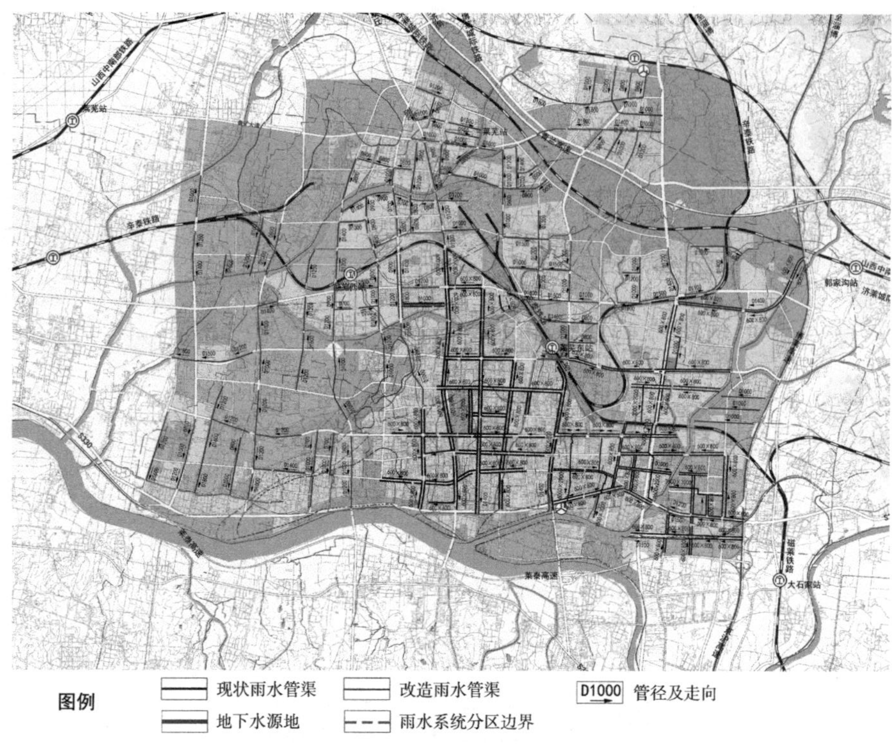

图 5-4-12　莱城城区雨水工程规划图
（资料来源：《莱芜市城市总体规划（2014—2030 年）》）

遇。依据不同的地形特点，按照雨水就近分散排入河流水系的原则，将中心城区划分为 23 个雨水分区（图 5—4—12、图 5—4—13）。

2.3　城市供电规划

（1）现状分析

供电工程存在的主要问题是：主网发展不均衡，电源支撑能力不足，配网供电能力不足，配网联络率低。

（2）用电负荷预测

电力预测将莱钢、泰钢用电量单独预测，城镇用电量采用人均用电量指标法预测。至规划期末，中心城区总用电量约 165 亿千瓦时，用电负荷约 2800 兆瓦。

（3）电源规划

华电国际莱城电厂装机容量保持不变，为 1200 兆瓦。华能莱芜电厂新增两台 1000 兆瓦机组，装机容量扩为 2660 兆瓦。

（4）供电设施规划

保留中心城区现状的 6 座 220kV 变电站，对部分电站容量进行增加；同时新增 1 座 220kV 变电站（图 5—4—14、图 5—4—15）。

2.4　城市通信规划

（1）邮政规划

中心城区现有邮政局所 26 处，根据每邮政局所服务半径为 2km，服务人口为 3 万人的标准，新增邮政局所 7 处。

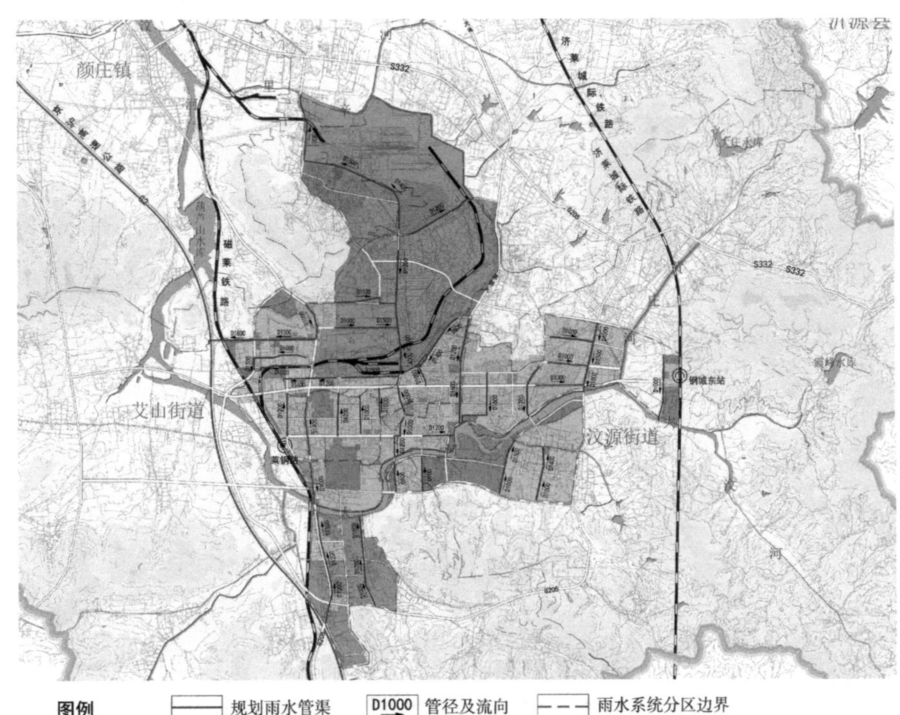

图例 规划雨水管渠 D1000 管径及流向 雨水系统分区边界

图 5-4-13 钢城城区雨水工程规划图

（资料来源：《莱芜市城市总体规划（2014—2030 年）》）

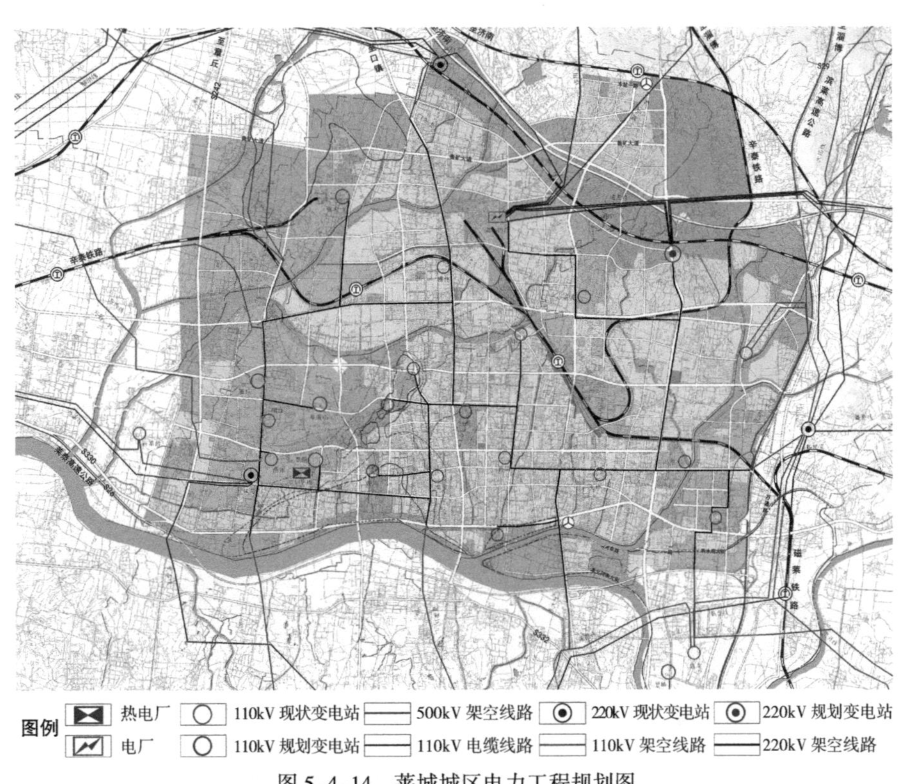

图例 热电厂 110kV 现状变电站 500kV 架空线路 220kV 现状变电站 220kV 规划变电站
电厂 110kV 规划变电站 110kV 电缆线路 110kV 架空线路 220kV 架空线路

图 5-4-14 莱城城区电力工程规划图

（资料来源：《莱芜市城市总体规划（2014—2030 年）》）

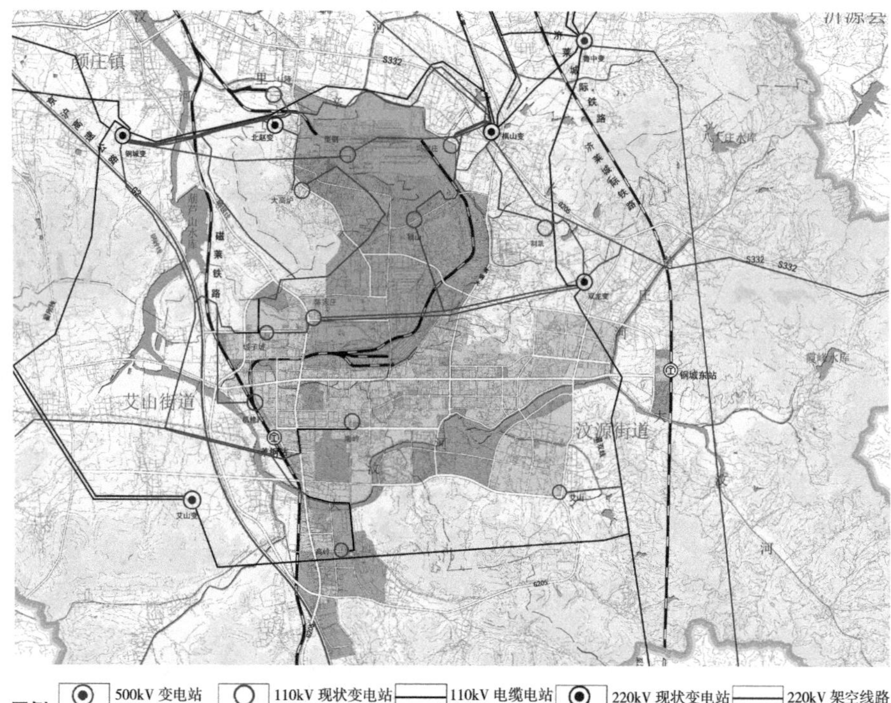

图 5-4-15　钢城城区电力工程规划图
（资料来源：《莱芜市城市总体规划（2014—2030 年）》）

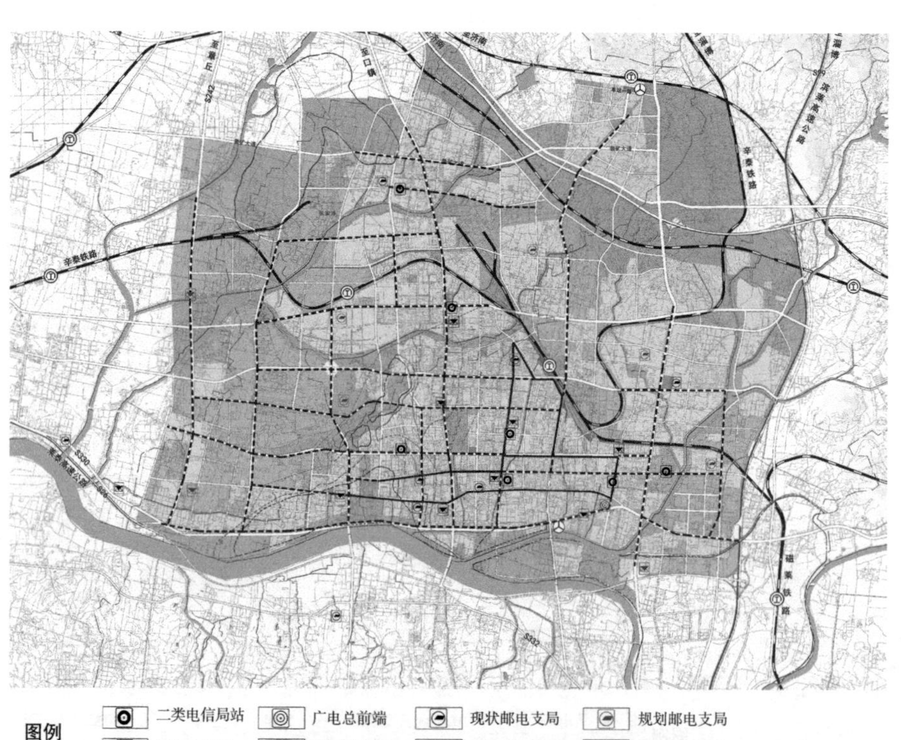

图 5-4-16　莱城城区邮政通信工程规划图
（资料来源：《莱芜市城市总体规划（2014—2030 年）》）

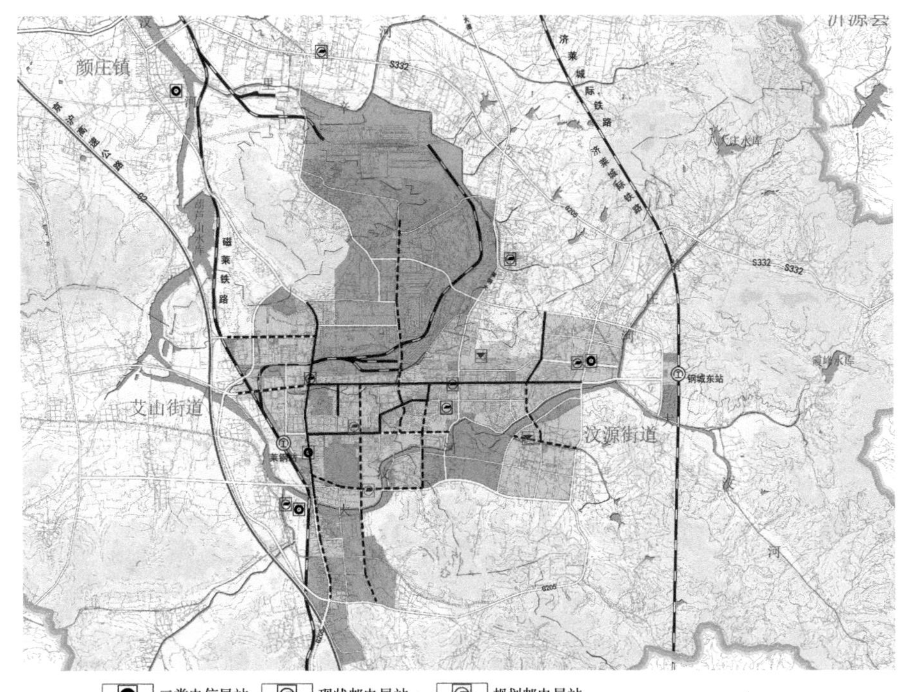

图 5-4-17　钢城城区邮政通信工程规划图
（资料来源：《莱芜市城市总体规划（2014—2030 年）》）

（2）通信设施规划

中心城区电信局站按一类电信局站和二类电信局站二级设置。

（3）广播电视规划

健全各类基站、无线电接收和发射设施，建立完善的无线电覆盖网络（图 5-4-16、图 5-4-17）。

2.5　城市燃气规划

（1）现状分析

燃气供应存在的问题是：天然气能源消费结构不合理，燃气比重偏低；管道供气普及率低，与城市发展要求不适应。

（2）用气量预测

至规划期末，中心城区管道天然气普及率 95%。预测规划期末中心城区天然气用气量约为 3.1 亿立方米。

（3）燃气管网规划

中心城区中压燃气管网尽可能采用环状系统。对中心城区部分燃气管道进行优化改造，同时兼顾分期建设的可能性。莱城城区燃气管网以傅家庄门站和口镇门站为气源，完善城市干道的燃气主干管，对莱城城区西部和北部管网进行规划补充；钢城城区中压燃气管网以石头湾门站为气源，完善城市干道的燃气主干管，对南部和东南部区域的燃气管网进行补充完善（图 5-4-18、图 5-4-19）。

（4）燃气设施规划

中心城区保留现状天然气储配站。中心城区不再保留液化气站。在莱城工

图例
天然气门站
天然气储配站
现状次高压管线
现状中压管线
长输管线
规划次高压管线
规划中压管线
液化气站

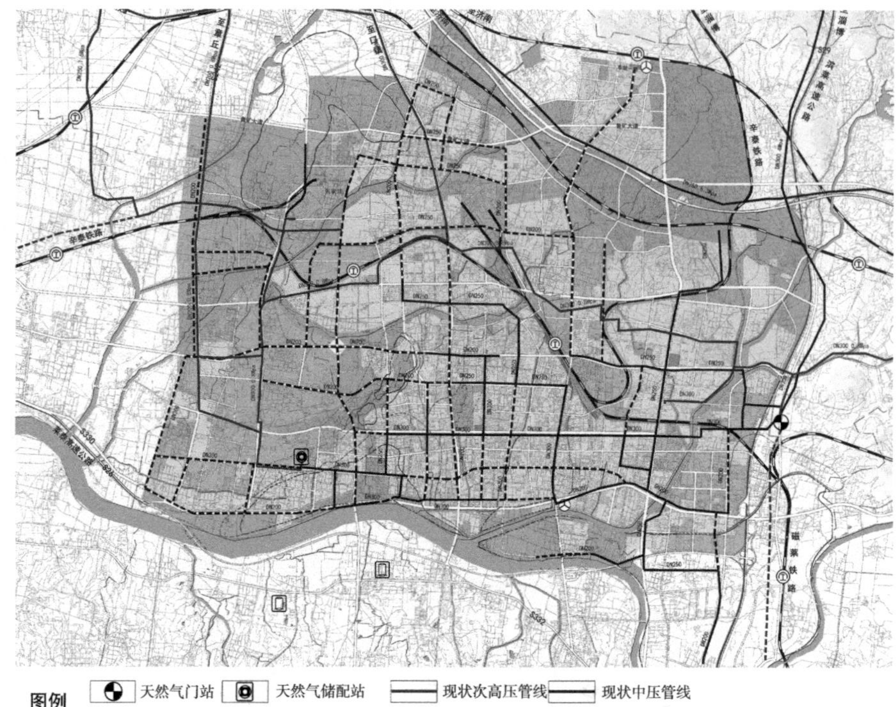

图 5-4-18　莱城城区燃气工程规划图
（资料来源：《莱芜市城市总体规划（2014—2030 年）》）

颜庄镇
艾山街道
汶源街道
S332
图例
天然气调压站
现状次高压管线
现状中压管线
规划次高压管线
规划中压管线
液化气站

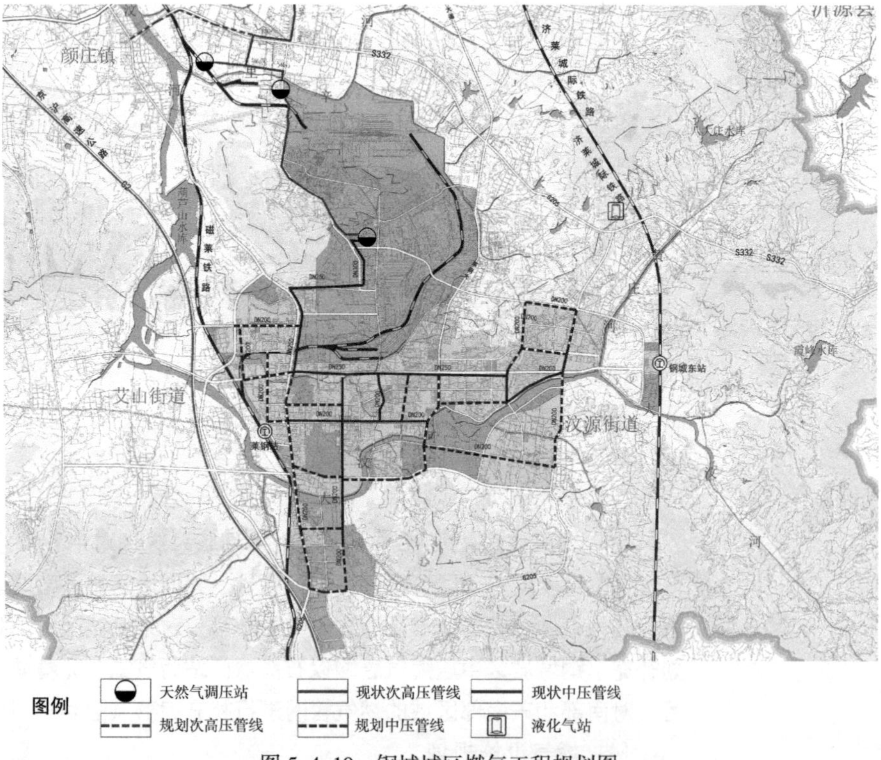

图 5-4-19　钢城城区燃气工程规划图
（资料来源：《莱芜市城市总体规划（2014—2030 年）》）

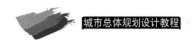

业区门站内规划 150m³LNG 储罐 2 座及配套设施，在石头湾门站规划 100m³LNG 储罐 2 座及配套设施。

2.6　城市供热规划

(1) 现状分析

供热工程存在的问题是：大型电厂供热能力没有得到发挥；供需矛盾突出，集中供热热源严重滞后。

(2) 热负荷预测

至规划期末，中心城区集中供热普及率为 75%，规划采暖热指标为 35 瓦／平方米；预测中心城区城市采暖负荷为 1785 兆瓦，工业蒸汽需求量约为 110 吨／时。

(3) 供热设施规划

主力热源为莱城电厂和莱芜电厂，辅助热源为泰钢热电厂和莱钢热电厂。拆除开发区锅炉房，通过高温水管网，将莱城城区、钢城城区联网，实现大集中供热。逐步取消小热电、小锅炉，推进泰钢及莱钢工业余热利用供热改造，促进节能减排。

(4) 热网规划

中心城区供热管网采用枝状分布，充分利用现有供热管道，并对部分现状管道进行升级改造，同时兼顾分期建设的可能性。莱城城区供热系统以莱芜电厂、莱城电厂和泰钢热电为热源，钢城城区以莱钢热电厂作为热源，逐步完善供热主干线（图 5–4–20、图 5–4–21）。

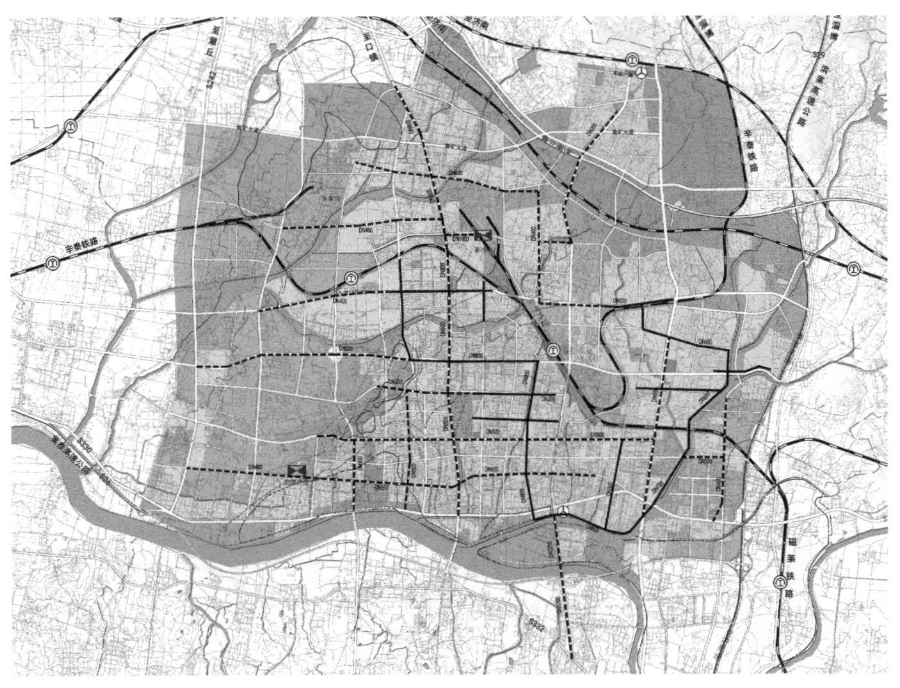

图 5-4-20　莱城城区供热工程规划图
（资料来源：《莱芜市城市总体规划（2014—2030 年）》）

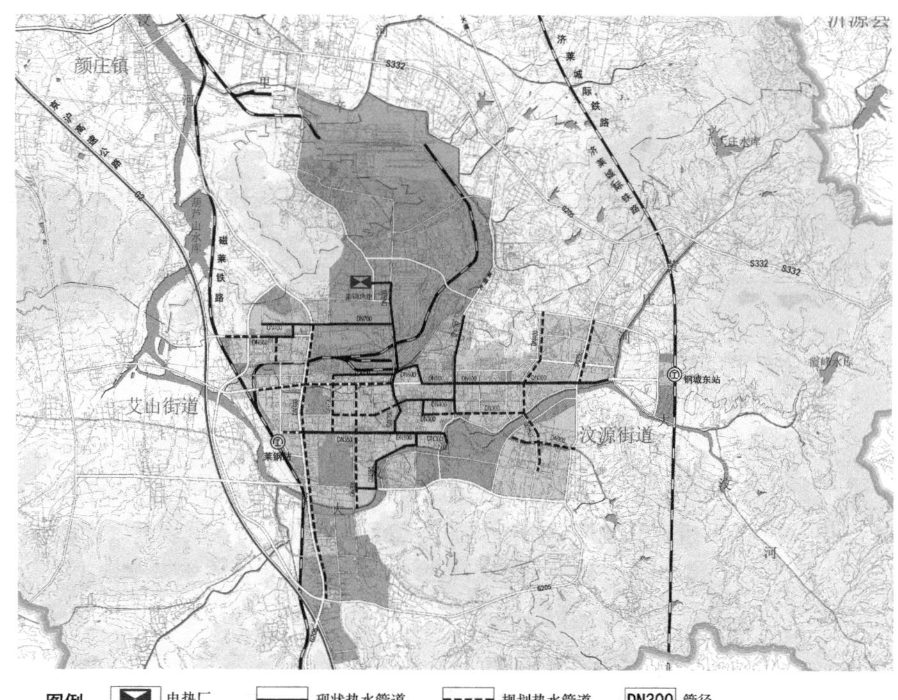

图 5-4-21　钢城城区供热工程规划图
（资料来源：《莱芜市城市总体规划（2014—2030 年）》）

3. 莱芜市中心城区近期建设规划

根据莱芜市当前存在的综合环境较差、城市基础设施滞后、城中村数量多等问题和矛盾，近期建设规划提出盘活和优化现有土地存量，转型和跨越并举的发展战略。明确近期建设发展重点内容，并分类列出近期建设的项目库，落实各建设项目的位置、规模、时序等。

3.1　近期规模

规划 2020 年，莱芜市中心城区人口规模达到 70 万人，城市建设用地 99.3km^2。其中莱城城区人口 54.6 万人，用地规模 79.3km^2；钢城人口 15.4 万人，用地规模 20.0km^2。

3.2　发展重点

莱城区近期用地拓展以西向为主。重点改造长勺路以西、汶源大街以南的城中村，西内环两侧工业用地适当增加。采空塌陷区内的公共服务设施近期搬迁，其他用地或不符合建设要求的，逐步引导改造或搬迁。西部的高新区用地拓展主要集中在龙潭大街以北、香山路以西的地区，逐步引导凤凰路以西、磁莱铁路以南的工业用地更新，孝义河以南采空塌陷区内的工业企业逐步搬迁。张家洼重点发展长勺路两侧，嘶马河以北的地区，莱城大道西侧近期规划建设莱城钢铁物流园区。

钢城区近期重点发展新兴路以东，大汶河两岸的区域，南部工业用地适当增加。

3.3 重点内容

(1) 城中村改造。近期以消化存量住房为主，居住用地少量增加。针对老城区的发展状况，调整用地布局，逐步推进城中村改造，改善居住生活条件与旧区面貌。规划近期改造城中村39个，更新方式原则上以原地实物安置为主。

(2) 公共服务设施。主要包括：汶阳大街南、英雄路西行政办公用地改为教育科研用地，用于学校扩建；加强原有文化设施维护和管理，新建剧院及市老年活动中心，莱城城区新建区级文化设施1处;努力完善教育设施，高质量、高标准地普及九年义务教育；莱城区新建全民健身中心五人制足球场、市游泳馆、市体校公共体育场及凤城足球场，口镇新建莱城区级体育场、区级全民健身中心，钢城新建区级体育场、区级全民健身中心；近期每千常住人口医疗卫生机构床位数达到5.6张，其中，医院床位数4.4张／千人；莱城城区扩建凤城街道敬老院和张家洼街道敬老院，迁建鹏泉街道敬老院；钢城新建怡心老年养护院及汶源街道敬老院。

(3) 工业用地。近期主要工业用地建设以莱城城区西部工业片区南区和钢城南部工业区为主。强调集中、集约式开发的同时，加强生产服务、管理设施以及基础设施建设，形成较为完善的工业区。加快城区内危险化学品企业、环境污染企业的搬迁改造工作，改善中心城区环境面貌。城区内其他现状工业用地逐步进行更新，莱城区重点更新北坦北路—北坦南路以东、凤凰路（苍龙泉大街—汇源大街段）以西、辛泰铁路以西、鲁矿大道以南、汶河大道以北区域范围内的工业用地；钢城区重点更新磁莱铁路以东、黄新路以西、铁流路—汶源大街以北、府前大街以南区域范围内的工业用地。

(4) 综合交通建设。加强综合交通枢纽建设，近期建设济莱城际客运站，搬迁钢城汽车站至九龙大街。完善城市道路系统的网络结构，提高路网的整体使用效率，引导、支持城市空间的拓展。莱城城区重点建设龙潭大街、长兴路、鹿鸣路、花园路、汶阳大街、汶河大道、凤凰路、嬴牟大街、新兴路等主、次干道；钢城重点建设桃花路、力源大街、磨石山东路等道路。加强公交场站、社会停车场等交通设施建设，结合城市主要客流走廊及道路建设，规划新公交线路填补公交服务盲区，提高常规公交线网覆盖率。

(5) 生态绿化。近期围绕独特的自然山水条件，注意开发建设的强度控制，重点关注生态修复，提升现有公园绿地（如雅鹿山公园、双龙山公园、艾山公园等）品质，增加对滨水空间的利用，充分体现出自然地势造就的河沟特色；增加城市工业区与居住生活区之间、城区内主要河流两侧、铁路及主要道路两侧等防护绿地的建设。

3.4 重点项目

略。如图5-4-22、图5-4-23所示。

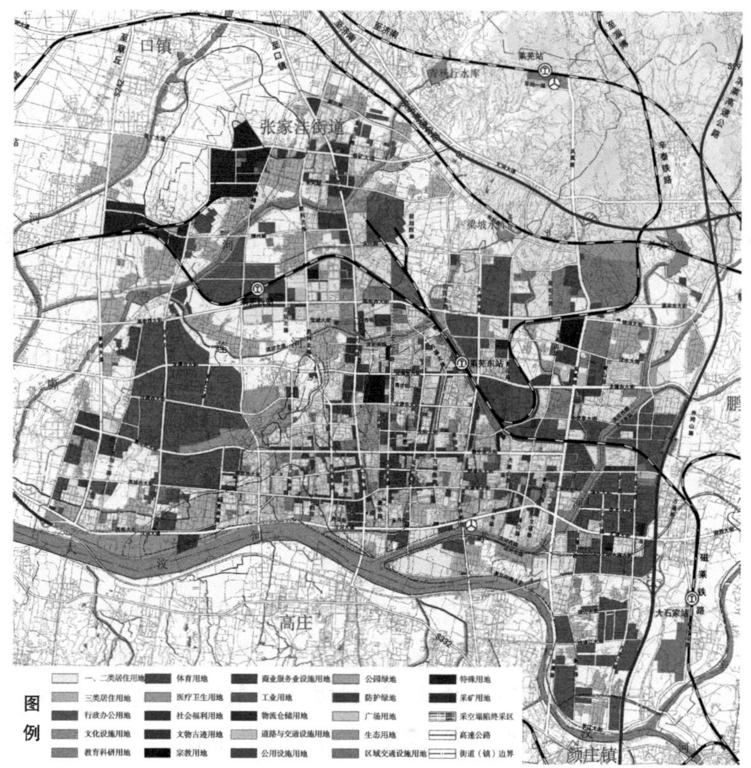

图 5-4-22　莱芜市莱城城区近期建设图

（资料来源 :《莱芜市城市总体规划（2014—2030 年）》）

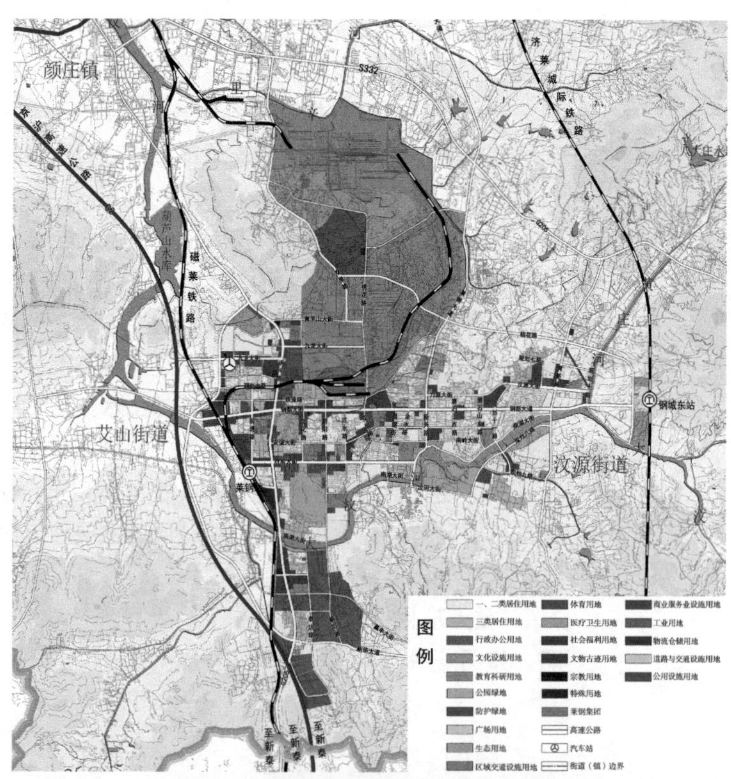

图 5-4-23　莱芜市钢城城区近期建设图

（资料来源 :《莱芜市城市总体规划（2014—2030 年）》）

参考文献

[1] 陈友华，赵民．城市规划概论[M]．上海：上海科学技术出版社，2000.

[2] 建设部城市交通工程技术中心．城市规划资料集第 10 分册　城市交通与城市道路[M]．北京：中国建筑工业出版社，2005.

[3] 中国城市规划设计研究院，沈阳市城市规划设计研究院．城市规划资料集第 11 分册　工程规划[M]．北京：中国建筑工业出版社，2005.

[4] 程茂吉．紧凑城市理论在南京城市总体规划修编中的运用[J]．城市规划，2012，36（02）：43-50.

[5] 戴慎志．城市工程系统规划[M].2 版．北京：中国建筑工业出版社，2008.

[6] 段进．城市空间特色的认知规律与调研分析[J]．现代城市研究，2002（01）：59-62.

[7] 《桂林市城市总体规划（2010—2020 年）》介绍[N]．桂林日报 .2011-12-03（003）.

[8] 黄建中，王新哲．城市道路交通设施规划手册[M]．北京：中国建筑工业出版社，2011.

[9] 济南市规划局．《济南市城市总体规划》（2011—2020 年）批后公示[EB/OL].2016-08-29．http：//www.jnup.gov.cn/zdgh/16381.htm.

[10] 蒋伶，陈定荣．城市总体规划强制性内容实效评估与建议——写在城市总体规划编制审批办法修订之际[J]．规划师，2012，28（11）：40-43.

[11] 莱芜市城市总体规划编制联合课题组．《莱芜市城市总体规划》（2014—2030）[R]．2015.

[12] 赖因博恩，科赫．城市设计构思教程[M]．汤朔宁，郭屹炜，宗轩，译．上海：上海人民美术出版社，2005.

[13] 李亚峰，马学文，王培，等．城市基础设施规划[M]．北京：机械工业出版社，2014.

[14] 马琰，史晓楠．传承城市肌理的西安总体布局研究[A]．中国城市规划学会．多元与包容——2012 中国城市规划年会论文集（12．城市文化）[C]．中国城市规划学会：中国城市规划学会，2012：11.

[15] 栖霞市规划建设局．栖霞市城市总体规划（2003—2020 年）[R].2004.

[16] 齐河县规划建设局．齐河经济开发区先期概念性规划[R].2005.

[17] 任平．时尚与冲突：城市文化结构与功能新论[M]．南京：东南大学出版社 .2000.

[18] 山东建大建筑规划设计研究院．莱芜市杨庄镇总体规划（2013—2030 年）[R].2015.

[19] 宋彦，李超骕．美国规划师的角色与社会职责[J]．规划师．2014，30（09）：5-10.

[20] 孙倩．基于山水城市理念的泰安城市空间营造研究[D]．西安建筑科技大学，2010.

[21] 谭纵波．城市规划[M]．北京：清华大学出版社，2005.

[22] 陶松龄，张尚武．现代城市功能与结构[M]．北京：中国建筑工业出版社，2014.

[23] 王睿．基于情景规划的城市总体规划编制方法研究[D]．华中科技大学，2007.

[24] 王勇．城市总体规划设计课程指导[M]．南京：东南大学出版社，2011.

[25] 吴志强，李德华．城市规划原理[M]．4 版．北京：中国建筑工业出版社，2010.

[26] 西安市规划局．《西安城市总体规划》（2008 年—2020 年）[EB/OL]，2010-05-26．http：//www.xaghj.gov.cn/ptl/def/def/index_915_6236_ci_trid_1008953.html.

[27] 徐循初，黄建中．城市道路与交通规划[M]．北京：中国建筑工业出版社，2007.

[28] 杨恢武，郑文辉，刘志成．新时期近期建设规划的特殊定位与工作思路的革新 [J]. 现代城市研究，2013，28（01）：35-38.

[29] 宜宾市城乡规划局，《宜宾市城市总体规划（2013—2020)》[EB/OL]. 2015. http：//www.ybghj.gov.cn/show.aspx?id=1045.

[30] 宜宾晚报，《宜宾市城市总体规划（2013—2020)》系列解读（15）[EB/OL]，2014-10-10，http：//www.ybwb.cn/html/2014/mss_1010/1826.html.

[31] 赵民，陈晨，黄勇，等．基于政治意愿的发展情景和情景规划——以常州西翼地区发展战略研究为例 [J]. 国际城市规划，2014，29（02）：89-97.

[32] 中华人民共和国住房和城乡建设部．城市停车设施规划导则（建城〔2015〕129 号）[S]. 2015.

[33] 重庆市规划局．重庆市城乡规划仓储用地规划导则（试用）[S]. 2008.

[34] 重庆市规划局．重庆市城乡规划工业用地规划导则（试用）[S]. 2007.

[35] 周志菲．基于城市设计的城市空间特色研究 [D]. 西安建筑科技大学，2009.

[36] 朱俊成．城市文化与城市形象塑造研究 [D]. 江西师范大学，2006.

第六章 GIS技术与应用

第一节 ArcGIS 应用基础

GIS（Geographic Information System，地理信息系统）在 20 世纪 60 年代由加拿大测量学家 Roger Tomlinson（1963）首先提出这一术语，其后不同学者从不同角度对 GIS 进行定义。目前，一般采用美国联邦数字地图协调委员对 GIS 的定义："由计算机硬件、软件和不同方法组成的系统，该系统设计用来支持空间数据的采集、管理、处理、分析、建模和显示，以便解决复杂的规划和管理问题"。

当前，GIS 在各个领域都得到广泛应用。尤其是在大数据背景下，GIS 技术在城乡规划中作用越来越明显，它可以在城乡规划的各个阶段发挥重要作用。在城乡规划调研阶段，利用 GIS 对现状的土地利用数据、社会经济数据、交通道路数据、市政设施数据等进行管理；现状分析阶段，可以进行城乡空间演变规律、用地适宜性、交通通达度等分析和评价；规划设计阶段，可以进行城市空间演变模拟、交通网络优化、公共服务设施优化布局等；规划实施阶段，可以进行规划成果的管理等。

ArcGIS Desktop 是美国环境系统研究所公司（Environment System Research InstituteInc.，简称 ESRI）开发的地理信息系统（Geographic Information System，简称 GIS）系列软件，以 Windows 为操作系统平台，桌面交互式操作。ArcMap、ArcCatalog、ArcToolbox、ArcScene 是 ArcGIS Desktop 的主要组成部分。

ArcMap 是 ArcGIS Desktop 中主要的应用程序，用于数据输入、编辑、查询、分析等操作，可以完成地图制图、地图分析和编辑等功能。

1. 启动 ArcMap

执行菜单命令：开始 » 所有程序 » ArcGIS » ArcMap，点击启动该程序，如图 6–1–1 所示。

ArcMap 启动后，会看到 ArcMap 的主界面，主要有三部分组成：①菜单和工具条；②内容列表；③地图窗口，如图 6–1–2 所示。

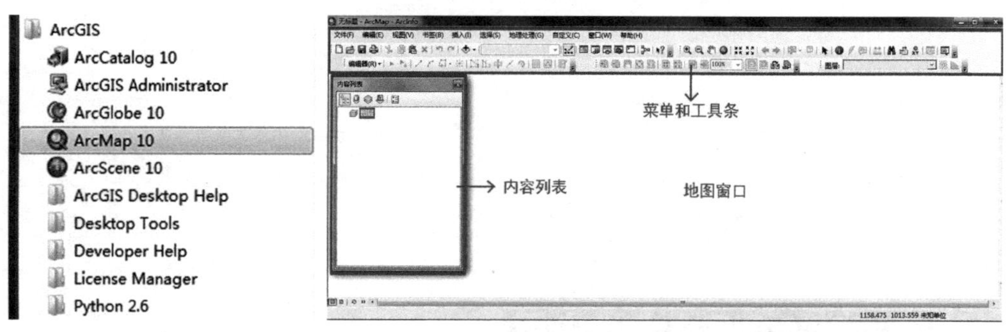

图 6–1–1　启动 ArcMap　　　图 6–1–2　ArcMap 的主界面

2. 基本操作界面

2.1　打开地图文档

执行菜单命令：文件 » 打开，（打开一个地图文档 Map Document），根据提示，在 E:\ 练习数据文件夹下，打开区域分析“.mxd”地图文档，如图 6–1–3 所示。

2.2　专题图层的关闭 / 显示

在左侧内容列表中，可以看到地图文档包括许多专题图层，通过勾选专题图层前的小勾，可以显示或者关闭相关专题图层的内容，如图 6–1–4 所示。

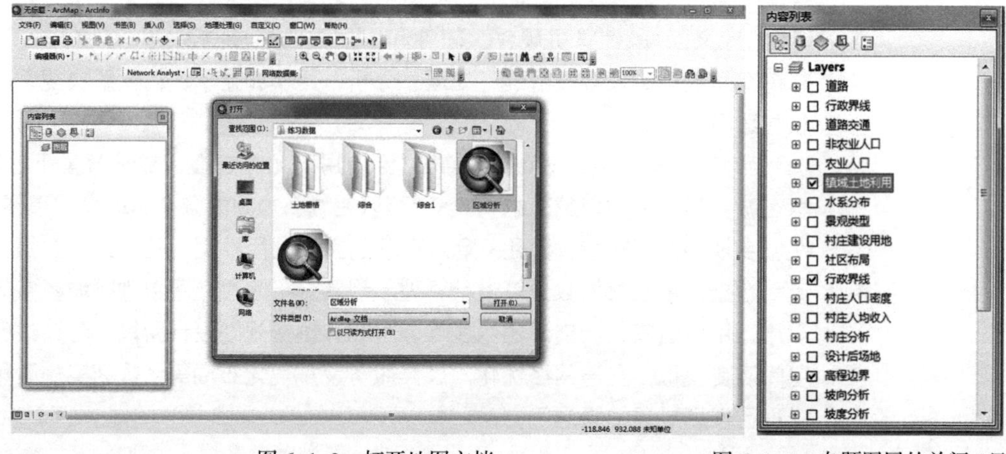

图 6–1–3　打开地图文档　　　图 6–1–4　专题图层的关闭 / 显示

2.3　专题图层的缩放 / 平移

通过工具条上提供的地图浏览工具，可以进行放大、缩小、平移、全图、比例放大的快捷操作。也可以通过鼠标滑轮放大、缩小来浏览地图，如图 6–1–5 所示。

图 6–1–5　专题图层的缩放 / 平移

2.4　专题图层顺序的调整

在左侧内容列表中，点击目标图层，按住左键并拖动，调整目标图层顺序关系。

2.5　数据视图与布局视图的切换

在 ArcMAP 中，数据视图主要用于空间数据的编辑，而布局视图主要用于专题图制作。通过地图窗口左下角的工具条来进行切换，以满足空间数据编辑和专题地图制作，如图 6–1–6 所示。

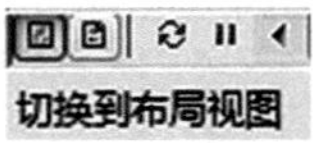

图 6–1–6　数据视图与布局视图的切换

2.6　专题图层数据的加载 / 移除

通过工具条上的数据加载按钮，可以加载矢量数据（".dwg"，"shp" 等）、栅格数据（".Geotif"，"img" 等）、关系表格（".dbf"，"xlsx"）等多种格式数据，如图 6–1–7 所示。

图 6–1–7　专题图层数据的加载

右键单击内容列表相关图层，可以移除相关专题图层数据（图 6–1–8）。

2.7　保存地图文档

执行菜单命令：文件 » 保存，或者通过工具条上的保存按钮，可以对编辑过的地图文档进行保存，如图 6–1–9 所示。

3. 建立 GIS 数据

GIS 的数据来源有地图数据、遥感数据、统计数据和实测数据等多种形式，在实际应用中可以将外源数据通过格式转换成 ArcGIS 常用格式，如 Shapefile、Geodatabase 等格式，也可以根据工作需要自己创建 GIS 数据文件。

3.1　加载数据框

一个地图文档可以包括多个数据框，一个数据框可以包括不同的地图图层。在 ArcMAP 的内容列表中可以插入多个数据框，同时也可以加载数据。

在 ArcMAP 主菜单中单击：插入 » 数据框，在打开的地图文档中加入一个图框，单击可以修改数据框名称，如图 6–1–10 所示。

在工具条中单击添加数据按钮，添加数据。可以根据工作需要加载不同来源不同格式的数据（矢量数据、栅格数据、表数据）。

图 6–1–8　专题图层数据的移除　图 6–1–9　保存地图文档　图 6–1–10　加载数据框

3.2　创建数据

在实际工作中，往往需要我们自己创建 GIS 数据，而目前 ArcGIS 常用的 GIS 数据存放格式有 Shapefile、Coverage、Geodatabase 等。Shapefile 文件是比较老的矢量数据文件，也是使用最广泛的空间数据类型。Geodatabase 地理数据库是 ArcGIS 最新的面向对象的数据模型，是按照一定的模型和规则组合起来的存储空间数据和属性数据的容器。Geodatabase 中的所有图形都代表具体的地理对象。

（1）创建 Shapefile 文件

在 ArcMAP 主菜单中单击［窗口］菜单，在弹出的菜单中选择［目录］，打开目录面板，如图 6–1–11 所示。在［目录］面板中，［文件夹连接］项目下找到工作目录（例如：E:\练习数据），右键单击，在弹出菜单中选择［新建］→[Shapefile]，显示［创建新 Shapefile] 对话框（图），设置［名称］为［河流］，［要素类型］为［折线］，［空间参考］根据数据要求进行选择或者自定义，如果不知道地图投影参数，可以忽略，直接单击［确定］，如图 6–1–12 所示。

在［目录］面板中，右键单击［河流］文件，在弹出的菜单中选择［属性］，可以显示［河流］属性对话框，可以通过不同选项卡来完成［河流］文件的属性定义。如点击［字段］选项卡，可以增加字段名、定义字段数据类型等。

图 6–1–11　打开目录面板

(2) 创建 Geodatabase

Geodatabase 地理数据库有两种类型，一种是文件地理数据库，另一种是个人地理数据库。这两个地理数据区别在于文件地理数据库没数据文件大小限制，可以跨系统多平台使用，而个人地理数据库有数据量限制，只能在 Windows 平台下使用。Geodatabase 依据层次型的数据对象来组织空间数据，这些数据对象包括对象类(Object)、要素数据集(Feature Dataset)、要素类(Feature Class) 等。

在[目录]面板中，[文件夹连接]项目下找到工作目录（例如：E:\练习数据），右键单击，在弹出菜单中选择[新建]→[文件地理数据库]/[个人地理数据库]，创建空的地理数据库，如图 6–1–13 所示。

在[目录]面板中，右键单击[个人地理数据库]，[新建]→[要素数据集]/[要素类]，如图 6–1–14 所示。

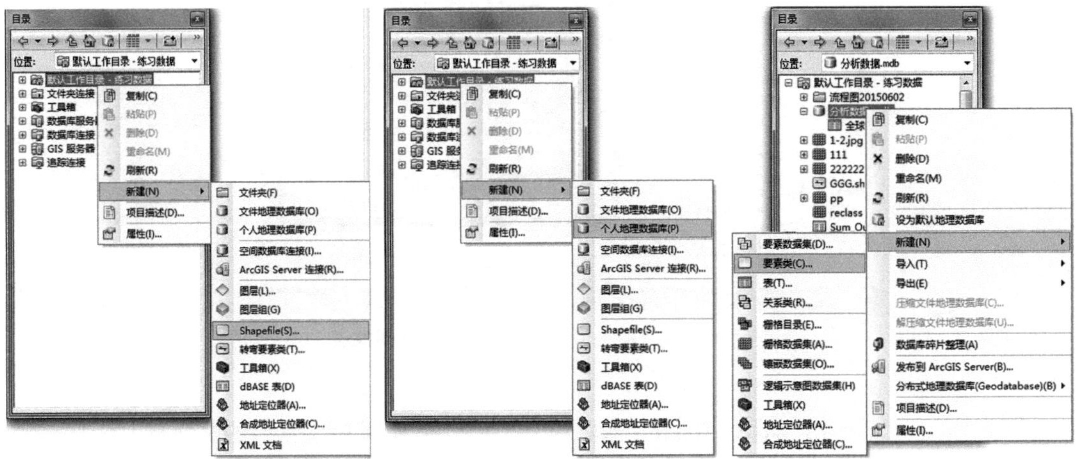

图 6–1–12　创建 Shapefile 文件　　图 6–1–13　创建 Geodatabase　　图 6–1–14　在[个人地理数据库]中建[要素类]

显示[要素类]对话框（图），设置[名称]为[河流]，[要素类型]为[面]，[空间参考]根据数据要求进行选择或者自定义，如果不知道地图投影参数，可以忽略，直接单击[确定]。

4. 属性数据编辑与操作

在地理信息系统中，空间实体的表达通常包括几何数据和属性数据两部分，对属性数据操作也是 GIS 主要功能。

4.1　查看属性数据

通过工具条上的数据加载按钮，加载（E\练习数据\社区分析 .shp）数据，如图 6–1–15 所示。

在[内容列表]中，右键单击[社区分析]图层，在弹出的对话框中，选择[打开属性表]，如图 6–1–16 所示，这时可以查看各个社区的相关属性数据。

4.2　增加或删除属性字段

(1) 在[内容列表]中，右键单击[社区分析]图层，在弹出的对话框中，选择[打开属性表]。

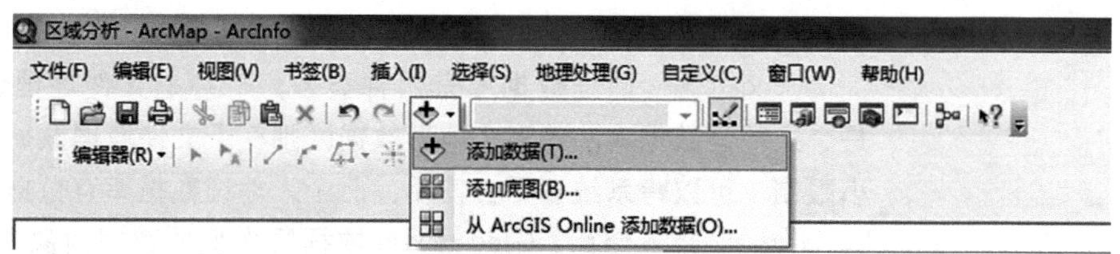

图 6-1-15　数据加载

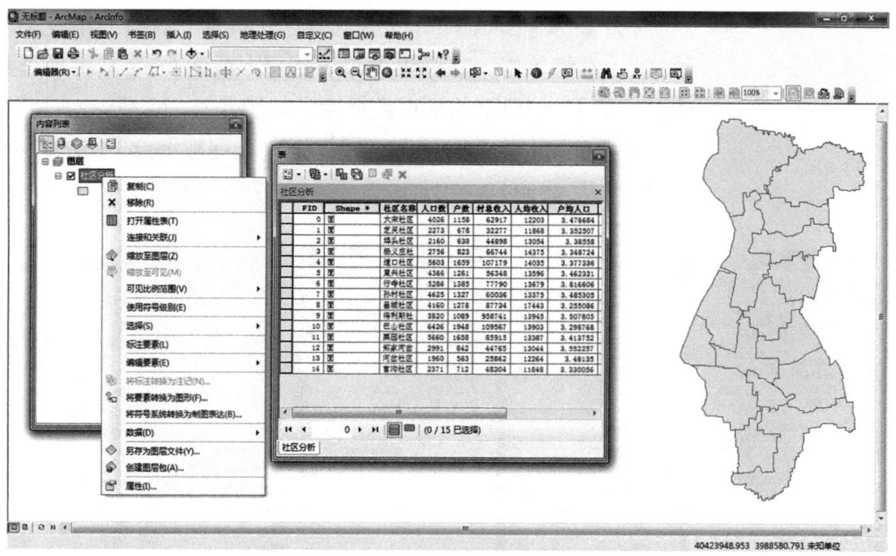

图 6-1-16　打开属性表

(2) 点击[表]中[表选项]下拉菜单，如图 6-1-17 所示，选择[添加字段]选项，打开[添加字段]对话框，然后根据具体需求增加相关属性字段。

(3) 在[表]中，右键单击需要删除的某项属性，在弹出的菜单中选择[删除字段]即可，如图 6-1-18 所示。

图 6-1-17　属性表添加字段　　　　图 6-1-18　属性表删除字段

4.3　编辑属性值

在 ArcGIS 中首先要保证该要素是在可编辑状态下，然后才可以对该要素属性数据值进行编辑。

（1）点击工具条上的[编辑器工具条]按钮，打开[编辑器]工具条。

（2）单击[编辑器]工具条中[编辑器]下拉菜单，选择[开始编辑]选项，则要素属性进入可编辑状态，如图 6–1–19 所示。

（3）双击要素属性[表]中的对应单元格，编辑相关属性值。

（4）属性值编辑完成后，单击[编辑器]工具条中[编辑器]下拉菜单，选择[停止编辑]选项，确定是否保存编辑内容，完成属性值编辑，如图 6–1–20 所示。

图 6–1–19　开始属性要素编辑　　　图 6–1–20　停止属性要素编辑

第二节　场地地形分析

在场地设计中经常要对场地的坡度坡向、场地纵断面、场地填挖量等进行分析。本部分将对相关分析技术进行介绍，以便于在场地规划设计中，更好地掌握场地周边环境。

一、场地的坡度坡向分析

在实际工程中，规划师们常常能获取到的地形数据有栅格 DEM、矢量 CAD 地形图、离散高程点等多种格式地形数据。而在地形分析时，通常采用栅格或者 TIN 格式的数据来处理。本章我们从常见的离散高程点数据来介绍地形分析技术。（注：矢量 CAD 地形图、离散高程点数据常用于空间数据采集阶段，数据精度较高；栅格 DEM、TIN 数据常用于数据分析阶段，便于空间数据表达和赋值运算。）

1. 创建栅格数据

在实际应用中，往往对离散点数据通过插值方法将其转换成栅格数据。目前，常用的插值方法有反距离权重法（Inverse Distance Weighted，IDW）、克里金法、样条函数法等。

在 ArcToolbox 中双击 [Spatial Analyst 工具] → [插值] → [反距离权重法]，打开 [反距离权重法] 对话框，如图 6–2–1 所示。

（1）[反距离权重法] 对话框中，输入 [输入点要素] 数据（E:\ 练习数据 \ 高程点），如图 6–2–2 所示。

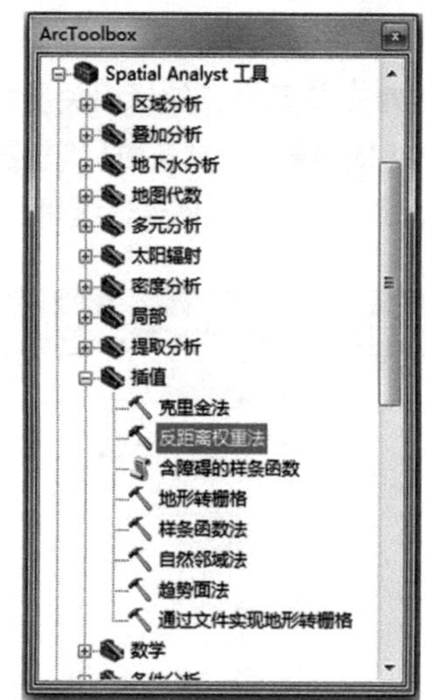

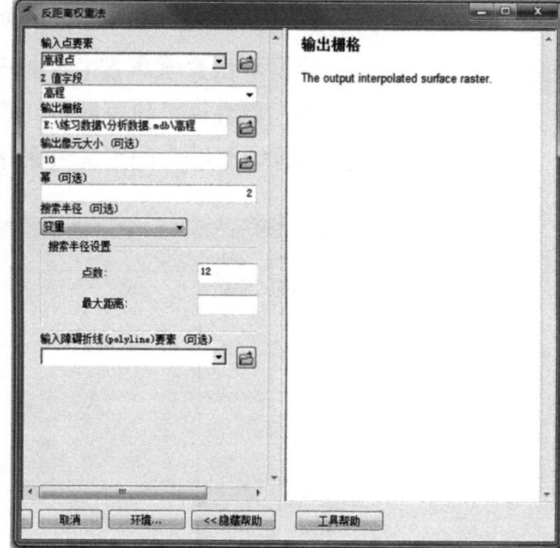

图 6–2–1　[反距离权重法] 插值法　　图 6–2–2　[反距离权重法] 插值法参数设置

（2）输入 [Z 值字段]，选择下拉菜单中的 [高程]。

（3）输入 [输出栅格] 数据（E:\ 练习数据 \ 高程）。

（4）输入 [输出像元大小] 数据，根据数据精度要求输入相应数值。

（5）[幂]，用于控制内插值周围点的显著性。值越大，距离远的点影响越小，一般默认值为 2。

（6）[搜索半径]，分为“变量”和“固定”两个选项。变量：内插计算的样本点个数是固定的，默认为 12；搜索距离是可变的，取决于插值单元周围样本点的密度，密度大，半径小。固定：规定插值时样本点的最少个数和搜索距离。

（7）[输入障碍折线要素]，为输入搜索样本点时用做中断或限制的折线要素。

（8）单击 [确定] 按钮，完成 [反距离权重法] 对话框操作。

2. 创建 TIN 数据

在 ArcToolbox 中双击 [3D Analyst 工具] → [TIN 管理] → [创建 TIN]，打开 [创建 TIN] 对话框，如图 6–2–3 所示。

（1）输入 [输出 TIN] 数据为（E:\ 练习数据 \ 高程分析），如图 6–2–4 所示。

（2）单击 [空间参考] 文本框后的按钮，设置 TIN 空间参考，一般选择默认值即可。

（3）在 [输入要素类] 中，选择（E:\ 练习数据 \ 高程点），该要素类被添加到下方的列表中。在 height_field 字段下选择“高程”，在 SF_type 字段下选择“离散多点”。

（4）单击 [确定] 按钮，生成 TIN。

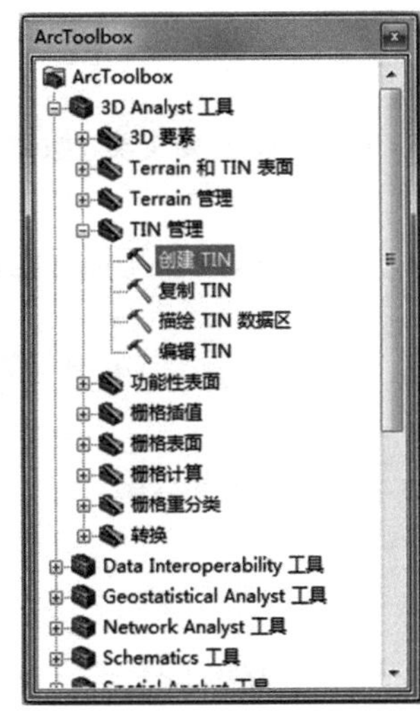

图 6-2-3 创建 TIN 数据

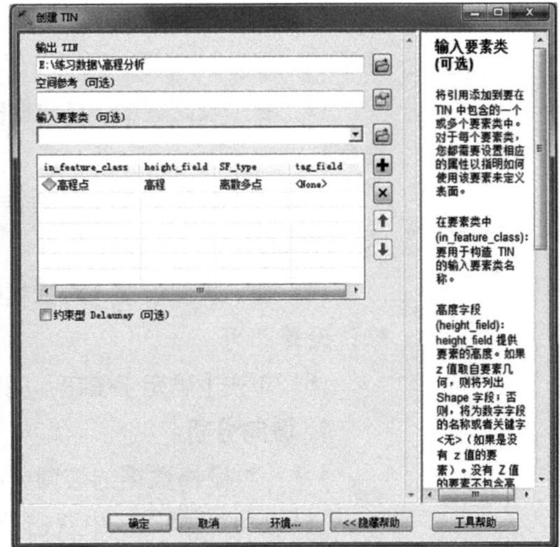

图 6-2-4 TIN 参数设置

3. 坡度分析

3.1 对栅格数据的坡度分析

(1) 在 ArcToolbox 中双击 [Spatial Analyst 工具] → [表面分析] → [坡度]，打开 [坡度] 对话框，如图 6–2–5 所示。

(2) 在 [坡度] 对话框中，输入 [输入栅格] 数据（E:\ 练习数据 \ 高程）。

(3) 在 [坡度] 对话框中，输入 [输出栅格] 数据（E:\ 练习数据 \ 坡度）。

(4) 在 [输出测量单位] 选框中，可以根据需要选择"DEGREE"或"PERCENT_RISE"。

(5) 在 [Z 因子] 对话框中，填默认值为 1。

(6) 单击 [确定] 按钮，完成栅格数据坡度分析。

3.2 对 TIN 数据的坡度分析

在 ArcToolbox 中双击 [3D Analyst 工具] → [Terrain 和 TIN 表面] → [表面坡度]，打开 [表面坡度] 对话框，如图 6–2–6 所示。

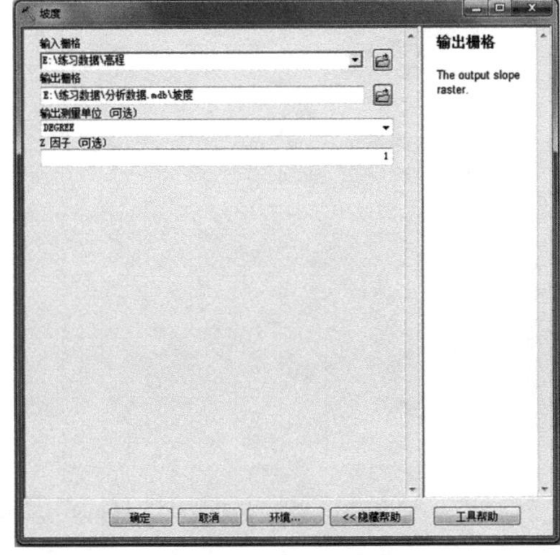

图 6-2-5 坡度分析

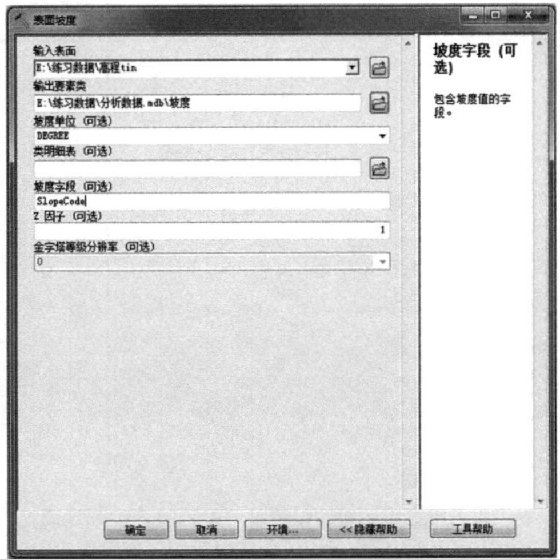

图 6-2-6 TIN 数据的坡度分析

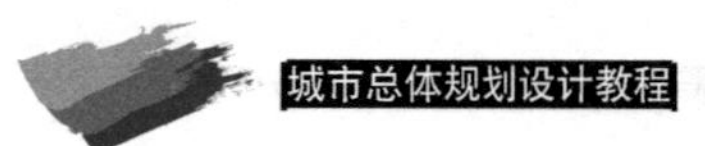

(1) 在 [表面坡度] 对话框中，输入 [输入表面] 数据为（E：\ 练习数据 \ 高程）。

(2) 在 [表面坡度] 对话框中，输入 [输出要素类] 数据为（E：\ 练习数据 \ 坡度）。

(3) 在 [表面坡度] 对话框中，[坡度单位] 可以根据需要选择 “DEGREE” 或 “PERCENT”。

(4) 在 [表面坡度] 对话框中，[类明细表]、[坡度字段] 和 [Z 因子] 采用默认设置即可。

(5) 单击 [确定] 按钮，完成 TIN 数据坡度分析。

4. 坡向分析

4.1　对栅格数据的坡向分析

(1) 在 ArcToolbox 中双击 [Spatial Analyst 工具] → [表面分析] → [坡向]，打开 [坡向] 对话框，如图 6–2–7 所示。

(2) 在 [坡向] 对话框中，输入 [输入栅格] 数据（E：\ 练习数据 \ 高程）。

(3) 在 [坡向] 对话框中，输入 [输出栅格] 数据（E：\ 练习数据 \ 坡向）。

(4) 单击 [确定] 按钮，完成栅格数据坡向分析。

4.2　对 TIN 数据的坡向分析

在 ArcToolbox 中双击 [3D Analyst 工具] → [Terrain 和 TIN 表面] → [表面坡向]，打开 [表面坡向] 对话框，如图 6–2–8 所示。

(1) 在 [表面坡向] 对话框中，输入 [输入表面] 数据为（E：\ 练习数据 \ 高程）。

(2) 在 [表面坡向] 对话框中，输入 [输出要素类] 数据为（E：\ 练习数据 \ 坡向）。

(3) 在 [表面坡度] 对话框中，[类明细表] 和 [坡度字段] 采用默认设置即可。

(4) 单击 [确定] 按钮，完成 TIN 数据坡向分析。

图 6–2–7　栅格数据的坡向分析

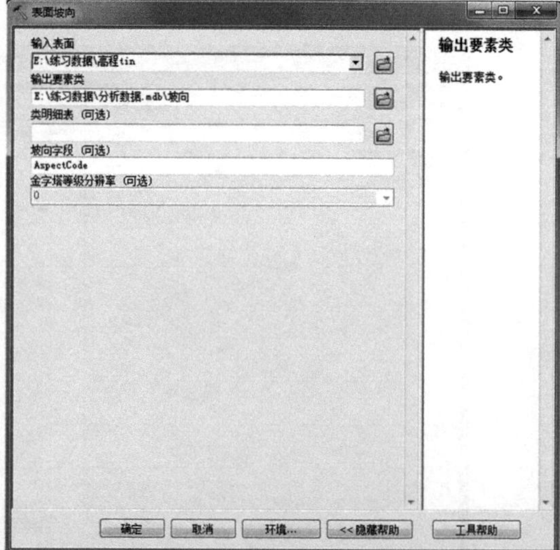

图 6–2–8　TIN 数据的坡向分析

二、场地纵断面分析

在山地丘陵地区的城市规划设计中，需分析给定路线的纵切面断面，以便更好地进行建筑实体空间布局。

1. 直接生成场地剖面图

（1）在任意工具条上单击右键，在弹出的菜单中选择 [3D Analyst]，显示 [3D Analyst] 工具条，如图 6–2–9 所示。

图 6–2–9 [3D Analyst] 工具条

（2）在 [3D Analyst] 工具条中，将 [图层] 设置为 [高程]。

（3）在 [3D Analyst] 工具条中，单击 [线插值] 按钮，根据研究要求画出剖面线的走向，双击结束画线。

（4）在 [3D Analyst] 工具条中，单击 [剖面图] 按钮，完成剖面线生成。如图 6–2–10 所示。

（5）右键单击生成的 [剖面图标题]，在弹出菜单中选择 [高级属性]，可以对剖面图标题进行编辑，实现剖面图的表达。

2. 利用要素类生成剖面图

（1）在 ArcToolbox 中双击 [3D Analyst 工具]→[功能性表面]→[插值 Shape]，打开 [插值 Shape] 对话框，如图 6–2–11 所示。

（2）在 [插值 Shape] 对话框中，输入 [输入表面] 数据为（E：\ 练习数据 \ 高程）。

（3）在 [插值 Shape] 对话框中，输入 [输入要素类] 数据为（E：\ 练习数据 \ 道路）。

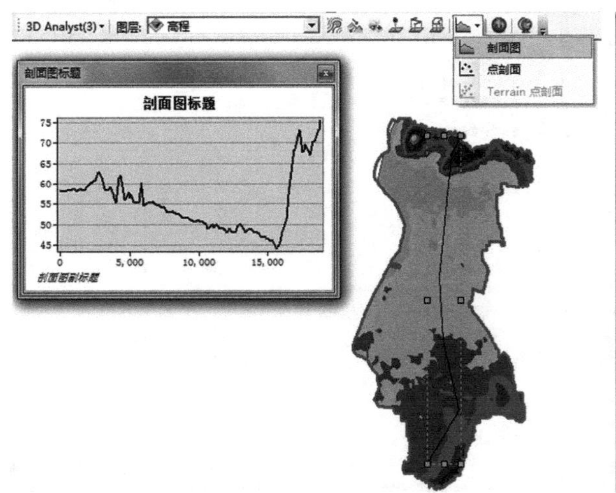

图 6–2–10 剖面线生成

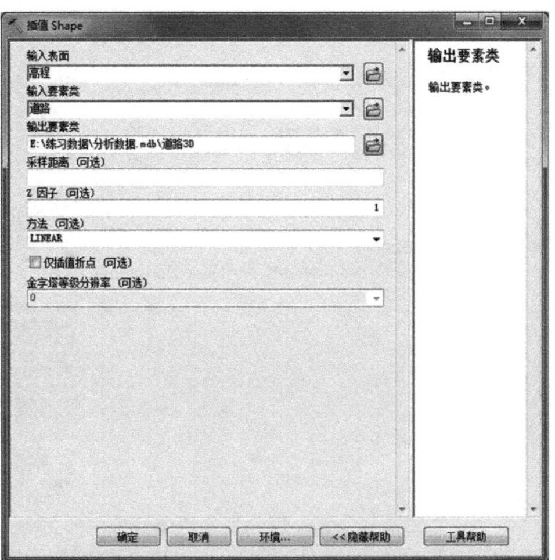

图 6–2–11 利用要素类生成剖面图

（4）在 [插值 Shape] 对话框中，输入 [输出要素类] 数据为（E:\练习数据\道路 3D）。

（5）在 [插值 Shape] 对话框中，[采样距离]、[Z 因子] 和 [方法] 均采用默认设置即可。

（6）单击 [确定] 按钮，完成二维要素类转换成三维。

（7）在 [3D Analyst] 工具条中，单击 [剖面图] 按钮，完成通过要素类生成剖面图。

三、场地填挖成本分析

在场地设计中，经常要计算场地需要移除和填充的面积和体积，以及相应的填挖成本。在 ArcGIS 中，具体操作步骤如下。

1. 创建设计前、设计后场地 TIN

在 ArcToolbox 中双击 [3D Analyst 工具] → [TIN 管理] → [创建 TIN]，打开 [创建 TIN] 对话框，如图 6–2–12 所示。

（1）输入 [输出 TIN] 数据为（E:\练习数据\设计前高程）。

（2）单击 [空间参考] 文本框后的按钮，设置 TIN 空间参考，一般选择默认值即可。

（3）在 [输入要素类] 中，选择（E:\练习数据\设计前等高线），该要素类被添加到下方的列表中。在 height_field 字段下选择“高程”，在 SF_type 字段下选择“离散多点”。

（4）单击 [确定] 按钮，设计前场地 TIN。

（5）同理，按照上述步骤完成设计后场地 TIN。

2. 填挖方计算

在 ArcToolbox 中双击 [3D Analyst 工具] → [Terrain 和 TIN 表面] → [表面差异]，打开 [表面差异] 对话框，如图 6–2–13 所示。

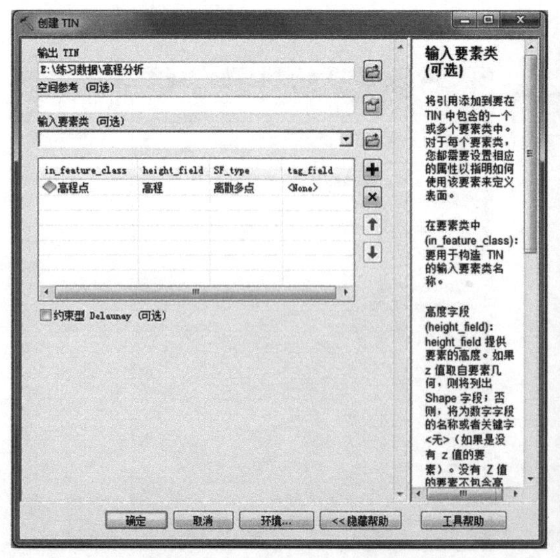

图 6–2–12　创建设计前 TIN

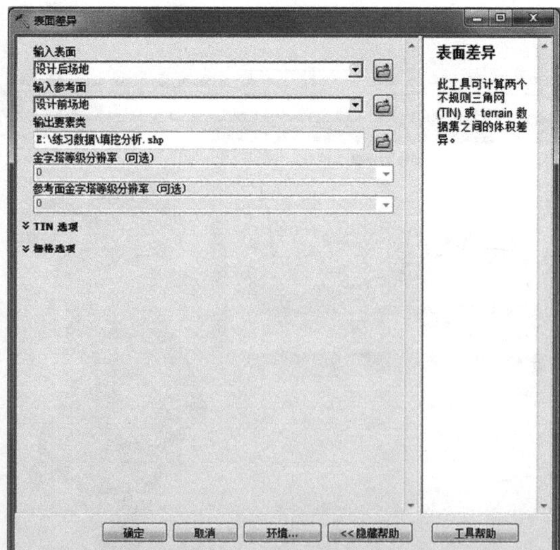

图 6–2–13　表面差异分析

(1) 在[表面差异]对话框中,输入[输入表面]数据为(E:\练习数据\设计后场地)。

(2) 在[表面差异]对话框中,输入[输入参考面]数据为(E:\练习数据\设计前场地)。

(3) 在[表面差异]对话框中,输入[输出要素类]数据为(E:\练习数据\填挖分析.shp)。

(4) 单击[确定],生成矢量要素类。

(5) 打开[填挖分析]要素类的属性表,其中[体积]字段代表不同多边形的填挖量;[SArea]字段代表填挖的表面积;[编码]字段代表填或挖,0值代表没有填挖,1代表填,-1代表挖。

(6) 右键单击[编码]字段,选择弹出菜单中的[汇总],对[体积]求和,生成[填挖量]汇总表,如图6-2-14所示。

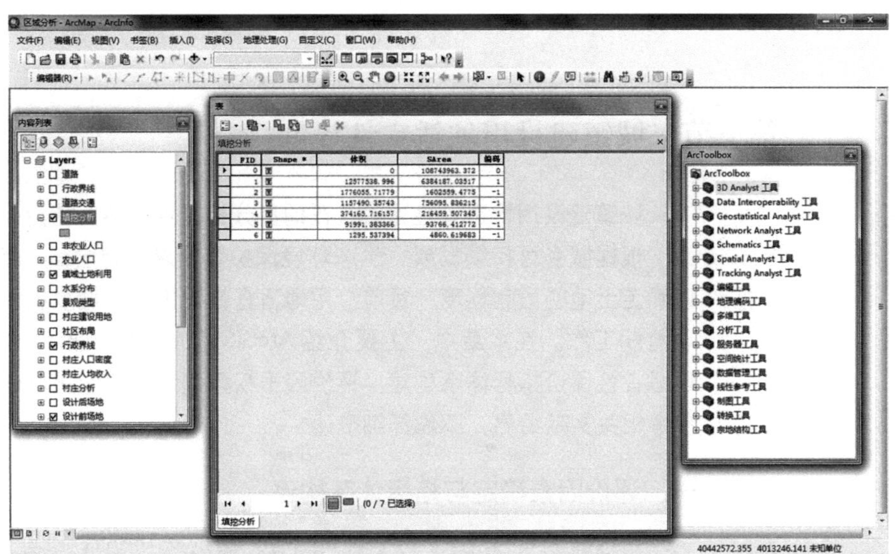

图6-2-14 填挖分析

3. 填挖成本计算

(1) 打开[填挖量]表。

(2) 选择菜单中[添加字段],单击打开[添加字段]对话框,在[名称]中输入[单位成本],[类型]选项选择[双精度],单击[确定]完成[单位成本]字段添加。

(3) 同理,按上述步骤添加[总成本]字段。

(4) 单击工具条中的[编辑器工具条],选择[开始编辑]。在[填挖量]表中分别给填、挖单位成本赋值300、400。

(5) 右键单击[填挖量]表中[总成本]字段,在弹出菜单中打开[字段计算器]对话框,计算[总成本]。双击[字段]中[成本单击],单击运算符"*",再双击[字段]中[Sun_体积],完成[总成本]计算公式。

(6) 单击[确定],完成计算,如图6-2-15所示。

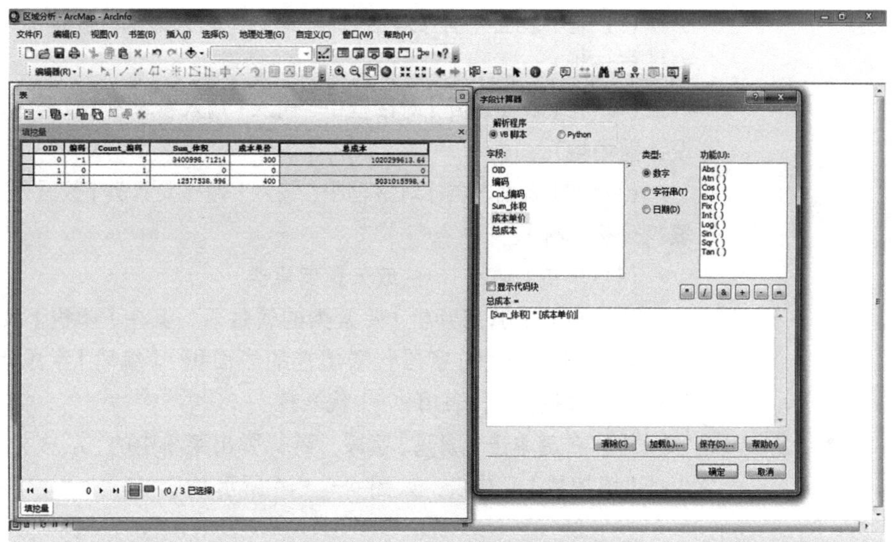

图 6-2-15　填挖成本计算

第三节　城镇建设用地适宜性评价

城镇建设用地适宜性评价是在调查分析城乡自然、社会、经济条件的基础上，根据城乡可持续发展、生态环境保护等要求进行全面、综合的质量评价，以确定土地的适宜程度。目前，用地适宜性评价成为城乡规划设计中重要的一项前期工作。在本章中，主要介绍 ArcGIS 在适宜性评价中的流程，而建设用地适宜性评价指标体系构建、评价因子权重确定和建设用地适宜性评价分级均参考相关文献给出，不作详细赘述。

一、评价因素确定与指标体系构建

根据陈燕飞、杜鹏飞（2006），钮心毅、宋小冬（2007），王海鹰、张新长（2009）等人研究结果，城市建设用地适宜性评价指标体系可以从自然因素、社会、经济因素等方面构建。

二、评价因子权重确定（表 6-3-1）

建设用地适宜性评价因子及权重　　　　表 6-3-1

评价因子	适宜性等级	分类条件	评价分值	权重
河流	很适宜	0 ~ 500m	5	0.20
	适宜	500 ~ 1000m	4	
	较适宜	大于 1000m	3	
坡度	适宜	0 ~ 8°	4	0.25
	较适宜	8° ~ 15°	3	
	不适宜	15° ~ 25°	2	
	很不适宜	大于 25°	1	

续表

评价因子	适宜性等级	分类条件	评价分值	权重
土地利用	很适宜	工矿用地、居民地	5	0.33
	适宜	旱地	4	
	较适宜	草地	3	
	不适宜	林地	2	
	很不适宜	风景名胜、水田、水域	1	
道路交通	很适宜	距国道、省道小于 1km	5	0.22
	适宜	距国道、省道 1 ~ 2km	4	
	较适宜	距国道、省道 2 ~ 3km	3	
	不适宜	距国道、省道 3 ~ 5km	2	

三、建设用地适宜性评价分级

根据建设用地适宜性评价综合得分，将城镇建设用地分为 5 个等级：很适宜、较适宜、基本适宜、不适宜、很不适宜，最后生成城镇建设用地适宜性分布图。在城乡规划设计中要遵循建设用地适宜性分布，确定城市发展目标，城市用地空间布局。

四、建设用地适宜性评价

1. 河流适宜性评价

河流水系对城镇建设用地影响主要根据距离河流远近来加以确定，具体评价标准见表 6–3–2。

河流适宜性评价分值 **表 6–3–2**

评价因子	分类条件	评价分值
河流	0 ~ 500m	5
	500 ~ 1000m	4
	大于 1000m	3

1.1 计算河流的影响范围

在 ArcToolbox 中点击 [分析工具] → [邻域分析] → [多环缓冲区]，打开 [多环缓冲区] 对话框，如图 6–3–1 所示。

(1) 在 [多环缓冲区] 对话框中，输入 [输入要素] 数据为（E：\ 练习数据 \ 水系分布）。

(2) 在 [多环缓冲区] 对话框中，输入 [输出要素类] 数据为（E：\ 练习数据 \ 河流影响范围 .shp）。

(3) 在 [多环缓冲区] 对话框中，设置 [距离] 为 [500]，然后单击添加按钮，500m 缓冲距离被添加。

(4) 同理，按照上面操作，依次设置 1000、2000m 缓冲区距离。

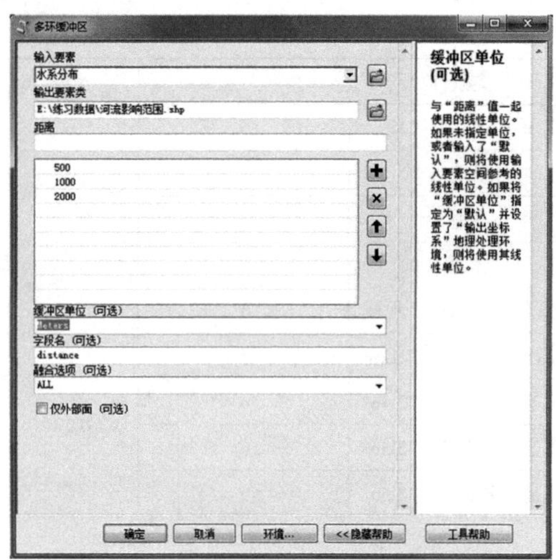

图 6-3-1　河流的影响范围

(5) 设置[缓冲区单位]为[Meters]。

(6) 设置[字段名]为"离河流距离",或者按默认字段名"distance"。

(7) 设置[融合选项]为[ALL]。

(8) 单击[确定]按钮,生产河流缓冲区矢量数据。

1.2　转换成栅格数据

在 ArcToolbox 中双击[转换工具]→[转为栅格]→[要素转栅格],打开[要素转栅格]对话框。

(1) 在[要素转栅格]对话框中,输入[输入要素]数据为(E:\练习数据\河流影响范围.shp)。

(2) 在[要素转栅格]对话框中,[字段]选择[distance]。

(3)在[要素转栅格]对话框中,输入[输出栅格]数据为(E:\练习数据\河流栅格)。

(4) 在[要素转栅格]对话框中,设置[输出像元大小]为[20]。

(5) 单击[确定]按钮,完成栅格数据转换。

1.3　河流适宜性评价分值

在 ArcToolbox 中双击[Spatial Analyst 工具]→[重分类]→[重分类],打开[重分类]对话框。

(1) 在[重分类]对话框中,输入[输入栅格]数据为 (E:\练习数据\河流栅格)。

(2) 在[重分类]对话框中,设置[重分类字段]为[value]。在[重分类]栏中,将旧值[500]、[1000]、[3000]、[NoData]在[新值]中对应修改为[5]、[4]、[3]、[1]。旧值中的[NoData]是指缓冲区以外的区域,为方便计算,将其赋值为 1。

(3) 在[重分类]对话框中,输入[输出栅格]数据为 (E:\练习数据\河流适宜性分值)。

(4)在[重分类]对话框中,单击[确定],生成河流适宜性评价分值图。

2. 坡度适宜性评价

地形坡度对城镇建设用地有重要影响,根据相关规范要求,其具体评价标准见表 6-3-3。

坡度适宜性评价分值　　**表 6-3-3**

评价因子	分类条件	评价分值
坡度	0 ~ 80	4
	8 ~ 150	3
	15 ~ 250	2
	大于 250	1

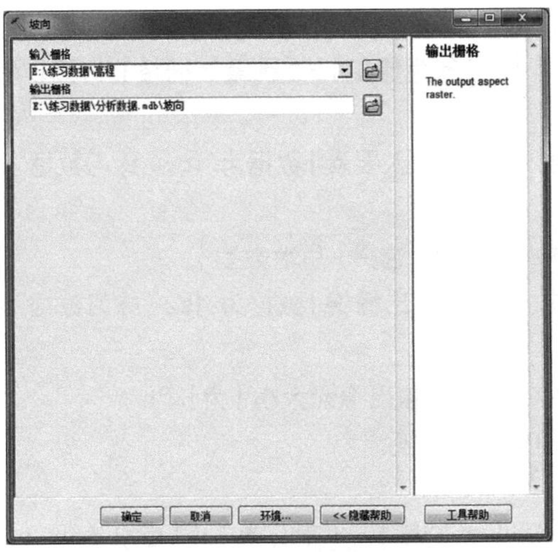

图 6-3-2　提取坡度数据

2.1　栅格数据提取坡度

（1）在 ArcToolbox 中双击 [Spatial Analyst 工具]→[表面分析]→[坡度]，打开 [坡度] 对话框，如图 6-3-2 所示。

（2）在 [坡度] 对话框中，输入 [输入栅格] 数据（E:\练习数据\高程）。

（3）在 [坡度] 对话框中，输入 [输出栅格] 数据（E:\练习数据\坡度）。

（4）在 [输出测量单位] 选框中，选择 "DEGREE"。

（5）在 [Z 因子] 对话框中，填默认值为 1。

（6）单击 [确定] 按钮，完成栅格数据坡度分析。

2.2　坡度适宜性评价分值

在 ArcToolbox 中双击 [Spatial Analyst 工具]→[重分类]→[重分类]，打开 [重分类] 对话框。

（1）在 [重分类] 对话框中，输入 [输入栅格] 数据为（E:\练习数据\坡度）。

（2）在 [重分类] 对话框中，设置 [重分类字段] 为 [value]。

（3）在 [重分类] 对话框中，点击 [分类] 按钮，弹出 [分类] 对话框。

（4）在 [分类] 对话框中，设置 [分类方法] 为 [相等间隔]，设置 [类别] 为 [4]，修改 [中断值] 分别为 [8]、[15]、[25]、[50]。([中断值] 中 [50] 是由坡度最大值确定，一般略大于坡度值。)

（5）单击 [确定] 按钮，返回 [重分类] 对话框。

（6）在 [重分类] 栏中，将旧值 [0–8]、[8–15]、[15–25]、[25–50] 在 [新值] 中对应修改为 [4]、[3]、[2]、[1]。旧值中的 [NoData] 在新值中保持不变。

（7）在 [重分类] 对话框中，输入 [输出栅格] 数据为（E:\练习数据\坡度适宜性分值）。

（8）在 [重分类] 对话框中，单击 [确定]，生成坡度适宜性评价分值图。

3. 土地利用评价

土地利用的方式不同，对城镇建设用地开发有很大限制作用，在适宜性评价中可以采用如下评价标准，见表 6-3-4。

土地利用类型评价分值　　　　**表 6-3-4**

评价因子	分类条件	评价分值
土地利用类型	工矿用地、居民地	5
	旱地	4
	草地	3
	林地	2
	风景名胜、水田、水域	1

3.1 土地利用数据转换成栅格数据

在 ArcToolbox 中双击[转换工具]→[转为栅格]→[要素转栅格],打开[要素转栅格]对话框。

(1) 在[要素转栅格]对话框中,输入[输入要素]数据为(E:\练习数据\土地利用)。

(2) 在[要素转栅格]对话框中,[字段]选择[用地类型]。

(3) 在[要素转栅格]对话框中,输入[输出栅格]数据为(E:\练习数据\土地利用栅格)。

(4) 在[要素转栅格]对话框中,设置[输出像元大小]为[20]。

(5) 单击[确定]按钮,完成栅格数据转换。

3.2 土地利用方式评价分值

在 ArcToolbox 中双击[Spatial Analyst 工具]→[重分类]→[重分类],打开[重分类]对话框。

(1) 在[重分类]对话框中,输入[输入栅格]数据为(E:\练习数据\土地利用栅格)。

(2) 在[重分类]对话框中,设置[重分类字段]为[用地类型]。在[重分类]栏中,将旧值中的[工矿用地]和[居民地]在[新值]设置为[5];旧值中的[旱地]在[新值]设置为[4];旧值中的[草地]在[新值]设置为[3];旧值中的[林地]在[新值]设置为[2];旧值中的[风景名胜]、[水田]和[水域]在[新值]设置为[1]。

(3) 在[重分类]对话框中,输入[输出栅格]数据为(E:\练习数据\土地利用方式评价分值)。

(4) 在[重分类]对话框中,单击[确定],生成土地利用方式评价分值图。

4. 道路交通适宜性评价(表 6-3-5)

道路交通适宜性评价分值 **表 6-3-5**

评价因子	分类条件	评价分值
道路交通	距国道、省道小于 1km	5
	距国道、省道 1 ~ 2km	4
	距国道、省道 2 ~ 3km	3
	距国道、省道 3 ~ 5km	2

4.1 道路交通要素提取

(1) 右键点击内容列表中[道路]图层,在弹出菜单中选择[打开属性表],道路交通要素数据属性表被打开,如图 6-3-3 所示。

(2) 单击[表]对话框中的[表选项]下拉菜单,选择[按属性选择]菜单项,弹出[按属性选择]对话框。

(3) 在[按属性选择]对话框中,设置[方法]选项为[创建新选择内容]。

(4) 在[按属性选择]对话框中,点击上部列表中的[道路类型],同时点击[获取唯一值]按钮,则[道路类型]字段值显示在中间列表框中。

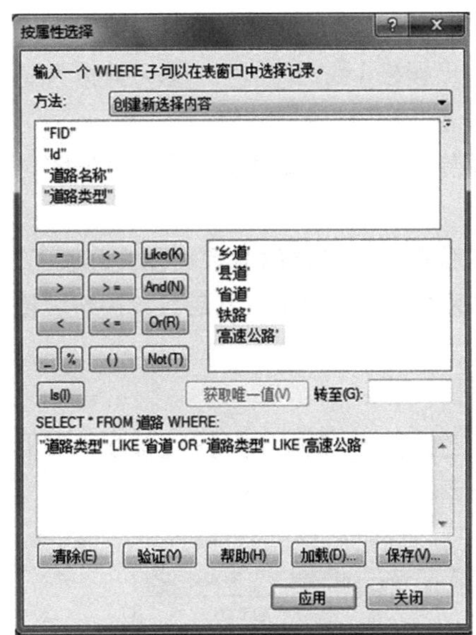

图 6-3-3 道路交通要素提取

(5) 在 [按属性选择] 对话框中，双击上部列表中的 [道路类型]、单击中部的运算符号 [=]、双击中部列表框中的 [省道], 则完成了 [省道] 要素选择公式。同理，可以分别进行 [高速公路]、[铁路] 等要素选择。在分析中，将 [高速公路] 作为国道来处理，因此在要素选择时要去并集。其表达式是:"[道路类型]='省道' Or[道路类型]= '高速公路'"，如图 6—3—3 所示。

(6) 在 [按属性选择] 对话框中，单击 [应用] 按钮，完成要素选择。

4.2 计算道路的影响范围

在 ArcToolbox 中点击 [分析工具] → [邻域分析] → [多环缓冲区]，打开 [多环缓冲区] 对话框。

(1) 在 [多环缓冲区] 对话框中，输入 [输入要素] 数据为 (E:\ 练习数据 \ 道路)。

(2) 在 [多环缓冲区] 对话框中，输入 [输出要素类] 数据为 (E:\ 练习数据 \ 道路缓冲区)。

(3) 在 [多环缓冲区] 对话框中，设置 [距离] 为 [1000]，然后单击添加按钮，1000m 缓冲距离被添加。

(4) 同理，按照上面操作，依次设置 2000、3000、5000m 缓冲区距离。

(5) 设置 [缓冲区单位] 为 [Meters]。

(6) 设置 [字段名] 为 "离道路距离"，或者按默认字段名 "distance"。

(7) 设置 [融合选项] 为 [ALL]。

(8) 单击 [确定] 按钮，生成道路缓冲区矢量数据。

4.3 转换成栅格数据

在 ArcToolbox 中双击 [转换工具] → [转为栅格] → [要素转栅格], 打开 [要素转栅格] 对话框。

(1) 在 [要素转栅格] 对话框中，输入 [输入要素] 数据为 (E:\ 练习数据 \ 道路缓冲区)。

(2) 在 [要素转栅格] 对话框中，[字段] 选择 [distance]。

(3) 在 [要素转栅格] 对话框中，输入 [输出栅格] 数据为 (E:\ 练习数据 \ 道路栅格)。

(4) 在 [要素转栅格] 对话框中，设置 [输出像元大小] 为 [20]。

(5) 单击 [确定] 按钮，完成栅格数据转换。

4.4 道路适宜性评价分值

在 ArcToolbox 中双击 [Spatial Analyst 工具] → [重分类] → [重分类]，打开 [重分类] 对话框。

(1) 在 [重分类] 对话框中，输入 [输入栅格] 数据为 (E:\ 练习数据 \ 道路栅格)。

(2) 在 [重分类] 对话框中, 设置 [重分类字段] 为 [value]。在 [重分类] 栏中，将旧值 [1000]、[2000]、[3000]、[5000] 在 [新值] 中对应修改为 [5]、[4]、[3]、

[2]。旧值中的[NoData]是指缓冲区以外的区域，为方便计算，将其赋值为1。

（3）在[重分类]对话框中，输入[输出栅格]数据为（E:\练习数据\道路适宜性分值）。

（4）在[重分类]对话框中，单击[确定]，生成道路适宜性评价分值图。

5. 城镇建设用地适宜性评级

通过对单因子建设用地适宜性评价，分别得到各自的适宜性评价分值图，由此可以利用多因子加权分析，得到研究区域综合评价图，然后可以进行城镇建设用地适宜性分级评价图。

5.1　多因子加权分析

在ArcToolbox中双击[Spatial Analyst工具]→[叠加分析]→[加权总和]，打开[加权总和]对话框，如图6-3-4所示。

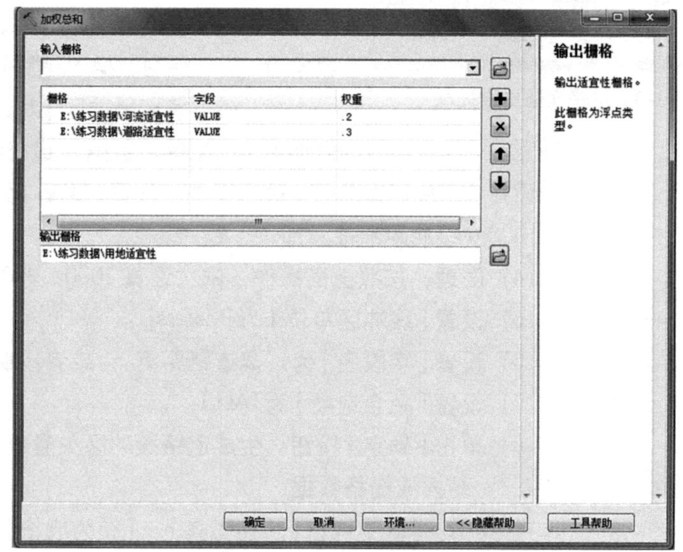

图6-3-4　多因子加权分析

（1）在[加权总和]对话框中，依次为[输入栅格]添加数据（E:\练习数据\河流适宜性评价分值图、坡度适宜性评价分值图、土地利用方式评价分值图和道路适宜性评价分值图）。

（2）在[加权总和]对话框中，设置栅格文件[字段]为[VALUE]；设置[河流适宜性评价分值图]的[权重]为[0.2]、[坡度适宜性评价分值图]的[权重]为[0.25]、[土地利用方式评价分值图]的[权重]为[0.33]和[道路适宜性评价分值图]的[权重]为[0.22]。

（3）在[加权总和]对话框中，输入[输出栅格]数据为（E:\练习数据\建设用地适宜性评价）。

（4）在[加权总和]对话框中，单击[确定]按钮，完成多因子加权总和。

5.2　城镇建设用地适宜性等级划分

根据相关规范和研究结果，可以将建设用地适宜性等级划分为5个等级，见表6-3-6。

城镇建设用地适宜性等级划分　　表 6-3-6

评级分值	适宜性类别
4.5 ~ 5	很适宜
3.5 ~ 4.5	适宜
3 ~ 3.5	较适宜
2 ~ 3	不适宜
1 ~ 2	很不适宜

在 ArcToolbox 中双击 [Spatial Analyst 工具] → [重分类] → [重分类]，打开 [重分类] 对话框。

(1) 在 [重分类] 对话框中，输入 [输入栅格] 数据为（E:\ 练习数据 \ 建设用地适宜性评价）。

(2) 在 [重分类] 对话框中，设置 [重分类字段] 为 [value]。

(3) 在 [重分类] 对话框中，点击 [分类] 按钮，弹出 [分类] 对话框。

(4) 在 [分类] 对话框中，设置 [分类方法] 为 [相等间隔]，设置 [类别] 为 [5]，修改 [中断值] 分别为 [2]、[3]、[3.5]、[4.5]。

(5) 单击 [确定] 按钮，返回 [重分类] 对话框。

(6) 在 [重分类] 栏中，将旧值 [1—2]、[2—3]、[3—3.5]、[3.5—4.5]、[4.5—5] 在 [新值] 中对应修改为 [1]、[2]、[3]、[4] 和 [5]。旧值中的 [NoData] 在新值中保持不变。

(7) 在 [重分类] 对话框中，输入 [输出栅格] 数据为（E:\ 练习数据 \ 建设用地适宜性分级）。

(8) 在 [重分类] 对话框中，单击 [确定]，生成建设用地适宜性评价分级图。

第四节　道路交通网络分析

在城市规划设计中，往往要对现状路网情况进行调研并分析，主要工作包括路网密度分析、最优路径分析、道路通达度分析等，科学合理的路网评价结果，对后期规划设计有重要的引导作用，因此路网分析已成为规划设计前期一项重要的工作之一。

一、道路交通网络数据构建

交通路网建模涉及车速、路口禁转、路口等待、单行线、双向车速不等、高架路、路障等情况。在网络数据集构建中，要根据实际情况来处理。在这里，我们只构建最简单的网络数据集。

(1) 在任意工具条上单击右键，在弹出的菜单中选择 [Network Analyst]，加载 [Network Analyst] 工具条，如图 6-4-1 所示。

图 6-4-1　[Network Analyst] 工具条

（2）在［目录］面板中，右键单击（E:\练习数据\道路），在弹出菜单中，选择［新建网络数据集 N］，弹出［新建网络数据集］向导对话框。

（3）在［新建网络数据集］向导对话框中，输入网络数据集的名称［道路交通网络］，单击［下一步］。如图 6–4–2 所示。

（4）在［新建网络数据集］向导对话框中，在［是否要在此网络中构建转弯模型？］选择［否］，表明路口不存在禁转，均可以随意转弯，单击［下一步］，如图 6–4–3 所示。

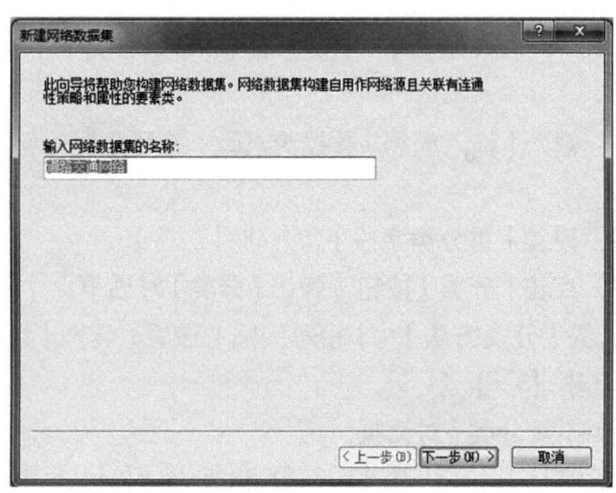

图 6–4–2　输入网络数据集的名称

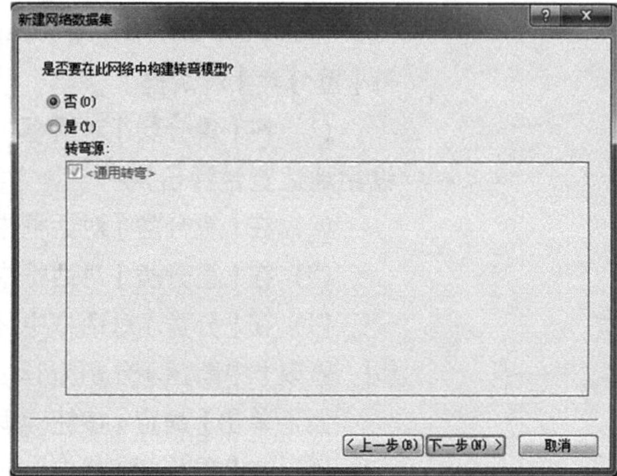

图 6–4–3　不构建转弯模型

（5）在［新建网络数据集］向导对话框中，单击［连通性］按钮，在弹出的对话框中，设置［道路］的［连通性策略］。在［连通性策略］下来列表中，选择［任意节点］。单击［确定］按钮返回，然后点击［下一步］。注：［端点连通性策略］是指线要素只能在重合的端点处实现边连接，［任意节点连通性策略］是指线要素在重合折点处被分割为多条边线，并在此处实现边连接。如图 6–4–4 所示。

（6）在［新建网络数据集］向导对话框中，在［如何对网络要素的高程进行建模？］选择［无］，单击［下一步］。注：网络要素可以通过是否共享相同的高程来判断是否连通，在构建桥梁、隧道等特殊方案时，可以使用高程字段和连通性组来优化网络数据集。如图 6–4–5 所示。

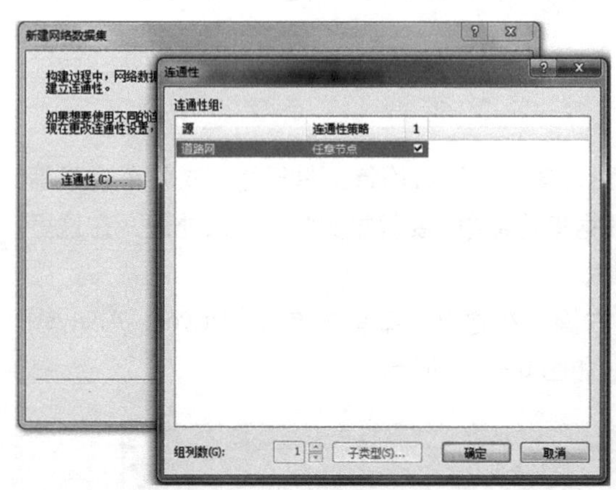

图 6–4–4　连通性设置

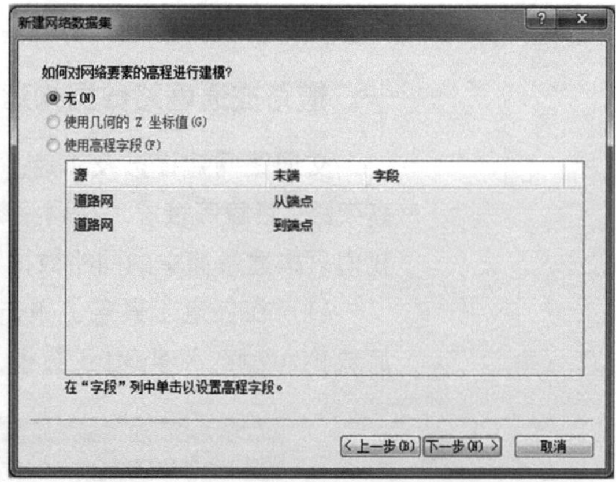

图 6–4–5　是否对网络要素的高程进行建模

（7）在［新建网络数据集］向导对话框中，为网络数据集指定属性。向导会自动识别并添加要素类中用于表示网络属性的字段，如 Minutes 等。单击［添加］按钮，弹出［添加新属性］对话框，可以添加新的网络属性。

（8）在［添加新属性］对话框中，输入［名称］为［车行时间］，选择［使用类型］为［成本］、［单位］为［分钟］、［数据类型］为［双精度］。单击［确定］返回［新建网络数据集］向导对话框。如图 6–4–6 所示。

（9）在［新建网络数据集］向导对话框中，单击［赋值器］按钮，弹出［赋值器］对话框。

（10）在［赋值器］对话框中，单击［属性］下拉框选择［车行时间］;［类型］选择［字段］;［值］选择［车行时间］。用车行时间的值代表成本。单击［确定］返回［新建网络数据集］向导对话框。如图 6–4–7 所示。

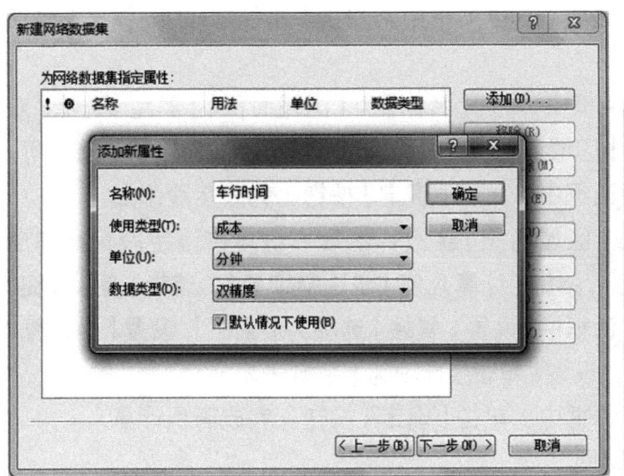

图 6-4-6　网络属性设置

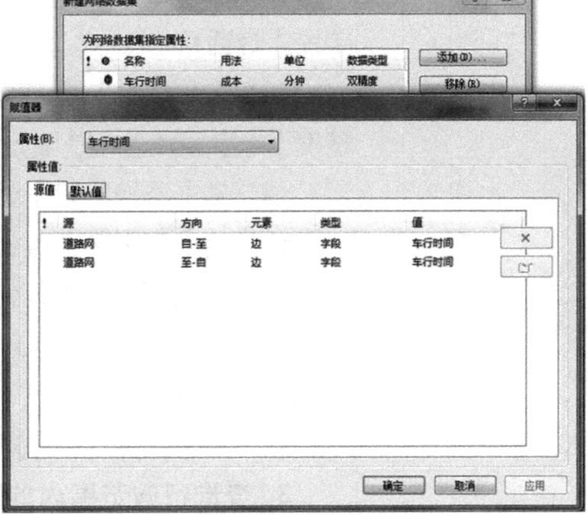

图 6-4-7　网络属性赋值

（11）在［新建网络数据集］向导对话框中，单击［下一步］按钮，为网络数据集指定行驶方向，选择［否］，点击［下一步］，点击［完成］按钮，完成网络数据集的相关设置。在弹出对话框中，选择［是］，完成网络数据集构建。

二、路网密度分析

城市道路路网布局和路网密度是城市交通健康发展的重要因素，对城市路网密度进行合理分析，是城市规划设计前期重要的工作之一。

要分析某个区域的路网密度，首先要提取研究区域的道路数据，其涉及分析要素有区域范围—面状要素、道路—线状要素；分析方法为叠加分析或者根据空间位置选择提取要素。这里只介绍按空间位置选择。

1. 加载要素数据

（1）在［内容列表］中，分别加载区域范围和道路数据。单击工具栏中［添加数据］按钮，加载［道路］要素类，（E:\练习数据\道路）。

（2）单击工具栏中［添加数据］按钮，加载［行政范围］要素类，（E:\练习数据\行政范围），本章将以某一行政范围为单元，来计算路网密度。

2. 添加要素属性字段

2.1　道路要素添加长度字段

（1）在［内容列表］中，右键点击［道路］要素类，在弹出的菜单中选择［打开属性表］。

（2）在［表］中的［表选项］下拉菜单中，单击［添加字段］，弹出［添加字段］对话框。

（3）在［添加字段］对话框中，输入［名称］为［道路长度］，［类型］选择［双精度］，［字段属性］是限定［道路长度］字段的精度和比例尺，采用默认值即可。

（4）在［添加字段］对话框中，单击［确定］按钮，完成字段添加。

2.2　行政范围要素添加面积字段

（1）在［内容列表］中，右键点击［行政范围］要素类，在弹出的菜单中选择［打开属性表］。

（2）在［表］中的［表选项］下拉菜单中，单击［添加字段］，弹出［添加字段］对话框。

（3）在［添加字段］对话框中，输入［名称］为［区域面积］，［类型］选择［双精度］，［字段属性］是限定［区域面积］字段的精度和比例尺，采用默认值即可。

（4）在［添加字段］对话框中，单击［确定］按钮，完成字段添加。

（5）在［表］中，点击［区域面积］字段，然后右键单击该字段，在弹出的菜单栏中选择［计算几何］，弹出［计算几何］是否继续警告，选择［是］按钮。

（6）在［计算几何］对话框中，设置［属性］选项为［面积］，设置［坐标系］为［使用数据源的坐标系］，设置［单位］选项为［平方千米］。

（7）在［计算几何］对话框中，单击［确定］按钮，完成面积计算。

3. 查询行政范围内的路网

3.1　按属性选择行政范围

（1）在菜单栏中，单击［选择］菜单中［按属性选择］选项，弹出［按属性选择］对话框。

（2）在［按属性选择］对话框中，设置［图层］选项为［行政范围］；设置［方法］选项为［创建新选择内容］。

（3）在［按属性选择］对话框中，单击上部列表中的［名称］，同时点击［获取唯一值］按钮，则［名称］字段值显示在中间列表框中。

（4）在［按属性选择］对话框中，双击上部列表中的［名称］、单击中部的运算符号[=]、双击中部列表框中的［市北区］，则完成了［市北区］要素选择公式。其表达式是："［名称］=‘市北区’"。

（5）在［按属性选择］对话框中，单击［确定］按钮，完成行政范围要素选择。

3.2　路网与行政范围叠加分析

在 ArcToolbox 中双击［分析工具］→［叠加分析］→［相交］，打开［相交］对话框，如图 6–4–8 所示。

（1）在［相交］对话框中，分别输入［输入要素］为［道路］、［行政范围］要素类。

（2）在［相交］对话框中，输入［输出要素类］为［路网密度］要素类。

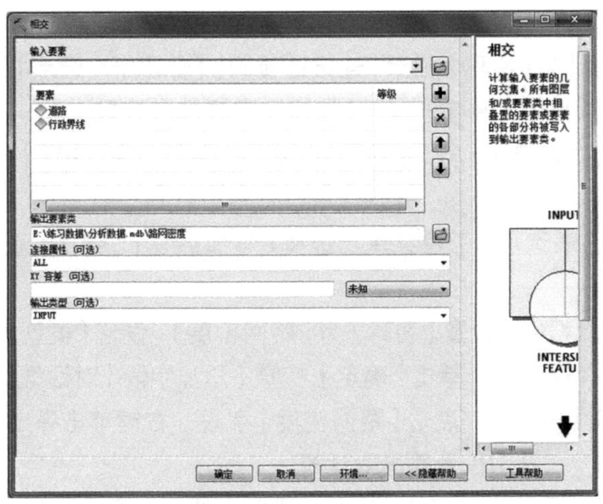

图 6-4-8　路网与行政范围叠加

图 6-4-9　路网长度计算

图 6-4-10　路网长度汇总

（3）在［相交］对话框中，设置［连接属性］为［ALL］。

（4）在［相交］对话框中，XY 容差按默认值即可。

（5）在［相交］对话框中，设置［输出类型］为［INPUT］。

（6）在［相交］对话框中，单击［确定］按钮，完成要素类求交集。

3.3　计算路网密度

（1）在［内容列表］中，右键单击［路网密度］，在弹出的菜单栏中选择［打开属性表］，如图 6–4–9 所示。

（2）在［表］中，点击［道路长度］字段，然后右键单击该字段，在弹出的菜单栏中选择［计算几何］，弹出［计算几何］是否继续警告，选择［是］按钮。

（3）在［计算几何］对话框中，设置［属性］选项为［长度］，设置［坐标系］为［使用数据源的坐标系］，设置［单位］选项为［千米］。

（4）在［计算几何］对话框中，单击［确定］按钮，完成路网长度计算。

（5）在［表］中，点击［道路长度］字段，然后右键单击该字段，在弹出的菜单栏中选择［汇总］，弹出［汇总］对话框，如图 6–4–10 所示。

（6）在［汇总］对话框中，设置［选择要汇总的字段］为［名称］，设置［选择一个或多个要包括在输出表中的汇总统计］为［道路长度］下的［总和］。

（7）在［汇总］对话框中，指定输出表为（E:\ 练习数据 \ 路网密度）。

（8）在［汇总］对话框中，单击［确定］按钮，完成路网长度汇总。

（9）在［内容列表］中，右键单击［行政范围］，在弹出的菜单栏中选择［连接与关联 \ 连接］。

（10）在［连接数据］对话框中，设置［要将哪些内容连接到该图层］选择［表的连接属性］，设置［选择该图层中连接将基于的字段］为［名称］，设置［选择要连接到此图层的表，或者从磁盘加载表]为（E:\练习数据\路网长度.dbf），设置[选择此表中要作为连接基础的字段]为[名称]，设置[连接选项]为[保留所有记录]。

（11）在[连接数据]对话框中，单击[确定]按钮，完成连接数据。

（12）在[内容列表]中，右键单击[行政范围]，在弹出的菜单栏中选择[打开属性表]。

（13）在[表]中，点击[表选项]下拉菜单，选择[添加字段]，弹出[添加字段]对话框。

（14）在[添加字段]对话框中，设置[名称]为[路网密度]，设置[类型]为[双精度]，[字段属性]选择默认值。单击[确定]，完成[添加字段]对话框。

（15）在行政范围要素类[表]中，点击[路网密度]字段，右键单击弹出菜单栏，选择[字段计算器]，打开字段计算器对话框。

（16）在[字段计算器]对话框中，双击[字段]列表中的[道路长度]加载到[路网密度]框中，再点击运算符[/]加载到[路网密度]框中，最后双击[字段]列表中的[区域面积]加载到[路网密度]框中，构建了路网密度计算公式："[路网密度]=[道路长度]/[区域面积]"，单击[确定]按钮，完成路网密度计算。

三、最优路径分析

在规划设计中，经常要分析规划地点距离医院、机场、商圈等最短距离，或者在给定时间内能到达哪些医院、商圈等问题，这些我们可以通过路径分析，来获得最优结果，为规划设计方案提供参考。

（1）在[内容列表]中，加载道路网络数据。单击工具栏中[添加数据]按钮，加载[道路网络]网络数据集，（E:\练习数据\道路交通网络）。

（2）在任意工具条上单击右键，在弹出的菜单中选择[Network Analyst]，加载[Network Analyst]工具条。

（3）单击[Network Analyst]工具条上的[Network Analyst]按钮，在下拉菜单中选择[新建路径]，在[内容列表]面板中加入[路径]图层，如图6-4-11所示。

（4）在[Network Analyst]工具条中，点击按钮，显示[Network Analyst]面板，如图6-4-12所示。

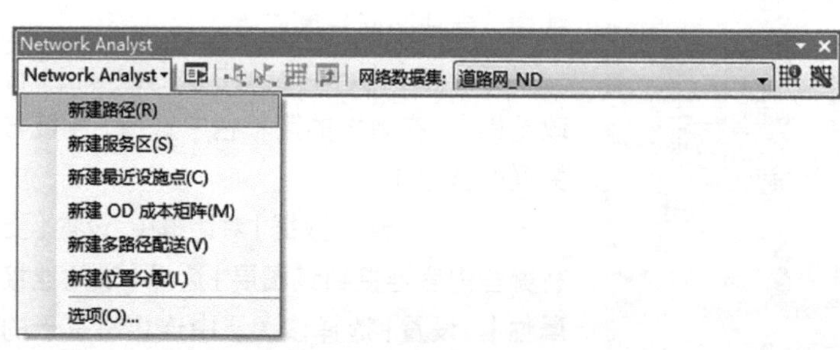

图6-4-11　网络分析中的路径分析

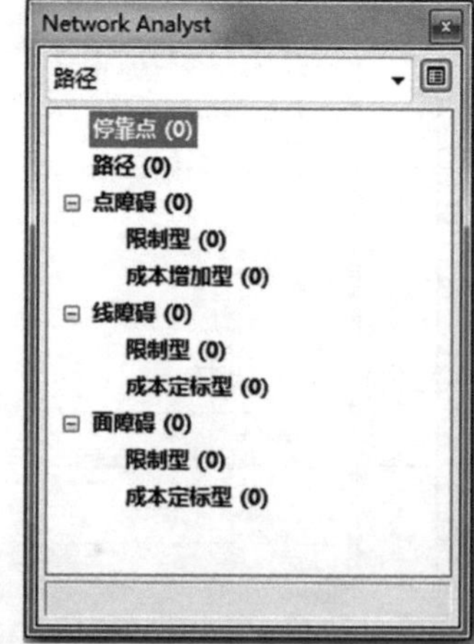

图6-4-12　[Network Analyst]面板

（5）在 [Network Analyst] 面板中，选择 [停靠点] 图层，然后在 [Network Analyst] 工具条中，点击 [创建网络位置工具] 按钮，在地图窗口中选择路径的起点、途经点和终点，这些点将会同步被加到 [Network Analyst] 面板中的 [停靠点] 图层中，如图 6–4–13 所示。

（6）在 [Network Analyst] 面板中，选择 [点障碍] 图层，然后在 [Network Analyst] 工具条中，点击 [创建网络位置工具] 按钮，在地图窗口中选择路径的障碍点，这些点将会同步被加到 [Network Analyst] 面板中的 [点障碍] 图层中，如图 6–4–14 所示。

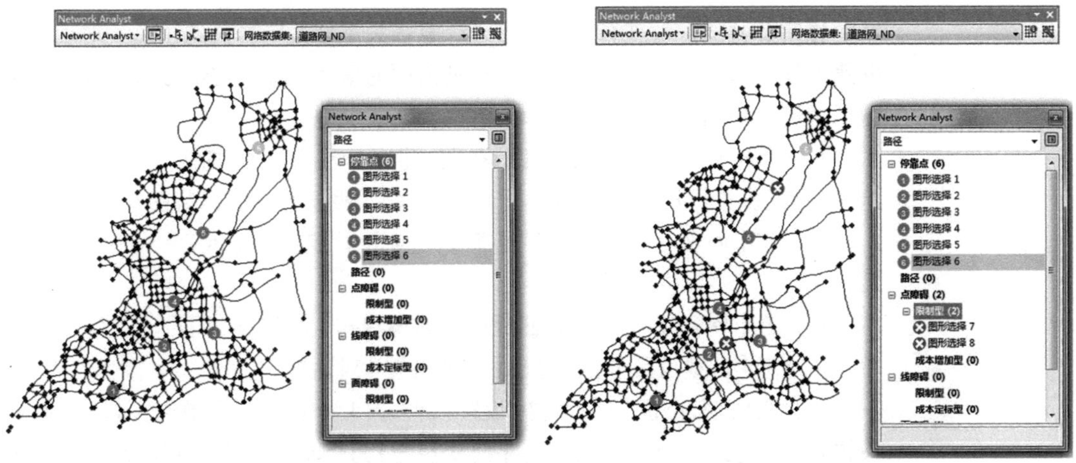

图 6–4–13　设置网络中的停靠点　　　图 6–4–14　设置网络中的点障碍

（7）在 [Network Analyst] 面板中，点击面板右上方的 [路径属性] 按钮，弹出 [图层属性] 对话框，如图 6–4–15 所示。

（8）在 [图层属性] 对话框中，选择 [分析设置] 选项卡，设置 [阻抗] 为 [车行时间]，选择 [重新排序停靠点以查找最佳路径]，设置 [交汇点的

图 6–4–15　设置图层属性

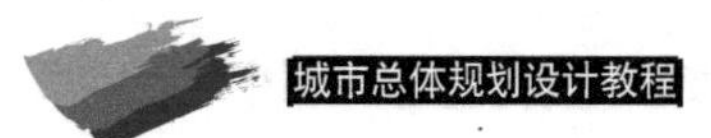

U 形转弯] 为 [允许]，设置 [输出 Shape 类型] 为 [具有测量值的实际形状]，单击 [确定]，完成图层属性设置。

（9）单击 [Network Analyst] 工具条上，点击 [求解] 工具，在 [Network Analyst] 面板中的 [路径] 图层中生成最优路径线路。

（10）同理，也可以设置 [阻抗] 为 [路程]，来分析最短路径。

第五节　设施布局优化分析

一、公共设施供给能力分析

城市公共服务设施布局是否合理，直接关系到城市居民的生活。对现有公共服务设施布局进行分析，是城市规划前期的重要工作。这部分以邮局的服务范围为例来介绍。

（1）单击 [Network Analyst] 工具条上的 [Network Analyst] 按钮，在下拉菜单中选择 [新建服务区]，在 [内容列表] 面板中加入 [服务区] 图层，如图 6–5–1 所示。

（2）在 [Network Analyst] 工具条中，点击按钮，显示 [Network Analyst] 面板。

（3）在 [Network Analyst] 面板中，右键单击 [设施点] 图层，在弹出的菜单栏中选择 [加载位置] 项，弹出 [加载位置] 对话框。

（4）在 [加载位置] 对话框中，设置 [加载自] 为（E：\ 练习数据 \ 邮局 .shp）；设置 [位置定位] 为 [使用几何]，[搜索容差] 为 [500] 米，单击 [确定]，完成加载位置设置，如图 6–5–2 所示。

（5）在 [Network Analyst] 面板中，点击面板右上方的 [服务区属性] 按钮，弹出 [图层属性] 对话框，如图 6–5–3 所示。

（6）在 [图层属性] 对话框中，选择 [分析设置] 选项卡，设置 [阻抗] 为 [路程]，设置中断为 [2000]，设置 [方向] 为 [朝向设施点]，设置 [交汇点的 U 形转弯] 为 [允许]，完成分析设置。

图 6–5–1　网络分析中的服务区分析

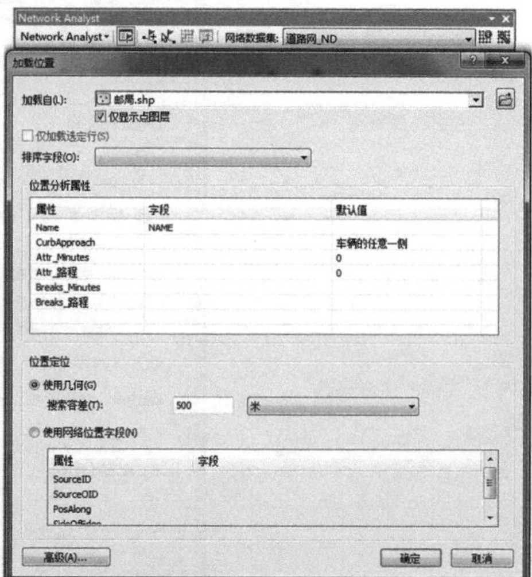

图 6–5–2　加载位置数据

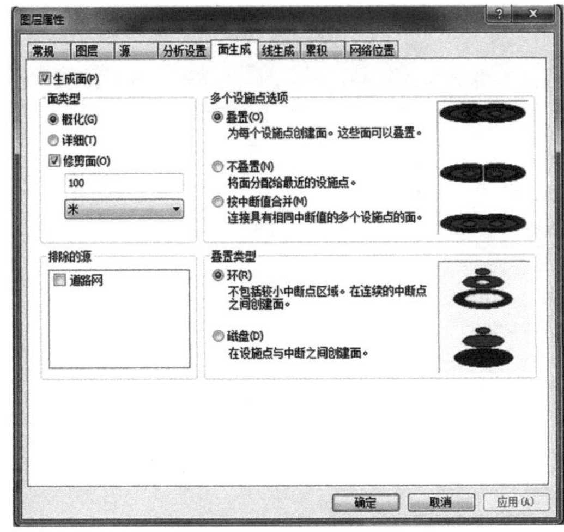

图 6-5-3　设置服务区属性

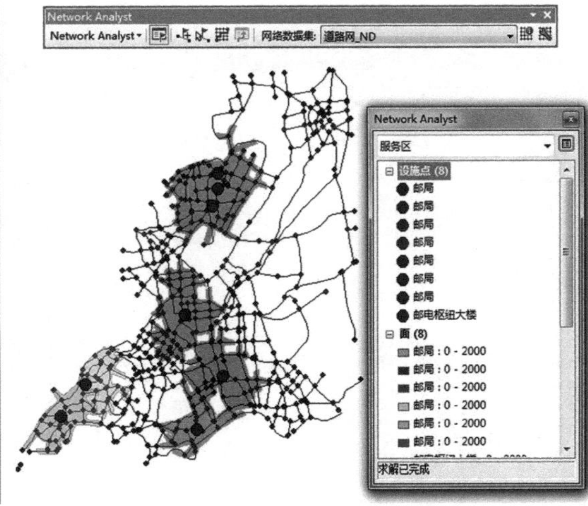

图 6-5-4　邮局的服务范围

（7）在［图层属性］对话框中，选择［面生成］选项卡，设置［面类型］为［概化］，设置［修剪面］为［100］米，设置［多个设施点选项］为［按中断值合并］，设置［叠置类型］为［环］，单击［确定］按钮，完成［图层属性］设置。

（8）单击［Network Analyst］工具条上，点击［求解］工具，在［Network Analyst］面板中的［面］图层中生成服务范围图，如图 6–5–4 所示。

（9）同理，也可以设置［阻抗］为［车行时间］，来分析服务范围。

二、服务设施布局优化

在城市公共服务设施布局时，经常要分析城市急救中心布局。在实际规划中受建设成本限制，往往要采用建设最少数量、覆盖范围最大的策略。为了便于分析，将社区作为事件发生地，本例中将社区以点的形式来表示。（E:\练习数据\社区分布），这里以最少设施点为例，进行优化分析。

1. 现有急救中心覆盖范围分析

（1）单击［Network Analyst］工具条上的［Network Analyst］按钮，在下拉菜单中选择［新建服务区］，在［内容列表］面板中加入［服务区］图层。

（2）在［Network Analyst］工具条中，点击按钮，显示［Network Analyst］面板。

（3）在［Network Analyst］面板中，右键单击［设施点］图层，在弹出的菜单栏中选择［加载位置］项，弹出［加载位置］对话框，如图 6–5–5 所示。

（4）在［加载位置］对话框中，设置［加载自］为（E:\练习数据\现有急救中心）；设置［位置定位］为［使用几何］，［搜索容差］为［500］米，单击［确定］，完成加载位置设置。

（5）在［Network Analyst］面板中，点击面板右上方的［服务区属性］按钮，弹出［图层属性］对话框，如图 6–5–6 所示。

（6）在［图层属性］对话框中，选择［分析设置］选项卡，设置［阻抗］为［车行时间］，默认中断［5］，设置［方向］为［朝向设施点］，设置［交汇点的 U 形转弯］为［允许］，完成分析设置。

（7）在［图层属性］对话框中，选择［面生成］选项卡，设置［面类型］为

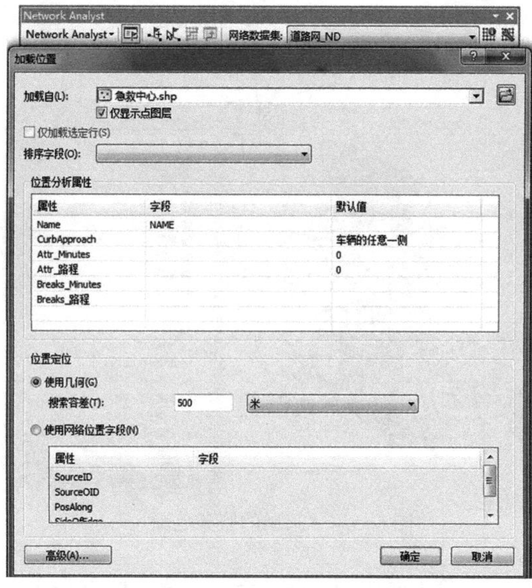

图 6-5-5 加载现有急救中心数据

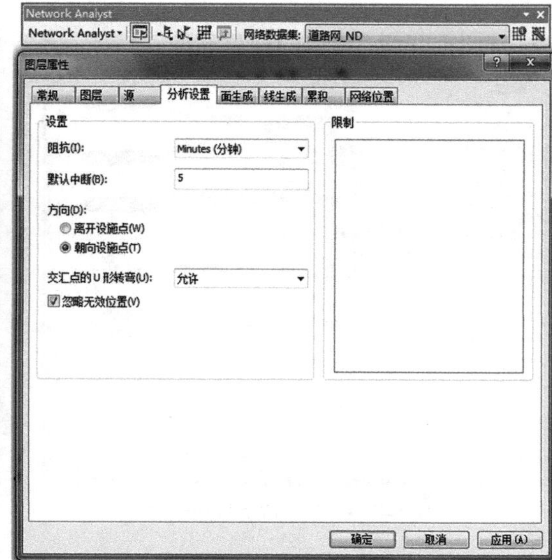

图 6-5-6 设置网络分析参数

[概化]，设置 [修剪面] 为 [100] 米，设置 [多个设施点选项] 为 [按中断值合并]，设置 [叠置类型] 为 [环]，单击 [确定] 按钮，完成 [图层属性] 设置。

（8）单击 [Network Analyst] 工具条上，点击 [求解] 工具，在 [Network Analyst] 面板中的 [面] 图层中生成服务范围图，如图 6–5–7 所示。

（9）通过菜单栏中的 [选择] 菜单下的 [按位置选择] 功能分析，发现很多社区不在现有急救中心服务范围内，表明现有急救中心布局不合理。

2. 急救中心优化分析

考虑到新建急救中心相关要求，本例中给出了候选急救中心位置（E:\练习数据\候选急救中心）。

（1）单击 [Network Analyst] 工具条上的 [Network Analyst] 按钮，在下拉菜单中选择 [新建位置分配]，在 [内容列表] 面板中加入 [位置分配] 图层，如图 6–5–8 所示。

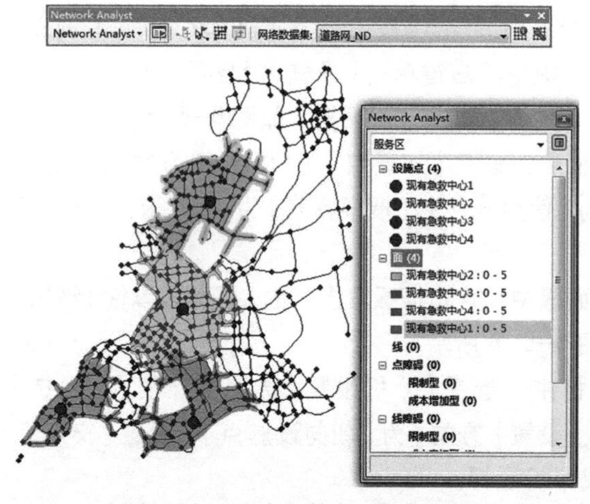

图 6-5-7 现有急救中心服务范围

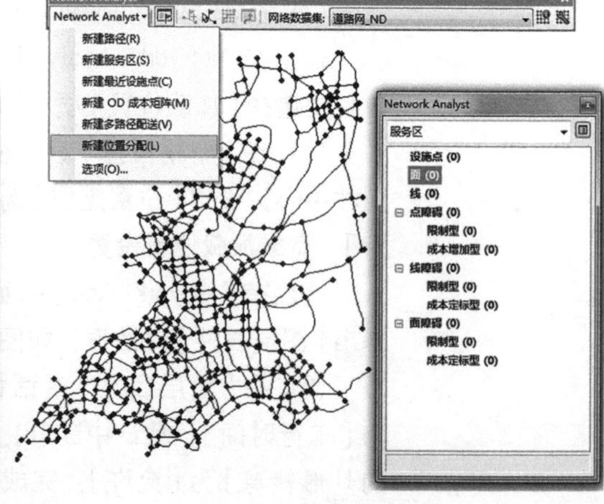

图 6-5-8 新建位置分配

（2）在 [Network Analyst] 工具条中，点击按钮，显示 [Network Analyst] 面板。

（3）在 [Network Analyst] 面板中，右键单击 [设施点] 图层，在弹出的菜单栏中选择 [加载位置] 项，弹出 [加载位置] 对话框，如图 6–5–9 所示。

（4）在 [加载位置] 对话框中，设置 [加载自] 为（E:\ 练习数据 \ 现有急救中心 .shp）；设置 [位置定位] 为 [使用几何]，[搜索容差] 为 [500] 米，单击 [确定]，完成加载位置设置。

（5）在 [Network Analyst] 面板中，点击 [设施点] 图层，分别双击 [现有急救中心] 点，弹出 [属性] 对话框，将对话框中的 [Facilty Type] 设置为 [必选项]，单击 [确定]，返回 [Network Analyst] 面板。

（6）在 [加载位置] 对话框中，设置 [加载自] 为（E:\ 练习数据 \ 候选急救中心）；设置 [位置定位] 为 [使用几何]，[搜索容差] 为 [500] 米，单击 [确定]，完成加载位置设置。

（7）在 [Network Analyst] 面板中，点击面板右上方的 [服务区属性] 按钮，弹出 [图层属性] 对话框。

（8）在 [图层属性] 对话框中，选择 [分析设置] 选项卡，设置 [阻抗] 为 [车行时间]，设置 [行驶自] 为 [设施点到请求点]，设置 [交汇点的 U 形转弯] 为 [允许]，完成分析设置。

（9）在 [图层属性] 对话框中，选择 [高级设置] 选项卡，设置 [问题类型] 为 [最小化设施点数]，设置 [阻抗中断] 为 [5] 分钟，设置 [阻抗变换] 为 [线性]，单击 [确定] 按钮，完成 [图层属性] 设置。

（10）单击 [Network Analyst] 工具条上，点击 [求解] 工具，在 [内容列表] 中生成位置分配图，如图 6–5–10 所示。

（11）右键单击 [内容列表] 中 [最少化设施点] 图层中的 [线]，在弹出的菜单栏中，选择 [打开属性表]。通过 [名称] 属性，可以看到哪些候选急救中心被选中，以及每个急救中心服务的社区。

通过分析，就可以对急救中心进行分布调整，达到空间优化布局目的。

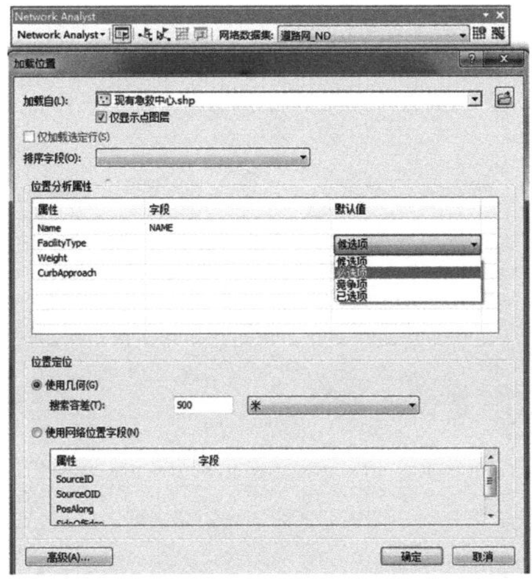

图 6–5–9 加载数据与参数设置

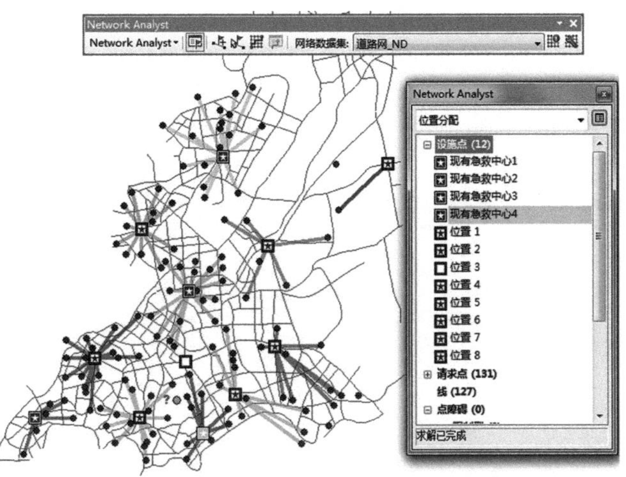

图 6–5–10 新生成的位置服务范围

参考文献

[1] 龚健雅．地理信息系统基础[M]. 北京：科学出版社，2001.

[2] 邬伦，刘瑜，张晶，等．地理信息系统——原理、方法和应用[M]. 北京：科学出版社，2001.

[3] 汤国安,杨昕,等．ArcGIS 地理信息系统空间分析实验教程[M].2 版．北京:科学出版社，2012.

[4] 李崇贵，陈铮，谢非，等．ArcGIS Engine 组件式开发及应用[M].2 版．北京：科学出版社，2016.

[5] 贾庆雷，万庆，邢超．ArcGIS Server 开发指南：基于 Flex 和 .NET [M]. 北京：科学出版社，2011.

[6] 牛强．城市规划 GIS 技术应用指南[M]. 北京：中国建筑工业出版社，2012.

[7] 宋小冬，钮心毅．地理信息系统实习教程[M].3 版．北京：科学出版社，2016.

第七章　方案沟通与汇报

第一节　沟通与汇报的类型

城市总体规划的编制过程中，各个工作阶段和环节均需要进行大量的信息交流。总体而言，交流环节大致可以分为非正式的日常工作沟通和正式的方案汇报两大类型。

一、日常工作沟通

日常工作沟通按照沟通对象，可分为针对项目组的内部工作沟通和与针对甲方的外部工作沟通。日常工作沟通具有方式灵活、频率大等特点。

1. 内部工作沟通

1.1　沟通形式

内部工作沟通一般在总体规划项目组内进行，主要目的为协调项目团队内部工作。由于项目组成员一般相互较为熟识，因此沟通形式较为多样，可通过日常的电话、邮件交流及不定期的内部讨论会议等形式灵活开展（图 7–1–1）。

1.2　沟通内容

沟通内容主要集中在资料共享、规划思路、任务分工、成果整合、重点问

图 7–1–1　内部工作沟通
（资料来源：作者自绘）

图 7–1–2　外部工作沟通
（资料来源：作者自绘）

题研讨等方面，内容涉及总体规划编制过程的各个方面。

1.3　参与人员

沟通主要在总体规划项目组内部展开，按照项目分工，表现为城乡规划、市政规划、交通规划等各专业团队之间的沟通。

2. 外部工作沟通

2.1　沟通形式

外部工作沟通指在总体规划编制工作进程中与甲方的日常交流，除访谈、会议等面对面的沟通形式外，主要通过电话和电子邮件形式进行（图 7–1–2）。

2.2　沟通内容

外部工作沟通内容贯穿总体规划工作全程，包括总体规划项目基础资料的收集、核实与更新，工作进程的安排与协调，方案的汇报与协商等。

2.3　沟通对象

此类沟通主要针对当地各级政府、城乡规划主管部门、其他相关部门的指定联系人以及广大市民代表（表 7–1–1）。

不同项目阶段外部工作沟通的主要内容和沟通对象　　表 7–1–1

项目阶段		沟通内容	沟通对象
项目前期		项目任务、进度计划、项目合同等	当地各级政府、城乡规划主管部门及相关部门的指定联系人
现状资料调研	调研准备	调研时间、调研对象、调研内容、调研分组、调研协调、食宿交通等	
规划实施评估	报告编写	资料核实、资料补充等	
	中期汇报	时间地点、汇报形式、成果深度、成果形式等	
	成果评审	时间地点、汇报形式、成果形式等	
	评估报批	时间、报批材料等	
总体规划编制	规划编制	资料核实、资料补充、方案对接等	
	阶段汇报	时间地点、汇报对象、汇报形式等	
成果评审报批	纲要评审	时间地点、汇报形式等	
	纲要报批	时间、报批材料等	
	成果评审	时间地点、汇报形式等	
	成果报批	时间、报批材料等	

（资料来源：作者自绘）

二、方案汇报

方案汇报可分为阶段性的工作汇报和项目评审汇报两种类型，方案汇报具有相对正式、阶段性等特点。

1. 阶段性工作汇报

1.1 汇报形式

阶段性工作汇报以汇报会议的形式居多，地点一般选择在项目所在城市的规划局或政府会议室。总体规划编制人员一般通过 PPT 或图版展示等方式进行工作汇报。

1.2 汇报内容

一般而言，总体规划的阶段性工作汇报按照项目常规进程可分为现状分析汇报、实施评估汇报、初步方案汇报、中期方案汇报等，主要汇报内容见表 7–1–2。

1.3 汇报对象

项目组一般由项目负责人或主要技术人员进行方案汇报，甲方参与人员可分为当地各级政府、城乡规划主管部门、相关部门领导和工作人员，以及广大市民代表等。由于每次阶段性工作汇报具体目的不同，相应的汇报对象不尽相同。如果条件允许，尽量组织以上汇报对象同时参加，一方面保证信息获取的全面性，另一方面有利于总体规划公众参与的开展（表 7–1–2）。

阶段性工作汇报的主要内容和汇报对象　　表 7–1–2

项目阶段	汇报内容	汇报对象
现状调研分析	现状分析结论、城市发展存在的各方面问题、核实需要补充和修正的资料内容	当地各级政府、城乡规划主管部门及相关部门的领导和工作人员、市民代表等
规划实施评估	上版总体规划实施情况、规划实施中存在的各方面问题、城市发展的环境及内部变化、改进规划实施的建议、修编总体规划的必要性、修编总体规划的建议	
总体规划纲要	城镇体系纲要、城市规划区、城市性质、城市规模、中心城区增长边界等城市发展的重大问题	
城镇体系规划	城乡统筹、空间管制、人口及城镇化水平，各城镇人口规模、职能分工、空间结构、公共服务设施、市政基础设施和建设标准等	
中心城区规划 近期规划	城市空间增长边界、城市建设用地的空间布局、土地使用强度管制区划、市级和区级中心的位置和规模、主要的公共服务设施的布局、主要对外交通设施和主要道路交通设施布局、绿线蓝线紫线保护范围、住房政策、建设标准和居住用地布局、重大市政设施总体布局、综合防灾与公共安全保障体系、旧城更新、地下空间利用、空间发展时序、近期建设规划内容等	

（资料来源：作者自绘）

2. 项目评审汇报

2.1 汇报形式

项目评审环节需组织正式的汇报会议，地点一般由地方政府或规划局安排。汇报人员通过 PPT 或图纸对规划成果进行汇报，就相关问题进行解释，后续根据评审意见修改完善成果。

2.2　汇报内容

评审汇报内容按项目阶段不同，包含总体规划实施评估、总体规划纲要、总体规划等完整内容。

2.3　汇报对象

根据项目阶段，参与评审的人员主要分为技术评审专家、城市市委市政府领导和城市人民代表大会（或其常务委员会）。

第二节　沟通与汇报的技巧

一、日常工作沟通技巧

1. 内部工作沟通

在项目进行过程中，为方便项目组内部不同专业之间开展广泛的交流，应建立项目组成员通信录，可借助电话、电子邮件、QQ 群组等方式，及时共享资料及工作文件。另外，根据需要可不定期召集项目组成员进行会议讨论。在讨论过程中，应做到：

1.1　询问互动

说听双方有问有答，以达到双方沟通、交流互动。项目组成员应根据讨论内容和项目进展，积极提出问题和设想，首先形成共鸣。通过讨论，集群体之力拓宽思路、统一思想，最终形成项目的共识。

1.2　信息整理

利用听和谈之间的速度差距整理所得信息。将讨论观点迅速归类，整理出大纲要点，分辨出轻重缓急。对于最终的共识，应在统筹全局的同时，重点思考项目成员自身负责的部分，如有疑惑或困难，及时提出并讨论。

2. 外部工作沟通

2.1　联系人员和方式

在外部工作沟通中，项目组内部应选出具有良好交际能力、善于沟通的固定人员与甲方进行日常交流等，同时，应与甲方互留常用的固定联系方式（包括电话、邮箱等），以免造成日常沟通的混乱与信息遗漏。

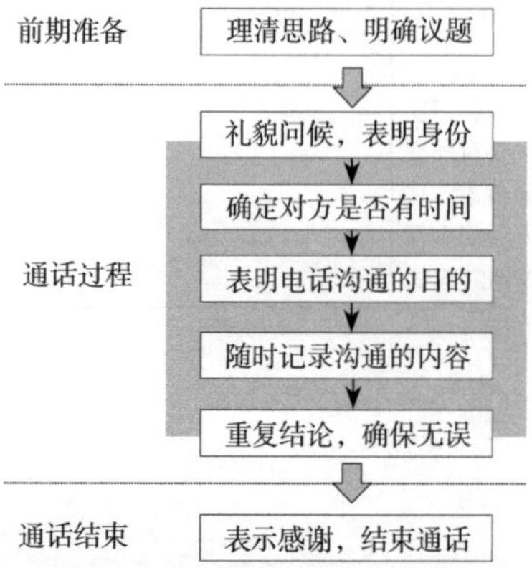

2.2　电话沟通

进行电话沟通之前，项目工作人员应首先理清自己的思路，力求议题简明扼要。电话沟通过程中应注意语气礼貌，在提出问题后应给对方一定的反应时间，通话期间避免与其他人员交谈，并养成随手记录的习惯。电话沟通的具体步骤如图 7-2-1 所示。

前期准备　理清思路、明确议题

通话过程　礼貌问候，表明身份 → 确定对方是否有时间 → 表明电话沟通的目的 → 随时记录沟通的内容 → 重复结论，确保无误

通话结束　表示感谢，结束通话

图 7-2-1　电话沟通的主要步骤
（资料来源：作者自绘）

2.3　网络沟通

首先应向甲方预留项目组内部公共邮箱，以便组内信息共享。与甲方通过邮件资料互传后，应及时通知对方，并在组内共享平台（如 QQ 群等）发布资料信息，确保共享。应当特别注意的是，涉密的地形图等电子文件禁止在网络

上进行传递，如需获取应以刻录光盘等实物方式由项目组和甲方当面交接，并与相关部门签署保密协议。

二、方案汇报前期准备

1. 汇报对象

不同阶段的方案汇报可能针对不同的汇报对象，因此应事先通过电话询问汇报会议主办方（一般为当地城乡规划主管部门），明确汇报对象，并对其进行分析并恰当地制定好相应的对策，方案汇报的成功率将大大提高，正所谓“知己知彼、百战不殆”（表 7–2–1）。

汇报对象特点与汇报策略　　表 7–2–1

汇报对象类型	汇报对象特点	汇报策略
政府领导	专业理解能力相对较高，对城市发展的宏观重大问题较为关注	汇报内容应适当突出全局性、战略性的核心问题，以利于重大问题和原则的决策
城乡规划主管部门及相关部门的技术负责领导和工作人员	专业理解能力相对较高，对本部门涉及内容较为关注	汇报内容应适当详细，将总体规划的各系统内容尽量细致地展示和说明，以利于收集详细的部门意见
市民代表	专业理解能力参差不齐，对与自身生活、工作关系密切的微观问题较为关注	汇报内容应生动具体，应注意专业术语的口语化表达，必要时可以举例解释

（资料来源：作者自绘）

同时应当注意到，随着项目的阶段性推进，针对同一听众群体先后可能会进行多次汇报，应尽量避免前后内容的重复，重点说明和讨论之前存在争议、发生变动的内容，从而让听众了解项目进展、延续思路并提出新的建议和意见。

2. 汇报场所

汇报场所是影响方案汇报效果的一个重要因素，因此需事先明确汇报场所并在前期作出相应的准备。与对汇报对象的了解一样，可事先通过电话询问向汇报会议主办方了解汇报场所的大致信息。

如果汇报场所是小规模会议室，PPT 上的字体大小最小应设置在 18 以上；如果汇报场所是容纳数百人的大型会议室或礼堂，那么为了使坐在后排的听众能够清晰观看，PPT 字体应调整至 25 以上。如果汇报会议主办方未准备电脑，或者汇报所需电子材料较多，汇报演示软件通用性较低，则应提前准备好存储有完整资料、安装有相关软件的笔记本电脑。

虽然前期汇报人员已作上述准备，但现场汇报时汇报环境仍存在一些意想不到的情况。因此，汇报人员在汇报当日提早到达汇报现场十分必要。通过及时对笔记本电脑、投影仪、照明设施、扩音设备、激光笔等进行调试，减少“临时紧急事故”发生的几率，以确保汇报工作顺利进行。

3. 打印材料

3.1　汇报文件打印件

在阶段性的方案汇报时，发至听众手中的打印文件的编排应与 PPT 汇报内容的编排存在一定区别。将 PPT 的打印件一字不改的发给汇报听众并不合适，倘若两者完全一致则会降低利用投影仪汇报和说明的必要性，多数听众就会只

顾及低头翻阅打印件，导致注意力分散，不再认真听取PPT汇报，从而影响其对规划方案内容的全面理解。另外，在此类汇报时参会人员涉及城市的众多职能部门，人数较多，建议将打印文件分为全本和简本两种类型，全本发送给主要听众，简本发送给数量较多的一般听众。

而在项目评审汇报时，则应按照编制技术要求打印完整的相关成果（包括文本、图集、说明书、专题研究和基础资料汇编等），以便参加评审的技术专家能够详细地了解项目编制情况，并针对成果提出建议和意见。

3.2　图纸展板

在汇报准备阶段，由于有些图纸内容无法在PPT中清晰地展示出来，故应选取与方案汇报PPT相关的重要图纸制作成展板（如用地规划图、道路交通规划图等），以作汇报展示用。同时汇报人员还应准备若干套相关图纸，汇报结束后与甲方沟通时便于讨论标记。

3.3　汇报讲稿

在汇报准备阶段，应结合方案汇报PPT内容，准备纸质讲稿。通过编写讲稿可以梳理汇报思路，使汇报人员对标题、材料、例证、语言和修辞技巧，以及如何开头、怎样结尾、何处安排高潮等有清楚认识、作到心中有数，避免出现慌乱；其次，讲稿可以提示汇报的内容，汇报时将其放在手边，以防因过度紧张而产生中断。

讲稿的深度和内容因人因情况而异，当汇报人员经验上不丰富或对汇报内容不够熟悉时，建议汇报讲稿适当详细；而一般情况下，讲稿应尽量简洁，主要内容应为汇报各环节节点的时间提示、语言、案例组织及重要的数据等，多为PPT内容的补充和汇报的提示。过于详尽的讲稿将在汇报过程中限制汇报思路，容易照本宣科，影响汇报效果。汇报讲稿字体应适当放大，以便于汇报人员能够快速识别，保证整个汇报过程的流畅性和逻辑的延续性。

3.4　辅助材料

城市总体规划包含内容较多、系统性较强，PPT难以包括所有规划和分析内容。另外，在汇报答疑环节进行详细的相关数据和方法说明时，需要完整的规划成果支撑。因此，汇报人员应提早打印必要的规划材料，并随身携带，便于及时查阅。

4. 汇报演示文件（PPT）

方案汇报主要目的是向听众传递信息、引导话题并针对相关问题进行讨论，汇报演示文件作为视听化的客体，是作好方案汇报的最为重要的辅助技术手段。

PPT是目前较为常用的汇报演示文件格式，它产生于1989年，由微软公司的办公软件Power Point制作而成，文件常用“.ppt”或者“.pptx”作为扩展名，所以我们常将Power Point文件简称为PPT。PPT的制作应着重把握以下几方面：

4.1　逻辑框架

简洁明了的PPT更能引起听众兴趣，看上去富丽堂皇的PPT也许在一开始能给听众带来震撼，但是如果构成内容过于复杂、繁琐、不易理解，将无法传达确切的信息，听众很快就会感到厌烦。汇报具体内容之前，应首先通过PPT介绍汇报的主要内容和框架，使听众快速把握汇报逻辑（图7-2-2）。

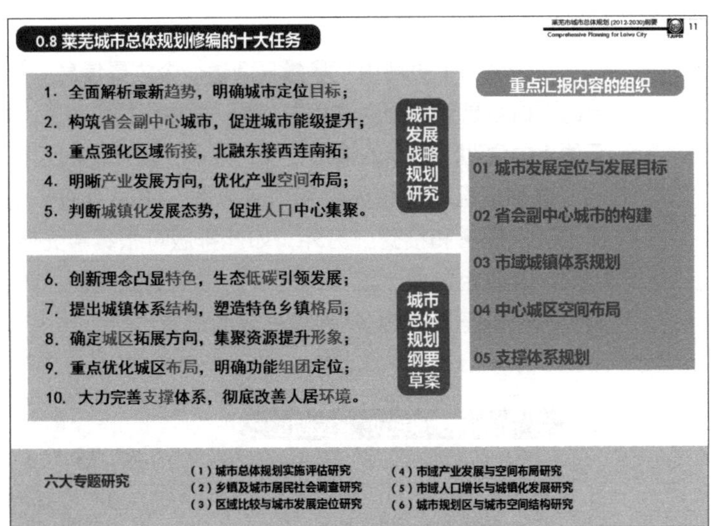

图 7-2-2 PPT 页面实例 1

（资料来源：《莱芜市城市总体规划（2012—2030 年）》纲要汇报文件）

4.2 内容组织

汇报 PPT 的内容应当以直观的图表为主，辅以少量言简意赅的文字标题和说明。听众在听取汇报的过程中，主要通过听觉和视觉两种渠道获取信息。直观的图表可以有效地对汇报者的论点进行补充和解释，具有直观、易于理解的优点，同时更易于丰富听众的感官感受，激发兴趣。听众阅读页面的速度是语言汇报速度的 4 倍以上，PPT 中的文字过多将会转移听众对内容的注意力，无法有效提取核心内容。对于特别重要的图片结合汇报需要可以打破单调的页面布局而单独成页，以突出重点，形成汇报观感的变化。页面上 75% 的空间用来设计汇报内容，剩下 25% 的空间作为留白，如此排版在心理上容易给人以安全感，还能提高听众对汇报内容的理解程度（图 7-2-3）。

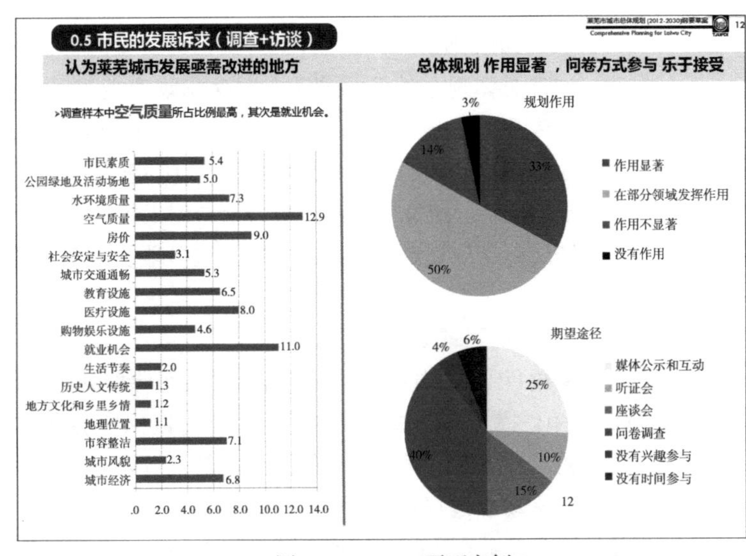

图 7-2-3 PPT 页面实例 2

（资料来源：《莱芜市城市总体规划（2012—2030 年）》纲要汇报文件）

4.3　页面编排

在一张 PPT 页面中，尽量只阐述一个主要信息。如果放入了好几个内容，混合的页面容易分散听众注意力，难以捕捉到核心观点，如果再加上汇报人员反复、无休止的说明，听众的情绪会变得烦躁，便无法和汇报者达成共识（图 7-2-4）。

这种情况下应将内容和信息分散至不同页面，说明时也可以将他们分开，便于听众理解和接受；另外，如此排版可根据事先确定好每页 PPT 的平均讲述时间，有效控制整个汇报的时长。根据实践经验，每张 PPT 页面的平均讲述时间为 1 分钟至 1 分钟 30 秒左右较为适宜。

图 7-2-4　PPT 页面实例 3

（资料来源：《莱芜市城市总体规划（2012—2030 年）》纲要汇报文件）

4.4　语汇使用

城市总体规划的汇报 PPT 中难免出现专业词汇和缩略语。如果主要听众是相关专业和领域的人员，则不会出现理解问题。但参加会议的听众专业知识不足的话，过多的专业词汇和缩略语则尽量用平实的语言进行表达，或者进行简短的解释，避免因此造成部分听众对汇报内容的思考。现实中部分汇报人员为体现自身规划专业水平或视野，过多地使用专业词汇或缩略语，往往效果事与愿违。

4.5　动画辅助

播放 PPT 时，内容逻辑性较强的页面可借助动画功能实现一步一步地（Step by Step）播放。通过适度的动画变化可以保持听众的理解进度和汇报者汇报进度的同步，在汇报过程中的某个时刻就可以自然而然地与听众达成共识。

但是动画过度地使用也会造成混乱，会让汇报人员的行为看起来显得散漫，还会使听众烦躁，反而影响汇报效果。因此应适时适度地使用动画，切勿让过于花哨的 PPT 在汇报时掩盖汇报者和汇报内容本身，从而影响汇报效果。

5. 汇报流程演练

汇报演练可以帮助汇报人员熟悉汇报内容，梳理汇报内容组织逻辑；及时发现汇报中可能出现的问题，提早做出预案；掌握整个报告的流程与时间，进而删除或增加相关内容；同时有助于树立信心，这样在演讲时才能水到渠成，达到最佳演讲效果。

汇报人员需对汇报内容了如指掌，应在前期准备中反复熟悉汇报中使用的数据、图表及相关规范；了解汇报中所引用的理论观点的提出背景，以及成立的前提条件；除了汇报中已有的案例以外，尽可能多了解与项目类似的相关规划或城市发展案例。

为了使汇报演练更加接近实际汇报，应尽量做到“全真模拟”（图 7-2-5）。演练时应使用正式汇报中所需要的一切材料，尽量选择与汇报场地类似的场所，并请有经验的人作为听众旁观指导，检查存在的问题，如带有口头禅、含糊、过快、时间控制等问题。汇报演练的应特别注意以下几个方面。

图 7-2-5　全真模拟
（资料来源：作者自绘）

（1）注意自己是不是有些地方停顿太久，或在汇报不同部分时有不通顺的地方，过渡自然，避免话语中断；

（2）注意自己是不是会常常说出一些无意义的声音或虚字，如果是的话，则应该去除这些坏习惯；

（3）注意自己是否有些不雅的动作或扰乱听众注意的坏习惯；

（4）注意使用不同的方式重申主要观点，避免单调、枯燥、乏味；

（5）注意在汇报中需使用的设备，应确定自己会操作；

（6）注意对 PPT 和讲稿内容进行及时修正，并重点改进表达方面存在的问题。

另外，应当特别重视正式汇报前的最后一次演练。如果上午 9 点汇报，早上 7 点如果有条件的话尽量进行一次正式演练，在汇报所在的场所进行演练效果最佳。如此一来，正式汇报时汇报人员就会觉得汇报内容和环境十分亲切。汇报时刚刚演练过的内容会清晰地在头脑中展现，可以迅速进入角色，找到状态。

6. 汇报答疑准备

方案汇报过后，一般听众会对汇报内容进行提问或咨询，需要汇报人员迅速作出回应和解释。这就要求汇报人员在前期作好准备，通过反复熟悉汇报内容和相关资料，结合本次汇报的主要议题和听众构成，通过换位思考预判听众可能提出的问题，并事先作好解释的准备。对于问题的预判和回答，可以集群体之力，通过项目组内部事先讨论形成应对预案。

三、方案汇报的内容组织

一个善于言谈或口才好的汇报人员，必须具有渊博的知识，能够旁征博引、言之有物、有理有据、条理清晰、风趣幽默，在汇报中能够对所述内容进行全面的分析、准确的判断和合乎逻辑的推理。

方案汇报一般由开头、中间和结尾三部分组成，这三个部分必须配合恰当、形成有机整体。开头如何勾勒提要，定好基调；中间如何逐层分析，形成高潮；结尾如何自然收束，发人深省，都必须认真揣摩。

1. 汇报开场白

方案汇报的开头起着统帅全局的特殊作用，应当短小精巧、新颖诱人。在方案汇报开始阶段，尤其是听众人数较多时，听众各有所思，若要造成有利于接受方案汇报的心理定势，将听众引入相应情景，需要汇报的开场白起到一定的“镇场”作用。

常用的总体规划汇报开场白有以下几种类型。

1.1　开门见山式

开门见山即直截了当地揭示汇报主题。它的优点是干脆利落、中心突出，使听众一听就明白演讲的主旨和主要汇报内容是什么，是运用最为普遍的开头方式。例如，“诸位尊敬的领导／专家上午好，受本市人民政府委托，在规划局等相关部门的大力支持下，本项目团队开展了我市城市总体规划的编制工作，现在为大家介绍工作进展情况和规划成果。本次汇报包括以下几个方面的内容……”

1.2　问题群组式

以问题引路，引起听众注意，引导听众积极地思考问题，主动参与到汇报的议题中去，而不是消极被动地听汇报。同时，也让听众关注演讲者对此问题的回答。用于开篇的问题可分为问题群组和核心问题两种主要类型。

以问题群组形式开头，通过将汇报的各部分内容以一组疑问的形式抛出，问题只涵盖内容板块的主题而不涉及具体的现象。这种开头方式较开门见山式活泼，可以在为听众建立总体汇报内容框架的同时，激发其听取汇报的主动性和兴趣。常用的问题构成可按照 6W 原则灵活组织（即 What/Where/Who/Why/How/When）。例如，“诸位尊敬的领导／专家上午好！我市上版的城市总体规划在前阶段的城市发展中起到了重要的全局性指导作用，为城市的健康发展作出了巨大贡献。规划实施至今已有十余年的时间，在此期间城市的外部环境发生了哪些重大变化？内部又有哪些方面仍有问题尚未解决？又出现了哪些新的问题？这些问题又是如何造成的？我们的政府以及老百姓有哪些建议和

希望？我们的规划应该如何及时地作出回应和修正，并分步骤有条不紊地实施？这些都是本次总体规划编制需要回答的问题。下面就为大家系统地介绍一下本次的规划工作……"

1.3　核心问题式

城市总体规划涉及城市发展的诸多方面，各方面均存在这样那样的问题，这种开头方式要求提出的问题是该城市发展面临的主要矛盾，并作为主线基本尽量能够统领全部汇报内容。核心问题式的开头适用于内容针对性较强的方案汇报环节（如产业、交通、人口等专题研究等）。

问题可通过对上版城市总体规划确定的核心发展战略和目标（如城市性质等）在现阶段和未来实现过程中出现的困难和矛盾，或城市发展的宏观政策、区域背景的变化提炼提出，多为总体规划编制的核心动因。核心问题的提出可不局限于问句的形式，其间可通过相关新闻报道等听众都熟知的内容引出问题，引起听众共鸣和关注。例如，"诸位尊敬的领导／专家上午好！相信大家都在关注最近关于钢铁行业的新闻报道，受全球和国家行业政策的影响，钢铁行业的发展遇到了一些新的问题，这对大型的钢铁企业有着重大的影响，我市钢铁企业同样如此。长久以来，钢铁产业都是我市的支柱产业，它的发展与城市整体息息相关，将影响到经济、社会和城市空间的各个方面。我们的钢铁产业乃至城市产业结构应该何去何从是本次规划必须重点考虑的问题。下面就为大家系统地介绍一下本次总体规划中关于产业发展的研究分析和规划对策……"

1.4　名言引用式

富有文采又与汇报内容戚戚相关的哲理名言，能够使得方案汇报纲举目张。名言引用式的开头既适用于正式的全面的汇报，也可以用来引出专题汇报。

这种开头方式要求所引名言让听众有回味的余地，哲理性要强，既不能过于生僻也不能过于俗套。但是某些已经耳熟能详的名言（即便不是原文）通过与规划内容巧妙结合仍能取得意想不到的良好效果。例如，"诸位尊敬的领导／专家上午好！我们青岛市近年来发展势头十分强劲，充分发挥了山东半岛蓝色经济区的龙头作用，在区域发展中作出了重要贡献。在今后的发展中，我市应当依托国家和省良好的政策支持，不只在蓝色经济区而应在更大的区域分工和合作中，谋求发展、作出贡献，正所谓"青，出于蓝而胜于蓝"！本次总体规划正是基于这样的出发点，制定了新的城市发展战略和目标以及实现目标的具体策略。下面就为大家系统地介绍一下本次的规划工作……"

1.5　故事讲述式

汇报内容展开之前，先讲述一个新近发生的奇闻怪事、重大事件或生动感人的故事。这种开头，由于情节生动，与总体规划内容的抽象性形成鲜明对比，容易赢得听众的关注，并能制造悬念，引人深思，激发听众兴趣。这种开头方式比较适用于针对城市规划技术相对不够熟悉的当地领导、部门和市民代表等方案汇报以及某一特定部分规划内容（如某一章节或专题）的汇报。

为避免单纯讲述的枯燥，可在PPT中设置一页相关的内容，最好以最说明问题的图片或照片为主。对故事的叙述应当简明生动、客观真实，故事本身要有针对性，内容要与方案汇报的核心议题密切相关，尽量选择规划调研中遇到的当地的人物和事件，这样更能引起听众的注意和重视。例如，"诸位领导／代表早上好！在开始汇报本次总体规划之前，请大家先看一下这样一组照片：照片中的这位推着自行车、扛着锄头的老伯是我市××镇××村的一位普通的农民，他身后的崭新的居民楼是迁村并点后他分到的社区新房，但在他的脸上我们似乎并没有看到乔迁新居的喜悦，而是写满了疲惫。原来老人刚从地里回来，新家离他的耕地骑车要40分钟，一天的劳作再加上路途的奔波，让老人疲惫不堪。他说新房是好，但离地太远了，农具还要抬上楼。这也许不是一个个例，这不仅让我们思考今后我们的村镇体系和新农村社区究竟应当怎样规划怎样建设，这也正是本次总体规划城乡统筹部分的重要内容之一。下面我们就来系统地探讨一下这个问题……"

需要指出的是，由于汇报的对象和目的不同，总体规划方案汇报的开头形式没有固定的模板，应当结合每次汇报的实际情况多种形式灵活运用。汇报的开头部分除介绍汇报内容框架外，主要作用在于引起听众的注意、引发听众的兴趣，因此针对同一汇报对象的前后多次汇报，切勿重复使用同一开头方式，以免听众对方案汇报形成刻板的印象而适得其反。另外，完整的总体规划方案汇报包含众多章节部分，每个章节部分的开头也可借鉴上述方式，但应当比汇报的总体开头部分简洁，切勿喧宾夺主，造成方案汇报拖沓冗长、掩盖核心内容等问题。

2. 汇报的主体

方案汇报的主体部分合乎逻辑地逐层展开论述，做到结构有力、层次清楚、过渡自然。其结构一般分为以下几种类型：

2.1　纵向组织结构

纵向组织结构是指按照时间的推移来排列层次，包括直叙式和递进式两种。

直叙式组织结构以时间先后为序。这种结构层次比较简单，来龙去脉较为清晰。城市总体规划的专题汇报议题相对明确和单一，一般可采取这种组织结构。运用这种组织结构，注意突出重点、兼顾一般，切忌平铺直叙。

递进式组织结构按照事理的展开或认识由浅至深的递进过程来安排结构层次，多采用提出问题、分析问题、解决问题的思路展开，内容螺旋式层层深入、由表及里。这样的安排说服力强。在进行城市总体规划方案汇报时，可将各部分的规划内容与相应的现状分析和规划实施评估相结合，从各类现状问题入手、系统地展开方案介绍。与先集中分析现状、再集中介绍方案的方式相比，这种安排更加容易让听众理解和接受，汇报内容的逻辑也更加紧密。

2.2　横向组织结构

这种组合结构适用于规划中的平行内容汇报。可按照总体规划的组成部分平行展开，如道路系统、绿地景观系统、公共服务设施和市政共用设施等；或按照空间分布展开，如新城区、旧城区等。

值得注意的是，常规的总体规划汇报一般都会同时运用上述两种组织方式，形成纵横交叉的组织结构。无论采用何种结构进行组织，方案汇报人员均需要结合考虑汇报的主题和听众构成，进行事先演练，力求逻辑清晰、简洁。

以《齐河县城乡总体规划（2016—2030 年）》的第一次政府汇报为例，汇报的核心议题为：齐河在新的区域发展环境和形势下如何定位，县域城镇体系如何优化，以及中心城区的发展规模与结构。考虑到汇报对象为政府主要领导，项目组紧抓主线，反复凝练汇报内容，并灵活运用纵横两种逻辑结构，重点突出地组织了本次汇报框架，取得了较好的汇报效果（图 7–2–6）。

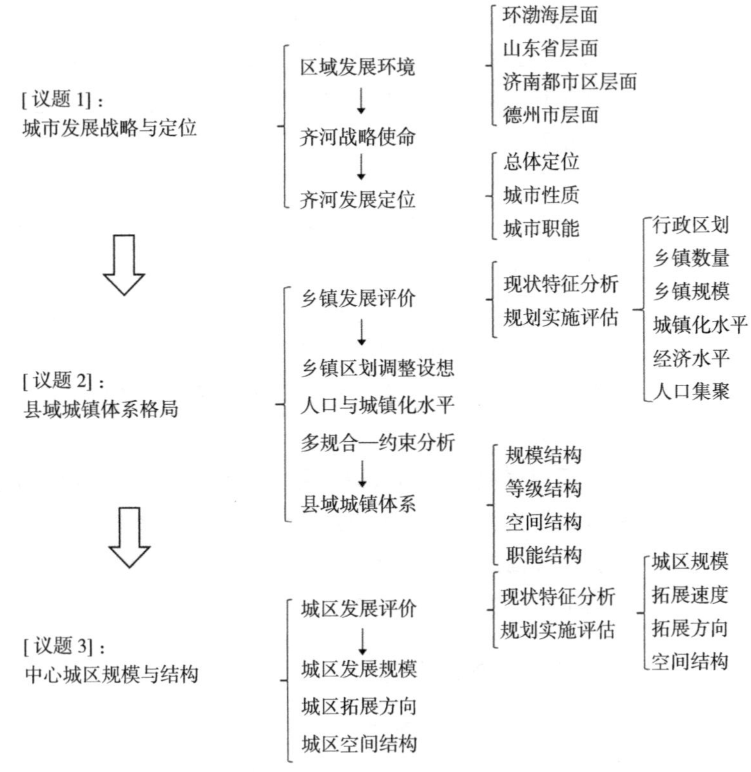

图 7–2–6 汇报内容组织结构实例

（资料来源：《齐河县城乡总体规划（2016—2030 年）》第一轮政府汇报文件）

3. 汇报的结尾

汇报的结尾对于方案汇报效果的影响同样重大，应事先进行准备。听众往往对汇报人员汇报结束前所说的最后几句话印象极其深刻，所谓“余音绕梁”即是如此。常用的结尾方式可分为以下几种：

3.1 点题式

点题式结尾便于突出汇报的中心论点，多适用于议题较为具体的总体规划专题汇报。如，“本轮规划修编是围绕促进城市可持续发展、充分体现城市总体规划是政府调控城市空间资源、指导城乡发展与建设、保障公共安全和公共利益的一项重要的公共政策这条主线展开，是新形势下对总体规划编制进行的一次大胆的探索……”

3.2 赞美式

赞美式结尾可以激发听众对城市发展的信心和对总体规划的关注。如，“过去的十年，我市向区域性国际城市逐步转型，取得了巨大的建设成就。在这一

过程中，城市总体规划始终发挥着龙头作用，超前谋划，引导了城市健康有序的发展。当前，我市正面临着前所未有的发展机遇，作为中国—东盟交流与合作的枢纽，其前沿地位将更加显现……”

3.3 谦虚式

谦虚式结尾可以使得汇报内容更易为人接受。如，“本次规划从区域发展角度出发，充分考虑区域资源的优化配置，统筹安排天津的产业布局和重大基础设施建设，合理确定城镇体系布局。同时，规划充分吸收了北京规划的经验，采取了‘政府组织、专家领衔、部门合作、公众参与、科学决策’的工作模式，保证了规划的科学性和可操作性。本次规划若有不足之处，请各位领导和专家批评指正……”

3.4 引用式

引用式可以赋予方案汇报独特的魅力。如，“老舍先生曾写过一篇文章《济南的冬天》，在老舍先生的笔下，济南的冬天是美丽的。本次总体规划中的旅游专项规划，就应考虑好季节性的问题，为了避免这个问题的困扰，需要考虑将不同的旅游项目相结合，不同季节的景区景观相结合，做好宣传工作，将客流高峰分散，这样才不至于让淡季景区闭门歇业，真正做到淡季不淡……”

3.5 反思式

反思式结尾能给人以成熟的感受。如，“上版城市总体规划为我市城市发展作出了重大贡献，实施至今，其规划目标部分已经实现，部分有了较大深化调整。然而如何贯彻新的发展形势的要求、积极应对当前我市面临的历史机遇和挑战成为本次城市总体规划面临的最大任务……”

四、方案汇报的表达技巧

1. 汇报的语言表达

语言是信任交换最重要的媒体。为了取得较好的汇报效果，语言表达要掌握缓急、强弱、高低、长短、强调等变化方法。具体而言，方案汇报中语言表达的基本原则有。

1.1 语言组织

方案汇报时使用日常生活中对话那样自然的嗓音，听众会沉浸在很舒适的氛围中。汇报人员的嗓音自然明确，听众容易产生信任感。反之，用勉强装饰的嗓音来发表，听众们会觉得不舒服。切勿为了彰显自己的语汇能力和专业知识而使用那些生僻的词汇，对于专业名词应进行适当口语化的解释，让听众不需要为推测汇报的内容而费心。

1.2 语速把握

方案汇报人员由于通常面对众多相对陌生的听众，难免产生紧张和不安，从而引发语速过快，进而导致听众无法理解汇报的内容或注意力分散。如此一来，无论汇报 PPT 的内容多么优秀，都很难收到好的效果。所以，建议用比日常生活对话稍慢的语速进行汇报。

同时应当注意，始终用同一个速度来发表，会让听众感到单调乏味，所以汇报语速应有适度的变化。讲解重要内容时，语速稍微慢些，这样会让听众印象较深；而补充说明的时候，语速稍快一些效果更好。汇报时最可取的平均语速为每分钟 100 ～ 150 字。

1.3　音量控制

如果汇报人员一成不变地用微小的嗓音讲解，听众们会丧失听取汇报的欲望。但是持续地使用很大的嗓音说话，会使讲解变得冗长。汇报音量要大声和小声配合传达效果最佳，重点内容可通过提升音量来予以强化。汇报人员的音量以保证坐在最后一排的人可以清晰地听到为宜。

1.4　视听结合

毫不在意听众的感受和反应，像念书那样将 PPT 上的文字一五一十地读出来，听众将马上对汇报内容失去兴趣。因此，汇报 PPT 文件应以图、表为主，文字内容尽量简练，主要通过语言讲解进行解释和说明。如此一来，带给人们的视觉和听觉感受不会重复，方案汇报将更加立体、生动。

1.5　语气肯定

城市总体规划作为一项法定规划内容较为严肃。因此，建议在方案汇报过程中不确定或不确实的语言表达、推测性的语言表达要避免使用，尽量使用确定性的语言进行表述。例如，在汇报时较多地使用“好像应该是这样的”、“感觉是这样的”等不确定的语气或是表现出推测的语气，听众将无法对汇报人员产生信任。反之，应当应用“是这样”、“应当……”等确信的表达，方能得到听众的信任和认可。

1.6　重点强调

汇报中重要的信息如果只用一句平淡的话语一带而过，将无法引起听众关注，重要的信息极有可能就此遗漏。如果采用变化语速、调节音量和语调、反复强调等方法，听众可以瞬间集中注意力。

1.7　节点停顿

方案汇报的过程中也需要有“休止符”，即短暂的停顿。汇报中巧妙地设置短暂停顿，会瞬间激发起听众对汇报内容的关注和思考。缺乏停顿的汇报会使得听众跟不上汇报的节奏，陷入“消化不良”的状态，从而对余下的内容产生抵触。在词与词、句与句、节与节和章与章之间都可以有短暂的停顿。另外，导入与展开、展开与终结等内容之间也应该有短暂的停顿。需要强调的内容或是诱发听众思考的内容，也不妨来个短暂的停顿。

1.8　口语纠正

尽量减少在汇报中使用习惯性的、无意义的话，即一些没有必要的助词。例如“啊”，“噢”，“嗯”，“哎”，“那么”，“然后”，“说来”，“这是”，“OK”，“Good”，“So”，“说实在的”，“说白了吧”，“我想说的是”等。这些没有实际意义的口语反复出现，会给听众留下汇报人员自信不足、对汇报内容不熟悉的印象，同时会使汇报整体感觉呆滞。在事先或日常的汇报、演讲练习中，可借助录音等方式进行强化纠正。

1.9　敬语使用

“尊敬别人才是尊敬自己”。方案汇报人员应尽量和听众拉近距离，但不应使用过于通俗的方言。另外，如若不使用赞美和普通话，会让听众觉得汇报人员高高在上，可能当场就会引发听众的不悦和隔阂。即便听取汇报的人群比汇报人员年龄小或职级低也不应随意表达，应牢记在听众面前不管何时都要使用敬语和普通话。

1.10　情感表达

汇报人员一直毫无感情地读着原稿，会让听众觉得规划人员的工作程式化、缺少对本城市的深入体验，同时会感到枯燥无聊。只有在汇报时将感情真实地融入语言、语气和内容，才会与听众形成共鸣，进而利于达成共识。汇报人员在汇报前应将准备的内容在脑海中反复放映，然后通过换位思考，理解听众在听到某部分内容时的心理反应，并用适当的情感表达方式与之呼应，以取得良好的现场汇报效果。

2. 汇报的体态表达

体态表达是指不依赖口头语言或文字传递信息，而是用姿势、眼神交流、面部表情、手势等直接的身体动作来表达情感、传达信息的行为方式。在方案汇报过程中，配合汇报的内容恰当地运用体态语言，可以使发言变得更加生动，汇报的内容信息也会更好地传递给听众。

2.1　姿势选择

汇报时的身体姿势按照汇报的方式可以分为站姿和坐姿两种。其中，站立式汇报多出现在内部工作沟通交流的小型会议上，多依托于图纸进行讲解讨论（图 7-2-7）；而相对正式的总体规划方案汇报多在正式会议室和礼堂进行，多依托 PPT 投影，一般汇报人员和与会人员均采取坐姿（图 7-2-8）。

图 7-2-7　站姿汇报
（资料来源：作者自绘）

图 7-2-8　坐姿汇报
（资料来源：作者自绘）

2.2　眼神交流

在方案汇报时，汇报人员向听众投射的眼神应当充满真实、确定和自信，而听众对汇报人员的视线里也包含着对汇报内容的真实回应。因此，在汇报过程中，应通过观众的视线来把握其对汇报内容的反应。因此，眼神和视线是方案汇报过程中汇报人员与听众之间十分有效的交流沟通方式。

(1) 应当避免一味将视线固定在投影屏幕上

在利用PPT进行方案汇报的过程中，视线分配给屏幕和听众的比例最好为20 : 80。这就要求汇报人员事先对汇报内容十分熟悉，基本做到只看到页面标题和图表，不看页面具体内容就可以汇报的程度。另外，当内容页面出现时，也可以边对照确认内容，边与听众进行视线交流。

(2) 应对全体听众平均分配视线

如果视线交流仅局限在面前近处的听众，容易使得其他听众感到疏远。当听众数量较多时，可结合会场座席布置，以5～10人为单位分成群组，以群组为单位逐次进行眼神交流。而面前的座席多为本次方案汇报的主要对象，因此建议多进行一对一的眼神交流，同时应当注意，环视的时候视线不要掠过他们，避免产生距离感。

(3) 视线不宜移动过快

视线交流应当郑重、自然、舒缓，如果过于快速地移动视线，汇报人员会被认为焦躁不安和没有自信，也可能给听众造成傲慢的不良印象。

(4) 应保证视线和面部的方向一致

在方案汇报过程中，与听众的眼神交流应伴随着面部朝向的移动，斜视易使听众产生不被尊重的感觉。另外，需要强调屏幕上特定内容时，汇报人员应当把身体和面部转向屏幕，通过手势或激光指示笔指向该部分内容，同时对照屏幕进行讲解。此时将视线停留在屏幕上较长时间反而是件好事，听众会本能地随着汇报人员的指向（视线）的方向观看特定的内容。

2.3　手势使用

方案汇报过程中的手势与即兴演讲的手势不同，是为了在使用视听设备进行汇报的过程中正确的传达信息而辅助使用的手、臂等肢体动作。适当自然的手势可以让汇报人员看起来充满热情和自信，但手势不宜过多，否则容易分散听众对PPT汇报内容的注意力。

2.4　表情配合

在方案汇报过程中，听众始终会自觉不自觉地观察汇报人员的面部表情。自汇报伊始，汇报人员就应对听众报以平和、明朗的微笑，展示自信和活力，听众心情随之明朗，同时对规划方案充满信任。

随着汇报议题的不断转换和现场情况的变化，汇报人员应适时调整自身的表情。例如在提出问题引发思考时，可适当上扬眉毛引导听众思索；在汇报较为严肃的内容或指出尖锐矛盾的时候，可适当收敛笑容，并辅以皱眉等表情；当汇报到重点内容时，可适当睁大眼睛引导听众多加关注；当对汇报内容表达确信的时候，可做出瞬间用力闭嘴的表情，以获得听众的信任和重视等。

3. 汇报的会场互动

3.1　听众观察

汇报者在汇报时应随时观察听众的反应，当看到听众对于汇报的内容反映出不理解或不接受时，汇报者需要及时改变汇报的方法或流程。听众的反应及其相对应的心理活动如下（图7–2–9）。

图 7-2-9　听众的反应及其心理活动
（资料来源：作者自绘）

3.2　听众回应

当看到听众做出否定的、厌烦的或者不能理解等不好的反应时，汇报者要立刻作出反应。因为当听众中有一两个人做出厌烦的反应时，其他人也有可能被传染。所以汇报者在汇报的过程中，应通过保持与听众进行持续的眼神交流来随时观察听众的表情和行动：

发现听众持否定的反应时，多做一些姿势和动作，转移话题，强化视线交流；通过对与汇报内容及相关内容的提问，使听众积极的参与到汇报中来；

发现听众表现出无聊的反应时，稍微变换一下内容，调整一下听众的注意力；引导听众伸懒腰或拍手来调整氛围；

当听众出现不理解的情况时，放慢讲话速度，一字一句地说；举一个简单的例子来反复说明，并可用手势予以强化。

4. 汇报的应急处理

现场汇报时常常会出现一些意想不到的情况（如忘词、仪器出现故障等），需要汇报人员具有随机应变、灵活机智的技巧，让汇报顺利继续下去。

4.1　思路中断

汇报过程中汇报人员可能因某些主观和客观因素的刺激使思维链条突然中断，从而导致忘词。对于这种情况应保持镇静，不要慌张。事实上心里越恐慌，汇报人员越应该笑意盈盈。这样一方面可以使听众看不到汇报者的慌张，另一方面也能起到一种积极的心理暗示作用，使汇报者尽快放松下来。汇报人员可以喝口水、低头查阅汇报稿件等，借此机会努力回忆汇报内容。

4.2　仪器故障

当汇报仪器出现故障时（如麦克风发出噪声、投影仪失灵、突然停电等），汇报人员不应惊慌，可作短暂停顿，暂停也叫空白艺术，它看似简单，实则是恢复听众情绪的重要途径。等待相关工作人员处理完毕后，继续进行汇报工作。

五、汇报答疑与意见整理

1. 汇报答疑

方案汇报结束后通常听众会针对其中的部分内容提出疑问，汇报人员需要现场进行解释和说明。除此之外，还应当意识到答疑也是一个机会，通过答疑可以重申我们的核心观点，补充未能在汇报中展示的内容，加强汇报对象对我们的信任及对规划方案的接受程度。

1.1　汇报答疑的原则

(1) 态度诚恳，耐心倾听

对待任何提问者都要态度诚恳，以礼相待。在回答提问时做到目光接触、耐心倾听，并做笔记。如遇有不同看法、意见，可用“我是这么理解的……”等语句，尽量不争辩。对于不能及时解答的问题也要积极回复，承诺解答；当双方的想法不一致时，不要固执己见。

(2) 回答力求简短有效

最好的回答是使用几个简洁并选择过的字眼，同时让听众在问答时段中有机会说出意见。对方提出的问题往往是发散的，我们需要甄别关键人物最关心的问题进行解答；回答不要纠缠于问题本身，可以跳出来从更高的角度进行回答。

1.2　汇报答疑的步骤

(1) 在汇报后或问答前创造一段过渡期；

(2) 请发问人提出问题；

(3) 当发问人提出问题时，全心全意注视他；

(4) 记录问题；

(5) 重述问题（因为其他的听众也许没有听到问题，同时让你有时间思考如何回答问题。如果你忘了重述问题，你也许会给一个正确但不是最恰当的回答）；

(6) 重述问题时将目光移向听众；在重述问题和回答问题时，眼睛必须在听众之间移动，面对全体听众而不是只对发问人；

(7) 回答完毕时，将目光回到原发问人。

2. 意见整理

意见整理包括会议记录、会议纪要等，会议纪要是在会议记录的基础上归纳总结，是规划内容调整的重要依据。与会人员整理出会议记录和会议纪要之后，应及时共享到项目组内部。

2.1　会议记录

会议过程中，由记录人员把会议的组织情况和具体内容记录下来，就形成了会议记录。“记”有详记与略记之别。而详记则要靠“录”。“录”有笔录、音录和影像录几种，对会议记录而言，录音、录像通常只是手段，最终还要将录下的内容还原成文字。一般说来，会议记录可遵循以下原则：

一快，即记得快。字要写得小一些、轻一点，多写连笔字；

二要，即择要而记。要围绕会议议题、会议主持人和主要领导同志发言的中心思想，与会者的不同意见或有争议的问题、结论性意见、决定或决议等做记录；

三省，即在记录中正确使用省略法（使用简称、简化词语和统称），未及时记录的内容，会后根据录音、录像查补。最终形成的会议记录，则应按规范要求办理。

2.2　会议纪要

会议纪要是根据会议记录等整理而成的公文，它是对会议基本情况的纪实。会议纪要必须忠实反映会议的基本情况，传达会议议定的事项和形成的决议，因而具有凭证作用和资料文献价值。会议纪要不同于会议记录，并非把会议的所有内容都原原本本地记录下来，它要有所综合、有所概括、有所选择、有所强调。在一个会议上，与会代表的话题涉及面是宽泛的，观点也是多种多样的，水平也是有高有低的，这些内容全部进入会议纪要，不现实也不必要。会议纪要需要在会议后期甚至会议结束之后通过概括整理而成。

总体规划汇报由于涉及部门和方面较多，专业性较强，可由规划编制单位根据会议记录拟定初稿，提交当地政府或相关部门核实修正后形成。

会议纪要格式及内容包括：

（1）标题。由"会议名称＋会议纪要"构成。

（2）导言。介绍会议召开的基本情况，如时间、地点、参加人、讨论的问题。

（3）会议的成果及议定的事项。应条理清晰，逐项列出，文字表述没有歧义。

（4）希望。

会议纪要应注意以下要点：

（1）应突出会议中心议题；

（2）要注意权威言论，对发言正确取舍，合理删减；

（3）会议纪要应是与会者共同意志的体现。

3. 会议记录与会议纪要案例

3.1　《××市城市总体规划（2013—2030年）》纲要成果汇报会议记录

□市委市政府领导意见：

书记：

（1）规划要把握好方向性和可行性，到2030年还有十几年的发展，要明确发展的阶段和步骤，注意规划的可行性和可操作性，特别是十三五重点做什么要重点研究。

（2）规模要打破现状的约束，要考虑信息化发展的影响，重点考虑互联网、新四化、国家标准等要求。

（3）要确定几个发展界线，包括城市、工业、生态空间等，用地布局要长远，考虑高速公路和铁路对城市的制约。

（4）沿河发展是自然规律，沿滩河发展是必然规律，向东也是重要方向。

（5）水库上游不得安排工业和居住，只做生态涵养，已经有的那些工业等设施未来也要取消。

（6）要把握历史方位。农业产业化、产业改革，注重城乡统筹一体化，把握城市的历史发展过程。

（7）要把握空间方位。山东省半岛城镇群规划中将我市定位为大城市。省会都市圈和西海岸经济区之间我市扮演什么角色，在蓝色经济区、中日韩自贸区之间扮演什么角色。目前我市急缺的高铁，不能只考虑与青岛的对接，还要与济南对接。节点城市，不止区位上的节点，也包括产业功能、周边的融合。

（8）要把握发展方位。高新产业、现代制造业聚集区、文化旅游，未来是在大的基础上加速发展。要重点考虑基础设施、公共设施能不能支撑，水库能否支撑工业用水等，对于重大基础设施能否支撑，包括能源结构和供给方式，以及供水、供电、供热、信息化等方面要进行论证。

（9）要把握特征、彰显特色。特征一：产业规模大、竞争力弱，打造创业宜业城市。应产业园区资源整合、功能配套；特征二：世界级文化旅游资源，打造恐龙旅游目的地的宜游城市，文化旅游布局以恐龙为核心；特征三：生态方面，山、水、林、空气等方面，打造宜居之城，加强环境保护。河流绿化等是未来 3 到 5 年发展的重点，将管网配套、生态涵养、保护功能提升一个档次。

（10）要能用一句话概括本市是个什么样的城市。

（11）应广泛征求各方意见，不能只在市领导层面。规划目前还没达到上人大常委会法定会议讨论的程度，待深化。

市长：

（1）同意城市向东发展、主动对接青岛的思路。

（2）未来的产业布局，不要仅仅立足于现在去定位未来。汽车产业有可能向新能源、绿色等方向发展。应当考虑互联网的作用和对城市产生的影响，包括电子商务、制造业等。新增产业应在产业链上有所关联，考虑长期的布局。

（3）要突出文化特色和文化元素。不要用国内大城市的理念来指导小城市的发展，要参考有经验的地方，比如国外一些同等人口规模、地形相似的城市案例，比如瑞士日内瓦等。

政协主席：

（1）规划与青岛对接的想法很好。

（2）产业规划比较合理，应突出中心城区的产业，将制造业外迁。

（3）三个街道驻地基础设施完整、交通方便，应作为副中心向城市吸纳人口。

（4）教育方面，要考虑高中外迁。小学、初中应在城区布局。

（5）文化旅游特色不够鲜明。

（6）市民休闲方面，要打造生态旅游城市，将两河作为市民休闲的主要场所，大约 10 分钟就可以覆盖七八成的城区，覆盖不到的地区要考虑另行布局绿地。

（7）市域南部有丰富的资源，应打造为潍坊的旅游胜地。

（8）要有鲜明的城市建设理念。

人大常委会主席：

（1）规划下足了功夫，进行了比较深入的调研。

（2）在定位方面，要克服“大”。我市毕竟是县级市，不能脱离现实一味做大，可以适度超前，在标准的基础上适当提高。要具有操作性，避免过大。

（3）发展方向上同意向东发展，符合国家大背景和产业政策。

（4）还要深入广泛地听取各方面意见，打开门来做规划。

（5）发展目标基本合适，但要有阶段性的目标，应具有针对性。

□各部门意见：

街道：

规划××街道驻地人口2015年1.3万人，2020年1.5万人，2030年2.2万人，规划人口数据不准确，现状已经超过2万人。

发改局：

（1）规划要与上位规划的“突破滨海、开发两河”战略紧密结合，滨海开发区内有已立项的产业园区，应当纳入规划。

（2）我市在山东省的综合经济实力排名不准确。

（3）2030年三产结构比重51略低，不能低于55。

（4）“八园两区”的园区数量不准确，应把滨海开发区内的园区纳入，发改局提的有12个园区，应为“十园两区”。

（5）新兴战略产业中建议加入新能源，可发展新能源汽车等。

经信局：

城镇性质中，工贸型和农贸型不太准确，建议改为工农贸型，服务业重点发展商务和金融业。

交通局：

（1）交通局现在正在规划建设的开城路，规划应提出规划建设。

（2）规划中提出的龙都客运站和密州客运站是否有必要。

（3）路名要规范并与日常使用的俗称对应，如省道220的路名不准确。

旅游局：

（1）城市旅游的特色没有体现。旅游特色包括恐龙、名人、生态，规划的“一带三区”从布局上看没有问题，但是特色不明显。特别是“一主五次”，恐龙园是世界级的，不应作为次节点，其他几个次节点的定位都不准确，不应按照区位和交通划定，应按照资源特色来划定次节点。

（2）旅游服务产业比较聚集，人员比较集中，没有必要定三级服务。

（3）旅游服务有些重要的发展要素没有体现，包括城市基础设施和服务功能配套，包括旅游绿道等应合理安排。

（4）文化特色不鲜明。恐龙文化、名人文化、生态文化是我市的文化特色。应把大的历史、自然遗迹、历史遗存保护开发，城市应包装创意，打造城市文化。

市政局：

没有提出现在城市的基础设施有什么问题。

城管局：

应研究青岛市总体规划并对接。

3.2 《××市城市总体规划（2013—2030年）》纲要成果汇报会议纪要

时间：2014年10月17日星期五上午9点

地点：××市××宾馆会议室

出席人员：

甲方：各级领导，以及规划局、发改局、住建局、国土局、经信局、交通局、水利局、旅游局、环保局、城管局、教育局、市政局、财政局、南湖区、开发区、高新区、A 街道、B 街道、C 街道、D 镇等相关部门代表 20 人。

乙方：《×× 市城市总体规划（2013—2030 年）》项目编制单位

本次会议的目的是向市委市政府及各相关部门汇报《×× 市城市总体规划（2013—2030 年）》纲要成果方案，针对纲要内容进行交流，征询市委市政府及各部门意见，为上报纲要成果作准备。

其中，乙方汇报的成果主要包括 13 个方面，分别为城市发展基础与区域发展比较、城市发展定位及发展战略、市域产业发展及布局规划、市域旅游发展规划、区域协调发展战略、市域人口增长与城镇化目标、城市规划区范围、城市规模与中心城区方案、市域城镇体系与农村社区规划、市域及中心城区重要公共设施规划、市域及中心城区道路交通规划、市域重大基础设施规划、市域资源保护及空间管制规划。

经过协商、讨论，双方达成了一致的认识。会议决定如下事项：

区域发展分析方面，增加近期济南都市圈，以及南部新的高铁线路等分析，并提出我市与济南都市圈的对接策略等；

发展定位方面，一句话描述城市性质，应重点探讨；

产业经济方面，新能源（含充电汽车等）、电子商务等纳入战略性产业；补充论证未来三产结构，建议产业结构不用固定比例，适当幅度，需要结合区域案例借鉴中的昆山等地，看未来发展水平下的产业结构特征问题；发展的阶段性目标要在产业经济基础上整合；旅游规划专篇适当突出资源的整合结构，然后再进入到接待设施的布局体系，重点品牌增加对文化、休闲类的塑造；滨海新区应在产业经济层面提及，但不要纳入市域空间体系；进一步对接发展改革委，核实综合经济实力排名；产业布局核对发展改革委的"十园两区"；

市域空间布局方面，进一步斟酌类型划分方式，如果农贸和工贸的划分方式，对方难接受，是否可以采用商贸、工贸等方式？重点完成生态空间管制，落实保护性空间边界及要求划定不可建设的生态空间，其他可以适当弹性；重点落实市域生态廊道和绿道系统；注意与对方协调道路名称标注方法（已经动工的，先俗称再括号省道）；

中心城区空间布局方面，"1+3"格局并重点向东，突出强调沿河及向东两个方向特征，明确周边限制空间发展的边界方位，进一步分析"1+3"的用地规模分布，现阶段不宜直接将人口和用地落实到组团层面；重点完善城区内水网、绿网、慢行网、公共中心和公共服务设施、广场及休闲场所的一体化格局；街办建议不要提客运站，提城乡公交枢纽站更好；

公共服务设施方面，从市域一体化角度落实各大系统的发展及布局要求，高中向中心城区和重点镇集中，但中心城区内重点提升街道驻地的教育设施水平；

重大基础设施方面，水源、能源的供给及结构安排；水源，特别是三里庄水库，保护范围应首先落实公布的范围，然后再考虑扩大并陈述扩大的依据。

望规划编制单位尽快落实会议相关决议，各部门积极协同配合，全力推进我市总体规划编制工作。

参考文献

[1] 魏祖宽，曹孟夔，孙丽媛，等．表现力——多媒体发表与演说成功之道 [M]．北京：电子工业出版社，2013．

[2] 沙聪颖，李占文，由靖涵．演讲与口才 [M]．镇江：江苏大学出版社，2014．

[3] 孙启，石开．演讲艺术与技巧 [M]．北京：经济管理出版社，2014．

[4] 刘世权．应用文写作 [M]．重庆：西南师范大学出版社，2008．

[5] 尹凤芝，施春华，张韬，等．沟通与演讲 [M]．北京：高等教育出版社，2010．

[6] 久保尤希也．请用数据说话 [M]．北京：中信出版社，2016．

[7] 张保忠，陈玉杰．公文写作规范指南 [M]．北京：经济科学出版社，2012．

第八章　成果制作与表达

第一节　成果要求

一、成果组成

城市总体规划的技术成果一般由规划文本、图纸和附件三部分组成，其中附件包括说明书、基础资料汇编和专题研究（图 8–1–1）。

形式上，规划文本和附件（包括说明书、基础资料汇编和专题研究）是城

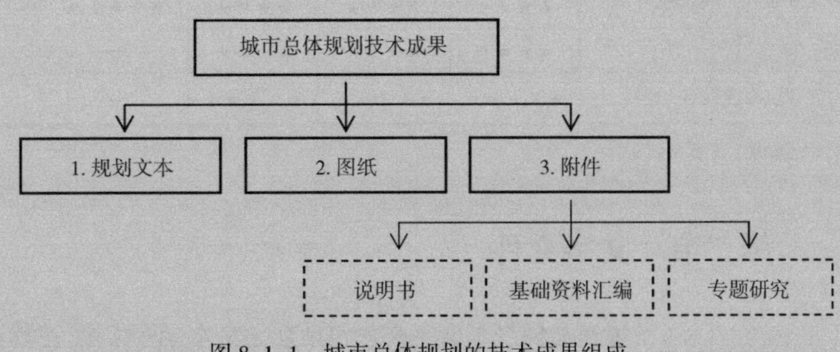

图 8–1–1　城市总体规划的技术成果组成
（资料来源：作者自制）

市总体规划的文字文件；现状图、规划图、分析图是城市总体规划的图纸文件；在方案形成、深化和评审阶段主要使用的 PPT 是城市总体规划的汇报文件。

二、名称命名

设市城市的总体规划一般称为"×× 市城市总体规划"，县城所在地镇的总体规划，可称为"×× 县城总体规划"，建制镇的总体规划一般称为"×× 镇总体规划"，乡的总体规划，可称为"×× 乡总体规划"。

项目名称中应包含规划期限，为规划期起始年份至规划期末年份，并应用阿拉伯数字表示。规划起始年为报批年，规划期末年份应与审批机关对修编总体规划的批复文件中的期限保持一致。

如"上海市城市总体规划（1999—2020 年）"、"莱芜市城市总体规划（2013—2020 年）"、"栖霞市城市总体规划（2014—2030 年）"、"费县县城总体规划（2015—2030 年）"、"高密市夏庄镇总体规划（2012—2030 年）"等。

三、成果装订

城市总体规划技术成果中的文本、图纸和附件不宜合并装订，一般将文本、图纸合订一册或分别装订成册，页面规格如无特别要求，可采用 A3 幅面。附件中的说明书、基础资料汇编和专题研究可合并也可以分别装订成册，具体页面规格如无特别要求，可采用 A3 或 A4 幅面装订。

四、阶段重点

城市总体规划的文本、图纸和附件在编制过程中不是同步完成，而是根据编制进展有所侧重，在城市总体规划前期研究和方案形成阶段、在方案完善和成果深化阶段以及在方案评审和成果提交阶段，相关成果完成进度见表 8–1–1。

城市总体规划成果不同阶段的完成进度 表 8–1–1

规划阶段		规划文本	图纸	附件			汇报文件
				规划说明	专题研究	基础资料汇编	
前期研究和方案形成阶段		—	★★★	★★★	★★★	★★★★	★★
方案完善和成果深化阶段	第一次汇报	—	★★★★	★★★	★★★★	★★★★★	★★★
	第二次汇报	★★★	★★★★	★★★	★★★★★	★★★★★	★★★
	第三次汇报	★★★★	★★★★	★★★★	★★★★★	—	★★★★
	……	★★★★	★★★★	★★★★	—	—	★★★★
方案评审和成果提交阶段		★★★★★	★★★★★	★★★★★	—	—	★★★★★

（资料来源：作者自制）

第二节 文字文件

城市总体规划文字文件包括规划文本、说明书、基础资料汇编和专题研究，其中说明书、基础资料汇编和专题研究属于附件。

一、规划文本

城市总体规划文本是对规划的各项目标和内容提出规定性要求的文件，采用条文形式，由正文及附录构成，附录包含附表等内容。规划文本中应当明确表述规划的强制性内容。

1. 内容

城市总体规划文本主要涉及以下内容（表 8–2–1）。

城市总体规划文本的内容　　**表 8–2–1**

序号	类别	内容
1	总则	主要表述规划编制的背景、目的、基本依据、规划期限、城市规划区、适用范围以及执行主体
2	城市发展目标	包括社会发展目标、经济发展目标、城市建设目标和环境保护目标
3	市域城镇体系规划	包括市域城乡统筹发展战略；市域空间管制原则和措施；城镇发展战略及总体目标、城镇化水平；城镇职能分工、发展规模等级、空间布局；重点城镇发展定位及其建设用地控制范围；区域性交通设施、基础设施、环境保护、风景旅游区的总体布局
4	城市性质与规模	城市职能；城市性质；城市人口规模；中心城区空间增长边界；城市建设用地规模
5	城市总体布局	城市用地选择和空间发展方向；总体布局结构；禁建区、限建区、适建区和已建区范围及其空间管制措施；规划建设用地范围和面积，用地平衡表；土地使用强度管制区划及其控制指标
6	综合交通规划	对外交通：对外货运枢纽、铁路线路和站场用地范围、等级、通行能力；江、海、河港口码头、货场及疏港交通用地范围；航空港用地范围及交通联结；公路与城市交通的联系、长途客运枢纽站的用地范围；管道运输线路走向及用地控制。 城市道路系统：城市快速路及主、次干路系统布局；重要桥梁、立体交叉口、主要广场、停车场位置。 公共交通：公交政策、公共客运交通和公交线路、站场分布；地铁、轻轨线路建设安排；客运换乘枢纽布局
7	公共设施规划	明确市级和区级公共中心的位置和规模；行政办公、商业金融、文化娱乐、体育、医疗卫生、教育科研、市场、宗教等主要公共服务设施位置和范围
8	居住用地规划	落实住房政策；明确居住用地结构；确定居住用地分类、建设标准和布局（包括经济适用房、普通商品住房等满足中低收入人群住房需求的居住用地布局）、居住人口容量、配套公共服务设施位置和规模
9	绿地系统规划	绿地系统发展目标；各种功能绿地的保护范围（绿线）；河湖水面的保护范围（蓝线）；绿地指标；市、区级公共绿地及防护绿地、生产绿地布局；岸线使用原则
10	历史文化保护	城市历史文化保护及地方传统特色保护的原则、内容和要求；历史文化街区、历史建筑保护范围（紫线）；各级文物保护单位的范围；重要地下文物埋藏区的保护范围；重要历史文化遗产的修整、利用；特色风貌保护重点区域范围及保护措施
11	旧区改建与更新	旧区改建原则；用地结构调整及环境综合整治；重要历史地段保护
12	中心城区村镇发展	村镇发展与控制的原则和措施；需要发展的村庄；限制发展的村庄；不再保留的村庄；村镇建设控制标准
13	给水工程规划	用水量标准和总用水量；水源地选择及防护措施，取水方式，供水能力，净水方案；输水管网及配水干管布置，加压站位置和数量
14	排水工程规划	排水体制；污水排放标准，雨水、污水排放总量，排水分区；排水管、渠系统规划布局，主要泵站及位置；污水处理厂布局、规模、处理等级以及综合利用的措施
15	供电工程规划	用电量指标，总用电负荷最大用电负荷、分区负荷密度；供电电源选择；变电站位置、变电等级、容量，输配电系统电压等级、敷设方式；高压走廊用地范围、防护要求等
16	电信工程规划	电话普及率、总容量；邮政设施标准、服务范围、发展目标，主要局所网点布置；通信设施布局和用地范围，收发讯区和微波通道的保护范围；通信线路布置、敷设方式

续表

序号	类别	内容
17	燃气工程规划	燃气消耗水平，气源结构；燃气供应规模，供气方式；输配系统管网压力等级、管网系统；调压站、灌瓶站、贮存站等工程设施布置
18	供热工程规划	采暖热指标、供热负荷、热源及供热方式；供热区域范围、热电厂位置和规模；热力网系统、敷设方式
19	环境卫生设施规划	环境卫生设施布置标准;生活废弃物总量，垃圾收集方式、堆放及处理、消纳场所的规模及布局;公共厕所布局原则；垃圾处理厂位置和规模
20	环境保护规划	生态环境保护与建设目标；有关污染物排放标准；环境功能分区；环境、污染的防护、治理措施
21	综合防灾规划	防洪：城市需设防地区（防江河洪水、防山洪、防海潮、防泥石流）范围，设防等级、防洪标准；设防方案，防洪堤坝走向，排洪设施位置和规模；排涝防溃的措施。抗震：城市设防标准；疏散场地通道规划;生命线系统保障规划。消防：消防标准;消防站及报警、通信指挥系统规划;机构、通道及供水保障规划
22	地下空间利用及人防规划	人防工程建设的原则和重点；城市总体防护布局；人防工程规划布局；交通、基础设施的防空、防灾规划；贮备设施布局；地下空间开发利用（平战结合）规划
23	近期建设规划	近期发展方向和建设重点；近期人口和用地规模；土地开发投放量；住宅建设、公共设施建设、基础设施建设
24	规划实施	实施规划的措施和政策建议
25	附则	说明文本的法律效力、规划的生效日期、修改的规定以及规划的解释权

（资料来源：根据《城市规划原理》，全国城市规划执业制度管理委员会，中国计划出版社，第 259-261 页整理。）

Tips 8-1：

《山东省城市总体规划编制技术规定》（鲁建发〔2004〕号）文本要求

第十八条　文本。

（一）总则。规划编制依据、原则、适用范围、规划期限等。

（二）市（县）域城镇体系规划。

1. 城镇发展战略。确定市（县）域的城镇发展战略，预测市（县）域人口增长及城市化水平，确定总体目标；

2. 城镇体系。提出市（县）域城镇体系的职能结构、等级和规模结构及空间结构，协调城镇发展与产业配置的时空关系，确定各时期重点发展的城镇，提出近期重点发展城镇的规划建议；

3. 脆弱资源保护。确定市（县）域风景名胜区，湿地、水源保护区等生态敏感区、地下矿产资源分布区、历史文化保护区等各类脆弱资源的位置和保护范围，提出有效地保护利用措施；

4. 基础设施。统筹安排市（县）域重大基础设施。

（三）远期规划。

1. 城市性质和规模。

2. 城市建设标准和发展目标体系。

3. 城市规划区。按照城市规划管理的需要，合理确定城市规划区范围。

4. 土地利用和空间布局。城市用地分类原则按照国家《城市用地分类

与规划建设用地标准》执行，以中类为主，小类为辅。

（1）总体布局结构。确定城市用地发展方向、功能分区和市中心、区中心的位置；

（2）对外交通。铁路站、线、场用地范围；确定港口码头、货场及疏港交通用地范围；确定机场用地范围及交通连接；确定市际公路、高速公路的走向；确定长途客运枢纽站的用地范围；组织城市交通与市际交通的衔接；

（3）城市交通。预测交通量；确定城市道路系统布局；确定城市主次干道系统布局，确定主次干道红线宽度与断面形式，编制《城市规划道路一览表》；确定重要交叉口形式；确定主要广场、大型公共停车场等交通设施的位置和规模；组织城市客运交通；组织城市自行车和行人专用道路系统；研究和安排轨道交通；确定客运换乘枢纽位置；组织城市货运交通，确定货运网络和货源点位置，大型货运站场和枢纽用地范围。大中城市要深化城市道路交通规划，确定城市交通方式，制定交通政策，对城市交通进行综合安排；

（4）公共设施用地。确定各级公共中心的布局结构和科技、教育、医疗卫生、文化娱乐、体育、商业服务等大型公共设施的设置标准及布局；

（5）居住用地。确定居住用地布局及人口分布；

（6）工业用地。确定工业用地布局；

（7）仓储用地。确定仓储用地布局；

（8）绿地系统。确定城市绿化目标和布局，规定城市各类绿地的控制原则，按照规定标准确定绿化用地面积，分层次布局公共绿地，划定防护绿地、大型公共绿地等的绿线，确定滨河、滨海、滨湖绿地的布局、宽度；

（9）水系。确定河湖水系的治理目标和总体布局，分配沿海、沿河岸线，划定主要河流、大型水面的蓝线；

（10）景观风貌。根据城市条件，开展城市设计，提高环境质量，塑造城市特色，主要确定城市景观分区与高度分区，确定标志性地段，城市特色的继承与发展。

5. 市政公用设施规划。

（1）给水工程。确定用水标准，估算生产、生活、市政用水总量；选择水源地，确定供水能力、取水方式、净水方案和水厂制水能力；确定输水管网及配水干管布置，加压站位置和数量；提出水源地防护措施；对缺水城市提出工程对策；

（2）排水工程。确定排水制度；划定排水区域，计算生活污水、工业废水及雨水量，制定不同地区污水排放标准；确定主要管渠位置及走向，主要泵站及位置；确定污水处理厂位置、规模、处理等级及中水综合利用的措施；

（3）供电工程。确定用电量指标，预测城市用电负荷；选择供电电源；确定变电站位置、变电等级、容量、输配电系统电压等级及敷设方式；确

定高压走廊用地范围及防护要求；

（4）电信工程。确定各项通信设施的标准和发展规模；确定邮政设施的标准、服务范围、发展目标，主要局所网点位置；确定通信线路布置、用地范围和敷设方式；确定通信设施布局和用地范围，收发讯区和微波通道的保护范围；

（5）供热工程。估算供热负荷，确定供热方式；划分供热区域范围，确定城市集中供热热源位置；布置热力管网系统，确定敷设方式；

（6）燃气工程。估算城市燃气消耗水平，选择气源；确定燃气供应规模；确定输配系统供气方式、管网压力等级、布置城市燃气管网系统，确定调压站、灌瓶站、贮存站等工程设施位置；

（7）环卫设施。提出环境卫生设施设置原则和标准；预测生活废弃物总量；确定垃圾收放、堆放及处理方式，消解场所的规模及布局；确定公共厕所布局原则、数量；

（8）环境保护。确定环境质量的规划目标和有关污染物排放标准；提出环境污染的防治、治理措施。

6. 城市防灾规划。包括防洪、消防、抗震等方面城市防灾规划。

7. 地下空间开发利用及人防（必要时可分开编制）规划。

大、中城市要编制城市地下空间开发利用规划。重点设防城市要编制地下空间开发利用及人防与城市建设相结合规划。

8. 历史文化名城保护（历史优秀建筑保护）规划。

国家和省级历史文化名城可编制专项历史文化名城保护规划，纳入城市总体规划；非国家和省级历史文化名城编制历史优秀建筑保护规划。

国家和省级历史文化名城在编制历史文化名城保护规划时划定紫线（保护范围）和建设控制范围；其他城市在编制历史优秀建筑保护规划时，划定紫线和建设控制范围。

9. 旧城改造规划。确定旧城改建、用地调整的原则、方法和步骤，提出改善旧城区生产、生活环境的要求和措施。

10. 城市规划区协调发展规划。对城市规划区内的市、镇（办事处）、乡村（居委会）进行统筹规划布局，用地划分至大类；确定城市大环境绿化布局；安排需与城市隔离的市政设施用地。

11. 建设控制规划。将城市用地分为强制性用地（强制性内容）、控制性用地和灵活选择用地三类；对城市各类用地的建设兼容性作出规定，编制《建设用地适建性一览表》；中小城市划分建筑密度、容积率、高度控制等不同的区域，控制土地的开发强度。

（四）近期建设规划。

1. 确定城市近期发展规模和建设重点；

2. 确定城市近期发展区域。对规划年限内的城市建设用地总量、空间分布和实施时序等进行具体安排，并制定控制和引导城市发展的规定；

3. 提出近期对历史文化名城、历史文化保护区、风景名胜区等相应的保护措施；

4. 提出近期建设的对外交通设施、城市交通设施、市政公用设施的选址、规模和实施时序的意见；

5. 提出建设的文化、教育、体育等重要公共服务设施的选址和实施时序；

6. 提出近期城市河湖水系、城市绿化、城市广场等的治理和建设意见；

7. 提出近期城市环境综合治理措施；

8. 建立近期建设项目库。确定建设项目、规模、投资估算、建设时序。

（五）远景规划。

1. 城市规模。

2. 土地利用和空间布局。城市用地分类原则按照国家《城市用地分类与规划建设用地标准》执行，以中类为主，小类为辅。

（1）总体布局结构。确定城市用地发展方向、功能分区和市中心、区中心的位置；

（2）对外交通。铁路站、线、场用地范围；确定港口码头、货场及疏港交通用地范围；确定机场用地范围及交通连接；确定市级公路、高速公路的走向；确定长途客运枢纽站的用地范围；组织城市交通与市际交通的衔接；

（3）城市交通。确定城市道路系统布局；确定主要广场、大型公共停车场等交通设施的位置；研究和安排地铁、轻轨交通；

（4）公共设施用地。确定各级公共中心的布局结构和科技、教育、医疗卫生、文化娱乐、体育、商业服务等大型公共设施的布局；

（5）居住用地。确定居住用地布局；

（6）工业用地。确定工业用地布局；

（7）仓储用地。确定仓储用地布局；

（8）绿地系统。确定城市绿化目标和布局；

（9）市政公用设施用地。确定各类市政公用设施的用地布局。

（六）实施措施。提出实施城市总体规划的措施与步骤。

（七）附则。

（八）用地平衡表。

Tips 8–2：

参考文本结构：

第一章　总　则

第二章　市域城乡发展战略与目标

第三章　市域城镇体系规划

第四章　规划区城乡统筹规划

第五章　城市性质与城市规模

第六章　中心城区用地布局

第七章　　中心城区综合交通规划
第八章　　中心城区绿地景观系统规划
第九章　　历史文化名城保护与旧城更新规划
第十章　　中心城区市政基础设施规划
第十一章　中心城区综合防灾减灾规划
第十二章　中心城区环境与资源保护规划
第十三章　中心城区建设用地控制
第十四章　中心城区近期建设与远景发展设想
第十五章　规划实施
第十六章　附则

（资料来源：上海同济城市规划设计研究院城市总体规划成果技术规程（2011 年 9 月）.http://wenku.baidu.com/link?url=a-k88uqIQWN7Y0FHYmYODBK740le4DYPrIOs3KJ6U8j-gNDYB9iSSQhC6BmC9nhtRT_EbdfFwqtohNzuqEFfMxhR6cmAnrNT2YcpusTElUy.）

2. 表述要求

2.1　准确

文本语言表达的内容应与客观事实相符，其前提和结论应连贯并符合逻辑关系，句子表述和用词表达应简明、得体、恰当、准确，标点符号运用正确。

2.2　严谨

结构严谨、条理清晰、语言准确，对词语要作恰当的限制，对关键词语和专业术语的要正确定义和使用，有关内容的表述，应当精确表达，不能存在歧义。

2.3　简明

文本写作力求简明扼要，不能照搬说明书，不能出现大量现状描述和计算过程，避免大量分析性、描述性和文学性的内容，避免出现标题与内容不一致以及以标题代替内容的现象。

2.4　精炼

文字精炼，以较少的文字表达较丰富的内容，注意选用专业词语和权威性表达。运用文体格式，使用条款式直述内容；注意删繁就简，力避重复。

2.5　规范

文本表达内容应通俗易懂，并做到与国家法规、相关标准协调一致，编写方法和程序规范。概念明确，同一名词或术语始终表达同一概念，同一概念应始终采用同一名词或术语，不能出现一物多名词、一名多物的现象。

2.6　意赅

文本表达意思必须完整、完备，含义应清晰、明了，不能含糊其辞、存在歧义，要合理运用短句和省略句，避免有半句或者不完整的语句和表述出现。

3. 体例要求

参照《中华人民共和国立法法》（2015 年修正）第六十一条规定，文本内容应分条文书写，冠以“第几条”字样，每条应当包含一项规定，可以分设“款”、“项”、“目”。“款”不冠数字；“项”冠以（一）、（二）、（三）等数字，序号后不再使用标点；“目”冠以1、2、3等数字，数字后面用小圆点。

“条”、“款”、“项”、“目”均应当另起一行空二字书写。

4. 常用措辞

规划文本的措辞非常关键，措辞不当不仅会曲解条文的本意，更重要的是会失去文本的严肃性。

一般常用的结论性条文措词有：是、为、包括、采用。

一般常用的规定性条文措词有：布置在、安排在、规划在、必须、应当、采用、可以、须经、不许、不可以、不应该、有权、禁止、绝对不、责令。

一般常用的建议性条文措词有：在……情况下、如果……、未取得……不得……、鼓励……、适宜、宜、适合、最好、较好、建议。

一般常用的解释性条文措词有：本文所指（提）×××系……，本文所提（指）×××为……。

Tips 8–3：

第××条规划目的

为指导××市城市建设和发展，协调城乡空间布局，改善人居环境，促进城乡经济社会全面、协调、可持续发展，根据《中华人民共和国城乡规划法》和建设部《城市规划编制办法》等有关法律、法规，特制定《××市城市总体规划（2006—2020年）》。

第××条城市空间布局结构

以芝罘滨海地带为中心，拓展东西两翼，贯通南北山海，形成“山耸城中，城随山转，海围城绕，城岛相应，融山、城、海、岛于一体”的城市格局。以天热河流、山体和永久性绿带分割，形成芝罘、莱山、开发区、福山、牟平、八角等六大组团，构成多组团、多核心的滨海带状组团城市结构（烟台市城市总体规划）。

第××条城市快速路

构筑“三横五纵”的快速路系统，以有效、快速疏解过境交通、对外交通和跨区的长距离机动车交通。其中“三横”指济青与京福高速公路连接线及其西向延长线、工业北路—北园大街—无影山中路及其西向延长线、经十东路—二环南路及其西向延长线；“五纵”指二环东路、顺河街高架路、二环西路、大金路和济微路。快速路和高速公路有效结合，构成城市的快速机动化网络（济南市城市总体规划）。

第××条综合防灾与公共安全保障体系

建立安全可靠高效的交通、水、电、气、热、通信等城市生命线系统，提高抵御灾害的能力，保障社会稳定和经济发展。建立城市生命线运行监控系统，提高科技含量，加强政府管理。加强城市生命线系统设施和应急体系建设，增强城市承载能力（北京市城市总体规划）。

第××条规划变更

本规划一经批准，任何单位和个人未经法定程序无权变更。

有下列情形之一的，××市人民政府可按照规定的权限和程序修改城市总体规划：

（一）上级人民政府制定的城乡规划发生变更，提出修改规划要求的；

（二）行政区划调整确需修改规划的；

（三）因国务院批准重大建设工程确需修改规划的；

（四）经评估确需修改规划的；

（五）城市总体规划的审批机关认为应当修改规划的其他情形。

修改城市总体规划前，××市人民政府应当对原规划的实施情况进行总结，并向原审批机关报告，涉及城市总体规划强制性内容的，应当向原审批机关提出专题报告，经同意后，方可编制修改方案。

修改后的城市总体规划应当依照《城乡规划法》第十三条、第十四条、第十五条和第十六条规定的审批程序报批。

二、说明书

说明书是对规划文本解释、说明和补充的文件，主要是现状问题分析、构思意图论证、规划目标确立、总结规划对策、提出应对措施以及方案解释评估等，并可以根据需要合并和简化。

1. 内容

规划说明书的具体内容包括：城市基本情况；对上一轮城市总体规划实施情况的总结评价；规划编制背景、依据、指导思想；规划技术路线；社会经济发展分析；市域城乡统筹发展战略；市域空间管制原则和措施；市域交通发展策略；市域城镇体系规划内容；城市规划区范围；城市发展目标；城市性质和规模；中心城区禁建区、限建区、适建区和已建区范围及空间管制措施；城市发展方向；城市总体布局；中心城区建设用地、农业用地、生态用地和其他用地规划；建设用地的空间布局及土地使用强度管制区划；综合交通规划；绿地系统规划；市政工程规划；环境保护规划；综合防灾规划；地下空间开发利用的原则和建设方针；近期建设规划；规划实施步骤、措施和政策建议等内容。

2. 表述要求

说明书对现状概况与问题分析应简明扼要，不应直接照搬基础资料，应重点阐述对规划的依据或理由，应有具体的说明与描述，方便规划人员及有关人员查阅和了解，以利于其对技术规定的理解或在具体执行过程中掌握、应用；数据分析推算应保留计算过程，主要数据应注明来源或资料提供部门，直接引用法律、条例、规范的，应注明引用法律、条例、规范的名称；使用上位规划或相关规划的，应说明相关规划的出处。对规划内容进行必要的解释和说明，对于城市发展的重大问题，如城市布局结构、城市重大基础设施等方面进行多方案的对比与评估。

3. 体例要求

在说明书正文之前可加前言，说明本次规划编制的过程、主要解决的问题、规划的特色和技术路线等内容，以便更好地了解规划编制的全过程。

说明书正文应采用与文本对应的章节顺序结构。说明书的第 1 级层次为"章"，每一章下可依次再分成若干连续的第 2 级层次的"节"，章节的层次划分一般不超过 4 级。可通过插图、配表、专栏的方式，增强说明书的可读性。

图、表一律用阿拉伯数字依序分别编号。可以按出现的先后顺序编号，如图 1、图 2，表 5、表 6；也可以分章依序分别连续编号，即前一数字为章的编号，后一数字为本章内的顺序号，两数字间用半字线连接，如图 1–2、图 3–1、表 5–6、表 7–8。图和表应有简短确切的图名和表名，图名连同图号置于图的下方，表名连同表号置于表的上方，图号与图名间以及表号与表名间应有一字空格。

三、基础资料汇编

基础资料汇编是规划编制过程中所采用的基础资料的整理与汇总。基础资料从空间范围上应分为市域和城区，编制城市总体规划应收集齐备市域和城区的勘察、测量、经济、社会、自然环境、资源条件、历史、现状和规划情况等基础资料，并作分析研究。基础资料可视所在城市的特点及实际需要增加或简化，并分析汇编。

现状基础资料汇编体例同规划说明书，以章为基本单位。文字、数据、附图等各类资料要真实、准确、清晰、简明、扼要，并可文字叙述与图、表相结合。数据存在不同口径时，应注明并校核。

Tips 8–4：

《山东省城市总体规划编制技术规定》（鲁建发〔2004〕号）基础资料汇编要求

第十条　市（县）域基础资料。

（一）市（县）域的地形图。图纸比例一般为 1 ：50000 ～ 1 ：200000。

（二）自然条件。包括气象、水文、地貌、地质、自然灾害、生态环境等。

（三）资源条件。

（四）主要产业及工矿企业（包括民营企业）状况。

（五）主要城镇的分布、历史沿革、性质、人口和用地规模、经济发展水平。

（六）区域基础设施状况。

（七）主要风景名胜、文物古迹、自然保护区的分布和开发利用条件。

（八）三废污染状况。

（九）土地开发利用情况，基本农田保护区情况。

（十）国民生产总值、工农业总产值、国民收入和财政状况。

（十一）有关经济社会发展计划、发展战略、区域规划等方面的情况。

第十一条　城市基础资料。

（一）近期绘制的城市地形图。图纸比例一般为 1 ： 5000 ～ 1 ： 25000。

（二）城市自然条件及历史资料。

1. 气象资料；

2. 水文资料；

3. 地质和地震资料。包括地质质量的总体验证和重要地质灾害的评估；

4. 城市历史资料。包括城市的历史沿革、城址变迁、市区扩展、历次城市规划的成果资料等。

（三）城市经济社会发展资料：

1. 经济发展资料。包括历年国民生产总值、财政收入、固定资产投资、产业结构及产值构成等；

2. 城市人口资料。包括现状非农业人口、流动人口及其中暂住人口数量，人口的年龄构成、劳动构成、城市人口的自然增长和机械增长情况等；

3. 城市土地利用资料。城市规划发展用地范围内的土地利用现状(包括基本农田保护区情况)，城市用地的综合评价；

4. 工矿企业的现状及发展资料；

5. 对外交通运输现状及发展资料；

6. 各类商场、市场现状和发展资料；

7. 各类仓库、货场现状和发展资料；

8. 高等院校及中等专业学校现状和发展资料；

9. 科研、信息机构现状和发展资料；

10. 行政、社会团体、经济、金融等机构现状和发展资料；

11. 体育、文化、卫生设施现状和发展资料。

（四）城市建筑及公用设施资料。

1. 住宅建筑面积、建筑质量、居住水平、居住环境质量；

2. 各项公共设施的规模、用地面积、建筑面积、建筑质量和分布状况；

3. 市政公用工程设施和管网资料，公共交通以及客货量、流向等资料；

4. 园林、绿地、风景名胜、文物古迹、历史地段等方面的资料；

5. 人防设施、各类防灾设施及其他地下构筑物等资料。

（五）城市环境及其他资料。

1. 环境监测成果资料；

2. 三废排放的数量和危害情况，城市垃圾数量、分布及处理情况；

3. 其他影响城市环境的有害因素（易燃、易爆、放射、噪声、恶臭、震动）的分布及危害情况；

4. 地方病以及其他有害居民健康的环境资料。

第十二条　必要时，需收集城市相邻地区的有关资料。

第十三条　上一版城市总体规划的实施情况。

四、专题研究

针对城市总体规划重点问题、重点专项进行必要的专题分析，提出解决问题的思路、方法和建议，并形成专题研究报告。

专题研究可从城市区域定位、城乡统筹、人口与用地规模、产业发展、用地评价、城市发展目标、城市规模、城市性质、用地发展方向、空间布局、公共服务设施配置、城市特色、城市交通、生态安全格局、生态环境保护、城市风貌、城市历史文化遗产保护、城市重大基础设施、资源与环境保护、城市防灾、城市规划新理论、新技术、新政策对城市总体规划的影响，以及影响城市发展的重大问题的资源与经济等方面进行选择。这些研究报告是规划编制的重要参考依据，规划采用的许多结论来源于此。根据各地主管部门要求不同，人口与用地规模预测专题研究往往作为必选专题[①]。

第三节 图纸文件

一、图纸分类

图纸成果按内容可分为现状图、规划图、分析图三类。按地域范围可分为市域图纸、规划区图纸、中心城区图纸。分析图主要用于规划过程及专题研究，不宜作为正式图纸，可附于说明书和专题研究报告之中。

二、排序与内容

城市总体规划图纸一般按照市域图纸在前、中心城区图纸在后，现状图纸在前、规划图纸在后，用地规划图纸在前、工程规划图纸在后的顺序排列。同种专业或不同专业内容的现状图和规划图，在不影响图纸内容识别的前提下，均可合并绘制。

城市总体规划图纸因各地要求不同而有所差异，图纸的数量应根据规划对象的特点、规划内容的实际情况、规划工作需要表达的内容决定。以下是中国城市规划设计研究院、上海同济城市规划设计研究院和山东省建设厅对城市总体规划图纸的技术要求（表 8–3–1 ～表 8–3–3）。

三、要素表达

城市总体规划图应有图幅、图题、图界、指北针与风象玫瑰、比例、比例尺、规划期限、图例、署名、编制日期、图标、文字与说明、地形图等。

1. 图幅

城市总体规划图的图幅规格可分规格幅面的规划图和特型幅面的规划图两类。直接使用 0 号、1 号、2 号、3 号、4 号规格幅面绘制的图纸为规格幅面图纸（表 8–3–4、图 8–3–1）；不直接使用 0 号、1 号、2 号、3 号、4 号规格幅面绘制的规划图为特型幅面图纸，此类图幅的城市总体规划图宜有一对边长与标准幅面图纸的一对边长相一致。

---

① 山东省城市总体规划编制技术规定（鲁建发〔2004〕号）。

城市总体规划图纸一览表 1　　表 8-3-1

序号	图名	比例	应表示的主要内容	适用范围				备注
				特大城市	大中城市	小城市县城	建制镇	
01	城市地理位置图	1/100 万 ~ 1/20 万	城市位置、周围城市位置、主要交通线、城市规划区界线	▲	▲	▲	▲	
02	市域城镇分布现状图	1/20 万 ~ 1/5 万	行政区划、城镇分布、城镇规模、交通网络、重要基础设施、主要风景旅游资源、主要矿产资源、城市规划界线	▲	▲	▲		
03	市域城镇职能结构规划图	1/20 万 ~ 1/5 万	行政区划、城镇职能分工	▲	▲	▲		可合一为《市域城镇体系规划图》
04	市域城镇等级规模结构规划图	1/20 万 ~ 1/5 万	行政区划、城市等级、城镇规模	▲	▲	▲		
05	市域城镇空间布局结构规划图	1/20 万 ~ 1/5 万	行政区划、城镇分布、主要发展轴（带）和发展方向	▲	▲	▲		
06	市域基础设施规划图	1/20 万 ~ 1/5 万	行政区划、交通网络、基础设施分布等级，主要文物古迹、风景名胜、旅游区布局、风景旅游，环境保护，重要资源分布	▲	△	△		
07	城市用地现状图	1/2.5 万 ~ 1/5 千	用地性质、用地范围、各类开发区办线、主要地名和街道名	▲	▲	▲	▲	
08	城市用地工程地质评价图	1/2.5 万 ~ 1/5 千	建设用地工程地质分类和适用性评价、地质构造界限、洪水淹没范围、地下矿藏、地下文物埋藏范围、地面坡度的范围、潜在地质灾害空间分布、活动性地下断裂带位置、地震裂度及灾害异常区	▲	▲	▲	△	
09	城市历史沿革图	1/2.5 万 ~ 1/5 千	不同时期城市发展的用地范围界线	△	△	△	△	
10	城市规划区范围界定图	1/10 万 ~ 1/2.5 万	城市规划区界线	▲	▲	▲	△	
11	城市总体规划图	1/2.5 万 ~ 1/5 千	用地性质、用地范围、主要地名、主要方向、街道名、标注中心区、风景名胜、文物古迹、历史地段范围	▲	▲	▲	▲	
12	居住用地规划图	1/2.5 万 ~ 1/5 千	建成居住用地、规划居住用地、居住用地结构、配套设施（中小学）、人口容量（居住人数）、居住用地面积、居住用地分类	▲	▲	▲		小学只定配置数。中学可定位
13	公共设施用地规划图	1/2.5 万 ~ 1/5 千	公共设施位置、级别（包括大型市场）	▲	△	△	△	当总图用地分类以大类为主时画此图
14	道路交通规划图	1/2.5 万 ~ 1/5 千	各类对外交通设施的位置、范围、街道名、道路走向、性质、级别、断面形式、红线宽度、广场、站场、加油站、停车场位置范围、重要交叉口形式（灯控、渠化、立交）、各类交通枢纽点（换乘点）	▲	▲	▲	▲	
15	公共交通规划图	1/2.5 万 ~ 1/5 千	公交线路、站场、起讫点	▲	△	△		
16	绿地系统规划图	1/2.5 万 ~ 1/5 千	绿地性质、范围、市区级公共绿地、苗圃、专业植物、防护林带、林地范围、河湖水系范围、市区内风景名胜区范围	▲	▲	▲	△	

续表

序号	图名	比例	应表示的主要内容	适用范围				备注
				特大城市	大中城市	小城市县城	建制镇	
17	景观（风貌）规划图	1/2.5 万 ~ 1/5 千	城市出入口、标志性建筑、景观点（带、走廊、区）、景观保护区、建筑高度	△	△	△	△	可合并
18	文物古迹、历史地段、风景名胜分布图	1/2.5 万 ~ 1/5 千	名称、范围（位置）、级别	△	△	△		可并入《绿地系统规划图》
19	历史文化名城保护规划图	1/2.5 万 ~ 1/5 千	保护区、影响区、控制区范围、保护单位位置范围、建筑高度控制、景观视线保护、保护整修项目的位置	▲	▲	▲	△	国家级和省级历史文化名城
20	旧区改建规划图	1/2.5 万 ~ 1/2 千	改建范围、重点处理地段性质、改造分区、打通或拓宽道路、交通控制	△	△	△		
21	岸线规划图	1/2.5 万 ~ 1/5 千	岸线性质、航线、主航道、锚地、回船区、陆域范围疏运通道	▲	▲	▲	△	沿江沿海城市
22	土地分等定级评价图	1/2.5 万 ~ 1/5 千	土地的分等与定级	△	△	△		可合并
23	环境质量现状评价图	1/2.5 万 ~ 1/5 千	污染源分布、污染物扩散范围、污染物排放单位名称、排放浓度、有害物质指数	▲	▲	△		由甲方提供资料
24	环境保护规划图	1/2.5 万 ~ 1/5 千	大气水体的环境质量控制范围与指标（规划环境标准、环境分区）、治理污染的重要措施	▲	▲	▲	△	
25	环境卫生规划图	1/2.5 万 ~ 1/5 千	环卫设施的位置、范围、性质（垃圾中转站、处理场、环卫车场）	▲	▲	△	△	可与《环境保护规划图》合并
26	给水工程规划图	1/2.5 万 ~ 1/5 千	水源地、水厂、泵站、储水站的位置、供水能力、给水范围、给水分区、供水量、输配水干管走向、加压泵、高位水池规模及位置	▲	▲	▲	▲	
27	排水工程规划图	1/2.5 万 ~ 1/5 千	排水分区界线、汇水总面积、规划排放总量、污水管、雨水管走向、位置、出水口位置、污水处理厂、排水泵站的位置范围	▲	▲	▲	▲	雨、污水两张图可合画
28	供电工程规划图	1/2.5 万 ~ 1/5 千	电源（电厂）、供电能力、变电站位置等级、供电高压线路走向、等级、敷设方式、高压走廊范围	▲	▲	▲	▲	
29	电信工程规划图	1/2.5 万 ~ 1/5 千	电信总局、市话分局、邮政处理中心、转运站、微波站位置、线路走向、敷设方式，微波通道走向保护范围、收信区、发信区范围	▲	▲	▲	▲	
30	燃气工程规划图	1/2.5 万 ~ 1/5 千	气源位置、供气能力、储气站位置、容量、输气干管走向压力、调压站、储存站位置、容量	▲	▲	△		
31	供热工程规划图	1/2.5 万 ~ 1/5 千	热源位置、供热分区、管线走向、敷设方式、供热量、热负荷	▲	▲	△		
32	防灾规划图	1/2.5 万 ~ 1/5 千	设防地区范围、洪水流向、防洪堤围、防潮闸、泵站、防护分区、抗震疏散场地通道、重点防护目标、消防站、人防干道、救护医院、储备设施、地下空间开发利用位置及规模	▲	▲	▲		
33	郊区规划图	1/10 万 ~ 1/2.5 万	城市规划区界线、城镇用地范围（村镇居民点、公共服务设施、乡镇企业）、城市对外交通设施、市政公用设施（水源地、危险品库、火葬场、墓地、垃圾处理消纳地）、农副产品基地、禁止建设的绿色空间的控制范围、风景区、水库、河流、重要基础设施	▲	▲	△		

续表

序号	图名	比例	应表示的主要内容	适用范围				备注
				特大城市	大中城市	小城市县城	建制镇	
34	近期建设规划图	1/2.5 万 ~ 1/5 千	用地范围、用地性质（具体深度参见第4.3.10 条）	▲	▲	▲	▲	
35	远景发展构想图	1/5 万 ~ 1/5 千	远景发展界线、用地形态、布局结构、主要功能分区、路网结构、相应的大型基础设施位置	▲	▲	▲	△	
注：▲为必须具备的图纸内容，△为建议完成的图纸内容								

（资料来源：中国城市规划设计研究院 – 城市总体规划统一技术措施 http://doc.mbalib.com/view/0e6af3f3e82c7914f41966afa84d750a.html.）

城市总体规划图纸一览表 2 **表 8–3–2**

类别	图名	大城市	中等城市	小城市	备注
市域	区位分析图	▲	▲	▲	
	市域城镇体系现状图	▲	▲	▲	
	市域综合交通现状图	▲	▲	△	
	市域市政基础设施现状图	▲	▲	▲	
	市域文物古迹、风景名胜区现状图	△	△	△	文物古迹、风景名胜较丰富城市
	市域城镇空间结构规划图	▲	▲	▲	中小城市可合并为市域城镇体系规划图
	市域城镇职能类型规划图	▲	▲	▲	
	市域城镇等级规模结构规划图	▲	▲	▲	
	市域综合交通规划图	▲	▲	△	
	市域重大基础设施规划图	▲	▲	▲	
	市域社会服务设施规划图	△	△	▲	
	市域综合防灾规划图	▲	▲	△	
	市域空间管制规划图	▲	▲	▲	
规划区	划区范围图	▲	▲	▲	
	规划区用地现状图	▲	▲	▲	用地分类不同于中心城区用地图
	规划区用地规划图	▲	▲	▲	
	规划区重大基础设施规划图	▲	▲	▲	
	规划区空间管制规划图	▲	▲	▲	
中心城区	中心城区用地现状图	▲	▲	▲	
	中心城区综合交通现状图	▲	▲	△	
	中心城区建设条件评价图	▲	▲	▲	
	中心城区用地规划图	▲	▲	▲	
	中心城区规划结构图	△	△	△	
	中心城区居住用地规划图	▲	▲	▲	
	中心城区公共设施用地规划图	▲	△	△	

续表

类别	图名	大城市	中等城市	小城市	备注
中心城区	中心城区工业仓储用地规划图	▲	△		
	中心城区综合交通规划图	▲	▲	▲	可拆分
	中心城区绿地系统规划图	▲	▲	▲	
	中心城区景观风貌规划图	△	△	△	
	中心城区文物古迹、历史街区分布现状图	△	△	△	文物古迹、历史街区较多城市
	历史文化名城保护规划图	▲	▲	▲	国家和省级历史文化名城
	中心城区给水排水规划图	▲	▲	▲	可拆分
	中心城区电力电讯规划图	▲	▲	▲	可拆分
	中心城区燃气供热规划图	▲	▲	▲	可拆分
	中心城区"五线"控制图	▲	▲	▲	可拆分
	中心城区环境保护规划图	▲	▲	▲	
	中心城区环境卫生设施规划图	▲	▲	▲	
	中心城区综合防灾规划图	▲	▲	▲	
	中心城区近期建设规划图	▲	▲	▲	
	中心城区远景发展示意图	▲	▲	▲	

（资料来源：上海同济城市规划设计研究院城市总体规划成果技术规程（2011 年 9 月）.http://wenku.baidu.com/link?url=KE84TpZyqRAQzElxJ2dR20g7940aYVe65C4Sd6DVPy5m9oHFhHxXRdRfEczkPtG9Qaf1BNpCrpV_iyLjL_Up6WK3L5pzJddufRhOFGTUjHS/）

城市总体规划图纸一览表 3　　　　**表 8-3-3**

序号	类别	名称	比例	主要表示内容	适用范围		
					大城市	中等城市	小城市
1	现状	区域位置图	1/80 万 ~ 1/20 万	城市位置及周围城市关系	▲	▲	▲
2		市域城镇分布现状图	1/30 万 ~ 1/5 万	行政区别、城镇分布、交通网络、基础设施	▲	▲	▲
3		城市用地现状图	1/2.5 万 ~ 1/5 千	用地范围、用地性质、自然条件	▲	▲	▲
4		城市文物古迹分布图	1/2.5 万 ~ 1/5 千	文物古迹位置、级别、用地范围	国家和省级历史文化名城		
5		城市环境质量评价	1/2.5 万 ~ 1/5 千	主要污染位置、污染半径、污染指数和等级	▲	△	
6		城市用地评价图	1/2.5 万 ~ 1/5 千	用地建设条件分析和适用性评价	▲	▲	▲
7	远期规划	市域城镇体系规划图	1/30 万 ~ 1/5 万	市域城镇体系规模、职能、等级与空间结构	▲	▲	▲
8		市域脆弱资源保护范围图	1/30 万 ~ 1/5 万	生态敏感区、地下矿产资源分布区、历史文化保护区等的位置和保护范围	▲	▲	▲
9		市域基础设施规划图	1/30 万 ~ 1/5 万	基础设施分布、等级、容量	▲	▲	▲
10		城市规划总图	1/2.5 万 ~ 1/5 千	用地范围、用地性质	▲	▲	▲
11		城市强制性内容规划图	1/2.5 万 ~ 1/5 千	强制性内容的用地性质和范围	▲	▲	▲
12		城市道路交通规划图	1/2.5 万 ~ 1/5 千	道路性质、级别、红线宽度及断面形式、标高、主要广场、停车场布置；中小城市标明道路交叉口坐标	▲	▲	▲

续表

序号	类别	名称	比例	主要表示内容	适用范围		
					大城市	中等城市	小城市
13	远期规划	城市公共设施用地规划图	1/2.5 万 ~ 1/5 千	公共设施位置、规模	▲	▲	▲
14		城市居住用地规划图	1/2.5 万 ~ 1/5 千	居住分类、面积、居住人数、中小学校位置	△	△	
15		城市工业与仓储用地规划图	1/2.5 万 ~ 1/5 千	工业、仓储用地的分类、布局	▲	△	
16		城市绿地系统规划图	1/2.5 万 ~ 1/5 千	绿地性质，绿线、蓝线的界限	▲	▲	▲
17		城市景观风貌规划图	1/2.5 万 ~ 1/5 千	总体景观设计、风貌特色	▲	▲	▲
18		城市给水排水规划图	1/2.5 万 ~ 1/5 千	水源地、水厂、污水处理厂位置、给水排水管网	▲	▲	▲
19		城市电力电讯规划图	1/2.5 万 ~ 1/5 千	电源、变电站、高压走廊、微波通道、广播电视、邮政设施位置	▲	▲	▲
20		城市热力燃气规划图	1/2.5 万 ~ 1/5 千	热源、气源位置、供热分区管网布置、燃气设施布置	▲	▲	▲
21		城市环卫规划图	1/2.5 万 ~ 1/5 千	环卫设施布点	△		
22		城市环境保护规划图	1/2.5 万 ~ 1/5 千	环境质量分区	▲	△	
23		城市消防规划图	1/2.5 万 ~ 1/5 千	消防分区、消防设施	▲	△	△
24		城市抗震防灾规划图	1/2.5 万 ~ 1/5 千	抗震分区、避难场所、抗震设施分布点	七度以上设防城市		
25		城市地下空间开发利用规划图	1/2.5 万 ~ 1/5 千	利用项目性质、用地范围	▲	▲	
26		城市历史文化名城保护规划图	1/2.5 万 ~ 1/5 千	古城空间形态、视廊保护，紫线及建设控制地带的界限	国家和省级历史文化名城		
27		城市历史建筑保护规划图	1/2.5 万 ~ 1/5 千	紫线及建设控制地带的界限	非国家和省级历史文化名城		
28		城市规划区协调发展规划图	1/5 万 ~ 1/2.5 万	规划区范围、用地布局（划分至大类）、城市大环境绿化、各种基础设施布置	▲	▲	▲
29		城市建设控制规划图	1/2.5 万 ~ 1/5 千	划分建筑密度、容积率、高度控制等不同的区域及控制指标	△	▲	▲
30	近期建设规划	城市近期建设用地规划图	1/2.5 万 ~ 1/5 千	用地范围、用地性质	▲	▲	▲
31		城市近期建设项目规划图	1/2.5 万 ~ 1/5 千	项目位置、规模	△	▲	▲
32	远景规划	城市远景规划总图	1/2.5 万 ~ 1/5 千	用地范围、用地性质	▲	▲	▲
备注	▲为必须完成的图纸内容，△为建议完成的图纸内容。						

（资料来源：山东省城市总体规划编制技术规定（鲁建发〔2004〕号））

幅面及图框尺寸（单位：mm） **表 8-3-4**

尺寸代号 \ 幅面代号	A0	A1	A2	A3	A4
$b \times l$	841 × 1189	594 × 841	420 × 594	297 × 420	210 × 297
c	10			5	
a	25				

（资料来源：《城市规划制图标准》CJJ/T 97—2003，2.12.2）

2. 图题

图题是城市总体规划图的标题，内容应包括项目名称（主题）和图名（副题）。副题的字号宜小于主题的字号。图题宜横写，不应遮盖图纸中现状与规划的实质内容。位置应选在图纸的上方正中，图纸的左上侧或右上侧。不应放在图纸内容的中间或图纸内容的下方。

3. 图界

图界应是城市总体规划图的幅面内应涵盖的用地范围。有城市总体规划的现状图和规划图，都应涵盖城市总体规划用地的全部范围、周邻用地的直接关联范围和该城市总体规划图按规定应包含的规划内容的范围。

4. 指北针与风象玫瑰

城市总体规划的规划图和现状图，应标绘指北针和风象玫瑰图。组合型城市的规划图纸上应标绘城市各组合部分的风象玫瑰图，各组合部分的风象玫瑰图应绘制在其所代表的图幅上，也可在其下方用文字标明该风象玫瑰图的适用地。

风象玫瑰图应以细实线绘制风频玫瑰图，以细虚线绘制污染系数玫瑰图。风频玫瑰图与污染系数玫瑰图应重叠绘制在一起（图 8—3—2）。

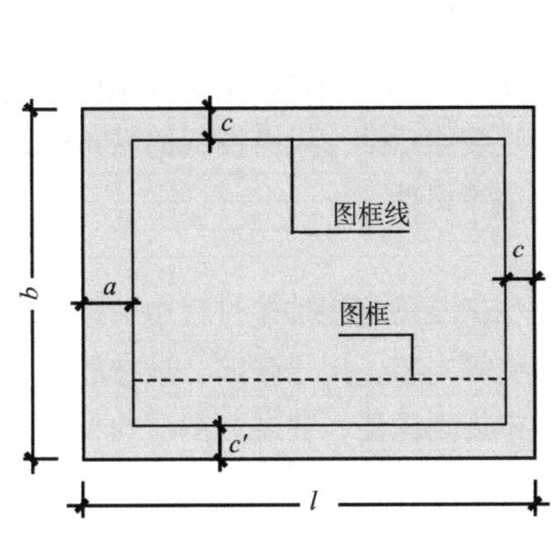

图 8-3-1　规格幅面图纸的尺寸示意
（资料来源：《城市规划制图标准》CJJ/T 97—2003，2.12.2）

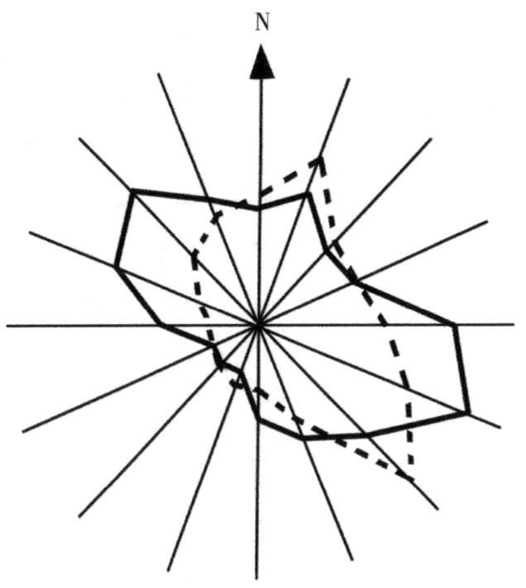

图 8-3-2　结合风象玫瑰图标绘的指北针
（资料来源：《城市规划制图标准》CJJ/T 97—2003，2.4.6）

5. 比例、比例尺

（1）数字比例尺。数字比例尺表现图纸上单位长度与实际单位长度的比例关系，并用阿拉伯数字表示。通常称 1 ∶ 1000000、1 ∶ 500000、1 ∶ 200000 为小比例尺地形图；1 ∶ 100000、1 ∶ 50000 和 1 ∶ 25000 为中比例尺地形图；1 ∶ 10000、1 ∶ 5000、1 ∶ 2000、1 ∶ 1000 和 1 ∶ 500 为大比例尺地形图。城市规划学科通常使用大比例尺地形图。按照地形图图式规定，比例尺书写在图幅下方正中处。

（2）形象比例尺。由于存在规定的数字比例无法满足图面效果的情况，需要加绘形象比例尺，即比例尺以图形形式表现，通常绘制在风玫瑰图的下方或图例下方（图 8—3—3）。

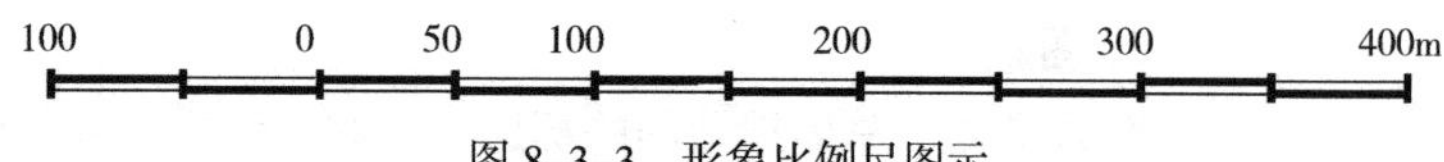

图 8-3-3　形象比例尺图示

图上一小格代表地形实物实际长度为 50m

（资料来源 :《城市规划制图标准》CJJ/T 97—2003，2.5.3）

6. 规划期限

城市总体规划图上标注的期限应与规划文本中的期限一致，标注在副题的右侧或下方。城市总体规划图的期限应标注规划期起始年份至规划期末年份并用公元表示，规划期限标注在副题的右侧或下方。现状的图纸只标注现状年份，不标注规划期，现状年份应标注在副题的右侧或下方。

7. 图例

城市总体规划图纸图例由图形（线条或色块）与文字组成，文字是对图形的注释。应绘在图纸的下方或下方的一侧。

城市总体规划数据分类及代码可参考《城市规划数据标准》CJJ/T 199—2013。

8. 署名

城市总体规划图与现状图上必须署规划编制单位的正式名称，并可加绘编制单位的徽记。

有图标的规划图，在图标内署名；没有图标的，在规划图纸的右下方署名。

9. 编制日期

城市总体规划图纸注明的编制日期是指全套成果图完成的日期。有图标的城市规划图，在图标内标注编绘日期；没有图标的城市规划图，在规划图纸下方，署名位置的右侧标注编绘日期。

10. 图标

城市规划图上可用图标记录规划图编制过程中，规划设计人与规划设计单位技术责任关系和项目索引等内容。用于张贴、悬挂的现状图、规划图可不设图标；用于装订成册的城市规划图册，在规划图册的目录页的后面应统一设图标或每张图纸分别设置图标。

城市规划图的图标应位于规划图的下方。图纸内容较宽，一副图纸底部难以放下图标的规划图，宜把图标等内容放到图纸的一侧；一副图纸下部能放下图标的规划图，图标应放在图纸的下方（图 8-3-4）。

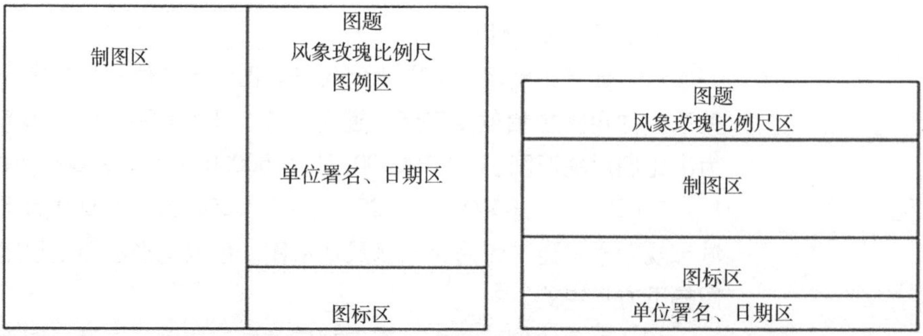

图 8-3-4　图标位置

（资料来源 :《城市规划制图标准》CJJ/T 97—2003，2.10.4）

11. 文字与说明

图纸上的文字、数字、代码，均应笔画清晰、文字规范、字体易认、编排整齐、书写端正；标点符号的运用应准确、清楚。

图纸上的文字应使用中文标准简化汉字，涉外项目可在中文下方加注外文。数字应使用阿拉伯数字，计量单位应使用国家法定计量单位；用地代码应参照《城市用地分类与规划建设用地标准》GB 50137—2011 中规定的英文字母；年份应采用公元年纪表示。

文字应易于辨认、美观。中文应使用宋体、仿宋体、楷体、黑体等，不得使用篆体和美术字体。字母与数字应使用印刷体、书写体，不得使用美术体等字体。图集中的图的字体大小应随图纸适当放大，以容易辨认且美观为标准(表 8–3–5)。

文字高度（mm） 表 8–3–5

用于蓝图、缩图、底图	3.5、5.0、7.0、10、14、20、25、30、35
用于彩色挂图	7.0、10、14、20、25、30、35、40、45
注：经缩小或放大的城市总体规划图，文字高度随原图纸缩小或放大，以字迹容易辨认为标准。	

（资料来源：《城市规划制图标准》CJJ/T 97—2003，2.11.3）

12. 地形图

地形图应具有良好的时效性，并能真实的反映城市的建设用地现状，并且比例尺与规划范围相适应。城市总体规划使用的地形图可分为矢量地形图、遥感影像图和纸质地形图。

(1) 矢量地形图。通常由规划、建设或国土部分委托测绘形成，文件为“.dwg”格式，精度通常为 1 ∶ 10000。矢量图表达的信息最为详尽准确，地形要素可方便地分类分层提取，分幅地形图也可通过 AutoCAD 原坐标插入的方式进行无缝拼接。对于信息量较大的矢量地形图，往往需要较高的计算机硬件支持（图 8–3–5）。

(2) 遥感影像图。通过卫星或飞行拍摄获取的遥感影像图，图面内容要素主要由影像构成，辅助以一定地图符号来表现或说明制图对象。与普通地图相比，影像地图具有丰富的地面信息，内容层次分明，图面清晰易读，充分表现出影像与地图的双重优势，但地形要素的分类分层提取以及尺寸度量方面存在短板（图 8–3–6）。

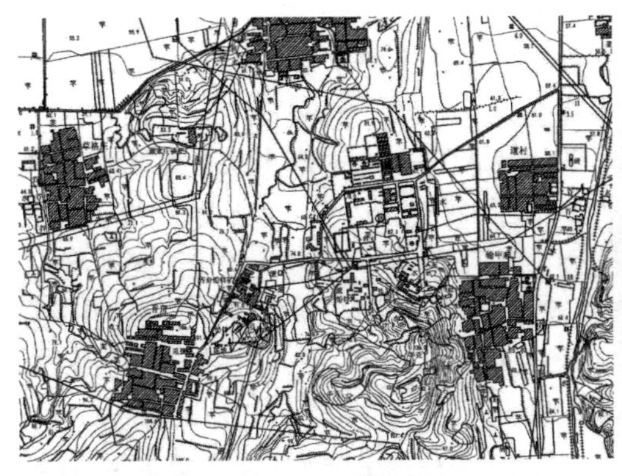
图 8–3–5 矢量地形图
（资料来源：《栖霞市城市总体规划（2003—2020 年）》）

图 8–3–6 遥感影像图
（资料来源：《招远市城市总体规划（2010—2020 年）》）

（3）纸质地形图。可通过扫描纸质地形图得到“.tif”、“.jpg”或“.pcx”等格式的光栅图。该类地形图无法分层提取图中的各类地形要素，需以之为底图人工重新进行勾勒绘制，因而工作量会明显增加，往往作为一般背景使用。由于纸质材料的收缩变形以及扫描存在的误差，纸质地形图要素空间定位的准确性具有一定偏差。

四、绘制流程

由 Autodesk 公司出品的 AutoCAD 是城市规划常用的绘图软件平台，具有操作简便、定位准确、快速高效的特点。本节以 AutoCAD 2014 中文版为例，介绍在城市总体规划编制过程中总图的一般制图步骤。

1. 创建文件

打开 AutoCAD 新建一文件，并将其保存命名为“城市规划总图 .dwg”。

2. 引入底图

针对矢量地形图，可直接将原文件命名为“城市规划总图 .dwg”，在此文件中绘制城市总体规划方案即可，该绘图环境中，一个绘图单位即为 1m，无需调整比例。

对于规划范围较大的城市，矢量地形图由多幅大比例地形图组成，图形容量较大，对计算机硬件性能要求高，时常影响制图效率，针对该类矢量地形图，底图引入有两种方式。

一是将矢量地形图设为外部参照，将地形图文件附加到当前的工作环境中，被插入的地形图文件信息不直接加到当前的图形文件中，只是保留了一种“链接的影像关系”。

[插入DWG外部参照]：在 AutoCAD 菜单栏中，单击[选择]—[DWG 参照(R)]选项，弹出[选择参照文件]对话框，选择要引入的矢量地形图即可，注意取消“插入点”在屏幕上指定选项（图 8-3-7）。另一种方式是利用 AutoCAD 虚拟打印的方式将矢量地形图转换为一张或若干张“.tif”（或“.pcx”）格式图像，并以插入“光栅图像参照”的方式引入底图，并在制图环境中做透明设置。注意插入时设置合适比例，以一个绘图单位的实际距离为 1m 为宜。

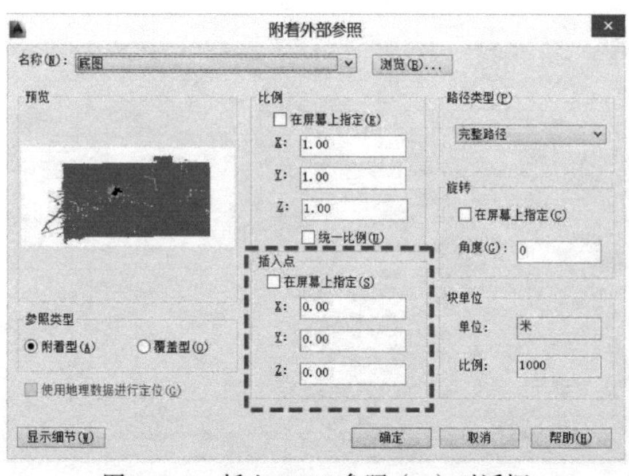

图 8-3-7　插入 DWG 参照（R）对话框
（资料来源：根据 AutoCAD 绘制。）

[添加虚拟打印机]：在 AutoCAD，单击菜单栏中[文件]—[绘图仪管理器]选项，在弹出的文件夹内双击添加绘图仪向导，设置参数添加 TIFF 虚拟打印机。

[虚拟打印“.tif”文件]：单击菜单栏中[文件]—[打印]选项，在“打印机”选项中找到添加的 TIFF 虚拟打印机，设置“图纸尺寸”和“打印范围”参数，打印“.tif”格式底图。当然也可以利用 Photoshop 转变格式功能将其他格式的图形文件转为“.tif”格式。

[插入光栅图像参照]：单击菜单栏中[插入]—[光栅图像参照]选项，弹出[选择参

照文件]对话框，选择要引入的“.tif”文件，并调整比例。

[底图透明设置]：单击菜单栏中[修改]—[特性]选项，选取光栅图形后在“特性”对话框底部，点击“背景透明度”，选择“是”(图8–3–8)。

除“.tif”图像外，卫星影像图、扫描的纸质地形图、数码照片或计算机渲染图等都可以插入“光栅图像参照”的方式加载到当前图形文件中。这些光栅文件通常作为背景引入文件，但它们不是图形文件的实际组成部分。

Tips 8–5：

由于所涉及区域不同，矢量地形图可能具有不同的比例精度。例如，现状建成区范围内有1：1000～1：2000的地形图，建成区外往往是1：5000～1：10000的地形图。不同比例精度的矢量地形图可在AutoCAD绘图环境中，以坐标原点作为插入基点依次进行块插入（或以外部引用的方式引入）即可。对于不同比例尺的光栅图像，需根据比例尺对图像进行缩放拼接。

3. 图层整理

在总图绘制之前，针对矢量地形图，需在AutoCAD绘图环境中如下处理。

(1) 要素提取归类：矢量地形图中，等高线、高压线、河流水系、高程点多为分层显示，可将其分别进行提取命名。根据需要对地形图中的地形要素做必要的删减、合并、重命名，最终将地形图要素整合到几个图层，方便识别选取和绘制管理。为使绘图时层次清晰，需对现状要素底纹进行淡色处理，可选择8号或者252号颜色赋值，在此过程中，禁止对地形要素进行放大、缩小和位移。

(2) Z轴归零处理：对于矢量地形图，测绘完成后，地形要素Z轴方向往往存在一定三维数值，导致绘图环境中利用捕捉方式绘制图形、测量距离、闭合边界时存在空间误差，因此需要对地形图要素进行Z轴归零处理。

[Z轴归零处理]：单击菜单栏中[修改]—[特性]选项，选取图形要素后，分别对文字、直线、多段线图形要素作Z轴归零处理（图8–3–9、图8–3–10）。

(3) 新建图层命名：为方便对图形按特征进行统一管理，应添加的新图层，如道路中心线、道路红线、用地边界线、文字标注层、标题标签层等，图层的名字应与所包含的图元具有对应的逻辑关

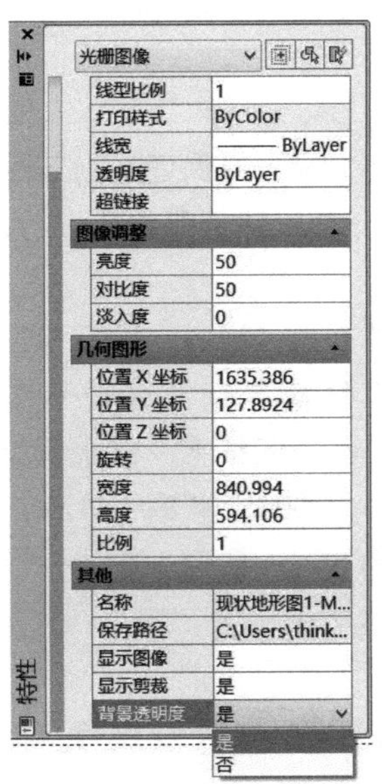

图8–3–8　底图透明设置
（资料来源：根据AutoCAD绘制。）

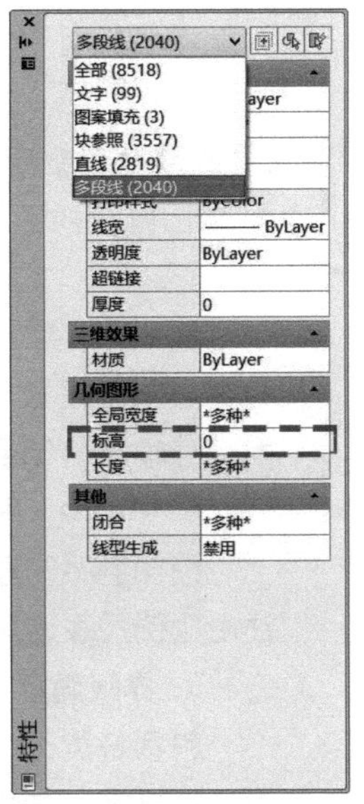

图8–3–9　多段线的Z轴归零处理
（资料来源：根据AutoCAD绘制。）

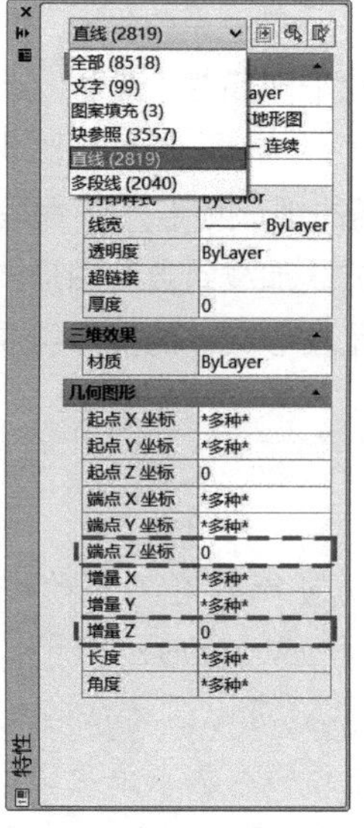

图 8-3-10　直线的 *Z* 轴归零处理

（资料来源：根据 AutoCAD 绘制。）

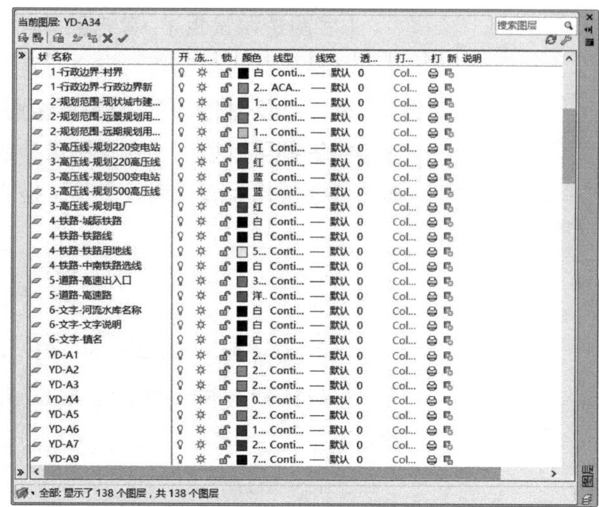

图 8-3-11　某城市总体规划 CAD 图层管理

（资料来源：根据 AutoCAD 绘制。）

系，图层的颜色宜按照用地色彩要求来设置。当图层较多时，具有相同特征的要素对象放在一层，并以数字为首进行排序。0 层不放任何东西，做块时放入该图层（图 8–3–11）。

> **Tips 8–6：**
>
> 在绘图初期，仅设置需要用到的基本图层即可，无需一并设置色块填充等，主要是因为此类图层使用不频繁，为避免图层过多导致操作效率低下，建议在需要的时候才添加相应的图层。

4. 确定图框

放大 A0、A1、A2 等标准图框的整数倍框定规划范围，并保证规划范围的完整性。若输出打印到相应的标准图框纸质图纸，该图纸比例即为 1/ 放大倍数 ×1000。

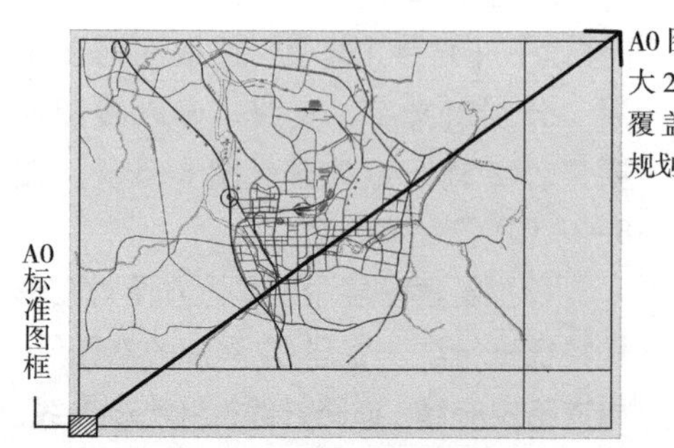

图 8-3-12　设定图框

（资料来源：作者自制）

例如，莱芜市总体规划（2014—2030 年），利用 A0 图框放大 20 倍框定钢城区规划范围，若输出打印到 A0 纸质图纸上，该比例为 1 ：20×1000，即 1 ：20000（图 8–3–12）。

缩印到 A3 图集的图纸一般没有比例，往往由比例尺表达尺寸关系。

5. 界限确定

包括各类行政边界（如省界、地区界、县界、镇界等）、规划用地界线、中心城区范围，一般参考图 8–3–13 绘制各类界线。

图示	名称	说明
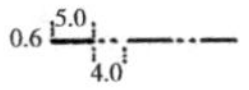 0.6 5.0 4.0	省界	也适用于直辖市、自治区界
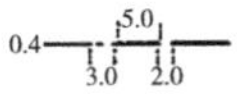 0.4 5.0 3.0 2.0	地区界	也适用于地级市、盟、州界
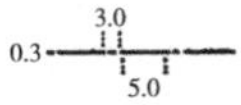 0.3 3.0 5.0	县界	也适用于县及市、旗、自治县界
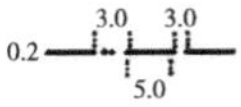 0.2 3.0 3.0 5.0	镇界	也适用于乡界、工矿区界
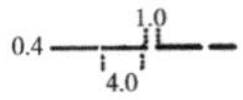 0.4 1.0 4.0	通用界线（1）	适用于城市规划区界、规划用地界、地块界、开发区界、文物古迹用地界、历史地段界、城市中心区范围，等等
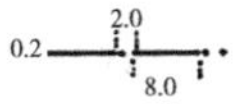 0.2 2.0 8.0	通用界线（2）	适用于风景名胜区、风景旅游地等地名要写全称

图 8-3-13　各类界线符号及适用情形

（资料来源：《城市规划制图标准》CJJ/T 97—2003，3.2.2）

6. 路网绘制

根据城市总体规划方案在地形图上利用 AutoCAD 的"PL"命令线绘制道路中心线，完成城市道路网骨架，确定道路红线宽度，并对交叉口进行修剪。

7. 地块边界

在规划区域内完成道路网后，根据规划方案，结合现状用地，绘制区分不同类型地块的用地边界线。

8. 填充用地

填充各类用地（居住用地、公共管理与公共服务用地、商业服务业设施用地、工业用地等），根据规划方案，分别在不同的用地边界层上，创建并填充相应的规划建设用地，各层的用地颜色应符合《城市规划数据标准》CJJ/T 199—2013 的规定。

9. 计算面积

在不同的用地图层上计算、统计各类用地面积，并计算人均用地指标。规划建设用地结构和人均单项建设用地应符合《城市用地分类与规划建设用地标准》GB 50137—2011 的规定。

10. 文字标注

进行文字标注（设置适宜的字体高度），添加新的汉字字体，设置适宜的字体高度，选择合适的汉字输入方式，在地块文字标注层上进行地块标注。

11. 出图设置

确定图纸打印的尺寸。A3 的最好控制实际最长边为 37.2cm 左右，可以留出 2cm 左右的装订线（AutoCAD 和 Photoshop 均是）。不宜简单的勾上"scale to fit"，要精确计算固定比例（使 A3 实际图纸最长边为 37.2cm），*X*、*Y* 轴偏移量，图纸出图排版方向都必须是明确的数字（表 8-3-6）。

线型用途一览表　　表 8-3-6

线宽（mm）	宽度描述	用途表达
0.05	极细	地形图
0.25	非常细	建筑细部
0.30	较细	道路中心线、路缘石线
0.35	细	道路红线
0.50	适中	地块边界线
0.60	粗	建筑外轮廓线
0.80	较粗	高速公路、公路、快速路
1.00	非常粗	铁路
1.20	极粗	省界、地区界、县界、镇界等边界

（资料来源：根据相关资料绘制。）

12. 成图打印

一般采用分层打印的方式输出各总图要素，得到相应的光栅图。分层是为了在 Photoshop 中的操作更加便捷，包括颜色的配置、用地性质的调整与修改等。

".eps" 格式的文件是无底色、是透明的，便于 Photoshop 绘图操作，而且文件较小，能适合一般的绘图要求，也是现今最常用的 AutoCAD 与 Photoshop 数据交换的方法。

[添加虚拟打印机]：在 AutoCAD 中，单击菜单栏中[文件]—[绘图仪管理器]选项，在弹出的文件夹内双击添加绘图仪向导，设置绘图仪型号，选择"打印到文件"，完成虚拟打印机设置，此打印机即为".eps"格式（图 8-3-14）。

设置好光栅打印机后便可以分层打印输出，具体操作过程如下。

[虚拟打印".eps"文件]：单击菜单栏中[文件]—[打印]选项，在"打印机"选项中找到添加的虚拟打印机，设置"图纸尺寸"和"打印范围"参数，生成".eps"格式底图。

[光栅图像参照]：输出的光栅图像将在 Photoshop 中进行处理，栅格化".eps"文件。

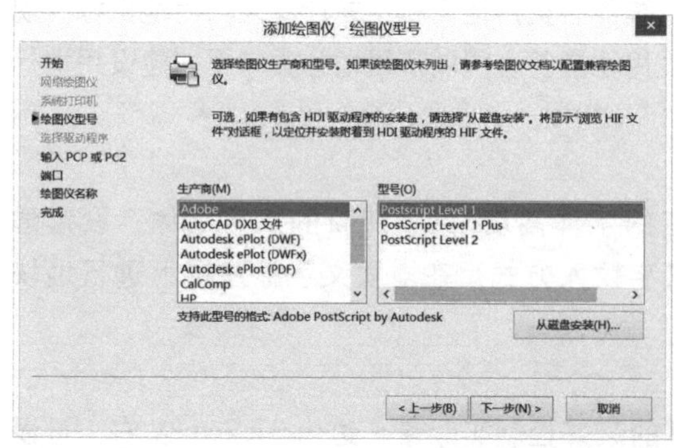

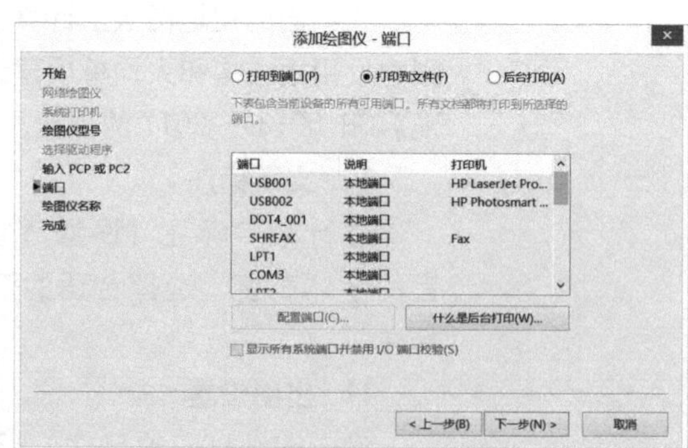

图 8-3-14　添加虚拟打印机设置
（资料来源：根据 AutoCAD 绘制。）

第四节 汇报文件

PPT 即 Microsoft Office PowerPoint，是微软公司开发的演示文稿软件，文件常用“.ppt”或者“.pptx”作为扩展名，因而习惯将之称为 PPT。利用 PPT 能够把工作中的内容、流程、重点、意图、结论以生动直观、图文并茂、通俗易懂、极具感染力的形式传递和表达出来，因而在城市总体规划汇报中应用十分广泛，本节重点讲述城市总体规划汇报文件——PPT 的设计和制作技巧。

一、功能作用

1. 展现工作成果

城市总体规划汇报文件多为演示型而非阅读型文件，因此利用 PPT 丰富的特性和强大的功能，将文字、数据、图表等成果进行便捷、快速的编辑、展现，产生出强烈视觉冲击力和高品质表现力的演示效果。

2. 表达规划意图

城市总体规划汇报过程中，面对领导、部门、专家、同行以及公众，关注点往往不同。针对不同的汇报要求，完备的 PPT 能够有的放矢、重点突出、详略得当、游刃有余地表达汇报人的规划意图。

3. 提示汇报要点

PPT 上的文字、数据、图表和图片等信息能够给予汇报人有效的逻辑引导和要点提示。语言精练、条理清晰、内容醒目的 PPT 有助于汇报人理顺思路和组织语言，使汇报连贯顺畅、富有张力。

4. 提高沟通效率

作为城市总体规划的汇报文件，PPT 适用于不同的汇报对象、汇报时间和汇报地点，能够使观众在短时间内全面了解方案、清晰记忆要点、有效反馈问题，进而提高沟通效率，使方案得以顺利采纳（图 8–4–1）。

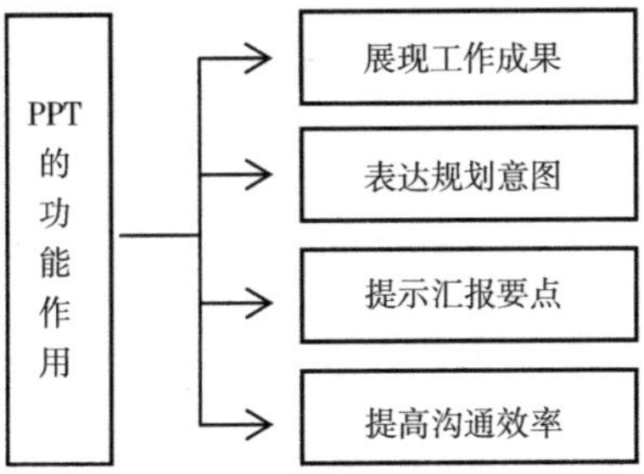

PPT的功能作用
展现工作成果
表达规划意图
提示汇报要点
提高沟通效率

图 8–4–1 PPT 的作用
（资料来源：作者自制）

二、构思要求

1. 明确对象

城市总体规划 PPT 汇报对象来自不同的利益群体，关注点不尽相同，因此 PPT 制作应首先明确汇报对象。即便是同一个规划项目，在面向不同的对象汇报时，关注内容也应有所侧重。

2. 突出重点

针对领导、部门、专家、公众和同行等不同的汇报对象，应突出汇报重点。在 PPT 整体构架、逻辑结构、排版布局、图表类型、字体字号、背景颜色、风格形式上都要有不同的制作要求（表 8–4–1）。

汇报对象分析和PPT制作要求　　表8-4-1

汇报对象	制作要求
领导	从全局性、战略性的高度，关注宏观重大问题的解决方案，空间结构、道路系统、用地规划等主要图纸应放大显示，文字以结论性为主，只表达核心内容，结论简练明确
部门	从职能部门所关注的各专项问题及其规划应对措施，有针对性的增加专业图纸和文字说明，利用图表和数据分析问题，文字应明确肯定，内容应清晰完整、展示具体细节
专家	使用法定性、规范性、客观性和逻辑性的文字，内容应条理规范，图纸应专业清晰，字体应明确醒目，多用图表表达
公众	与民生问题密切相关的规划措施和实施途径，汇报内容不宜过于专业，宜使用通俗易懂的文字和大量具象的图纸说明
同行	侧重方案的构思理念、方法手段、经验总结，多使用专业术语，解释说明不宜过多，图面表达、分析说明、排版布局可彰显专业个性

（资料来源：作者自制）

3. 逻辑清晰

选择恰当的切入点，参照相关编制要求和技术规定，梳理清晰的逻辑关系，确定统领整体的汇报主线。适当缩减篇幅，化繁为简，合理安排章节分配，避免对文本、说明书和图纸不分重点、面面俱到地进行简单复制和机械堆砌。

4. 表达合理

无论是PPT汇报人，还是观众，时间和精力都非常有限，因此在保证内容完备的情况下，对汇报演示场景进行预判，尽量采用适宜、合理的表达方式，以达到良好的演示效果，从而提高汇报效率（表8-4-2）。

PPT汇报演示场景预判　　表8-4-2

场景分析		应对策略
人数	小型内部讨论/大型汇报展示	人数少的内部讨论，PPT演示可以考虑结合分发材料，增加互动交流页面，提高沟通效率；人数多的汇报展示，PPT需要用大号的字体，更具视觉效果的图片和多媒体手段。 在暗淡环境演示中，PPT多以"深色背景+明亮文字"为主。在明亮环境演示，多以"浅色背景+深色文字"为主
会场	会场大小、形状、座位布局	
环境	汇报会场的明暗环境	
时间	提前沟通汇报时间，紧扣主题	

（资料来源：作者自制）

三、常见问题

优秀的PPT应主题明确、版面简洁、颜色和谐、文字突出、图表美观、动画适宜、演示顺畅，因此在制作时应避免出现以下问题：

版式布局无序。使用与所表达内容无关的模板，在有限的版面内呈现大量信息；内容繁杂、排版混乱，模板滥用。

色彩搭配混乱。背景颜色杂乱，与要表达的内容混在一起；重点不突出，使用了过多与演示内容无关的图纸或多媒体文件。

文字设置不当。PPT成了文本图表等内容资料的搬运工，不加以取舍，看不清楚；使用多种不同的字体、字号，让人眼花缭乱。

图表表意不清。图表或图纸像素不高，模糊不清；大段拷贝说明书和文本，缺少图形化和秩序化的表达。

滥用演示特效。大量使用不同的翻页、动画、声音等演示特效，喧宾夺主，容易使观众感官疲倦，失去耐心。

四、制作技巧

1. 一般制作步骤

城市总体规划 PPT 文件制作，一般有如下几个制作步骤：确定主题、组织材料、编辑制作、修改润色等（图 8–4–2）。

2. 版式设计技巧

2.1 设计法则（图 8–4–3）

（1）紧凑

如果多个元素相互之间存在强烈的紧凑性，它们就会成为一个视觉单元，而不是一个孤立的元素，有助于减少视觉混乱，为读者提供清晰的结构。

（2）对齐

每个元素都应当与页面上的另一个元素有某种视觉联系，不能在页面上随意安放，这样能够建立一种清晰、精巧、清爽的外观效果。

（3）重复

让页面中的视觉要素在整个作品中重复出现，这样既能增加条理性，还可以加强统一性，还有助于增强读者对所表达的实体的认知度。

（4）对比

页面上要避免太多的相似元素，不宜产生条理性，如果元素不相同，就让它们的差异性变大，可使观众产生强烈的注意力。

2.2 常用布局（图 8–4–4）

（1）标准型

按照观众一般的心理认知顺序和逻辑思维关系，页面布局从上到下依次排列为：图片／图表、标题、文字等，能够产生良好的观赏体验。

（2）侧置型

将纵长形图片放在版面的左侧或右侧，使之与横向排列的文字形成有力的对比，版面布局适用于竖向排版图片，符合观众的视线流动和阅读顺序。

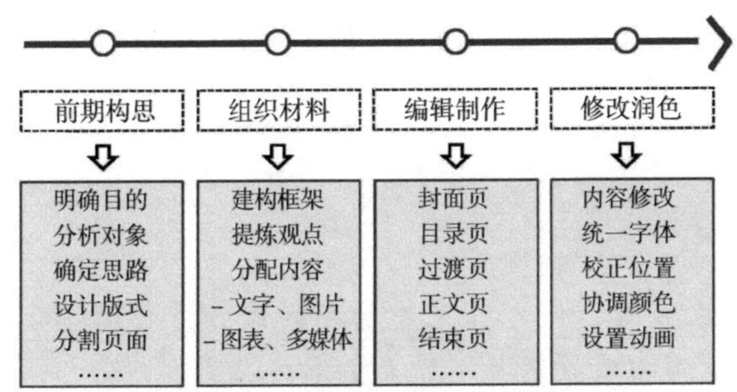

图 8–4–2 PPT 的一般制作步骤
（资料来源：作者自绘）

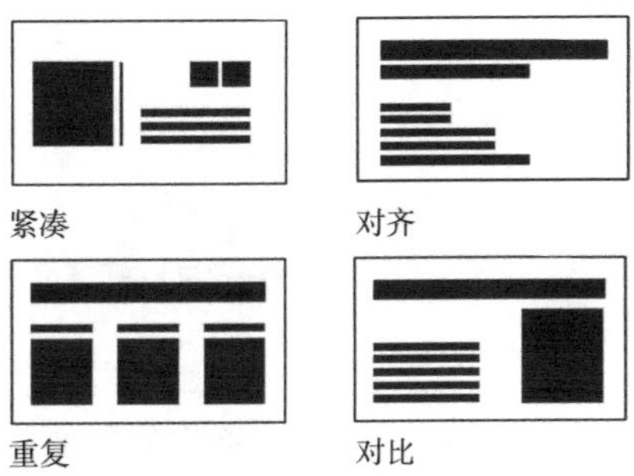

图 8–4–3 版式设计法则
（资料来源：作者自制）

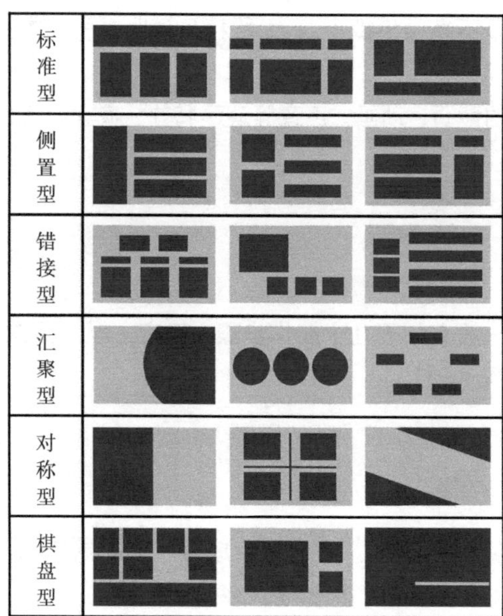

图 8-4-4 PPT 常用布局
（资料来源：作者自制）

（3）错接型

构图时全部构成要素向两个相对方向进行适当的倾斜，使视线能够上下或左右流动，使画面产生错落有致的动感，适用于流程图、线路图等。

（4）汇聚型

以正圆或半圆构成版面的中心，在此基础上按照标准型顺序安排标题、文字和图片，在视觉上会起到汇聚焦点、引人注目的作用。

（5）对称型

对称的版面布局，将标题、图片、文字放在轴线或图形的两边，具有良好的平衡感，根据视觉习惯，宜将文字要点放在左上方或右下方。

（6）棋盘型

将版面全部或部分分割成若干等量的矩形形态，进行棋盘式阵列布局，适用于意向图、构思图、分析图等图片排列。

Tips 8–7：

PPT 的默认版式是长宽比为 4：3 的页面，如果在拥有宽屏电脑上放映，会在屏幕两侧留下两条对称的黑边。如有需要，可以将之设置成 16：10 或 16：9 的宽屏模式（图 8-4-5）。

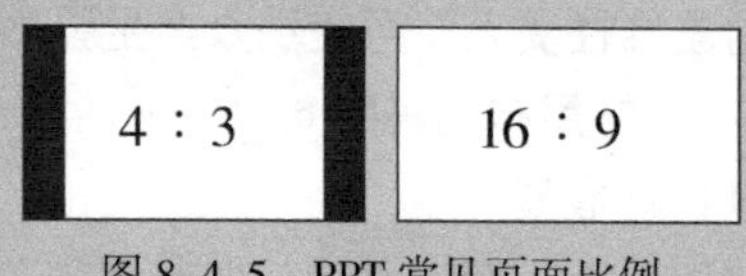

图 8-4-5 PPT 常见页面比例
（资料来源：作者自制）

Tips 8–8：

PPT 制作可选用软件自带的默认主题，对版式、颜色、字体、背景等均提供了若干种选择，可以根据 PPT 的逻辑关系和页面布局情况来选择适用的主题，但默认主题整体效果往往缺乏新意，不能吸引观众，有时需要设计人员自行制作。

Tips 8–9：

主题内的背景图片不同于 PPT 正文中引用的图片，表意抽象，更多的是为了渲染气氛，所以背景图片不能太突出，以免喧宾夺主，影响主要内容的展示。

2.3　封面设计

PPT 封面设计主要考虑标题的位置和样式，页面可以用主要图纸加以修饰，但要注意不要喧宾夺主，可以适当的留白，能显得简洁大气，主题突出（图 8-4-6）。

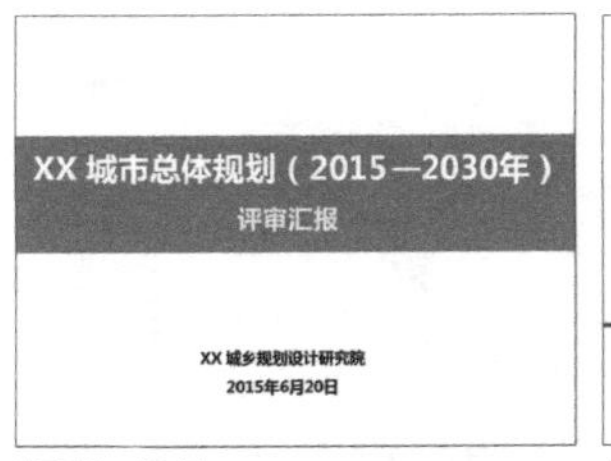

标题+色块

XX城市总体规划
（2015—2030年）
初步方案
2015年6月

背景+形态

标题+图片

景框+背景

XX城市总体规划（2013—2030年）
初步方案

背景+肌理

标题+纯色背景

图 8-4-6　常用封面设计
（资料来源：作者自制）

2.4　目录页设计

PPT 目录页表明汇报的组成部分，可以让观众结构化地了解演示内容，使之更具条理性，按照城市总体规划汇报内容，主要用来放置 PPT 的大纲标题。

演示时，在 PPT 每章节的前后承接位置，常都需要重复出现目录页以便于使观众注意到当前即将进入的逻辑单元，因此目录页也称之为转场页，用于不同大纲逻辑段落之间的衔接和过渡（图 8-4-7）。

除上述几种表达方式外，还可以将不同章节的内容用超链接的形式做成导航，汇报人可以实际情况自由选择演示内容，方便在不同章节的内容间进行跳转。

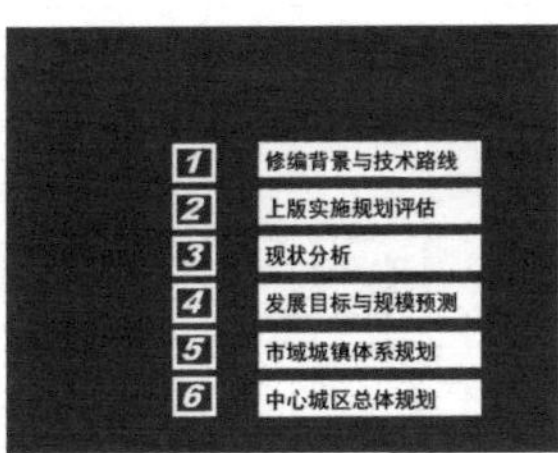

利用序号

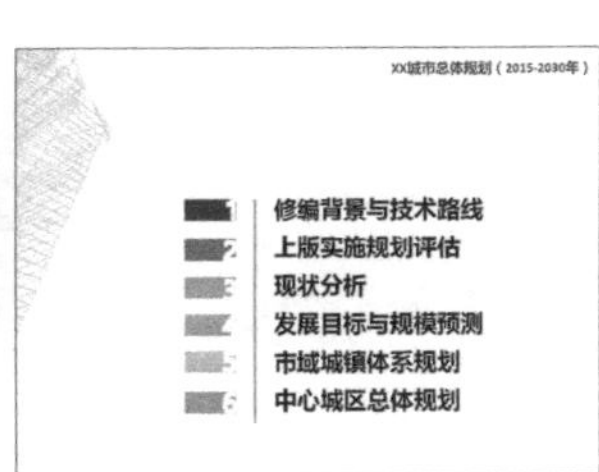

利用色块

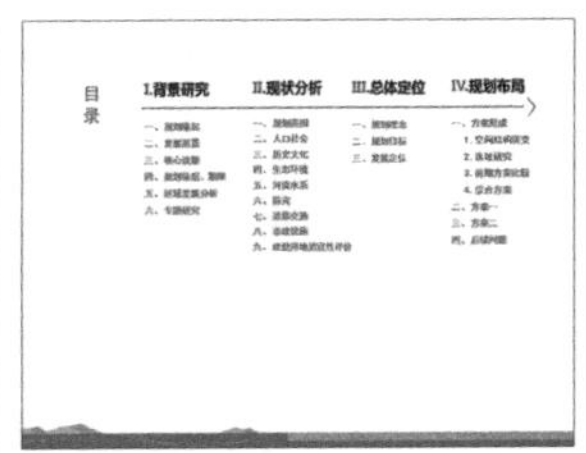

利用逻辑轴

图 8-4-7　常用目录页设计
（资料来源：作者自制）

2.5　正文页设计

正文页要给正文留出足够的空间，可准备几种不同的版式设计，与封面的设计风格保持统一。每张页面尽量表达一个观点，将标题的题眼、段落的句眼和图文的图眼三个关键地方醒目显示（图 8–4–8）。

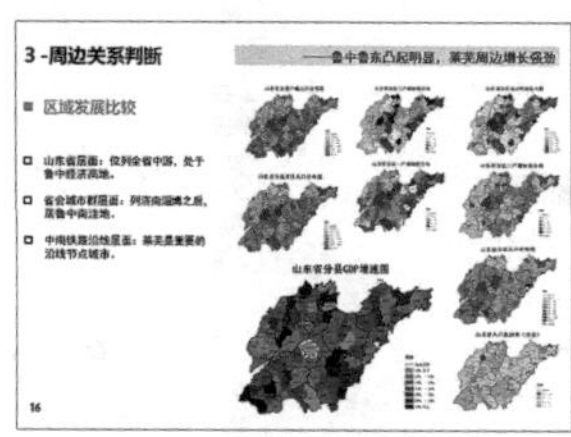

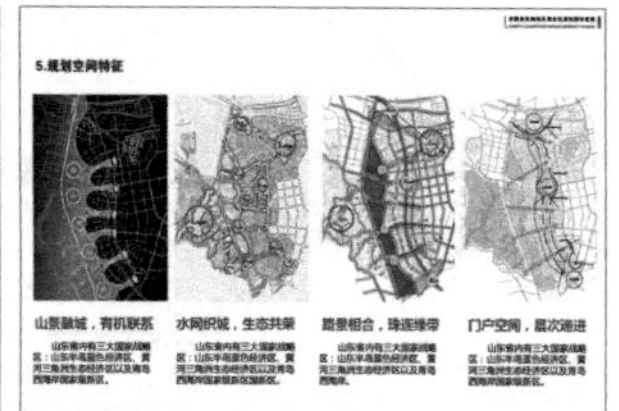

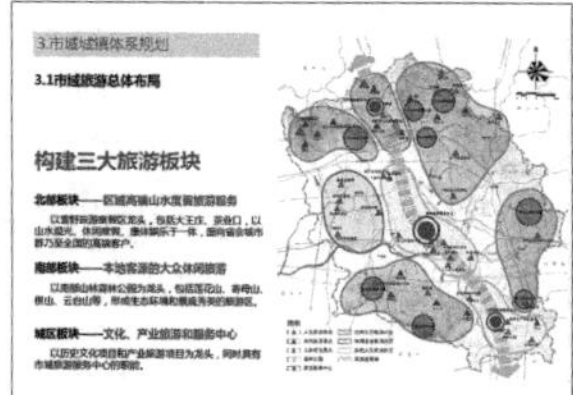

图 8–4–8　常用正文页设计
（资料来源：根据莱芜市城市总体规划技术成果整理绘制）

正文页还可使用全图型 PPT，即整个页面都以一张图片作为背景，配有少量文字或不配文字的设计风格，如全景显示用地规划图、整体鸟瞰图等。

Tips 8–10：

城市总体规划 PPT 是浅阅读文件，正文页不能是说明书和文本简单的粘贴，要利用“减法”言简意赅地表达要点才能让观众印象深刻。多利用框架图、树状图、流程图展示结构化、体系化、抽象化的复杂概念。

2.6　过渡页设计

过渡页可以让观众结构化地了解下一章节的内容和进度，同时给观众一个短暂的休息间隙。过渡页相当于二级封面，信息不多，可以渲染气氛，能够强化 PPT 的整体视觉风格（图 8–4–9）。

2.7　结束页设计

结束页可对封面页进行一些变换后得到，内容可以是对与会者的感谢表达，可以是下个阶段的工作计划，可以是规划愿景，也可以是对未来合作的期望（图 8–4–10）。

全屏式

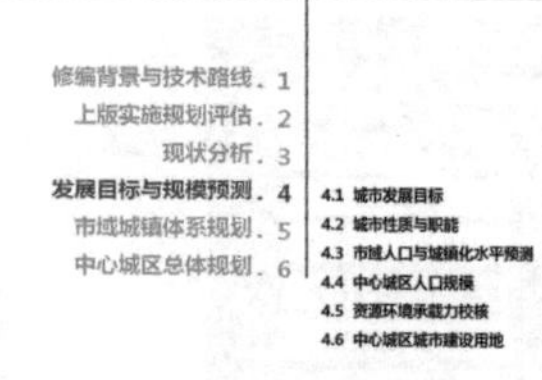

目录式

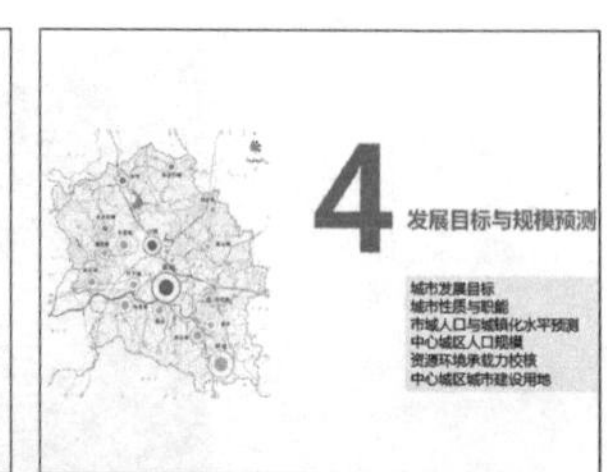

混合式

图 8–4–9　常用过渡页设计
（资料来源：作者自制）

汇报结束，谢谢！

致谢

下步工作计划

对接职能部门
校核相关规划
考虑用地可能
体现管控理念

后续工作

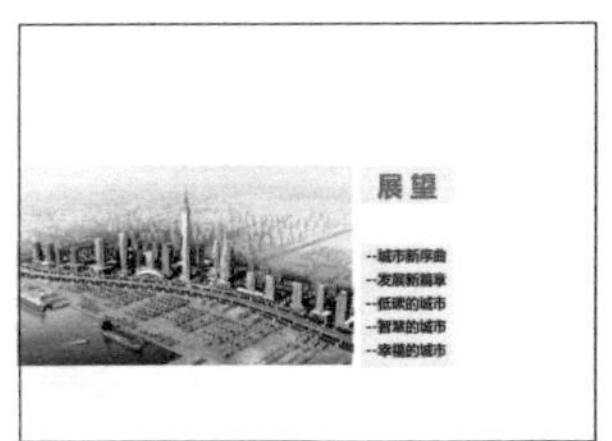

展望

图 8-4-10 常用结束页设计
（资料来源：作者自制）

Tips 8-11：

使用统一的外观风格，可以得到 PPT 页面和谐的视觉效果，让它们看起来更像一个整体，并且可以让观众明确地知道，这些页面都是为了同一个主题而服务的。

3. 色彩搭配技巧

PPT 演示时，和谐的色彩搭配一方面具有较强的感染力和可辨识性，另一方面，利用色彩区分章节，不仅能使复杂的内容条理化，还能使观众强化记忆，结构化地掌握汇报内容。

3.1 配色原则

易读、适宜、美观是 PPT 配色的基本原则。

易读，合理的色彩搭配产生的对比能够让阅读更加轻松，PPT 整体色彩尽量不要超过三种，甚至可以用一种颜色解决，注意文字颜色与背景颜色的对比关系。

适宜，是指配色引发的联想要符合 PPT 内容所指的意向，如滨水城市总体规划宜选用蓝色系、山地城市总体规划宜选用绿色系。

美观，是指 PPT 色彩搭配给观众更多的视觉享受，有助于提高辨识度，增加观众记忆，体现良好的项目形象。

3.2 配色一般步骤

利用主导色、对比色和辅助色三种颜色可以搞定 PPT 的配色方案。主导色决定 PPT 的整体色彩感觉，给人留下深刻的印象；对比色可以让页面更具张力，产生醒目对比的感觉；辅助色可以中和、调整主题色，让整体配色方案看起来更加协调（图 8-4-11）。

（1）选择主导色，确定基调

主导色决定 PPT 的整体色彩感觉，是页面上影响力最大的色彩，观众观察页面时首先映入眼帘、留下印象的颜色，就是主题色。

（2）选定对比色，区分层次

根据主导色选择对比色，使画面产生层次，表现出力度感。色彩对比包括色相对比、明暗对比等。对比可以是强烈的，也可以是折中和微弱的。

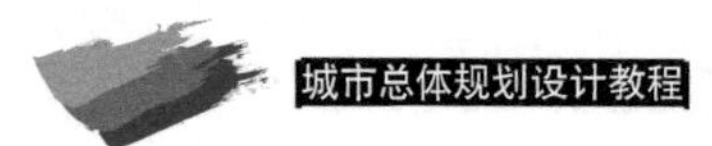

（3）选取辅助色、校正效果

确定好主导色和对比色后，根据页面效果添加辅助色，弱化配色的负面感觉，可以使画面均衡，配色舒服。

图 8-4-11　页面颜色分类

（资料来源：根据莱芜市城市总体规划技术成果整理。）

Tips 8–12：

利用配色工具。如果用户对颜色搭配没有把握，可以使用软件自带主题颜色。主题是一套统一的设计元素和配色方案，是为文档提供的一套较为完整的格式集合。其中包括主题颜色（配色方案的集合）、主题文字（标题文字和正文文字的格式集合）和相关主题效果（如线条或填充效果的格式集合）。

3.3　主题色的选择

城市总体规划 PPT，图纸色彩较多，建议用纯色作为主题色，如白色、黑色、蓝色等。如果采用一些过于花哨而且与演讲主题无关的背景图片，只会削弱你要传达的信息。

Tips 8–13：

颜色可分为冷色和暖色两类。

冷色适合作背景色，较为舒适，但容易引起平淡乏味，可搭配暖色主题放在显著位置，造成突出的效果。

暖色系作为背景色能够营造强烈的视觉冲击，但容易引起视觉疲惫，合理的搭配使颜色冷暖均衡、温润柔和，可以减少受众认知负荷。

Tips 8–14：

在暗淡环境演示中，深色背景与环境比较协调，明亮文字会使演讲内容更加醒目，多以“深色背景＋明亮文字”为主，可使用深色背景（深蓝、灰等）＋明亮文字（白色、浅色等）的组合。

在明亮环境演示中，以“浅色背景＋深色文字”为主。如果在室外或者灯光明亮的房间内进行演示，白色背景配上深色文字会得到更好的效果。

3.4 常用配色方案

除了使用 PPT 内置的主题配色方案外，还可利用以下快速配色技巧（图 8–4–12、图 8–4–13）。

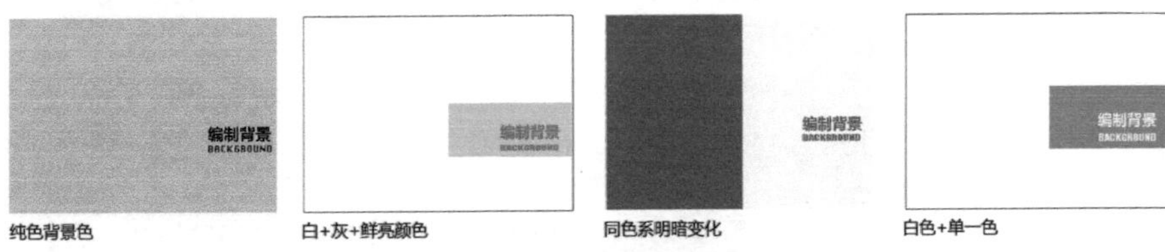

图 8–4–12 常用配色方案

（资料来源：作者自制）

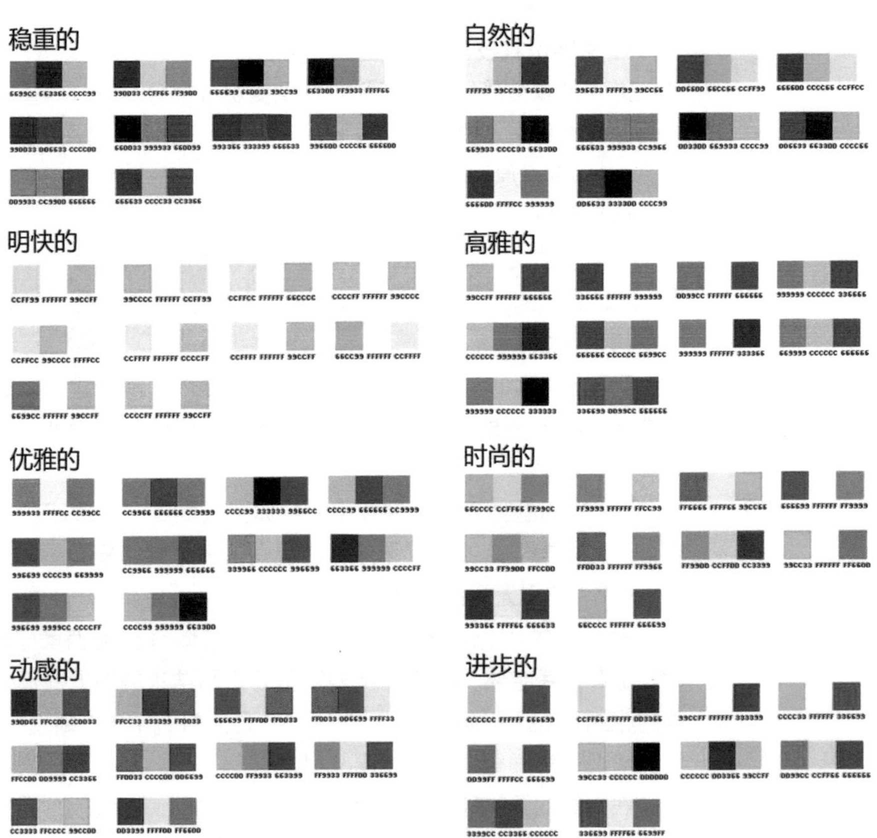

图 8–4–13 常用配色

（资料来源：http://huaban.com/boards/17532695/）

（1）单纯背景色

使用单纯背景色与对比度较高的字体颜色搭配能够达到很好的对比效果，可以使文字信息清晰可见。

（2）黑白灰与单一鲜亮颜色

用黑、白、灰搭配单一鲜亮颜色，可兼顾沉稳与活泼，整体可取得时尚、有冲击力的配色效果。

（3）同色系明暗变化

如果对色彩的把控没有信心，可以使用同一色相不同深浅的颜色，该配色难度不高，而且视觉效果稳定。

（4）白色＋单一色

白色可以减轻所有颜色的负面感，与单一色搭配会显得清爽、干净、简洁，注意单一颜色明度不能太高，否则会缺乏对比，影响阅读。

Tips 8–15：

常用配色工具：http://www.colorschemer.com，提供了大量不同风格的配色选择。

4．文字设置技巧

文字是城市总体规划汇报 PPT 重要组成部分，观众希望通过 PPT 看到有效的信息而不是文字的罗列和满屏的 word，因此需要对文字进行设计设置。

4.1　设置原则

（1）直白

页面上的文字要直白，能够让观众一眼看明白，观众不用通读全文找寻要点，通过文字的大小、色彩和设计就能判断出重点信息、次要信息和辅助信息。

（2）精炼

PPT 上用到的观点性和总结性文字需提炼保留，醒目表达；解释性和辅助性文字则不用全部放在页面上，有所取舍，汇报人了解即可。

（3）秩序

PPT 中标题、正文、注释用的字体、段间距、行间距、字间距都需要精心设计，力求美观大方，有秩序，让观众留下深刻印象。

4.2　使用无衬线字体

衬线字体的概念来自西方，是把字母体系分为两类：serif 和 sans–serif。serif 是有衬线字体，是指在字的笔画开始和结束的地方有额外的装饰，而且笔画的粗细会有所不同；相反，sans–serif 是无衬线字体，则没有这些额外的装饰，而且笔画的粗细相对均匀（图 8–4–14）。

在传统的正文印刷中，衬线字体较易识别，在大段落的文章中，易于提高换行阅读的可识别性，能够带来更佳的阅读体验，因此在提供大段落正文阅读的情况下，常用衬线字体进行排版。

图 8-4-14　有衬线字体和无衬线字体
（资料来源：作者自制）

4.3　中文字体的选择

serif 衬线字体中，宋体是适合的正文字体之一，但宋体过于强调横竖笔画的对比，在 PPT 使用放大播放观看时，横线条会被弱化，会导致文字可识别性的下降。因此，PPT 状态下推荐使用无衬线字体，该字体通常有艺术美感，因此在演示时显示通常更赏心悦目，特别是在较大的标题、较短的文字段落中，使用无衬线字体会更加有冲击力，看上去更为简洁醒目，会大大提高 PPT 的表现力。

PPT 常用的无衬线字体是“黑体”、“微软雅黑”等，从设计角度讲“微软雅黑”具有更好的兼容性和适应性，支持常用汉字多，投影效果好。

4.4　英文字体的选择

PPT 中常常用到很多英文字母，“微软雅黑”可兼容英文字体，效果可协调一致。英文字体可使用 TIMES NEW ROMAN 和 Arial 字体修饰大段英文；Arial Black 字体可强调英文重点；Helvetica 字体简洁、现代感强，可做结论字体；Stencil 和 Impact 字体适合制作和修饰大标题（表 8-4-3）。

英文字体的选择　　表 8-4-3

微软雅黑	Urban and rural planning **Urban and rural planning**
大段英文，小字号适用字体 TIMES NEW ROMAN	Urban and rural planning
Arial 字体可应用大段英文	Urban and rural planning
Arial Black 字体可强调重点	**Urban and rural planning**
Arial 和 Arial Black 可以形成对比	Urban and **ruralp lanning**
Helvetica 字体简洁、现代感强	Urban and rural planning
大标题—Stencil 字体	URBAN AND RURAL PLANNING
大标题—Impact 字体	**Urban and rural planning**

（资料来源：作者自制）

4.5　数字字体的选择

PPT 的正文、表格或图表中会大量用到数字，这些数字的特点是字体显小。如果希望数字被清晰阅读的话，可以使用英文 Arial 字体，可以兼顾清晰度和美观度。Helvetica 字体更加稳重，但是必须在电脑中加载字库才能使用。如果没有特别的要求，统一使用”微软雅黑”字体也是可行的选择。

4.6 字体、字号的搭配

如没有特意表达，一份 PPT 尽量不要使用三种以上的字体，字号变化也不宜超过三级，一级标题、二级标题和正文，字体和字号变化太多的 PPT，会因不规则而显得凌乱。

“微软雅黑”字体已经成为流行的 PPT 无衬线字体，如果是作各级标题可选用 28 磅以上的大字号并加粗加阴影显示，特别强调的关键词可用 40 ～ 48 磅的大字号对比显示，效果突出，可给人以确定性和权威感；如果作正文文字，建议用 16、18、20（18 ～ 32）磅字号，使用不加粗的纤细的字体，要点和正文的层级分明。

4.7 文字的群化组织

除重点表达的文字外，若解释说明的文字较多，为避免页面全是文字，可以对文字进行群化处理，以减弱补充文字对标题的干扰，使之系统化和条理化。如加大文字之间的空白、增加外框和底纹、文字对齐等（图 8-4-15）。

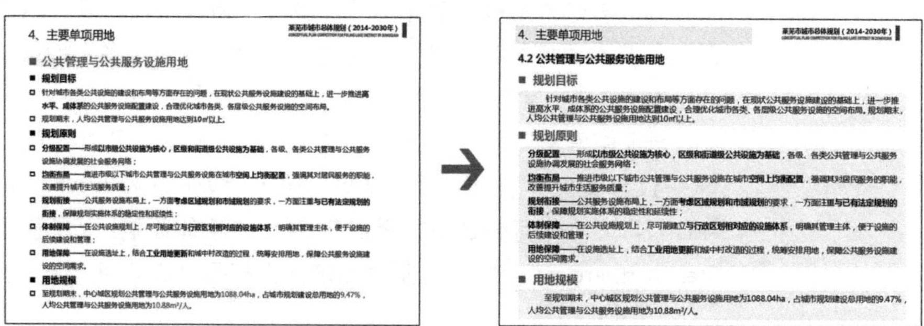

图 8-4-15 文字的群化处理

（资料来源：根据莱芜市城市总体规划技术成果整理绘制。）

5. 图表使用技巧

图表能够迅速传达重点，表达观点鲜明，是展示城市总体规划成果内容的一种重要形式。观众对图和表的记忆时间较短，对数据和文字的记忆时间较长，因此，运用得当的图表能达到事半功倍的效果。

5.1 使用要求

每张图表都传达一个明确的信息，需与主题相辅相成；图表在需要的时候使用，应如实反映有意义的数据；图表宜精不宜多，不要过多堆积，一页最好只放一个主要图表；图表格式要简洁、清晰、易读，前后连贯，防止观众曲解信息。

5.2 图表选用

数据图表的作用是以图形的方式来生动展现数据的规律、关系和趋势。不同的图表类型表达出不同的数据含义，因此在制作图表时要根据数据本身的内在规律以及数据展现的目的来选择合适的图表类型。常见的图表类型有饼图和圆环图、柱形图、条形图、折线图、散点图、气泡图等，此外还可以利用数据的可视化表达等形式视觉化、创意化的分析展现数据。

5.3 图片选择

在图片的选择上，应与主题内容密切相关，考虑到不同的投影仪、会场环境、光线、场所大小等放映条件，在图像的选择上也应有所不同，主要体现在图片的色彩、分辨率等（表 8-4-4）。

城市总体规划 PPT 宜选择像素质量较高、色彩搭配醒目、明暗对比强烈、细节层次丰富的图片，如规划图、分析图、构思图、意向图等，能够展现较强的视觉冲击力和感染力，插入这样的图片能吸引观众的注意力，提升 PPT 的精致感。

常用图片格式及其优缺点 **表 8-4-4**

常用格式	优点	缺点
.jpg .jpeg	最常用的图片格式，压缩率高，节省空间	拉伸图片超出正常像素大小时会降低精度，导致演示模糊
.png	无损高压缩比例图像，适合展示高清图片时使用	文件比较大，运行硬件要求较高
.gif	自带动画效果	一般文件精度不够，色彩层次不够
.wmf .emf	矢量文件，局部编辑、换色填充，文件小，任意拉伸而不会投影失真	大量使用容易导致缺乏美感
.bmp	Windows 位图，兼容性高	文件过大，播放时容易出现延迟

（资料来源：张志，方骥，刘俊. 和秋叶一起学 PPT [M]. 北京：人民邮电出版社，2013：12.）

Tips 8–16：

PPT 文件中选择合适的分辨率，过大影响运行，过小影响效果，图片分辨率应该和你的显示器或投影仪分辨率保持一致，可以利用截屏的方式实现。比如使用的显示器分辨率是 1024 像素 ×728 像素，那么你选择一张全屏播放的大图分辨率也至少应该达到 1024 像素 ×728 像素的分辨率。

5.4 逐层显示

在表达城市总体规划方案构思过程时，需在同一页面的规划底图上用动画的形式逐层显示道路、用地、功能区等规划图形，可利用 Photoshop 软件将各显示图形分层转为“.png”格式，然后根据对应的基点进行层层叠加，结合动画设置显示前后显示顺序，完成对演示过程的逐层显示（图 8-4-16）。

6. 多媒体的使用

6.1 动画

如果 PPT 主要用于城市总体规划方案汇报，则不宜大量应用动画效果；若是方案说明，可以设置 PPT 动画像播放电影一样进行演示。添加动画可主要从进入、强调和退出三个方面进行设置。

（1）首页动画

汇报开始时，观众也许还沉浸在未做完的工作中，或者还在跟身边人交谈，

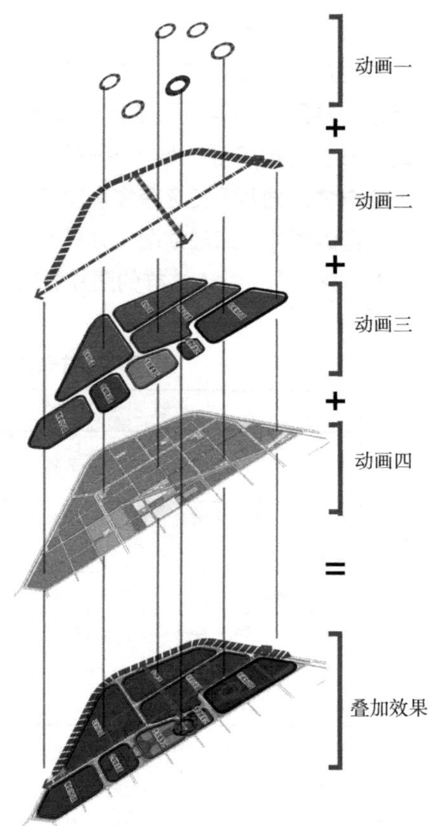

图 8-4-16　利用动画逐层演示
（资料来源：作者自绘）

此时，汇报人需要立即把观众的视线聚焦到 PPT，首页动画是 PPT 能否立刻抓住观众注意力的关键，精美和有创意的片头可以吸引观众注意力立即引入汇报主题。

（2）逻辑动画

观众会习惯对 PPT 自上而下地浏览，如对象之间缺乏逻辑引导，观众会产生疑惑，会削弱汇报效果。此时添加清晰的逻辑动画，通过设置对象出现的先后顺序和位置变化等，可以引导观众按照汇报人的思路理解 PPT 内容。

（3）强调动画

如果 PPT 仅通过自身形式展现汇报要点，则不容易让观众与汇报人讲述同步，使观众难以把握要点。如设置强调动画，当讲解该要点时，通过对对象的放大、缩小、闪烁、变色灯操作等实现强调，效果更为理想。

（4）结束动画

良好 PPT 结束动画能为汇报画上一个完美的句号，其应与首页动画设置相呼应，做到有始有终，避免给人以虎头蛇尾的感觉。此外，PPT 结束动画也是一种礼貌的表现，提醒观众汇报结束并致以感谢。

6.2　视频

PPT 可以通过视频全方位的展现和表达规划成果，若在演示过程中需要播放一段视频，可以直接把这段视频插入到 PPT 中，在菜单栏中点击 [插入]—[影

片] 即可。如果演示环境中具有优质的宽带接入，也可以选择将视频上传到在线的视频网站，然后以在线视频的方式插入到 PPT 当中。

6.3 Flash

Flash 是一类比较特殊的媒体对象，它不仅可以像视频文件一样播放，也可以提供交互功能，因此我们可以利用 Flash 制作动画视频、动态演示课件和交互设计反馈。在 PPT 可以直接使用 [插入视频] 的功能来插入 Flash 文档（格式为 ".swf"）。

6.4 声音

解说词和背景音乐等声音文件的植入可增强 PPT 的说服力，常用于城市总体规划自动演示汇报文件，可以通过 [插入] 音频的方式将其添加到 PPT 中。

7. 打印输出

为了在聆听汇报时有所参照，PPT 文件可进行打印，输出成为纸质文挡，可以将 PPT 的大纲文本，或者包括图片和文本在内的所有内容打印出来，这些不同的打印要求可通过打印设置得到解决，例如设置成 A4 纸（210mm × 297mm）的大小。

参考文献

[1] 中华人民共和国建设部：城市规划制图标准：CJJ/T 97—2003 [S]. 北京：中国建筑工业出版社，2003.

[2] 中华人民共和国住房和城乡建设部．城市规划数据标准：CJJ/T 199—2013 [S]. 北京：中国建筑工业出版社，2014.

[3] 中国城市规划设计研究院．城市总体规划统一技术措施 [R]. 1996.

[4] 上海同济城市规划设计研究院．城市总体规划成果技术规程（试行）[R]，2011.

[5] 全国城市规划执业制度管理委员会．城市规划原理 [M]. 北京：中国计划出版社，2011.

[6] 陈秋晓，孙宁，陈伟峰，等．城市规划 CAD[M]. 杭州：浙江大学出版社，2009.

[7] 张志，方骥，刘俊．和秋叶一起学 PPT[M]. 北京：人民邮电出版社，2013.

[8] 胡燕．这才是最强 PPT[M]. 北京：北京联合出版公司，2012.

后 记

本书的编写历经数载，几易其稿得以完成，欣慰之情，难以言表！

改革开放以来，我国城镇化进程取得了巨大的成就，不仅孕育了我国城乡规划学科的快速发展，也对专业教学提出了更高的要求。我已在山东建筑大学从教 33 年，主要承担本科生的城市总体规划教学任务，想编写一本操作性较强，能够指导学生完成城市总体规划设计的教学参考书的想法由来已久。

在此首先感谢山东建筑大学的吴延教授、张企华教授、俞汝珍教授、殷贵伦教授、闫整教授和吕学昌教授等老一辈城市规划学者，他们是我学生时代的尊敬师长，是他们的谆谆教诲将我引入城市规划的学术殿堂。其次，特别感谢殷贵伦教授和闫整教授的信任和帮助，是他们带领我走上城市总体规划设计课程的教学讲台，并不断给予我支持和鼓励。最后，感谢新一代年轻教师的辛勤付出，他们是山东建筑大学的林伟鹏、尹宏玲、倪剑波、李鹏、段文婷、曹鸿雁、许艳、谢琳老师，济南大学王林申老师，青岛理工大学的隋玉正、田华老师。是他们的不懈努力，使我的夙愿得以完成。

在书稿撰写过程中，年轻的硕士生们和工作室的同事们也牺牲了大量的节假休息时间帮助我们查阅资料、绘制插图、整理书稿，他们是候艳玉、王娟、刘洁欣、高宁、荣丽莹、赵磊、李学海。

特别令我感动的是中国建筑工业出版社的杨虹女士，正是她的努力才使本书得以及时出版。

张军民
2017 年春